Der Experimentator: Proteinbiochemie/Proteomics

In der Reihe **DER EXPERIMENTATOR** sind bereits erschienen:

Mülhardt: Molekularbiologie/Genomics, 5. Auflage (ISBN 978-3-8274-2036-7)
Müller/Röder: Mikroarrays, 1. Auflage (978-3-8274-1438-0)
Luttmann et al.: Immunologie, 3. Auflage (ISBN 978-3-8274-2026-8)
Schmitz: Zellkultur, 2. Auflage (ISBN 978-3-8274-2108-1)

Hubert Rehm / Thomas Letzel

Der Experimentator: Proteinbiochemie/ Proteomics

6. Auflage

Spektrum
AKADEMISCHER VERLAG

Dr. Hubert Rehm
Rathausgasse 20
D-79098 Freiburg

Dr. Thomas Letzel
Competence Pool Weihenstephan (CPW)
Technische Universität München
Weihenstephaner Steig 23
D-85354 Freising-Weihenstephan
letzel@wzw.tum.de

Wichtiger Hinweis für den Benutzer
Der Verlag, der Herausgeber und die Autoren haben alle Sorgfalt walten lassen, um vollständige und akkurate Informationen in diesem Buch zu publizieren. Der Verlag übernimmt weder Garantie noch die juristische Verantwortung oder irgendeine Haftung für die Nutzung dieser Informationen, für deren Wirtschaftlichkeit oder fehlerfreie Funktion für einen bestimmten Zweck. Der Verlag übernimmt keine Gewähr dafür, dass die beschriebenen Verfahren, Programme usw. frei von Schutzrechten Dritter sind. Die Wiedergabe von Gebrauchsnamen, Handelsnamen, Warenbezeichnungen usw. in diesem Buch berechtigt auch ohne besondere Kennzeichnung nicht zu der Annahme, dass solche Namen im Sinne der Warenzeichen- und Markenschutz-Gesetzgebung als frei zu betrachten wären und daher von jedermann benutzt werden dürften. Der Verlag hat sich bemüht, sämtliche Rechteinhaber von Abbildungen zu ermitteln. Sollte dem Verlag gegenüber dennoch der Nachweis der Rechtsinhaberschaft geführt werden, wird das branchenübliche Honorar gezahlt.

Bibliografische Information der Deutschen Nationalbibliothek
Die Deutsche Nationalbibliothek verzeichnet diese Publikation in der Deutschen Nationalbibliografie; detaillierte bibliografische Daten sind im Internet über http://dnb.d-nb.de abrufbar.

Springer ist ein Unternehmen von Springer Science+Business Media
springer.de

6. Auflage 2010

Spektrum Akademischer Verlag ist ein Imprint von Springer

10 11 12 13 5 4 3 2 1

Planung und Lektorat: Dr. Ulrich G. Moltmann, Bettina Saglio
Herstellung und Satz: Crest Premedia Solutions (P) Ltd, Pune, Maharashtra, India
Umschlaggestaltung: SpieszDesign, Neu–Ulm
Titelbild: »Umkehr der Kleinen« (Öl auf Leinwand) 2008, © Prof. Dr. Diethard Gemsa

ISBN 978-3-8274-2312-2

Vorwort 6. Auflage

Eingefleischte Experimentator-Leser werden bemerken, dass die 6. Auflage einen zusätzlichen Autor hat. Thomas Letzel ergänzt Hubert Rehm, Alleinautor der Auflagen 1–5. Wer ist Letzel?
Thomas Letzel absolvierte eine Ausbildung zum Chemielaboranten, studierte dann in München Chemie und wurde dort im Jahre 2001 promoviert. Es folgte ein Postdok-Aufenthalt in Amsterdam. Von 2003 bis 2009 leitete Letzel die Analytische Forschungsgruppe am Lehrstuhl für die Chemie der Biopolymere der TU München. 2009 wechselte er an den ‚Competence Pool Weihenstephan (CPW)'. Er bildet auch in der neu gegründeten »Ausbildungsstätte für instrumentelle Analytik« Akademiker und Nicht-Akademiker aus.

Wie kam Rehm auf Letzel?
Der Inhaber des Lehrstuhls für die Chemie der Biopolymere der TU München, Dieter Langosch, war (und ist) ein langjähriger Freund von Hubert Rehm. 2006, in den Vorbereitungen für die 5. Auflage, glaubte Rehm auf der Neige seiner methodischen Kenntnisse angekommen zu sein. Die Massenspektrometrie macht sich in der Proteinanalytik breit und Rehm, der seit 1994 in der Laborjournal-Redaktion Wissenschaftsskandale aufklärt und seltsame Lebewesen erforscht, kannte Massenspektrometer nur aus den Hochglanzprospekten von Bruker Daltonics oder Applied Biosystems. Der Experimentator musste jedoch mit massenspektrometrischen Methoden gefüttert werden, sollte er nicht an inhaltlicher Schwindsucht eingehen und zum gewöhnlichen Lehrbuch verkommen, zu einer Anleitung zum Lesen von englischsprachigen Übersichtsartikeln (Reviews) nebst einer Sammlung von Kochrezepten. Es wäre nichts mehr mit »Clausewitz statt Witzigmann!«. Was sollte Rehm tun? Gut, er konnte die massenspektrometrische Literatur lesen und hochstapelnd den Experten spielen. Doch das lag ihm nicht. Auch sagte er sich, dass die Tricks und Tipps des Handwerks nicht in der Literatur stehen. Es musste einer her, der die Massenspektrometrie von der Pike auf gelernt hatte und seit Jahren damit umging. Nun hatte Langosch Rehm erzählt, er habe neulich ein Massenspektrometer gekauft. »Wo ein Massenspektrometer steht, sitzt auch einer, der sich damit auskennt«, dachte sich Rehm und rief Langosch an. Der empfahl seinen Habilitanden Letzel. Und in der Tat, Letzel kannte sich aus mit Massenspektrometern. Den ersten Kontakt mit der Massenspektrometrie, einem LC-Thermospray-Massenspektrometer, hatte er 1998 am CSIC in Barcelona. Massenspektrometer hatten seitdem, mit Ausdrucken winkend, Letzels wissenschaftliche Wege gesäumt: Ein LC-Quadrupol in Wien, Ionenfallen in Berlin und ein Harem von fünf Spektrometern (QTof, TripleQuads, Ionenfallen und Single-Quad) an der freien Universität Amsterdam. Am Lehrstuhl für die Chemie der Biopolymere der TU München betreute Letzel ein Single-Quadrupol-, ein Single-TOF und ein QTOF Massenspektrometer.

Thomas Letzel war bereit beim Experimentator mitzumachen. Er trug schon wesentlich zu Kapitel 7.5 der 5. Auflage bei. In der 6. Auflage hoffen wir, die Vorteile des Experimentators erhalten und verstärkt zu haben: seinen Bezug zur Laborwirklichkeit, den engen Anschluss an die Methodenentwicklung und seine Ausrichtung auf strategisches Denken.

Hubert Rehm — im Herbst 2009

Inhaltsverzeichnis

Abkürzungen

BAT	Bundesangestelltentarif
BSA	Rinderserumalbumin
CF	Chromatofokussierung
2DE	Zweidimensionale Elektrophorese
DMSO	Diemthylsulfoxid
DSK	Differenzielles Scanning Kalorimeter
DTT	Dithiothreitol
EDTA	Ethylendiamintetraessigsäure
ESI	Elektrospray Ionisierung
FA	Freunds Adjuvans
FPLC	fast performance liquid chromatography
GPC	Gelpermeationschromatographie
HA	Hydroxyapatit
HPLC	high performance liquid chromatography
IC	Ionenaustauschchromatographie
IEF	Isoelektrische Fokussierung
IP	Immunpräzipitation
ITK	isothermer Titrations Kalorimeter
3K-Vernetzung	Dreikomponentenvernetzung
Kd	Kilodalton
KFA	komplettes Freunds Adjuvans
LUV	große unilamellare Vesikel
MALDI	matrix assisted laser desorption ionization
MALDI-TOF	matrix assisted laser desorption ionization time of flight
MG	Molekulargewicht
MLV	multilamellare Vesikel
MS	Massenspektrometer
PAL	Photoaffinitätsligand
PBS	phosphat-gepufferte Salzlösung
PEG	Polyethylenglykol
PEI	Polyethylenimin
PIC	Phenylisocyanat
PICT	Phenylisocyanat
PMSF	Phenylmethylsulfonylfluorid
PVDF	Polyvinylidendifluorid
RT	Raumtemperatur
SDS	Natrium-Dodecylsulfat
SUV	kleine unilalmellare Vesikel
TCA	Trichloressigsäure
TFA	Trifluoressigsäure
TFEITC	Trifluorethylisothiocyanat
WGA	Weizenkeimagglutinin

Das Konzept des Experimentators

Ich muss dir gestehen, dass, ob mich des Buches Ausarbeitung wohl einige Mühe kostete, ich doch die für die größte halte, diese Vorrede zu machen, die du jetzt liesest
(Cervantes, 1605)[*1]

Sie kommen mit Ihrem methodischen Repertoire nicht weiter? Sie wollen eine neue Arbeitsrichtung einschlagen? Sie wollen sich über die methodische Vielfalt eines Gebietes informieren? Vielleicht kann Ihnen der Experimentator helfen.

Wir wollten mit dem Experimentator kein Lehrbuch schreiben und auch keine reine Methodensammlung. Lehrbücher erzählen, was schon alles erforscht wurde: Sie zeigen das Haus der Wissenschaft. Methodenbücher (Kochbücher) beschreiben die Bausteine und Werkzeuge. Der Experimentator aber soll zum Bauen anleiten, sagen, welche Häuser gerade in Mode sind, wie viel Arbeit der Bau kostet und wie viel dafür bezahlt wird. Er soll zeigen, welche Methoden es gibt, wofür sie sich eignen und wofür nicht, welche Forschungsstrategien man einschlagen kann, wie man Aufgaben anpackt und welcher Arbeitsaufwand voraussichtlich nötig ist. Den Experimentator legt man nicht auf die Laborbank, mit ihm legt man sich ins Bett zum »Filosofieren«, wenn das Experiment zum zwölften Mal missglückt ist oder man neue Ideen braucht. Ein Strategiebuch soll er sein, der Experimentator. Ganz ist uns das nicht gelungen, er ähnelt streckenweise noch einer Methodensammlung. Doch schildert der Experimentator die Methoden nicht bis ins Einzelne, sondern gibt für's praktische Arbeiten Literaturhinweise, die die Methoden verständlich beschreiben. Sie wissen dann, wo es steht. Das reicht. Warum eine gute Beschreibung nochmal beschreiben? Nur Tricks, die nirgends stehen, führten wir in Petitschrift auf.

Die Taktik, für methodische Einzelheiten auf Veröffentlichungen zu verweisen und eher die Möglichkeiten der Methoden zu besprechen, hat nicht nur den Vorteil der Kürze. Sie regt auch zum Lesen und Verstehen der Literatur an und entwickelt ein Gefühl für das richtige Experiment zur richtigen Zeit. Zudem kitzeln die Einfälle anderer eigene Ideen aus dem Unterbewusstsein. Also: Nichts gegen Kochbücher – die haben ihre Berechtigung. Allein, es reicht nicht, gelfiltrieren zu können, man muss auch noch wissen, wann es sinnvoll ist, eine Gelfiltration einzusetzen. Und beim Erfinden von neuen Gerichten, sprich Methoden, lassen einen Kochbücher sowieso im Stich.

Zugegeben, viele Autoren dokumentieren in ihren Veröffentlichungen (fortan »Papers« genannt) die Methoden unvollständig oder nicht nachvollziehbar. Manche, um das Eindringen von Konkurrenz in das Arbeitsgebiet zu erschweren, andere wegen Schreibfäule oder weil es wegen Seitenzahlbegrenzung an Platz fehlt. Wir durchforschten den Paper-Urwald auf die besten, aktuellsten, lesbarsten und reproduzierbarsten Methoden, und wir glauben, brauchbare Anleitungen gefunden zu haben. Viele dieser Vorschriften kennen wir oder haben wir nachgekocht, alle nicht - was uns gelegentlich Alpträume schafft. Falls Sie neue Methoden

1 Diese und alle anderen kursiv geschriebenen Weisheiten stammen aus Miguel de Cervantes Saavedra: Leben und Taten des scharfsinnigen Edlen Don Quixote von la Mancha. Aus dem Spanischen von Ludwig Tieck, neu bearbeitet von Nora Urban. Eduard Kaiser Verlag, Klagenfurt.

oder bessere Papers zu einer Methode kennen, wären wir Ihnen für eine Mitteilung dankbar.

Auf jeden Fall sollten Sie Papers nicht für heilig halten. Nicht einmal der Lowry Protein-Test wurde in jeder Richtung untersucht und optimiert, und ein Protokoll, das optimal für Protein 1 ist, muss es nicht für Protein 2 sein. Behandeln Sie Methoden also respektlos, hinterfragen Sie sie (warum Phosphatpuffer, wieso zuvor mit X-ase inkubieren?). Bei der ersten Anwendung empfiehlt es sich zwar, ein Protokoll genau nachzuarbeiten, doch später ist ein spielerischer Umgang mit der Vorschrift nützlicher. Auch sollten Sie Behauptungen über Vorteile, Schnelligkeit, Sensitivität der Tests oder Methoden misstrauen. Warnungen vor Nachteilen dagegen gilt es ernst zu nehmen. Forscher schreiben Papers nämlich nicht, um ihren Kollegen zu helfen, sondern um deren Anerkennung zu erhalten und ihre Publikationsliste zu verlängern.

Der Ton des Experimentators mag unakademisch sein, aber mit verbissener Ernsthaftigkeit kommen Sie auch nicht schneller in *Nature* oder ins *Proc. Natl. Acad. Sci.* Auch scheint es uns, und wir können das durch statistisch unsignifikante, aber langjährige Beobachtungen an uns und anderen belegen, dass aus 8 h Laborarbeit täglich eher mehr herauskommt als aus 14 h. Jedenfalls dann, wenn Sie die acht Stunden ruhig und konzentriert arbeiten. Hetzen Sie also nicht durch die Gänge, hängen Sie nicht bis Mitternacht im Kühlraum herum, sondern legen Sie sich mit dem Experimentator oder sonst jemandem ins Bett! Nicht nur Pipettieren macht Freude.

Schlussendlich: In Büchern über naturwissenschaftliche Forschung ist viel die Rede von Faszination, Erkenntnisdurst und Begeisterung. Wenig liest man dagegen vom endlosen Pipettieren, verunglückten Experimenten, kleinlichen Verträgen oder schäbigen Stipendien. Jahrelange Arbeit führt häufig nur zu der Entdeckung, dass es in der eingeschlagenen Richtung nicht viel zu entdecken gibt. Zum Erfolg an der Laborbank gehören eben Glück, Fleiß, Einfallsreichtum, gute Betreuung und Intelligenz – in dieser Reihenfolge. So werden Ihre Abenteuer denen des Irrenden Ritters gleichen: Täglich und sonntäglich geht es auf klappriger Rosinante in ein Schloss, in dem der König Professor heißt, die Mühen groß, die Resultate verwirrend, das Essen schlecht und Rückschläge die Regel sind. Doch festigt diese Zeit der Prüfung Ihre Seelenstärke. Aus den Abgründen der Verzweiflung steigen Sie auf zur Ebene abgeklärter Wurstigkeit, wo graue raue Straßen zu scheinbar endlosen Horizonten führen.

Lassen Sie sich also nicht entmutigen! Auch die anderen rackern sich erfolglos ab; es ist normal, dass sich erstmal kein Ergebnis blicken lässt. Halten Sie durch! – Oder lernen Sie gleich einen anständigen Beruf.

Hubert Rehm und Thomas Letzel

Das tägliche Brot

1

Fasse dich in Geduld, denn die Zeit in welcher du es mit den Augen siehst wird kommen, wie ehrenvoll es sei dieses Gewerbe zu treiben

1.1 Puffer herstellen

Die ersten Wochen im Labor verbringt der Doktorand mit Formulare ausfüllen, Wohnungsanzeigen lesen und Puffer ansetzen. Die letzte Tätigkeit liegt besonders dem Proteinbiochemiker am Herzen, denn groß ist die Vielfalt seiner Puffer und Lösungen.

Trotzdem verdanken die meisten proteinbiochemischen Vorschriften die Zusammensetzung ihrer Puffer nicht dem Nachdenken, sondern dem Zufall (diese oder jene Flasche stand gerade in der Nähe), und meistens genügt es, beim Pufferansetzen die folgenden Regeln zu beachten:

- der pKa des Puffers sollte in der Nähe des gewählten pH-Wertes liegen (◘ Abb. 1.1),
- die Pufferkapazität sollte groß genug sein,
- der Puffer sollte mit anderen Molekülen der Lösung keine Reaktionen eingehen und nicht ausfallen.

Häufig werden Acetat-, Phosphat-, Tris-, Triethanolamin-, Hepes-, Pipes-, Mops-Puffer verwendet. Die pKa von Acetat- und Phosphatpuffern sind temperaturunabhängig. Diesem Vorteil steht als Nachteil der enge Bereich von Acetatpuffer (pH 4,5–5,5) gegenüber, und die Neigung von Phosphat mit divalenten Kationen auszufallen. Die pKa von Tris- und Triethanolaminpuffern sind stark temperaturabhängig.

Hepes, Pipes und Mops gehören zu den Good-Puffern. Good et al. synthetisierten diese Puffer auf folgende Eigenschaften: ungiftig, gut wasserlöslich, keine Penetration von Phospholipidmembranen, vernachlässigbare Komplexbildung mit Kationen, chemisch stabil, keine Wirkung auf biochemische Reaktionen, geringe Temperaturabhängigkeit, keine UV-Absorption. Diese Ziele wurden nicht immer erreicht, so fördert Hepes das Wachstum mancher Zelllinien (Ferguson et al. 1980) und beeinflusst biochemische Reaktionen. Die Temperaturabhängigkeit der pKa von Ches oder Mops (◘ Abb. 1.1) ist beachtlich, auch sind die Good-Puffer teuer und sie vertragen sich nicht mit der Massenspektrometrie.

Einen Überblick über die wichtigsten Puffersysteme nach Eigenschaften, Herstellung, Einsatzmöglichkeiten, Temperaturabhängigkeit und Arbeits-pH-Bereichen geben Stoll & Blanchard (1990) und ◘ Abb. 1.1. Massenspektrometrisch kompatible Salzsysteme finden Sie in Letzel et al. (2006).

Literatur

1 Ferguson, J. et al. (1980): Hydrogen ion buffers for biological research. Anal. Biochem. 104, 300–310
2 Letzel, T. et al. (2006) Sensitive determination of G-protein-coupled receptor binding ligands by Solid Phase Extraction Electrospray Ionization – Mass Spectrometry. J. Pharm. Biomed. Anal. 40, 744–751.
3 Stoll, V. & Blanchard, J. (1990): Buffers: principles and practice. Methods Enzymol. 182, 24–38

1.2 Protein bestimmen

Eine leidvolle Erfahrung des angehenden Biochemikers ist die Unschärfe von Proteinbestimmungsmethoden. Die gleiche Proteinlösung gibt mit Test A ein anderes Ergebnis als mit Test B. Auch liefert der gleiche Test mit den gleichen Konzentrationen verschiedener Proteine (z.B. 1 mg/ml BSA, Ovalbumin, Cytochrom c) verschiedene Werte. Des weiteren sind Proteinbestimmungen störanfällig für Detergenzien oder bestimmte Ionen. Es ist daher gute Sitte, zum ermittelten Konzentrationswert auch den verwendeten Test und das Vergleichsprotein anzugeben.

Die Methoden der Wahl sind Bradford-Test und BCA-Test. Wer mit Membranproteinen und Seifen arbeitet, sollte den BCA-Test benutzen, ansonsten scheint die Wahl zwischen BCA- und Bradford-Test reine Geschmacksfrage zu sein.

1.2.1 BCA-Test

In alkalischer Lösung bildet Protein mit Cu^{2+}-Ionen einen Komplex (Biuret-Reaktion). Die Cu^{2+}-Ionen des Komplexes werden vermutlich zu Cu^{+}-

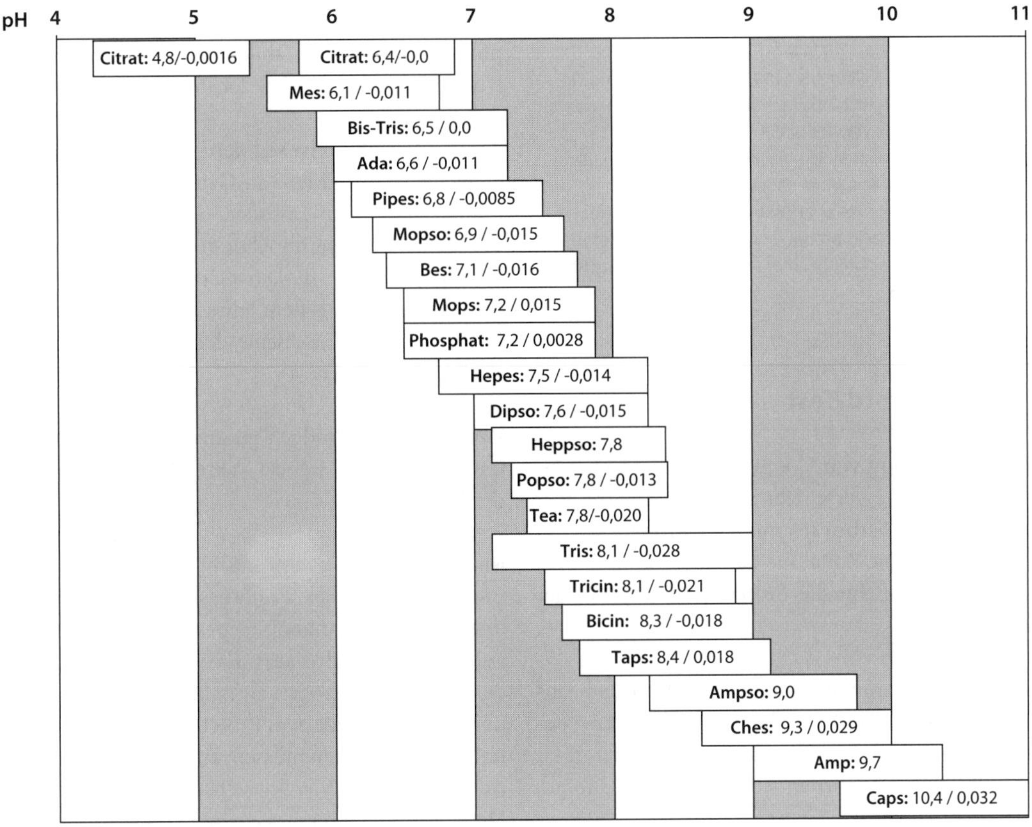

Abb. 1.1 Arbeitsbereich, pKa und Temperaturabhängigkeit von Puffern. Die Zahlen hinter den Puffernamen sind der pKa und dessen Temperaturabhängigkeit (Änderung des pKa pro°C). **Mes**: 2-(N-Morpholino)ethansulfonsäure; **Bis-Tris**: [Bis(2-hydroxyethyl)imino]tris(hydroxy- methyl)methan; **Ada**: N-2-Acetamidoiminodiessigsäure; **Pipes**: Piperazin-N,N-bis(2-ethansulfonsäure); **Mopso**: 3-(N-Morpholino)-2-hydroxypropansulfonsäure; **Bes**: N,N-Bis(2-hydroxyethyl)-2-aminoethansulfonsäure; **Mops**: 3-(N-Morpholino)propansulfonsäure; **Hepes**: N-2-Hydroxyethylpiperazin-N-2-ethansulfonsäure; **Dipso**: 3-[N-Bis(hydroxyethyl)amino]-2-hydroxypropansulfonsäure; Heppso: N-(2-Hydroxyethyl)piperazin-N-(2-hydroxy-propan-sulfonsäure); **Popso**: Piperazin-N,N-bis(2-hydroxypropansulfonsäure); **Tea**: Triethanolamin; Tris: Tris(hydroxymethyl)aminomethan; Tricin: N-[Tris(hydroxymethyl)methyl]glycin; **Bicin**: N,N-Bis(2-hydroxyethyl)glycin; **Taps**: 3-{[Tris(hydroxymethyl)methyl]amino}-propansulfonsäure; **Ampso**: 3-[(1,1-Dimethyl-2-hydroxy-ethyl)amino]-2-hydroxypropansulfonsäure; **Ches**: Cyclohexylaminoethansulfonsäure; **Amp**: 3-Aminopropansulfonsäure; **Caps**: 3-(Cyclohexylamino)propansulfonsäure

Ionen reduziert, und diese bilden mit Bicinchoninsäure (BCA) einen violetten Farbkomplex.

Vorteile Der Test dauert bei 65°C nur 10 min, ist empfindlich (Nachweisgrenze 0,5 µg Protein) und resistent gegen Seifen wie Triton X-100. Auch läuft die Reaktion im alkalischen Milieu ab, bei dem fast alle Proteine in Lösung bleiben. Die Reagenzien sind im Handel (Pierce) erhältlich und geben wunderschöne Farben.

Probleme Es stören hohe Konzentrationen von komplexbildenden Reagenzien (z.B. EDTA); des weiteren Ammoniumsulfat, N-Acetylglucosamin, Glycin, reduzierende Stoffe wie Glucose, DTT oder Sorbitol und eine Reihe von Pharmaka wie Chlorpromazin, Penicillin und Vitamin C (Marshall & Williams 1991).

Literatur

1 Marshall, T. & Williams, K. (1991): Drug interference in the Bradford and 2,2`bicinchoninic acid protein assays. Anal. Biochem. 198, 352–354
2 Smith, P.K. et al. (1985): Measurement of protein using bicinchoninic acid. Anal. Biochem. 150, 75–85
3 Wiechelmann, K. et al. (1988): Investigation of the bicinchoninic acid protein assay: identification of the groups responsible for color formation. Anal. Biochem. 175, 231–233

1.2.2 Bradford-Test

Bei der Bindung von Coomassie brilliant blue G-250 an Proteine verschiebt sich das Absorptionsmaximum der Farbe (465 nm ohne Protein, 595 nm mit Protein). Die Zunahme der Absorption bei 595 nm ist ein Maß für die Proteinkonzentration der Lösung.

Vorteile Die Farbentwicklung ist nach 2 min beendet, die Variabilität der Färbung zwischen verschiedenen Proteinen gering und die Pipettierarbeit minimal. Die Reagenzien sind im Handel (Biorad, Pierce) erhältlich.

Probleme Die Reaktion läuft in saurem Milieu ab, in dem viele Proteine ausfallen. Starke Laugen und häufig verwendete Seifen wie Triton X-100, SDS (Sodiumdodecylsulfat) oder Chaps stören.

Literatur

1 Bradford, M. (1976): A rapid and sensitive method for the quantitation of microgram quantities of protein utilizing the principles of protein-dye binding. Anal. Biochem. 72, 248–254
2 Read, S. & Northcote, D. (1981): Minimization of variation in the response to different proteins of the coomassie blue G dye-binding assay for protein. Anal. Biochem. 116, 53–64

1.2.3 Lowry-Test

Cu^+-Ionen aus der Biuret-Reaktion (siehe BCA-Test) bilden mit dem gelben Folin-Ciocalteau Reagenz (Molybdän(VI)- und Wolfram(VI)-Heteropolysäuren) einen instabilen blauen Komplex (Molybdänblau), der als Maß der Proteinkonzentration dient.

Das Verfahren ist seit den 50er-Jahren des vergangenen Jahrhunderts in Gebrauch und ist nicht totzukriegen (sein Erfinder, Oliver Howe Lowry, dagegen starb 1996 im Alter von 86 Jahren): Noch 2005 war Lowry et al. *Journal of Biological Chemistry* 193, 265–275 aus dem Jahre 1951 das meistzitierte Paper in der Geschichte der wissenschaftlichen Veröffentlichungen.

Vorteile Unempfindlich gegen SDS, gibt den Proteingehalt von Gewebeextrakten besser wieder als der Bradford Test.

Nachteile Der »Lowry« macht viel Pipettierarbeit und wird durch viele Pufferbestandteile gestört, so durch Mercaptoethanol, Hepes, Triton X-100 und andere Seifen (fallen aus). Es empfiehlt sich daher, das Protein der Proben auszufällen (▶ Abschn. 1.5) und den Lowry mit dem Proteinpellet durchzuführen. Die Reagenzien müssen, außer dem Folin-Ciocalteau Reagenz (Merck), selbst hergestellt werden. Die Vergleichbarkeit zwischen den Lowry-Proteinwerten verschiedener Labors ist schlecht, denn jedes Labor führt den Test anders durch.

Ein weiterer Nachteil des Lowry sind die nichtlineraren Eichkurven. Nach Pomory (2008) erhält man bessere Eichkurven und exaktere Ergebnisse, wenn man zwei oder drei Stunden auf die Entwicklung seines Lowry wartet (s. a. *Laborjournal*, 7/8 2008, 38). Die Tatsache, dass dies erst 2008 festgestellt wurde – da war der Lowry schon 57 Jahre in Betrieb – zeigt, dass er schnell zu einem nicht hinterfragten Ritual wurde. Dies gilt anscheinend auch für andere Parameter des Tests: Pomory empfiehlt, die Lowry Reagenzien mit Wasser statt NaOH anzusetzen, die Proteinlösungen aber in 1 M NaOH. Die Extinktion misst er bei 660 nm (statt 750 nm wie von Lowry empfohlen).

Literatur

1 Legler, G. et al. (1985): On the chemical basis of the Lowry protein determination. Anal. Biochem. 150, 278–287
2 Markwell, M. et al. (1978): A modification of the Lowry procedure to simplify protein determination in membrane and lipoprotein samples. Anal. Biochem. 87, 206–210
3 Larson, E. et al. (1986): Artificial reductant enhancement of the Lowry method for protein determination. Anal. Biochem. 155, 243–248
4 Pomory, C. (2008): Color development time of the Lowry protein assay. Anal. Biochem. 378, 216–217

1.2.4 Der Starcher-Test

Es gibt Männer, die den Mut haben, Könige zu stürzen. Solch ein Mann ist der Texaner Barry Starcher. Sein Ehrgeiz war es – zumindest unterstellen wir ihm das – mit einem neuen Proteinbestimmungstest den Zitatekönig Lowry zu entthronen. 2001 stellte Starcher eine Proteinbestimmungsmethode vor, die die Konzentration sowohl löslicher wie unlöslicher Proteine bestimmt, also auch das Protein von Gewebeproben. Die Methode ist empfindlicher als der Lowry- oder Bradford-Test und hat den zusätzlichen Vorteil, dass gleiche Mengen verschiedener Proteine den gleichen Messwert geben; selbst Gelatin soll fast die gleiche Extinktion geben wie BSA. Dies erreicht Starcher, indem er auf das alte Problem der Variation der spezifischen Färbung zwei alte Reaktionen anwendet: Die saure Hydrolyse der Proteine zu den Aminosäuren und die Reaktion der Aminosäuren mit Ninhydrin.

Im Einzelnen: Die Probe (Gewebe oder Proteinlösung) wird in Mikrofuge-Röhrchen mit 0,5 ml 6 N HCl bei 100°C 24 h lang zu den Aminosäuren hydrolysiert. Das Hydrolysat trocknet Starcher auf der Speed-vac ein und löst es in Wasser wieder auf. Ein Aliquot wird dann in eine Mikrotiterplatte pipettiert und Ninhydrin-Reagens zu gegeben. Die Platte lässt Starcher 10 Minuten im kochenden Wasserbad schwimmen, dann kann im Mikroplattenleser abgelesen werden.

Die Ninhydrin Lösung hält sich normalerweise nur ein paar Stunden und muss unter Stickstoff gelöst und aufbewahrt werden. Sie müssten das Reagens also jeden Tag neu ansetzen. Keine Angst: Starcher hat ein Lösungsmittel gefunden, indem sich das Reagens einige Wochen hält. Diese nicht zu verachtende Erleichterung für den Forscher war anscheinend der einzige originale Beitrag Starchers zu seinem Test: Die anderen zwei Reaktionen waren ja schon lange bekannt, und es war auch bekannt, dass sich das Protein am genauesten über die Aminosäuren bestimmen lässt. Starcher hat nur eins und eins zusammengezählt. Sie lernen daraus: Durch Nachdenken können Sie schon mit bescheidenen experimentellen Mitteln zu einem guten Paper kommen und vielleicht sogar zu einem Test der Ihren Namen trägt.

Nachteile: Es dauert 25–26 h bis Sie ihr Ergebnis ablesen können. Zudem müssen Sie die Probe mehrmals handhaben: Hydrolysieren, Speed-vac, pipettieren, zentrifugieren, pipettieren, erhitzen. Dies ist nicht nur eine Geduldsprobe, darunter leidet auch die Genauigkeit.

Der Starcher-Test wird sich daher nicht zu Lowryschen Zitatemengen aufschwingen. Doch macht er einen zuverlässigen Eindruck und wem es auf eine Proteinbestimmung mit geringer Protein-zu-Protein-Variation ankommt, dem sei sie empfohlen.

Strategischer Tipp: Harald Jockusch hat uns mitgeteilt, dass er Starchers Test schon vor 40 Jahren eingesetzt habe, allerdings nach alkalischer und nicht nach saurer Hydrolyse (Jockusch 1966). Angeregt wurde Jockusch dazu anscheinend von einem noch älteren Paper: Stein & Moore, 1954. Zu dieser Zeit dürfte Barry Starcher noch im Sandkasten gespielt haben.

Was lernen wir daraus?

Nach Jockusch: »Würde jemand die Literatur vor 1970 systematisch auf Methoden durchkämmen, so könnte er vieles Nützliche und ‹Neue› entdecken, ohne Laborschweiß und teure Chemikalien!« Das leuchtet ein. Wenn Sie also unbedingt ein Paper brauchen und keine Ergebnisse haben, dann setzen Sie sich doch ein paar Tage in den Bibliothekskeller. Blättern Sie die schimmligen Folianten durch bis Sie Material für ein Paper gefunden haben. Dann hoch ins Labor, schnell die Experimente nachgekocht und modernisiert (z.B. Mikroplatten statt Reagenzgläser). Schon haben Sie eigene Daten, die Sie als neu verkaufen können. Die Referees? Die steigen nicht in den Bibliothekskeller. Die lesen ihr Manuskript bei einem Espresso und je nachdem wie der schmeckt, lehnen sie ab oder winken durch. Die Wahrscheinlichkeit, dass ihren Trick jemand entdeckt, ist gering und wird mit dem Aussterben der alten Garde immer geringer. Und selbst wenn Ihnen jemand drauf kommt! Wie will der beweisen, dass Sie die Idee aus dem Bibliothekskeller geklaut haben? Er kann Sie höchsten darauf aufmerksam machen, das Rad noch einmal erfunden zu haben. Das quittieren Sie dann mit einem erstaunten »Oh!« und im Übrigen stehen Sie drüber und ignorieren den Pedanten.

Literatur

1. Jockusch, H. (1966): Temperatur-sensitive Mutanten des Tabakmosaikvirus. II. Zeitschrift für Vererbungslehre 98, 344–362
2. Starcher, B. (2001): A ninhydrin-based assay to quantitate the total protein content of tissue samples. Anal. Biochem. 292, 125–129
3. Stein, W. & Moore, S. (1954): The free amino acids of human blood plasma. J. Biol. Chem. 211, 915–926

1.2.5 Pilztest

Dieser quantitative Proteintest beruht auf dem Pilzfarbstoff Epicocconone. Er bildet mit den primären Aminogruppen der Lys-Reste von Proteinen eine kovalente Verbindung, ein Enamin. Dieses Enamin fluoresziert mit einem Emissions-Maximum bei 605 nm. Eine hydrophobe Umgebung steigert die Quantenausbeute (Verhältnis von emittierten zu adsorbierten Photonen). Epicocconone eignet sich daher zur Bestimmung detergenzbeschichteter Proteine. Ihre Proteine liegen nicht in einer Detergenzlösung vor? Kein Problem: die kommerziell erhältliche »Arbeitslösung« enthält ein Detergenz, vermutlich SDS. Die Arbeitslösung wird unter dem Namen Fluoroprofile™ von Sigma vertrieben.

Die Vorteile dieser Fluoreszenz-Proteinbestimmung sind:

- Hoher Messbereich (von 40 ng/ml bis 200 µg/ml)
- Niedriges Hintergrundsignal
- Mäßige Protein zu Protein Variation (Relative Fluoreszenz bezogen auf BSA: Aldolase 1,11; Ovalbumin 0,92; Cytochrome c 1,12; Insulin 1,38)
- Unempfindlich gegen DNA und viele Reagenzien wie: Glycerin, SDS, Sucrose, Thioharnstoff, Harnstoff und Polyethylenglykol
- Die kovalente Modifizierung der Proteine ist reversibel, sie können nach der Proteinbestimmung mit dem Massenspektrometer analysiert oder nach Edman sequenziert werden.
- Einfache Handhabung: Sie mischen Proteinlösung 1:1 mit Arbeitslösung, lassen die Mischung 30 min stehen und messen dann die Fluoreszenz.
- Das Fluoreszenzsignal ist hitze- und lichtstabil. Sie müssen also nicht im Dunkeln und im Kühlraum arbeiten.

Beherrschen Sie ihre Begeisterung: Eine Reihe von Reagenzien stören den Test doch. So Ampholyte 3–10 (nicht aber Ampholyte 3–7), EDTA, Ammoniumsulfat und Magnesium Chlorid oberhalb von 50 µM und Tris oberhalb von 500 µM. Auch die Konzentrationen von Triton X-100, SB3–10, NP40 und Tween 20 sollten niedrig gehalten werden (<0,005%). Der Erfinder James Mackintosh listet über anderthalb Seiten die Grenzwerte verschiedenster Verbindungen auf. Das macht den Assay zwar nicht besser, zeigt aber, dass James gründlich arbeitete (Macintosh 2005).

Dass basische Ampholyte, Ammoniumsulfat und Tris den Assay stören, ist verständlich. Sie konkurrieren mit den primären Aminogruppen der Lys-Reste um Epicocconone. Warum allerdings Triton die Proteinbestimmung stört, ist ein Rätsel. Vielleicht baut Triton den Farbstoff in seine Mizellen ein und entzieht ihn so der Reaktion mit den Proteinen.

Apropos Proteine: Auch die sorgen manchmal für Probleme. Bei eisenhaltigen Proteinen wie Myoglobin oder Cytochrome c ist der Test nur bis 10 µg/ml linear und saure Proteine zeigen reduzierte Fluoreszenz-Intensitäten. Letzteres liegt vermutlich daran, dass saure Proteine nur wenig Lysinreste enthalten und ersteres daran, dass Fe(III) die Fluoreszenz quencht.

Epicocconone wird auch zur Färbung von Gelen und Blots eingesetzt und ist dort unter dem Namen »Deep Purple« bekannt (▶ Kap. 1.4.2.5 und 1.6.1).

Epicocconone wurde im Labor von Duncan Veal in Sydney gefunden und zwar durch Zufall. Duncans Doktorand Philipp Bell hatte – aus Langeweile? – zusammen mit seinem Kollegen Jian Shen ein paar alte, mit Pilzen infizierte, Hefekulturen untersucht, die eigentlich reif für den Autoklaven waren. Bell fiel auf, dass die Pilze fluoreszierende Substanzen produzierten. »Vielleicht könnte man die für cytometrische Untersuchungen benutzen?«, hoffte Veal. Allein, die Substanzen erwiesen sich für diesen Zweck als wertlos. Ein bestimmter Pilz, Epicoccum nigrum, schied jedoch einen Fluorophor aus, der die Hefen knallrot färbte. Bell und Jian extrahierten ihn. Nach der Forscherregel: Bescheidenheit ist eine Zier, doch weiter kommt man ohne ihr tauften sie den Fluorophor »Beljian Red«.

Mit Extraktion und Namensgebung hätte es für die meisten Forscher sein Bewenden gehabt, nicht aber für Philipp Bell. Weil die Universität oder sein Chef nicht genügend Interesse an Beljian Red hatten, um dafür Laborplatz zur Verfügung zu stellen, mühte sich Bell zwei Jahre lang in seiner Garage damit ab, eine größere Menge Beljian Red herzustellen. Als er genug davon hatte (zweideutig!), entwickelten zwei andere Mitarbeiter Veals eine Reinigungsmethode für die Substanz. Auch gelang es, mittels NMR die Struktur aufzuklären. Der Fluorophor ist ein Polyketid mit Molekulargewicht 410. Beljian Red zeigte eine rote Fluoreszenz bei 605 nm, wenn es mit blauem oder grünem Licht angeregt wurde, und einen langen Stokes shift.

Dafür musste es doch eine Verwendung geben!

Irgendwer in Veals Labor kam auf die Idee, mit Beljian Red die Proteine eines SDS-Gels anzufärben. Man nahm an, dass sich Beljian Red, analog zu anderen Fluoreszenzfarbstoffen wie SYPRO Orange, in die SDS-Hülle der Proteine einlagere. Auch fiel auf, dass die Fluoreszenz intensiver wurde, wenn man die Gele mit Ammoniak entwickelte. Also wurde Ammoniak zur Färbung von SDS-Gelen eingesetzt. Da Veals Firma Fluorotechnics damit Geld verdienen sollte erhielt der Test den zackigen Namen »lightning fast«.

Ein neues Produkt herzustellen ist eine Sache. Eine andere und die schwierigere ist es, das Produkt zu verkaufen. Hier scheint Fluorotechnics nicht erfolgreich gewesen zu sein, es gelang den Australiern aber Amersham für Vertrieb und Entwicklung von »lightning fast« zu interessieren. In der Zusammenarbeit der beiden Firmen stellte sich heraus, dass der Farbstoff anders wirkt als gedacht. Er lagert sich keineswegs nur in die SDS-Hülle ein, sondern geht mit den primären Aminogruppen der Lysinreste der Proteine die erwähnte kovalente Enamin-Bindung ein. Die SDS-Hülle der Proteine sorgt, als hydrophobe Umgebung, jedoch für eine höhere Quantenausbeute der Fluoreszenz.

Die Wirkung des Ammoniak beruhte auf einer pH-Verschiebung ins Alkalische: NH_3 deprotoniert die primären Aminogruppen der Lysinreste, so dass diese mit dem Farbstoff reagieren können. Weil aber Ammoniak mit den Lysinresten auch um Epicoccone kompetiert, wurde er im Färbeprotokoll durch das unproblematische Bicarbonat ersetzt. Mit Hilfe dieser Erkenntnisse wurde dann der Proteintest entwickelt.

Die Lehre aus der Geschichte?

Oft entpuppt sich das Böse als das Gute. Es lohnt sich, auf scheinbar ärgerliche Kleinigkeiten zu achten und ihnen auf den Grund zu gehen. Dies auch dann, wenn es bedeutet zwei Jahre lang von Gott und seinem Professor verlassen in einer Garage zu werkeln.

Literatur

1 Mackintosh, J. et al. (2005): Fluoroprofile, a fluorescence based assay for rapid and sensitive quantification of proteins in solution. Proteomics 5, 4673–4677

1.2.6 Weniger beliebte, aber gute Methoden

Die Konzentration eines reinen Proteins in Lösung lässt sich über seine Extinktion bei 280 nm bestimmen, vorausgesetzt, Sie kennen den Extinktionskoeffizienten (Faustregel: 1 mg/ml BSA gibt etwa 1 OD), und die Lösung enthält keine anderen UV-absorbierenden Substanzen. Gill & Hippel (1989) berechnen den Extinktionskoeffizienten eines Proteins aus dessen Sequenz.

Literatur

1 Gill, S. & Hippel, P. (1989): Calculation of protein extinction coefficients from amino acid sequences. Anal. Biochem. 182, 319–326
2 Stoschek, C. (1990): Quantitation of protein. Methods Enzymol. 182, 50–68

Günter Fritz hat uns auf die Micro-Biuret-Methode hingewiesen. Sie wurde 1953 von Goa publiziert und durch Bensadoun (1976) verbessert. Ein alter Hut also, der aber noch getragen wird.

Proteine bilden mit Cu^{2+} im Alkalischen blau-violette Komplexe. Das Cu^{2+} wird dabei von den Stickstoffen der Peptidbindungen komplexiert. Dies nützen auch die Proteinbestimmungen nach Lowry und BCA (siehe ▶ Kap. 1.2.1 und 1.2.3). Im Gegensatz zu Lowry und BCA belässt es die Biuret Methode bei der Komplexbildung: Man komplexiert, misst die Absorption bei 540–560 nm und fertig.

Meist wird bei Biuret noch Natriumkaliumtartrat und Kaliumiodid zugegeben. Tartrat verhindert die Präzipitation von Kupferhydroxid, Kaliumiodid die Autoreduktion von Kupfer. Wenn in der Lösung keine Ammoniumionen schwimmen, ist die Biuretreaktion spezifisch für Peptide (nicht aber für Dipeptide) und Proteine.

Vorteil: Die Biuret-Methode erfasst das Protein in seinem Kern, in der Peptidbindung. Die Seitenketten der Aminosäuren haben nur geringen Einfluss auf die Färbung, die Färbeintensität gleicher Mengen verschiedener Proteine variiert daher kaum.

Nachteil: Biuret ist weniger sensitiv als Lowry oder BCA. Nach Fritz verdoppeln bis verfünffachen sich aber Empfindlichkeit und Reproduzierbarkeit, wenn Sie nicht bei einer einzelnen Wellenlänge messen, sondern die Gipfelflächen erfassen und gegen die Konzentration auftragen.

Literatur

1 Bensadoun, A. et al. (1976): Assay of proteins in the presence of interfering material. Anal. Biochem. 70, 241–250

1.3 Gele

Die Gel-Elektrophorese dient der Analyse von Proteinmischungen und ermöglicht schnelle MG-Bestimmungen. SDS-Gele gehören daher zum Proteinbiochemiker wie Formulare zum Beamten. Es empfiehlt sich ein Gelsystem zu etablieren, das pro Lauf nur 30–45 min benötigt. Bandenschönheit ist erstrebenswert aber verzichtbar, und langwieriges Herumspielen mit Gellängen oder Gradienten bringt wenig.

1.3.1 SDS-Gele

Die meisten Proteine binden die Seife SDS zu negativ geladenen SDS-Protein-Komplexen mit konstantem Ladungs- zu Masse-Verhältnis (1,4 g SDS/g Protein in 1% SDS-Lösung). SDS denaturiert die Proteine – besonders nach Reduktion mit Mercaptoethanol oder DTT – und unterbindet Protein-Protein-Wechselwirkungen (Quartärstrukturen). Die SDS-Protein-Komplexe verschiedener Proteine unterscheiden sich damit für viele Messmethoden nur in ihrer Größe und haben vergleichbare hydrodynamische Eigenschaften.

Bei der SDS-Elektrophorese wandert der SDS-Protein-Komplex im elektrischen Feld zum Plus-Pol. Dabei trennt der Molekularsiebeffekt einer porösen Polyacrylamidmatrix die SDS-Protein-Komplexe nach ihrem Stokes-Radius und damit nach ihrem MG auf.

Die verschiedenen SDS-Gelelektrophoresesysteme unterscheiden sich u.a. in den verwendeten Puffern. Am häufigsten wird das diskontinuierliche **Lämmli-System** mit Tris-Glycin-Puffern verwendet. Ein Sammelgel (Tris-Glycin-Puffer pH 6,8; 3–4% Acrylamid) überschichtet ein Trenngel (Tris-Glycin-Puffer pH 8,8; 5 bis 20% Acrylamid). Je länger das Trenngel, desto besser die Trennung. Je dünner das Gel, desto schöner die Banden und desto weniger kann/darf aufgeladen werden. Bei 1,5 mm dicken Gelen und 0,5 cm breiten Taschen liegt die obere Grenze der Auftragsmenge bei 1 mg Protein / Tasche.

Für Proteine vom MG 10–60 Kd eignen sich 15% Trenngele; für Proteine vom MG 30–120 Kd 10% Gele; für Proteine vom MG 50–200 Kd 8% Gele (◘ Abb. 1.2). 18% Gele, die 7–8 M Harnstoff enthalten, können Mischungen kleiner Proteine und Peptide (MG 1,5–10 Kd) auftrennen (Hashimoto et al. 1983). Harnstoff kristallisiert jedoch aus konzentrierten Lösungen und bei Temperaturen <RT aus, zudem soll er Proteine carbamylieren (siehe aber ► Kap. 7.3.1) und die Bindung von SDS stören. Die Alternative ist ein Tricin-Gelsystem nach Schägger & Jagow (1987). Es trennt Peptide von 1 bis 100 Kd und kommt ohne Harnstoff aus (◘ Abb. 1.2).

Gradientengele (z.B. 8–15%) geben einen breiteren Trennbereich und etwas schärfere Banden. Zum Gießen linearer Gradienten eignen sich Gradientenmischer. Einfacher ist es jedoch, zuerst die leichte Lösung dann die schwere Lösung mit einem Peleusball in eine Glaspipette aufzuziehen. Das Durchperlen von ein paar Luftblasen verwandelt die 2 Schichten in einen Gradienten, der zwischen die Glasplatten der Elektrophoreseapparatur abgelassen wird. Perfektionisten geben der schweren Phase (dem höherprozentigen Acrylamid) noch 5% Rohrzucker und einen Farbstoff zu und verfolgen visuell Verlauf und Ausmaß der Gradientenbildung. Gute exponentielle Gradienten gießt die Maschine von Smith & Bell (1986).

Vorratshaltung ist möglich; Gele, umwickelt mit nassen Kleenextüchern, sind in einer zugeschweißten Plastiktasche bis zu 2 Wochen haltbar.

Probleme:

- Acrylamid ist giftig! Ungewaschene Gele ebenfalls, da sie noch unpolymerisiertes Acrylamid enthalten.
- Manchmal scheitert die Elektrophorese schon beim Gelgießen: die Acrylamidlösung läuft Ihnen unten zwischen den Abstandshaltern (Spacern) aus dem Gelgerüst heraus. Dies auch dann, wenn Sie die zwei Glasplatten mit den drei Abstandshaltern mit breiten Klammern ordentlich zusammengeklemmt und die äußeren Rinnen zwischen den Glasplatten mit heißer Agarose ausgegossen haben. Die Acrylamidlösung drückt an den zwei Kontaktstellen der Spacer die erkaltete Agarosedichtung beiseite und das System wird »inkontinent«. Ihr Gelgerüst bleibt dicht, wenn Sie einen Tropfen heißer Agarose innen den Spacer bis ins Eck herunterlaufen lassen und dort erkalten lassen. Dies auf jeder Seite. Die beiden Tropfen (=Pfropfen) dichten zuverlässig die beiden kritischen unteren Ecken ab. Eine äußere Abdichtung erübrigt sich (Beschrieben mit Bild in *Lab Times* 4/2007, S 70). Übrigens: Agarose in der Mikrowelle erhitzen, nicht auf dem Heizrührer, das geht schneller und schont die Agarose.
- Schlechte Polymerisation? Setzen Sie das Ammoniumpersulfat neu an, am besten aus einer neuen Flasche. Vergebens? Dann neuer Puffer, neue Acrylamid-Stocklösung. Auch ist der Polymerisationsprozess temperaturempfindlich: Polymerisieren Sie im Wärmeschrank bei 40°C.
- Um die Proteine der Probe vollständig aufzulösen, eventuelle Proteasen zu inaktivieren und Tertiärstrukturen zu unterbinden, ist es üblich, die Probe in Probenpuffer 5 min lang auf 95°C zu erhitzen. Längeres Aufkochen spaltet empfindliche Proteine, und Membranproteine aggregieren oft beim Kochen mit SDS und Mercaptoethanol. Wer Letzteres vermeiden will, erhitzt nur auf 40°C.
- Unvollständige Reduktion der Proteine? Setzen Sie ihr DTT in 0,5 ml Aliquots an. Lagern Sie die Aliquots bei −20°C. Tauen Sie das DTT erst kurz vor Gebrauch auf.
- In SDS-Extrakten von Zellen oder Zellkernen bilden DNA und/oder RNA einen schleimigen Glibber, der sich schlecht aufs Gel aufladen lässt und den Lauf stört. Ein Vorverdau dieser Proben mit DNAse I und RNAse A wirkt Wunder (beide Enzyme arbeiten noch in 0,3% SDS; Vorschriften für verschiedene Proben im User Guide für die 2-D-Elektrophorese von Millipore).
- Der Anfänger stellt in dem Streben, alles richtig zu machen, oft den pH des Lämmli-Tris-Glycin-Laufpuffers mit HCl ein. Das ist falsch. Das exakte Einwiegen von Tris und Glycin gibt

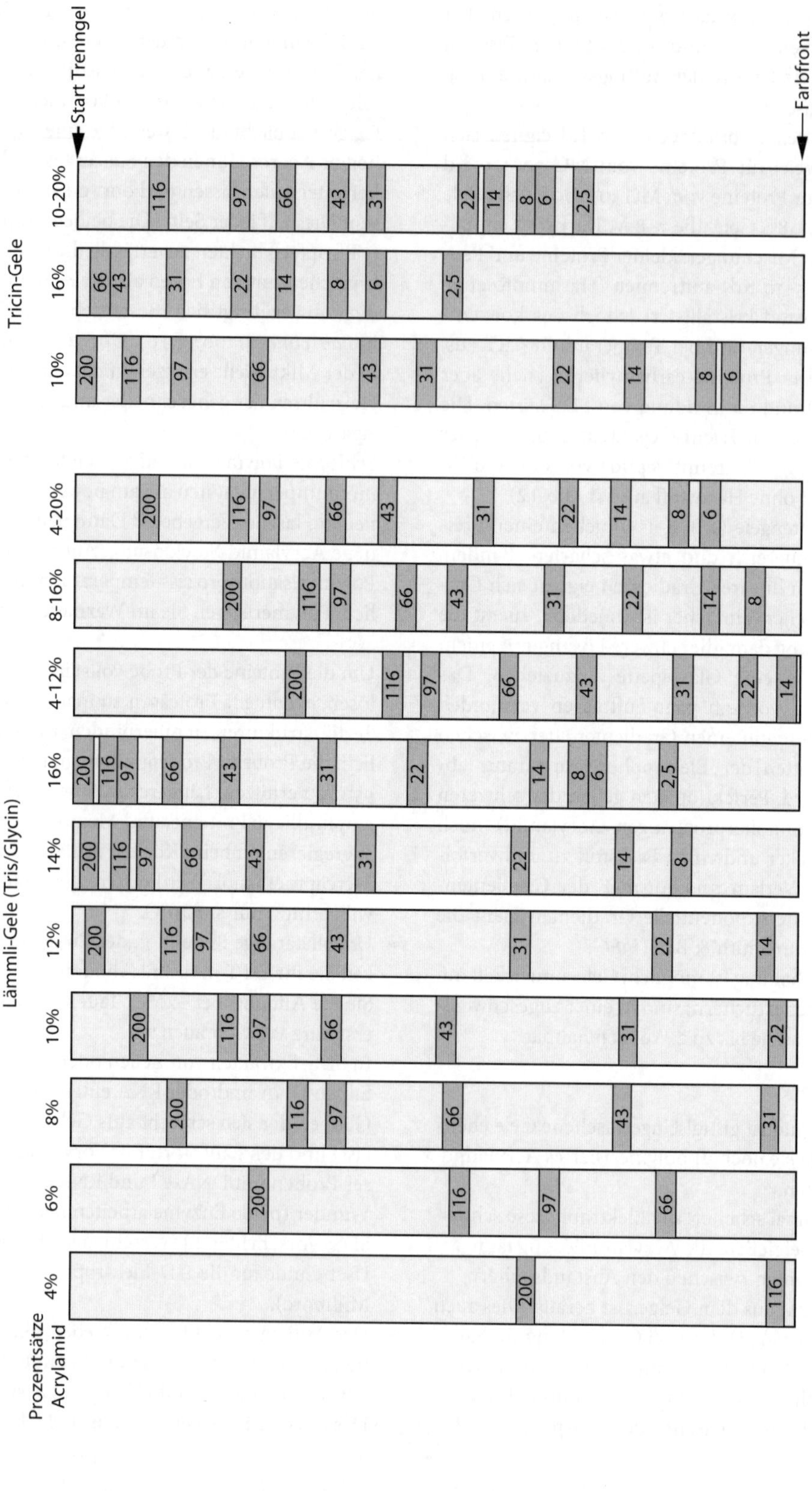

Abb. 1.2 **Laufgeschwindigkeit von MG-Markern in SDS-Gelen**

den richtigen pH, und kleinere Abweichungen spielen keine Rolle. Cl^- im Laufpuffer aber bringt das Ionensystem durcheinander und führt zu unscharfen Banden.

- Besondere Proteine verhalten sich besonders. Die hydrophilen Zucker glykosylierter Proteine binden kein SDS. Das Ladungs/Masse-Verhältnis der SDS-Komplexe glykosylierter Proteine unterscheidet sich daher von dem nichtglykosylierter Proteine. Glykosylierte Proteine laufen atypisch und geben im Gel eine breite Bande (Mikroheterogenität). Ca^{2+}-bindende Proteine wie Calmodulin laufen in SDS-Gelen in Anwesenheit von 1 mM Ca^{2+} schneller als in Gegenwart von 1 mM EDTA, und die Phosphorylierung von Proteinen ändert ihr Laufverhalten ebenfalls (Nachweis der Phosphorylierung).
- Bandenverzerrungen? Liegt oft an zu hohen Ionenkonzentrationen in der auf das Gel aufgetragenen Probe. Fällen Sie die Probe nach Wessel & Flügge (s. ► Abschn. 1.5.1), trocknen Sie das Pellet und lösen Sie es in Probenpuffer auf.
- Kaliumdodecylsulfat ist schwerlöslich und SDS fällt unterhalb 10°C aus.

Literatur

SDS-Gelelektrophoresesystem (Standard)

1 Lämmli, U.K. (1970): Cleavage of structural proteins during assembly of the head of bacteriophage T4. Nature 227, 680–685. Diese Originalvorschrift von Lämmli ist schwer nachzuarbeiten. Da aber nahezu jedes Labor ein gutes Arbeitsprotokoll zum Lämmli-Gel besitzt, hielten wir es für unnötig, eine detaillierte Vorschrift anzugeben.

Andere SDS-Gelelektrophoresesysteme

2 Dewald, D. et al. (1986): A nonurea electrophoretic gel system for resolution of polypeptides of MW 2000 to MW 200 000. Anal. Biochem. 154, 502–508

3 Hashimoto, F. et al. (1983): An improved method for separation of low-molecular weight polypeptides by electrophoresis in sodium dodecyl sulfate-polyacrylamide gels. Anal. Biochem. 129, 192–199

4 Schägger, H. & Jagow, G. (1987): Tricine-sodium-dodecylsulfate polyacrylamide gel electrophoresis for the separation of proteins in the range from 1-100 kDa. Anal. Biochem. 166, 368–379

Gradientenmischer

5 Smith, T. & Bell, J. (1986): An exponential gradient maker for use with minigel polyacrylamide electrophoreses systems. Anal. Biochem. 125, 74–77

1.3.2 Für Eilige: SDS-Elektrophorese ohne Sammelgel

Wie Sie dem vorigen Abschnitt entnehmen können ist das Lämmli-System eine ausgereifte Methode, die aber dennoch Schwächen hat. Es gibt daher immer wieder Forscher, die sich, vermutlich mit Blick auf Herrn Lämmlis Zitatezahlen, an Verbesserungen versuchen. Ahn et al. (2001) behaupten, ein simpler Austausch des Puffersystems mache das Sammelgel unnötig. Die Auflösung bliebe gleich, sei sogar etwas besser als bei Lämmli, weil das Trenngel länger gemacht werden könne. Auch spare man sich Lösungen und deren Ansetzen.

Sie brauchen für das Ahn-Gel Acrylamid Stocklösung, Laufpuffer, Probenpuffer und Trenngelpuffer. Acrylamid Stocklösung, Laufpuffer und Probenpuffer sind identisch zum Lämmli-System. Das Geheimnis liegt im Trenngelpuffer. Der besteht bei Ahn et al. aus 76 mM Tris-HCl und 0,1 M Serin, 0,1 M Glycin und 0,1 M Asparagin, pH 7,4. Der Trenngelpuffer enthält also kein SDS.

SDS-freies Trenngel für die SDS-Elektrophorese? Kein Problem! Das SDS aus Proben- und Laufpuffer läuft ja schneller als die Proteine, die bleiben also in SDS-haltiger Umgebung. Der Vorteil des SDS-freien Trenngels: Mit SDS-freiem Proben- und Laufpuffer, verwandelt sich das Ahn-System in eine native Gel-Elektrophorese.

Damit und mit der Arbeitsersparnis, des fehlenden Sammelgels wegen, sind die Vorteile des Ahn-Gels nicht erschöpft. Weil der pH des Gels nur bei 7,4 liegt, kann es über ein halbes Jahr bei 4°C gelagert werden, ohne Schaden zu nehmen. Beim pH 8,8 des Lämmli-Systems dagegen hydrolysiert das Acrylamid langsam.

Trotz fehlendem Sammelgel sei die Elektrophorese im Ahn-Gel unempfindlich gegen Probenvolumen, NaCl-Konzentrationen bis zu 0,5 M und 2% Chaps bzw. Triton, versichern Ahn et al. Blotten lassen sich die Proteine auch.

Das klingt praktisch, das klingt gut doch einiges macht misstrauisch. So zeigen Ahn et al. in ihrem Paper keinen direkten Vergleich mit Lämmli-Gelen und es fehlt auch ein genauer Beschrieb des Gelsystems.

Nun, ist es kein großer Aufwand, die Behauptungen Ahns nachzuprüfen. Sie müssten nur den neuen Trenngelpuffer ansetzen, und man setzt ja soviele Puffer an, da kommt es auf den auch nicht mehr an. Sie fahren also ihr Lämmli-Gel und parallel dazu, mit den gleichen Proben, in den gleichen Dimensionen, ein Ahngel. Dann färben, dann entfärben – und Sie wissen Bescheid.

Günter Fritz hat das getan und meint: »Wir verwenden dieses neue Rezept seit Erscheinen des Artikels in Anal. Biochem. Alles in allem: Ich werde keine Lämmli-PAGEs mehr fahren. Die neuen Gele sind schneller gegossen als die alten, laufen recht schön (sonst produziere ich oft Smilies wegen Salz etc.), es gibt mehr Trennstrecke, und es sind höherprozentige Gele (bis 18% Acrylamid) für die Trennung von sehr kleinen Proteinen möglich. Beim Rausnehmen, um das Gel zu färben oder zu blotten, schmiert das schlabberige Trenngel nicht mehr herum. Das hat mich immer genervt. Nachteile? Einen kleinen vielleicht: Mir scheint, die Lämmli Gele nehmen das Überladen nicht so krumm.«

Ein weiterer kleiner (?) Nachteil sind die Aminosäuren im Trenngelpuffer, sie machen ihn zur guten Nährflüssigkeit für Bakterien und Pilze.

Literatur

1 Ahn, T. et al. (2001): Polyacrylamide gel electrophoresis without a stacking gel: use of amino acids as electrolytes. Anal. Biochem. 291, 300–303

1.3.3 Native Gele

Native Gelsysteme enthalten kein SDS, die Ladung der Proteine im Gel richtet sich daher nach ihrem isoelektrischen Punkt und dem pH des verwendeten Puffers. Bei nativen Gelen wird die Proteinlösung mit Rohrzucker und einem Indikator ohne Vorbehandlung auf das Gel geladen. Im elektrischen Feld wandert dann ein Teil der Proteine zum Plus-, der andere zum Minus-Pol. Die Wanderungsgeschwindigkeit eines Proteins hängt ab von seiner Größe, seiner Ladung, der Porosität der Gelmatrix und dem pH von Trenngel und Laufpuffer. Ein halbes Dutzend nativer Systeme beschreibt Maurer (1971).

Da mit nativen Gelen weder MG noch isoelektrischer Punkt bestimmt werden können und sie sich nicht für Membranproteine eignen (siehe aber unten), sind native Gele aus der Mode gekommen. Sie dienen gelegentlich zur Reinheitskontrolle von löslichen Proteinen.

Vorteile Viele Proteine überleben die Elektrophorese und können in aktiver Form wieder aus dem Gel eluiert werden. Manche Enzyme kann man direkt im Gel durch die Enzymreaktion nachweisen.

Probleme Der Lauf eines nativen Gels dauert Stunden. Hydrophobe (integrale) Membranproteine schmieren in konventionellen nativen Gelen wie Hundedreck unterm Schuh, und das auch bei Zusatz nichtionischer Seifen, wie Triton X-100, zu Puffer und Gel.

Schägger-Gele Native Gelelektrophoresen für Membranproteine beschreiben Schägger & Jagow (1991). Die Proteine werden mit nichtionischen Seifen (z.B. Triton X-100) unter Zusatz von Aminocaproinsäure in Lösung gebracht und mit dem negativ geladenen, hydrophoben Farbstoff Serva blue G umgesetzt. Der Farbstoff verwandelt die gelösten Membranproteine in negativ geladene Farbstoff/Seife/Protein-Komplexe. Die aggregieren wegen der elektrostatischen Abstoßung nicht und ihre Tertiärstruktur und Funktion (z.B. enzymatische Aktivität) bleiben erhalten. Sie werden auf einem Gel, das Aminocaproinsäure enthält, aufgetrennt, wobei der Kathodenpuffer Serva blue G nachliefert (Blaugel). Als Orientierungsmarker dienen die Proteine von Rinderherzmitochondrien.

Das Blaugel eignet sich für Membranproteine im MG-Bereich 10^5–10^6. So können nach den Erfahrungen von Autor Rehm mitochondriale Membranproteine und integrale Zellmembranproteine wie der nikotinische Acetylcholinrezeptor aufgetrennt werden. Für kleinere Membranproteine empfiehlt Schägger den Ersatz des Farbstoffs durch Taurodeoxycholat.

Das Blaugel ist nicht nur eine neue Reinigungsmethode, es mag auch von Nutzen sein für die Aufklärung der Quartärstruktur von Proteinen (▶ Kap. 8). Ein SDS-Gel könnte als 2. Dimension die nativ separierten Oligomere in die Untereinheiten auftrennen.

Probleme: Vermutlich lagert sich Serva blue G bevorzugt an die Transmembranbereiche an. Membranproteine mit relativ zu den Transmembranbereichen großen extra- oder intrazellulären Anteilen weisen damit eine geringere Ladungsdichte auf als Membranproteine mit kleinen extra- und intrazellulären Bereichen. Lösliche Proteine binden noch weniger Farbstoff. Das Ladungs- zu Masse-Verhältnis verschiedener Protein-Farbstoffkomplexe ist also nicht konstant, und das Blaugel trennt die Proteinkomplexe nicht nach dem MG (persönl. Mitteilung von A. Schrattenholz, Mainz).

Lösliche Markerproteine wie Thyroglobulin, Ferritin u.a. schmieren im Gel oder zerfallen teilweise in Untereinheiten.

Serva blue G bindet fest an Nitrocellulose- und PVDF-Membranen. Der Blot eines Blaugels ist also blau, was bei der Immun- oder Ligandenfärbung des Blots stört (▶ Abschn. 1.6.3).

Schließlich dauert der Lauf eines Blaugels 3–6 h, und die Banden sind unscharf.

Lämmli-Taurodeoxycholatgele: Wenn Sie im Lämmli-System (▶ Abschn. 1.3.1) das 0,1% SDS in Puffern und Gel durch 5 mM Taurodeoxycholat ersetzen, fokussieren viele Membranproteine in 5–7,5% Trenngelen zu scharfen Banden. 5% Trenngele trennen Proteinkomplexe bis zu einem MG von 106 auf. Die Untereinheitenstruktur und native Konformation vieler Membranproteine bleibt erhalten (persönl. Mitteilung A. Schrattenholz, Mainz).

Ein Zwitter zwischen nativer und denaturierender Gelelektrophorese ist die Elektrophorese in dem Detergenz Cetyltrimethylammoniumbromid. Akin et al. (1985) behaupten, damit sei unter Erhalt der biologischen Aktivität eine MG-Bestimmung der Proteine möglich.

Literatur

1 Akin, D. et al. (1985): The determination of molecular weights of biologically active proteins by cetyltrimethylammonium bromideMinus-Polyacrylamide gel electrophoreses. Anal. Biochem. 145, 170–176
2 Maurer, H. (1971): Disc electrophoresis and related techniques of polyacrylamide gel electrophoresis. Walter de Gruyter, Berlin/New York
3 Schägger, H. & Jagow, G. (1991): Blue native electrophoresis for isolation of membrane protein complexes in enzymatically active form. Anal. Biochem. 199, 223–231
4 Thomas, J. & Hodes, M. (1981): A new discontinuous buffer system for the electrophoresis of cationic proteins at near neutral pH. Anal. Biochem. 118, 194–196

1.4 Gele färben

1.4.1 Fixieren

Vor oder mit dem Färben werden die Proteine im Gel fixiert, also denaturiert und ausgefällt. Fixiert wird meistens mit Ethanol/Essigsäure/Wasser-Mischungen, die ein Färbemittel, z.B. Coomassie Blue, enthalten. Die Essigsäure wird hin und wieder durch Trichloressigsäure (TCA) ersetzt, denn manche glauben, dass TCA Proteine besser fixiert.

Basische Proteine mit niedrigem MG lassen sich oft weder mit Essigsäure/- noch mit TCA/Ethanol/Wasser-Gemischen fixieren, und ihre Banden diffundieren im Laufe der Zeit auseinander. Abhilfe schafft das Fixieren der Proteine mit Formaldehyd nach Steck et al. (1980). Wer das Gel anschließend mit Silber färben will, muss das Formaldehyd vorher vollständig auswaschen.

Literatur

1 Steck, G. et al. (1980): Detection of basic proteins and low molecular weight peptides in polyacrylamide gels by formaldehyde fixation. Anal. Biochem. 107, 21–24

1.4.2 Färben

Bei großen Proteinmengen, die es, z.B. wegen einer Sequenzierung, schonend zu behandeln gilt, ist die Acetatfärbung das Mittel der Wahl. Bei kleineren Proteinmengen, die aber noch oberhalb 0,2 µg/Bande liegen, empfiehlt sich die Coomassie-Färbung. Darunter haben Sie die Wahl zwischen Silberfärbung, kolloidalem Coomassie und den Fluoreszenzfarben Sypro Orange, SYPRO Ruby und Deep Purple. Hier kommt es darauf an, welche Ausrüstung Sie haben und was Sie mit dem Protein hinterher anstellen wollen.

Wollen Sie das Gel blotten, ist es besser, die Proteine erst auf dem Blot anzufärben.

Die **quantitative Auswertung** gefärbter Gele ist eine Kunst. Dies insbesondere dann, wenn Proben auf verschiedenen Gelen verglichen werden sollen. Die Messwertstreuung kann aber auch auf dem gleichen Gel bei 20% und darüber liegen, was bedeutet, dass sich die Proteinexpression von Kontrolle und Probe um mindestens den Faktor 1,5 unterscheiden muss, um signifikant zu sein. Hauptfehlerquelle liegt nach Hermann Wetzig in der unberechenbaren Basislinie. Diese könne man durch geeignete Detektoren in den Griff bekommen. So könne man die native Fluoreszenz der Proteine ausnutzen (was die Färbung erspart) oder Coomassie gefärbte Gele im fernen Rot detektieren. Herr Wetzig hat seine Erkenntnisse in der Reihe »Neulich an der Bench« in *Laborjournal* 7/8 (2009) dargestellt.

1.4.2.1 Coomassie-Färbung

Die Coomassie-Färbung macht wenig Arbeit, doch auch bei dünnen (0,75 mm) Gelen dauert das Entfärben 2–3 Stunden. Die Empfindlichkeit des konventionellen Verfahrens ist mäßig (untere Grenze 200–400 ng pro Bande, ◘ Tab. 1.1).

Wenn Ihnen Essiggestank nichts ausmacht oder noch Platz im Abzug ist, können Sie die Coomassie-Färbung und -entfärbung auf 20–30 Minuten verkürzen. Ralph Diensthuber kocht die Gele kurz mit der Coomassie-Lösung auf und entfärbt sie wieder durch Aufkochen in 6%iger Essigsäure. Zum Entfärben wird die Essigsäure mehrmals gewechselt.

Noch besser ist es, Sie lassen die Essigsäure ganz weg und den Alkohol auch. In *Laborjournal* 3/2008, S. 62 beschreibt Hüseyin Besir eine Coomassie Färbemethode in der die Essigsäure durch 35 mM HCl ersetzt wird. Entfärbt wird mit bidest. Wasser. Auch Besir erhitzt die Gele, nimmt dazu aber eine Mikrowelle. Das kann er, weil seine Färbelösung frei von Alkohol und Essigsäure ist. Das Erhitzen von verdünntem HCl macht der Mikrowelle anscheinend nichts aus - man sollte die Brühe aber nicht aufkochen. Auch empfiehlt Besir auf das Erhitzen zu verzichten, wenn die Proben nach dem Färben für die Massenspektrometrie verwendet werden sollen.

Neuhoff et al. (1988) haben eine Färbung mit kolloidalem Coomassie entwickelt. Die soll hoch sensitiv sein, einen klaren Hintergrund geben, das Entfärben entfalle, und zudem dauere die Färbung nicht so lange wie mit löslichem Coomassie. Die Färbung wird als Kit von der Firma Novex vertrieben (ein Arbeitsprotokoll liegt dem Kit bei). Sie benötigt mehr Zeit als die Färbung mit löslichem Coomassie und es muss mit Wasser entfärbt werden. Die Färbung ist wirklich empfindlicher als die alte Coomassie-Methode und dennoch verträglich mit der Massenspektrometrie. Beachten Sie:

- weil sich das colloidale Coomassie in den Polyacrylamid-Poren verfängt, ist der Hintergrund bei niederprozentigen Gelen höher.
- Nichtreduzierte Proben färben etwas besser als reduzierte Proben.
- Sie können das Gel mit 30% Methanol wieder vollständig entfärben.

Die Gel-Färbung mit kolloidalem Coomassie wurde von Kang et al. (2002) durch Zugabe von Aluminiumsulfat um eine Größenordnung empfindlicher gemacht. Die Coomassie Färbung erreicht damit die Empfindlichkeit der Silberfärbung und Fluoreszenzfärbungen (1 ng pro Bande), vermeidet aber die Nachteile der Silberfärbung wie ungleiche Färbeintensität und irreversible Fixierung. Zudem kann man im Gegensatz zu Fluoreszenzfärbungen die Banden bzw. Flecken im Gel mit bloßem Auge betrachten. In *Laborjournal* 4/2008, S. 44 berichtet Nadine Dyballa von einer weiteren Optimierung der kolloidalen Coomassie Färbung. Durch Verwendung von Ethanol wurde die Giftigkeit reduziert.

Literatur

1 Kang et al. (2002): Highly Sensitive and Fast Protein Detection with Coomassie Brilliant Blue in Sodium Dodecyl Sulfate-Polyacrylamide Gel Electrophoresis. Bull. Korean Chem. Soc. 2002 23, 1511–1512

Tab. 1.1 Proteinfärbung in Gelen

Methode	Empfindlichkeit[A]	Zeit	Variabilität[B]	Blot?[C]	MS?
Silber	5–30	1–24 h	groß	Nein	Nein
Silber ohne Aldehyde	5–30	4–24 h	groß	Ja	Ja
Eosin Y	10	30 min	mäßig	Ja	Ja
SYPRO Orange	30–50	1 h	gering	Ja	Ja
SYPRO Ruby	10–30	5–6 h	gering	Ja	Ja
Deep Purple	2–10	3–4 h	gering	Ja	Ja
Stains-all	100–200	3–4 Tage	gering	Ja	Ja
Coomassie	200–400	3–4 h	gering	Ja	Ja
Colloidales Coomassie	20–50	10 h	gering	Ja	Ja
Nitroblau Tetrazolium	200–400	20 min			
Zink-Imidazol	50–200	20 min		Ja	Ja
Kupfer	100–300	20 min		Ja	Ja
Na-Acetat	1.000–3.000	20 min		Ja	Ja
KCl	2.000–4.000	10–40 min		Ja	Ja

[A] Grenzwerte in ng/0,5 cm Bande
[B] der Färbeintensität gleicher Mengen verschiedener Proteine
[C] Vor dem Blotten müssen die gefärbten Gele oft behandelt werden z.B. Auswaschen von Salzen oder Inkubieren in 0,1% SDS-Lösung (Perides et al. 1986, ▶ Kap. 16)
MS: Massenspektrometrie

2 Neuhoff et al. (1988): Improved staining of proteins in polyacrylamide gels including isoelectric focusing gels with clear background at nanogram sensitivity using Coomassie Brillant Blue G-250 and R-250. Electrophoresis 9, 255–262

1.4.2.2 Silberfärbung

Bei der Silberfärbung bildet das Ag^+-Ion Komplexe mit den Glu-, Asp- und Cys-Resten der Proteine. Alkalisches Formaldehyd reduziert das Ag^+ der Komplexe zu Ag. Die Feinheiten dieser Reaktion sind unbekannt. Vorfärbung des Gels mit Coomassie soll die Silberfärbung verstärken (Moreno et al. 1985); dieser Effekt ist allerdings nach Rehms Erfahrung ein mäßiger.

Der Vorteil der Silberfärbung liegt in ihrer Empfindlichkeit. Sie ist auch preiswert. Die Reagenzien sind im Handel erhältlich.

Die Zahl der Silberfärbungsprotokolle liegt bei mehreren Dutzend. Mit dem Standardprotokoll, das Merril et al. (1981) entwickelten, können noch ca. 5 ng Protein pro Bande nachgewiesen werden. Heukeshoven & Dernick (1988) verbesserten die Färbung durch einen Reduktionsschritt mit Thiosulfat und drückten damit die Nachweisgrenze auf 50 bis 100 pg Protein pro Bande. Die Methode wurde für das Phast-System von Pharmacia optimiert und läuft bei wechselnden Temperaturen ab, doch können Sie, bei geringerer Empfindlichkeit, auch alle Schritte bei RT durchführen (Färbezeit ca. 75 min).

In manchen Silberfärbungs-Protokollen entwickeln die Proteine Farben, z.B. färben sich Sialoglykoproteine gelb und BSA blau. Die Grundlage dieser Farbreaktionen liegt im Dunkeln und ihr experimenteller Nutzen war bisher gering (Dzandu et al. 1984; Nielsen & Brown 1984).

Wenn Ihnen ihr Silbergel zu dunkel geraten ist, können Sie das Gel wieder entfärben:

- Gel 5 min mit Wasser waschen. Gel in Entfärberlösung inkubieren bis gewünschter Entfärbungsgrad erreicht ist (Achtung: Entfärbungsprozess läuft schnell ab) und dann mit 5% Essigsäure stoppen.
- Entfärberlösung: 10 ml Lösung A und 10 ml Lösung B mischen, mit H_2O auf 200 ml auffüllen. Falls die Farbe leicht ins Grüne umschlägt, einige Tropfen konzentriertes NH_4OH zugeben bis Farbe wieder tiefblau.
- Lösung A: 37 g NaCl, 37 g $CuSO_4 \times 5H_2O$ in ca. 800 ml H_2O lösen, konzentrierte NH_4OH Lösung zugeben bis der Niederschlag sich löst und die Lösung tiefblau wird; mit H_2O auf 1 l auffüllen.
- Lösung B: 684 g $NaS_2O_3 \times 5H_2O$ in ca. 900 ml H_2O lösen und dann auf 1 l auffüllen.

Eine andere Möglichkeit, das Silber aus den Gelen wieder zu entfernen, ist eine Behandlung mit Wasserstoffperoxid (H_2O_2) (Sumner et al. 2002).

Probleme: Die Silberfärbung ist umständlich, langwierig (1–2h), schwer zu reproduzieren und nicht quantifizierbar, da gleiche Mengen verschiedener Proteine mit unterschiedlicher Intensität färben (Poehling & Neuhoff 1981). Die Färbung zeigt also große Variabilität. Außerdem können Sie mit dem gefärbten Proteinen kaum mehr etwas anfangen: kein Blot, keine Elution, ^3H wird gequencht, der Verdau mit Proteasen behindert und in das Massenspektrometer bekommen Sie die Proteine auch nicht mehr. Zudem ist die Silberfärbung keineswegs spezifisch für Proteine, sondern färbt auch lustig Nukleinsäuren, Lipopolysaccharide, Lipide und Glykolipide. Schlecht sieht es bei der Silberfärbung mit der Proportionalität zwischen Proteinkonzentration und Färbeintensität aus: Eine Größenordnung ist das Höchste der Gefühle.

Enthielt der Lämmli-Probenpuffer Mercaptoethanol oder DTT, entstehen bei der Silberfärbung des Gels oft zwei Artefakt- (Geister)banden in BSA-Höhe. Diese Banden verschwinden, wenn die Probe nach der Reduktion (und vor dem Lauf) mit Iodacetamid behandelt wird (Hashimoto et al. 1983).

Oft erscheinen Geisterbanden aber auch im MG-Bereich 50–60 Kd und die verschwinden nicht nach Reduktion der Probe mit Iodacetamid. Nach Yokota et al. (2000) sind die Ursache der Geisterbanden Verunreinigungen mit Haut- und Haarkeratinen. Geisterbanden haben also nur in sofern etwas mit spiritistischen Erscheinungen zu tun, als sie beide vom Kopf verursacht werden: Die einen entstehen darauf, die anderen darin. Nach Yokota schwimmen die Keratine nicht nur in der Probe, sie sitzen auch und vor allem in den Probetaschen des SDS-Gels. Geisterbanden erhalten Sie nämlich schon, wenn Sie das Gel ohne Probe laufen lassen. Waschen der Taschen mit Wasser nützt wenig, waschen mit Probenpuffer vergrößert das Problem – vermutlich, weil der Probenpuffer die Keratine ins Gel diffundieren lässt. Yokoza et al. beseitigen die Banden, indem sie die Geltaschen mit proteinfreiem Probenpuffer beladen, für fünf Minuten in die falsche Richtung elektrophoretisieren und den Probenpuffer dann entfernen. Die Taschen sind jetzt keratinfrei und Sie können ihre Probe aufladen.

Silberfärbung und Massenspektrometrie

Bei der Massenspektrometrie erweist sich die zumindest teilweise irreversible Fixierung der Proteine während der Silberfärbung als Nachteil. Fixierend und proteinvernetzend wirken die Aldehyde, die zum Entwickeln verwendet werden. Besonders schlimm ist Glutaraldehyd. Aber auch Formaldehyd quervernetzt Proteine über Methylen-Brücken, so wie in histologischen Präparaten. Bis zur vollständigen Vernetzung dauert es Stunden bis Tage. Falls Sie Ihr Silbergel also mit Formaldehyd entwickelt haben und nun einzelne Flecken im Massenspektrometer untersuchen wollen, empfiehlt es sich, das Gel so schnell wie möglich weiter zu verarbeiten.

Die Silberfärbungen nach Blum (1987) und Shevchenko et al. (1996) sollen mit der Massenspektrometrie kompatibel sein. Beide verwenden nur

Formaldehyd zum Entwickeln des Gels. Die Peptidausbeute aus Blum-Gelen ist jedoch wesentlich geringer als die aus Coomassie gefärbten Gelen.

Neben der Quervernetzung mit Aldehyden hemmt auch die Ag-Ablagerung die Weiterverarbeitung der Proteine eines Silbergels. Es ist also zweckmäßig, das Gel zuvor zu entfärben.

Sumner et al. (2002) entfernen das Silber mit einer H_2O_2-Behandlung. Dabei oxidiert das H_2O_2 auch die Reste von Formaldehyd und Ammoniak komplexiert die entstehenden Ag^+-Ionen. Dies soll die Proteine dem Verdau mit Proteasen bzw. einer Analyse mit dem Massenspektrometer zugänglich machen und tut es auch teilweise. Aber eben nur teilweise: Proteine, die zuvor durch die Aldehyde irreversibel quervernetzt wurden, sind und bleiben für Proteasen schwer verdaulich. Zudem oxidiert das H_2O_2 die Methioninreste der Proteine.

Zum Entfärben von Formaldehyd entwickelten Silbergelen eignet sich auch die Methode von Gharahdaghi et al. (1999). Oxidationsmittel ist Ferricyanid und das Ag^+ Ion wird mit Thiosulfat komplexiert. Im Netz steht dazu folgende (modifizierte) Vorschrift:

- Proteinflecken mit Skalpell oder einer gelben Pipettenspitze aus dem Gel schneiden und in Eppendorfcup geben.
- 100 µl Entfärberlösung zugeben (50 mM Na Thiosulfat, 15 mM K Ferricyanid) und inkubieren bis die gelbe Farbe verschwindet.
- Entfärberlösung absaugen und das Gelstück in 200 µl 25 mM Ammoniumcarbonat für 10 min waschen.
- Das Gelstück in 100 µl CH_3CN für 10 min dehydratisieren.
- Waschen mit Ammoniumcarbonat und Dehydrieren zweimal wiederholen.
- CH_3CN-Lösung absaugen und Gel in der Vakuum-Zentrifuge trocknen. Danach können Sie z.B. Puffer und Protease zugeben.

Die Eingangs beschriebene Entfärbung mit Cu^{2+} empfehlen wir für die Massenspektrometrie nicht. Die Cu^{2+}-Ionen stören. Sie können aber versuchen, das Kupfer mit 0,25 M EDTA wegzuwaschen.

Der Weisheit bisher letzter Schluss ist also: Wer die Flecken bzw. Banden in einem Silbergel analysieren will, der sollte nur mit Formaldehyd entwickeln und das Gel schnell wieder entfärben. Glücklich scheint damit aber niemand geworden zu sein.

Sophie Richert (2004) ist auf die Idee gekommen, das Gel nicht mit Formaldehyd, sondern mit einer Substanz zu entwickeln, die Proteine nicht vernetzt. Das mag nach dem oben gesagten nahe liegend erscheinen, allein, was nahe liegt, wird leicht übersehen: Jedenfalls hat vor Sophie niemand diesen Gedanken verfolgt. Sie entwickelt ihre Silbergele mit Carbohydrazid. Aus den damit angefärbten Gelen erhielte man eine ähnliche Peptidausbeute für die Massenspektrometrie wie aus Gelen, die mit Coomassie gefärbt wurden. Dies besonders dann, wenn noch mit Ferricyanid entfärbt werde. Die Sensitivität sei vergleichbar mit Formaldehyd entwickelten Gelen. Doch hätten die mit Carbohydrazid entwickelten Gele einen höheren Hintergrund und eine geringere Farbhomogenität.

Wie viele Reduktionsmittel Frau Richert wohl ausprobiert hat? Vielleicht ist Carbohydrazid auch noch nicht das Ende vom Lied. Falls Sie an einem Sonntag nicht besseres vorhaben, dann spielen Sie doch mit Frau Richerts Bedingungen herum und suchen Sie ein besseres Reduktionsmittel. Als Lohn winkt ein Paper in *Proteomics*.

Literatur

1 Dzandu, J. et al. (1984): Detection of erythrocyte membrane proteins, sialoglycoproteins and lipids in the same polyacrylamide gel using a doublestaining technique. Proc. Natl. Acad. Sci. USA 81, 1733–1737

2 Hashimoto, F. et al. (1983): An improved method for separation of low-molecular weight polypeptides by electrophoresis in sodium dodecyl sulfate-polyacrylamide gel. Anal. Biochem. 129, 192–199

3 Heukeshoven, J. & Dernick, R. (1988): Improved silverstain procedure for fast staining in Phastsystem development unit; staining of sodium dodecylsulfate gels. Electrophoresis 9, 28–32

4 Merril, C. et al. (1981): Ultrasensitive stain for proteins in polyacrylamide gels shows regional variation in cerebrospinal fluid proteins. Science 211, 1437–1438

5 Moreno, M. et al. (1985): Silverstaining of proteins in polyacrylamide gels: increased sensitivity through a combined Coomassie Blue-Silver stain procedure. Anal. Biochem. 151, 466–470

6 Nielsen, B. & Brown, L. (1984): The basis for colored silver-protein complex formation in stained polyacrylamide gels. Anal. Biochem. 141, 311–315
7 Poehling, H. & Neuhoff, V. (1981): Visualization of proteins with a silver stain: a critical analysis. Electrophoresis 2, 141–147
8 Yokota et al. (2000): Elimination of Artifactual Bands from Polyacrylamide Gels. Anal. Biochem. 280, 188–189

Zu Silberfärbung und Massenspektrometrie

9 Blum et al. (1987): Improved silver staining of plant proteins, RNA and DNA in polyacrylamide gels. Electrophoresis 8, 93–99
10 Gharahdaghi, F. et al. (1999): Mass spectrometric identification of proteins from silver-stained polyacrylamide gel: A method for the removal of silver ions to enhance sensitivity. Electrophoresis 20, 601–605
11 Richert, S. et al. (2004): About the mechanism of interference of silver staining with peptide mass spectrometry. Proteomics 4, 909–916
12 Shevchenko, A. et al. (1996): Mass spectrometric sequencing of proteins from silver-stained polyacrylamide gels. Anal. Chem. 68, 850–858
13 Sumner, L. et al. (2002): Silver stain removal using H_2O_2 for enhanced peptide mass mapping by matrix-assisted laser desorption/ionization time-of-flight mass spectrometry. Rapid Comm. Mass Spectrom. 16, 160–168

1.4.2.3 Allerlei Buntes

Stains-all-Färbung: Stains-all ist eine kationische Carbocyaninfarbe. Sie färbt Sialoglykoproteine blau, Ca^{2+}-bindende Proteine dunkelblau bis violett, Proteine rot und Lipide gelb-orange. Brauchbar ist Stains-all für stark saure und/oder hochphosphorylierte Proteine (z.B. aus Dentin oder Knochen). Die färben schlecht oder gar nicht mit Coomassie oder Silber, leuchten Ihnen aber mit Stains-all dunkelblau entgegen. Doch nicht lange. Tageslicht bleicht Stains-all in Minuten aus – also noch während Sie das Gel betrachten. Diesen Nachteil behaupten Myers et al. (1996) mit einer Doppelfärbung überwunden zu haben: Sie färben das Gel erst mit Stains-all, dann mit Silber. Dies soll die hochphosphorylierten – und auch die restlichen – Proteine dauerhaft sichtbar machen.

Vorteile: schön bunt, mag bei der Reinigung von Ca^{2+}-bindenden oder hochphosphorylierten Proteinen nützlich sein.

Probleme: SDS stört schon in geringsten Mengen. Das Reagenz ist lichtempfindlich, die Färbung hält sich deswegen nur für Minuten (siehe aber Myers et al. 1996).

Literatur

1 Campbell, K. et al. (1983): Staining of the Ca^{2+} binding proteins, calsequestrin, calmodulin, troponin C and S-100 with the cationic carbocyanine dye »stains-all«. J. Biol. Chem. 258, 11267–11273
2 King, L. & Morrison, M. (1976): The visualization of human erythrocyte membrane proteins and glycoproteins in SDS-polyacrylamide gels employing a single staining procedure. Anal. Biochem. 71, 223–230
3 Myers, J. et al. (1996): A method for enhancing the sensitivity and stability of stains-all for phosphoproteins separated in sodium dodecylsulfate – polyacrylamide gels. Anal. Biochem. 240, 300–3002

Eosin-Färbung: Nach Lin et al. (1991) färbt das Fluoresceinderivat Eosin Y in SDS-Gelen Proteine bis hinab zu 10 ng pro Bande. Zudem entdeckt Eosin Y auch Sialoglykoproteine, die Coomassie nicht anfärbt. Die Antigenizität der mit Eosin Y gefärbten Proteine bleibt erhalten, auch können die Proteine nach der Färbung geblottet werden. Eosin Y wurde von den Histologen übernommen (eosinophile Granulozyten!) und zeigt, dass es sich gelegentlich lohnt, über den Zaun zu blicken.

Literatur

1 Lin, F. et al. (1991): Eosin Y staining of proteins in polyacrylamide gels. Anal. Biochem. 196, 279–283

1.4.2.4 Negative Färbungen

Damit sind Farbstoffe gemeint, die das Gel färben, nicht aber die Proteinbanden. Sie sind bei Experimentatoren nicht beliebt, da es schwierig ist, die Grenzen der Banden bzw. Flecken festzulegen. Die Zink-Imidazol-Färbung scheint noch den meisten Zuspruch zu finden.

Nitroblau Tetrazolium: Diese negative Färbung sei empfindlicher als Coomassie und dauere nur 20 min, behaupten Leblanc & Cochrane (1987). Kaum jemand scheint ihnen das geglaubt zu haben, die Methode wird kaum zitiert.

Literatur

1 Leblanc, G. & Cochrane, B. (1987): A rapid method for staining proteins in acrylamide gels. Anal. Biochem. 161, 172–175

Acetat-Färbung: 4 M Na-Acetat für 20–60 min fällt in Lämmli-Gelen das freie (nichtproteingebundene) SDS aus. Das Gel wird trübe, die Proteinbanden bleiben klar. Seitenlicht gegen einen schwarzen Hintergrund macht die Banden sichtbar.

Die Acetat-Färbung schont das Protein, ist zuverlässig und einfach. Das Protein bleibt unverändert und kann weiterverarbeitet werden, z.B. für partielle Aminosäuresequenzen. Allerdings werden nur größere Mengen an Protein (von 5 µg pro Bande aufwärts) sichtbar. Die Färbung verschwindet, wenn das Acetat ausgewaschen wird.

Literatur

1 Higgins, R. & Dahmus, M. (1979): Rapid visualization of protein bands in preparative SDS-polyacrylamide gels. Anal. Biochem. 93, 257–260

Zink-Imidazol-Färbung: Die Sensitivität dieser Färbung soll höher sein wie die von Coomassie jedoch niedriger als Silber. Sie sehen die Proteinbanden schon nach Minuten. Die Proteine werden nicht fixiert und können daher nach dem Färben mit Proteasen verdaut oder für die Massenspektrometrie verwendet werden (dazu müssen Sie natürlich erst das Zn^{2+} entfernen). Die Proteine sind auch sequenzierbar.

Nachteile: Proteine mit niedrigem Molekulargewicht und Glykoproteine erfasst die Färbung nicht oder schlecht. Wie bei allen negativen Färbungen lässt der Kontrast zu wünschen übrig: Es ist schwer, Banden oder Flecken präzise auszuschneiden.

Literatur

1 Ortiz, M. et al. (1992): Imidazole-SDS-Zn reverse staining of proteins in gels containing or not SDS and microsequence of individual unmodified electroblotted proteins. FEBS Lett. 296, 300–304

Kupfer-Färbung: Bei dieser Methode legen Sie das SDS-Gel gleich nach der Elektrophorese für 15 min in 0,3 M $CuCl_2$ ein. Die Proteine werden als Cu-SDS-Komplexe im Gel fixiert. Danach waschen Sie das Gel kurz in Millipore-Wasser und betrachten es gegen einen schwarzen Hintergrund. Sie sehen die Proteine als klare Zonen in einem blauen See von Cu-SDS-Tris-Komplexen. Die Färbung ist also denkbar einfach. In der Empfindlichkeit liegt sie zwischen der Coomassie und der Silberfärbung. Die gefärbten Gele können Sie für Monate bei RT in Wasser aufbewahren: Die Färbung hält und das Gel wird auch nicht von Mikroorganismen befallen, denn Cu^{2+}-Ionen sind giftig.

Auch native Gele lassen sich mit der $CuCl_2$ färben. Da hier aber das SDS fehlt ist die Färbung weniger empfindlich und die Proteine erscheinen als schwach blaue, trübe Zonen gegen einen klaren blauen Hintergrund.

Wenn Sie das Gel mit 0,1 M Tris / 0,25 M EDTA pH 8,0 waschen, komplexiert das EDTA das Cu^{2+} und die Farbe verschwindet. Danach können Sie die Proteine blotten oder sonstwie aus dem Gel eluieren, mit Proteasen verdauen oder massenspektrometrisch untersuchen.

Literatur

1 Lee, C. et al. (1987): Copper staining: a five-minute protein stain for sodium dodecyl sulfate-polyacrylamide gels; Anal. Biochem. 166, 303–312

1.4.2.5 Fluoreszenz-Farbstoffe

Als Durchbruch in der Proteinfärbung von Gelen gelten die fluoreszierenden **SYPRO-Farben**. Sie binden an SDS-Protein-Komplexe und eignen sich daher zur Färbung von SDS-Gelen. Es gibt zwei Klassen von SYPRO-Farben: Die rein organischen Verbindungen wie SYPRO Orange und SYPRO

1

Red und die Ruthenium-Komplexverbindungen wie SYPRO Ruby.

Der entscheidende Vorteil der SYPRO-Farben liegt in der Proportionalität zwischen Proteinmenge und Intensität der Färbung: Sie erstreckt sich über drei bis vier Größenordnungen und ist damit Coomassie und Silber überlegen.

Die rein organischen SYPRO-Farben färben etwas besser als Coomassie; die Ruthenium-Komplexe dagegen färben fast so empfindlich wie Silber. Die Komplexe bleichen auch langsamer aus wie die organischen Verbindungen. Das ermöglicht es, durch lange Messzeiten seltene Proteine besonders hervorzuheben.

Nach der Färbung können die Proteine noch geblottet oder aus dem Gel eluiert werden. Äquilibrieren Sie das Gel vor dem Blotten mit 0,1% SDS, sonst wird die Blot-Effizienz zu niedrig. Auch der Massenspektrometrie und der Edman-Sequenzierung legen die SYPRO-Farben nichts in den Weg.

Die SYPRO-Farben färben auch Glyko- und Lipoproteine und Ca^{2+}-bindende Proteine, nicht aber Nukleinsäuren und kaum Lipopolysaccharide, Lipide und Glykolipide.

Beim Färben geht es zu wie beim Damenfriseur: fixieren, färben, waschen und wie beim Damenfriseur dauert dies bei SYPRO-Ruby mindestens fünf Stunden. Sie sollten Plastikgefäße verwenden, denn SYPRO-Ruby bindet an Glas (Berggren et al. 2000). Obwohl SYPRO Ruby lichtbeständiger ist als SYPRO Orange sollten Sie das Inkubationsgefäß in Alufolie einwickeln.

SYPRO Orange müssen Sie sorgfältig vor Licht schützen. Sie färben folgendermaßen: Farbstoff 5000-fach in 7,5% Essigsäure verdünnen, das Gel etwa 1 h in der Suppe schaukeln, kurz abwaschen fertig (Steinberg et al. 1996).

Soweit die guten Nachrichten. Jetzt die schlechten:

Native Gele lassen sich schlecht mit SYPRO-Farben anfärben, es sei denn, Sie inkubieren das Gel vor der Färbung eine Weile in Laufpuffer mit 0,05% SDS. Allerdings hätten Sie dann oft auch gleich ein SDS-Gel fahren können.

Ruthenium, ein Bestandteil von SYPRO-Ruby, ist giftig und krebserregend. Sie können die Brühe nach Gebrauch also nicht in den Abguss kippen. Zudem werden die Gele mit SYPRO Ruby ungleichmäßig gefärbt und geben oft ein tüpfeliges, gesprenkeltes Bild.

SYPRO-Farben sind Fluoreszenzfarben, d. h. Sie müssen die Fluoreszenz anregen und das emittierte Licht aufnehmen. Dazu brauchen Sie teure Gerätschaften, auch müssen Sie das Gel zum Transilluminator tragen, Schutzmaske aufsetzen, Filter (wo ist er bloß?) auf das Aufnahmegerät drehen, Akku der Digitalkamera (natürlich leer) aufladen, Speicher (natürlich voll) leeren, bei 300 nm anregen, Foto machen, Foto entwickeln – nur um hinterher festzustellen, dass Sie vergessen haben, die Blende richtig einzustellen. Beim Wiederholen lässt dann die Empfindlichkeit nach, denn die organischen SYPRO Farben bleichen aus.

Ein Tipp: SYPRO Orange färbt hauptsächlich SDS-Protein-Komplexe. Die Betonung liegt auf SDS. Alles was das SDS vom Protein entfernt, schwächt die Färbung. Also: das Gel nicht zu lange färben, kein extra Fixierungsschritt in 7,5% Essigsäure (womöglich über Nacht), Gel nicht mit nichtionischen Seifen wie Triton oder Tween waschen.

Noch ein Tipp: Lassen Sie die SDS-Front aus dem Gel herauslaufen. Anderenfalls diffundiert beim Färben zuviel SDS aus dem Gel in die Färbelösung. Die SDS-Mizellen binden SYPRO Orange was dessen effektive Konzentration erniedrigt. Zudem scheinen SDS-SYPRO Orange Mizellen den Hintergrund zu erhöhen.

Und noch ein Tipp: Messen Sie die Fluoreszenz auf Pyrex Glasplatten. Andere Glasplatten zeigen Eigenfluoreszenz. Das mindert Klarheit und Empfindlichkeit der Färbung.

Literatur

1 Berggren, K. et al. (2000): Background-free, high sensitivity staining of proteins in one- and two-dimensional sodium dodecyl sulfate-polyacrylamide gels using a luminescent ruthenium complex. Electrophoresis 21, 2509–2521

2 Görg, A. (2003): Two-Dimensional Electrophoresis with Immobilized pH Gradients for Proteome Analysis. A laboratory manual.

3 Steinberg, T. et al. (1996): Application of SYPRO orange and SYPRO red protein gel stains. Anal. Biochem. 239, 238–245

Des Guten Feind ist das Bessere. Auch die SYPRO Farben haben inzwischen Konkurrenz bekommen: Einen Fluoreszenz-Farbstoff, der durch den Pilz *Epicoccum nigrum* synthetisiert wird. *Epicoccum* gehört zu den Schwärzepilzen, kommt auf Getreidekörnern und Papier vor und seine Kolonien ähneln kleinen schwarzen Pusteln. Er bildet einen Farbstoff der erst Beljian Red hieß und inzwischen als »**Deep Purple**« bekannt ist (▶ Kap. 1.2.5). Wie man auf diesen Namen kam ist den Verfassern nicht bekannt. Vielleicht bildet Deep Purple beim Lösen »smoke in the water«, vielleicht war der Namensgeber ein Fan der gleichnamigen Opa-Rockgruppe, vielleicht bezog er sich auf den Schlager »When the deep purple falls« aus den 30er Jahren des letzten Jahrhunderts. In dessen Zeilen ist jedenfalls von Nachtarbeit, Licht und fester Bindung die Rede:

> *In the still of the night, once again I hold you tight;*
> *Though you're gone, your love lives on when moonlight beams.*

Deep Purple hat einen langen lipophilen Schwanz ist aber wasserlöslich. Seine Fluoreszenz kann mit Wellenlängen von 300–550 nm angeregt werden, emittiert wird rotes Licht der Wellenlänge 605 nm. Der Mechanismus der Färbung beruht auf der schnellen und reversiblen Umsetzung von Deep Purple mit primären Aminogruppen der Proteine zu einem fluoreszierenden Enamin. Es reagieren hauptsächlich die Lys-Reste. Die Verbindung ist am stabilsten bei pH 2,4 und wird im Alkalischen, mit starken Säuren oder einfach durch Waschen mit Wasser wieder hydrolysiert.

Für die Färbung von Gelen mit Deep Purple existieren zwei Protokolle. Beiden gemeinsam ist, dass die Färbung im Alkalischen entwickelt wird. Verschieden sind der Zeitpunkt der Alkalisierung des Gels, einmal vor und einmal nach der Färbung mit Deep Purple, und die Verwendung bzw. Nichtverwendung von Ammoniak.

Nach Duncan Veal, in dessen Labor der Farbstoff entwickelt wurde, ist die Methode ohne Ammoniak die bessere. Ursprünglich glaubten Veal und seine Mitarbeiter, dass sich Deep Purple nur in die SDS-Hülle der Proteine einlagere. Daher gaben sie NH_3 zu, um das fluoreszierende Enamin zu bilden (Vorschrift von Mackintosh et al 2003). Es stellte sich jedoch heraus, dass das Ammoniak nur die primären Aminogruppen der Protein-Lysinreste deprotonierte und im übrigen mit den Lysinresten um den Farbstoff konkurrierte. Es war besser, das Ammoniak wegzulassen und die Proteine in alkalischem pH zu färben, z.B. mit Na-Bicarbonat wie in folgender Vorschrift:

1. Gel für 1 h oder über Nacht in 10% Methanol / 7,5% Essigsäure fixieren.
2. Gel in 150 ml 200 mM Na_2CO_3 für 30 min waschen.
3. Gel in 100 ml Millipore Wasser suspendieren, 0,5 ml Deep Purple zugeben und für 1 h im Dunkeln inkubieren.
4. Färbeflüssigkeit entfernen und das Gel zweimal je 15 min in 10% Methanol / 7,5% Essigsäure waschen. Das Gel ist jetzt fertig gefärbt und kann gemessen werden.
5. Sie könnend das Gel durch Waschen mit Wasser wieder entfärben. Sie erhalten dann die unmodifizierten Proteine.

Lebhaft schildern Herstellerfirma und Entdecker die Vorzüge von Deep Purple. Es färbe empfindlicher als SYPRO Ruby oder Silber; es weise noch Proteine nach, die nur in 12 Kopien pro Zelle vorhanden sind. Das liege daran, dass der Farbstoff nur dann fluoresziere, wenn er an Protein gebunden ist. Man messe also gegen einen Fluoreszenz-Hintergrund von fast Null. Mit Deep Purple gefärbte Gele zeigten auch nicht das tüpfelige Erscheinungsbild der SYPRO Ruby Gele. Probleme mit der Entsorgung gebe es auch nicht; Deep Purple sei vergleichsweise ungiftig. Wie die anderen Fluoreszenzfarben färbe Deep Purple linear über vier Größenordnungen. Schließlich kann das entfärbte Protein oder Peptid im MS analysiert oder nach Edman sequenziert werden (Coghlan et al. 2005).

Literatur

1 Coghlan, D. et al (2005): Mechanism of reversible fluorescent staining of protein with epicocconone. Org. Lett. 7, 2401–2404.
2 Mackintosh. J. et al. (2003): A fluorescent natural product for ultra sensitive detection of proteins in onedimensional and two dimensional gel electrophoresis. Proteomics 3, 2273–2288

1.4.2.6 Falls Ihnen das immer noch nicht reicht...

...hier zwei weitere Färbemethoden:

KCl-Färbung: Prussak et al. (1989) fällen in Lämmli-Gelen das SDS mit 250 mM KCl aus. Dabei werden die Proteine als weiße K-SDS-Komplexe sichtbar. Die Färbung mit KCl sei schonend, schnell und unempfindlich behaupten die Autoren. Sie mögen Recht haben. Autor Rehm hält aber die Na-Acetat-Färbung für reproduzierbarer als die KCl-Färbung. Auch lassen sich mit ersterer die Proteine leichter aus dem Gel eluieren.

Literatur

1 Prussak et al. (1989): Peptide production from proteins separated by sodium dodecyl sulfate polyacrylamide gel electrophoresis. Anal. Biochem. 178, 233–238

Enzym-Färbung: Manchmal, z.B. bei nativen Gel-Elektrophoresen, übersteht die Aktivität eines Enzyms die Elektrophorese-Tortur. Sie können dann versuchen, die Enzymbande im Gel selektiv über die Enzymaktivität anzufärben. Gut eignen sich dazu Proteasen oder Enzyme, die Phosphat oder CO_2 freisetzen.

Literatur

1 Lynn, K. & Clevette-Radford, N. (1981): Staining for protease activity on polyacrylamide gels. Anal. Biochem. 117, 280–281
2 Nimmo, H. & Nimmo, G. (1982): A general method for the localization of enzymes that produce phosphate, pyrophosphate or CO_2 after polyacrylamide gel electrophoresis. Anal. Biochem. 121, 17–22

1.4.3 Trocknen

Sauber getrocknete und abgeheftete Gele zieren das Protokollbuch und sind ein handfester Beweis Ihres Fleißes. Sie können zudem jederzeit prüfen, ob dies oder jenes Ergebnis wirklich so eindeutig war, wie sie glaubten, können ein 2. Foto schießen oder Banden ausschneiden und weiterverarbeiten.

Gele werden auf Whatman-Papier aufgetrocknet oder, besser, auf Zellophanpapier. Letzteres ist durchsichtig und erlaubt es, das getrocknete Gel zu scannen.

Hochprozentige Gele (15–20%) und Tricin-Gele nach Schägger reißen gerne beim Trocknen. Gegenmaßnahmen:

- keine Wasserstrahlpumpe benützen, sondern eine mechanische Vakuumpumpe,
- keine Luftblasen zwischen Gel und dem Gummideckel des Trockners,
- das Vakuum erst abstellen, wenn das Gel ganz trocken ist (Faustregel: 0,75 mm Gele brauchen 1 h, 1,5 mm Gele 1,5 h zum Trocknen),
- hochprozentige Gele 1 h mit 5–10% Glycerin vorinkubieren.

Von den Trocknern, die Autor Rehm ausprobiert hat, arbeitet der von Bio-Rad am besten. Das Geltrocknen kann sich sparen, wer die Bandenmuster in den PC einscannt und speichert. Dies ermöglicht auch eine ausgiebige Bildbearbeitung, die allerdings, und das ist ein Nachteil, zum »Schönen« verführt.

1.5 Fällen und Konzentrieren

Sei wissend, Bruder Sancho, dass dieses Abenteuer, wie dem ähnliche, keine Inseln, sondern nur Kreuzwegsabenteuer sind, in denen man nichts gewinnt, als zerschlagene Köpfe und abgehauene Ohren.

Protein wird gefällt um Ionen oder Agenzien loszuwerden, die die Proteinbestimmung oder Gelelektrophorese stören, und/oder um das Protein zu konzentrieren. Die Methode der Wahl für Proben

<500 µl ist die Chloroform/Methanolfällung. Dabei geht allerdings die native Konformation der Proteine verloren.

1.5.1 Denaturierende Fällung

Chloroform/Methanol Fällung: Wessel & Flügge (1984) verdünnen wässrige Proteinlösungen (10–150 µl Volumen) in Eppendorfgefäßen mit Methanol und fällen die Proteine durch Chloroform aus. Zugabe von Wasser trennt die Wasser/ Methanol/ Chloroform-Lösung in zwei Phasen. An der Interphase sammeln sich die ausgefällten Proteine.

Mit Corexglasröhrchen lassen sich auch Probenvolumina von 0,2–2 ml verarbeiten.

Vorteile: Die Methode arbeitet trotz ihrer Kompliziertheit zuverlässig auch für geringe Proteinmengen (20 ng) und in Gegenwart von Seifen oder hohen Salzkonzentrationen. Die Reste des Chloroform/Methanol/Wassergemisches lassen sich auf der speed-vac (► Abschn. 1.5.3) entfernen. Das (meistens unsichtbare) Pellet besteht aus dem trockenen Protein, frei von Rückständen des Fällungsmittels oder der Pufferkomponenten.

Probleme: Beim Abnehmen der oberen (wässrigen) Phase verschwindet das Protein leicht im Abguss. Chloroform ist ein Lebergift (Abzug!).

Alternativen zu Wessel & Flügge (1984) sind die Fällung mit 10% TCA in Gegenwart von Hefe-RNA als Carrier nach Polachek & Cabib (1981) oder eine **Acetonfällung:**

Die wässrige Probe wird mit 4 Teilen Aceton vermischt, für eine Stunde auf −20°C abgekühlt und die ausgefällten Proteine abzentrifugiert.

Schließlich können Proteine in Lösungen höherer Konzentration (>0,1 mg/ml) auch mit Perchlorsäure, TCA oder durch Erhitzen ausgefällt werden. TCA-Reste im Pellet entfernt man durch mehrmaliges Waschen mit eiskaltem 80% Aceton.

Literatur

1 Polachek, I. & Cabib, E. (1981): A simple procedure for protein determination by the Lowry method in dilute solutions and in the presence of interfering substances. Anal. Biochem. 117, 311–314
2 Wessel, D. & Flügge, U. (1984): A method for the quantitative recovery of protein in dilute solution in the presence of detergents and lipids. Anal. Biochem. 138, 141–143

1.5.2 Native Fällung

Soll die biologische Aktivität des Proteins erhalten bleiben, so fällt man mit Ammoniumsulfat oder Polyethylenglykol (PEG) oder mit organischen Lösungsmitteln (Aceton, Ethanol oder Methanol) bei tiefen Temperaturen.

Probleme: Aus verdünnten Lösungen fällen Ammoniumsulfat und PEG das Protein nicht oder unvollständig, und die Fällung mit Ammoniumsulfat hinterlässt große Mengen an oft unerwünschten Ionen. Die organischen Lösungsmittel denaturieren manche Proteine auch bei tiefen Temperaturen.

Literatur

1 Englard, S. & Seifter, S. (1990): Precipitation techniques. Methods Enzymol. 182, 285–300

1.5.3 Konzentrieren

Gefriertrocknen: Bei der Gefriertrocknung wird das Wasser gefrorener Proteinlösungen durch Sublimation entfernt. Sie erinnern sich: Im Vakuum findet kein Phasenübergang Eis/Wasser statt, sondern das Eis geht direkt in Wasserdampf über (Sublimation). Gefriergetrocknet wird in der Regel bei RT (die Lösung bleibt gefroren, weil ihr dauernd Sublimationswärme entzogen wird). Gefriertrocknen eignet sich für große Volumina von Lösungen, deren Proteine unempfindlich gegen

Frieren/Tauen und bei niedrigen Ionenkonzentrationen stabil sind.

In einer Wanne mit flüssigem N_2 wird die Lösung in einem Glasrundkolben unter kreisförmigem Schwenken so eingefroren, dass eine große und gleichmäßig dicke Eisoberfläche entsteht. Den Kolben legt man sofort am Gefriertrockner an ein hohes Vakuum (Ölpumpe). In einem Rundkolben von 10 cm Durchmesser verliert die Probe 20–30 ml Wasser/Stunde.

Ärger gibt es, wenn die Osmolarität der Lösung zu hoch ist. Da nur das Wasser sublimiert, reichern sich Salze, Rohrzucker, Glycerin etc. mit der Zeit an und senken den Schmelzpunkt der Lösung. Ist die Konzentration nichtsublimierender Stoffe hoch genug, taut das Eis und die Brühe kocht. Die Konzentration nichtsublimierender Stoffe sollte, vor allem bei größeren Flüssigkeitsmengen, unter 10 mM liegen.

Literatur

1 Pohl, T. (1990): Concentration of proteins and removal of solutes. Methods Enzymol. 182, 68–83

Speed-vac: Unter hohem Vakuum kochen wässrige Lösungen schon bei Raumtemperatur. Gleichzeitige Zentrifugation der Lösung treibt die Gasblasen aus und verhindert das Schäumen. Nach diesem Prinzip lassen sich mit der speed-vac kleinere (<500 µl) Volumina Lösungsmittel (Wasser, Ethanol etc.) schnell und schonend entfernen. Da nur das Lösungsmittel verdampft, reichern sich nichtflüchtige Salze und Detergenzien etc. in der Lösung an. Wichtig: Anfangs erst die Zentrifuge einschalten, dann das Vakuum; zum Schluss erst das Vakuum dann die Zentrifuge abstellen.

Größere Volumina lassen sich mit der **Vakuum-Dialyse** einengen: Die Lösung wird in einen Dialyseschlauch eingefüllt und der in eine Vakuumflasche gehängt.

Literatur

1 Pohl, T. (1990): Concentration of proteins and removal of solutes. Methods Enzymol. 182, 68–83

Zentrifugation: Bei den Konzentrierungsapparätchen von Amicon wird die zu konzentrierende Lösung in einem Festwinkelrotor über ein Filter abzentrifugiert (max. 5000 g). Das Konzentrat sammelt sich oberhalb des Filters an und kann, in einem zweiten Zentrifugationsschritt, in ein Spitzkölbchen transferiert werden. Die verschiedenen Systeme (Microcon, Centricon, Centriprep) konzentrieren 0,5 bis 15 ml Ausgangslösung auf 5–500 µl. Der Vorgang dauert, je nach Filter, von 10 min bis 3 h. Die Firma bietet Filter mit MG-Grenzen von 3–100 Kd an.

Vorteile: Schnell, einfach und schonend.

Probleme: Selbst verdünnte Proteinlösungen verstopfen die Filter oft schnell und gründlich. Ist die Probe zudem noch viskös, z.B. Puffer mit 10% Glycerin, dann hilft auch stundenlanges Zentrifugieren nicht: Die Flüssigkeit denkt nicht daran, den Filter zu passieren. Höhere Zentrifugationsgeschwindigkeiten lassen den Filter reißen. Manchmal hilft es, die zu konzentrierende Probe vor dem Auftrag für eine Stunde bei 100.000 g zu zentrifugieren, um verstopfende Aggregate zu entfernen, und beim Microcon-System kann man einen Grobfilter vorschalten.

Die Filter adsorbieren Protein, was sich bei verdünnten Proteinlösungen bemerkbar macht.

Dialyse: Die Dialyse gegen 5–15% hochmolekulares Polyvinylpyrrolidon (z.B. T 360) konzentriert wässrige Proteinlösungen schonend in ein paar Stunden. Allerdings diffundieren die Verunreinigungen der konzentrierten Polyvinylpyrrolidonlösung in die Proteinlösung.

Teuer, aber wirksam ist es, den Dialyseschlauch in trockenes Sephadex G-100 bis G-300 zu legen.

Sind die zu konzentrierenden Volumina sehr groß, lohnt es sich, die obigen Methoden umzudrehen: Sie hängen in Ihre Proteinlösung einen Dialyseschlauch mit trockenem PEG oder Sephadex. Das Wasser strömt in den Schlauch und wenn er sich vollgesaugt hat, ziehen Sie ihn aus der nun konzentrierten Brühe heraus. Wollen Sie weiter konzentrieren, hängen Sie einen neuen PEG-Schlauch in die

Lösung und so ad infinitum. Geben Sie nicht zuviel PEG in den Schlauch, sonst platzt er.

Diese geniale (oder banale?) Idee wurde von Degerli & Akpinar (2001) publiziert, ist aber älter. Autor Rehm lernte sie in den 70er Jahren als Student am Tübinger physiologisch-chemischen Institut kennen. Dort diente er dem Doktoranden Placht als Hiwi. Placht, er schrieb sich Pl8 und hatte alle Zeit der Welt, beschäftigte sich seit sechs Jahren (oder waren es sieben?) mit seiner Doktorarbeit, der Reinigung einer Chitinase. Dabei fiel eimerweise Extrakt an, der zu konzentrieren war. Dies tat Pl8 schon damals mit dem **Tauchwurstverfahren**. Und dies ohne Aufhebens davon zu machen oder die Methode gar zu publizieren. Pl8 hat es denn in der Wissenschaft zu nichts gebracht. Merke: Man muss grundsätzlich alles zu publizieren versuchen.

Zugegeben: Degerli & Akpinar haben das Verfahren verfeinert. Sie haben – ausgehend von obigem Prinzip – eine kontinuierliche Konzentrationsmethode entwickelt: Sie knoten oder klemmen den Dialyseschlauch unten zu, geben PEG hinein und hängen den Schlauch, oben offen, in die zu konzentrierende Lösung. Das offene Ende liegt oberhalb des Flüssigkeitsspiegels. Hat der Schlauch genügend Wasser gezogen, saugen sie den Schlauchinhalt ab und geben neues PEG dazu. Das treiben sie so lange, bis die Brühe genügend konzentriert ist.

Literatur

1 Degerli, N. & Akpinar, M. (2001): A novel concentration method for concentrating solutions of protein extracts based on dialysis techniques. Anal. Biochem. 297, 192–194

Ein Trick zur Dialyse vieler Proben mit Volumina von 100–500 µl: In den Deckel eines Eppendorfgefäßes ein großes Loch schneiden (z.B. mit einer heißen Nadel). Die Probe zugeben, zwischen Deckel und Gefäß ein Stück gequollene Dialysemembran legen und das Gefäß verschließen. Das Gefäß in den Ständer einsetzen und diesen umgedreht auf die Dialysierflüssigkeit legen. Luftblasen unter dem Deckel des Gefäßes mit Pasteurpipette entfernen. Schwimmen lassen.

1.6 Blotten

Beim Blotten werden die Proteine eines SDS-Gels oder eines nativen Gels elektrophoretisch auf eine adsorbierende Membran übertragen.

Der Blot ist das vielseitigste Werkzeug des Proteinbiochemikers, denn auf dem Blot ist das Protein nackt und hilflos seinem Zugriff ausgesetzt. Er kann es anfärben, ansequenzieren, mit Antikörpern reagieren lassen, mit Enzymen umsetzen, seine Derivatisierung bestimmen (Phosphatgruppen? Zuckerreste?) und auf die Bindung von Liganden und Ionen prüfen. Im Vergleich zum Gel ist die Membran leicht handzuhaben, und Reaktionen und Waschvorgänge laufen, unbehindert durch Diffusionsprobleme, schneller ab.

Blot-Membranen: bestehen aus Nitrocellulose (BA 85 von Schleicher & Schüll), Polyvinylidendifluorid (PVDF) (Immobilon von Millipore), positiv geladenem Nylon ($^+$Nylon) (Zeta-probe von Biorad) oder aus mit Polybren beschichteten Glasfasern (GF/C von Whatman). Die Membranen binden die Proteine durch hydrophobe (Nitrocellulose) oder hydrophobe und ionische Wechselwirkungen ($^+$Nylon, Polybren beschichtete Glasfasern). Selbst Peptide mit nur 20 Aminosäuren haften noch auf Nitrocellulose.

Die beliebten Nitrocellulosemembranen besitzen eine hohe Proteinbindungskapazität und eignen sich für Proteinfärbung, Immunfärbung, Lektinfärbung oder $^{45}Ca^{2+}$-Färbung. Ihre chemische Unbeständigkeit verbietet den Einsatz für Aminosäureanalysen und Sequenzierungen, und trocken sind die Membranen brüchig und leichtentzündlich. Um die Proteinbindungsstellen der Nitrocellulose-Membran zu aktivieren, setzt man dem Blotpuffer 20% Methanol zu.

Verglichen mit der negativ geladenen Nitrocellulose binden $^+$Nylonmembranen 3–4-mal mehr Protein/cm^2 (bis zu 500 µg/cm^2) und weisen bessere mechanische Eigenschaften auf. Der Zusatz von 20% Methanol zum Blotpuffer entfällt bei $^+$Nylonmembranen, wodurch der Proteintransfer (vom Gel auf die Membran) schneller und effizienter wird. Ärger gibt es beim Absättigen der freien Proteinbindungsstellen der $^+$Nylonmembran (▶ Abschn. 1.6.2).

Die hydrophoben PVDF-Membranen sind mechanisch und chemisch stabil. Sie eignen sich für Proteinfärbung, Immunfärbung, Lektinfärbung, $^{45}Ca^{2+}$-Färbung und für Aminosäure-Sequenzierungen und -analysen. Für Blot und Entwicklung gelten ähnliche Bedingungen wie bei Nitrocellulose, doch bindet die PVDF-Membran im Gegensatz zu Nitrocellulose auch kleine Mengen von Protein nicht vollständig: Je nach Protein passieren 10–50%. Wässrige Lösungen benetzen trockene PVDF-Membranen nicht; sie müssen zuvor in Methanol quellen. Feuchte PVDF-Membranen sind lichtdurchlässig und in Dioxan-Isobutanol durchsichtig, gefärbte Banden können also im Scanner gemessen werden.

Membranen aus mit Polybren beschichteten Glasfasern (GF/C von Whatman) eignen sich für Aminosäuresequenzierungen, denn die Membranen sind inert gegen die bei der Sequenzierung verwendeten Chemikalien. Obwohl die Proteinbindungskapazität der beschichteten Glasfasermembranen (10–30 µg/cm^2) vergleichbar ist mit der von Nitrocellulose, bevorzugen die meisten Sequenzierer PVDF-Membranen.

Literatur

1 Nitrocellulose: Towbin, H. et al. (1979): Electrophoretic transfer of proteins from polyacrylamide gels to nitrocellulose sheets: procedure and some applications. Proc. Natl. Acad. Sci. USA 76, 4350–4354

2 Nylon: Gershoni, J. & Palade, G. (1982): Electrophoretic transfer of proteins from sodium dodecylsulfate-polyacrylamide gels to a positively charged membrane filter. Anal. Biochem. 124, 396–405

3 PVDF: Gültekin, H. & Heermann (1988): The use of polyvinylidendifluorid membranes as a general blotting matrix. Anal. Biochem. 172, 320–329

4 Glasfasern/Polybren: Vandekerckhove, J. et al. (1985): Proteinblotting on polybrene-coated glass-fiber sheets. Eur. J. Biochem. 152, 9–19

Eine gute **Blotkammer** ist die Halbtrockenzelle von Biorad mit Platin/Edelstahl-Elektroden (anstatt der früher bei Halbtrockenzellen üblichen Kohle-Elektroden). Die Kammer blottet 0,75 mm dicke Gele in 15–20 min. Auf 3 Lagen in Blotpuffer (für Nitrocellulose und PVDF z.B. 15–25 mM Tris-Glycin pH 8,3 mit 20% Methanol) getränktes Filterpapier (Whatman) liegt die mit Blotpuffer angefeuchtete Membran. Auf die Membran wird das Gel gebettet und zwar so, dass zwischen Membran und Gel keine Luftblasen nisten. In der Regel wird das Gel vor dem Blot weder fixiert noch gefärbt, doch es ist möglich, auch fixierte und Coomassie gefärbte Gele zu blotten (Perides et al. 1986). Auf das Gel kommen wiederum 3 Lagen in Blotpuffer getränktes Filterpapier. Der Blotter streichelt das Papier noch zärtlich von links nach rechts um eingeschlichene Luftblasen zu entfernen, dann setzt er die Anordnung unter Strom.

Getrocknete Protein-Blots können monatelang aufbewahrt werden und sind nach Rehydratisierung (Nitrocellulose z.B. mit Blotpuffer) für Protein- oder Immunfärbungen verwendbar.

Blotprobleme: Je größer das MG des Proteins, desto schlechter ist die Übertragungseffizienz und desto länger muss geblottet werden. Fühlbar wird dieser Effekt bei Proteinen mit einem MG über 150 Kd. In hartnäckigen Fällen hilft vielleicht die Methode von Gibson (1981).

Wenn Nitrocellulose- oder PVDF-Blots ausgiebig mit seifenhaltigen Puffern gewaschen werden, lösen sich die gebundenen Proteine wieder ab. Kleine Proteine (MG< 6000) können beim Blocken, Waschen etc. sogar von $^+$Nylon-Blots verschwinden (Karey & Sirbasku 1989). Die Fixierung der Proteine auf dem Blot verhindert das Ablösen. Fixiert wird durch Hitze, Glutaraldehyd, TCA oder mit Essigsäure-Ethanolmischungen etc. Manche Proteinfärbelösungen (z.B. Ponceaurot-Lösung, ► Abschn. 1.6.1) enthalten ein Fixiermittel.

Literatur

1 Gibson, W. (1981): Protease-facilitated transfer of high molecular weight proteins during electrotransfer to nitrocellulose. Anal. Biochem. 118, 1–3

2 Karey, K. & Sirbasku, D. (1989): Glutaraldehyde fixation increases retention of low molecular weight proteins (growth factors) transferred to nylon membranes for western blot analysis. Anal. Biochem. 178, 255–259

3 Perides et al. (1986): Protein transfer from fixed, stained and dried polyacrylamide gels and immunoblot with protein A gold. Anal. Biochem. 152, 94–99

4 Swerdlow, P. et al. (1986): Enhancement of immunoblot sensitivity by heating of hydrated filters. Anal. Biochem. 156, 147–153

1.6.1 Proteinfärbung auf Blots

Bei Blots mit Proteinmengen >50 ng/Bande ist die Ponceaurotfärbung die Methode der Wahl, bei Proteinmengen <50 ng/Bande kommen Aurodye und Kupferiodid in Frage. Einen Vergleich verschiedener Proteinfärbemethoden geben Li et al. (1989).

Ponceaurot färbt Protein auf Nitrocellulose-Blots (◘ Tab. 1.2). Die Färbung ist reversibel und verträgt sich mit einer anschließenden Immunfärbung.

Der Blot wird 1–2 min bei RT in Ponceaurot (2% in 3% TCA) inkubiert und die überschüssige Farbe danach mit Wasser weggewaschen.

Die Ponceaurotfärbung ist empfindlicher als es die Coomassiefärbung des Gels wäre (untere Grenze ca. 50 ng/Bande), und die TCA in der Färbelösung fixiert gleichzeitig die Proteine auf dem Blot. Beim späteren Absättigen der Proteinbindungsstellen der Membran (Blocken) verschwindet die Farbe. Wer die Position bestimmter Proteine (z.B. der Marker) über das Blocken und weitere Nachweisreaktionen hinaus festhalten will, markiert die Banden auf der Nitrocellulose vor dem Blocken mit Bleistift.

Indische Tinte färbt mit etwa der gleichen Empfindlichkeit wie Ponceaurot, doch dauert die Prozedur mehrere Stunden, und die Unterschiede in der Färbeintensität verschiedener Proteine sind groß (Nitrocellulose: Hancock & Tsang 1983; PVDF: Gültekin & Heermann 1988).

Kolloidale **Gold**partikel färben die Proteinbanden auf Nitrocellulose mit einer Empfindlichkeit, die vergleichbar zur Silberfärbung von Gelen ist. Die Goldfärbung ist nicht reversibel und mit einer späteren Immunfärbung unverträglich, dazu umständlich und dauert 2–18 h. Der lineare Bereich der Goldfärbung liegt zwischen 2–200 ng/mm² und baut auf einem hohen Hintergrund auf: die Färbeintensität von 200 ng liegt nur um 10–20% höher als die von 2 ng.

Moeremans et al. (1986) beschreiben eine Methode, Proteine auf Nitrocellulose- und ⁺Nylonmembranen zu färben. Die Reagenzien sind unter der Bezeichnung **Ferridye** im Handel erhältlich (Janssen Life Sciences). Die Reaktion mit teilweise giftigen Reagenzien dauert ca. 2 h, muss unter dem Abzug durchgeführt werden und ist nicht reversibel.

Kupferiodid färbt Proteine auf Nitrocellulose und ⁺Nylon mit einer Empfindlichkeit vergleichbar zur Silberfärbung im Gel. Die Färbung sei billig, schnell (5 min), ließe sich leicht wieder entfernen und die Immunoreaktivität der geblotteten Proteine bliebe erhalten, behaupten Root & Reisler (1989).

Wie schon bei der Gelfärbung haben die Fluoreszenzfarben auch bei der Blotfärbung eine Revolution ausgelöst. **SYPRO Ruby** färbt Proteine auf PVDF oder Nitrocellulose fast so empfindlich wie Gold – sicher aber empfindlicher als Coomassie und indische Tinte. Die Färbung dauert kaum eine dreiviertel Stunde: Nitrocellulosemembranen für 2 × 10 min in 7% Essigsäure, 10% Methanol baden, dann 15 min lang mit SYPRO Ruby färben und schließlich 6 × je 1 min mit Wasser waschen.

Sichtbar gemacht wird SYPRO Ruby mit Licht von 302 nm oder 470 nm Wellenlänge. Das Emissionsmaximum liegt bei 618 nm (Anregungswellenlänge 470 nm). Die untere Grenze der Empfindlichkeit ist mit 2–8 ng Protein pro Bande, bzw. 0,25–1 ng BSA/mm² erreicht.

Die Vorteile von SYPRO Ruby liegen in hoher Empfindlichkeit, großem Messbereich (linear von 2–8 bis 1000–2000 ng pro Bande), guter Gleichmäßigkeit und der Verträglichkeit mit Immunfärbung, Mikrosequenzierung und MALDI. Zudem ist SYPRO Ruby einigermaßen spezifisch für Proteine und färbt DNA oder RNA nur schlecht.

Hat das Wundermittel auch Nachteile? Es hat. Es ist teuer und es könnte sich als fatal herausstellen, dass man das Zeug nur schlecht wieder los wird. Erst im Verlauf einer Immunfärbung geht das Fluoreszenzsignal verloren: Vermutlich verteilt es sich auf die Proteine der Blocklösungen. Zudem braucht man zum Sichtbarmachen eine UV-Box oder – besser – einen Laser Gel Scanner.

Sypro Ruby hat im neuen Jahrtausend Konkurrenz durch den in ▶ Abschn 1.4.2.5 erwähnten Fluoreszenzfarbstoff **Deep Purple** erhalten. Nach Malmport et al. (2005) färbt Deep Purple Proteine auf Nitrocellulose- oder PVDF-Membranen mindesten 16 mal empfindlicher als Sypro Ruby.

Tab. 1.2 Proteinfärbung auf Blots

Membran	Färbung	Empfindlichkeit[A]	Zeitaufwand	Reversibel?	Immunfärbung?	MS?
Nitrocellulose	Aurodye	1–5	2–8 h	Nein	Nein	Nein
	SYPRO Ruby	2–8	45 min	Ja	Ja	Ja
	Deep Purple	1	30–40 min	Ja	Ja	Ja
	Kupferiodid	5–20	5 min	Ja		
	Bathophenanthrolindisulfonat/Europium	15–30		Ja	Ja	Ja
	Amidoschwarz	15–60		Nein	Nein	Ja
	Kongorot	30–60		Nein		
	Ponceaurot	50–150	5 min	Ja	Ja	Ja
	Ferridye	50–150	2 h	Nein		
	Indische Tinte	80–200	18 h	Nein	Nein	Nein
PVDF	Aurodye	1–5	2–18 h	Nein	Nein	Nein
	SYPRO Ruby	2–8	45 min	Ja	Ja	Ja
	Deep Purple	1	30–40 min	Ja	Ja	Ja
	Coomassie	10–30	20 min	Nein	Nein	Ja
	Bathophenanthrolindisulfonat/Europium	15–30		Ja	Ja	Ja
	Amidoschwarz	50–60		Nein	Nein	Ja
	Kongorot	30–60		Nein		
	Indische Tinte	80–200	18 h	Nein	Nein	Nein
$^{+}$Nylon	Kupferiodid	5–20	5 min	Ja		
	Ferridye	50–150	2 h	Nein		
Glasfasern, Polybren-beschichtet	Fluorescamin	100	5 min			

A: Grenzwerte in ng/0,5 cm Bande; MS: Massenspektrometrie

Die Färbevorschrift finden Sie auf der Netzseite www.amershambiosciences.com. Das Färbeprotokoll kann in 30–40 min durchgezogen werden. Die Vorteile liegen in der hohen Sensitivität und der niederen Hintergrundfärbung.

Falls Sie den Blot schon mit Protein geblockt haben (► Abschn. 1.6.2) können Sie die Banden dennoch identifizieren. Das behauptet jedenfalls Mario Braun in *Laborjournal* 1–2 (2008), S. 50. Die »geordneten« Proteine in den Spuren sollen langsamer trocknen als die ungeordnete Masse der zum Blocken benutzten Proteine. Wenn Sie also auf den Blot pusten, d. h. ihn langsam trocknen, werden die Banden sichtbar. Über die Sensitivität dieser Methode schrieb Braun nichts.

Literatur

1 Berggren, K. et al. (1999) A luminescent ruthenium complex for ultrasensitive detection of proteins immobilized on membrane supports. Anal. Biochem. 276, 129–143
2 Gültekin, H. & Heermann (1988): The use of polyvinylidendifluorid membranes as a general blotting matrix. Anal. Biochem. 172, 320–329
3 Hancock, K. & Tsang, V. (1983): India ink staining of proteins on nitrocellulose paper. Anal. Biochem. 133, 157–162
4 Li, K. et al. (1989): Quantification of proteins in the subnanogram and nanogram range: comparison of the aurodye, ferridye and india ink staining methods. Anal. Biochem. 182, 44–47
5 Malmport, E. et al. (2005): Visualization of proteins electro-transferred on Hybond ECL and Hybond-P using Deep Purple total protein stain. Life Science News 19, 12–13
6 Moeremans, M. et al. (1985): Sensitive colloidal metal (gold or silver) staining of proteins blots on nitrocellulose membranes. Anal. Biochem. 145, 315–321
7 Moeremans, M. etal. (1986): Ferri-dye: collodial iron binding followed by perls`reaction for the staining of proteins transferred from sodium dodecyl sulfate gels to nitrocellulose and positively charged nylon membranes. Anal. Biochem. 153, 18–22
8 Root, D. & Reisler, E. (1989): Copper iodide staining of protein blots on nitrocellulose membranes. Anal. Biochem. 181, 250–253

1.6.2 Blocken

Vor der Reaktion eines Blots mit Antikörpern, Lektinen oder Proteinliganden werden die restlichen Proteinbindungsstellen der Blotmembran mit einem Blocker (BSA, entfettetes Milchpulver, fetales Kälberserum, Tween 20, Gelatine etc.) abgesättigt. Welches das beste Blockmittel sei, darüber lässt sich streiten; es hängt wohl auch von den jeweiligen Antikörpern ab. Mit BSA machte Autor Rehm gute Erfahrungen, doch kommt BSA in den Mengen, die fürs Blotten gebraucht werden, teuer. Zudem sorgt seine staubige Konsistenz und die riesigen Mengen dafür, dass benachbarte Proteinreiniger in ihren Silbergelen immer eine BSA-Bande finden. Milchpulver ist billig und blockt gut, doch seine Lösungen werden schnell von Bakterien befallen. Hauri & Bucher (1986) empfehlen die Kombination Gelatine/NP40. Manche blocken auch mit Tween 20. Blots jedoch, die nur mit Tween 20 geblockt wurden, zeigen eine hohe Hintergrundfärbung und unspezifische Banden bei der Immunfärbung. Tween 20 ergänzt jedoch andere Blocker wie BSA. Vorsicht: Tween löst Proteine teilweise vom Blot ab. Man merke sich zu viel Tween und sie schwimmen dahin.

Blocker, die für Nitrocellulose gut sind, eignen sich auch für PVDF. Zum Blocken von $^{+}$Nylonmembranen dagegen muss der Experimentator rabiate Bedingungen anwenden wie 1% Hämoglobin bzw. 10% BSA in PBS bei 45°C über Nacht (Gershoni & Palade 1982).

Literatur

1 Batteiger, B. et al. (1982): The use of Tween 20 as a blocking agent in the immunological detection of proteins transferred to nitrocellulose membranes. J. Immunol. Methods 55, 297–307
2 Gershoni, J. & Palade, G. (1982): Electrophoretic transfer of proteins from sodium dodecylsulfate-polyacrylamide gels to a positively charged membrane filter. Anal. Biochem. 124, 396–405
3 Gültekin, H. & Heermann (1988): The use of polyvinylidendifluorid membranes as a general blotting matrix. Anal. Biochem. 172, 320–329
4 Hauri, H. & Bucher, K. (1986): Immunoblotting with monoclonal antibodies: importance of the blocking solution. Anal. Biochem. 159, 386–389

1.6.3 Immunfärbung

Geblottete Antigene lassen sich mit Antikörpern anfärben. Dazu wird der geblockte Blot zuerst mit anti-Antigen-Antikörper (1. Antikörper) inkubiert. Danach wäscht man ungebundenen anti-Antigen-Antikörper weg und inkubiert den Blot mit einem markierten Antikörper (2. Antikörper, z.B. ^{125}I-anti-Kaninchen-IgG-Antikörper). Dieser bindet an den anti-Antigen-Antikörper. Nach weiterem Waschen wird der Blot mit Hilfe der Markierung des 2. Antikörpers entwickelt und damit die Position des Antigens sichtbar.

Die Spezifität der Immunfärbung hängt von der Spezifität des 1. und 2. Antikörpers ab (▶ Kap. 6) und von der Verdünnung, in der die Antikörper eingesetzt werden.

Die Inkubationszeiten von 1. und 2. Antikörper mit dem Blot richten sich nach der Menge von Antigen und der Affinität der Antikörper. Meistens reicht eine Inkubationszeit von 1–2 h (RT) für den ersten bzw. 1 h (RT) für den zweiten aus.

Die 2. Antikörper sind mit ^{125}I, alkalischer Phosphatase oder Peroxidase markiert und im Handel in guter Qualität erhältlich. Peroxidase hat in den letzten Jahren die anderen Marker verdrängt. Peroxidasemarkierte Antikörper katalysieren nämlich die Oxidation von Luminol und lösen damit eine Chemilumineszenz aus; das entstehende Licht wird mit einem Film gemessen. Diese **ECL-Reaktion** ist etwa 10-mal sensitiver als die Blotentwicklung mit alkalischer Phosphatase (angeblich misst sie Antigene im pg Bereich). Zudem läuft die ECL-Reaktion in Sekunden bis Minuten ab, ihre Lösungen sind ungiftig und käuflich bzw. leicht herzustellen, und die Reaktion ist quantifizierbar (über das Scannen des Films, oder man zählt die Lichtblitze im β-Counter).

Schließlich können Sie den Blot mehrmals mit verschiedenen Antikörpern färben. Nach der Filmentwicklung wäscht man 1. und 2. Antikörper mit Glycin-HCl pH 1,8 oder mit 3 M Natriumthiocyanat, 0,5% Mercaptoethanol, 0,05% Tween 20 pH 9,5 wieder ab, blockiert von neuem und färbt den Blot mit einer anderen Antikörperkombination wieder an (Heimer 1989). Diana Neumann jedoch fand die Behandlung mit sauren, basischen oder mercaptoethanolhaltigen Lösungen nicht überzeugend und empfiehlt folgende Methode: PVDF Blot 1 h im Hybridisierungsofen bei 55 °C mit 100 mM NaOH, 2% SDS und 0,5% DTT behandeln. Frau Neumann scheint das »Strippen« von PVDF Blots von gebundenen Antikörpern genau untersucht zu haben (*Laborjournal* 12/2007, S 61).

»Strippen« ist zwar auch mit ^{125}Iod-markierten 2. Antikörpern möglich, doch sind diese bei weitem nicht so sensitiv wie ECL und zudem radioaktiv, also ungesund. Bei der Blotentwicklung mit alkalischer Phosphatase bzw. Peroxidase/Diaminobenzidin verhindern die ausgefallenen Reaktionsprodukte eine zweite Färbung des Blots. Das Peroxidase-Substrat Diaminobenzidin gilt zudem als krebserregend und muss in Na-hypochlorit-Lösungen entsorgt werden (eine weniger sensitive aber ungiftige Alternative wäre das Peroxidasesubstrat Chloronaphthol, Ogata et al. 1983).

Spezielle Probleme: Die ECL-Reaktion nippelt auf Nitrocellulose nach 15 min ab. Auf PVDF- Membranen hält sie sich länger, allerdings bei höherem Hintergrund.

Die hohe Sensitivität der ECL-Reaktion kann zum Problem werden. Um den Hintergrund niedrig zu halten heißt es gut blocken, waschen und die Antikörperlösungen hoch verdünnen (mindestens 1:3000).

Auf mit Milchpulver (5%) geblockten Blots soll die ECL-Reaktion nur schwach ablaufen. Mit Gelatine geblockte Blots zeigen dagegen eine gute ECL-Reaktion, aber auch einen höheren Hintergrund. Die besten Blockmittel für ECL-Blots sollen Seren sein.

Wichtig: Azid hemmt Peroxidasen.

Kurze ECL-Vorschrift: Blot blocken (1–2 h), Inkubation 1. Antikörper (1 h), gut waschen, Inkubation 2. (Peroxidasemarkierter) Antikörper, gut waschen, Detektionsreagenz für 1 min, Blot in Haushaltsfolie einschlagen und mit Film 30 sec bis 30 min inkubieren.

Detektionsreagenz: A. 250 mM Luminol (Fluka 09253) in DMSO; B. 90 mM p-Coumarsäure (Fluka 28200) in DMSO; C. 1 M Tris-Cl pH 8,5; D. 30% ige H_2O_2-Lösung. Mische: 200 µl A, 89 µl B, 2 ml C und fülle mit Wasser auf 20 ml auf. Diese Lösung ist stabil bei RT in brauner Flasche. Detektionsreagenz entsteht mit 6,1 µl D.

Allgemeine Probleme Inkubiert der Experimentator den Blot genügend lange mit dem Film bzw. der Substratlösung, tauchen auf dem Film bzw. dem Blot mehr oder weniger alle Proteinbanden auf. Denn fast alle Banden, wenn auch in unterschiedlichem Ausmaß, adsorbieren unspezifisch geringe Mengen von 1. und 2. Antikörper. Der Effekt lässt sich durch noch so eifriges Blocken und Waschen nicht vollständig unterdrücken. Manchmal tauchen beim Entwickeln eines Blots schon anfangs Flecken und Banden auf, die nichts mit dem Antigen zu tun haben. Nach Girault et al. (1989) liegt das daran, dass menschliche Hautkeratine ins Gel oder auf den Blot gelangen und Seren Antikörper gegen Keratine enthalten. Experimentatoren mit Schuppenproblemen können sich überlegen, ob eine Reinigung der Seren an Keratinaffinitätssäulen die Qualität ihrer Immuno-Blots verbessern würde.

Erscheinen bei der Immunfärbung mehrere Banden, gibt es drei Möglichkeiten:

- das Antigen sitzt auf mehreren Proteinen,
- alle Banden sind unspezifisch gefärbt,
- nur eine Bande ist spezifisch gefärbt, die anderen sind Artefakte.

Die letzten beiden Möglichkeiten sind die wahrscheinlichsten, vor allem dann, wenn lange entwickelt wurde. Man kann nun tiefsinnige Ratespiele darüber anstellen, welche Bande die richtige sei, und dies hat einen gewissen Unterhaltungswert, doch der gewiefte Experimentator führt Kontrollen durch:

- Er entwickelt einen Parallelstreifen gleichzeitig und unter gleichen Bedingungen mit Präimmunserum.
- Er färbt einen Blotstreifen, auf den eine Probe aufgetragen wurde, die das Antigen nicht enthält, sonst aber der fraglichen Probe ähnelt. Beide Streifen werden gleich behandelt (geblockt, gewaschen, entwickelt etc.). Tauchen auf dem Kontrollstreifen ebenfalls Banden auf, hat der Experimentator eine Niete gezogen, und zwar auch dann, wenn die Banden verschieden sind.
- Die Bande darf nicht erscheinen, wenn der 1. Antikörper in Gegenwart des Antigens mit dem Blotstreifen inkubiert wurde (z.B. anti-Peptid-Antikörper mit Peptid).
- Erscheint die Bande auch mit affinitätsgereinigtem Antikörper?

Literatur

^{125}Iod markierter 2. Antikörper

1 Dunn, S. (1986): Effects of the modification of transfer buffer composition and the renaturation of proteins in gels on the recognition of proteins on western blots by monoclonal antibodies. Anal. Biochem. 157, 144–153

2 Girault, J.A. et al. (1989): Improving the quality of immunoblots by chromatography of polyclonal antisera on Keratin affinity columns. Anal. Biochem. 182, 193–196

3 Hauri, H. & Bucher, K. (1986): Immunoblotting with monoclonal antibodies: importance of the blocking solution. Anal. Biochem. 159, 386–389

4 Heimer, R. (1989): Proteoglycan profiles obtained by electrophoresis and triple immunoblotting. Anal. Biochem. 180, 211–215

5 Swerdlow, P. et al. (1986): Enhancement of immunoblot sensitivity by heating of hydrated filters. Anal. Biochem. 156, 147–153

Peroxidase markierter 2. Antikörper

6 Gültekin, H. & Heermann (1988): The use of PVDF membranes as a general blotting matrix. Anal. Biochem. 172, 320–329

7 Ogata et al. (1983): Detection of toxoplasma membrane antigens transferred from SDS-polyacrylamide gel to nitrocellulose with monoclonal antibody and avidin-biotin, peroxidase anti-peroxidase and immunoperoxidase methods. J. immunol. Methods 65, 75–82

Alkalische Phosphatase markierter 2. Antikörper

8 Blake, M. et al. (1984): A rapid, sensitive method for detection of alkaline phosphatase-conjugated anti-antibody on western blots. Anal. Biochem. 136, 175–179

1.6.4 Ca^{2+}-Bindung

Manche Proteine binden Ca^{2+} mit hoher Affinität. Die Ca^{2+}-Bindung der EF-hand Proteine (Calmodulin, Troponin C, Parvalbumin etc.), übersteht sogar SDS-Gelelektrophorese und Blot. Sie können daher mit $^{45}Ca^{2+}$ die Ca^{2+}-Bindung von Proteinen auf Nitrocellulose- bzw. PVDF-Blots nachweisen (Maruyama et al. 1984; Garrigos et al. 1991). Die $^{45}Ca^{2+}$-Bindung von nativen gereinigten Proteinen misst der Dot-Blot von Hincke (1988).

Blots und Dot-Blots lassen sich auch mit anderen radioaktiven Ionen »anfärben«. Ein Beispiel für $^{65}Zn^{2+}$ beschreiben Schiavo et al. (1992).

Probleme: Sc^{3+}, das Zerfallsprodukt von $^{45}Ca^{2+}$, stört (Rehm et al. 1986; Hincke 1988). Zudem gibt der $^{45}Ca^{2+}$-Blot zuverlässige Ergebnisse nur mit Proteinen, die Ca^{2+} mit hoher Affinität binden.

Mit sauren Proteinen geben $^{45}Ca^{2+}$-Blot und Dot-Blot oft falsch-positive Signale (Rehm et al. 1986). Kontrollen mit sauren, nicht Ca^{2+}-bindenden Proteinen wie Albumin und Ovalbumin sind daher unumgänglich. Zudem sollte das vermeintlich Ca^{2+}-bindende Protein in SDS-Gelen, die Ca^{2+} enthalten, schneller laufen als in Gelen mit EDTA (Garrigos et al. 1991).

Literatur

1 Maruyama, K. et al. (1984): Detection of calcium binding proteins by ^{45}Ca autoradiography on nitrocellulose membrane after sodium dodecyl sulfate gel electrophoresis. J. Biochem. 95, 511–519

2 Garrigos, M. et al. (1991): Detection of Ca^{2+}-binding proteins by electrophoretic migration in the presence of Ca^{2+} combined with $^{45}Ca^{2+}$ overlay of protein blots. Anal. Biochem. 194, 82–88

3 Hincke, M. (1988): Routine detection of calcium-binding proteins following their adsorption to nitrocellulose membrane filters. Anal. Biochem. 170, 256–263

4 Rehm, H. et al. (1986): Molecular characterization of synaptophysin, a major calcium binding protein of the synaptic vesicle membrane. EMBO J. 5, 535–541

5 Schiavo, G. et al. (1992): Botulinum neurotoxins are zinc proteins. J. Biol. Chem. 267, 23479–23483

1.6.5 Ligandenfärbung

SDS kann man von Blots wegwaschen. Das ermöglicht, im Prinzip, die Renaturierung SDS-denaturierter geblotteter Proteine und ihren Nachweis über Ligandenbindung oder enzymatische Aktivität. Auch sollten sich Protein/Protein-Wechselwirkungen nachweisen lassen, indem z.B. ein radioaktiv markiertes Protein seinen Bindungspartner auf dem Blot eines Zell-Lysats oder einer Membranpräparation erkennt (Carr & Scott 1992).

Der Nachweis eines geblotteten Proteins durch einen z.B. radioaktiv markierten Liganden (Ligandenfärbung) gelingt bei kleinen stabilen Proteinen oder bei Liganden, deren Bindung unabhängig von der Konformation des Proteins ist (die z.B. eine Aminosäuresequenz erkennen). Ist die Bindung konformationsabhängig, hilft ein **Denaturierungs-/Renaturierungszyklus**. Die geblotteten Proteine werden in 8 M Harnstoff oder 6 M Guanidin und DTT vollständig denaturiert und dann wieder renaturiert (Celenza & Carlson 1986; Ferrel & Martin 1989). Es wird aber auch Proteine geben, deren Disulfid-Brücken Sie besser intakt lassen. Die genauen Bedingungen sind von Protein zu Protein verschieden, und die Blotmembran spielt auch eine Rolle.

• Min Li et al. (1992) konnten mit der Denaturierungs-/Renaturierungstechnik die Sequenzen eingrenzen, die an der Oligomer-Bildung von K^+-Kanälen beteiligt sind. Doch gibt es nur wenige Beispiele erfolgreicher Renaturierungen geblotteter Rezeptoren und ihre Affinität zu den Liganden ist, im Vergleich zum nativen Protein, um Größenordnungen niedriger. Jedoch: der Arbeitsaufwand ist gering; einen Versuch ist's wert.

Aussichtsreicher ist die Ligandenfärbung bei Proteinen, die nicht mit SDS denaturiert, also von nativen Gelen geblottet wurden. Für Membranproteine empfehlen sich Schäggergele (s. ► Abschn. 1.3.2).

Literatur

1 Carr, D. & Scott, J. (1992): Blotting and band-shifting: techniques for studying protein-protein interaction. TIBS 17, 246–249

2 Celenza, J. & Carlson, M. (1986): A yeast gene that is essential for release from glucose repression encodes a protein kinase. Science 233, 1175–1178

3 Daniel, T. et al. (1983): Visualization of lipoprotein receptors by ligand blotting. J. Biol. Chem. 258, 4606–4611

4 Estrada, E. et al. (1991): Identification of the vasopressin receptor by chemical crosslinking and ligand affinity blotting. Biochemistry 30, 8611–8616

5 Ferrel, J. & Martin, S. (1989): Thrombin stimulates the activities of multiple previously unidentified protein kinases in platelets. J. Biol. Chem. 264, 20723–20729

6 Min Li et al. (1992): Specification of subunit assembly by the hydrophilic amino-terminal domain of the shaker potassium channel. Science 257, 1225–1230

Tab. 1.3 Autoradiographie/Fluorographie von Gelen (nach Laskey 1980)

Isotop	Methode	dpm/cm² für sichtbares Fluorographie-Signal innert 24 h	Verstärkung über direkte Autoradiographie
^{125}I	Screen	100	16
^{32}P	Screen	50	10,5
^{14}C	Scintillator	400	15
^{35}S	Scintillator	400	15
^{3}H	Scintillator	8000	>1000

1.6.6 Ablösen von Proteinen von Blots

Es kann manchmal wünschenswert sein, das geblottete Protein vom Blot wieder abzulösen, um es proteolytisch zu verdauen oder im Massenspektrometer zu analysieren. Nach Fernandez et al. (1994) eignet sich dazu eine Lösung von 1% hydrogeniertem Triton X-100 in 10% Acetonitril, 100 mM Tris pH 8,0. Für Nitrocellulose haben Lui et al. (1996) die Wechselwirkung von Protein und Blotmembran systematisch untersucht. Danach löst Zwittergent 3–16 (1% in 100 mM NH_4HCO_3) zwischen 60 und 90% des geblotteten Proteins von der Nitrocellulose ab. Die Seife wirkt auch bei PVDF-Membranen, allerdings nicht so gut. Vorsicht: Zwittergent 3–16 verträgt sich nicht mit MALDI.

Auch andere Seifen (z.B. Tween 20, Tween 80) entfernen Proteine von der Membran. Wenn Ihnen daran gelegen ist, dass möglichst viel Protein auf der Membran gebunden bleibt, z.B. für Immunfärbungen oder Ligandenfärbungen, sollten Sie den Blot nicht zu oft mit derartigen Seifenlösungen waschen.

Literatur

1 Fernandez, J. et al. (1994): An improved procedure for enzymatic digestion of polyvinylidene difluoride-bound proteins for internal sequence analysis. Anal. Biochem. 218, 112–117

2 Lui, M. et al. (1996): Methodical analysis of protein-nitrocellulose interactions to design a refined digestion protocol. Anal. Biochem. 241, 156–166

1.7 Autoradiographie von Gelen und Blots

Bei der Autoradiographie von Gelen gibt es zwei Probleme (Laskey 1980):

a. Isotope wie ^{3}H oder ^{14}C geben β-Strahlung mit niedriger Energie ab. Diese Strahlung wird schon im Gel absorbiert und erreicht den Film nicht.
b. Isotope wie ^{32}P oder ^{125}I geben hochenergetische β-Strahlung bzw. γ-Strahlung ab. Diese durchdringt den Film, ohne ihn zu schwärzen.

Beide Probleme löst die Fluorographie (Tab. 1.3).

Im Fall a) tränken Sie das Gel mit einer Scintillatorflüssigkeit (Enhance, Enlightning, Entensify). Diese wandelt die β-Strahlung in Licht um. Das Licht wird vom Gel nicht absorbiert und erreicht daher den Film. Die Gele sollten jedoch nicht mit Coomassie-blue gefärbt sein, da der Farbstoff das Licht teilweise absorbiert.

Die Fluorographie ist auch auf Nitrocellulose-Blots anwendbar: Man sprüht den Blot mit Enhance Spray von NEN ein.

Für ein $^{3}H/^{14}C$-Fluorogramm wird das Gel nach Fixieren (ohne Coomassie!) und 3maligem Waschen mit 40% Methanol, 10% Essigsäure (je 15 min) für 15–30 min in einem Scintillator (ENhance oder Enlightning von NEN) inkubiert und danach getrocknet. Enlightning und ENhance sind aggressive Flüssigkeiten.

Die Entwicklung eines Fluorogramms kann Wochen und Monate dauern. Wer nicht solange warten will, zerschneidet die Laufspur des getrockneten Gels in kleine Abschnitte. Bei $^{3}H/^{14}C$-Gelen, die schon Scintillator (Enhance oder Enlightning) enthalten, können die Abschnitte direkt gezählt wer-

Tab. 1.4 Sorgentöter bei Filmproblemen

Problem	Gründe	Bemerkungen
Gel klebt am Film	Gel ist nicht trocken	Filmkassette vor dem Öffnen auf Raumtemperatur bringen
kein Bild	- zu wenig Radioaktivität - Expositionszeit zu kurz - Expositionstemperatur zu hoch - schlechter Kontakt zwischen Gel/Blot/ Dünnschichtplatte und Film - Gel ist noch feucht - Enthält das Gel Enhance und lag die Trocknungstemperatur über 70°C?	Abb. 1.3 Feuchtigkeit im Gel/Blot setzt die Empfindlichkeit herab Trocknungstemperatur sollte zwischen 65°C und 70°C liegen
Flecken auf dem Film	- kontaminierte Filmkassette - das Gel wurde nicht richtig mit dem Scintillator äquilibriert (konnte nicht frei schwimmen, zu wenig Scintillator)	Gel darf nicht am Boden der Wanne kleben, in 5fachem Gelvolumen an Scintillator frei schwimmen lassen
hoher Hintergrund	Film zu alt Lichtleck falsche Vorbelichtung des Films externe Bestrahlung (z.B. ^{125}I oder ^{32}P-Proben der Kollegen im gleichen Kühlschrank)	
Film zu hell	Entwickler am Ende Entwickler zu verdünnt falscher Film	
Film zu dunkel	kontaminierter Entwickler Entwickler zu konzentriert	
Streifen	Fixierlösung erschöpft	
Halbmondförmige Streifen	Film wurde nach der Exposition und vor der Entwicklung gebogen	

den. Gele mit ^{32}P oder ^{125}I werden (ohne vorheriges Tränken in Scintillator) getrocknet, in Abschnitte zerschnitten und diese direkt (^{125}I) oder nach Zusatz von normalem Scintillator (^{32}P) gezählt. Das gleiche gilt sinngemäß für Blots oder Dünnschichtplatten. Sie messen die absolute Menge der vorhandenen Radioaktivität und erhalten ein grobes Bild der Radioaktivitätsverteilung.

Im Fall b) wird die hochenergetische Strahlung von einem fluoreszierenden Schirm (intensifying screen) in Licht umgewandelt. Zwei Schirme in der Anordnung Schirm 1, Gel, Film, Schirm 2 verstärken das Signal zusätzlich, allerdings auf Kosten der Auflösung. Schirme arbeiten bei Blots und Dünnschichtplatten so gut wie bei Gelen.

Für beide Fälle gilt, dass Vorbelichten des Films die Empfindlichkeit heraufsetzt. Gleichzeitig stellt Vorbelichten eine lineare Beziehung zwischen Radioaktivitätsmenge und Filmschwärzung her (Laskey & Mills 1975). Vorbelichten lohnt bei kleinen Mengen von Radioaktivität, d. h. bei Gelen, die über längere Zeit exponiert werden müssen. Der Film wird einmal 1/2000 bis 1/1000 sec lang beblitzt. Die Bedingungen beschreibt Laskey (1980). Aufbewahrung bei −70°C verstärkt das Signal des Fluorogramms ebenfalls (Abb. 1.3, Tab. 1.4).

Vorbelichten des Films bzw. tiefe Temperaturen verstärken nur Fluorographie- (Licht) Signale. Die Signale der direkten Autoradiographie werden

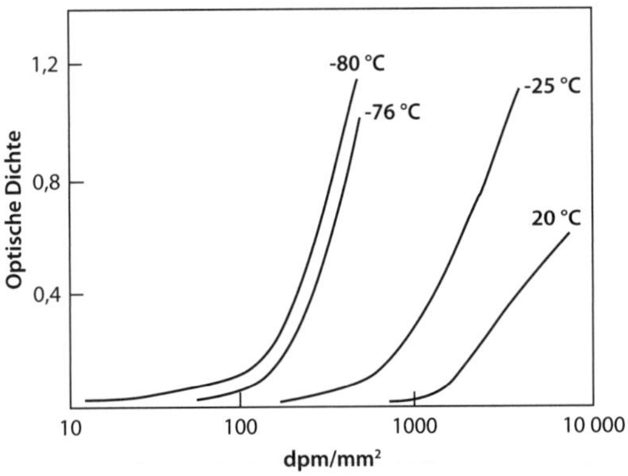

Abb. 1.3 Temperatur und Filmempfindlichkeit. Verdünnungen von ^{3}H-Leucin wurden auf Silica-Gel-Dünnschichtplatten aufgebracht und diese mit Enhance Spray beschichtet. Danach wurden die Platten 24 h lang mit einem Kodak X-Omat-Film bei verschiedenen Temperaturen inkubiert (nach »A Guide to Fluorography«, Du Pont)

nicht beeinflusst. Die Fluorographie gibt eine geringere Auflösung als die direkte Autoradiographie.

Literatur

1 Laskey, R. (1980): The use of intensifying screens or organic scintillators for visualizing radioactive molecules resolved by gel electrophoresis. Methods Enzymol. 65, 363–371

2 Laskey, R. & Mills, A. (1975): Quantitative film detection of ^{3}H and ^{14}C in polyacrylamide gels by fluorography. Eur. J. Biochem. 56, 335

Ligandenbindung

Die Bindung zwischen zwei Molekülen ist der erste Schritt jeder biochemischen Reaktion und damit Grundlage jeder Funktion. Grundlegendes sollte man gründlich behandeln und ► Kapitel 2 wird dies tun. Das Vorurteil meint zwar, Bindungstests seien langweilig und es hat Recht, doch können auch langweilige Tests interessante Ergebnisse liefern.

Zum Binden braucht es zwei: Ligand und **Bindungsstelle.** Ein Ligand ist ein Molekül, das reversibel (umkehrbar) an eine Bindungsstelle bindet. Eine **Bindungsstelle** ist ein »locus« eines Proteins, des Bindungsproteins.

Wie läuft ein typisches Bindungsprojekt ab? Etwa so: Ein Ligand (z.B. ein Toxin) zeigt in niedrigen Konzentrationen in einem physiologischen Test eine Wirkung. Der Experimentator überlegt: Diese Wirkung muss über Zellmoleküle vermittelt werden, also muss der Ligand mit einem Zellmolekül wechselwirken, und das kann er nur, wenn er an das Zellmolekül bindet. Die Bindungsstelle auf diesem Zellmolekül ist das erste Glied im Wirkungsmechanismus des Liganden und damit Ihr Ansatzpunkt. Sie markieren den Liganden radioaktiv, entwickeln einen Bindungstest, charakterisieren Bindungsstelle und Bindungsprotein. Danach reinigen Sie das Bindungsprotein, charakterisieren es eingehender, klonieren es, und auf diesem langen Weg erhalten Sie (mit Glück) auch Hinweise auf seine Funktion und damit den Wirkungsmechanismus des Liganden. Der Bindungstest eröffnet Ihnen also eine neue Forschungsrichtung, in der sie sich jahrelang betätigen können. Wenn das Bindungsprotein eine Funktion in der Zelle ausübt, deren molekularer Träger bisher unbekannt war, können Sie sich mit Bindungsexperimenten sogar profilieren.

Zur Suche nach dem Bindungsprotein gehören der radioaktiv markierte Ligand, ein Bindungstest und ein Gewebe, in dem das Bindungsprotein in genügend hoher Konzentration vorkommt. Arbeits- und Zeitaufwand hängen von den Eigenschaften des Liganden ab. Zuerst müssen Sie den Liganden isolieren, denn für Bindungstests sollte dieser sauber sein. Die zweite Hürde ist die radioaktive Markierung des Liganden. Dabei gehen leicht die biologischen Eigenschaften des Liganden verloren, dies selbst bei großen Peptiden oder Proteinen mit ihren vielfältigen Markierungsmöglichkeiten. Schließlich müssen Sie noch einen Bindungstest entwickeln, der keine »Fahrkarten« misst und auch keine »Hausnummern«. Ohne Glück und mit 10 h Einsatz täglich braucht der unerfahrene Doktorand je etwa ein halbes Jahr für die Markierung des Liganden (incl. Reinigung und Nachweis der Funktionalität), die Entwicklung des Bindungstests und die Erstellung der Ergebnisse.

Im Zeitalter der massenspektrometrischen Detektion lässt sich die Markierung der Liganden umgehen, wenn diese in oder aus der untersuchten Lösung ionisiert werden können. Lesen Sie hierzu ► Kapitel 7.5 Natürlich hat auch diese Detektion Nachteile. So können Sie Ihre Liganden nur sehen, wenn diese von der restlichen Suppe abgetrennt werden können. Hierbei kann Ihnen die Umkehrphasenchromatographie oder andere Techniken aus ► Kapitel 5 helfen. Sie sehen: die Arbeit wird nicht weniger, aber manchmal wenigstens gesünder.

Viele Proteine haben keine Liganden. Also macht man sich einen. In Epitop-Bibliotheken lässt sich zu jedem Protein eine Reihe von Peptiden finden, die mit fast beliebiger Affinität und an verschiedene Stellen des Proteins binden (Scott & Smith 1990). Voraussetzung ist, dass das Protein rein und in genügenden Mengen vorliegt.

Eine Warnung: So einfach das Binden zweier Partner zu sein scheint, die Beziehungen scheitern oft an Kleinigkeiten und können erstaunlich kompliziert werden. Vielleicht verliert der Ligand seine biologische Aktivität bei der radioaktiven Markierung, oder er bindet nicht spezifisch (d.h. an mehrere verschiedene Bindungsstellen) oder es werden aufwendige chemische Synthesen notwendig, oder es stellt sich heraus, dass die mit viel Mühe gefundene Bindungsstelle auf einem schon bekannten Protein liegt. Ist Letzteres der Fall, so wurde lediglich ein neuer Ligand für ein altes Protein gefunden. Das wirft eine Publikation ab und danach steht der Experimentator im Regen.

Genug der Schwarzmalerei. Bindungsprojekte sind eher berechenbarer als andere, und wenn ihre Methoden auch wenig Prestige geben, so sind sie doch unentbehrlich.

Literatur

1 Scott, J. & Smith, G. (1990): Searching for peptide ligands with an epitope library. Science 249, 386–390

Wahrhaftig, gnädiger Herr, ich bin der Meinung, dass der Arme mit dem zufrieden sein muss, was er findet, und auf keine gebratenen Tauben aus der Luft warten soll.

2.1 Radioaktive Ligandenmarkierung

Bevor Sie sich auf das Betreten des Isotopenlabors einlassen, sollten Sie den Liganden pharmakologisch charakterisieren, also eine biologische Reaktion messen. Das kann die Wirkung eines Neurotoxins an der Nerv-Muskel Endplatte sein oder auch nur eine stumpfsinnige LD_{50}. Sie erfahren, in welchen Konzentrationen, wo und wie der Ligand seine Wirkung entfaltet. Das ist nicht nur für die Wahl des Isotops wichtig, sondern auch für den später zu entwickelnden Bindungstest. Vor allem ermöglicht es ein quantitativer pharmakologischer Test, den mit z.B. ^{127}Iod (nichtradioaktiv) markierten Liganden auf biologische Aktivität zu testen. Ohne pharmakologischen Test tappen Sie im Dunkeln.

Die gängigsten Isotope für die Ligandenmarkierung sind ^{125}Iod und ^{3}H. ^{125}Iod ist das Isotop der Wahl. Mit ^{125}Iod werden Proteine, Peptide und Verbindungen mit Phenylgruppen oder primären Aminogruppen markiert.

2.1.1 Iodierung von Peptiden und Proteinen

Für eine Iodierung müssen Proteine und Peptide ein Tyrosin, Histidin oder primäre Aminogruppen besitzen (■ Abb. 2.1). Außerdem muss die biologische Aktivität die Iodierungsprozedur überstehen.

Tyrosin-Reste werden gerne mit **Chloramin-T** iodiert. Chloramin-T zersetzt sich in wässriger Lösung langsam zu Hypochlorsäure, die $^{125}I^-$ zu $^{125}I^+$ oxidiert. $^{125}I^+$ reagiert mit der anionischen Form des Tyrosins zu ^{125}I-Tyrosin. Die Reaktion hat ein pH-Optimum von 7,5 und wird von Thiocyanat in mikromolaren Konzentrationen gehemmt. Da das $Na^{125}I$ in NaOH geliefert wird, neutralisiert man die Reaktionsmischung durch einen starken Puffer, meistens Natriumphosphat. Am Ende der Reaktion wird das Oxidationsmittel Chloramin-T durch ein Reduktans (meistens Bisulfit) zerstört.

Die verschiedenen Tyrosinreste eines Proteins reagieren verschieden gut mit $^{125}I^+$, vielleicht wegen unterschiedlicher Zugänglichkeit, anderen Nachbarn etc.

Das in Rehm & Lazdunski (1992) beschriebene Iodierungsprotokoll wurde für Proteine und Peptide entwickelt, liefert aber auch mit Molekülen mit kleinem MG und einer Phenylgruppe gute Ergebnisse. Das $^{125}I^-$ wird mit niedrigen Chloramin-T-Konzentrationen oxidiert (molares Verhältnis von zu iodierendem Molekül/Chloramin-T/^{125}I etwa 1/1–2/0,5–1). Die Iodierungsreaktion wird entweder durch Verdünnen der Reaktionsmischung (Rehm & Lazdunski 1992) oder, wenn es das Protein verträgt, durch Zugabe von $Na_2S_2O_5$ (30 mg/ml) beendet. Ein Ionenaustauscher oder eine Gelfiltrationssäule, z.B. Sephadex G-25 oder Biogel P 60, trennt Peptide oder Proteine vom restlichen $^{125}I^-$ ab. Triton X-100 und BSA verhindern die Adsorption des iodierten Peptids an Reaktionsgefäße und Pipetten. Nach der Reaktion liegt i.a. eine Mischung von einfach jodierten, mehrfach iodierten und nichtiodierten Molekülen vor, wobei die monoiodierte Verbindung überwiegt.

Literatur

1 Rehm, H. & Lazdunski, M. (1992): Purification, affinity labeling and reconstitution of voltage-sensitive potassium channels. Methods Enzymol. 207, 556–564

Bei der Iodierung mit Chloramin-T liegen alle Reaktanten in Lösung vor (Ein-Phasensystem). Pierce bietet Oxidationsmittel an, die auf eine feste Phase aufgezogen wurden (Zwei-Phasensystem: Iodobeads, Iodogen). Bei den **Iodobeads** handelt es sich um an Polystyrolkügelchen gekoppeltes N-Chlorobenzylsulfonamid, bei **Iodogen** um ein, auf die Wand des Reaktionsgefäßes aufgezogenes, hydrophobes Chloramin-T-Derivat. Nach der Reaktion kann bei Iodobeads und Iodogen die feste Phase mit dem Oxidationsmittel leicht vom Reaktionsansatz getrennt werden. Die Zugabe von Reduktionsmittel (Bisulfit) ist daher unnötig, was empfindliche Disulfidbrücken schont. Zudem ist N-Chlorobenzylsulfonamid ein milderes Oxidationsmittel als Chloramin-T.

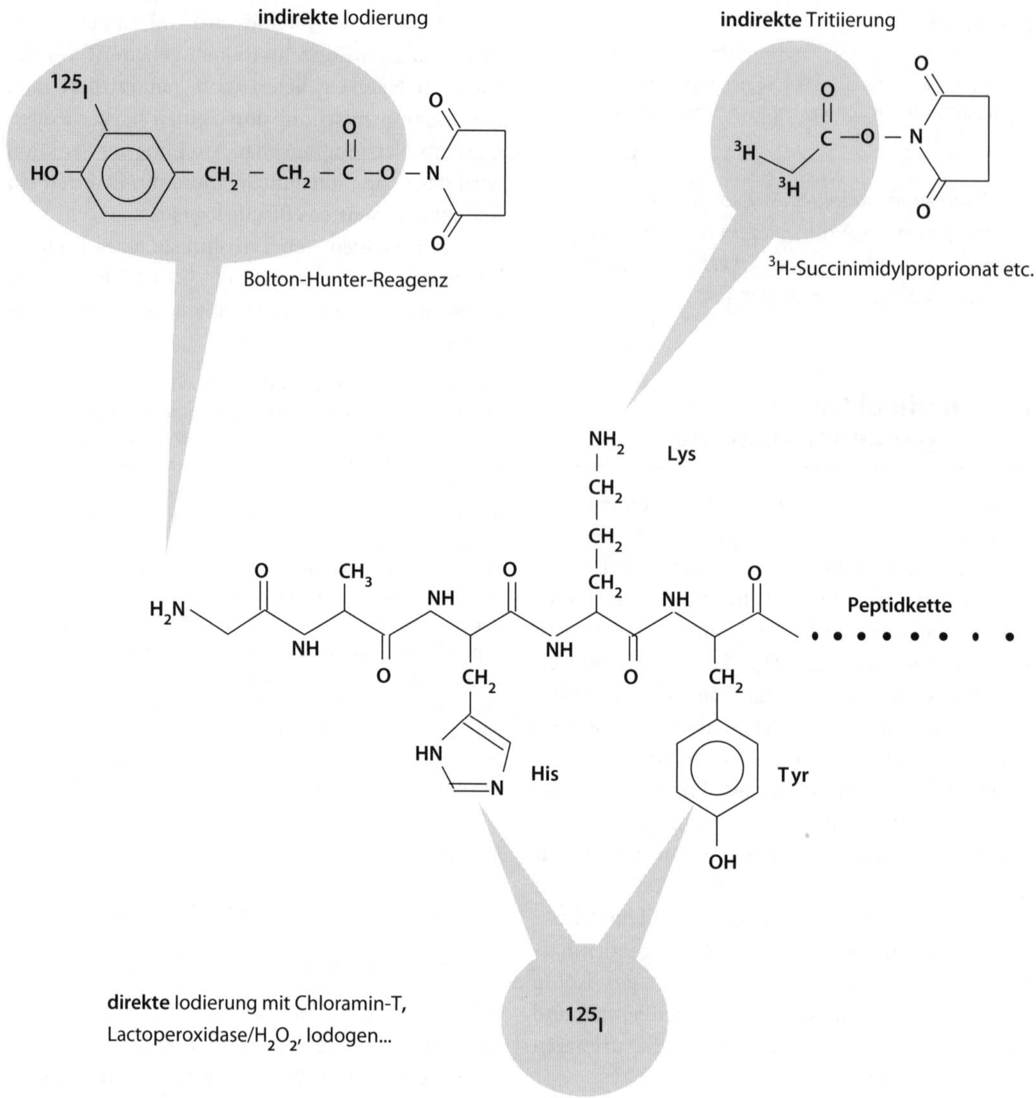

Abb. 2.1 Radioaktive Markierung von Proteinen und Peptiden

Als noch schonender gilt die Iodierung der Tyrosinreste mit **Lactoperoxidase** und H_2O_2. Der Experimentator setzt dem Reaktionsansatz mit $^{125}I^-$, Lactoperoxidase und dem Protein/Peptid wiederholt geringe Mengen an H_2O_2 zu. Die Lactoperoxidase spaltet das H_2O_2 zu Wasser und O_2 und oxidiert gleichzeitig das $^{125}I^-$. Wichtig: Azid hemmt die Lactoperoxidase. Statt wiederholt H_2O_2 zuzugeben, können Sie mit einer Kombination von Glucoseoxidase und Glucose für eine konstante Produktion von H_2O_2 in der Reaktionsmischung sorgen. Die Glucoseoxidase-Lactoperoxidase-Reaktionskette bietet Biorad als Zwei-Phasen-Iodierungssystem an. Vorteile: Der Reaktionsansatz bleibt enzymfrei; die iodierten Glucoseoxidase/Lactoperoxidase-Moleküle (Selbstiodierung) bleiben im Reaktionsgefäß.

Das zu markierende Peptid/Protein besitzt keinen Tyrosinrest? Versuchen Sie einen **Histidin**rest zu iodieren! Oberhalb pH 8–8,5 substituiert Iod bevorzugt den Imidazolring des Histidins.

Primäre Aminogruppen des Proteins/Peptids lassen sich mit dem Bolton-Hunter-Reagenz oder anderen ^{125}I-markierten N-Succinimidyl-Verbindungen umsetzen (indirekte Iodierung, ◘ Abb. 2.1). Es entsteht ein Säureamid, d.h. die positive Ladung der primären Aminogruppe geht verloren. ^{125}I-Bolton-Hunter-Reagenz ist bei NEN oder Amersham erhältlich. Statt N-Hydroxysuccinimidyl-Verbindungen können auch Imidoester verwendet werden (Bright & Spooner 1983). Diese reagieren spezifisch mit Lysinresten und erhalten die positive Ladung des derivatisierten Lysins. Schließlich gibt es noch die Möglichkeit, die primäre Aminogruppe mit 4-Hydroxybenzaldehyd zu einem Imin umzusetzen und dieses zu einem sekundären Amin zu reduzieren (Vorsicht bei Disulfidbrücken) (Su & Jeng 1983). Die Ladung und Nucleophilie der primären Aminogruppe bleibt erhalten. Hinterher wird die Phenylgruppe z.B. mit Chloramin-T iodiert.

Nach der Iodierung gilt es, das freie ^{125}Iod vom iodierten (und uniodierten) Protein bzw. Peptid abzutrennen. Für Proteine nimmt man dazu kleine Ionenaustauscher- oder Gelfiltrationssäulen, für kleinere stabile Proteine und Peptide die HPLC. Eine HPLC einzusetzen lohnt, wenn häufig iodiert wird, denn nach einem Lauf mit 1 mCi ^{125}Iod ist die Maschine mindestens ein Jahr lang für kaltes Arbeiten nicht mehr zu gebrauchen. Die HPLC vermag oft zwischen mono- und diiodierten Peptiden/Proteinen zu unterscheiden. Bei Iodierungsreaktionen mit gutem Einbau kann man auf die Abtrennung des freien ^{125}Iods verzichten, zumal bei der Lagerung des Reaktionsproduktes sowieso wieder freies ^{125}Iod entsteht (Rückreaktion).

Falls Sie ein Peptid iodieren müssen, das pH 3 und 100°C verträgt, können Sie es erstmal mit ^{127}Iod iodieren. Nach dem Abtrennen des freien ^{127}Iods **tauschen** Sie das ins Peptid eingebaute **^{127}Iod gegen ^{125}Iod** aus (Breslav et al., 1996). Der Vorteil: Die Produkte der ^{127}I-Iodierung (s. ▶ Abschn. 2.1.3) können in aller Ruhe auf der (kalten) Reversed-Phase-HPLC aufgetrennt und anschließend auf ihre biologische Aktivität untersucht werden. Beim aktiven ^{127}Iod-Derivat tauschen Sie dann das ^{127}Iod gegen ^{125}Iod aus. Sie können auch auf die Iodierungsreaktion verzichten und statt dessen das Peptid mit der entsprechenden ^{127}Iod-Aminosäure an der gewünschten Stelle synthetisieren lassen (Peptidsynthesizer).

Die Iodtausch-Methode ist auf säurestabile Peptide beschränkt. Zudem tauscht nur 3,5-Diiodotyrosin bereitwillig sein ^{127}Iod gegen ^{125}Iod aus. Doch selbst mit diiodotyrosinhaltigen Peptiden brachten Breslav et al. nur eine spezifische Aktivität von 10 Ci/mMol zustande. Die Methode mag allerdings nicht völlig ausgereift sein, sowohl was mildere Austauschbedingungen als auch höhere spezifische Aktivitäten betrifft. Freies ^{125}Iod trennen Breslav et al. (1996) mit einer C18-Sep-Pak Patrone ab: ^{125}Iod läuft durch, Peptid bindet und wird nach dem Waschen mit Methanol eluiert.

Literatur

Tyrosin-Iodierung mit Iodobeads

1 Markwell, M. (1982): A new solid state reagent to iodinate proteins: conditions for the efficient labelling of antiserum. Anal. Biochem. 125, 427–432

Tyrosin-Iodierung mit Iodogen

2 Salacinski, P. et al. (1981): Iodination of proteins, glycoproteins, and peptides using a solid phase oxidizing agent, 1,3,4,6-tetrachloro-3α,6αdiphenyl glycoluril (iodogen). Anal. Biochem. 117, 136–146

3 Tuszynski, G. et al. (1983): Labeling of platelet surface proteins with ^{125}I by the iodogen method. Anal. Biochem. 130, 166–170

Tyrosin-Iodierung mit H_2O_2 und Lactoperoxidase

4 Rehm, H. & Betz, H. (1982): Binding of β-bungarotoxin to synaptic membrane fractions of chick brain. J. Biol. Chem. 257, 10015–10022

5 Sutter, A. et al. (1979): Nerve growth factor receptors. Characterization of two distinct classes of binding sites on chick embryo sensory ganglia cells. J. Biol. Chem., 254, 5972–5982

Histidin-Iodierung

6 Chisholm, D. et al. (1969): The gastrointestinal stimulus to insulin release I. secretin. J. Clin. Invest. 48, 1453–1460

7 Taylor, J. et al. (1984): The characterization of high affinity binding sites in rat brain for the mast cell degranulating peptide from bee venom using the purified monoiodinated peptide. J. Biol. Chem. 259,13957–13967

Indirekte Iodierung
8 Breslav, M. et al. (1996): Preparation of radiolabeled peptides via an iodine exchange reaction. Anal. Biochem. 239, 213–217
9 Bright, G. & Spooner, B. (1983): Preparation and reaction of an iodinated imidoester reagent with actin and α-actinin. Anal. Biochem. 131, 301–311
10 Bolton, A. & Hunter, W. (1973): The labelling of protein to high specific radioactivities by conjugation to a ^{125}I-containing acylating agent. Biochem. J. 133, 529–539
11 Su, S. & Jeng, I. (1983): Conversion of a primary amine to a labeled secondary amine by the addition of phenolic groups and radioiodination. Anal. Biochem. 128, 405–411

2.1.1.1 The day after

Kein Einbau von ^{125}Iod? Wurde im Iodierungsmix nichts vergessen oder falsch zugegeben, enthält das Protein entweder keinen Tyrosinrest oder die Oxidationsbedingungen waren zu schwach. Helfen andere oder stärkere Oxidationsmittel (z.B. mehr Chloramin-T) nicht, liegt die Lösung des Problems vielleicht in der Umsetzung mit Bolton-Hunter-Reagenz, ^{3}H-markierten N-succinimidylverbindungen oder im Versuch, ein Histidin des Proteins zu iodieren.

Das iodierte Protein zeigt keine spezifische Bindung? Oft ist das eingebaute ^{125}Iod schuld, aber auch die bei der Iodierung verwendeten Reagenzien können das Protein inaktivieren. So oxidiert Chloramin-T nicht nur I^-, sondern auch die α-Aminogruppe von Peptiden und Aminosäuren zum Nitril. Empfindliche Phenolderivate werden ebenfalls zerstört. Auf diesen Reaktionen beruhte, dies nebenbei, der Einsatz von Chloramin-T als Desinfektionsmittel im 1. Weltkrieg (Dakin et al. 1916). Mildere Oxidationsbedingungen, wie H_2O_2 oder Iodobeads statt Chloramin-T, oder andere Reaktionsbedingungen (pH, Ionenstärke, Liganden) bringen oft die Wende.

Die Zahl der eingebauten Iod-Atome pro Protein hat großen Einfluss auf dessen Bindungsfähigkeit. Faustregel: Je größer das Verhältnis Mol Iod-Atome/Mol Protein im Reaktionsansatz, desto mehr Iod wird ins Protein eingebaut, und umso kleiner sind Immunreaktivität und biologische Aktivität des iodierten Proteins. Für das stöchiometrische Verhältnis der Reaktanten im Iodierungsansatz gilt also: zu viel Iod und das Protein ist tod. Es empfiehlt sich die Reaktion zuerst mit ^{127}Iod (nichtradioaktiv) durchzuführen und die iodierten Spezies, vor allem die einfach iodierte Verbindung, auf biologische Wirkung zu prüfen.

Sind also monoiodierte Proteine des Experimentators Wunsch und Streben, so kann doch schon ein einziges Iod dem Protein die Lust am Binden vergällen. In diesem Fall: Variieren Sie die Reaktionsbedingungen und versuchen Sie einen anderen Tyrosin- oder Histidinrest zu iodieren. Dies in der Hoffnung, dass das Iod in der neuen Position die Bindung nicht stört. Ist diese Hoffnung vergebens, oder wollen Sie sich nicht auf endloses Screenen von Reaktionsbedingungen einlassen, bleibt Bolton-Hunter-Reagenz oder eine ^{3}H-Markierung.

Literatur

1 Dakin et al. (1916): The antiseptic action of substances of the chloramine group. Proc. Royal Soc. London Ser. B 89, 232–242

Das Protein ist verschwunden? Bei dieser, der übelsten aller Möglichkeiten, ist das Protein durch die Iodierungsprozedur denaturiert worden und in Folge aggregiert, präzipitiert oder adsorbiert, z.B. an die Säule, die das iodierte Protein vom freien ^{125}Iod trennen sollte. Rettung bringt eine mildere Iodierungsprozedur.

2.1.2 Iodierung von Molekülen mit niedrigem MG

Iodierte Moleküle mit niedrigem MG dienen als Liganden in Bindungstests, zur indirekten Iodierung von Proteinen, oder als Photoaffinitätsliganden. In der Regel handelt es sich um Phenolverbindungen.

Auch bei der Iodierung von Molekülen mit niedrigem MG dient meistens Na^{125}I als ^{125}I-Quelle und Chloramin-T als Oxidationsmittel (molares Verhältnis der drei Reaktanten etwa 1:1:1). Ein leicht basischer pH im Reaktionsansatz begünstigt die Monoiodierung. Bei wasserempfindlichen Verbindungen wie N-Succinimidyl-Derivaten führt man die Iodierungsreaktion in organischen Lösungsmitteln (z.B. Aceton, Acetonitril) durch. Die Iodierungseffizienz hängt vom verwendeten Lösungsmittel ab. Mit der HPLC oder Dünnschichtchromatographie trennen Sie freies ^{125}Iod, iodiertes Molekül und nichtiodiertes Molekül voneinander ab.

Für die Derivatisierung von primären Aminogruppen gilt, was für Proteine/Peptide gesagt wurde, jedoch können Moleküle mit niedrigem MG oft auch in organischen Lösungsmitteln derivatisiert werden. Die Eigenschaften (z.B. die Löslichkeit) von Molekülen mit kleinem MG ändern sich bei der Derivatisierung mit z.B. Bolton-Hunter-Reagenz natürlich stärker als bei einem großen Protein.

Als Vorsichtsmaßnahme gegen Radiolyse (s. ► Abschn. 2.1.4) sollte das iodierte Molekül in verdünnter Lösung und in Gegenwart von Radikalfängern wie Ethanol, Ascorbat, Mercaptoethanol aufbewahrt werden.

Literatur

1 Ji, J. et al. (1985): Radioiodination of a photoactivable heterobifunctional reagent. Anal. Biochem. 151, 358–349
2 Kometani, T. et al. (1985): Iodination of phenols using chloramine-T and sodium iodide. Tetrahedron Letters 26, 2043–2046
3 Kometani, T. et al. (1985): An improved procedure for the iodination of phenols using sodium iodide and tert-butyl hypochlorite. J. Org. Chem. 50, 5384–5387
4 Masson, J. & Labia, R. (1983): Synthesis of a ^{125}I-radiolabelled penicillin for penicillin binding proteins. Anal. Biochem. 128, 164–168

2.1.3 Isolierung einzelner iodierter Spezies

Bei einer Iodierungsreaktion entsteht oft eine Reihe von Schwestermolekülen. So liefert die Iodierung von Proteinen, die mehrere Tyrosinreste enthalten, einfach iodierte, doppelt iodierte und uniodierte Proteine, wobei die einfach iodierten Proteine noch an verschiedenen Tyrosinen iodiert sein können usw. Schließlich können Phenylgruppen und Imidazolringe mit Iod mono- und bisubstituiert sein.

Einfach iodierte kann man von uniodierten und mehrfach iodierten Molekülen mittels HPLC (Bidard et al. 1989) oder isoelektrischer Fokussierung (Rehm & Betz 1982) abtrennen. Die Isolierung des einfach iodierten Moleküls aus einem Gemisch einfach iodierter und uniodierter Moleküle gibt nicht nur eine höhere spezifische Aktivität und ein besseres Signal/Rausch-Verhältnis, sie vereinfacht auch die Interpretation der Bindungsergebnisse.

Gelingt es nicht, die monoiodierte Molekülspezies zu isolieren, liegt also ein Gemisch von iodiertem und uniodiertem Molekül vor, dann müssen Sie die spezifische Radioaktivität bestimmen: die Menge an eingebauter Radioaktivität, dividiert durch die Summe der Mole von iodiertem und uniodiertem Molekül. Die spezifische Aktivität wird in Ci/mMol angegeben. Mit Hilfe der spezifischen Aktivität lässt sich berechnen, wie viel Atome des radioaktiven Isotops ein Molekül enthält (◻ Abb. 2.2). So enthält bei einem mit ^{125}Iod derivatisierten Protein mit einer spezifischen Radioaktivität von 2200 Ci/mMol, statistisch gesehen, jedes Proteinmolekül ein ^{125}Iod-Atom.

Literatur

1 Bidard, J. et al. (1989): Analogies and differences in the mode of action and properties of binding sites (localization and mutual interactions) of two K^+ channel toxins, MCD peptide and dendrotoxin I. Brain Res. 495, 45–57
2 Rehm, H. & Betz, H. (1982): Binding of β-bungarotoxin to synaptic membrane fractions of chick brain. J. Biol. Chem. 257, 10015–10022

2.1.4 Vor- und Nachteile des Iodierens

^{125}Iod hat eine hohe spezifische Aktivität (◻ Tab. 2.1) und ist, z.B. in Autoradiogrammen, leicht und schnell nachzuweisen. Zum Zählen reicht ein γ-Counter, der keinen teuren und giftigen Scintillator benötigt. Der Zeitaufwand für eine Iodierung, einschließlich der Trennung des iodierten Moleküls vom freien Iod, liegt bei 2–3 Stunden. Die Vorbereitungen wie Puffermachen, Platz im Jodlabor aufbauen, benötigen ca. 1 Tag. Auch ist Iodieren vergleichsweise billig (2 mCi Na^{125}Iod kosten ca. 120 Euro).

Die üblichen Handmessgeräte reagieren schon auf Spuren von ^{125}Iod mit einem beängstigenden Knattern. Daher kommt es bei ^{125}Iod selten zu der ausgiebigen Kontamination von Arbeitsgerät und

Die Menge A einer radioaktiven Verbindung zur Zeit t berechnet sich nach:

$$A = Ao \cdot \exp\left[-\frac{\ln 2 \cdot t}{T_{1/2}}\right]$$

Ao ist die Menge an radioaktiver Verbindung zur Zeit t=0; $T_{1/2}$ die Halbwertszeit des Isotops.

Die Aktivität (Zahl der Zerfälle pro Zeiteinheit) einer radioaktiven Verbindung zur Zeit t ist also:

$$\frac{dA}{dt} = -\frac{Ao \cdot \ln 2}{T_{1/2}} \cdot \exp\left[-\frac{\ln 2 \cdot t}{T_{1/2}}\right]$$

Sei Ao 1 mMol z.B. ^{125}I, so ist dA/dt zur Zeit t=0:

$$\left[\frac{dA}{dt}\right]_{t=0} = -\frac{Ao \cdot \ln 2}{T_{1/2}} = \frac{6{,}02 \cdot 10^{20} \cdot \ln 2}{59{,}6 \cdot 24 \cdot 60 \text{ min}} = 4{,}83 \cdot 10^{15} \text{ Zerfälle/min.}$$

Mit 1 Ci = $2{,}22 \cdot 10^{12}$ Zerfälle/min folgt $\left[\frac{dA}{dt}\right]_{t=0} = 2176 \text{ Ci}$

d.h. 1 mMol ^{125}Iod hat die Aktivität 2176 Ci. Seine spezifische Radioaktivität ist also 2176 Ci/mMol.

Abb. 2.2 Zeitabhängigkeit der Aktivität einer radioaktiven Verbindung

Tab. 2.1 Die wichtigsten radioaktiven Isotope

Isotop kriti-sches	Halb-wertszeit	Strah-lungsart	Messung	spez. Aktivität Ci/mMol	Energie max. (MeV)	Reich-weite max. (cm)	Kritisches Organ	Tochter-nuklid
^{3}H	12,35 Jahre	β	LSC	29	0,0186	0,42 (Luft)		^{3}He
^{14}C	5730 Jahre	β	LSC	0,062	0,156	21,8 (Luft)		^{14}N
^{32}P	14,3 Tage	β	LSC	9130	1,71	610 (Luft); 0,76 (Plexiglas)	Auge	^{32}S
^{35}S	87,4 Tage	β	LSC	1494	0,167	24,4 (Luft)		^{35}Cl
^{45}Ca	163 Tage	β	LSC	801	0,257	48 (Luft)	Knochen	^{45}Sc
^{125}I	59,6 Tage	γ	γ-Counter	2191	0,27–0,035	0,02 (Blei)	Schilddrüse	^{125}Te

LSC: Liquid scintillation counter

Arbeitsplatz, wie sie bei ^{3}H oft zu beobachten ist. ^{3}H nämlich muss durch aufwendige Wischtests nachgewiesen werden, und die führt der Forscher, nach unseren Erfahrungen, nur alle Jahre mal durch.

Bei der täglichen Arbeit mit kleinen Mengen (<100 µCi) von ^{125}Iod schützen 1 mm starke Edelstahlbleche. Diese halten die schwache γ-Strahlung fast genauso gut ab wie Bleibleche und sind handlicher und ungiftig.

Der Umgang mit ^{125}Iod hat auch seine Schattenseiten. Beim Iodieren müssen Sie unter Sicherheitsvorkehrungen, wie mit Iodfiltern versehene Abzüge etc., mit großen Mengen an Radioaktivität (1–5 mCi) umgehen. Die biologische Aktivität vieler Proteine übersteht die oxidierenden Bedingungen der Iodierungsprotokolle nicht, und das große ^{125}Iod-Atom verändert die Eigenschaften der Moleküle.

^{125}Iod hat eine Halbwertszeit von 60 Tagen, doch nimmt die spezifische Aktivität einer iodierten Verbindung schneller ab, denn während des Lagerns läuft die Rückreaktion zu freiem ^{125}Iod. Zudem zerstört die beim Zerfall des ^{125}Iod freiwerdende Strahlung andere Moleküle der iodierten Verbindung und erzeugt mit Wasser freie Radikale. Diese Radiolyse kann iodierte Moleküle mit niedrigem MG innerhalb von Tagen zerstören. Verdünnen der Probe und Radikalfänger verlangsamen die Radiolyse. Temperaturerniedrigung beeinflusst diesen Prozess kaum, hält aber Pilze und Bakterien in Schach. Schließlich aggregieren viele Proteine während der Iodierung und dem anschließenden Lagern. Die nervenaufreibende Prozedur des Iodierens muss also öfters wiederholt werden, als es dem Forscher lieb ist.

Die Plage indirekter Iodierungsmethoden ist die niedrige spezifische Aktivität des Produkts. Denn für eine gute Ausbeute der Konjugationsreaktion muss das zu derivatisierende Molekül im Überschuss zugegeben werden. Ist aber die spezifische Aktivität zu niedrig, muss man die iodierte von der uniodierten Spezies abtrennen, und das kann kitzlig werden (Empfehlung: Mit ^{127}I-Bolton-Hunter und einer Spur ^{125}I-Bolton-Hunter das ^{127}Iod-Produkt herstellen und damit die Trennmethode zuvor einschießen.). Zudem ist z.B. Bolton-Hunter-Reagenz teuer, instabil in wässriger Lösung, und der Einbau der großen lipophilen Gruppe kann sich noch verheerender auf die Aktivität einer Verbindung auswirken als die Verwandlung eines Phenylrests in einen ^{125}I-Phenylrest.

2.1.5 Tritiieren

Tritiieren kommt in Frage, wenn das zu markierende Molekül freie Aminogruppen besitzt. Tritiierungen durch Halogen-Tritium-Austausch, Reduktion von Doppelbindungen mit ^{3}H-Gas etc. sollten für den Notfall und auf Speziallabors beschränkt bleiben. Die Vorteile der ^{3}H-Markierung liegen in der geringen Strahlenbelastung, die die Arbeit angstfrei macht, der im Vergleich zu ^{125}Iod längeren Haltbarkeit (Halbwertszeit von ^{3}H 12,35 Jahre, ◘ Tab. 2.1) und darin, dass mit kleinen Seitenketten ohne aromatischem Ring tritiiert werden kann. NEN und Amersham bieten etwa ein Dutzend verschiedener ^{3}H-markierter N-Succinimidyl-Verbindungen an, die mit freien Aminogruppen reagieren. Mit N-Succinimidyl-Verbindungen tritiierte Moleküle haben jedoch eine niedrige spezifische Radioaktivität (◘ Tab. 2.1) und unterscheiden sich in isoelektrischem Punkt und Löslichkeitsverhalten von der Ausgangsverbindung.

Bei der Inkubation des zu markierenden Moleküls mit der ^{3}H-markierten N-Succinimidyl-Verbindung gilt es die Löslichkeit der zwei Moleküle und die Wasserempfindlichkeit der N-Succinimidyl-Verbindung zu beachten. Schließlich darf der verwendete Puffer oder das Lösungsmittel keine Moleküle mit freien Aminogruppen enthalten.

Um die Umsetzung mit der N-succinimidyl-Verbindung so vollständig wie möglich zu machen und das teure Reagenz nicht zu verschwenden, wird das zu markierende Molekül im Überschuss zugegeben. Nach der Reaktion müssen Sie das nichtmarkierte vom markierten Molekül abtrennen, oder mit einer niedrigen spezifischen Aktivität zufrieden sein. Hier liegt der Hund begraben. Mit großen Mengen an ^{3}H komplizierte Trennungen durchzuführen, ohne dabei die Umgebung zu kontaminieren, ist wie einen Ameisenhaufen versetzen, ohne eine Ameise zu verlieren. **Ein** einfacher und übersichtlicher Trennschritt muss reichen. Bei Proteinen empfiehlt sich ein Ionenaustauscher oder isoelektrische Fokussierung, bei Peptiden und

Molekülen mit niedrigem MG die Umkehrphasen-HPLC oder die Dünnschichtchromatographie.

Literatur

1 Dolly, J. et al. (1981): Tritiation of α-bungarotoxin with N-succinimidyl(2,3-^{3}H)proprionate. Biochem. J. 193, 919–923

2 Othman, I. et al. (1982): Preparation of neurotoxic ^{3}H-β-bungarotoxin. Demonstration of saturable binding to brain synapses and its inhibition by toxin I. Eur. J. Biochem. 128, 267–276

Sei nur ruhig Freund, noch größere Geheimnisse will ich dich lehren, noch größeren Lohn sollst du empfangen.

2.2 Bindung

2.2.1 Isolierung von Membranen

Viele Ionenkanäle, Neurotransmitterrezeptoren, Transporter oder Ionenpumpen, sind integrale Membranproteine. Um ihre Bindungsstellen zu untersuchen, brauchen Sie Membranen. Das Ausgangsmaterial, z.B. Muskel, Leber oder Hirn, liefert, wenn es die Fragestellung erlaubt, der Schlachthof. Schweinehirn ist hundertmal billiger als Rattenhirn und erspart das Rattenschlachten (dazu *Lab Times* 1/2009, S66).

Ist es besser, die Membranen gleich aus dem frischen Gewebe zu isolieren, oder das Gewebe bei −80°C einzufrieren und aus dem gefrorenen Material, je nach Bedarf, Membranen zu machen?

Das Einfrieren des Gewebes beschädigt die Zellorganellen. Für Experimente, in denen es auf physiologische Funktion und Inhalt der Organellen ankommt, ist also frisches Gewebe notwendig. Für Bindungstests jedoch ist es nach Rehms Erfahrungen (mit neuronalen Ionenkanälen und Rezeptorproteinen) gleichgültig, ob die Membranen aus frischem oder tiefgefrorenem Gewebe stammen. Die Membran scheint integrale Membranproteine gegen Frieren / Tauen zu stabilisieren. Zwar setzen beschädigte Lysosomen Proteasen frei, und mit einmal gefrorenem Gewebe ist eine saubere Trennung der Organellen nicht möglich; doch ist es damit auch bei frischem Gewebe nicht weit her und die Lysosomen werden ebenfalls beschädigt, z.B. beim Homogenisieren und wenn die Vesikel einen osmotischen Schock erleiden.

2.2.1.1 Homogenisieren

Der erste Schritt zu Membranen ist die Homogenisierung des Gewebes. Es wird bei 4°C in einem Homogeniserungspuffer suspendiert und zerkleinert. Der Homogenisierungspuffer ist isoosmotisch zur Gewebsflüssigkeit, hat eine niedrige Ionenstärke und enthält Rohrzucker (250–320 mM), Puffer (oft 5–10 mM Tris-Cl oder Na-Hepes pH 7,4) und eine Mischung verschiedener Proteaseinhibitoren (Bacitracin, PMSF, EDTA etc. oder einen kommerziellen Cocktail).

Wie aber zerkleinert man?

- Große Materialmengen, zähe Gewebe (Muskel) oder tiefgefrorene Gewebe zerkleinert der Polytron mit einem rotierenden ringförmigen Schermesser. Um das Homogenat nicht zu erwärmen, zerkleinern Sie das Gewebe stoßweise: (4–5-mal jeweils 15 sec bei mittlerer Rotationsgeschwindigkeit mit 3 min Pause dazwischen). Vorsicht: Proteine in Schaumblasen denaturieren leicht, also Schaumbildung vermeiden.
- Manche Experimentatoren zerstoßen das Gewebe in flüssigem Stickstoff zu einem Pulver und homogeniseren den Gewebestaub mit Potter oder Polytron.
  Pulverisieren mit einem Porzellanmörser ist mühselig und gefährlich und dauert mehrere Stunden (Schutzbrille!). Besser eignet sich ein Eisenrohr mit Boden, in dem Sie das tiefgefrorene Gewebe mit Eisenstab und Hammer zerstoßen. Das macht Spaß und übt auf verzweifelte Doktoranden eine psychotherapeutische Wirkung aus.
  Die zusätzliche Mühe des Pulverisierens mag nützlich sein, wenn es um die Membranen spezieller Organellen wie synaptische Vesikel geht, bei Membranen für die üblichen Bindungstests lohnt der Aufwand nicht.
- Leicht zu zerkleinernde Gewebe wie Gehirn oder Leber homogenisert der Potter. Ein Potter

ist ein röhrenförmiges Glasgefäß, in dem ein eingepasster Teflonstab mit verstellbarer Geschwindigkeit rotiert. Der Potter homogenisert schonender als der Polytron, macht aber mehr Arbeit. Gepottert wird, wenn man aus dem Homogenat stoffwechselaktive Organellen (Mitochondrien, Synaptosomen etc.) oder deren hochgereinigte Membranen gewinnen will.

- Gewebe können Sie auch per Hand zwischen den angerauten Oberflächen eines konischen Glaspistills und eines dazu passenden Glaspotters zerreiben. Diese Technik benützt man vor allem bei kleinen Gewebeproben. Autor Rehm hat sie als mühsam und sehnenscheidenentzündungsträchtig in Erinnerung und mehr als einmal ist ihm der gläserne Griff des Pistills abgebrochen.
- Kleine Gewebeproben, die in großer Zahl anfallen, werden mit (einmal)-Plastikpistillen in Mikrozentrifugenröhrchen homogenisiert – das heißt, man würde es gerne, aber es klappt oft nicht: Teils sind die Oberflächen von Mikrozentrifugenröhrchen und Pistill zu glatt, teils passen die beiden schlecht zueinander. Zudem tritt bei kleinen Proben und (vergleichsweise) großen Puffervolumina »Probenflucht« auf: Die Probe denkt nicht daran, sich vom Pistill zermantschen zu lassen, sondern pariert die Bedrohung elegant mit einer Fluchtbewegung: Geht das Pistill nach unten, schwimmt die Probe nach oben und umgekehrt. Kusumoto et al. (2001) lösen dieses Problem, indem sie das aus elastischem Polypropylen bestehende Pistill mit einem Schlitz versehen. Der Schlitz soll folgende Vorteile bieten: Beim Auf- und Niederstoßen in die konische Vertiefung des Mikrozentrifugenröhrchens öffnet bzw. schließt sich der Schlitz. Dadurch werde die Probe, so versichern die Autoren, gründlich zerbissen. Auch könne die Probe nicht mehr so leicht entwischen, weil sie vom Schlitzpistill wie von einer Zange festgehalten werde. Kusukoto et al., behaupten, dass sie mittels Schlitzpistill aus Mausleber doppelt soviel RNA isolieren können wie mit einem normalen Pistill, welches das Gewebe nur zwischen Pistill und Gefäßwänden zerreibt. Bei kleinen Gewebeproben (< 50 mg) versage das herkömmliche Pistill sogar vollständig, während das Schlitzpistill auch hier RNA liefere. Ob das mit anderen Geweben auch so gut funktioniert, sei dahingestellt, doch Sexappeal kann man der Methode nicht absprechen (◘ Abb. 2.3).

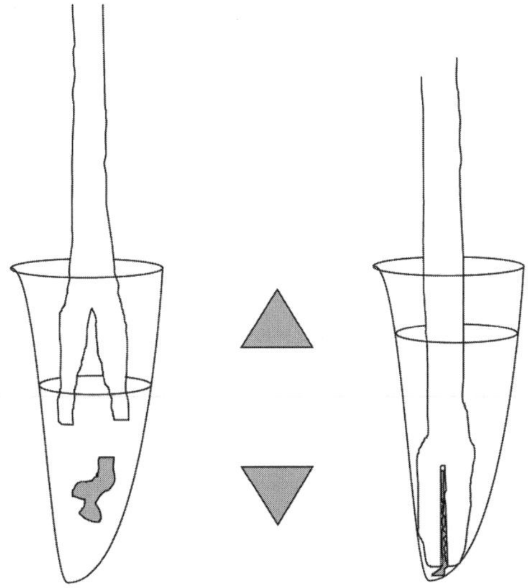

◘ **Abb. 2.3 Die Kunst des Schlitzpistill-Homogenisierens**

Literatur

1 Kusumoto, M. et al (2001): Homogenization of tissue samples using a split pestle. Anal. Biochem. 294, 185–186

2.2.1.2 Differenzialzentrifugation und andere Reinigungsmethoden

Auf das Homogenisieren folgt die Differenzialzentrifugation. Damit teilen Sie das Homogenat in mehrere Pellets (P1, P2, P3) und Überstände (S1, S2, S3) auf. Das P1-Pellet enthält Zelltrümmer und Zellkerne, das P2-Pellet besteht aus hauptsächlich aus Mitochondrien, enthält aber auch Zellmembranen, Lysosomen und bei Hirngewebe Synaptosomen. Das P3-Pellet (auch mikrosomale Fraktion genannt) besteht aus Vesikeln des Endoplasmatischen Reticulums (Mikrosomen), Zellmembranen, Lysosomen, Golgimembranen etc. Die Membranvesikel sind je nach Homogenisierungsmethode löcherig oder teilweise dicht. Für Bindungstests genügen diese Pellets in der Regel.

2

Isolierung von P2-Membranen:

- Alle Homogenisierung- und Zentrifugationsschritte werden bei 4°C durchgeführt.
- Grobes Zerkleinern des Gewebes, z.B. mit einer Schere, im Homogenisierungspuffer (Hp; z.B. 5 mM Tris-Cl pH 7,4, 300 mM Sucrose, 0,1 mM EDTA, 10 mM PMSF). Volumenverhältnis Gewebe zu Hp 1:10.
- omogenisieren mit Polytron oder Potter.
- Erste Zentrifugation des Homogenats bei 800–1.000 g für 8–16 min zu Pellet P1 und Überstand S1. Zur Erhöhung der Ausbeute empfiehlt es sich, P1 einmal mit Hp zu waschen. Dazu wird P1 im 3–5 fachen Volumen Hp resuspendiert und die Suspension noch einmal bei 800–1.000 g für 8–16 min abzentrifugiert. Der Überstand wird mit S1 vereinigt, das gewaschene P1 verworfen.
- Die vereinigten S1 zentrifugieren Sie bei 10–20.000 g für 30 min ab. Sie erhalten das Pellet P2 und den Überstand S2.

Viele der Vesikel im P2-Pellet sind geschlossen und enthalten lösliche Proteine wie LDH. Falls Sie die entfernen möchten oder müssen, unterwerfen Sie das Pellet einem osmotischen Schock. Dazu resuspendieren Sie das P2-Pellet im zehnfachen Volumen Hp ohne Sucrose, inkubieren 30 min auf Eis und zentrifugieren die Membranen danach bei 20.000 g für 30 min ab. Das Pellet wird in Puffer (z.B. 5 mM Tris-Cl pH 7,4) resuspendiert, aliquotiert und bei –80°C eingefroren.

Diese Vorschrift ist eine von vielen. So variieren die Zentrifugationsbedingungen von Labor zu Labor, teilweise um einen Faktor vier. Kollau et al. (2004) isolieren z.B. ihr P2 Pellet bei 6.500 g für 15 min und nennen es kühn »Mitochondrien«. Wir versichern Ihnen jedoch: Sie erhalten mit der Differenzialzentrifugation nie reine Präparationen, sondern immer ein Gemisch von Organellen, wobei in den einzelnen Pellets das eine oder andere Organell dominiert. In einem niedrig zentrifugierten P2 Pellet dominieren die Mitochondrien, im korrespondierenden P3 Pellet dagegen Vesikel aus Zellmembran und Endoplasmatischem Reticulum. Autor Rehm vermutet, dass die Verteilung der Organellen über die Fraktionen noch von der Homogenisierungstechnik und dem Gewebe abhängt: Mitochondrien aus Leber verhalten sich anders als Mitochondrien aus Gehirn.

Falls Ihnen die P2 oder P3 Pellets zu schlecht sind, können Sie ihre Membranen weiter reinigen. Früher und auch heute noch benützt man dazu Sucrose-, Ficoll- oder Percollgradienten. Die Gradienten fraktionieren die Membranvesikel nach Größe und Dichte. Nach Rehms Erfahrungen liefern Gradienten bescheidene Reinigungsfaktoren (2- bis 4-fach) und sind aufwendig und verlustreich. Zudem haben Sie hinterher in ihrer Membranfraktion Sucrose, Ficoll oder Percoll. Diese Substanzen stören bei manchen Tests und sind schwer zu entfernen. Biochemie ist eben kompliziert. Aber das haben Sie wohl schon gemerkt.

In den folgenden Artikeln finden sie eine Reihe von Methoden, die spezielle Vesikel und ihre Membranen anreichern. Die Betonung liegt auf Anreichern. Vielleicht mit der Ausnahme synaptischer Vesikel erhalten Sie nie reine Präparationen, wobei synaptische Vesikel keine einheitliche Vesikelpopulation darstellen, sondern sich in Transmitterinhalt und Membranproteinen unterscheiden. Zischka et al. (2003) wollen allerdings mit der Dauerflußelektrophorese zu 98% saubere Mitochondrien darstellen können (s. ► Abschn. 7.3.23). Auch das Paper von Celine Adessi et al. (1995) liest sich, als ob sie reine endozytotische Vesikel erhalten hätte (bei einer Ausbeute von 50–60%). Adessi fütterte ihre Amöben mit Dextran-beschichteten Eisenoxid Partikeln, bricht die Zellen dann auf und isoliert die eisenoxidhaltigen Vesikel mit Hilfe eines Magneten. Einen, z.B. elektronenmikroskopischen, Reinheitsnachweis bleibt Frau Adessi jedoch schuldig. Mit einer ähnlich Methode und aus der gleichen Quelle will Juan Rodriguez (1993) 60-fach angereicherte Lysosomen erhalten haben.

Die Reinigung von Plasmamembranen wird im ► Kap. 2.2.1.4 beschrieben.

Literatur

Mitochondrien

1 Bustamante et al. (1977): A high yield preparative method for isolation of rat liver mitochondria. Anal. Biochem. 80, 401–408

2 Kollau, A. et al. (2004): Contribution of aldehyde dehydrogenase to mitochondrial bioactivation of nitroglycerin. Evidence for activation of purified soluble guanylyl cyclase via direct formation of nitric oxide. Biochemical Journal Immediate Publication BJ 20041354

3 Zischka, H. et al. (2003): Improved proteome analysis of Saccharomyces cerevisiae mitochondria by free-flow electrophoresis. Proteomics 3, 906–916

Synaptosomen

4 Dodd et al. (1981): A rapid method for preparing synaptosomes: comparison with alternative procedures. Brain research 226, 107–118

5 Nagy & Delgado-Escueta (1984): Rapid preparation of synaptosomes from mammalian brain using nontoxic isoosmotic gradient material (Percoll). J. Neurochem. 43, 1114–1123

Synaptosomale Membranen

6 Rehm, H. & Betz, H. (1982): Binding of β-bungarotoxin to synaptic membrane fractions of chick brain. J. Biol. Chem. 257, 10015–10022

7 Taylor, J. et al. (1984): The characterization of high affinity binding sites in rat brain for the mast cell degranulating peptide from bee venom using the purified monoiodinated peptide. J. Biol. Chem. 259, 13957–13967

Synaptische Vesikel

8 Hell, J. et al. (1988): Uptake of GABA by rat brain vesicles isolated by a new procedure. EMBO J. 7, 3023–3029

9 Huttner, W. et al. (1983): Synapsin I (Protein I), a nerve terminal-specific phosphoprotein. III. its association with synaptic vesicles studied in a highly purified synaptic vesicle preparation. J. Cell Biol. 96, 1374–1388

Membranen von chromaffinen Granula und anderen Sekretionsvesikeln

10 Cameron, R. et al. (1986): A common spectrum of polypeptides occurs in secretion granule membranes of different exocrine glands. J. Cell Biol. 103, 1299–1313

11 Reiffen, F. & Gratzl, M. (1986): Ca^{2+} binding to chromaffine vesicle matrix proteins: effect of pH, Mg^{2+}, and ionic strength. Biochemistry 25, 4402–4406

Lysosomen

12 Harms, K. et al. (1981): Purification and characterization of human lysosomes from EB-virus transformed lymphoblasts. Exp. Cell Res. 131, 251–266

13 Rodriguez, J. et al. (1993): Characterization of lysosomes isolated from Dictyostelium discoideum by magnetic fractionation. J. Biol. Chem. 268, 9110–9116

Endozytotische Vesikel

14 Adessi, C. et al. (1995): Identification of major proteins associated with Dictyostelium discoideum endocytic vesicles. J. Cell Science 108, 3331–3337

Zur **Herstellung von Sucrosegradienten** nimmt der Experimentator für gewöhnlich die in einer Ecke des Labors herumstehenden Gradientengießer: Zwei unten miteinander verbundene Röhren auf einer Platte. Eine der Röhren hat unten einen Auslauf. Bei geschlossenem Verbindungsröhrchen gießt man die schwere Lösung (hohe Sucrosekonzentration) in die Röhre mit Auslauf, die leichte in die andere. Beachten Sie: Die Volumina sollten gleich schwer sein. Die Röhre mit Auslauf enthält einen Rührfisch und steht auf einem Magnetrührer. Zum Gießen des Gradienten wird der Rührer angeworfen und erst das Verbindungröhrchen dann der Auslauf geöffnet. Die aus dem Auslauf fließende Sucroselösung läuft vom oberen Rand den Zentrifugenröhrchens nach unten und bildet einen linearen Sucrosegradienten. Die Methode funktioniert zuverlässig ist aber ungefähr so umständlich wie ihre Beschreibung.

Rainer Barbieri von der Universität Palermo hat sich zu dem Problem Gedanken gemacht (Bellavia 2008) (der bei Italienern seltene Vornamen Rainer erklärt sich aus dem Beruf von Herrn Barbieris Mutter: sie war Deutschlehrerin). Rainer benützt eine Spritze, einen abklemmbaren Schlauch, einen Erlenmeyer, einen Teflonfisch mit Rührer und Knet. Die leichte Sucroselösung wird bei abgeklemmtem Schlauch in die Spritze gegeben. Ein gleiches Volumen schwerer Sucroselösung und der Teflonfisch kommen in den Erlenmeyer, der auf dem Rührer steht. Die Spritze wird über den Schlauch luftdicht mit Knet und Stöpsel mit dem Erlenmeyer verbunden. In die schwere Lösung taucht auch das Auslassröhrchen. Öffnet man den Schlauch tropft die leichte Lösung in die schwere, und der Überdruck treibt die Mischung durch den Auslass ins Zentrifugenröhrchen. Wenn Sie nicht vergessen haben, den Rührer anzustellen, bildet sich ein Sucrosegradient.

Barbieries System ist nicht einfacher als das obige. Die Notwendigkeit der Abdichtung macht es zudem störanfällig. Sein Vorteil liegt in der Möglichkeit auch nichtlineare Gradienten anzufertigen: Unterschiedliche Volumina in Spritze und Erlenmeyer müssten gebogene Gradienten ergeben. Den Verlauf des Sucrosegradienten können Sie nach seiner Fraktionierung über den Refraktionsindex der Fraktionen bestimmen.

Falls es Ihnen nicht auf die Exaktheit und absolute Reproduzierbarkeit des Gradienten ankommt, empfehlen wir folgende Methode. Nehmen Sie eine Spritze, ziehen Sie erst die leichte Lösung auf, dann die schwere, dann ein kleines Luftbläschen, dann die Spritze ein- oder zweimal um 180° nach oben und wieder nach unten drehen, 20 Sekunden warten, ins Zentrifugenröhrchen abdrücken (stetig am Rand herunterlaufen lassen!), fertig. Die Methode kommt Ihnen genial vor? Den Autoren auch. Sie wurde Autor Rehm einst vom großen Vergessenen im ZMBH in Heidelberg zugeflüstert.

Literatur

1 Bellavia, D. et al. (2008): A homemade device for linear sucrose gradients. Anal. Biochem. 379, 211–212

2.2.1.3 Anreicherung von Membranen und Membranmarker

Zur Optimierung Ihrer Differenzialzentrifugation und für die weitere Aufreinigung, z.B. mit Gradienten, müssen Sie bestimmen, welche Fraktion den höchsten Anteil der gewünschten Organellen aufweist. Dazu können Sie Markerenzyme benützen. Das sind Enzyme, die nur in oder auf dem betreffenden Organell vorkommen und deswegen auch nur in oder auf den aus diesem Organell entstandenen Vesikeln. Einige Markerenzyme zeigt ◘ Tab. 2.2. Achten Sie darauf, ob die Markerenzyme löslich sind oder in der Membran sitzen. Sind sie löslich, eignen Sie sich nur zur Charakterisierung geschlossener Vesikel und osmotische Schocks macht die Anreicherungsbestimmung zur Farce.

Für jedes Enzym extra einen Assay zu etablieren, wäre uns zu umständlich. Für die meisten Markerenzyme wird es spezifische Antikörper geben; entwickeln Sie damit einen ELISA. Mit ELISA sind Sie auch nicht auf Markerenzyme angewiesen, Sie können nichtenzymatische Marker benützen, z.B. Zuckerketten.

Wie misst man die Reinheit von Membranen?

Ähnlich wie die von Enzymen. Sie bestimmen ein Protein oder eine Zuckerkette, die nur auf dieser Membran vorkommt, einen Marker also, und dazu das Gesamtprotein oder das gesamte Lipid. Je höher der Quotient Markermenge zu Gesamtprotein bzw. Lipid, desto reiner die Membran.

Nicht immer gibt es geeignete Marker. So sind grüne Biochemiker oft gezwungen, als Marker für die Plasmamembran ihrer Pflanzen das lichtreduzierbare Cytochrom zu benützen. Dieses Protein scheint hauptsächlich in Pflanzen und Pilzen vorzukommen. Leider ist es nicht spezifisch für die Plasmamembran, es tritt in ähnlicher Menge im endoplasmatischen Reticulum auf. Hier lohnt es, nach einer Plasmamembran-spezifischen Zuckerkette zu suchen. Existiert eine solche, hätten Sie nicht nur einen Marker, sondern auch einen Affinitätstag. Mit ihm könnten Sie die Membranen auch über eine Lektin-Chromatographie isolieren.

Rote Biochemiker haben es besser: Für tierische Zellmembranen existieren eine Reihe von Markern, allen voran die berühmte Na^+/K^+-ATPase. Spezielle Gewebe besitzen sogar spezielle Marker für ihre Plasmamembranen, Muskel z.B. die α-Bungarotoxinbindung (Acetylcholin-Rezeptor), Zellen mit Adrenalin-Rezeptoren die adrenalinsensitive Adenylatzyklase. Aber auch der rote Biochemiker hat ein Problem mit den Markern der Plasmamembran: Die Spezifität. Da die Proteine der Plasmamembran im Zellinneren hergestellt und in die Membran transportiert werden, tauchen sie – wenn auch oft in geringem Ausmaß – auch auf intrazellulären Membranen auf. Dort allerdings auf der falschen Seite, d.h. was auf der Plasmamembran nach außen schaut, z.B. die Zuckerketten glykosilierter Plasmamembranproteine, schaut intrazellulär ins Vesikelinnere. Messen Sie diese Marker bei geschlossenen Vesikeln, bleiben die intrazellulären Marker stumm.

Bei Plasmamembranen von Zellen in Kultur haben Sie die Möglichkeit, die Membranen spezifisch zu markieren. Mersel et al. (1987) iodieren dazu die Zellen mit Lactoperoxidase oder tritiieren sie mit Galactose Oxidase und NaB_3H_4. Die Idee: Lactoperoxidase bzw. Galactose Oxidase sind nicht membrangängig. Sie markieren also ausschließlich die extrazellulären Teile von Zellmembranmolekülen und damit ausschließlich die Zellmembranen.

Literatur

1 Mersel, M. et al. (1987): Isolation of plasma membranes from neurons grown in primary culture. Anal. Biochem. 166, 246–252

Tab. 2.2 Markerenzyme für Zellorganellen

Zellorganellen	Markerenzyme
Mitochondrien	Cytochrome c Oxidase, Glutamat Dehydrogenase, Succinat Dehydrogenase, Monoamin Oxidase
Plasmamembranen	Na^+/K^+-ATPase, 5'-Nucleotidase, lichtreduzierbares Cytochrom (Pflanzen)
Endoplasmatisches Reticulum	ATP-spaltendes Bindungsprotein (BiP), Protein-Disulfid-Isomerase, Glucose-6-Phosphatase, Antimycin A-resistente NADH-cytochrome c Reduktase (Pflanzen)
Golgi-Apparat	Mannosidase II, IDPase (Pflanzen), UDP Galactose:N-Acetylglucosamin Galactosyltransferase
Peroxisomen	Katalase
Lysosomen	N-acetyl-Glucosaminidase, saure Hydrolasen
Endosomen	GTPasen der Rab-Familie

2.2.1.4 Isolierung von Plasmamembranen

Für die Reinigung von **Plasmamembranen aus Zelllinien** und Zellkulturen reicht es in der Regel aus, die Zellen von der Petrischale abzukratzen, in PBS im Potter zu homogenisieren und aus dem Homogenat ein P2-Pellet zu machen. Feinere Methoden finden Sie in:

1 Mersel, M. et al. (1987): Isolation of plasma membranes from neurons grown in primary culture. Anal. Biochem. 166, 246–252
2 Miskimins, W. & Shimuzu, N. (1982): Dual pathways for epidermal growth factor processing after receptor-mediated endocytosis. J. Cell Physiol. 112, 327–338
3 Record et al. (1985): A rapid isolation procedure of plasmamembranes from human neutrophils using selfgenerating Percoll gradients. Importance of pH in avoiding contaminations by intracellular membranes. BBA 819, 1–9

Falls Sie die Wahl quält: Rehms Liebling war Miskimins & Shimuzu. Das schonende Verfahren bricht die Zellen durch Triturieren in einem EDTA-Puffer auf. Zelltrümmer und Zellkerne werden pelletiert. Triturieren Sie die Zellen, bzw. das Pellet, oft genug, bei gelegentlichem Wechsel des EDTA-Puffers, bleiben im Pellet schöne Zellkerne zurück. Kennzeichen: Das Pellet wird durchsichtig. Allerdings erhalten Sie mit der Methode keine reinen Plasmamembranen, Sie müssen einen Sucrose- oder Percollgradienten hinterher schieben oder – besser – das unten beschriebene Zweiphasensystem benützen.

Mersels Methode dagegen soll reine Plasmamembranen liefern: Die an ihr Substrat klebenden Zellen, werden gefroren und getaut, was die Zellmembran so löcherig macht, dass der Zellinhalt ausfließt. Die Zellmembranhüllen werden dann abgewaschen und über Sucrose gereinigt. Vermutlich fällt die Ausbeute niedrig aus.

Für **Plasmamembranen aus Gewebe** wurden früher die P2 oder P3 Pellets mit Sucrose oder Percollgradienten fraktioniert. Viele Biochemiker kannten nur diese Möglichkeit und zu denen gehörte auch Autor Rehm. Vor einiger Zeit teilte ihm jedoch Sabine Luthje eine bessere Methode mit: ein wässriges Zweiphasensystem aus Polyethylenglykoll (PEG) und Dextran.

Wenn Sie Dextran und PEG mischen, entstehen bei bestimmten Konzentrationsverhältnissen zwei Phasen: Eine PEG-reiche obere und eine Dextranreiche untere. Der Hauptbestandteil beider Phasen ist Wasser bzw. Puffer. Um Plasmamembranen zu isolieren stellen Sie, z.B. in einem Falcontube, solch ein Zweiphasensystem her, geben ihre Membranpräparation (P2 oder P3-Pellet) dazu, schütteln

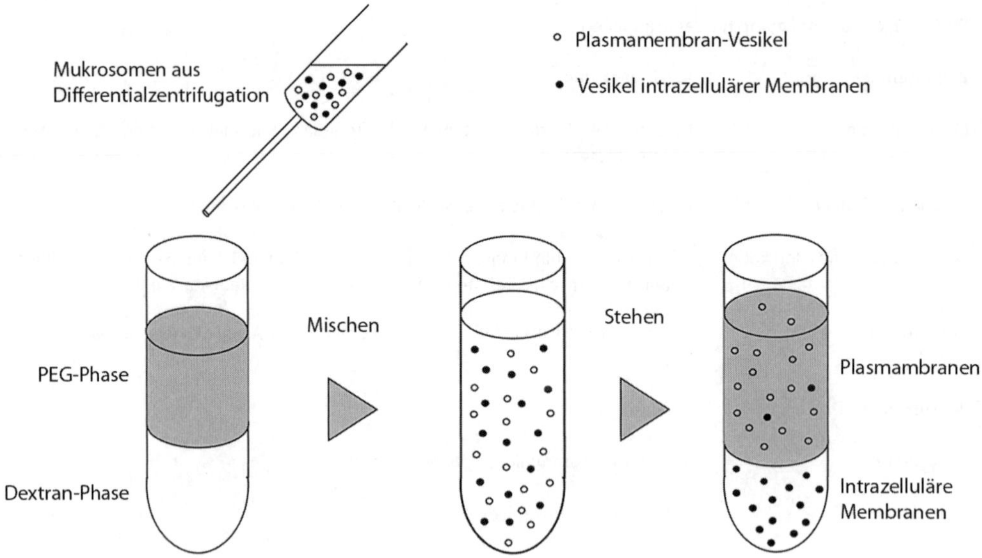

Abb. 2.4 Präparation von Plasmamembranen

und lassen das Tube dann eine Weile stehen oder zentrifugieren 3 min bei 1.500 g ab. Die beiden Phasen bilden sich aufs Neue. In der Oberen, der PEG-reichen Phase, schwimmen die Plasmamembranen, in der Unteren, der dextranreichen Phase, die intrazellulären Membranen aus Mitochondrien, Golgi-Apparat und endoplasmatischem Reticulum (Abb. 2.4). Einige Labors verwenden diese Methode seit Mitte der 80er Jahre.

Wie konnte Autor Rehm das entgehen?

Nun, er war und ist nicht der einzige Zweiphasen-Ignorant. Viele Biochemiker greifen selbst in diesem Jahrtausend noch zur Zuckertüte, wenn sie Plasmamembranen isolieren wollen. Es sind dies vor allem rote Biochemiker. Das liegt daran, dass die Zweiphasen-Methode von Botanikern entwickelt wurde. Schuld daran ist ein 1985 erschienenes Buch von Christer Larsson in dem er beschreibt, wie man mit der Methode Plasmamembranen aus Spinat isoliert.

Erfunden wurde das Zweiphasensystem jedoch schon Ende der 50iger Jahre von dem Doktoranden Per-Ake Albertsson (der Tipp stammt von Michael Bruns). Wie so oft, spielte auch hier der Zufall die Hauptrolle. Um Chloroplasten aus Grünalgen zu isolieren und adsorbierte Albertsson sie an eine Hydoxylapatitsäule. Danach versuchte er die Partikel wieder abzulösen. Vergebens: die Chloroplasten klebten an der Säule als wären sie festgenagelt. Albertsson verfiel darauf, die Partikel mit Seifen zu eluieren. Da er irgendwo den Irrtum aufgeschnappt hatte, PEG sei eine Seife und PEG zufällig im Regal stand, versuchte er es damit. Und siehe da: Die Chloroplasten lösten sich vom Hydroxylapatit ab. Und noch ein Wunder geschah: das PEG bildete mit dem verwendeten Phosphatpuffer ein Zweiphasensystem und die Chloroplasten sammelten sich in der PEG-reichen Phase. Später ersetzte Albertsson den Phosphatpuffer durch Dextran-Lösung und das Polymer-Polymer Zweiphasen-System war geboren. Albertssons 1960 erschienenes Paper wurde zum Zitations Klassiker auf den der schon erwähnte Larsson zurückgriff.

Forschungserfolg durch schöpferischen Irrtum!

Sie lernen daraus: Falsche Überlegungen können zu richtigen Ergebnissen führen.

Die Methode verbreitete sich schnell unter den Grünen. Auch Virologen hörten davon. So trennten Bishop und Roy (1972) mit dem Zweiphasensystem virales Nucleokapsid von der Virenhülle und Bruns et al. (1983) reicherten damit virale Glykoproteine an. Viele Rote aber, darunter Rehm, ignorierten die Werke ihrer grünen Kollegen oder wurden ihrer nicht gewahr. Dabei lassen sich mit der Zweiphasenmethode auch tierische Plasmamembranen isolieren, so aus Rattenleber (Navarro et al., 1998 oder Legare et al. 2001).

Um die roten Kollegen für die grünen Phasen empfänglich zu machen, werden wir – psychologischer Trick – erst mal die Gradientenmethode heruntermachen.

Sucrosegradienten haben ja, sieht man von der ihnen innewohnenden Süßigkeit ab, einige Nachteile: Das Zeug ist klebrig und wird bei längerem Stehen gerne von Pilzen befallen. Des Weiteren erfordert das Gießen und Fraktionieren Konzentration und handwerkliches Geschick. Das Schlimmste aber ist: Sucrosegradienten trennen nach Dichte und Größe, Parameter, die breit über Membranvesikel verteilt sind: So unterscheiden sich Plasmamembranen in Größe und Dichte nur graduell von mitochondrialen Membranen. bei Membranen aus Pflanzen schwimmen in der »Plasmamembran«-Fraktion immer Fragmente von Chloroplasten. Merke: Plasmamembranen, die Ihnen der Sucrosegradient liefert, sind immer schmutzig. Es ist auch nie klar, was Sie mit einem Sucrosegradienten erhalten: Versiegelte Vesikel? Undichte Vesikel? Außenteil nach außen oder Außenteil nach innen gewendet? In der Regel wohl eine Mischung aus allem, ein Membransalat.

Percollgradienten dagegen haben zwar den Vorteil, dass man sie nicht so hoch zentrifugieren muss wie Sucrosegradienten, doch dafür klebt das Percoll an allen Oberflächen. Mit der Reinigung ist es auch nicht weit her. Autor Rehm hat in seiner Diplomarbeit versucht, mit Percollgradienten Malariaparasiten von Erythrozytengeistern zu reinigen. Weil die Membranen bzw. Zellen riesige Unterschiede in Größe und Dichte zeigen, kam er zu einigermaßen befriedigenden Ergebnissen. Ein Versuch jedoch, diese Methode auf dispergierte Zellen von Retina anzuwenden, scheiterte kläglich. Auch Percollgradienten trennen nach Größe und Dichte und daher erhalten Sie auch damit einen Zell- oder Membransalat, in dem die eine oder andere Zutat bestenfalls vorherrscht.

Die Grünen, Experten für Salat, haben dieses Problem gelöst.

Ihre Zweiphasen-Methode nutzt die Oberflächeneigenschaften der Membranen und Sie erhalten Vesikel mit einheitlichen Oberflächen-Eigenschaften und daher Vesikel mit einheitlicher Ausrichtung: Entweder nur Outsideout Vesikel oder nur Insideout Vesikel. Vesikel aus Pflanzen sind Outsideout und meistens dicht.

Wie alle Methoden-Entwickler so lobt auch Larsson seine Methode in den Himmel: Die Präparationen seien rein, schnell gemacht und ließen sich in großen Mengen herstellen.

Es scheint etwas dran zu sein. So schrieb uns Hans Gerd Nothwang im November 2005:

»Im Heft 3/2005 (*Laborjournal*) berichten Sie über die Möglichkeit der Isolierung von Plasmamembranproteinen über wässrige 2-Phasensysteme und titeln: Grüne wissen`s manchmal besser. Ich wollte hierzu nun anmerken, dass wir als tierphysiologische, also rote Abteilung, damals schon eifrig mit dem wässrigen 2-Phasensystem experimentierten, um Plasmamembranprotein aus Gehirn aufzureinigen. Nach zweijährigem Kampf mit dem System, u.a. im Labor der Väter dieses System in Lund, Schweden, konnten wir tatsächlich ein sehr effizientes Protokoll etablieren, dass in Mol *Cell Proteomics* unter Schindler, J zur Publikation akzeptiert ist (MCP papers in press) und in der Tat alle bisherigen Protokolle deutlich schlägt. Für weitere Rückfragen steht unsere Gruppe gerne zur Verfügung.« (Email: nothwang@rhrk.uni-kl.de).

Zwei Jahre Kampf! Gutmütig scheint die Methode nicht zu sein. Die Gründe:

Die Trennung hängt ab von Polymer- und der Salzkonzentration und der Salzzusammensetzung. Des Weiteren reicht in der Regel ein einziger Trennungsschritt nicht aus. Sie müssen die Phasentrennung wiederholen, bei einer präparativen Reinigung mindestens zweimal.

Die Konzentrationen der Polymere müssen peinlich genau abgemessen werden. Zudem müssen Sie auf den Batch des verwendeten Dextrans bzw. PEG achten: Anderer Batch bedeutet andere Konzentrationen für das gleiche Ergebnis. Natürlich können Sie nicht jedes x-beliebige Dextran oder PEG verwenden, es muss Dextran T 500 sein und PEG 3350 (hieß früher PEG 4000). Für jede Membranpräparation gilt es in Punkto Polymer- und Salzkonzentration die optimale Zusammensetzung zu ermitteln.

Es ist so: Geben Sie Salz zu dem Zweiphasen-System verteilen sich die Ionen unterschiedlich. Bei Kaliumphosphat beispielsweise hat HPO_4^{2-} eine höhere Affinität zur unteren Phase als K^+. Die Folge ist eine elektrostatische Potentialdifferenz zwischen den Phasen (obere Phase positiv). Ähnliches gilt für KCl und NaCl.

Diese Potenzialdifferenz beeinflusst das Verhalten der Membranen. So nimmt mit zunehmender Konzentration von KCl der Anteil mitochondrialer Membranvesikel in der oberen Phase ab: Bei Polymer-Konzentrationen von 5,7% Dextran und 5,7% PEG fällt der Anteil mitochondrialer Membranvesikel in der oberen Phase von etwa 50% bei 0 mM KCl auf unter 10% bei 5 mM KCl. Warum ist rätselhaft, wie so vieles im Leben.

Die größte Affinität für die dextranreiche untere Phase haben mitochondriale Membranen, gefolgt von Membranen des endoplasmatischen Reticulums und des Golgi-Apparates.

Plasmamembranen dagegen kümmern sich wenig um die Konzentration von Polymer und Chlorid, sie bleiben in der oberen Phase. Beispiel: Bei Polymerkonzentrationen von 5% Dextran und 5% PEG bleiben die Plasmamembranen zu 100% oben, bei 7% Dextran und PEG noch zu 90%. Zunehmende Konzentrationen von Polymer und Chlorid drücken aber die intrazellulären Membranen in die untere Phase und die Reinheit der Plasmamembranen nimmt zu: Die intrazellulären Membranen reagieren empfindlich auf die Konzentration der Polymere. Unterschiede von einem halben Prozent haben riesige Auswirkungen.

Temperaturempfindlich ist die Phasentrennung auch. Sie führen sie am besten im Kühlraum durch.

Da die Plasmamembranen zum großen Teil als versiegelte Vesikel vorliegen, enthalten sie Cytoplasma und cytoplasmatische Proteine wie LDH. Die werden Sie los, indem sie die gereinigten Membranvesikel aufbrechen. Das wiederum erreichen Sie, indem Sie die Membranen in hypotonischem Medium resuspendieren (► Kap. 2.2.1.2), mit Seifen behandeln oder ultrabeschallen. Hinterher müssen Sie waschen. Waschen empfiehlt sich nach einer Reinigung mit dem Zweiphasensystem sowieso: Um das PEG loswerden, in dem die Vesikel schwimmen.

Ihrer Mühen Lohn sind Plasmamembranen, deren Reinheit bei 99% und darüber liegen soll. Die Vesikel sind von einheitlicher Dichte und geben nur eine Bande in Percoll- oder Sucrosegradienten. Die Ausbeute einer Drei-Schritt-Reinigung liegt bei 60–70%.

So viel zum Zweiphasensystem.

Spannender, als publizierte Methoden nachzukochen, ist es, eigene zu erfinden. Uemura und Yoshida (1983) behaupten, dass intrazelluläre Membranen mit 10 mM $ZnCl_2$ aggregieren, Plasmamembranen dagegen nicht. Könnte dies die Grundlage einer schnellen Plasmamembranreinigung geben?

Probieren Sie es aus: Ein gutes Methodenpaper bringt viele Zitate.

Literatur

1. Albertsson, P. (1960): Partition of cell particles and macromolecules. New York, Wiley
2. Bishop, D. & Roy, P. (1972): Dissociation of vesicular stomatitis virus and relation of the virion proteins to the viral transcriptase. J. Virol. 10, 234–243
3. Bruns, M. et al. (1983): Lymphocytic choriomeningitis virus. VI Isolation of a glycoprotein mediating neutralization. Virology 130, 247–251
4. Larsson, C. (1985): Plasma Membranes. In Modern Methods of Plant Analysis, New Ser. Vol. 1, S. 85–104, Springer Verlag Berlin
5. Legare, A. et al. (2001): Increased density of glucagon receptors in liver from endurance-trained rats. Am J Physiol Endocrinol. Metab. 280, E193-E196
6. Navarro et al. (1998): Vitamin E and selenium deficiency induces expression of the ubiquinone-dependent antioxidant system at the plasma membrane. Faseb J. 12, 1665–1673 *(Die Methode ist schlecht beschrieben)*
7. Uemura, M. & Yoshida, S. (1983): Isolation and Identification of plasma membranes from light grown winter rye seedlings. Plant Physiol. 13, 586–591

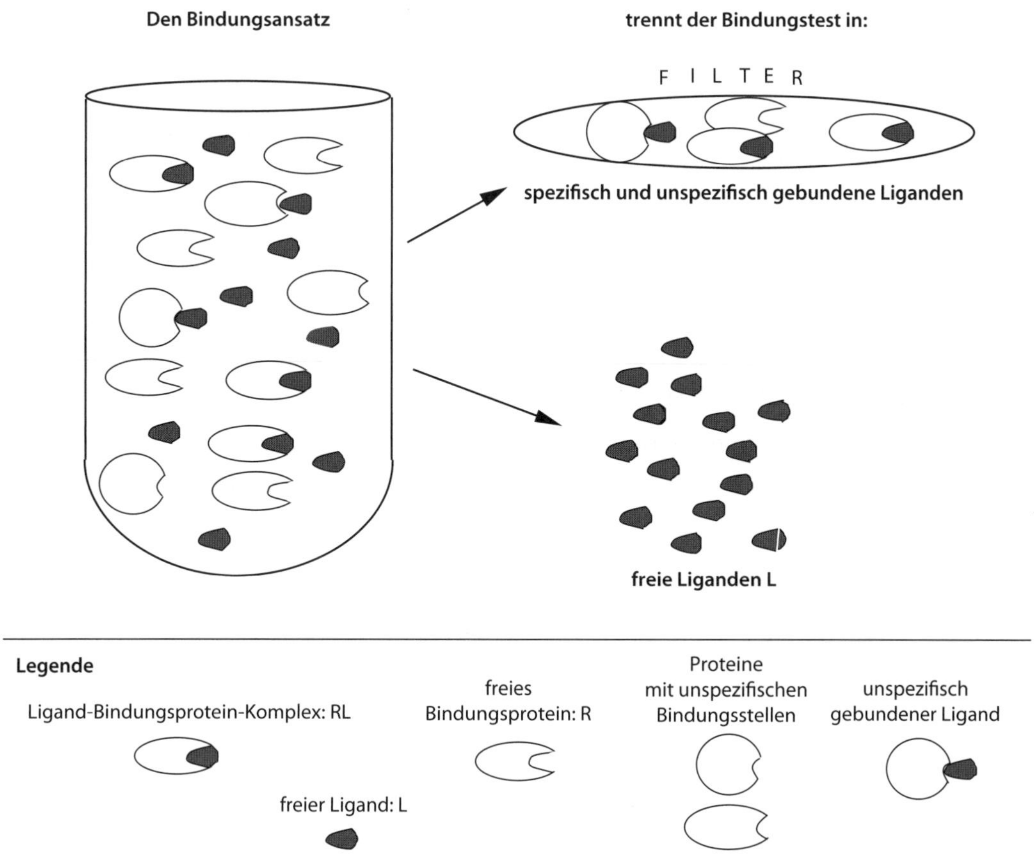

◘ **Abb. 2.5 Der Bindungstest**

2.2.2 Bindungstest

Im Bindungstest wird das Bindungsprotein mit dem radioaktiven Liganden bei einer bestimmten Temperatur im Bindungspuffer inkubiert, bis das Gleichgewicht zwischen Ligand, Bindungsprotein und Bindungsprotein-Ligandenkomplex vorliegt. Danach trennt der Experimentator den ungebundenen (freien) Liganden vom Bindungsprotein-Ligandenkomplex ab und bestimmt dessen Menge (◘ Abb. 2.5).

Die **Dissoziationskonstante K_D** erfasst quantitativ die Affinität (Klebrigkeit) zwischen Ligand und Bindungsstelle (◘ Abb. 2.6). Je kleiner die K_D, desto höher affin die Bindung. Hochaffin heißt eine Bindung, deren K_D kleiner als 10 nM ist.

Ein zentraler Begriff ist die **Spezifität** der Bindung. Bindungsfreaks führen die Spezifität im Munde wie einen Kaugummi und pressen sie, je nach Laune, in verschiedene Formen. Der eine versteht unter spezifischer Bindung eine Bindung mit hoher Affinität, für den anderen ist sie diejenige Bindung, die die physiologische Wirkung vermittelt, für den Nächsten heißt eine Bindung spezifisch, wenn sie sich durch kalte Liganden verdrängen lässt, und für den vierten ist es diejenige Bindung, die die richtige Pharmakologie hat. Spezifisch aber bindet ein Ligand, wenn er nur an eine Spezies von Bindungsstellen bindet. Das kann mit hoher oder niedriger Affinität geschehen: Die Affinität hat mit Spezifität nichts zu tun, obwohl hohe Spezifität oft mit hoher Affinität einhergeht (Gegenbeispiel: Glutamat bindet mit höherer Affinität an den NMDA-Rezeptor als das spezifischere N-methyl-D-Aspartat). Spezifität hat auch nichts mit der physiologischen Wirkung zu tun, denn ein Ligand kann spezifisch

Definitionen:

R Konzentration des freien Bindungsproteins R.

L Konzentration des freien (ungebundenen) Liganden L. Diese Größe ergibt sich aus der (bekannten) Gesamtkonzentration des Liganden im Bindungsansatz abzüglich der (gemessenen) Konzentration des insgesamt (sättigbar und unspezifisch) gebundenen Liganden.

(RL) Konzentration des Bindungsprotein-1-Ligand-Komplexes RL.

K_D Dissoziationskonstante; bei Bindungsmechanismus **I** gibt sie diejenige Konzentration von Ligand an, bei der die Konzentration des freien Bindungsproteins gleich der des Bindungsprotein- Liganden-Komplexes ist. Die Dissoziationskonstante ist nur von der Temperatur abhängig und hat die Dimension einer Konzentration.

B Konzentration an sättigbar gebundenem Liganden. B wird aus der sättigbaren Bindung (Gesamtbindung minus unspezifische Bindung) und der spezifischen Aktivität des Liganden berechnet. B ist bei einfachen Mechanismen (wie **I**) gleich (RL).

B_{max} Die maximal erreichbare Konzentration an sättigbar gebundenem Liganden (Gesamtkonzentration der Bindungsstellen).

R_o Gesamtkonzentration des Bindungsproteins. R_o ist gleich B_{max}, wenn nur ein Bindungsprotein mit nur einer Bindungsstelle vorliegt.

L_o Summe der Konzentrationen von freiem und sättigbar gebundenem Liganden (ist gleich der Gesamtkonzentration an Liganden im Bindungsansatz, wenn man den unspezifisch gebundenen Liganden vernachlässigt).

Bindungsmechanismus I

$$R + L \rightleftharpoons RL$$

$K_D = \frac{R \cdot L}{(RL)}$	**Massenwirkungsgesetz**
$R_o = R + (RL)$ $L_o = L + (RL)$ $(RL) = B$ $R_o = B_{max}$	**Erhaltungsgleichungen**

Herleitung der Scatchard-Gleichung (B/L als Funktion von B):

$$R = R_o - B \longrightarrow K_D = \frac{[R_o - B] \cdot L}{B} \longrightarrow K_D \cdot B = [R_o - B] \cdot L \longrightarrow K_D \cdot \frac{B}{L} = R_o - B$$

$$\longrightarrow \quad \frac{B}{L} = \frac{R_o}{K_D} - \frac{B}{K_D}$$

Achsenabschnitte des Scatchard-Plots: $\left(\frac{B}{L}\right)_{B=0} = \frac{R_o}{K_D}$ $\qquad (B)_{B/L=0} = R_o$

Abb. 2.6 Begriffsdefinitionen und Bindungsmechanismus I

binden, ohne eine Wirkung zu zeigen. Lässt sich die Bindung des radioaktiven Liganden durch kalten Liganden verdrängen, so heißt das lediglich, dass der Ligand an eine begrenzte Zahl von einigermaßen affinen Bindungsstellen bindet. Das aber können mehrere verschiedene Bindungsstellen sein. Ein Ligand bindet umso spezifischer an eine Bindungsstelle, je niedriger seine Affinität zu anderen Bindungsstellen und je kleiner die Zahl dieser Spezies ist.

Im wirklichen Leben bindet jeder Ligand an eine – praktisch – unendliche Zahl von Bindungsstellen mit sehr niedriger Affinität. Diese Bindung heißt **unspezifische Bindung.** Die unspezifische Bindung wird erfasst, indem man den Bindungstest in Gegenwart eines hohen Überschusses an kaltem Liganden durchführt. Die Differenz zwischen Gesamtbindung (Bindung ohne kalten Liganden) und unspezifischer Bindung (Bindung in Anwesenheit eines 100–1.000-fachen Überschusses von kaltem Liganden) ist die **sättigbare Bindung** (oder verdrängbare Bindung). Sättigbar deswegen, weil diese Differenz mit zunehmender Konzentration an radioaktivem Liganden ein Plateau erreicht, und das heißt, dass diese Differenz einer endlichen Zahl von Bindungsstellen entspricht. Die unspezifische Bindung dagegen ist nicht sättigbar und nimmt linear mit der Ligandenkonzentration zu. Bei einem guten Test beträgt die unspezifische Bindung weniger als 20% der Gesamtbindung.

Sättigbare Bindung ist nicht unbedingt spezifisch oder die gesuchte Bindung oder eine mit biologischer Wirkung. Um Spezifität nachzuweisen, gilt es zu zeigen, dass die sättigbare Bindung nur einer Spezies Bindungsstellen entspricht. Dabei hilft oft die Pharmakologie der Bindung und die zeigt auch, ob die Bindung die »richtige« ist.

2.2.3 Bindungstests mit Membranen

Zweck des Bindungstests ist es, die Menge an gebundenem Liganden zu bestimmen. Dazu trennt der Test den gebundenen vom freien Liganden ab. Bei Membranen ist das einfach, da der physikalische Unterschied zwischen Membranvesikeln und dem radioaktiven Liganden (einfaches Molekül bis Protein) groß ist.

Beim **Zentrifugationstest** sedimentieren die Membranen mit dem daran gebundenen Liganden. Der freie Ligand bleibt im Überstand.

Oft setzt man den Test in Eppendorfgefäßen an und zentrifugiert in der Eppendorfzentrifuge ab; die Radioaktivität im Pellet misst die Menge an gebundenem Liganden. Waschen des Pellets verringert die unspezifische Bindung. Waschen ist möglich, wenn der gebundene Ligand von den Membranen nur langsam wieder abgeht. Zum Waschen wird das Pellet in kaltem Bindungspuffer resuspendiert und die Suspension wieder abzentrifugiert.

Weiche Pellets resuspendiert der Experimentator durch »vortexen«. Kleben die Pellets jedoch fest an der Wand des Eppendorfgefäßes, resuspendiert er durch mehrmaliges Aufziehen von Pellet und Bindungspuffer in der Gilson-Pipette oder indem er mit der Spitze des Gefäßes ein paar Mal - schrapp, schrapp - auf einem Stahlnetz (z.B. Autoklavenkorb) rauf und runter fährt.

Mit einem Bindungsansatz ohne Membranen prüft der vorsichtige Forscher, ob sein Ligand nicht an die Eppendorfgefäße selbst bindet.

Ist Waschen nicht möglich, überschichtet man den Bindungsansatz auf ein 5%iges Sucrosekissen in Bindungspuffer (eine mühselige Prozedur) und zentrifugiert die Membranen durch das Kissen. Der Überstand wird abgesaugt, das Pellet gezählt. Beim Absaugen wandert ein Teil des freien Liganden im Meniskus nach unten zum Pellet und erhöht die unspezifische Bindung. Diese Fehlerquelle vermeidet, wer das Eppendorfgefäß mit dem abzentrifugierten Ansatz in fl. N_2 einfriert, die Spitze abschneidet und zählt. Statt einem 5%igen Sucrosekissen verwenden Mackin et al. (1983) ein Silikonöl.

Der Zentrifugationstest ist umständlich, arbeitsaufwendig, langwierig und oft nicht quantitativ, da bei den geringen Schwerefeldern einer Eppendorfzentrifuge die Membranen nicht vollständig sedimentieren, und/oder während des langwierigen Waschvorgangs der Ligand teilweise wieder dissoziiert. Wer nicht wäscht, erhält ein schlechtes Signal/Rausch-Verhältnis.

Die **Vorteile** des Zentrifugationstests sind Zuverlässigkeit und Vollständigkeit: Er erfasst die Bindung auch von niederaffinen Liganden vollständig, wenn auf das Waschen verzichtet und eine hochtourige Zentrifuge (Airfuge oder Sorvall-Zentrifuge) benützt wird. Trotzdem: Verwenden Sie den Zentrifugationstest nur in der Not, z.B. bei Liganden mit niedriger Affinität oder um die Werte eines anderen Tests zu prüfen.

Filtertests zeichnen sich durch Schnelligkeit und Einfachheit aus. Sie ermöglichen leichtes und gründliches Waschen und geben daher ein gutes Signal/Rausch-Verhältnis.

2

Autor Rehm benutzt folgende Technik: Der Bindungstest wird in einem Volumen von 200–400 µl in 5 ml Hämolyseröhrchen angesetzt. Nach dem Erreichen des Bindungsgleichgewichts oder, bei Kinetiken, zur festgesetzten Zeit, verdünnt man den Bindungsansatz mit 4 ml kaltem Waschpuffer und filtriert unter Wasserstrahl- oder Membranpumpenvakuum auf einer Filtrationsvorrichtung (Sartorius, Millipore, Hoefer) ab. Sofort nachdem die überständige Flüssigkeit vollständig abgesaugt ist, werden die Filter ein- oder zweimal mit kaltem Waschpuffer gewaschen. Der Waschpuffer kann mit dem Bindungspuffer identisch sein, doch wenn möglich, lässt man teure Bestandteile des Bindungspuffers weg. Bei ^{3}H-markierten Liganden müssen die Filter vor dem Zählen im Counter, mit dem Scintillator equlibrieren. Equilibrieren dauert Stunden; Schütteln der Proben beschleunigt es.

Die Filtrationsvorrichtungen von Millipore und Hoefer sind übertrieben teuer (1.200–1.600 Euro); die Werkstatt baut ähnliche Geräte billiger.

Einfach, billig und beliebt ist die Adsorption an **Glasfaserfilter.** Die große innere Oberfläche der Filter adsorbiert Membranvesikel durch schwache elektrostatische und hydrophobe Wechselwirkungen. Größere Vesikel (Mitochondrien, Synaptosomen) werden auch mechanisch zurückgehalten (Porengröße von Glasfaserfiltern: 1–3 µm; Ø Mitochondrien: 1 µm). Gelöste Moleküle passieren meistens. Glasfaserfilter verstopfen selten und besitzen eine große Bindungskapazität für Membranen. Wer es für nötig hält, kann die Filter beschichten, z.B. mit BSA oder PEI, und damit das Retentionsverhalten der Membranen und die unspezifische Bindung des Liganden an die Filter beeinflussen. Glasfaserfilter gibt es in verschiedener Dicke und Feinheit. Gut geeignet für Bindungstests sind Filter mit der Bezeichnung GF/C und GF/B (Whatman).

Die Eintönigkeit des Abfiltrierens einer größeren Zahl von Bindungstests (Probegeben, Waschen, Filterabnehmen, Filterauflegen, Probegeben...) regt zum Philosophieren an und verführt zu den abstrusesten Gedankengängen. Leute, die mehr als 200 Tests pro Tag abfiltrieren, sollten deshalb die Filtrationsvorrichtung von Brandel benutzen. Sie sieht nicht nur eindrucksvoll aus, sie erspart auch das Filterauflegen, macht das Waschen einfacher sowie reproduzierbarer und verarbeitet 48 Proben auf einmal.

Ionenaustauscherfilter, die zwischen der Ladung von Membranvesikeln und Ligand unterscheiden oder Größenfilter (z.B. Filter aus Celluloseacetat) sind aus der Mode gekommen.

Probleme: Unbeschichtete Glasfaserfilter adsorbieren die Membranen eines Bindungsansatzes nicht vollständig, auch ist ihre Kapazität begrenzt.

Beim Waschen geht spezifisch gebundener Ligand verloren, vor allem bei schneller »off-rate« des Liganden (s. ► Abschn. 2.3.2).

Die große innere Oberfläche des Glasfaserfilters kann zu einer hohen unspezifischen Bindung des Liganden an den Filter führen. Diese Gefahr ist groß bei Peptid- und Proteinliganden. Beschichten der Filter hilft oft, aber nicht immer (deshalb: einmal ohne Membranen testen).

Literatur

1 Mackin et al. (1983): A simple and rapid assay for measuring radiolabeled ligand binding to purified plasma membranes. Anal. Biochem. 131, 430–437

2.2.4 Entwicklung von Membranbindungstests

Die Bindungsstellen, für die sich der Proteinbiochemiker interessiert, zeichnen sich meist durch niedrige Konzentration und hohe Gebrechlichkeit aus. Die Entwicklung eines Membranbindungstests benötigt daher:

- einen radioaktiven Liganden mit hoher spezifischer Aktivität und Affinität für die Bindungsstelle,
- Membranen aus einem Gewebe oder einer Zelllinie, die die Bindungsstelle in hoher Konzentration enthalten,
- einen geeigneten Bindungspuffer. In der Wahl von Ionen, Ionenstärke und pH des Bindungspuffers lehnt man sich anfangs an physiologische Verhältnisse an.

Im Bindungsansatz inkubiert der Experimentator Membranen und radioaktiven Liganden in Bindungspuffer bis das Bindungsgleichgewicht erreicht ist. Als Volumen des Bindungsansatzes empfiehlt Autor Rehm 200–400 µl, die Konzentration der Membranen kann zwischen 10 und 200 µg/Ansatz variieren, die Konzentration des Liganden zwischen 0,1 nM und 100 nM (je niedriger die erwartete Affinität, desto höher), als Inkubationstemperatur wählen die meisten 4°C und die Inkubationsdauer hängt von der Schnelligkeit der Assoziation der Bindungspartner ab. Letztere kennt man zunächst nicht, doch 1 h ist selten falsch.

Zuerst wird, der Einfachheit halber, ein Bindungstest mit Glasfaserfiltern eingesetzt und die Bindung des Liganden mit und ohne Membranen gemessen. Ist die Bindung des Liganden an den Filter genügend klein (<1% der Gesamtcounts), behält man den Filtertest bei und variiert die Bindungsbedingungen: die Ionen im Bindungspuffer, den pH etc. Ist keine sättigbare Bindung an die Membranen messbar (kein Unterschied in der Bindung mit und ohne einen Überschuss von nichtmarkiertem Liganden), versucht man sein Glück mit einem Zentrifugationstest. Erhält man auch damit keine Bindung, ist die Affinität des Liganden zu niedrig, kein Bindungsprotein in den Membranen oder die Membranpräparation mit endogenen Liganden gesättigt. ▶ Abschn. 2.2.6 hilft weiter. Es empfiehlt sich, von Anfang an alles dreifach zu messen, also jeweils drei Werte für jede unspezifische Bindung und Gesamtbindung; nur das ermöglicht einigermaßen sichere Aussagen und zeigt gleichzeitig die Qualität der Messmethode.

Liegt sättigbare Bindung vor (die unspezifische Bindung ist wesentlicher kleiner als die Gesamtbindung), beweisen Sie, dass die sättigbare Bindung (also die Differenz zwischen Gesamtbindung und unspezifischer Bindung) spezifisch ist, denn sättigbar und spezifisch ist nicht das Gleiche! Zudem müssen Sie zeigen, dass es sich um diejenige Bindung handelt, die die biologische Wirkung vermittelt. Dazu bestimmen Sie die Pharmakologie der Bindung, d.h. Sie untersuchen, ob eine Reihe von Molekülen mit bekannter Spezifität und Wirkung die Bindung des Liganden beeinflusst. Es überzeugt, wenn diese Moleküle und der Ligand chemisch verschieden gebaut sind und trotzdem hemmen und umgekehrt, wenn dem Liganden chemisch ähnliche Moleküle, die ohne pharmakologische Wirkung und Bindungsspezifität sind, auch seine Bindung nicht beeinflussen. Auch die Organverteilung der Bindungsstellen ist ein Indiz für Sinn oder Unsinn der Bindung: Ein Ligand, der ausschließlich im Gehirn wirkt, sollte auch nur an Hirnmembranen binden und nicht an Membranen aus Leber. Bindungsproteine tauchen oft erst in bestimmten Entwicklungsstadien oder – bei Zelllinien – unter bestimmten Bedingungen auf, und es ist ein starkes Argument, wenn die Bindung damit parallel geht. Handelt es sich bei dem Molekül, auf dem die Bindungsstelle liegt, um ein Protein, muss die Bindung verschwinden, wenn die Membranen mit Proteasen (z.B. Pronase aus *Streptomyces griseus*) behandelt werden. Auch muss die Bindung linear mit der Menge der in dem Test eingesetzten Membranen zunehmen. Schließlich sollte die Kinetik der Bindung im gleichen Größenbereich liegen wie die Kinetik der biologischen Wirkung.

Liegen genügend Indizien vor, dass es sich um die gewünschte Bindung handelt, wird die Bindung charakterisiert. Zuerst bestimmen Sie die Geschwindigkeit, mit der der Ligand an die Bindungsstelle bindet ($T_{1/2}$ der »on-rate« s. ▶ Abschn. 2.3.2). Viele Parameter (Affinitätskonstante K_D, Konzentration des Bindungsproteins B_{max}, K_i und Hill-Koeffizienten der Hemmer) sind nämlich Gleichgewichtsgrößen. Für ihre Bestimmung müssen die Bindungsansätze solange inkubiert werden, bis das Gleichgewicht der Reaktion erreicht ist (ca. 4 $T_{1/2}$). Die Kenntnis von $T_{1/2}$ benötigen Sie auch, um die kinetische Konstante k_{off} zu ermitteln. Zudem sollten Sie die Abhängigkeit der Bindung von Ionenstärke, einwertigen und zweiwertigen Kationen etc. kennen.

2.2.5 Bindungstests mit Proteinen in Lösung

2.2.5.1 Low Täk Tests

Bei löslichen Proteinen ist die Trennung des freien Liganden vom Bindungsprotein-Ligandenkomplex schwieriger als bei Membranen, da die physikalischen (z.B. Größen-) Unterschiede zwischen dem löslichen Bindungsprotein und dem Liganden kleiner sind als zwischen Membranvesikeln und Liganden. So kann der Ligand ein Protein mit ähnlichem MG und Ladung wie das Bindungsprotein sein. Bindungstests mit löslichen Proteinen benutzen:

- Größenunterschiede zwischen Ligand und Bindungsprotein: Gelfiltrationssäulchen oder PEG-Fällung,

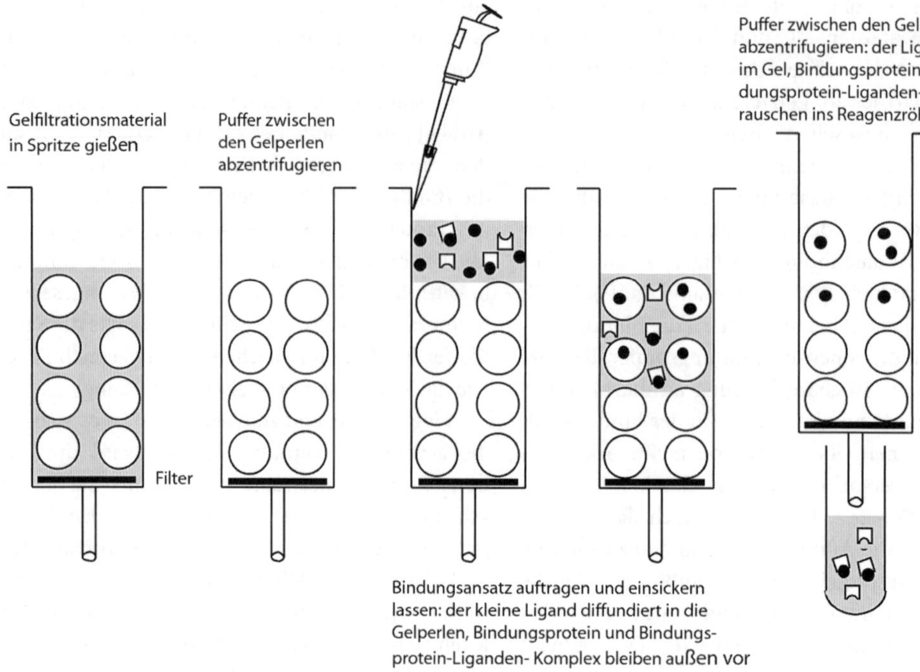

Abb. 2.7 Der Säulchentest

- Adsorptionsunterschiede zwischen Ligand und Bindungsprotein: beschichtete Glasfaserfilter, Nitrocellulose/PVDF-Membranen, Polylysin-beschichtete Mikrotiterplatten,
- Ladungsunterschiede zwischen Ligand und Bindungsprotein: Ionenaustauscherfilter.

Gelfiltrationssäulchen: Grundlage des Säulchentests ist der Größenunterschied zwischen freiem Liganden und dem Bindungsprotein-Liganden-Komplex (z.B. Ligand MG<1000; Komplex MG>60 000). Das Gelmaterial wird so gewählt, dass der Ligand in die Gelporen eindringt, der Bindungsprotein-Liganden-Komplex aber nicht (Abb. 2.7).

Das Gehäuse einer 2 ml Spritze mit ebenem Boden wird am Auslauf mit einem passenden Papierfilter (Whatman) abgedichtet und mit 2 ml in Bindungspuffer gequollenem Gelfiltrationsmaterial (Sephadex, Biogel) geeigneter Größe gefüllt. In einem 10 ml Reagenzglas frei hängend wird das Säulchen mit dem Gel für 2 min bei 1.000 g abzentrifugiert. Der Bindungsansatz (Gesamtvolumen 200–250 µl) wird vorsichtig auf das noch feuchte Gel geladen und die Anordnung (Säulchen im Reagenzglas hängend) noch einmal für 2 min bei 1.000 g abzentrifugiert. Der gebundene Ligand befindet sich danach im Reagenzglas, der freie Ligand in der Säule.

Bei der Einführung eines Bindungstests ist der Säulchentest unentbehrlich, trotz der umständlichen Herstellung und Behandlung der Säulchen und des teuren Gelfiltrationsmaterials. Zeigt nämlich ein Gewebeextrakt keine Bindung, so sind die möglichen Ursachen so zahllos und heimlich wie die Schaben im Tierstall: der Bindungstest funktioniert nicht, das Bindungsprotein ist denaturiert, die Affinität des Liganden ist zu niedrig, kein Bindungsprotein im Gewebeextrakt etc. Der Säulchentest schließt den Bindungstest mit einiger Sicherheit als Fehlerquelle aus. Der Säulchentest versagt nur, wenn:

- das Bindungsprotein an das Gelmaterial adsorbiert (bei rohen Proteinmischungen hoher Konzentration unwahrscheinlich),
- der Ligand nicht in die Gelporen dringt. Dies ist der Fall, wenn der Ligand sich in hochmolekulare Pufferbestandteile einlagert (z.B. kleine hydrophobe Liganden in Tritonmizellen).

Diese Fehlerquelle lässt sich durch ein einfaches Experiment ausschalten: Führt man den Säulchentest ohne Bindungsprotein durch, muss die aufgetragene Radioaktivität im Säulchen bleiben.

Literatur

1 Parcej, D. & Dolly, J. (1989): Dendrotoxin acceptor from bovine synaptic plasma membranes. Biochem. J. 257, 899–903

2 Rehm, H. & Betz, H. (1984): Solubilization and characterization of the β-bungarotoxin-binding protein of chick brain membranes. J. Biol. Chem. 259, 6865–6869

Beschichtete Glasfaserfilter. Glasfaserfilter (z.B. GF/C von Whatman) werden mit 0,25–1,00% Polyethylenimin (PEI) beschichtet (d.h. für mindestens 5 min in Bindungspuffer, der 0,25–1,00% PEI enthält, eingelegt). Dadurch binden die Filter vor allem negativ geladene lösliche Proteine.

Die Filtration über beschichtete Glasfaserfilter vermag schnell und effizient den freien Liganden vom Bindungsprotein-Liganden-Komplex zu trennen – vorausgesetzt, der Bindungsprotein-Liganden-Komplex adsorbiert ans Filter und der freie Ligand nicht. Bei überraschend vielen Ligand/Bindungsprotein-Pärchen ist das auch der Fall, denn größere Bindungsproteine adsorbieren fast immer während Pharmaka, Peptide, Aminosäuren, kleinere und positiv geladene Proteine die Filter passieren. Die Methode gibt ein gutes Signal und ist zuverlässig und billig.

Probleme tauchen auf, wenn der radioaktive Ligand unspezifisch in größeren Mengen an die beschichteten Glasfaserfilter adsorbiert. Dieses Verhalten zeigen z.B. Peptide mit negativer Gesamtladung. Zuerst und am besten beschrieben wurde der Test mit PEI beschichteten Glasfaserfiltern von Bruns et al. (1983).

Literatur

1 Bruns, R. et al. (1983): A rapid filtration assay for soluble receptors using polyethylenimine-treated filters. Anal. Biochem. 132, 74–81

Ist der Ligand ein Protein und ist er ähnlich groß und hat er ähnliche Eigenschaften wie das Bindungsprotein, versagen Säulchentest wie Glasfaserfilter. Verzweifeln Sie nicht. **Dotten** Sie das Bindungsprotein bzw. den Gewebeextrakt auf eine Blotmembran, z.B. Nitrocellulose (Petrenko et al. 1990). Mit etwas Glück übersteht das Bindungsprotein die Adsorption an die Nitrocellulose. Der Dotpuffer darf natürlich keine denaturierenden Zusätze enthalten und die geblotteten Proteine dürfen nicht fixiert werden. Die Zugabe von 10–20% Methanol zum Dotpuffer kann dagegen segensreich sein, erhöht sie doch die Bindungskapazität der Nitrocellulose. Auch Mikrotiterplatten, Stanzmaschinchen und Filtrationsapparate erleichtern das Los des Dotters (zur Dot-Blot Technik s. ► Abschn. 6.5). Ist das Bindungsprotein aufgetragen, wird der Dot-Blot geblockt und hinterher mit dem radioaktiven Liganden inkubiert.

Eine verwandte Technik dottet das Bindungsprotein nicht auf Nitrocellulose, sondern adsorbiert es an polylysin-beschichtete Mikrotiterplatten. Nach dem Blocken des ungesättigten Polylysins werden die Wells mit radioaktivem Liganden inkubiert (Scheer & Meldolesi 1985).

Literatur

1 Petrenko, A. et al. (1990): Isolation and properties of the α-latrotoxin receptor. EMBO J. 9, 2023–2027

2 Scheer, H. & Meldolesi, J. (1985): Purification of the putative α-latrotoxin receptor from bovine synaptosomal membranes in an active binding form. EMBO J. 4, 323–327. *Diese Vorschrift ist unvollständig. Scheer inkubiert natürlich 2 h bei 4°C mit dem radioaktiven α-Latrotoxin. Auch verschweigt er, wie die Radioaktivität aus den Wells herauskommt, doch sollte das mit 150 µl 0,1 M NaOH kein Problem sein.*

PEG-Fällung. PEG (Polyethylenglykol) fällt hochmolekulare Substanzen (z.B. Proteine) aus, niedermolekulare Substanzen bleiben in Lösung. Die Grenze zwischen hoch- und niedermolekular hängt von den Bedingungen der Fällung (PEG-Sorte, PEG-Konzentration, Temperatur) ab.

Beim PEG-Test werden die Proteine des Bindungsansatzes mit 6–8% PEG ausgefällt. Bei verdünnten Proteinlösungen sorgt ein Träger-Protein, z.B. γ-Globulin, für vollständige Fällung. Filtration

2

über Glasfaserfilter trennt das Präzipitat mit dem Bindungsprotein-Liganden-Komplex vom freien Liganden ab, und die Radioaktivität der Filter ist ein Maß für den gebundenen Liganden.

Ärger gibt es, wenn das PEG den Liganden ausfällt (z.B. bei radioaktiven Proteinen als Liganden), der Ligand an das Präzipitat adsorbiert oder der Bindungsprotein-Ligand-Komplex während der PEG-Fällung dissoziiert. Außerdem braucht der Test, im Vergleich zum Filtertest, zwei zusätzliche Pipettierschritte (γ-Globulin und PEG-Zugabe).

Literatur

1 Atha, D. & Ingham, K. (1981): Mechanism of precipitation of proteins by polyethylene glycols. J. Biol. Chem. 256, 12108–12117
2 Demoliou-Mason, C. & Barnard, E. (1984): Solubilization in high yield of opioid receptors retaining high-affinity delta, mu and kappa binding sites. FEBS lett. 170, 378–382
3 Pfeiffer, F. & Betz, H. (1981): Solubilization of the glycine receptor from rat spinal cord. Brain Res. 226, 273–279

Ionenaustauscher. Diese Methode benutzt den Ladungsunterschied zwischen freiem Ligand und Bindungsprotein-Ligand-Komplex. Einer der beiden bindet an den Ionenaustauscher, der andere nicht. Ionenaustauscherfilter wurden bei Toxin-Liganden verwendet. Die Filter hielten den Bindungsprotein-Toxin-Komplex zurück, während das freie Toxin das Filter passierte (Schneider et al. 1985). Die Adsorption an PEI-beschichtete Glasfaserfilter verdrängte den Ionenaustauscherfilter, denn dessen Handhabung ist umständlich, und Bindungs- und Waschpuffer müssen niedrige Ionenstärken aufweisen. Letzteres begrenzt die Einsatzmöglichkeiten des Ionenaustauscherfilters, weil manche Proteine eine hohe Ionenstärke zum Erhalt ihrer Bindungskonformation benötigen.

Dagegen hat der Test von Hingorani et al. (1991), bei dem der Bindungsansatz durch eine kurze Ionenaustauschersäule gepresst wird, den Vorteil großer Schnelligkeit. Die Trennung von freiem und gebundenem Ligand ist in ca. 1 sec beendet. Schnelligkeit mag bei Bindungsprotein-Ligand-Komplexen, die schnell dissoziieren, die Nachteile des Tests (großer Aufwand und manuelle Geschicklichkeit) aufwiegen.

Literatur:

1 Hingorani, S.R. & Agnew, W. (1991): A rapid ion exchange assay for detergent solubilized inositol 1,4,5- triphosphate receptors. Anal. Biochem. 194, 204–213
2 Schneider, M. et al. (1985): Biochemical characterization of two nicotinic receptors from the optic lobe of the chick. J. Biol. Chem. 260, 14505–14512

Nichts funktioniert? Für den verzweifelten Pechvogel haben wir noch drei Bindungstests aufgelistet, die sich ohne großen apparativen Aufwand durchführen lassen:

- Glatz, J. & Veerkamp, J. (1983): A radiochemical procedure for the assay of fatty acid binding by proteins. *Anal. Biochem.* 132, 89–95
- Li, Q. et al. (1991): An assay procedure for solubilized thyroid hormone receptor: use of lipidex. *Anal. Biochem.* 192, 138–141
- Poellinger et al. (1985): A hydroxylapatite microassay for receptorbinding of 2,3,7,8 tetrachlorodibenzo-p-dioxin and 3 methylcholanthrene in various target tissues. *Anal. Biochem.* 144, 371–384

2.2.5.2 Hai Täk Tests

Wer es vornehm und dynamisch liebt und genügend Geld hat, der bindet mit dem **BIACORE**-Gerät. In einem photometergroßen Kasten mit schlichtem schwedischem Charme sitzt ein mit carboxymethyliertem Dextran beschichtetes Goldplättchen (Sensorchip), an das zuvor einer der Bindungspartner (Ligand oder Bindungsprotein) kovalent gekoppelt wurde (◘ Abb. 2.8). Über das Plättchen fließt in einer »Flusszelle« Laufpuffer oder die Lösung des anderen Partners in Laufpuffer (◘ Abb. 2.9). Eine Optik misst über die Oberflächen Plasmon Resonanz wie viel Masse zu jedem Zeitpunkt an das Plättchen gebunden hat. Also: wie viel Ligand oder Bindungsprotein an das Dextran gekoppelt wurde und danach, wie viel löslicher Partner an den gekoppelten gebunden hat. Das Gerät misst die Massenzunahme, also nicht nur Protein/Protein/Peptid-Wechselwirkungen, sondern auch die Bindung von Protein an DNA, DNA an DNA und Protein an Zucker.

Was, um Gottes Willen, ist Plasmon Resonanz? Unwichtig! Nur so viel: Mittels Plasmon Resonanz

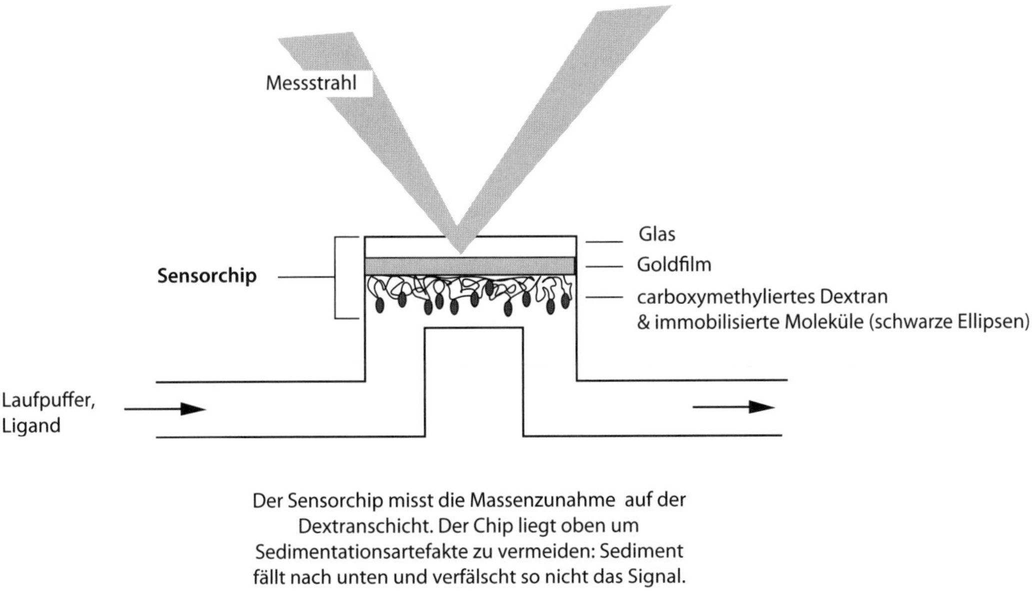

Abb. 2.8 Binden mit BIACORE. Der Kern der Apparatur

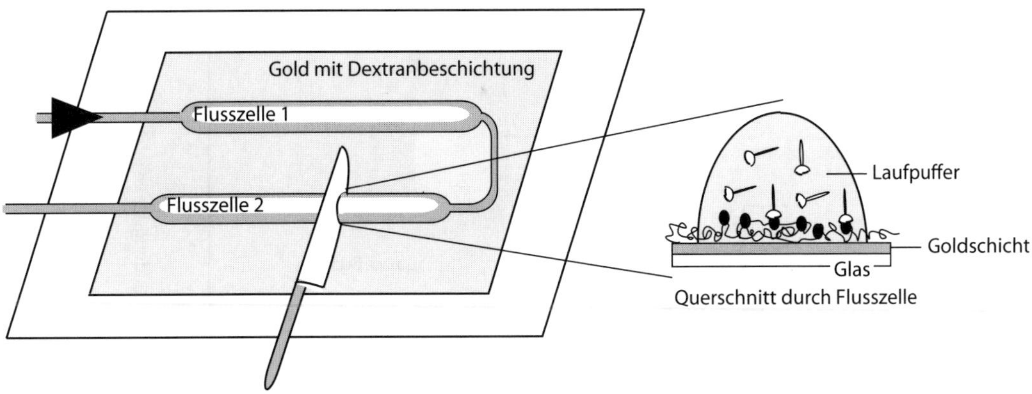

Abb. 2.9 Sensorchip mit zwei Flusszellen

lässt sich der Brechungsindex einer dünnen Schicht über dem Goldplättchen bestimmen. Der Brechungsindex wiederum hängt von der Protein-/DNA-/Zuckermasse in der Schicht ab. Die Zunahme der (z.B.) Proteinmasse in der Messschicht kann also optisch verfolgt werden und daher zeigen BIACORE-Geräte die simultane Bindungskinetik: Sie können »zuschauen« wie die Bindung abläuft (Abb. 2.10).

In den Flusszellen kommt der an den Chip gebundene Bindungspartner mit dem gelösten Partner in Berührung (Abb. 2.10). Je nach Gerätetyp stehen zwei 0,06 μl oder vier 0,02 μl Flusszellen zur Verfügung. Die Chipoberfläche jeder Flusszelle kann verschieden beschichtet werden und die Bindung in jeder Flusszelle wird von einer eigenen Optik verfolgt. Bei vier Flusszellen lässt sich z.B. die Bindung eines Hormons an drei Rezeptorenvarianten simultan messen. Eine Zelle dient als Kontrolle und wird z.B. mit BSA oder einer nichtbindenden Variante des Rezeptors beschichtet.

BIACORE-Geräte liefern die vermutlich besten Werte der kinetischen Konstanten k_{on} und k_{off} und damit der K_D, der Affinitätskonstante (s. ► Abschn. 2.3.2):

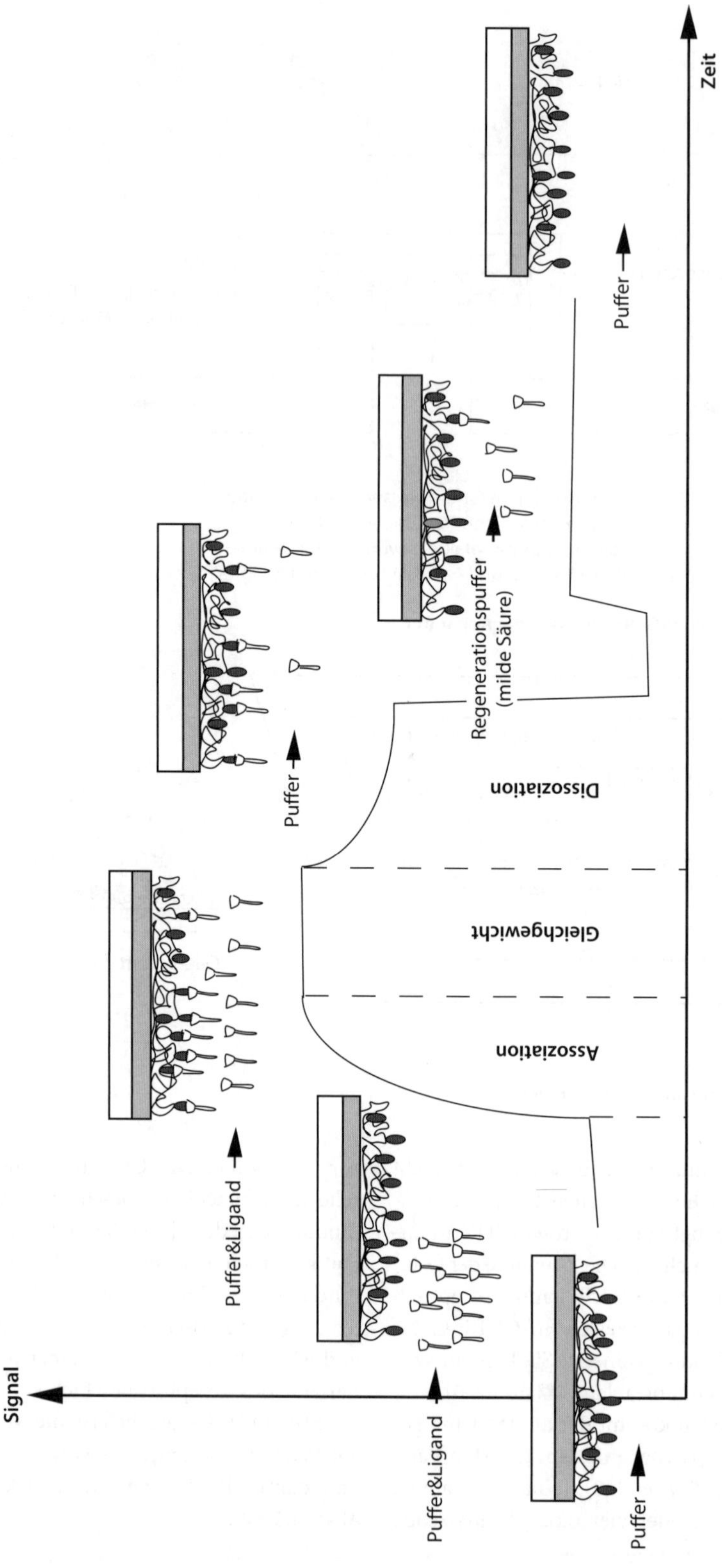

Abb. 2.10 Binden mit BIACORE. Versuchskreislauf. Die Höhe der Bindungskurve misst die Menge des gebundenen Proteins

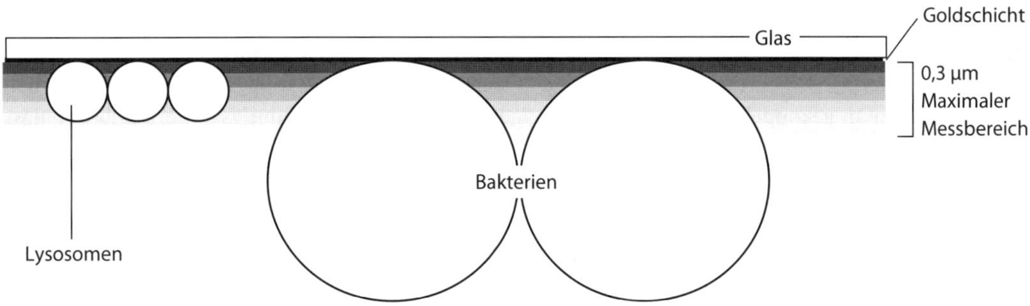

Abb. 2.11 Messprobleme. Vesikel, Organellen und Zellen können aus dem Messbereich des Sensorchips herausragen. Runde Vesikel bedecken zudem die Chipoberfläche nur unvollständig

- das Gerät liefert die Kinetik nicht in einzelnen Punkten, sondern als kontinuierliche exakte Kurve. Zudem hält die kontinuierliche Injektion die Ligandenkonzentration über dem Chip während der Messzeit konstant. Der Probenauftrag ist je nach Modell automatisch oder wenigstens halbautomatisch.
- Angenehm ist das radioaktivitätsfreie Arbeiten. Nicht nur weil die Strahlenbelastung wegfällt, auch weil viele Liganden die radioaktive Markierung nicht vertragen. Natürlich haben Sie die Wahl, welchen Partner Sie ans Plättchen koppeln wollen (vorausgesetzt beide Bindungspartner liegen gereinigt und in Lösung vor). Der andere Bindungspartner bleibt chemisch unbehandelt.
- BIACORE-Geräte erfassen auch Bindungen niedriger Affinität (K_D bis ca. 10 µM).
- Sie können die Messtemperatur zwischen 4 und 40°C beliebig einstellen. Sie können also schwache Bindungen verstärken, indem Sie die Temperatur senken. Auch die Temperaturabhängigkeit der K_D können Sie bestimmen und damit die van't Hoff Enthalpie (siehe nächsten Abschnitt).
- Das Gerät kommt mit wenig Probe aus: 5 µl genügen. Zudem sind die gebundenen Proteine nicht verloren: Sie können sie in 4–6 µl wieder eluieren. Hier liegen beträchtliche Möglichkeiten. Nehmen wir an, Sie haben ein Protein X und Fragen treiben Sie um wie: Was tut es? Mit welchen Proteinen wechselwirkt X? Was liegt näher als Protein X an den Chip zu binden und zu hoffen, dass dies Protein X nicht stört. Um den geheimnisvollen Bindungspartner Y zu identifizieren, jagen Sie dann einen rohen Zellextrakt (oder adäquates) über den Chip. Mit Glück bindet Y. Jetzt haben Sie zwei Möglichkeiten: entweder Sie stecken den ganzen Chip in ein MALDI-TOF (s. ► Kap. 7.5.2.1) oder sie eluieren Y und analysieren das Eluat im HPLC-gekoppelten nanoelectrospray-Massenspektrometer.

Glücklich ist, wer mit BIACORE misst? Vielleicht. Bei löslichen Proteinen oder DNA bereiten die Geräte in der Regel keine Schwierigkeiten. Anders wird die Sache, wenn Sie mit Vesikeln oder Zellen arbeiten. Zwar können Viren, Bakterien, Vesikel und selbst eukaryotische Zellen über entsprechende Proteine an die Chipoberfläche binden und diese Bindung lässt sich auch messen. Doch nur teilweise. Das Gerät misst ja die Massenzunahme am Chip über die Änderung des Brechungsindexes eines dünnen Films über der Chipoberfläche. Die Betonung liegt auf dünn und das heißt: Mit der Entfernung von der Chipoberfläche nimmt der Einfluss angelagerter Moleküle auf das Signal ab. Jenseits von 0,3 µm hat die Anlagerung von Molekülen keinen Einfluss mehr auf das Signal (◘ Abb. 2.11).

Eukaryotische Zellen besitzen einen Durchmesser von 10–100 µm, Bakterien 1–10 µm, Mitochondrien 1–2 µm, Lysosomen 0,2–2 µm, synaptische Vesikel 0,04–0,05 µm. Die Bindung von Lysosomen und synaptischen Vesikeln lässt sich also erfassen. Bei Vesikeln oder Zellen größer als 1 µm ragt dagegen der größte Teil aus dem Messbereich heraus. Bei runden Vesikeln/Zellen kommt dazu, dass sie nur einen kleinen Teil der Chipoberfläche bedecken, was das Signal noch einmal verringert (◘ Abb. 2.11).

Noch schwieriger ist es, die Bindung von gelösten Proteinen an gekoppelte Vesikel zu messen. Dies, weil die Masse des Proteins im Vergleich zum Vesikel klein ist, weil viel Protein außerhalb des Messbereichs an die Vesikel bindet und weil oft die Bindungsdichte niedrig ist. Dazu kommt ein weiteres Problem, ein ungemein banales, das einen aber zum Wahnsinn treiben kann: Die Röhren des Geräts sind zwar groß genug um Zell- oder Vesikelsuspensionen passieren zu lassen, doch haben sowohl Zell- wie Vesikelsuspensionen die fatale Neigung zu aggregieren. Dies trifft besonders auf Zellen aus Gewebeverbänden oder Kulturen zu, die mit Proteasen und EDTA auseinandergerissen wurden. Was so ein fettes Aggregat dann in den feinen Röhren des Geräts anstellt, können Sie sich denken.

Dies soll aber niemanden davon abhalten in sein BIACORE-Gerät Vesikel einzuschießen. Aggregationsprobleme lassen sich oft mit Geduld und einem vorgeschalteten Filter lösen. Dann könnte man bei kleinen Vesikeln Vesikel-Vesikel Bindung untersuchen, und – wer weiß! – Fusionen beobachten. Auch haben Sie die Möglichkeit, über die simple Bindung zur Funktion aufzusteigen. Beispiel: Da die Massenzunahme auf dem Chip über die Änderung des Brechungsindexes gemessen wird, müsste sich der Stofftransport gekoppelter Vesikel (z.B. Neurotransmitteraufnahme in synaptische Vesikel) untersuchen lassen. Transmitter wird ja aktiv aufgenommen und die Konzentration des Transmitters im Vesikel müsste mit der Zeit im Vergleich zum Laufpuffer so stark ansteigen, dass sich der Brechungsindex ändert. Dies gilt vermutlich für alle Vesikel, die eine Substanz aktiv aufnehmen. Vielleicht finden Sie sogar einen Dreh, die Arbeit von Ionenkanälen zu beobachten.

Die Einarbeitungszeit ins BIACORE-Gerät liegt bei 1–2 Wochen, danach können selbst Diplomanden mit Erfolgserlebnissen rechnen. Zwei von mir befragte Anwender (mit funkelnden Augen): sehr reproduzierbar, toll.

Soweit die guten Nachrichten und nun Schluss mit dem Lobgesang.

Probleme: Die Bindungskonformation des gekoppelten Partners muss die Kopplungschemie überstehen. Das ist nicht selbstverständlich und zudem kann das Protein an verschiedenen Stellen, z.B. über verschiedene Lysine, koppeln. Wenn man Pech hat, beeinflusst das die Bindungskonformation, so dass aus einer einheitlichen Bindungsstelle ein heterogenes Gemisch entsteht.

Wer mit einem Plättchen mehrere Messungen machen will, muss nach jeder Messung den gebundenen Partner vom Plättchen abwaschen. Dabei darf der gekoppelte Partner nicht schlapp machen. Anderenfalls müssen Sie für jeden Test ein neues Plättchen beschichten (ein teurer Spaß).

Prinzipiell ist es möglich, ungereinigte Proteinextrakte ans Plättchen zu koppeln und die Bindung eines (gereinigten) Liganden zu untersuchen. Doch wegen der unspezifischen Bindung erhält man selten zuverlässige Messwerte. Der umgekehrte Fall, gereinigter Bindungspartner wurde gekoppelt, der andere Bindungspartner schwimmt in rohem Proteinextrakt, soll besser funktionieren. Allerdings verstopfen hochkonzentrierte Proteinlösungen (z.B. Serum) gerne die magersüchtigen Leitungen des Geräts. Es empfiehlt sich, die Lösungen vorher 1 h bei 100.000 g zu zentrifugieren oder durch Sterilfilter zu filtrieren.

Schwimmt der freie Bindungspartner in Laufpuffer mit hohem Refraktionsindex (z.B. Puffer mit viel Glycerin oder DMSO), verkleinert sich das Signal (verglichen mit Puffer ohne Glycerin oder DMSO). Dies weil manchmal Glycerin oder DMSO die Bindungsaffinität herabsetzen, aber auch weil Glycerin und DMSO die Unterschiede im Brechungsindex zwischen Chipoberfläche und Laufpuffer verringern. Das wollen wir den Konstrukteuren nicht übel nehmen. Vielmehr wollen wir staunen, dass eine so zähe Pampe wie 40% Glycerin überhaupt die feinen Kanäle passiert und die winzigen Ventile die entsprechenden Drücke aushalten.

Liegt das MG des gelösten Bindungspartners unter 5000 leidet die Messgenauigkeit, denn das BIACORE-Gerät misst ja die Massenzunahme am Plättchen. Zwar sollen Spitzengeräte schon die Bindung von Molekülen um 200 Da erfassen, dennoch ist es unmöglich, mit BIACORE-Geräten direkt die Bindung von Glycin oder Acetylcholin an ihre Rezeptoren oder von Ca^{2+} an Calmodulin zu messen. Dazu benötigen Sie einen weiteren hochmolekularen Bindungspartner, der eine eventuelle

Konformationsänderung des Proteins entdeckt. Ein anderer Weg wäre, den kleinen Bindungspartner zu koppeln, doch stört die Kopplung die Bindungsfähigkeit kleiner Moleküle. Sie müssen dann mit Kopplungschemie und Spacern herumspielen, was teuer kommen kann, da Sie für jeden Versuch ein neues Plättchen brauchen. Eine Erfolgsgarantie haben Sie nicht.

In den meisten bisherigen Publikationen mit BIACORE-Geräten waren beide Bindungspartner gereinigte Proteine oder Peptide (meistens Antikörper/Antigen). Für solche Fälle ist BIACORE die Methode der Wahl (auch die begeisterten Anwender von oben arbeiteten mit gereinigten Bindungspartnern). Sonst scheinen uns BIACORE-Geräte einen gewissen »Gimmick«-Charakter zu haben und auf jeden Fall sind sie so teuer (75.000–250.000 Euro), dass die guten (?) alten Methoden wohl noch eine Weile überleben werden.

Literatur

1 Gruen, L. et al. (1993): Determination of relative binding affinity of influenza virus N9 sialidases with the Fab fragment of monoclonal antibody NC41 using biosensor technology. Eur. J. Biochem. 217, 319–325
2 End, P. et al. (1993): A Biosensor approach to probe the structure and function of the p85a subunit of the phosphatidylinositol 3-kinase complex. J. Biol. Chem. 268, 10066–10075
3 Khilko, S. et al. (1993): Direct detection of major histocompatibility complex class I binding to antigenic peptides using surface plasmon resonance. J. Biol. Chem. 268, 15425–15434

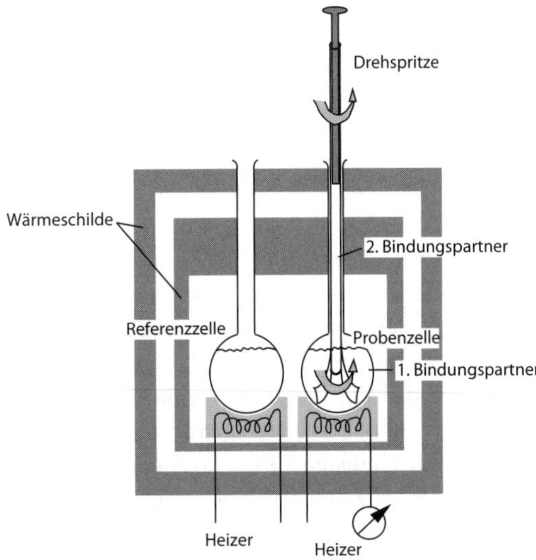

Abb. 2.12 Ein ganz ganz grobes Schema einer isotermen kalorimetrischen Messzelle. Referenz- und Probenzelle sind identisch. Die Bindung läuft in der Probenzelle ab. Über die Drehspritze werden Aliquots des 2. Bindungspartners eingegeben. Gleichzeitig wird die Spritze gedreht und mit Rührflügeln an der Spritzenspitze die Probenzelle durchmischt.
Während der Messung wird die Referenzzelle elektrisch auf eine bestimmte gleichbleibende Temperatur geheizt. Gleichzeitig wird die Temperaturdifferenz zwischen Referenz- und Probenzelle bestimmt. Der Heizstrom für die Probenzelle wird nun so angepasst, dass die Temperatur zwischen beiden Zellen stets gleich ist. Kommt es z.B. zu einer exothermen Bindung, wird also in der Probenzelle Wärme freigesetzt, drosselt das Gerät den Heizstrom der Probenzelle. Die Größe der Stromabnahme ist dann equivalent der bei der Bindung freigesetzten Wärmemenge

Bindung lässt sich auch über die Bindungswärme bestimmen: Über die Wärme, die bei der Bindung umgesetzt wird. Die Bindungswärme bei gleichbleibender Temperatur messen ultrasensitive **isotherme Titrations Kalorimeter (ITK)**. Es sind dies wunderbar teure Wundergeräte: Ein guter ITK bestimmt Bruchteile von Mikrokalorien, Wärmemengen, die entstehen, wenn man einmal kurz zwei Fingernägel aneinander reibt!

Ein Bindungsexperiment mit dem ITK ist leicht (Abb. 2.12). Das Bindungsprotein wird in die Probenzelle des Kalorimeters gegeben, der Ligand in die Spritze. In die Referenzzelle kommt der Puffer. Bei konstanter Temperatur (isotherm) drückt ein Motor ein Aliquot aus der Spritze in die Probenzelle. Dabei wird gerührt und die Wärmeaufnahme oder -abgabe gemessen.

Die Probenzell- bzw. Referenzzellvolumina liegen je nach Gerät zwischen 0,2 und 1,4 ml. Im Verlauf eines Experiments werden 12 bis 20 mal 2–60 µl Aliquots gespritzt und jedesmal die umgesetzte Wärme gemessen. Die Konzentration des Liganden in der Probenzelle erhöht sich dabei stufenartig, die des Bindungsproteins erniedrigt sich jeweils geringfügig. Das Ganze dauert etwa eine Stunde und geht klickend leicht: haben Sie die Maschine mit Bindungspartnern versorgt, geben Sie in den angeschlossenen PC Aliquotgröße, Konzentrationen der Bindungspartner, Messtemperatur, Rührgeschwindigkeit, Injektionszeiten ein und – »Start«. Das Gerät führt das Experiment selbständig durch und seine Software liefert die Ergebnisse.

Im wirklichen Leben tauchen schon bei der Probenvorbereitung Probleme auf. Der Puffer in Proben- und Referenzzelle und der Spritze muss absolut identisch sein, d.h. aus der gleichen Flasche stammen. Noch einmal: Die Inhalte von Proben- und Referenzzelle dürfen sich nur durch das Bindungsprotein unterscheiden. Am besten, Sie dialysieren Bindungsprotein- und Ligandenlösung gegen den gleichen Puffer. Banal aber wichtig: Da nur kleine Aliquots der Ligandenlösung eingespritzt werden, müssen Sie die Ligandenkonzentration in der Spritze wesentlich höher ansetzen als die Lösung des Bindungsproteins in der Probenzelle.

Des Weiteren sollten Sie die Proben ultrafiltrieren, um Staubpartikel zu entfernen. Die schlagen gegen die Zellenwände und sorgen für eine unruhige Basislinie – es ist eben ein ultrasensitives Kalorimeter. Des Weiteren müssen Sie die Lösungen entgasen. Bläschen machen Wärmelärm. Auch sollten Sie die Rührgeschwindigkeit optimieren. Rühren Sie zu schnell, wird dem Bindungsprotein übel, rühren Sie zu langsam kommt die Wärme nicht rechtzeitig an die Oberfläche und das verfälscht Ihr Signal. Denn die Wärme wird an der Oberfläche der Zellen gemessen. Die optimale Rührgeschwindigkeit liegt zwischen 200 und 400 rpm. Des weiteren muss die Zeit zwischen den Injektionen groß genug sein, damit sich das Gleichgewicht einstellen kann, d.h. nach jeder Injektion muss die Kurve zur Grundlinie zurückkehren.

Noch ein Punkt: Wärme entsteht auch beim Mischen zweier Lösungen, wovon Wasser und konzentrierte Schwefelsäure ein kochendes Zeugnis ablegen. Auch beim Mischen von Bindungsprotein- und Ligandenlösung wird Wärme umgesetzt. Diese Wärme hat mit der Bindung nichts zu tun und muss abgezogen werden. Wie groß diese Mischungswärme ist, sehen Sie am Ende des Laufs, wenn der Ligand im Überschuss vorliegt und nicht mehr bindet: Es kommt trotzdem bei jeder Ligandeneinspritzung zu Wärmegipfeln. Das ist die unspezifische Wärme: Die Mischungswärme, die Temperaturunterschiede zwischen Probenzelle und Spritze etc. Diese unspezifische Wärmegipfel können, wenn Sie Pech haben oder Ihre Anordnung nicht stimmt, größer sein als die Gipfel, die auf der Bindung beruhen. Vor dem Bindungsexperiment empfehlen sich daher Kontrollläufe: einen Lauf nur mit Puffer, einen Lauf nur mit Puffer und Ligand, einen Lauf nur mit Puffer und Bindungsprotein.

Kontrollen gefahren? Proben gepflegt? Optimale Injektionszeit und Rührgeschwindigkeit eingestellt? Dann kann das Bindungsexperiment laufen. »Man sollte viel Glück haben«, gibt Ilian Jelesarov den Wärmeadepten auf den Weg. Von Jelesarov stammen viele der obigen Tricks.

Nehmen wir an, Sie haben Glück gehabt. Dann können Sie die (berichtigten) Daten auf zwei Arten auftragen: Einmal differenziell: Summe der Wärmeabgabe/aufnahme bei Injektion i geteilt durch die Ligandenkonzentration bei Injektion i auftragen gegen die Ligandenkonzentration (◘ Abb. 2.13). Beim integralen Plot dagegen läuft die Summe der Wärmeabgabe/aufnahme bei Injektion i gegen die Ligandenkonzentration. Aus jeder Kurve lassen sich drei Größen berechnen: Die Anzahl der Bindungsstellen n, K_D und ΔH. ΔH ist die pro Mol Bindungspartner freigesetzte Wärme, die Enthalpie. Da die Zahlen für n, K_D und ΔH durch Anpassung an eine Kurve berechnet wurden, sind sie nicht sonderlich exakt: Kleine Fehler der experimentellen Daten bewirken große Änderungen von n, K_D und ΔH. Besser, Sie bestimmen K_D und ΔH in getrennten Experimenten. Genaue Werte von ΔH geben hohe Konzentrationen von Bindungsprotein am Anfang des Experiments, d.h. wenn die Aliquots des Liganden noch vollständig gebunden werden. Die K_D berechnet sich am genauesten aus den Steigungspunkten der differenziellen Kurve.

Die Parameter aus der differenziellen bzw. integralen Kurve sollten einigermaßen übereinstimmen. Tun sie's nicht, haben Sie ein Problem. Es empfiehlt sich dann, die Zahl der Bindungsstellen mit einer unabhängigen Methode zu bestimmen und n als feste Größe in die Rechnung einzugeben. Sie erhalten n aus Scatchard-Plots nach $n = B_{max}/R_o$ (◘ Abb. 2.4), wobei B_{max} gemessen wird und R_o bekannt sein muss. Nicht schaden kann es, die Messung mit verschiedenen Konzentrationen an jedem Bindungspartner zu wiederholen. Liegt eine 1:1 Stöchiometrie vor, können Sie das Experiment auch umdrehen, d.h. Sie geben Bindungsprotein in die

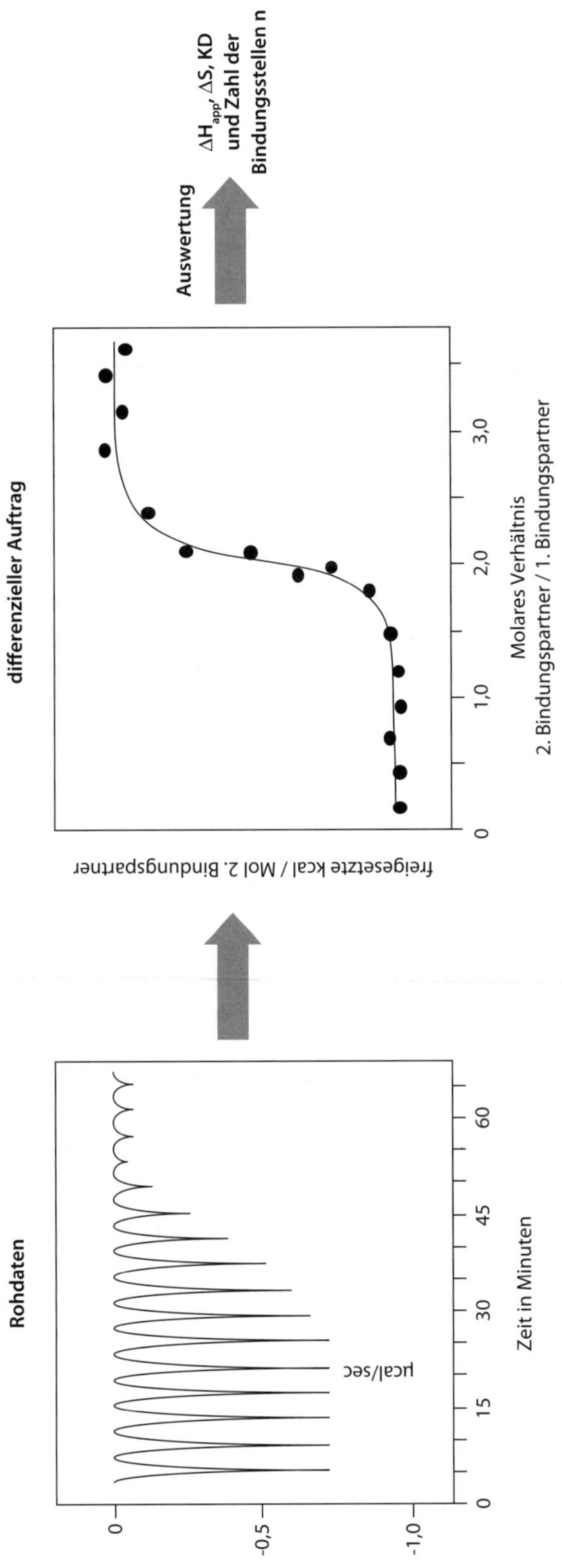

Abb. 2.13 Ablauf eines ITK-Experimentes. Dauer: Inclusive Vorbereiten der Zellen und der Lösungen ca. zwei Stunden

Spritze und Ligand in die Probenzelle – und vergleichen! Überhaupt: Man kann sich das Leben beliebig schwer machen.

Die Vorteile des ITK:

- keine Immobilisierung oder Markierung der Bindungspartner (ein Segen bei empfindlichen Proteinen).
- Sie können (theoretisch) die Bindung von jedem Liganden an jedes Makromolekül messen.
- Sie erhalten nicht nur die Zahl der Bindungsstellen und die K_D, sondern auch ΔH.
- Sie können bei verschiedenen Temperaturen (von 5–80°C) und verschiedenen pH-Werten messen.
- Messungen bei verschiedenen Temperaturen (T_1 und T_2) liefern $\Delta H(T_1)$ und $\Delta H(T_2)$ und damit die Wärmekapazität $\Delta C_p = (\Delta H(T_1) - \Delta H(T_2)) / (T_1 - T_2)$. Aus der Wärmekapazität liest oder deutelt der Kenner manches über die molekulare Struktur der Bindung heraus. Davon später.
- Das Gerät misst die in einer Lösung umgesetzte Wärme. Wärme entsteht nicht nur bei Bindungsreaktionen. Warum sollte man nicht versuchen, über die Wärmeentwicklung die Aufnahme von Neurotransmitter in synaptische Vesikel zu verfolgen oder die ATP-Produktion von Mitochondrien? Dies um so mehr als – theoretisch – selbst die trübste Brühe das Kalorimeter kalt lässt. Praktisch allerdings bewirken trübe Lösungen unruhige Basislinien und ob die Mitochondrien das schnelle Rühren überstehen? Aber das kann man sicher technisch lösen.

Die Nachteile:

- moderne ITK-Geräte messen Wärme staunenswert empfindlich, dennoch brauchen sie riesige Mengen an Bindungspartner. Ein Experiment verschlingt 10–100 nMol Protein. Bei einem MG von 50.000 Da verbrät der Experimentator also ein halbes Milligramm! Solche Mengen zu opfern lohnt nur, wenn Sie das Protein in *E. coli* ernten können. Das Gerät von MicroCal, dem Marktführer, soll mit 50 µg Protein auskommen (Plotnikov et al. 1997) und das neue iTC_{200} von MicroCal sogar mit 10 µg Protein. Herr Plotnikov ist allerdings mit dieser Firma verbunden. Unsere Stichproben in der Literatur ergaben, dass auch mit MicroCal-Geräten Milligramm-Mengen an Protein eingesetzt werden.
- Sie können nur Bindungen mittlerer Affinität messen. Denn vernünftige Messwerte für die K_D erhalten Sie nur, wenn die Konzentration des Bindungsproteins im Bereich des 10 bis 100-fachen der K_D liegt. Daher sind Bindungen hoher Affinität (K_D < 1 nM) schwer zu messen. Warum? Bei einer K_D von beispielsweise 0,1 nM können Sie höchstens 10 nM an Protein einsetzen. Bei einem Probenvolumen von 1 ml entspricht das 0,01 nMol was unter der Messgrenze der Geräte liegt (1 nMol). Ist andererseits die K_D sehr niedrig, brauchen Sie riesige Konzentrationen an Bindungsprotein. Die Fraktion an Bindungsprotein, die Komplex bildet (und somit Wärme umsetzt), ist sonst zu klein für die Messgenauigkeit des Geräts. Bei hohen Konzentrationen aber aggregieren die Proteine gern. Sie messen dann auf einem Hintergrund von Verklumpungs- und Dispergierungswärmen herum und allein der HERR ist imstande, daraus die Bindungswärme herauszuklabüsern.
- Viele der interessanteren Membranproteine (z.B. Neurotransmitterrezeptoren) lassen sich nicht in genügend hoher Konzentration exprimieren. Mit Membranproteinen scheint die Kalometrie überhaupt ihre Probleme zu haben: Zu eukaryontischen Membranproteinen konnten wir keine einzige kalometrische Arbeit entdecken, zu bakteriellen Membranproteinen werden in der Application Note von MicroCal 2006 einige Arbeiten aufgelistet. So Krell, T. et al (2003): Insight into the Structure and Function of the Transferrin Receptor from Neisseria meningitidis using Microcalorimetric Techniques. *J. Biol. Chem.* 278, 14714–14722
- Ein gutes ITK kostet 100.000 Euro (das iTC_{200} 107.000 Euro zzgl. Steuer und mit Autosampler 219.000 Euro). Ist das Gerät noch mit einem differenziellen Scanning Kalorimeter (s.u.) ausgestattet, liegt der Preis bei 150.000 Euro.

Legobindung:
Weder Ligand noch Bindungsprotein ändern die Konformation

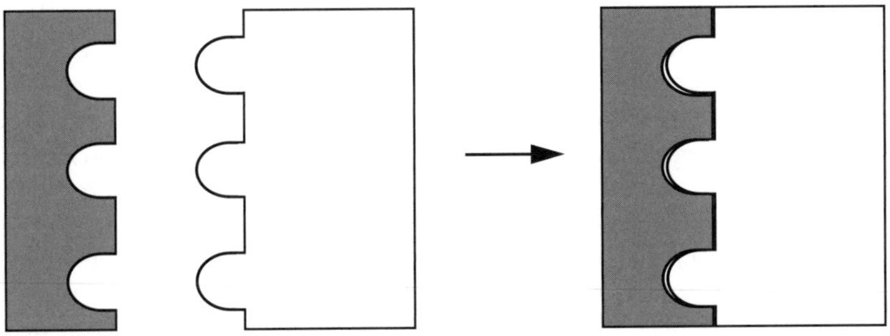

flexible Bindung:
Ligand und Bindungsprotein ändern die Konformation

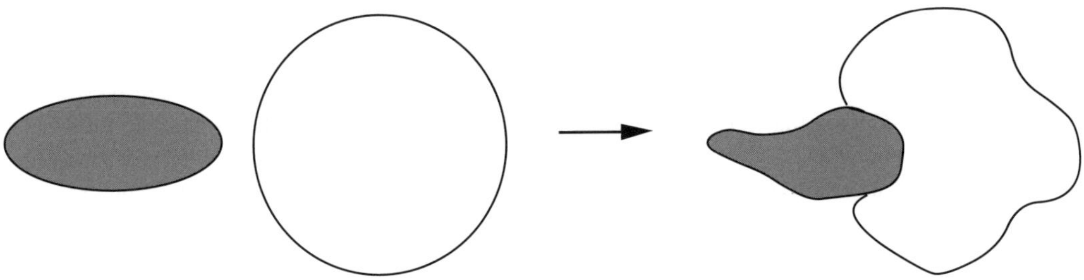

Abb. 2.14 Lego- und flexible Bindung

Forscher mit einem Hang zum Teppichhandel können beachtliche Preisnachlässe erzielen, dennoch: Warum so viel Geld in ein Gerät anlegen, wenn man n und K_D auch mit einem billigen Filtertest bestimmen kann?

Wegen ΔH! Mit ΔH haben Sie einen Zugang zur Anatomie der Bindung, zu Fragen wie:

- Wie groß ist der Anteil an hydrophoben Wechselwirkungen?
- schnappen bei der Bindung zwei starre Gebilde ein, Beispiel Legosteine, oder löst die Bindung Konformationsänderungen aus (Abb. 2.14)?
- Was trägt mehr zur Triebkraft der Bindung (zu ΔG) bei: ΔH oder ΔS, die Entropie?
- Aus welchen einzelnen Bindungen besteht die Gesamtbindung, bzw. welche Aminosäuren sind an der Bindung beteiligt?
- Werden bei der Bindung Protonen des Bindungsproteins auf den Puffer übertragen und wenn ja von welcher Aminosäure stammen die Protonen? Ein Beispiel inclusive Theorie in Baker & Murphy (1997).
- Durch Vergleich der ΔH in H_2O und D_2O lassen sich Hydratationseffekte bei der Bindung erahnen (Chervenak & Toone 1994).

Allerdings: Furchtbar klar und weittragend sind die Erkenntnisse der Kalometrie bisher nicht ausgefallen. Auch die beliebten Site-directed mutagenesis-Experimente nicht, mit denen man glaubt, auf die bei der Bindung beteiligten Aminosäuren schließen zu können. Der Forscher tauscht Ala gegen Asp aus und – aha! – ΔH steigt (oder sinkt). Nur was sagt ihm das? Unser Eindruck: Oft nicht viel. Der Austausch einer Aminosäure kann sich auch indirekt über entfernte Konformationsänderungen auf die Bindung auswirken, m.a.W. eine Änderung von ΔH beweist nicht, dass die Aminosäure an der Bindung beteiligt ist. Ohne zusätzliche NMR oder Röntgenstrukturdaten steht der Forscher da wie der Däumling im Schilf. Vollends ins Schwimmen gerät er, wenn er nicht versteht, mit welchen Größen er umgeht. So ist das im ITK gemessene ΔH eine zusammengesetzte Größe. Sie speist sich nicht nur aus der Bildung von nichtkovalenten Bindungen zwischen Ligand und Bindungsprotein, sondern auch aus der Reorganisation des Lösungsmittels, aus eventuellen Konformationsänderungen von Ligand und Bindungprotein und aus Änderungen des Protonisierungszustandes von Lösungsmittel (Puffer) und Bindungspartnern.

Zur Strategie: Es ist nicht die schlechteste Vorgehensweise, einige Wochen lang in's Blaue hinein zu experimentieren. Sie machen sich mit dem Gerät, seinen Mucken, seiner Leistungsfähigkeit vertraut und stoßen, gerade weil Sie unsystematisch vorgehen, durch Zufall auf Phänomene, die einem Systematiker entgehen. Zudem macht es Spaß. Wie mit allen Techniken, empfiehlt es sich, zu lesen, was andere treiben. Was kann man da alles treiben! Beliebt sind thermodynamische Vergleiche der Bindung verschiedener Liganden an die gleiche Bindungsstelle, wie es Bradshaw et al. (1998) vorführen. Leider setzt dies die Existenz verschiedener Liganden voraus. Nun – im schlimmsten Falle macht man sich welche. Andere messen die Bindung des gleichen Liganden unter verschiedenen Bedingungen. Da stehen zur Wahl: pH, Puffer, Ionenstärke, Ionen, Lösungsmittel. In diese zwei Kategorien, verschiedene Liganden bzw. verschiedene Bedingungen, fallen die meisten Untersuchungen. Einige wenige Autoren werfen sich auf die Entwicklung bunter (aber auch schon äußerst bunter) Formelsysteme. Diese Strategie sichert Ihnen die Ehrfurcht der mathematisch Unbegabten (die große Mehrheit der Biologen) und kann Ihnen, wenn Ihr System Erklärungswert hat und Sie es einfach darzulegen verstehen, Ruhm verschaffen.

Mathematisch Unbegabte, aber Ehrgeizige, sollten neue Gebiete erobern. Darauf kommt es in der Wissenschaft an. Achten Sie darauf, dass Ihnen kein in der Etappe sitzender Ordinarius den Orden wegschnappt (auch darauf kommt es in der Wissenschaft an!). Versuchen Sie, die Wärmemessung auf bisher unbeleckte Vorgänge anzuwenden: Auf die Fusion von Vesikeln, die Protonenaufnahme von Lysosomen etc. Überraschende Ergebnisse erhalten Sie gelegentlich auch, wenn Sie die Bindung des Liganden an das Bindungsprotein unter den gleichen Bedingungen mit verschiedenen Methoden messen. So mit ITK und Plasmon-Resonanz. Die Ergebnisse, z.B. in der K_D, unterscheiden sich oft um Größenordnungen. Warum?

Vergessen Sie nicht: Die isotherme Kalometrie erfasst nur Prozesse, bei denen Wärme umgesetzt wird. Reine entropiegetriebene Prozesse entgehen der Kalometrie. Keine Wärme heißt also nicht keine Bindung: Ferredoxin z.B. bindet an Ferredoxin Reduktase ohne dass dabei Wärme umgesetzt würde.

Die Schwierigkeit der Kalometrie-Forschung liegt nicht in der Produktion der Daten, sondern in ihrer Verarbeitung. Mit modernen Mikrokalorimetern kann jeder Diplomand schon nach einem Tag Einarbeitung Daten herunterschütteln wie der Hans die reifen Birnen (kontinuierliche Proteinlieferung vorausgesetzt). Der Versuch aber, aus diesen Birnen die geistige Essenz herauszudestillieren, kann zu thermodramatischen Verzweiflungsanfällen führen.

Hier muss – aber nur knapp – auf die Thermodynamik eingegangen werden. Die hantiert bekanntlich mit den Größen Enthalpie (ΔH), Entropie (ΔS), freie Energie (ΔG), Wärmekapazität (ΔC), Druck (p) und Temperatur (T). Thermodynamik zeichnet sich aus durch ein unbändiges Formelwesen und – sie stammt aus dem 19. Jahrhundert – einen verstaubten Flair. Der Begriff der freien Energie z.B. wurde 1878 von Josiah Willard Gibbs eingeführt.

Thermodynamik! Diese Insel der Unverständlichkeit ist bedeckt mit einem Dschungel seltsamer Begriffe in dem die Schlinggewächse üppiger Formeln wuchern. Ein Dschungel, durch den sich der Biologe für die Vordiplomprüfung hindurch schwitzen muss. Danach rudert er hastig über das Meer des Vergessens davon, um nie mehr zurückzukehren. Erst die Entwicklung der ultrasensitiven Kalorimeter lockten manchen zur Thermodynamik zurück und in letzter Zeit ist die Insel bei Abenteuer-Biologen richtig hip geworden. Dies zeigt, dass selbst die ältesten Kamellen wieder modern werden können und wird jene unter den Lesern trösten, die hart an ihren alten Kamellen kauen und unter der Missachtung der Kollegen leiden. Zur Thermodynamik also!

Für jede Reaktion, damit auch für eine Bindungsreaktion, gilt $\Delta G = \Delta H - T\Delta S$. Dabei ist ΔG die freie Energie: Die Energie, die zur Bindung treibt. ΔG ergibt sich aus der Dissoziationskonstanten nach $\Delta G = -RT \ln K_D$. ΔH wiederum ist die Wärmeabgabe bzw. -aufnahme einer Bindungsreaktion bei einer bestimmten Temperatur, also die Größe, die vom Kalorimeter bestimmt wird. Kennt man ΔH und ΔG, kann man ΔS berechnen.

Die Anwendung der thermodynamischen Theorie auf die isotherme Kalometrie ist für Vorgebildete einigermaßen verständlich in Jelesarov & Bosshard (1999) dargestellt. Breit ausgewälzt wird die Theorie von Kensal (2005) – leider aber nicht so breit, dass sie für einen Unbedarften durchsichtig würde. »This is not a book for the unprepared mind« schrieb eine Leserin. Das Buch kostet 111 Euro. Wir wiederum werden uns hüten, diese Seiten mit Formeln zu verzieren: ► Kapitel 2.3 wird uns noch genügend unbeliebt machen. Ziehen Sie sich halt eine Vorlesung über physikalische Chemie rein: In drei Monaten kennen Sie sich einigermaßen aus. Ein Tipp: Versuchen Sie nicht, sich unter den thermodynamischen Begriffen etwas vorzustellen. Das trägt nichts zum Verständnis bei, kann aber zu Verknotungen der Hirnwindungen führen.

Wer wenig Lust auf thermodynamische Spitzfindigkeiten verspürt, sollte sich dennoch nicht von einer ΔH-Messung abhalten lassen, wenn sich die Möglichkeit gerade bietet. ΔG und ΔH sind nämlich unabhängige Größen. Änderungen im Bindungsverhalten, die man über ΔG nicht mitbekommt, zeigt vielleicht ΔH an. Es kommt öfters vor, dass ΔH sinkt und gleichzeitig $-\Delta S \cdot T$ steigt oder umgekehrt, so dass im Endergebnis ΔG mit Unschuldsmiene dasteht und Untätigkeit vortäuscht, wo sich in Wirklichkeit Konformationen ändern. Messen Sie also ruhig ΔH und rufen Sie dann einen Fachmann zu Hilfe. Der geht der Erscheinung theoretisch zu Leibe und – schwupp – schon wieder ein Paper gemacht.

Bei der Auslegung der Daten nützen folgende Faustregeln:

- ΔH korreliert nur schwach, wenn überhaupt, mit ΔG.
- Im Temperaturbereich 5–70°C ist ΔC_p in der Regel temperaturunabhängig. Es gilt dann $\Delta H = \Delta H_o + \Delta C_p\,T$. ΔC_p liefert also die Temperaturabhängigkeit von ΔH.
- nur wenn sich die Bindungspartner wie zwei starre Gebilde verhalten (Lego-Bindung), keine Protonisierungreaktionen anfallen und keine Änderungen in der Hydratation der Bindungsfläche, nur dann ist die gemessene ΔH gleich der Bindungsenthalpie der nichtkovalenten Bindungen zwischen Ligand und Bindungsprotein. Lego-Bindung liegt wahrscheinlich vor, wenn ΔC_p von bescheidener Größe ist. Genauer führen das Spolar & Record (1994) aus. Ein weiterer Hinweis auf Lego-Bindung ist die Identität des calorimetrisch gemessenen ΔH mit der Änderung der van't Hoff Enthalpie ΔH_{vH}. Letztere ergibt sich aus der Temperaturabhängigkeit der K_D (siehe Jelesarov & Bosshard, 1999) und damit aus einer Bindungsgröße. ΔH_{vH} entspricht also der Bindungsenthalpie und es gilt in der Regel $\Delta H > \Delta H_{vH}$ weil ΔH zusätzliche Prozesse erfasst. Leider ist ΔH_{vH} schwer zu bestimmen, da die K_D oft kaum von der Temperatur abhängt. Kleine Messfehler bei der K_D geben dann große Fehler bei ΔH_{vH}.
- ein positiver ΔS Wert weist darauf hin, dass Wasser von der Bindungsfläche verdrängt wird.
- eine Änderung von ΔH mit dem Puffer (z.B. ein Wechsel von Tris pH 7,0 zu Imidazol pH 7,0 oder Pipes pH 7,0) deutet auf eine Protonisierungsreaktion hin.
- Ein großer negativer ΔC_p-Wert indiziert einen hohen Anteil hydrophober Wechselwirkung zwischen den Bindungspartnern. Näheres in Spolar & Record (1989) und Lin et al. (1995).

Im Großen und Ganzen ist Wärmemessen schön und gut und manchmal sogar interessant. Auch sind Wärmemessungen leicht und schnell durchzuführen und geben immer ein Ergebnis. Irgendeine ΔH muss ja jede Bindung haben. Wer gerne rechnet und mit Formeln spielt, der findet hier ein ebenso ideales wie endloses Betätigungsfeld. Bedenken Sie: Es gibt hunderttausende von Proteinen, die Millionen von Bindungen eingehen. Die alle thermodynamisch zu charakterisieren und durchzudenken, beschäftigt Sie und dutzende von Doktoranden bis an Ihr seliges Ende. Bisher haben kalorimetrische Paper auch in respektablen Journalen Unterschlupf gefunden: Das *J. Biol. Chem.*, *Biochemistry* und das *J. Mol. Biol.* sind typische Kalometrie-Journale. Nur – die wichtigen Fragen des Biochemikers und noch mehr des Mediziners, sind halt die nach der Funktion eines Proteins im Stoffwechsel. Das Funktionsnetzwerk der Zelle, das wird der Schlager des nächsten Jahrzehnts werden. Da wird die Musik spielen und die Fördergelder werden tanzen. Zur Bestimmung der Funktion genügt es aber in der Regel, zu wissen, wer wen bindet, wie fest und mit welcher Stöchiometrie. Wie sich die Bindung im Einzelnen abspielt, ist für das Verständnis der Zellfunktion selten hilfreich. Und da kommen Sie und verkünden, die Bindung des Proteaseinhibitors Nr. 9999 an Protease Nr. 10001 energetisch aufgeklärt zu haben. Ob das die Kollegen beeindruckt? Wir vermuten: Eher nicht. Wenn sich der Neuigkeitswert der Kalorimetrie abgenutzt hat, nimmt man Ihre Messungen mit gelangweiltem Kopfnicken zur Kenntnis und das Höchste was Sie erreichen können ist, Ihre Daten in Tabellenwerken unterzubringen.

Literatur

1 Baker, B. & Murphy, K. (1997) Dissecting the energetics of a protein-protein interaction: the binding of ovomucoid third domain to elastase. J. Mol. Biol. 268, 557–569

2 Chervenak, M. & Toone, E. (1994) A direct measure of the contribution of solvent reorganisation to the enthalpy of ligand binding. J. Am. Chem. Soc. 116, 10533–10539

3 Jelesarov, I. & Bosshard, H. (1999) Isothermal titration calorimetry and differential scanning calorimetry as complementary tools to investigate the energetics of biomolecular recognition. J. Mol. Recognit. 12, 3–18

4 Kensal, E. et al. (2005) Principles of Physical Biochemistry, Prentice Hall, 672 Seiten

5 Lin, Z. et al. (1995) The hydrophobic nature of GroEL-substrate binding. J. Biol. Chem. 270, 1011–1014

6 Plotnikov, V. et al. (1997) A new ultrasensitive scanning calorimeter. Anal. Biochem. 250, 237–244

7 Spolar, R. & Record, M. (1994) Coupling of local folding to site-specific binding of proteins to DNA. Science 263, 777–783

8 Spolar, R. et al. (1989) Hydrophobic effect in protein folding and other noncovalent processes involving proteins. PNAS 86, 8382–8385

Die K_D sehr fester Bindungen können Sie mit einem ultrasensitiven **Differenziellen Scanning Kalorimeter** (DSK) messen. Dieses Gerät gibt Ihnen zudem Hinweise auf Konformation und Konformationsänderungen des Bindungsproteins.

Wie ITK- so bestehen auch DSK-Geräte aus zwei identischen Zellen, aus Probe- und Referenzzelle. In die Probezelle kommt die Lösung des Bindungsproteins oder des Ligand-Bindungsprotein-Komplexes, in die Referenzzelle der Puffer. Auch bei der DSK gilt: der Puffer in Referenz- und Probenzelle muss identisch sein. Der Proben- und Referenzzelle werden adiabatisch Wärme zugeführt (d.h.: Proben- und Referenzzelle sind thermisch voneinander isoliert). Entsprechend der unterschiedlichen Wärmekapazitäten von Referenz- und Probenzelle heizen sie sich unterschiedlich schnell auf. Damit die Temperatur der beiden Zellen gleich bleibt, muss eine stärker geheizt werden. Der Strom, der dazu nötig ist, dient als Maß der Wärmekapazität ΔC_p. Eine typische DSK-Kurve, ein Thermogramm, zeigt ◻ Abb. 2.15.

Meistens liegen die ΔC_p-Werte bei 1–2 $JK^{-1}g^{-1}$ und steigen mit der Temperatur langsam an bis zum Denaturierungsbereich. Dort nimmt die ΔC_p exponentiell auf einen Gipfelwert T_m zu und sinkt dann auf den ΔC_p-Wert des denaturierten Proteins ab. Der ΔC_p-Wert des denaturierten Proteins ist größer als der des nativen und lässt sich aus den ΔC_p-Werten der Aminosäuren und der Peptidbindungen berechnen.

Wie kommt der Gipfel beim Denaturieren zustande? Zum einen können mit zunehmender Temperatur mehr Konformationszustände besetzt werden, zum anderen springen die Proteine öfter von einer Konformation zur anderen (Fluktuation). Form und Höhe des Gipfels wird also durch Anzahl und Energiezustände der Proteinkonformationen bestimmt. Ausgeprägte Konformationsänderungen machen sich oft im Auftreten von mehreren Gipfeln bemerkbar (Blandamer et al. 1994).

Abb. 2.15 Abhängigkeit der partiellen molaren Wärmekapazität eines Proteins von der Temperatur (Thermogramm). Das denaturierte Protein hat immer eine höhere Wärmekapazität als das native. Die hohe Wärmekapazität im Gipfel stammt von der zunehmenden Fluktuation im System: Im Gegensatz zum nativen Zustand, können viel mehr Konformationen besetzt werden und das Protein wechselt zwischen verschiedenen Konformationen hin und her

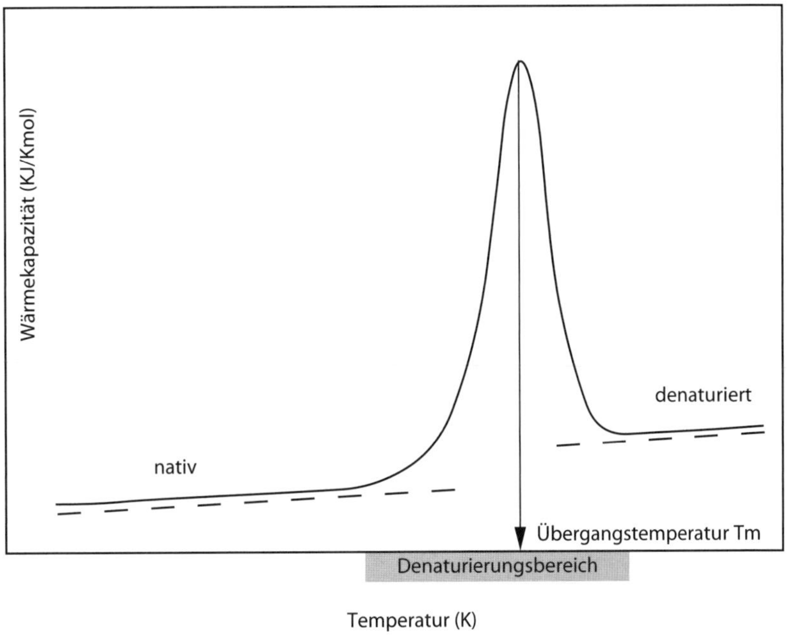

Da das Thermogramm von der Zahl und den Energiezuständen der Konformationen bestimmt wird, die das Protein einnehmen kann, kann man umgekehrt aus dem Thermogramm auf die Konformationen des Proteins schließen. Diese sogenannte Deconvolutionsanalyse ist eine komplizierte Rechnerei, von der Sie sich bei Jelesarov & Bosshard (1999) einen Vorgeschmack holen können. Auf eine DSK-Arbeit sollten Sie sich nur einlassen, wenn Sie Spaß am Formelschieben haben und ein partielles Differenzial ihren Blutdruck beschleunigt. Lassen Sie sich von der theoretischen Exaktheit nicht zu der Annahme verleiten, diese spiegele auch exakt die Wirklichkeit wieder. Das tut sie nicht – zumindest dann nicht, wenn die Herren Theoretiker reversible Thermodynamik auf irreversible Prozesse anwenden – und die Denaturierung eines Proteins ist in der Regel irreversibel.

Bei der DSK von Ligand-Bindungsprotein-Komplexen treten im Thermogramm oft mehrere Gipfel auf. Sie zeigen die Denaturierung von Ligand, Bindungsprotein bzw. Komplex an. Die T_m des Komplexes liegt in der Regel höher als die T_m des Bindungsproteins, d.h. der Ligand stabilisiert das Bindungsprotein. Die Thermogramme von Bindungsprotein und Bindungsprotein-Liganden-Komplex sagen Ihnen damit, ob und wie das Protein thermisch stabil ist und wie stark Liganden, Puffer oder Pufferzusätze das Protein stabilisieren. Diese Information lässt sich bei Reinigungsprotokollen verwenden. Zudem können Sie aus den Thermogrammen die energetischen Größen der Bindungsreaktion berechnen. Dies auch von festen Bindungen, denn jede Bindung wird zerstört, heizt man hoch genug auf. Aufheizen können Sie bei konstantem Druck und guten Geräten bis 130°C.

Garbett et al. (2008) glauben, Thermogramme von Blutplasma zur klinischen Diagnose nutzen zu können. Sie könnten anhand der Thermogramme Patienten mit rheumatoider Arthritis, systemischem Lupus und Borreliose voneinander unterscheiden.

Ein DSK-Gerät kostet ca. 80.000 Euro. Man kauft aber in der Regel eine ganze Anlage, also ITK und DSK zusammen. Das macht Sinn, denn die beiden Geräte ergänzen sich und wenn Sie schon einen Antrag schreiben, dann können Sie auch gleich 150.000 Euro beantragen: die Mühe ist die gleiche.

Ein Nachteil der Methode sind die hohen Proteinmengen, die ein Versuch verschlingt. Dies umsomehr als das Bindungsprotein hinterher denaturiert vorliegt, also für nichts mehr zu gebrauchen ist. Schließlich scheint den Anlagen die technische

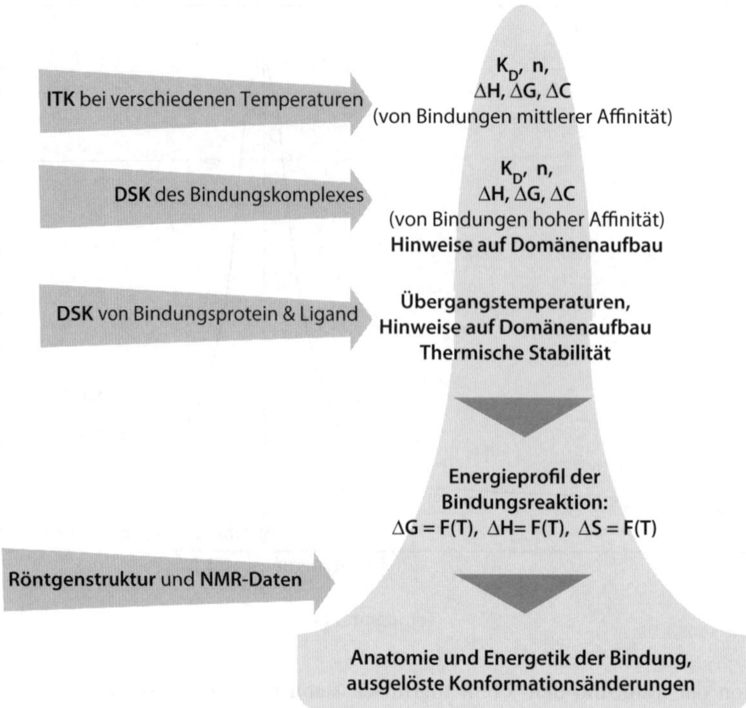

Abb. 2.16 Wie kalorimetrische Methoden zum Verständnis einer Bindung beitragen

Reife zu fehlen. So sollte das DSK-Gerät immer in Betrieb sein, anderenfalls müssen Sie mit Stillstandsschäden rechnen.

Literatur

1 Blandamer, M. et al. (1994) Domain structure of escherichia coli DNA gyrase as revealed by differential scanning calorimetry. Biochemistry 33, 7510–7516
2 Garbett, N. et al. (2008) Calorimatry outside the box: a new window into the plasma proteome. Biophysical Journal, 94, 1377–1383
3 Jelesarov, I. & Bosshard, H. (1999) Isothermal titration calorimetry and differential scanning calorimetry as complementary tools to investigate the energetics of biomolecular recognition. J. Mol. Recognit. 12, 3–18

Weitere HaiTäk- Methoden, mit denen sich die Bindung eines Liganden nachweisen lässt, sind **Massenspektrometrie** und der sog. **FRET-Effekt.** Auch hier muss der Ligand nicht radioaktiv markiert werden. Der FRET-Effekt beruht auf der Löschung von Fluoreszenz durch Energietransfer vom Fluorophor auf einen Akzeptor. Bildlich gesprochen sehen Sie keine Fluoreszenz, wenn der Ligand richtig an das Protein gebunden ist und sehen Fluoreszenz wenn dem nicht so ist.

Mit der Massenspektrometrie werden die Bindungsstärken von Liganden in der Gasphase ermittelt. Sie sind daher nur eingeschränkt mit in Flüssigkeiten bestimmten Werten vergleichbar. Die Möglichkeiten und Unmöglichkeiten dieser Anwendung beschreibt ein Übersichtsartikel von Daniel et al. (2002). Die Diskussion um die Sinnhaftigkeit dieser Technik ist noch im Gange.

Literatur

1 Daniel, JM, *et al.* (2002): Quantitative determination of noncovalent binding interactions using soft ionization mass spectrometry. Int. J. Mass Spectrom. 216, 1–27.

2.2.5.3 Wie entwickelt man einen Bindungstest für Proteine in Lösung?

Wichtig ist die Wahl des Bindungspuffers. Anhaltspunkte für die Ionen, die Ionenstärke, den pH und andere Pufferbestandteile des Bindungspuffers gibt ein physiologischer Test, der eine Wirkung des Liganden auf einen Organismus, Organe oder Zellen misst. Sie haben keinen Test? Dann orientieren Sie sich in an den Verhältnissen des biologischen Kompartiments, in dem das Bindungsprotein wirken soll. Vergessen Sie die Proteaseinhibitoren nicht.

Der Bindungsansatz gleicht dem bei Membranen und 4°C als Inkubationstemperatur ist eine gute Wahl. Die Zeit bis zum Bindungsgleichgewicht schätzt man aus dem physiologischen Test, und ist das nicht möglich, dann dürften 1–2 h bei 4°C erst mal reichen. Wer den Bindungsansatz über Nacht inkubiert, riskiert, dass das Bindungsprotein von Proteasen abgebaut wird.

Zum Bindungstest: Steht ein radioaktiver Ligand zur Verfügung, versuchen Sie zuerst den Filtertest. Das geht am schnellsten, und die Anwendbarkeit hängt meistens nur davon ab, ob der Ligand ans Filter klebt oder nicht. Diese Frage sollte sich mit wenigen Experimenten beantworten lassen. Mißlingt der Filtertest, greifen Sie zum Säulchentest. Ist das nicht möglich, z.B. weil Ligand und Bindungsprotein etwa gleich groß sind, bleiben die PEG-Fällung oder die Methoden von Petrenko et al. (1990) oder Scheer & Meldolesi (1985).

Können Sie immer noch keine Bindung messen, oder gelang es Ihnen nicht, den Liganden zu markieren, dann sollten Sie sich den Zugang zu einem BIACORE-Gerät oder einem isotermen Kalorimeter erbetteln. Gehen Sie auch da mit bedrücktem Gemüt von dannen, wird es Zeit sich in ▶ Abschnitt 2.2.6 zu vertiefen.

2.2.6 Keine Bindung, was tun?

Alle diese Stürme, die uns verfolgen, sind Beweise, dass sich das Wetter bald aufheitern muss, denn es ist unmöglich, so Glück als Unglück immer daure.

Zeigt der radioaktive Ligand keine spezifische Bindung, kann das an Folgendem liegen:

A die Affinität des Liganden ist zu niedrig,
B die Affinität der Bindungsstelle nahm im Verlauf der Membranpräparation / Extraktherstellung ab,
C der Bindungstest funktioniert bei dem Pärchen nicht,
D die unspezifische Bindung ist zu hoch.

- **A** Ist die Affinität des Liganden für die Bindungsstelle niedrig (K_D>100 nM), versagen viele Bindungstests; höchstens ein Zentrifugationstest ohne Waschen kitzelt aus niederaffinen Liganden noch messbare Bindung heraus. Bei löslichen Bindungsproteinen lässt sich vielleicht mit BIACORE etwas ausrichten. Bevor Sie die Flinte ins Korn werfen, bedenken Sie folgendes:
  - Oft hängt die Affinität eines Liganden von der Ionenstärke des Bindungspuffers (meistens im Sinne von: je höher die Ionenstärke, desto schlechter die Affinität) oder seiner Zusammensetzung ab (z.B. zweiwertigen Kationen etc.). Einen Anhaltspunkt, in welchem Bereich die Affinität des Liganden liegen müsste, geben physiologische Tests (bei Toxinen die LD_{50}).
  - Manchmal hat der Ligand nur scheinbar eine niedrige Affinität, z.B. wenn in der Membranpräparation oder im Gewebeextrakt Bindungshemmer schwimmen. Das ist die Regel bei Liganden, die auch endogen vorkommen, wie Glutamat, GABA, Hormone etc. Aus Membranpräparationen entfernt man die endogenen Hemmer durch Waschen mit Puffer, der 0,03% Triton X-100 enthält, oder durch mehrmaliges Frieren/Tauen/Waschen der Membranen. Waschen mit Puffer allein genügt nicht, da Hemmer, die in den Membranvesikeln sitzen, dadurch nicht entfernt werden. Gewebsextrakte werden entweder durch Gelfiltration, Lektinchromatographie oder, wenn die Ladungsverhältnisse von Hemmer und Bindungsprotein das erlauben, durch IC von endogenen Hemmern gereinigt.
  - Während der Inkubation mit Membranen oder Gewebeextrakt können Enzyme oder chemische Prozesse den Liganden ver-

ändern. So bauen Proteasen Peptid- oder Proteinliganden ab.

- **B** Sie stellen fest oder vermuten, dass ihr markierter Ligand im physiologischen Test wunderbar und in geringsten Mengen arbeitet. Trotzdem bindet er nicht an Membranen oder Membranextrakte. Liegt dies nicht am Liganden, liegt es vielleicht am Bindungsprotein:
  - Oft verliert das Bindungsprotein seine Affinität durch Proteaseneinwirkung oder beim Extrahieren, so beim Extrahieren von Membranen mit Seifen. Es helfen Proteaseinhibitoren, 10% Glycerin (stabilisiert die native Konformation von Proteinen).
  - Gelegentlich benötigt ein Protein zum Erhalt seiner Bindungsfähigkeit bestimmte Faktoren wie Cofaktoren, Substrate (bei Enzymen), Ionen (bei Ionenkanälen) etc., und die gehen bei der Membranherstellung verloren. Membranproteine benötigen oft auch die Membran selber zum Erhalt ihrer nativen Konformation. Beim Herauslösen des Proteins aus der Membran kommt es dann zur Aggregation (dazu ► Kap. 3).
  - Eine Rolle spielen schließlich der pH des Bindungspuffers, seine Ionenzusammensetzung, Ionenstärke und Temperatur.

Hier sind dutzende von Parametern im Spiel, und es hilft nur probieren, probieren, probieren. Derartige Arbeiten verdeutlichen die Bedeutung und den Ursprung des Wortes »herumdoktern«.

- **C** Versuchen Sie einen anderen Test.

> *Schließet sich die eine Tür zu, so tut sich eine andre auf.*

D Der Messfehler bei Bindungstests liegt bei 10%. Beträgt die unspezifische Bindung 80% oder mehr der Gesamtbindung, dann verdeckt die Schwankung der Messwerte die sättigbare Bindung. Der Ausweg: Unterdrücken Sie die unspezifische Bindung.

  - Bei Filtertests liegt es nahe, die Filter besser zu waschen. Beim **Waschen** kommt es nicht so sehr auf das Volumen an, sondern auf die Anzahl der Waschschritte. Dreimal mit 4 ml Waschen hilft mehr, als einmal mit 12 ml waschen.
  - Ist der Ligand geladen, wird vermutlich ein Teil der unspezifischen Bindung durch elektrostatische Wechselwirkungen vermittelt. Erhöhen Sie die **Ionenstärke** des Bindungspuffers, solange die Bindung zwischen Ligand und Bindungsstelle dadurch nicht leidet.
  - Oft hilft der Zusatz von **Detergenzien,** z.B. Triton X-100 (0,01%), zum Bindungspuffer. Manche Proteine vertragen Triton X-100 jedoch nicht und Triton X-100 absorbiert bei 280 nm.
  - Protein, z.B BSA (0,1 mg/ml), im Bindungs- und/oder Waschpuffer trägt ebenfalls dazu bei, die unspezifische Bindung in Grenzen zu halten. Natürlich darf der Ligand keine Wechselwirkung mit dem BSA eingehen, und das BSA darf die Proteinbindungskapazität des gewählten Tests (z.B. der PEI beschichteten Glasfaserfilter) nicht erschöpfen.
  - Häufig tragen die **Filter** zur hohen unspezifischen Bindung bei. Ein Blindwert, d.h. ein Bindungstest ohne Membranen oder Protein, bestimmt den Anteil der Filter an der unspezifischen Bindung. Ist er zu hoch, wechseln Sie den Filtertyp oder beschichten Sie die Filter z.B. mit PEI oder mit BSA oder mit allem, was Ihnen einfällt. Hilft nicht? Weichen Sie auf andere Testmethoden aus.
  - Hin und wieder ist der Wechsel der **Spezies,** die als Quelle von Bindungsprotein dient, die Rettung. Die Menge an Bindungsprotein/mg Gesamtprotein und damit das Signal/Rausch-Verhältnis zeigen selbst zwischen nahe verwandten Spezies manchmal markante Unterschiede.

2.3 Auswertung von Bindungsdaten

Zugegeben, dieses Kapitel hat zu viele Formeln. Sie sollen:

- auf die Vielfalt der Mechanismen und Kurvenformen hinweisen,
- zu Vorsicht bei der Auslegung von Bindungsdaten anhalten (die Verhältnisse können wesentlich komplizierter sein, als die eine oder andere Messreihe glauben lässt),
- bei der Interpretation ungewöhnlicher Bindungsdaten helfen.

Zudem wurde Bindungsmathematik bisher, unseres Wissens, nur stückweise in verstreuten Artikeln dargestellt. Zur Beruhigung: Die Ausgangsgleichungen sind einfach, nur ihre Ableitungen, die können zum Alptraum werden (z.B. ◼ Abb. 2.19: Schlichtheit gebiert Chaos).

Wahrlich, Sancho, versetzte Theresa, seit du dich zu einem Gliede der irrenden Ritterschaft gemacht hast, sprichst du auf solch krumme Art, dass dich kein Mensch mehr versteht.

Die mathematische Behandlung von Bindungsdaten zerfällt in zwei Themen:
- Die Bindungsreaktion ist im Gleichgewicht.
- Die Bindungsreaktion ist nicht im Gleichgewicht (Kinetik).

2.3.1 Die Bindung ist im Gleichgewicht

Die Bindungsreaktion ist im Gleichgewicht, wenn die Konzentrationen der Bindungsvariablen wie Bindungsprotein-Ligand-Komplex, freier Ligand etc. nicht mehr von der Zeit abhängen (nach ca. 3–4 $T_{1/2}$, s. ▶ Abschn. 2.3.2). Grundlagen der Auswertung von Gleichgewichtsbindungsdaten sind das Massenwirkungsgesetz und Erhaltungsgleichungen.

Bei Gleichgewichtsbindungsstudien sind in der Regel die Größen Gesamtkonzentration des Liganden (**L_o**), Gesamtkonzentration an Hemmer (**I_o**) etc. vorgegeben. Ermittelt wird die Konzentration des sättigbar gebundenen Liganden **B.** Daraus werden die gewünschten Parameter berechnet: die Konzentration des freien Liganden **L,** die Dissoziationskonstante **K_D**, die **IC_{50}** bzw. **K_i** eines Hemmers, die Konzentration des Bindungsproteins **R_o** bzw. der maximalen Zahl der Bindungsstellen **B_{max}** (◼ Abb. 2.6) und **n** die Zahl der Bindungsstellen.

Die Zahl der Bindungsstellen **n** ist schnell berechnet: **$n = B_{max} / R_o$**. **B_{max}** wird gemessen, **R_o** muss bekannt sein z.B. indem Sie reines Bindungsprotein einsetzen.

Wie aber die anderen Parameter berechnen? Dazu müssen Sie einiges über Bindungsmechanismen wissen. Ein Ligand kann auf verschiedene Weise, d.h. nach verschiedenen Mechanismen, binden. Zu jedem Mechanismus existiert ein Satz Gleichungen: die Erhaltungsgleichungen und die Massenwirkungsgesetze. Daraus lässt sich der Zusammenhang der Parameter ableiten. Für Bindungsmechanismen **I** und **II** (◼ Abb. 2.6 und ◼ Abb. 2.17) haben wir das vorgerechnet. Die unspezifische Bindung spielt in diesen Gleichungen keine Rolle, da sie zuvor abgezogen wurde.

2.3.1.1 Bestimmung von K_D und B_{max}

Im einfachsten Fall bindet ein Ligand L an ein Bindungsprotein R nach Bindungsmechanismus **I** (◼ Abb. 2.6). Die zugehörigen Bindungsparameter K_D und B_{max} liefert der **Scatchard-Plot:** Gibt man zu einer definierten Menge an Bindungsprotein zunehmende Konzentrationen von Liganden (L_0) und bestimmt jeweils den sättigbar gebundenen Liganden B, so errechnet sich zu jedem L_0 die Variable L und daraus die Variable B/L. Trägt man die Variable B/L gegen die Variable B auf, liegen die Punkte auf der Geraden $B/L = a - bB$ mit den Konstanten a und b. Der Achsenabschnitt a ist R_0/K_D, die Steigung b ist $1/K_D$. Die Gerade schneidet die B-Achse bei $B = B_{max}$ und B_{max} ist bei Mechanismus **I** gleich R_0. Der Auftrag B/L gegen B heißt Scatchard-Plot (◼ Abb. 2.6).

Formt man die Scatchardgleichung in ◼ Abb. 2.6 um, erhält man andere Plots. So gibt der Auftrag 1/L gegen 1/B ebenfalls eine Gerade, diesmal mit dem Achsenabschnitt $-1/K_D$ und der Steigung R_0/K_D. Der Auftrag von B gegen B/L liefert eine Gerade mit dem Achsenabschnitt R_0 und der Steigung $-K_D$. Der Unterschied zwischen diesen Plots liegt (bei der Verwendung von Regressionsgeraden) in der unterschiedlichen Fehlergewichtung und in ihrer Schönheit für das Auge des Betrachters bzw. Gutachters. So gewichtet der Scatchard-Plot die Punkte

Zwei verschiedene Bindungsproteine R_1 und R_2

$$R_1 + L \rightleftharpoons R_1L \qquad R_2 + L \rightleftharpoons R_2L$$

$K_{D1} = \frac{R_1 \bullet L}{(R_1L)}$	$K_{D2} = \frac{R_2 \bullet L}{(R_2L)}$	**Massenwirkungsgesetz**
$R_{10} = R_1 + (R_1L)$ $B = (R_1L) + (R_2L)$	$R_{20} = R_2 + (R_2L)$ $B_{max} = R_{10} + R_{20}$	**Erhaltungsgleichungen**

Herleitung der Scatchard-Gleichung (B/L als Funktion von B):

$$R_{10} = R_1 + (R_1L) = R_1 + \frac{R_1 \bullet L}{K_{D1}} = R_1 \bullet \left[1 + \frac{L}{K_{D1}}\right]$$

$$R_{20} = R_2 + (R_2L) = R_2 + \frac{R_2 \bullet L}{K_{D2}} = R_2 \bullet \left[1 + \frac{L}{K_{D2}}\right]$$

$$B = (R_1L) + (R_2L) = \frac{R_1 \bullet L}{K_{D1}} + \frac{R_2 \bullet L}{K_{D2}} = \frac{L}{K_{D1}} \bullet \frac{R_{10}}{\left[1 + \frac{L}{K_{D1}}\right]} + \frac{L}{K_{D2}} \bullet \frac{R_{20}}{\left[1 + \frac{L}{K_{D2}}\right]}$$

$$B = \frac{R_{10} \bullet L}{K_{D1} + L} + \frac{R_{20} \bullet L}{K_{D2} + L}$$

$$L = \frac{R_{10} \bullet K_{D2} + R_{20} \bullet K_{D1} - B \bullet [K_{D1} + K_{D2}]}{2[B - R_{10} - R_{20}]} + \sqrt{\frac{\left[B \bullet [K_{D1} + K_{D2}] - R_{10} \bullet K_{D2} - R_{20} \bullet K_{D1}\right]^2}{4[B - R_{10} - R_{20}]^2} - \frac{B \bullet K_{D1} \bullet K_{D2}}{B - R_{10} - R_{20}}}$$

$$\frac{B}{L} = \frac{B}{\frac{R_{10} \bullet K_{D2} + R_{20} \bullet K_{D1} - B \bullet [K_{D1} + K_{D2}]}{2[B - R_{10} - R_{20}]} + \sqrt{\frac{\left[B \bullet [K_{D1} + K_{D2}] - R_{10} \bullet K_{D2} - R_{20} \bullet K_{D1}\right]^2}{4[B - R_{10} - R_{20}]^2} - \frac{B \bullet K_{D1} \bullet K_{D2}}{B - R_{10} - R_{20}}}}$$

Achsenabschnitte des Scatchard-Plots: $\left(\frac{B}{L}\right)_{B=0} = \frac{R_{10}}{K_{D1}} + \frac{R_{20}}{K_{D2}}$ $\qquad (B)_{B/L=0} = R_{10} + R_{20}$

Beispiel: Scatchard-Plot

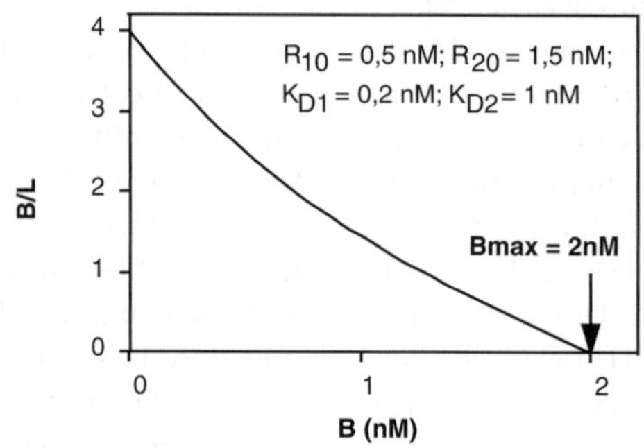

Abb. 2.17 **Bindungsmechanismus II**

relativ gleichmäßig, während bei der 1/L- gegen 1/B-Auftragung die Werte kleiner Ligandenkonzentrationen überproportional ins Gewicht fallen. Der Scatchard-Plot wird daher am häufigsten verwendet, obwohl die Punktestreuung bei 1/L- gegen 1/B-Plots einen optisch besseren Eindruck macht. Die unsichersten Punkte beim Scatchard-Plot, die mit dem größten Fehler, liegen am Anfang und am Ende der Kurve, also bei den hohen und niedrigen Ligandenkonzentrationen. Am Rande bemerkt: Der Fehler der Größe B/L berechnet sich nach dem Fehlerfortpflanzungsgesetz von Gauß aus den Fehlern von B und L, wobei der prozentuale Fehler von B/L größer ist als der von B und von L.

Andere Experimente führen mit anderen Plots zu den gleichen Größen. Anstatt zu einer konstanten Konzentration Bindungsprotein zunehmende Konzentrationen eines radioaktiven Liganden zu geben, kann der Experimentator K_D und B_{max} auch dadurch bestimmen, dass er zu einer konstanten Konzentration Bindungsprotein R_0 ($=B_{max}/n$) und einer konstanten Konzentration des radioaktiven Liganden L_0 verschiedene Konzentrationen des nichtradioaktiven Liganden Λ_0 gibt. Zu jedem Λ_0 bestimmt er die Konzentration des gebundenen radioaktiven Liganden B. Der Plot 1/B gegen Λ_0 gibt für den Fall $L_0 \approx L$ und $\Lambda_0 \approx \Lambda$ eine Gerade $1/B=\alpha+\beta\text{-}\Lambda_0$ mit $\alpha=(K_D+L_0)/R_0L_0$ und $\beta=1/R_0L_0$. Der Vorteil dieser Methode ist, dass die Konzentration des teuren Liganden L_0 niedrig sein darf.

Leider ist das Leben nicht so einfach wie die Formeln in ◘ Abb. 2.6 und ihre Umformungen. Scatchard-Plots sind oft nicht linear, sondern gebogen. So wenn nicht nur eine, sondern zwei oder mehrere Bindungsstellen mit unterschiedlicher Affinität für den Liganden vorliegen. Auf gut Deutsch spricht man von »high affinity site« und »low affinity site«. Plötzlich sind also drei im Spiel (1 Ligand, 2 Bindungsstellen), und dementsprechend kompliziert wird die Geschichte (siehe Gleichungen von Bindungsmechanismen **II** und **III**). In diesen Fällen werden die Konstanten R_{10}, R_{20}, K_{D1} und K_{D2} numerisch bestimmt.

Die verschiedenen Bindungsstellen des Liganden können auf verschiedenen Proteinen (Bindungsmechanismus II in ◘ Abb. 2.17) oder auf dem gleichen Protein liegen (z.B. Bindungsmechanismus III in ◘ Abb. 2.18). Bindungsstellen, die auf dem gleichen Protein liegen, können voneinander abhängig oder unabhängig sein. Sind die Bindungsstellen voneinander unabhängig, hat die Bindung des Liganden an die eine Bindungsstelle keinen Einfluss auf die Bindung des Liganden an die andere Bindungsstelle (Bindungsmechanismus **IV**, Spezialfall, 2–19). Sind die Bindungsstellen voneinander abhängig (allosterisch gekoppelt), gibt es zwei Möglichkeiten: Erleichtert die Bindung des Liganden an die eine Bindungsstelle die Bindung an die andere Bindungsstelle, liegt positive Kooperativität vor (z.B. Bindungsmechanismus **IV** bei $K_{D1}>K_{D4}$). Erschwert die Bindung des Liganden an die eine Bindungsstelle die Bindung an die andere Bindungsstelle, liegt negative Kooperativität vor ($K_{D1}<K_{D4}$ in Mechanismus IV, ◘ Abb. 2.19).

2.3.1.2 Bindungshemmung

Moleküle, die die Bindung des Liganden verringern, heißen Hemmer (neudeutsch auch Inhibitoren). Hemmer binden ebenfalls an das Bindungsprotein: entweder über die Bindungsstelle des Liganden oder über eine andere Bindungsstelle. Im ersten Fall spricht man von **kompetitiver,** im zweiten Fall von **allosterischer** Hemmung (◘ Abb. 2.20).

Verschiedene Mechanismen führen zur Hemmung der Ligandenbindung. Der einfachste Hemmmechanismus **I** ist kompetitiv, d.h. Ligand und Hemmer binden an die gleiche Bindungsstelle (◘ Abb. 2.21). Ein Komplex RLI existiert bei Hemmmechanismus **I** nicht.

Die Scatchardgleichungen von Hemmmechanismus **I** und von Bindungsmechanismus **I** haben die Form B/L=a-bB. Bei Bindungsmechanismus **I** sind a und b Konstanten, bei Hemmmechanismus **I** hängen a und b von der Konzentration **I** an freiem Hemmer ab (◘ Abb. 2.21).

Oft gilt I>>RI und damit $I \approx I_0$. In diesem Fall sind a und b der Scatchardgleichung von Hemmmechanismus **I** konstant und der Auftrag B/L gegen B liefert eine Gerade. Verschiedene I_0 geben verschiedene Geraden; alle Geraden gehen durch den Punkt mit den Koordinaten B/L=0; $B=B_{max}$ und geben daher ein Strahlenmuster (◘ Abb. 2.22).

B_{max} ist unabhängig von I_0. Auch die Kurven komplizierterer Mechanismen gehen durch den Punkt (B/L=0; $B=B_{max}$). So bei Hemmmechanis-

Das Bindungsprotein besitzt zwei Bindungsstellen 1 und 2 für den Liganden L

$$1R + L \rightleftharpoons L1R2 \overset{+L}{\rightleftharpoons} L1R2L$$

$K_{D1} = \frac{(1R) \bullet L}{(L1R2)}$ $\quad K_{D2} = \frac{(L1R2) \bullet L}{(L1R2L)}$	**Massenwirkungsgesetz**
$B = (L1R2) + 2(L1R2L)$ $R_o = (1R) + (L1R2) + (L1R2L)$ $B_{max} = 2\,R_o$	**Erhaltungsgleichungen**

Daraus ergibt sich nach kurzem Rechnen:

$$B = R_o \bullet \frac{[K_{D2} + 2L] \bullet L}{K_{D1} \bullet K_{D2} + K_{D2} \bullet L + L^2}$$

und nach langer Rechnerei:

$$\frac{B}{L} = \frac{B}{\frac{K_{D2} \bullet [R_o - B]}{2[B - 2R_o]} + \sqrt{\frac{K_{D2}^2 \bullet [B - R_o]^2}{4[B - 2R_o]^2} - \frac{K_{D1} \bullet K_{D2} \bullet B}{B - 2R_o}}}$$

$$(B)_{B/L=0} = 2\,R_o$$

$$\left(\frac{B}{L}\right)_{B=0} = \frac{R_o}{K_{D1}}$$

Beispiele für Scatchard-Plots:

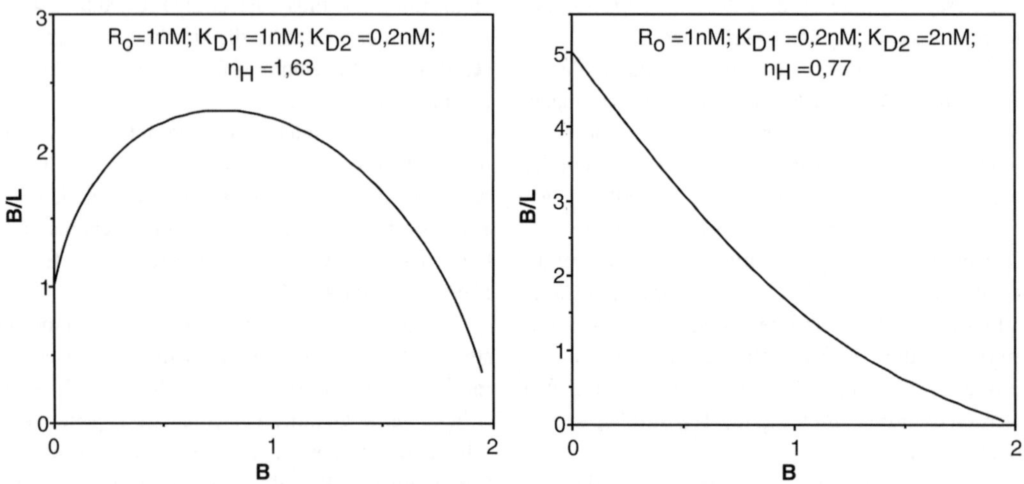

...dass ein irrender Ritter aus Gründen rasend wird, das ist weder etwas besonderes noch Anmutiges: Die Feinheit ist, ohn all Ursach unsinnig zu werden.

Abb. 2.18 Bindungsmechanismus III

Das Bindungsprotein besitzt 2 Bindungsstellen 1 und 2 für den Liganden. Die Besetzungszustände stehen miteinander im Gleichgewicht nach:

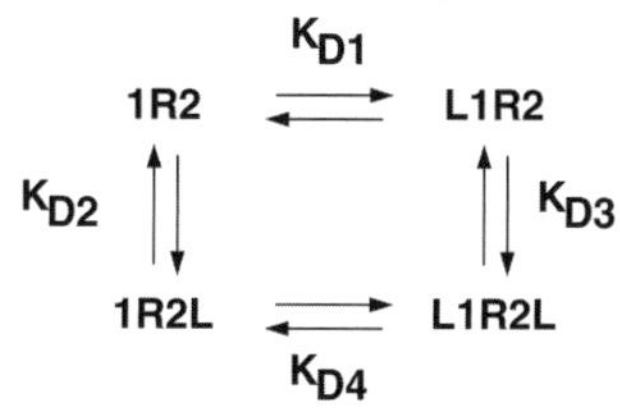

$K_{D1} = \frac{(1R2)\cdot L}{(L1R2)}$ $\quad K_{D2} = \frac{(1R2)\cdot L}{(1R2L)}$ $K_{D3} = \frac{(L1R2)\cdot L}{(L1R2L)}$ $\quad K_{D4} = \frac{(1R2L)\cdot L}{(L1R2L)}$	**Massenwirkungsgesetz**
$R_o = (1R2) + (L1R2) + (1R2L) + (L1R2L)$ $B = (L1R2) + (1R2L) + 2(L1R2L)$ $B_{max} = 2R_o$	**Erhaltungsgleichungen**

Daraus folgt:

$$B = R_o \cdot \frac{[K_{D3} + K_{D4} + 2L]\cdot L}{K_{D1}\cdot K_{D3} + [K_{D3} + K_{D4}]\cdot L + L^2} \quad \text{und} \quad K_{D1}\cdot K_{D3} = K_{D2}\cdot K_{D4}$$

Achsenabschnitte des Scatchard-Plots:

$$(B)_{B/L=0} = 2R_o$$

$$\left(\frac{B}{L}\right)_{B=0} = R_o \cdot \frac{K_{D3} + K_{D4}}{K_{D1}\cdot K_{D3}}$$

Hill-Koeffizient n_H:

$$n_H = \frac{8\,\frac{K_{D1}\cdot K_{D3}}{K_{D3} + K_{D4}} + 4\sqrt{K_{D1}\cdot K_{D3}}}{4\sqrt{K_{D1}\cdot K_{D3}} + 4\,\frac{K_{D1}\cdot K_{D3}}{K_{D3} + K_{D4}} + K_{D3} + K_{D4}}$$

Spezialfall: Die Bindungsstellen sind voneinander unabhängig ($K_{D1} = K_{D4}$ und $K_{D2} = K_{D3}$).

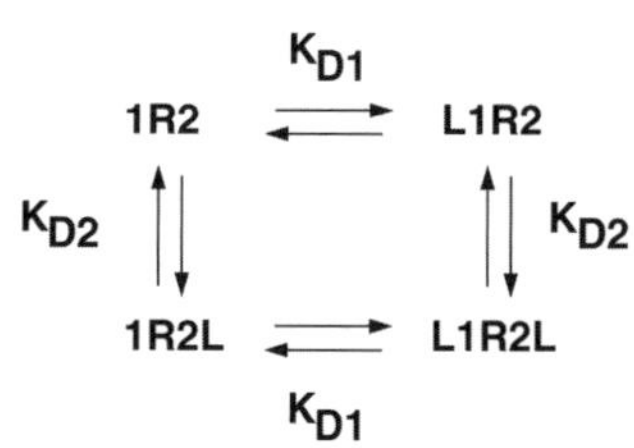

Der Hill-Koeffizient ist ≤1 und die Scatchard-Gleichung:

$$\frac{B}{L} = \frac{B}{\frac{[R_o - B]\cdot[K_{D2} + K_{D1}]}{4\,[B - 2R_o]^2} + \sqrt{\frac{[R_o - B]^2\cdot[K_{D2} + K_{D1}]^2}{4\,[B - 2R_o]^2} - \frac{B\cdot K_{D1}\cdot K_{D2}}{B - 2R_o}}}$$

Abb. 2.19 Bindungsmechanismus IV

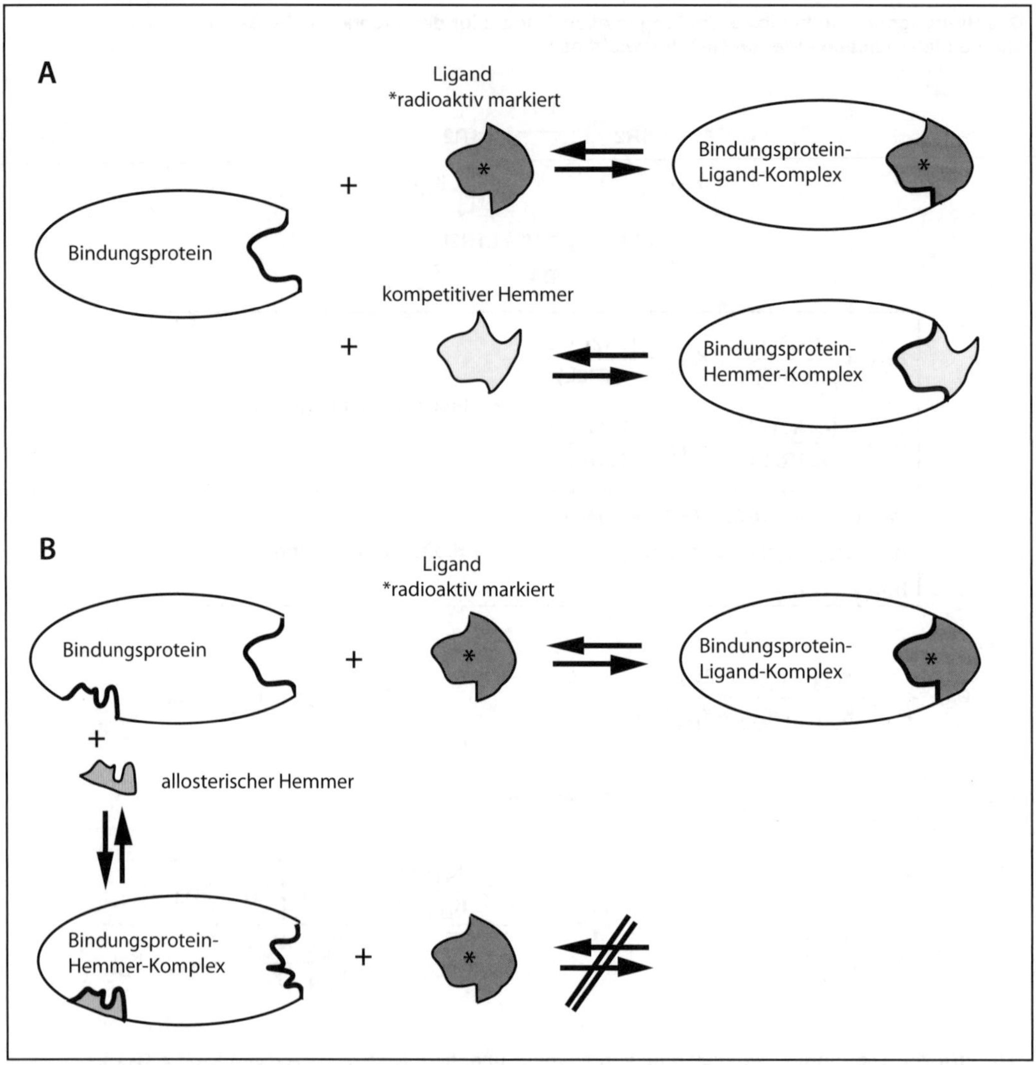

Abb. 2.20 Bindungshemmung. A Kompetitive Hemmung. **B** Allosterische Hemmung

mus **II** wo der Hemmer zwei Bindungsstellen auf dem Bindungsprotein belegt und auch bei Mechanismus **III**, also bei allosterischer Hemmung.

Gilt I>>RI bzw. $I \approx I_0$, lässt sich bei bekannter K_D des Liganden und Konzentration I_0 aus der Steigung S des Scatchard-Plots die Dissoziationskonstante K_i des Hemmers errechnen (Abb. 2.23).

Scatchard-Plots sind experimentell aufwendig. Einfacher ist die Bestimmung von K_i mit IC_{50}-Kurven. Zu einer definierten Konzentration von Ligand L_0 und Bindungsprotein R_0 gibt man zunehmend höhere Konzentrationen von Hemmer I_0 und bestimmt jeweils die Bindung B. Die IC_{50} ist dasjenige I_0, das B auf die Hälfte von B_0 (Bindung bei $I_0 = 0$) reduziert. Aus der gemessenen IC_{50} und bekannter K_D und L_0 des Liganden berechnet sich die K_i des Hemmers nach Abb. 2.24.

Die Formel in Abb. 2.24 wurde von Cheng & Prusoff (1973) für die Enzymkinetik entwickelt. Bei Bindungsexperimenten gilt diese Formel nur wenn $I \approx I_0$ und $L \approx L_0$. Gelten diese Bedingungen nicht, muss die exakte Gleichung von Munson & Rodbard (1988) verwendet werden.

Geht die sättigbare Bindung B auch mit hohen Hemmerkonzentrationen nicht auf Null, gibt es folgende Möglichkeiten:

Hemmechanismus I

Ligand L und Hemmer I binden an die gleiche Bindungsstelle 1 auf dem Bindungsprotein (kompetitive Hemmung)

$$R1I \underset{+I}{\overset{K_i}{\rightleftharpoons}} R1 \underset{+L}{\overset{K_D}{\rightleftharpoons}} R1L$$

I Konzentration freier Hemmer
L Konzentration freier Ligand
(R1) Konzentration freies Bindungsprotein
(R1L) Konzentration Bindungsprotein-Ligand-Komplex
(R1I) Konzentration Bindungsprotein-Hemmer-Komplex
R_o Gesamtkonzentration an Bindungsprotein
I_o Summe der Konzentrationen von freiem und sättigbar gebundenem Hemmer, wird in der Regel gleich der Gesamtkonzentration an Hemmer gesetzt

$K_D = \frac{(R1) \cdot L}{(R1L)}$; $K_i = \frac{(R1) \cdot I}{(R1I)}$	**Massenwirkungsgesetz**
$R_o = (R1) + (R1L) + (R1I)$; $I_o = I + (R1I)$; $(R1L) = B$; $B_{max} = R_o$	**Erhaltungsgleichungen**

Die Scatchard-Gleichung ist:

$$\frac{B}{L} = \frac{R_o - B}{K_D} \cdot \frac{K_i}{[K_i + I]}$$

Der Scatchard-Plot ist nichtlinear, weil I von B abhängt:

$$I = \frac{B - R_o + I_o - K_i}{2} + \sqrt{\frac{[K_i + R_o - B - I_o]^2}{4} + I_o \cdot K_i}$$

Hemmechanismus II

Der Hemmer besitzt zwei Bindungsstellen 1 und 2 auf dem Bindungsprotein

$$I1R2I \underset{+I}{\overset{K_{ii}}{\rightleftharpoons}} I1R2 \underset{+I}{\overset{K_i}{\rightleftharpoons}} 1R \underset{+L}{\overset{K_D}{\rightleftharpoons}} L1R$$

Die Scatchardgleichung ist:

$$\frac{B}{L} = \frac{R_o - B}{K_D} \cdot \frac{K_i \cdot K_{ii}}{K_i \cdot K_{ii} + K_{ii} \cdot I + I^2}$$

Hemmechanismus III

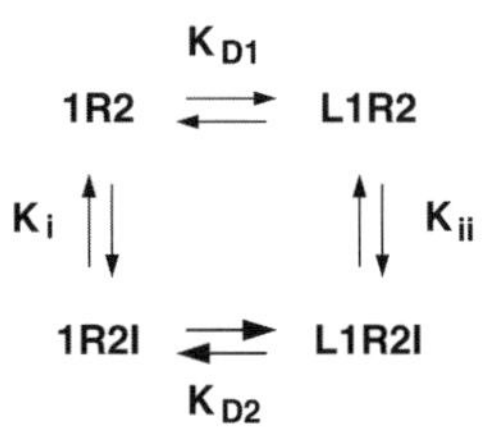

Ligand L bindet an Bindungsstelle 1, Ligand I an Bindungsstelle 2
bei $K_{ii} > K_i$ hemmt Ligand I die Bindung von L (negative Kooperation),
bei $K_{ii} < K_i$ fördert er die Bindung von L (positive Kooperation)
$B = (L1R2) + (L1R2I)$
$B_{max} = R_o$

Die Scatchardgleichung ist:

$$\frac{B}{L} = \frac{R_o - B}{K_{D1}} \cdot \frac{1 + \frac{I}{K_{ii}}}{1 + \frac{I}{K_i}}$$

Abb. 2.21 Hemmmechanismen

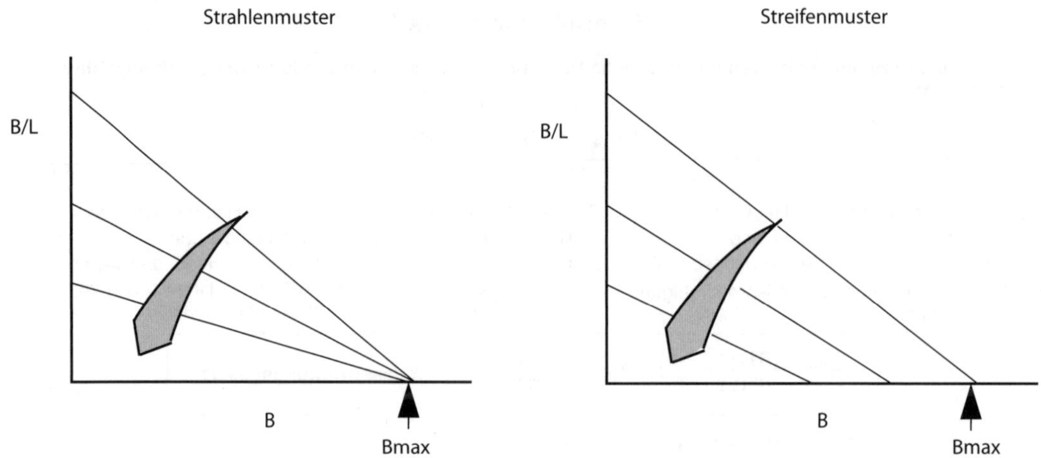

Abb. 2.22 Experimentelle Scatchard-Plots in Gegenwart eines Hemmers I. In Pfeilrichtung zunehmende Konzentration von Hemmer

$$K_i = \frac{K_D \bullet (-S) \bullet Io}{1 + K_D \bullet (-S)}$$

Abb. 2.23 Berechnung von K_i. In Gegenwart des Hemmers (Konzentration I_o) wird mit dem Liganden L ein Scatchard-Plot gemacht. Gilt für die freie Konzentration I an Hemmer $I \approx I_o$, dann lässt sich die K_i des Hemmers aus der negativen Steigung (–S) des Plots, der K_D des Liganden und I_o berechnen

$$K_i = \frac{K_D \bullet IC_{50}}{L_o + K_D}$$

Abb. 2.24 Die Cheng-Prusoff-Gleichung. Zusammenhang zwischen der Dissoziationskonstanten eines Hemmers K_i, der IC_{50} des Hemmers und der K_D des Liganden

- Der Ligand bindet an mehrere verschiedene Bindungsstellen, der Hemmer aber nicht an alle Bindungsstellen des Liganden.
- Es liegt negative Kooperativität vor. So geht B bei Hemmmechanismus **III** und $K_{ii}>K_i$ mit zunehmender Konzentration an Hemmer nicht gegen Null, sondern auf einen von K_{ii}, K_i, K_{D1}, R_0 und L_0 abhängigen Grenzwert.

Braucht es einen Konzentrationsbereich an Hemmer von mehreren Zehnerpotenzen, um die Bindung des Liganden auf Null zu drücken, so bindet der Hemmer vermutlich an mehrere Bindungsstellen mit verschiedener Affinität. Liegt die Affinität der Bindungsstellen genügend weit auseinander, bilden sich Stufen in der IC_{50}-Kurve.

Der aus IC_{50}-Kurven errechnete Wert für K_i ist natürlich nur bei einfachen Hemmechanismen wie **I** die wirkliche K_i des Hemmers. Bei komplizierteren Mechanismen oder wenn der Hemmer zwei Bindungsstellen auf dem Bindungsprotein hat (z.B. Hemmmechanismus **II**) erhält man eine scheinbare K_i, die sich aus mehreren Konstanten zusammensetzt und manchmal auch noch von L_0 und/oder anderen Größen abhängt.

Den Mechanismus einer Hemmung oder Bindung zu ermitteln, ist eine Fleißarbeit, die in der Fachwelt auf mäßiges Interesse manchmal sogar auf Ablehnung stößt. Das liegt teilweise an der Unsicherheit der Beweisführung: Decken sich Bindungsdaten mit den Voraussagen eines Mechanismus, so ist das kein Beweis, dass der Mechanismus vorliegt. Man kann lediglich Modelle ausschließen. Selbst das fordert langwierige (und -weilige) Messreihen. Zudem hat der durchschnittliche Biologe Scheu, oft sogar Abscheu, vor Mathematik. Jedoch ist die Logik hinter den komplizierten Formeln simpel und hypothetische Bindungsmechanismen zu entwerfen und daraus Formeln herzuleiten kann sich zu einem schönen Hobby entwickeln.

Literatur

1 Cheng, Y.C. & Prusoff, W. (1973): Relationship between the inhibition contant (K_i) and the concentration of inhibitor which causes 50% inhibiton (I_{50}) of an enzymatic reaction. Biochem. Pharmacol. 22, 3099–3108

2 Munson, P. & Rodbard, D. (1988): An exact correction to the Cheng-Prusoff correction. J. Receptor Res. 8, 533–546

2.3.1.3 Irrtümer

Ein weitverbreiteter Aberglaube besagt, dass Scatchard-Plots, die mit zunehmendem I_0 gleichbleibende B_{max}, aber abnehmende K_D zeigen, ein Beweis dafür seien, dass Ligand und Hemmer an die gleiche Bindungsstelle binden (Strahlenmuster ◼ Abb. 2.22). Die Hemmung sei kompetitiv (◼ Abb. 2.20). Dem ist nicht so. Bei **allen** reversiblen Hemmechanismen, auch wenn Ligand und Hemmer an verschiedene Stellen auf dem gleichen Bindungsprotein binden, ändert der Hemmer nur die Steigung der Scatchard-Kurven, nicht aber die B_{max} (Tomlinson 1988; Rehm & Becker 1988). So ist z.B. Hemmmechanismus **III** allosterisch (Hemmer und Ligand binden an verschiedene Bindungsstellen auf dem Bindungsprotein). Trotzdem hat die Scatchard-Gleichung von **III** die gleiche Form (B/L=a-bB) wie die von Mechanismus **I** wo kompetitive Hemmung vorliegt. Ist $I \approx I_0$, sind die Scatchard-Plots von **I** und **III** Geraden, und **beide** gehen für jedes I_0 durch den Punkt (B/L=0; $B=B_{max}$). Ist $I \neq I_0$, sind die Scatchard-Plots beider Mechanismen konvexe Kurven (für **I** s. ◼ Abb. 2.25), die aber trotzdem noch strahlenförmig von dem Punkt (B/L=0; $B=B_{max}$) ausgehen.

Nichtreversible Hemmung liegt vor, wenn der Hemmer kovalent mit dem Bindungsprotein reagiert und die Bindungsstelle dadurch auf ewig blockiert. Scheinbar nichtreversible Hemmung verursachen aber auch experimentelle Artefakte, z.B. eine Verunreinigung der Hemmerpräparation mit Proteasen, die das Bindungsprotein abbauen.

Die Feststellung, dass es bei reversiblen Hemmmechanismen nur Strahlenmuster gibt, widerspricht scheinbar der Erfahrung. Häufig scheint die experimentell ermittelte B_{max} mit zunehmendem I_0 abzunehmen, auch wenn die Messwerte in Ordnung sind und der Mechanismus reversibel ist. Diesem Phänomen liegen nichtlineare Scatchard-Plots zugrunde. Sie täuschen dem Experimentator, der ja nicht alle Punkte der Kurve bestimmen kann, eine Abnahme von B_{max} vor (Rehm & Becker 1988). So biegt bei Hemmmechanismus **I** (kompetitiv) der Hemmer die Scatchard-Plots nach unten, und die übliche Interpolation der Messpunkte täuscht abnehmende B_{max} mit zunehmender I_0 vor (◼ Abb. 2.25). Aus der Bezeichnung »nichtkompetitive Hemmung« für dieses Phänomen schließen viele auf die Verhältnisse, etwa mit der Logik: Der Effekt heißt »nichtkompetitive« Hemmung, also hemmt der Hemmer nicht kompetitiv, und wenn er nicht kompetitiv hemmt, muss er wohl allosterisch hemmen. Das ist ein Irrtum. Eine Reihe von Scatchard-Plots, die mit zunehmender Konzentration von Hemmer I_0 scheinbar kleinere B_{max} zeigen, sind **kein** Beweis für allosterische Hemmung. Streifenmuster wie in ◼ Abb. 2.22 weisen vielmehr auf nichtlineare Scatchard-Plots hin und darauf, dass Bindung nicht so einfach ist, wie sich der Forscher das vorstellt.

Schließlich sind Scatchard-Plots in Anwesenheit von Hemmer meistens nichtlinear, selbst beim einfachsten Hemmmechanismus **I**. I ist eben streng genommen immer ungleichI_0. Doch wegen der geringen Messgenauigkeit merkt man das selten.

Literatur

1 Rehm, H. & Becker, CM. (1988): Interpreting non-competitive inhibition. TIPS 9, 316–317

2 Tomlinson, G. (1988): Inhibition of radioligand binding to receptors: a competitive business. TIPS 9, 159–162

2.3.1.4 Hügeliges

Der Hill-Plot eines Liganden ist der Auftrag log (B/B_{max}-B) gegen log L. Bei Bindungsmechanismus **I** ergibt dies eine Gerade mit der Steigung 1. Bei anderen Mechanismen (z.B. Bindungsmechanismen **III, IV**) liefert der Hill-Plot eine sigmoide Kurve. Die Steigung der Kurve bei halbmaximaler Sättigung (also an der Stelle $B=B_{max}/2$) heißt Hill-Koeffizient n_H. Für die Bestimmung des Hill-Koeffizienten benützt man dementsprechend nur Punkte, die in der Nähe der halbmaximalen Sättigung liegen. Für Pe-

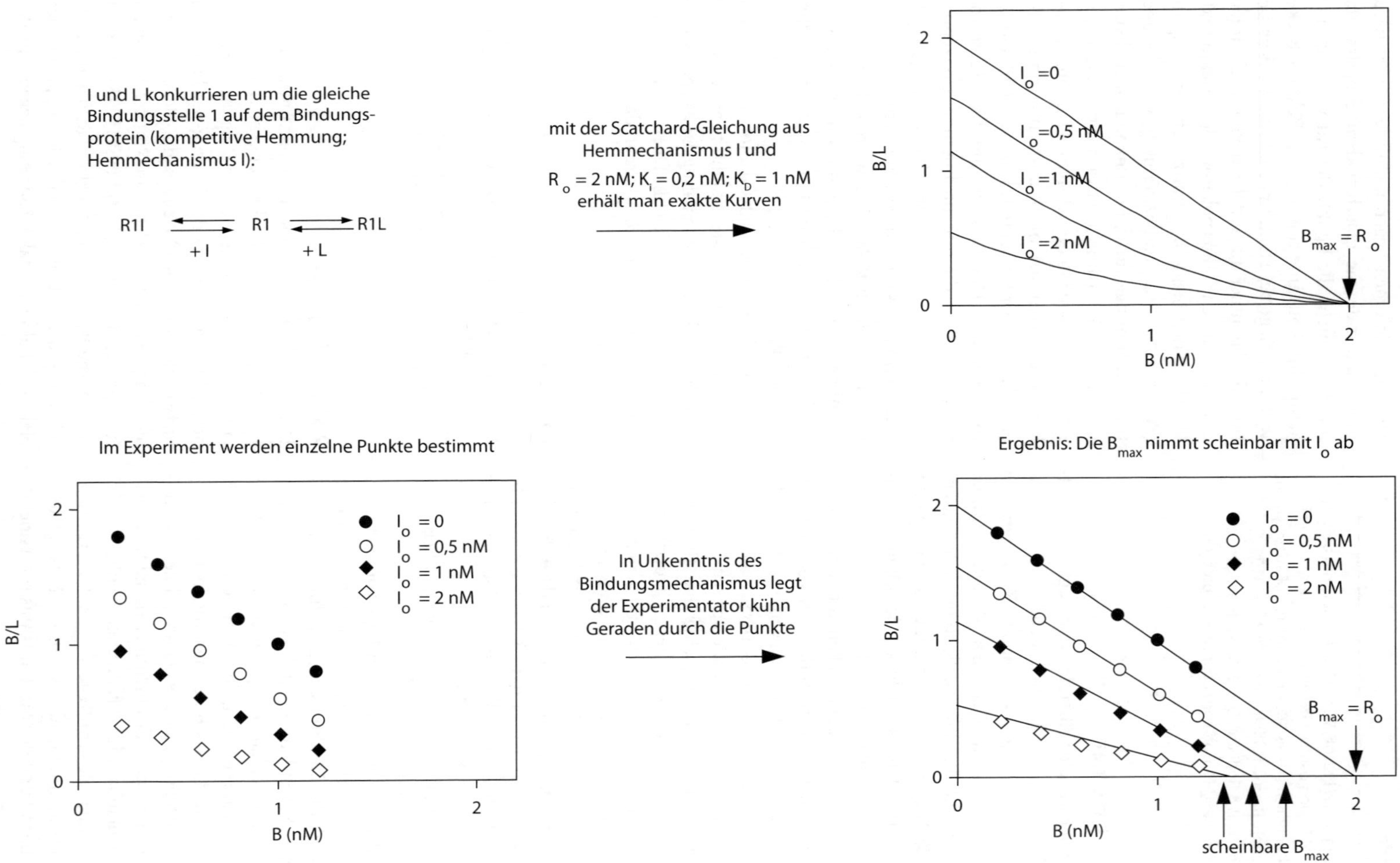

■ **Abb. 2.25 Wie richtige Messungen zu falschen Aussagen führen**

nible und Mathematiker: Der Punkt der halbmaximalen Sättigung muss nicht mit dem Wendepunkt der Kurve zusammenfallen. So ist bei Bindungsmechanismus **II** der Hill-Koeffizient (≤1) keineswegs immer die kleinste Steigung der Kurve.

Der Hill-Koeffizient dient zur Diagnose der Kooperativität. Ein Bindungsprotein mit mehreren Bindungsstellen bindet kooperativ, wenn die Bindung des einen Liganden die Bindung des nächsten beeinflusst. Positive Kooperativität: Die Affinität der Bindung nimmt zu; negative Kooperativität: die Affinität der Bindung nimmt ab. Ist $n_H>1$, so ist der Bindungsmechanismus positiv kooperativ. Bei einem Hill-Koeffizienten<1 kann, muss es sich aber nicht um negative Kooperativität handeln. Hill-Koeffizienten<1 erhält man auch bei nichtkooperativen Bindungsmechanismen, so bei Bindungsmechanismus **II** (zwei unabhängige Bindungsstellen auf verschiedenen Proteinen).

Beispiele: Für Bindungsmechanismus **IV** (zwei Bindungsstellen) ergibt sich aus der Formel in ◘ Abb. 2.19 Folgendes: Der Hill-Koeffizient n_H liegt zwischen 0 und 2 und hängt nur von den Dissoziationskonstanten ab. Bei $n_H \neq 1$ ist der Hill-Plot sigmoid. Bei $n_H=1$ ist er eine Gerade ebenso wie der zugehörige Scatchard-Plot. Der Hill-Koeffizient ist 1, wenn $K_{D3}+K_{D4}= 2K_{D1}\ K_{D3}$ gilt. Ist **IV** positiv kooperativ, gilt $K_{D1}>K_{D4}$ und n_H ist ≥1. Ist **IV** negativ kooperativ, gilt $K_{D1}<K_{D4}$ und n_H ist <1. Gilt schließlich $K_{D1}=K_{D4}$ und $K_{D3}=K_{D2}$, sind also die Bindungsstellen 1 und 2 auf dem Bindungsprotein unabhängig voneinander, so ist $n_H \leq 1$.

Für Bindungsmechanismus **III** (vereinfachter Fall von **IV**, zwei Bindungsstellen) gilt: Der Hill-Plot ist sigmoid bei $n_H \neq 1$ (bildet den Übergang zwischen zwei Grenzgeraden mit Steigung 1). Der Wendepunkt des Hill-Plots fällt mit dem Punkt der halbmaximalen Sättigung [log $(R_0/2R_0-R_0)=0$; log $L=0{,}5$ log $(K_{D1}\ K_{D2})$] zusammen. Der Mechanismus **III** ist positiv kooperativ (unabhängig von K_{D1} und K_{D2}), denn die Affinität des Liganden für die Bindungsstelle 2 ist 0, solange Bindungsstelle 1 unbesetzt ist. Der Hill-Koeffizient von **III** liegt, abhängig von K_{D1} und K_{D2}, zwischen 0 und maximal 2. Es gilt $n_H=1$ für $4K_{D1}=K_{D2}$; $n_H<1$ für $4K_{D1}<K_{D2}$; $n_H>1$ für $4K_{D1}>K_{D2}$.

Bei Bindungsmechanismus **II** (keine Kooperativität, aber zwei Bindungsstellen) ist der Hill-Plot sigmoid und es gilt $n_H<1$ oder, für $K_{D1}=K_{D2}$, $n_H=1$. Der Wendepunkt des Hill-Plots und der Punkt der halbmaximalen Sättigung fallen bei **II** nicht unbedingt zusammen, was dem Experimentator eine – theoretische – Möglichkeit gibt, zwischen **II** und **III** ($n_H<1$) zu unterscheiden.

Ist $n_H=1$, so kann, muss aber nicht, der einfache Mechanismus **I** vorliegen, denn z.B. Mechanismus **III** gibt auch $n_H=1$ bei $4K_{D1}=K_{D2}$. Ebenso Mechanismus **IV** bei $K_{D3}+K_{D4}= 2K_{D1}\ K_{D3}$, wobei es sich um positiv kooperative Bindung handeln kann (also mit $K_{D1}>K_{D4}$). Die Scatchard-Plots von **III** und **IV** sind linear bei $n_H=1$, weswegen also lineare Scatchard-Plots kein Beweis für die Existenz nur einer Bindungsstelle sind. Zwischen $n_H=1$ und $n_H \neq 1$ ist zudem schwer zu unterscheiden, da der Unterschied von n_H und 1 oft klein und nicht unterscheidbar vom experimentellen Fehler ist.

Der **Hill-Plot eines Hemmers** ist der Auftrag log (B/Bo-B) gegen log I. Da I in der Regel nicht bestimmt werden kann ohne Annahmen über den Mechanismus zu machen, trägt man log (B/Bo-B) gegen log I_0 auf. Bo ist die Konzentration des gebundenen Liganden B bei $I_0 = 0$. Die Hill-Plots eines Hemmers sind beim Hemmmechanismus **I** sigmoide Kurven (mit zwei Grenzgeraden der Steigung -1); bei Hemmmechanismus **II** sind die Hill-Plots konkav (mit zwei Grenzgeraden der Steigung -1 bzw. -2); bei Hemmmechanismus **III** sind die Hill-Plots konvex (mit zwei Grenzgeraden der Steigung -1 und 0). In Analogie zu oben wäre der Hill-Koeffizient des Hemmers die Steigung der Kurve bei B =Bo/2. Die konkaven Kurven von **II** krümmen sich aber gerade in der Gegend von B=Bo/2 und es ist dann schwer, den Hill-Koeffizienten des Hemmers zu bestimmen. Zudem hängt der Hill-Koeffizient des Hemmers von dem L_0 des Liganden ab (auch bei Mechanismus **I**) ist also für einen bestimmten Hemmmechanismus und bestimmte K_i und K_D keine feste Größe und von zweifelhaftem Wert. Immerhin weist der Hill-Koeffizient des Hemmers auf die Zahl seiner Bindungsstellen hin. Es gilt $n_H<-1$, wenn bei der Bindungsreaktion mit dem Hemmer ein Komplex RI_n mit n>1 entsteht. Zudem hat die Form des Hill-Plots diagnostischen Wert, sie gibt einen Hinweis auf den Hemmmechanismus.

◘ Abb. 2.26 fasst die Auswertungen von Gleichgewichtsbindungsdaten zusammen.

Bindung eines radioaktiven Liganden

Affinität (K_D) | **B_{max}** | **Hill-Koeffizient**

Experiment

Bestimme die sättigbare Bindung gleicher Mengen an Probe mit 8-16 verschiedenen Konzentrationen Ligand (L_o). R_o bzw. B_{max} ist also konstant, L_o wird variiert. Die L_o sollten im Bereich 0,25-4 K_D liegen und um einen Faktor 1,5-2 zunehmen. Die Konzentration an freiem Liganden (L) im Ansatz ergibt sich aus der Gesamtkonzentration an Liganden im Bindungsansatz minus der Konzentration an (sättigbar und unspezifisch) gebundenem Liganden. Zur Bestimmung der Gesamtkonzentration wird entweder der gesamte Ansatz gezählt (^{125}I markierte Liganden), oder ein kleiner Anteil des Bindungsansatzes (^3H markierte Liganden). L_o ist die Summe von freiem Liganden L und sättigbar gebundenem Liganden B.

Datenauswerten

Aus der spezifischen Aktivität des Liganden und den sättigbaren Counts berechnet man für jede Ligandenkonzentration (L_o) die Konzentration an gebundenem Liganden (B), an freiem Liganden (L) und den Quotienten B/L. B/L ist eine dimensionslose Zahl und wird gegen B aufgetragen (Scatchard-Plot).
Liegen die Punkte auf einer Geraden, lassen sich K_D (app) und B_{max} errechnen.

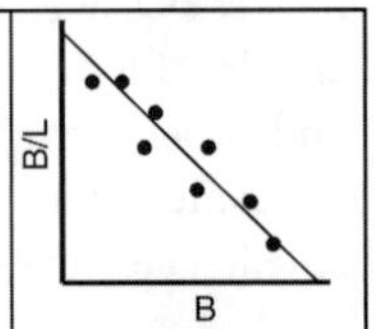

Rechnen

Der Schnittpunkt der B-Achse (B_{max}) wird dividiert durch den Schnittpunkt der B/L-Achse. Bei Bindungsmechanismus **I** ist der Schnittpunkt der B/L-Achse gleich B_{max}/K_D, und die Division liefert die K_D. Bei anderen Mechanismen erhält man ein K_D(app), das sich aus mehreren Konstanten zusammensetzt.

Rechnen

Der Schnittpunkt der Geraden mit der B-Achse ist gleich B_{max}.
Bei Bindungsmechanismus **I** ist B_{max} die Konzentration der Bindungsstellen im Ansatz ($R_o = B_{max}$).

Datenauswerten

Bestimme L_{hS} = L bei halbmaximaler Sättigung (an der Stelle $B = B_{max}/2$).
Trage $\log(B/B_{max} - B)$ gegen die log L auf, die um log L_{hS} liegen.
Faustregel: von L bei $B \approx 0{,}2 B_{max}$ bis L bei $B \approx 0{,}8 B_{max}$.

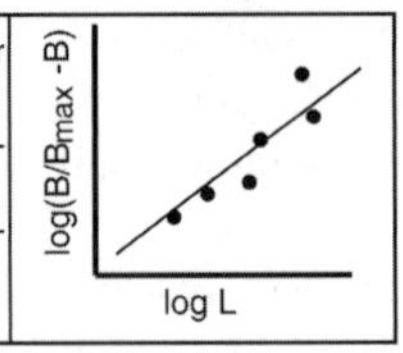

Rechnen

Die Steigung der Geraden ist der Hill-Koeffizient des Liganden.

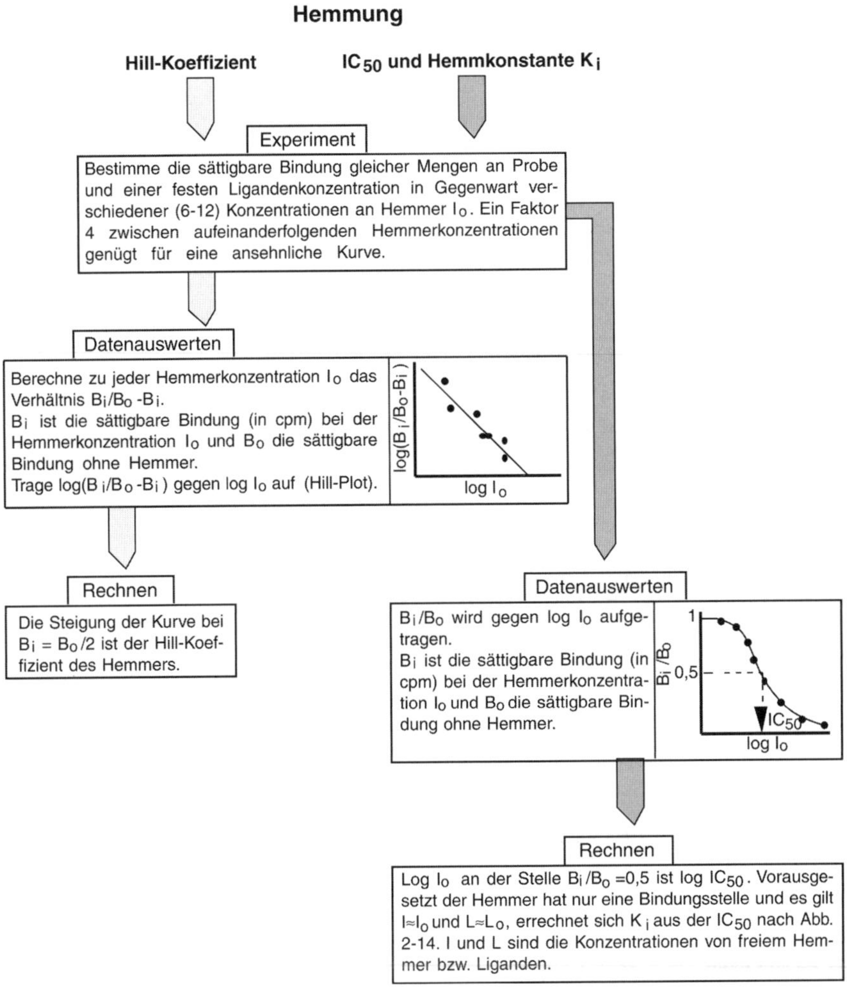

Abb. 2.26 Ermittlung von Bindungsgrößen

> *Niemals lass dich verleiten, die Gesetze willkürlich auszudeuten, denn das pflegen die Unwissenden zu tun, die wollen für scharfsinnig gehalten werden.*

2.3.2 Kinetik

Bei der Bindungskinetik eines Liganden unterscheidet man on-rate Kinetik und off-rate Kinetik: Der Ligand bindet an den Rezeptor bzw. der Ligand dissoziiert vom Rezeptor.

Kinetiken werden oft noch handgefertigt. Man will z.B. die Assoziation von Ligand und Bindungsprotein zu n verschiedenen Zeitpunkten messen. Dazu setzt er einen Bindungsansatz an, der (n+1)-fach größer ist als sein Standardtest, dem aber einer der beiden Bindungspartner, z.B. der radioaktive Ligand, fehlt. Zum Zeitpunkt 0 gibt der Experimentator z.B. radioaktiven Liganden zu und mischt. Die Bindungsreaktion läuft an. Zu n bestimmten Zeitpunkten entnimmt er nun jeweils ein Aliquot (entsprechend je einem Standardtest) und misst (sofort!) den gebundenen Liganden.

Definitionen:

L	Konzentration an freiem Liganden zur Zeit **t**
L_o	$L_o = L + (RL)$ [L_o ist unabhängig von **t**]
R	Konzentration an freiem Bindungsprotein zur Zeit **t**
R_o	Gesamtkonzentration des Bindungsproteins [$R_o = R + (RL)$; R_o ist unabhängig von **t**]
(RL)	Konzentration des gebundenen Liganden zur Zeit **t**
$\overset{\infty}{(RL)}$	Konzentration des gebundenen Liganden bei $t = \infty$

Mechanismus $R + L \underset{k_{off}}{\overset{k_{on}}{\rightleftharpoons}} RL$

aus dem Mechanismus folgt die Differentialgleichung: $\frac{d(RL)}{dt} = k_{on} \cdot R \cdot L - k_{off} \cdot (RL)$

für k_{on} ergibt sich:

$$k_{on} = \frac{\overset{\infty}{(RL)}}{\overset{\infty}{(RL)}^2 - R_o \cdot L_o} \cdot \frac{1}{t} \cdot \left[\ln \frac{\overset{\infty}{(RL)} - (RL)}{R_o \cdot L_o - \overset{\infty}{(RL)} \cdot (RL)} + \ln \frac{R_o \cdot L_o}{\overset{\infty}{(RL)}} \right]$$

Der Auftrag der Größe $\ln \frac{\overset{\infty}{(RL)} - (RL)}{R_o \cdot L_o - \overset{\infty}{(RL)} \cdot (RL)}$ gegen die Zeit **t** liefert eine Gerade, aus deren Steigung S die Konstante k_{on} berechnet wird.

$$k_{on} = \frac{S \cdot \overset{\infty}{(RL)}}{\overset{\infty}{(RL)}^2 - R_o \cdot L_o}$$

Die Steigung S hat die Dimension Zeit $^{-1}$, k_{on} hat die Dimension Zeit $^{-1}$ Konzentration $^{-1}$, also z.B. sec $^{-1}$ M $^{-1}$.

Abb. 2.27 Ermittlung der »on-rate«

Die Zeitpunkte wählt man so, dass die Differenz zwischen den gebundenen Liganden aufeinander folgender Zeitpunkte signifikant ist; man legt die meisten Zeitpunkte also auf den ansteigenden Ast der B=F(t) Kurve, vor allem an deren Anfang. Auch müssen die Zeitpunkte genügend weit auseinander liegen, um zwischen den einzelnen Aliquot Entnahmen die Bindung messen zu können. Die Temperatur im Bindungsansatz wird konstant gehalten (Wasserbad).

Aus 2–3 Werten vom flachen Ast der B=F(t) Kurve, also bei langen Zeiten, schätzt der Experimentator auf den gebundenen Liganden bei t=∞ (i.e. im Gleichgewicht). Für die unspezifische Bindung läuft parallel ein (n+1) Ansatz mit einem Überschuss an nichtradioaktivem Liganden.

Dieses Eintopf-Verfahren liefert für jeden Zeitpunkt nur einen Bindungswert, doch der ist genau und wer das nicht glaubt, kann ja den Eintopf 3mal kochen. Auch spart man Zeit und Pipettierschritte. Ein ähnliches Verfahren liefert auch bei der Dissoziation die besten Werte.

Wer schnelle Kinetiken hat oder sehr genau messen will, der kann BIACORE probieren (s. ▶ Kap. 2.2.5.2).

on-rate-Kinetik

Die on-rate-Kinetik misst die Geschwindigkeit der Assoziation von Ligand und Bindungsprotein.

Abb. 2.28 Ermittlung der »off-rate«

Definitionen:

(RL) ist die Konzentration des gebundenen Liganden zum Zeitpunkt **t**

$\mathbf{(RL)_{t=0}}$ ist die Konzentration des gebundenen Liganden zum Zeitpunkt **t**=0.

Mechanismus $\quad RL \xrightarrow{k_{off}} R + L$

zugehörige Differenzialgleichung: $$\frac{d(RL)}{dt} = -k_{off} \bullet (RL)$$

integrieren ergibt: $$\ln \frac{(RL)}{(RL)_{t=0}} = -k_{off} \bullet t$$

Der Auftrag $\mathbf{\ln (RL)/(RL)_{t=0}}$ gegen **t** liefert eine Gerade mit der Steigung $\mathbf{-k_{off}}$.

Daraus errechnen sich zwei Größen, die Halbwertszeit $\mathbf{T_{1/2}}$ und die kinetische Konstante $\mathbf{k_{on}}$. Die Halbwertszeit $T_{1/2}$ ist die Zeit, die die Konzentration des gebundenen Liganden B benötigt, um die Hälfte ihres Maximalwertes (Wert im Bindungsgleichgewicht) zu erreichen. $\mathbf{T_{1/2}}$ ergibt sich aus der Kurve B (zur Zeit t) gegen die Zeit t und gibt einen Anhaltspunkt dafür, wie lange auf das Bindungsgleichgewicht gewartet werden muss. $T_{1/2}$ hängt von den Ausgangskonzentrationen von Bindungsprotein und Ligand ab und ist daher keine Konstante. Besser wird die on-rate-Kinetik durch die Konstante $\mathbf{k_{on}}$ charakterisiert (Abb. 2.27). Der Wert (RL) bei $t = \infty$ für die Formel in Abb. 2.27 liefert die Kinetik, L_0 ist bekannt und für R_0 muss der Experimentator halt in Gottes Namen einen Scatchard machen.

off-rate-Kinetik

Die off-rate-Konstante $\mathbf{k_{off}}$ charakterisiert die Geschwindigkeit der Dissoziation des Liganden vom Bindungsprotein-Liganden-Komplex. Die Konstante ermittelt man folgendermaßen: Nachdem radioaktiver Ligand und Bindungsprotein das Bindungsgleichgewicht erreicht haben, erniedrigt der Experimentator entweder die Konzentration des ungebundenen Liganden L oder seine spezifische Radioaktivität. Letzteres heißt »Chase«. Im Chase gibt der Experimentator einen 100- bis 1.000-fachen Überschuss an nichtmarkiertem Liganden zum Bindungsansatz. Um dagegen die Konzentration des ungebundenen Liganden zu erniedrigen, verdünnt er den Bindungsansatz und damit den markierten Liganden 20- bis 40-fach mit Bindungspuffer. In beiden Fällen spielt die on-rate des radioaktiven Liganden keine Rolle mehr, und es gilt die Formel in Abb. 2.28.

Im Detail: Im großen Topf einen (n+1)-fachen Bindungsansatz für n Zeitpunkte ansetzen. Warten, bis Bindungsgleichgewicht erreicht. Start bei t = 0 durch Verdünnen oder Zugabe von kaltem Liganden (Verdünnungslösung bzw. kalter Ligand und Bindungsansatz müssen auf gleicher Temperatur sein!). Zu jedem Zeitpunkt ein Aliquot entsprechend einem Standardtest entnehmen (bei z.B. 40-fachem Verdünnen natürlich das 40-fache Volumen des Standardtests) und sofort die Menge an noch gebundenem Liganden bestimmen.

Probleme bei Kinetiken

- Die on-rate- oder off-rate-Kurven (Abb. 2.27 und 2.28) sind oft nicht linear, sondern gebogen. Dem können mehrere Klassen von Bindungsstellen zugrunde liegen, die verschiedene on- bzw. off-rates zeigen. Die Geschwindigkeitskonstante der schnellsten Reaktion ergibt sich über die Steigung der Tangente der Kurve im Nullpunkt. Oft liegt aber dem Phänomen gebogener Kurven auch Triviales zugrunde wie Temperaturänderungen während des Experiments etc.

- on-rate oder off-rate sind zu schnell, um ohne großen apparativen Aufwand erfasst zu werden. Kühlung und/oder niedrigere Konzentrationen der Reaktanten (R_0, L_0) helfen.
- Der Quotient k_{off}/k_{on} sollte gleich der Dissoziationskonstanten K_D sein (folgt aus den Formeln in ◘ Abb. 2.4 und 2.25, bei d(RL)/dt = 0), und normalerweise ist er das auch. Zu starke Abweichungen (größer als Faktor 2) weisen auf methodische Fehler hin.

2.4 Vernetzen von Liganden

Unter diesen Gesprächen und Unterhaltungen gerieten sie in einen Wald, der vom Wege entfernt lag, und plötzlich, ohne daran zu denken, fand sich Don Quichotte in Netzen von grünen Fäden verwickelt, die von etlichen Bäumen nach den jenseitigen ausgespannt waren; und ohne zu begreifen, was dies sein sollte, sagte er zu Sancho: Ich glaube Sancho, dass diese Netze eins der seltsamsten Abenteuer sind, die man nur ersinnen kann.

Viele Liganden lassen sich kovalent mit ihrem Bindungsprotein vernetzen. Ist der Ligand radioaktiv markiert, dann ist nach der Vernetzung auch das Bindungsprotein radioaktiv markiert. Bindet der Ligand spezifisch, so lassen sich Ligand und Bindungsprotein oft auch spezifisch vernetzen, d.h. in Proteingemischen vernetzt der Ligand nur mit dem Bindungsprotein. Mit der Vernetzungstechnik kann ein Experimentator also Bindungsproteine selektiv und kovalent markieren, ohne dass er diese zuvor reinigen muss. Zudem liefern SDS-Elektrophorese und Autoradiographie des vernetzten Bindungsproteins dessen MG bzw. das MG des ligandenbindenden Polypeptids.

im Folgenden ist mit Ligand, falls nicht anders erwähnt, radioaktiver Ligand gemeint.

2.4.1 Dreikomponentenvernetzung (3K-Vernetzung)

Bei der 3K-Vernetzung reagieren drei Komponenten miteinander: Bindungsprotein, Ligand, Vernetzer. Vernetzer sind Moleküle mit zwei funktionellen Gruppen, z.B. Aldehyd- oder Imidoestergruppen. Häufig verwendete Vernetzer zeigt ◘ Abb. 2.29, eine Reihe weiterer Vernetzer beschreibt der Pierce Katalog, der gleichzeitig ein gutes Nachschlagewerk über Vernetzer ist.

Damit ein Vernetzer Ligand und Bindungsprotein vernetzen kann, müssen Letztere reaktive Gruppen besitzen, die mit den funktionellen Gruppen des Vernetzers reagieren (◘ Abb. 2.30). Reaktive Gruppen wären z.B. primäre Amino-, Carboxyl- oder Sulfhydrylgruppen. Beim Bindungsprotein ist die reaktive Gruppe meistens eine primäre Aminogruppe, z.B. von Lysylresten.

Vernetzen ist einfach, doch mühsam ist es, einen geeigneten Liganden zu finden oder herzustellen. Es genügt nicht, dass der Ligand eine reaktive Gruppe besitzt – die muss auch an der richtigen Stelle sitzen. Vollends zum Kunststück wird die 3K-Vernetzung, wenn die K_D des Liganden nur im mikromolaren Bereich liegt. Der ideale Ligand enthält also eine primäre Aminogruppe, die an der Bindung unbeteiligt ist, und er bindet mit nanomolarer oder niedrigerer K_D an das Bindungsprotein. Beliebt ist die 3K-Vernetzung dementsprechend bei Protein- und größeren Peptidliganden. Diese werden iodiert und anschließend über ihre primären Aminogruppen an das Bindungspolypeptid vernetzt. 3K-Vernetzung ist auch über die Carboxylgruppen von Ligand oder Bindungspolypeptid möglich (Schmidt & Betz 1989), doch wird dieser Weg selten eingeschlagen.

Der Vernetzer vernetzt nicht nur Ligand und Bindungspolypeptid, sondern auch die anderen Proteine in der Reaktionslösung, und zwar inter- und intramolekular. Bei niedrigen Konzentrationen an Vernetzer ist die Chance, Ligand und Bindungspolypeptid zu vernetzen, klein und damit auch das Signal. Bei hohen Konzentrationen entstehen hochmolekulare Addukte, die schwer zu analysieren sind und oft nicht einmal mit SDS in Lösung gehen. Es gibt deswegen eine optimale Konzentration an Vernetzer, die für jeden Liganden und jeden

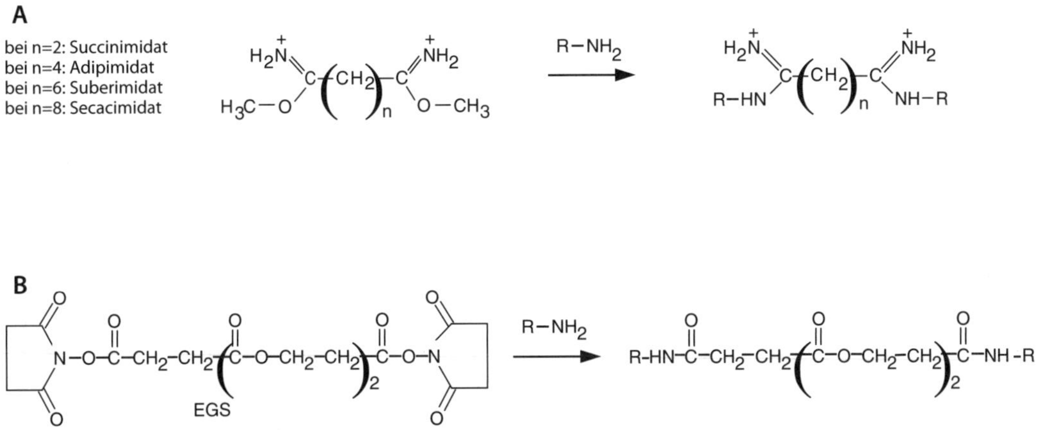

Abb. 2.29 Homofunktionelle Vernetzer. A) Bisimidate reagieren mit primären Aminogruppen, bevorzugt mit den Lysylresten von Proteinen, im pH-Bereich 7–9 zu einer stabilen Verbindung. Die Ladung des Proteins ändert sich nicht. Bisimidate sind membranpermeabel, leicht löslich in Wasser und hydrolysieren mit einer Halbwertszeit von 10 min bis 1 h (abhängig vom pH). **B)** EGS (Pierce) bildet mit primären Aminen stabile Säureamidverbindungen. EGS ist schlecht wasserlöslich und wird als DMSO-Lösung zum Vernetzungsansatz gegeben. Der Vorteil gegenüber den Bisimidaten ist die längere Halbwertszeit von EGS in wäßrigen Lösungen (ein paar Stunden) und seine Spaltbarkeit mit Hydroxylamin (bei pH 8,5). EGS gibt es auch als wasserlösliches Sulfoanalog

Vernetzer ermittelt werden muss. Bei Vernetzern ohne Arylazidgruppe spielt auch dessen Länge eine Rolle: der Vernetzer muss lang genug sein, um die reaktive Gruppe des Liganden mit einer reaktiven Gruppe des Bindungspolypeptids verbinden zu können. Andererseits darf er nicht zu lang sein, weil er dann nicht mehr mit dem Bindungsprotein reagiert und/oder intermolekular vernetzt.

Die Einbaurate ist bei der 3K-Vernetzung niedrig, weniger als 1–2% des gebundenen Liganden werden kovalent an das Bindungsprotein vernetzt. So erlaubt die 3K-Vernetzung meistens nur eine Bestimmung des scheinbaren MG des Bindungspolypeptids auf SDS-Gelen, was Sie oft nicht weiter bringt. Die 3K-Vernetzung ist jedoch, wenn ein geeigneter Ligand vorliegt, schnell gemacht und wirft ein Paper ab.

Literatur

1 Bayley, H. & Knowles, J.R. (1977): Photoaffinity labeling. Methods Enzymol. 46, 69–114

2 Gaffney, B. J. (1985): Chemical and biochemical crosslinking of membrane components. BBA 822, 289–317

3 Schmidt, R. & Betz, H. (1989): Crosslinking of β-bungarotoxin to chick brain membranes. Identification of subunits of a putative voltage-gated K^+ channel. Biochemistry 28, 8346–8350

2.4.1.1 Homofunktionelle Vernetzer

Homofunktionelle Vernetzer besitzen zwei gleiche funktionelle Gruppen. Beliebt sind die Bisimidate, z.B. Dimethylsuberimidat, und die N-Hydroxysuccinimidester, z.B. EGS (Abb. 2.29B). Dimethylsuberimidat dient oft zum Vernetzen von Protein- und Peptidliganden.

Der Vorteil der Bisimidate liegt in ihrer Spezifität für primäre Aminogruppen bzw. Lysylreste (Thiol-, Phenol-, Imidazolyl-Gruppen reagieren kaum), der Stabilität der entstehenden Verbindung und der Verfügbarkeit einer Reihe von Bisimidaten unterschiedlicher Kettenlänge (von Dimethylsuccinimidat mit n=2 zu Dimethylsecacimidat mit n=8). Zudem gibt es im Handel spaltbare Bisimidate, z.B. mit einer Disulfidbrücke, deren Vernetzung wieder rückgängig gemacht werden kann. Nachteile der Bisimidate sind:

- schnelle Hydrolyse,
- die alkalischen Reaktionsbedingungen (begünstigen z.B. Disulfidaustausch).

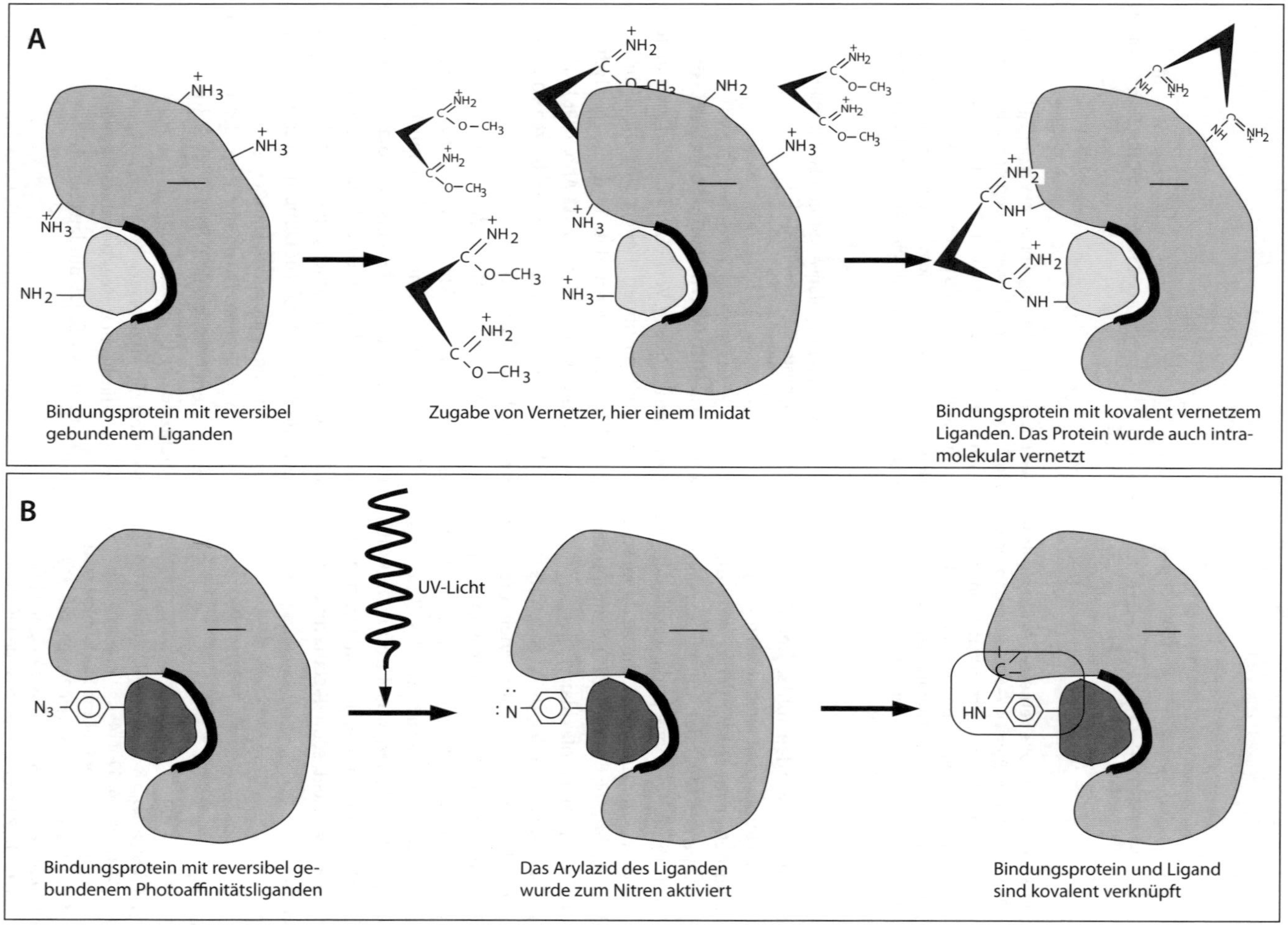

Abb. 2.30 Vernetzung von Liganden mit Bindungsproteinen. A 3K-Vernetzung. **B** Photoaffinitätsvernetzung. Über die Reaktion von Arylnitrenen mit Proteinen ist wenig bekannt, auch hängt die Art der entstehenden Bindung von den Gruppen ab, mit denen das Nitren reagieren kann. Bei der Reaktion des Arylnitrens mit einer CH- Gruppe des Bindungsproteins entsteht vermutlich die umrandete Verbindung (Bayley & Knowles 1977)

Die **Succinimidester** gibt es ebenfalls mit verschiedenen Kettenlängen und auch mit einer Disulfidbrücke in der Mitte. Die Succinimidester sind in Wasser stabiler als die Bisimidate, meist aber schlecht wasserlöslich.

2.4.1.2 Heterofunktionelle Vernetzer

Heterofunktionelle Vernetzer besitzen verschiedene funktionelle Gruppen (◘ Abb. 2.31). Eine Gruppe reagiert meistens mit primären Aminogruppen, während die andere durch Bestrahlung aktiviert wird (Photolyse, ◘ Abb. 2.30). Die photosensitive Gruppe ist in der Regel ein Arylazid. Arylazide sind im Dunkeln stabil, verwandeln sich aber bei Bestrahlung in aggressive Nitren-Verbindungen. Die haben eine Lebensdauer von 0,1–1 msec und reagieren sogar mit C-H Bindungen. Eine reaktive Gruppe auf dem Bindungspolypeptid ist für die Nitrenreaktion also nicht nötig. Das ist gut, wenn die Lysinreste des Bindungsproteins ungünstig liegen oder das Bindungsprotein keine reaktive Gruppe hat. Eine 3K-Vernetzung geht dann mit Bisimidaten bachab, während ein Vernetzer mit Arylazidgruppe wie SANPAH das Experiment noch retten könnte.

Das Absorptionsmaximum von einfachen Arylaziden wie HSAB liegt bei 265–275 nm, der molare Extinktionskoeffizient bei 2×10^4 M^{-1} cm^{-1}. Die Substitution des aromatischen Rings durch Iod, eine Nitro- oder eine Hydroxlygruppe verschiebt das Absorptionsmaximum zu höheren Wellenlängen (Absorptionsmaximum von NHS-ASA liegt bei 305 nm).

Wem der Zustand der Aminosäuren Tryptophan, Tyrosin und Phenylalanin des Bindungsproteins gleichgültig ist, aktiviert Arylazide mit kurzwelligem Absorptionsmaximum (260–305 nm) mit dem Stratalinker (Stratagene). Das Gerät erzeugt hauptsächlich monochromatisches Licht der Wellenlänge 254 nm und zusätzlich ein Kontinuum zwischen 315 nm und 370 nm. Eine Bestrahlung mit 0,12 Joules für 1 min reicht aus. Wer die Aminosäuren des Bindungsproteins schonen möchte, verwendet Licht längerer Wellenlängen (310–360 nm). Die UV-Lampen der Zellkultur-Abzüge (280 nm) oder die UV-Lichtplatten bzw. Handmonitore der Molekularbiologen (254/312/365 nm) aktivieren Arylazide ebenfalls. Der Strahlungsausstoß dieser Geräte ist aber schlecht kontrollierbar und die Bestrahlungszeit liegt bei 30 min und länger.

Bestrahlungsdauer und die Entfernung Lampe zu Probe finden Sie durch Probieren heraus (30 cm ist ein guter Anfang). Die Intensität der Strahlung nimmt mit dem Quadrat des Abstands ab.

Mit Nitro-Gruppen substituierte Arylazide lassen sich schnell und proteinschonend mit einem Photoblitz aktivieren.

2.4.1.3 3K-Vernetzungsexperimente

Verbindungen-haben soll, so hören Sie gelegentlich flüstern, in der Wissenschaft ungeheuer wichtig sein. Hier ist nicht der Platz, dazu Stellung zu nehmen, doch klar ist: Wer Verbindungen haben will, muss erst welche knüpfen. Wie also führt man eine 3K-Vernetzung sachgerecht durch? Zuerst inkubieren Sie den Liganden mit der Proteinprobe – mit und ohne einen Überschuss an Bindungshemmer. Die Konzentration des Liganden sollte im K_D-Bereich liegen. Ist das Bindungsgleichgewicht erreicht, entfernen Sie den ungebundenen Liganden sofern das die off-rate erlaubt. Danach geben Sie den Vernetzer zu. Heterofunktionelle Vernetzer lässt man zuerst mit ihrer nichtphotoaktivierbaren funktionellen Gruppe reagieren.

Die verwendeten Puffer dürfen keine Amine wie Tris oder Glycin enthalten. Die Puffer sollten leicht alkalisch sein, damit genügend unprotoniertes Amin (von Ligand bzw. Protein) für die Reaktion bereit steht. Hepes-, Borat- oder Phosphatpuffer im pH-Bereich 7,5–8,5 sind eine gute Wahl. Um die optimale Konzentration an Vernetzer zu finden, setzt der Experimentator Ansätze mit verschiedenen Konzentrationen Vernetzer an (bei Bisimidaten z.B. 0,1/0,4/1,6/6,4 mM). Der Vernetzer wird unmittelbar vor der Reaktion angesetzt, um seine Hydrolyse niedrig zu halten. Nach einer Inkubation von Vernetzer, Ligand und Protein von 5–30 min werden heterofunktionelle Vernetzer noch photolysiert. Die Zugabe von Glycin-, Tris- oder Ethanolaminlösungen (100 mM; pH 8,0) blockiert unverbrauchten Vernetzer. Nicht vernetzter Ligand wird, falls mit geringem Aufwand verbunden (z.B. beim Vernetzen an Membranen), weggewaschen.

Nach der Vernetzung analysieren Sie den Ansatz auf einem SDS-Gel. Dicke Gele (3–1,5 mm statt 0,75 mm) ermöglichen es, viel Protein pro Tasche aufzuladen und damit das Signal im Autoradiogramm oder Fluorogramm zu vergrößern.

Bei Vernetzungsversuchen hilft die Schrotflinte. Setzen Sie in einem Rutsch viele Proben mit verschiedenen Vernetzern verschiedener Kettenlänge in verschiedenen Konzentrationen an. Nach der Reaktion analysieren Sie die Ansätze parallel: mit mehreren Gelen und vielen Taschen pro Gel. Haben Sie die Wahl, nehmen Sie iodierten Liganden:

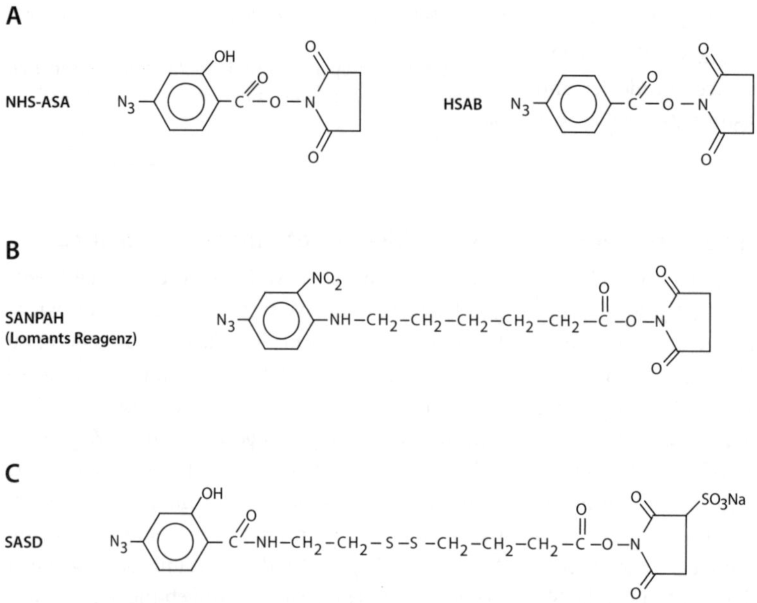

◘ Abb. 2.31 Heterofunktionelle Vernetzer. A) Die Succinimidylgruppe von NHS-ASA und HSAB reagiert mit primären Aminogruppen zu stabilen Säureamiden. Die Succinimidylgruppe hydrolysiert in Wasser mit einer Halbwertszeit von 2–10 min, ist aber stabil in organischen Lösungsmitteln wie DMSO; die Arylazidgruppe wird durch UV-Licht (270–305 nm) aktiviert (Photolyse). NHS-ASA lässt sich iodieren (Ji et al. 1985, s. ► Abschn. 2.1.2) und eignet sich zur Herstellung von Photoaffinitätsliganden aus nichtradioaktiven Liganden mit primärer Aminogruppe. **B)** Die N-Succinimidylgruppe von SANPAH (Pierce) reagiert mit primären Aminogruppen, die Nitro-Arylazidgruppe wird durch langwelliges UV-Licht (320–350 nm) aktiviert. Unter Rotlicht ist SANPAH stabil. SANPAH ist in Wasser schwer löslich und wird als DMSO-Lösung zum Vernetzungsansatz gegeben, das analoge Sulfo-SANPAH (Sulfogruppe am Succinimidylring) dagegen ist gut wasserlöslich. **C)** SASD (Pierce) ist am Phenylrest iodierbar und seine Disulfidgruppe kann nach der Vernetzung gespalten werden. Diese Eigenschaften ermöglichen die spezifische Iodierung des Bindungsproteins: ^{125}I-SASD wird (über die Sulfosuccinimidylgruppe) mit einer primären Aminogruppe des nichtradioaktiven Liganden zum Photoaffinitätsliganden umgesetzt. Der Photoaffinitätsligand bindet an das Bindungsprotein, und Photolyse (270–305 nm) vernetzt die Partner kovalent. Danach wird die Disulfidbrücke (mit DTT oder Mercaptoethanol) gespalten. Nur der iodierte Phenylrest bleibt kovalent mit dem Bindungsprotein verbunden. Phosphatpuffer verträgt sich nicht mit SASD (SASD salzt aus)

die Autoradiographie dauert bei ^{125}I nur 2–7 Tage, bei ^{3}H dagegen 4–12 Wochen (s. ► Abschn. 1.7).

Literatur

3K-Vernetzung von Peptidliganden

1 Donner, D. (1983): Covalent coupling of human growth hormone to its receptor on rat hepatocytes. J. Biol. Chem. 258, 2736–2743
2 Susini et al. (1986): Characterization of covalently cross-linked pancreatic somatostatin receptors. J. Biol. Chem. 261, 16738–16743
3 Wood, C. & Dorisio, M. (1985): Covalent crosslinking of vasoactive intestinal polypeptide to its receptors on intact human lymphoblasts. J. Biol. Chem. 260, 1243–1247

3K-Vernetzung von Proteinliganden

4 Rehm, H. & Betz, H. (1983): Identification by crosslinking of a β-bungarotoxin binding polypeptide in chick brain. EMBO J. 2, 1119–1122
5 Schmidt, R. & Betz, H. (1989): Crosslinking of β-bungarotoxin to chick brain membranes. Identification of subunits of a putative voltage-gated K^+ channel. Biochemistry 28, 8346–8350

2.4.2 Photoaffinitätsvernetzung

2.4.2.1 Herstellung eines Photoaffinitätsliganden

Auf einen Vernetzer können Sie verzichten, falls Sie einen Liganden besitzen, der schon eine funktionelle Gruppe enthält. Bei Photoaffinitätsliganden (PAL) ist diese funktionelle Gruppe photoaktivierbar, z.B. ein Arylazid (Abb. 2.30). PAL kann der Experimentator nach Vermutungen, anlehnend an die Struktur bekannter Liganden, synthetisieren und danach radioaktiv markieren. Dies dauert oft Jahre. Besser hat es, wer über Liganden verfügt, deren primäre Amino- oder Carboxylgruppe an der Bindung des Liganden nicht beteiligt ist. Diese Gruppe des Liganden können Sie mit einem heterofunktionellen Vernetzer mit Arylazidgruppe (Abb. 2.31) zum PAL umsetzen. Es gibt drei Möglichkeiten:

- **A** Den nichtradioaktiven Liganden mit einem Überschuss von Vernetzer umsetzen; den entstandenen PAL vom nicht umgesetzten Vernetzer und/oder dessen Abbauprodukten trennen; den PAL radioaktiv markieren.
- **B** Den Vernetzer radioaktiv markieren (radioaktive Vernetzer sind im Handel erhältlich, z.B. ^{3}H-HSAB oder ^{125}I-Denny-Jaffe Reagenz bei NEN, andere, wie NHS-ASA oder SASD, lassen sich leicht iodieren); den radioaktiven Vernetzer mit einem Überschuss an nichtradioaktivem Liganden umsetzen; den radioaktiven PAL vom nicht umgesetzten Liganden trennen.
- **C** Den radioaktiven Liganden mit einem Überschuss an Vernetzer umsetzen; den radioaktiven PAL vom nichtumgesetzten Vernetzer und/oder dessen Abbauprodukten trennen.

In den Fällen A und B fordert die Herstellung eines radioaktiven PAL Trennarbeit (meistens einen HPLC-Lauf). Bei C kann zur Not auf die Entfernung des nicht umgesetzten Vernetzers verzichtet und dessen nicht photoaktivierbare funktionelle Gruppe mit Tris oder Glycin inaktiviert werden. Auch im Fall B setzt der Experimentator die Reaktionsmischung hin und wieder direkt zur Vernetzung ein. Dann nämlich, wenn die Affinität des PAL höher ist als die des nichtradioaktiven Liganden, und der Überschuss des nichtradioaktiven Liganden sich in Grenzen hält. Die aufwendige Abtrennung des nichtradioaktiven Liganden ist zwar wünschenswert aber nicht unbedingt nötig. Über die Notwendigkeit entscheidet ein Bindungstest: Bindet Radioaktivität aus der Reaktionsmischung spezifisch an die Protein- oder Membranpräparation, handelt es sich um den PAL, denn der radioaktive Vernetzer bindet nicht spezifisch. Außerdem folgt, dass die Konzentration des nichtradioaktiven Liganden zu niedrig ist, um die Bindung des PAL vollständig zu hemmen. Dieser sollte sich also an das Bindungspolypeptid vernetzen lassen.

Arylazid-Verbindungen sind im Dunkeln stabil, selbst dann wenn der Benzolring drei verschiedene Gruppen (Hydroxylgruppe, Iod und Azidogruppe) trägt.

Hin und wieder ist der Ligand a priori photosensitiv und eine Derivatisierung unnötig (z.B. ^{125}I-EGF, ^{3}H-Strychnin) (Graham et al. 1983). Zu solchen Hoffnungen berechtigt eine Nitrogruppe im Liganden oder der Hinweis »lichtempfindlich« auf seiner Verpackung.

Literatur

1 zur PAL-Herstellung unter ► Abschn. 2.4.2.3

2.4.2.2 Zur Strategie der Photoaffinitätsvernetzung

Die **Vorteile** der Photoaffinitätsvernetzung gegenüber der 3K-Vernetzung sind:

- höherer Einbau von Radioaktivität in das Bindungspolypeptid (5–20% des gebundenen PAL),
- schnelle Reaktion, die Kollisionsartefakte vermeidet,
- Schonung des Bindungsproteins.

Zudem funktioniert die Photoaffinitätsvernetzung oft noch bei Liganden mit mikromolarer K_D, und es kommt nicht zu der ausgiebigen inter- und intramolekularen Vernetzung wie bei der 3K-Vernetzung. Letzeres zahlt sich nicht nur bei Solubilisierungsversuchen des markierten Bindungsproteins aus. Der PAL ermöglicht eventuell auch die

Markierung des Bindungsproteins in der lebenden Zelle und damit Verteilungsstudien und Stoffwechseluntersuchungen (Abbau, Proteolyse, in welche Art von Zellvesikeln das Protein transportiert wird etc.). Achtung: die kovalente Verbindung PAL-Bindungsprotein könnte sich anders verhalten als Bindungsprotein oder Bindungsprotein-Ligandenkomplex.

Die hohe Einbaurate der Photoaffinitätsvernetzung ermöglicht es manchmal, die kovalente Verbindung PAL-Bindungsprotein mit Antikörpern gegen den PAL zu isolieren (Immunpräzipitation oder Immunoaffinitätssäule).

Der PAL reagiert i.a. nur mit einer Aminosäure in der Nähe seiner Bindungsstelle, und eine intramolekulare Vernetzung findet nicht statt. Daher können Sie nach der Photoaffinitätsvernetzung das Bindungspolypeptid in Peptide spalten. Die hohe Einbaurate ermöglicht Nachweis und Isolierung der vom PAL derivatisierten Peptide. Die Sequenzierung dieser Peptide gibt Hinweise auf die PAL-Bindungsstelle (Winkler & Klingenberg 1992).

Literatur

1 Winkler, E. & Klingenberg, M. (1992): Photoaffinity labeling of the nucleotide-binding site of the uncoupling protein from hamster brown adipose tissue. Eur. J. Biochem. 203, 295–304

2.4.2.3 Photoaffinitäts-Vernetzungsexperimente

Bei der Photoaffinitätsvernetzung ist es die vornehmste und schwierigste Aufgabe, die Verbindung herzustellen, von der der Forscher hofft, dass sie ein PAL sei. Da diese Hoffnung oft vergebens ist, kontrolliert er zuerst, ob es sich bei der produzierten Verbindung wirklich um einen PAL handelt. Die Verbindung muss nicht nur radioaktiv markiert sein und eine photoaktivierbare Gruppe besitzen, sie muss auch mit mindestens mikromolarer, besser nanomolarer K_D und spezifisch und an das richtige Protein binden. Ist das der Fall, wird vernetzt.

Der PAL (Konzentration im K_D-Bereich) wird mit der Proteinprobe inkubiert. Nach dem Erreichen des Bindungsgleichgewichts entfernt man den ungebundenen PAL, falls das ohne größeren Aufwand möglich ist. Danach wird photolysiert wie bei heterofunktionellen Vernetzern mit Arylazidgruppe (s. ► Abschn. 2.4.1.2). Nach der Photolyse wäscht man, wenn das wie bei Membranen leicht möglich ist, nicht vernetzten PAL weg.

Die Spezifität der Vernetzung prüft man durch Zugabe von spezifischen Bindungshemmern.

Arylazid-Verbindungen ohne Nitrogruppe sind bei Raumlicht für mehrere Stunden stabil. Die Verbindungen sollten dennoch im Dunkeln aufbewahrt und nie direktem Sonnenlicht ausgesetzt werden.

Für die Analyse des Vernetzungsansatzes mit SDS-Gelen und für deren Entwicklung gelten die gleichen Regeln wie für die Analyse der 3K-Vernetzung (s. ► Abschn. 2.4.1.3).

Literatur

PAL mit kleinem MG

2 Graham, D. et al. (1983): Photoaffinity labelling of the glycine receptor of rat spinal cord. Eur. J. Biochem. 131, 519–525

3 Lundberg, L. et al. (1984): Photoaffinity labeling of mammalian α_1-adrenergic receptors. J. Biol. Chem. 259, 2579–2587

4 May, J. (1986): Photoaffinity labeling of glyceraldehyde-3-phosphate dehydrogenase by an aryl azide derivative of glucosamine in human erythrocytes. J. Biol. Chem. 261, 2542–2547

Peptid-PAL

5 Pearson, R. & Miller, L. (1987): Affinity labeling of a novel cholecystekinin-binding protein in rat pancreatic plasmalemma using new short probes for the receptor. J. Biol. Chem. 262, 869–876

6 Vandlen, R. et al. (1985): Identification of a receptor for atrial natriuretic factor in rabbit aorta membranes by affinity crosslinking. J. Biol. Chem. 260, 10889–10892

2.4.3 Kontrollen bei Vernetzungsversuchen

Zum Nachweis der Vernetzung von Ligand und Bindungsprotein wird die vernetzte Proteinprobe auf einem SDS-Gel aufgetrennt und dieses autoradiographiert. Ist die Vernetzung gelungen, erscheint die Ligand-Bindungspolypeptid-Verbindung auf dem Film als Bande. Nun ist es aber so, dass man immer eine bis mehrere Banden sieht, auch dann, wenn die Probe überhaupt kein Bindungsprotein enthielt, solange nur das SDS-Gel lange genug mit dem Film aufbewahrt wird. Das liegt daran, dass immer etwas Ligand unspezifisch bindet und damit unspezifisch vernetzt wird. Zudem aggregieren bei längerer Lagerung viele Proteinliganden kovalent zu Dimeren, Trimeren etc. Auch wenn dies nur in geringem Ausmaß geschieht, die hochmolekularen Komplexe lassen sich selten vollständig von der Probe abtrennen und erscheinen im Autoradiogramm als Artefaktbanden.

Das Auftauchen einer Bande genügt also nicht als Nachweis spezifischer Vernetzung; Sie müssen beweisen, dass die Bande ihr Bindungsprotein ist. Dazu dienen folgende Kontrollen:

- Unmarkierter Ligand (Konzentration im K_D-Bereich) oder andere spezifische Bindungshemmer müssen die radioaktive Markierung der Bande verringern. Die Bindungshemmer werden beim ersten Schritt der Vernetzung, der Inkubation des Liganden mit der Proteinprobe, zugesetzt.
- Die Bande darf nicht bei Proteinproben erscheinen, die kein Bindungsprotein enthalten oder deren Bindungsprotein inaktiviert wurde.
- Die Bande darf nicht ohne Vernetzer oder, bei PAL, ohne Photolyse erscheinen.
- Die Vernetzung darf das Bandenmuster der Proteinprobe im SDS-Gel nicht verändern (zwei Vernetzungsansätze – mit bzw. ohne Vernetzer – auf einem SDS-Gel fahren und mit Coomassie färben).
- Wird die Vernetzung ohne die Proteinprobe durchgeführt, darf keine Bande erscheinen. Diese Kontrolle ist nicht trivial, denn die radioaktive Bande im Gel könnte durch intermolekulare Vernetzung des Liganden entstanden sein. Diese Gefahr besteht vor allem bei Proteinliganden.

Die folgenden Experimente sind für ein Vernetzungspaper nicht unbedingt notwendig. Sie machen jedoch Eindruck auf den Gutachter eines Journals und führen manchmal zu überraschenden Erkenntnissen:

- Vernetzung mit verschiedenen radioaktiven Liganden;
- Vernetzung mit verschiedenen Vernetzern verschiedener Länge;
- Vernetzungsansatz unter reduzierenden und unter nichtreduzierenden Bedingungen auf dem SDS-Gel fahren. Dieses Experiment klärt, ob über Disulfidbrücken weitere Polypeptide mit dem Bindungspolypeptid verknüpft sind.
- Um zu prüfen, ob bei Proteinliganden die Radioaktivität der Bande im SDS-Gel wirklich vom Liganden stammt, vernetzt der vorsichtige Forscher zusätzlich mit spaltbaren Vernetzern (z.B. EGS, SASD). Nach der Vernetzung und der SDS-Gelelektrophorese schneidet er die radioaktive Bande aus dem Gel, behandelt das Gelstück in der Tasche eines zweiten SDS-Gels mit einem spaltenden Reagenz und elektrophoretisiert danach. Die Radioaktivität muss jetzt in einer Bande auftauchen, deren Position dem MG des Liganden entspricht.
- Membranproteine sind in der Regel glykosyliert und ihr scheinbares MG ändert sich mit dem Prozentsatz Acrylamid im SDS-Gel. Bestimmen Sie also die scheinbaren MG der Ligand-Bindungspolypeptid-Verbindung mit SDS-Gelen verschiedener Prozentsätze Acrylamid.

Ein Fall aus der Praxis

Ein Beispiel dafür, wie verschieden bei Vernetzungsversuchen die MG ausfallen können, selbst beim gleichen Bindungsprotein, beim gleichen Liganden und im gleichen Labor, sind die Paper Rehm & Betz (1983) und Schmidt & Betz (1989).

Rehm und Schmidt ging es um die Identifizierung von Polypeptiden des Bindungsproteins für das Neurotoxin β-Bungarotoxin. Das Toxin besteht aus zwei über Disulfidbrücken verbundenen Peptid-Untereinheiten vom MG 7 und 14 Kd. Letztere besitzt Phospholipase A2 Aktivität.

Im Abstand von sechs Jahren (1983 bzw. 1989) hatten Rehm bzw. Schmidt ^{125}I-β-Bungarotoxin an Membranen aus Kükenhirn vernetzt und die Membranen auf 10% SDS-Gelen analysiert. Rehm erhielt eine markierte Bande vom MG 116 Kd, Schmidt sah zwei Banden: bei MG 90–95 Kd und 46–49 Kd. Alle drei Banden zeigten ein verschwommenes Erscheinungsbild. Auch blieb bei beiden Autoren das MG der markierten Banden beim Wechsel von reduzierenden zu nichtreduzierenden Bedingungen gleich. Also wurden nicht nur Polypeptide des Bindungsproteins mit ^{125}I-β-Bungarotoxin, sondern auch die zwei Untereinheiten des ^{125}I-β-Bungarotoxin miteinander vernetzt. Zieht man das MG des ^{125}I-β-Bungarotoxin (21 Kd) vom MG der Banden ab, erhielt Rehm für das β-Bungarotoxin-bindende Peptid des Bindungsproteins 95 Kd, Schmidt jedoch 75 bzw. 28 Kd.

Diese Differenzen sind erstaunlich, da der Doktorand Ralf Schmidt von Postdok Hubert Rehm in die Labortechniken eingeführt wurde. Insbesondere hat Schmidt das Gelegießen und das Iodieren von β-Bungarotoxin von Rehm gelernt. Die Vernetzungsversuche hatte Schmidt allerdings durchgeführt, als Rehm in Nizza forschte.

Wieso liegen die Ergebnisse von Doktorand und Postdok so weit auseinander?

Hier hilft zu wissen, was man inzwischen über das β-Bungarotoxin-Bindungsprotein weiß. Es ist ein spannungsabhängiger K^+-Kanal (Rehm & Betz, 1984; Rehm, 1984). 1988 reinigte Rehm den Kanal aus Rattenhirn (Rehm & Lazdunski, 1988). Er erhielt drei Polypeptide: MG 76–80 Kd, 38 Kd, 35 Kd – wobei die 35 Kd Bande vermutlich ein Abbauprodukt der 38 Kd Bande ist. Aus Rinderhirn erhielt Rehm Peptide vom MG 74 Kd, 35, 38 und 42 Kd (Newitt et al. 1991), die Peptide von 35 und 38 Kd dürften Abbauprodukte des 42 Kd Peptids sein. Die verschwommene Erscheinung der Banden bei 76–80 Kd bzw. 74 Kd sprach für eine Glykosilierung, die Banden der kleinen Peptide dagegen waren scharf. Die Klonierung der spannungsabhängigen K^+-Kanäle durch andere Autoren ergab ein Peptid dessen MG, berechnet aus der Aminosäuresequenz, 56–73 Kd (je nach Spezies) betrug und N-Glykosilierungsstellen besaß. Langer Forschung kurzer Sinn: Das β-Bungarotoxin-Bindungsprotein besitzt eine glykosilierte Untereinheit vom MG 74–80 Kd, die α-Untereinheit, und dazu eine kleine nichtglykosidierte Untereinheit vom MG 38–42 Kd (je nach Spezies). Letztere wurde β-Untereinheit getauft (nicht verwechseln mit β-Bungarotoxin!)

1994 wurde auch die β-Untereinheit des spannungsabhängigen K^+-Kanals kloniert. Sie sitzt auf der cytoplasmatischen Seite der Membran, reguliert die Aktivität des Kanals, besitzt keine Transmembraneinheit und keine N-Glykosilierungsstellen. Beim Rind hat sie ein aus der Aminosäuresequenz abgeleitetes MG von 41 Kd, was sich gut mit Rehms 42 Kd deckt. Der ganze Kanal ist ein Oktamer aus vier α-Untereinheiten und vier β-Untereinheiten.

β-Bungarotoxin bindet an die α-Untereinheit. Darauf weisen Rehm und Schmidts Vernetzungen hin, aber auch die Tatsache, dass die Bindung von ^{125}I-β-Bungarotoxin durch Dendrotoxin, einen anderen Peptidliganden spannungsabhängiger K^+-Kanäle mit MG 7 Kd, gehemmt wird: ^{125}I-Dendrotoxin vernetzt mit Dimethylsuberimidat an ein Peptid aus Rattenhirn vom MG 76–77 Kd (Rehm et al. 1988). Schließlich besitzt nur die α-Untereinheit extrazelluläre Anteile.

Also scheinen die ^{125}I-β-Bungarotoxin Vernetzungsexperimente von Schmidt (1989) näher an der Wahrheit zu liegen als die von Rehm (1983). Zumindest deckt sich Schmidts MG von 75 Kd einigermaßen mit jenen der α-Untereinheit – die Speziesunterschiede nicht berücksichtigt.

Hat Rehm Mist gebaut?

Hat er nicht. Rehm hatte 1983 sämtliche Kontrollen durchgeführt, so erhielt er z.B. keine Bande beim Vernetzen von ^{125}I-β-Bungarotoxin mit Membranen aus Kükenleber, die kein β-Bungarotoxin-Bindungsprotein enthalten. Auch hat er das Experiment dutzende von Malen wiederholt und etliche Seiten seines Laborbuchs mit getrockneten Gelen gepflastert.

Wie lassen sich dann die Differenzen erklären?

Es gibt zwei Unterschiede in den Vernetzungsversuchen von Rehm und Schmidt.

1. Rehm vernetzte in Phosphat- oder Imidazolpuffer, der zur Unterdrückung der unspezifischen Bindung 0,02% Triton X-100 enthielt. Schmidt nahm Hepes-Puffer ohne Triton X-100.
2. Rehm verwendete den hydrophoben, also membrangängigen, Vernetzer SANPAH. Schmidt setzte den wasserlöslichen Vernetzer Sulfo-SANPAH und das wasserlösliche Carbodiimid EDAC ein. SANPAH und Sulfo-SANPAH unterscheiden sich durch eine -SO_3-Gruppe.

Es fällt auf: Die Addition der MG von Schmidts Banden (75 Kd und 28 Kd) und des MG von β-Bungarotoxin (21 Kd) ergibt ein MG von 124 Kd was beim MG von Rehms Bande (116 Kd) liegt. Auf plusminus 5 Kd kommt es bei der Rechnung nicht an: Die MG-Bestimmung mittels SDS-Gelelektrophorese ist ungenau. Zudem scheint das scheinbare MG der markierten Bande vom Vernetzer abzuhängen; Schmidt sah Unterschiede von bis zu 5 Kd, je nachdem ob er mit EDAC oder Sulfo-SANPAH vernetzte. Endlich erschwert die Glykosilierung die MG-Bestimmung.

Rehms membrangängiges SANPAH könnte also alle Peptide miteinander vernetzt haben: die α-Untereinheit, die β-Untereinheit und ^{125}I-β-Bungaro-toxin. Der hydrophobe Rehm erhielt ein Hetero-trimer, (eigentlich ein Heteroquadromer, denn β-Bungarotoxin besteht ja aus zwei Untereinheiten), der wasserlösliche Schmidt dagegen Heterodimere. Jedenfalls meistens, denn er berichtet, dass in einigen Experimenten mit Sulfo-SANPAH auch eine Bande bei 115–120 Kd auftauchte. Schon Schmidt und Betz (1989) erklärten ihre Unterschiede zu Rehm mit dieser Trimer-Bildung: Ein membrangängiger Vernetzer scheint bessere Chancen zu haben, die Transmembran α- und die cytoplasmatische β-Untereinheit zu vernetzen.

Doch die Trimer-Theorie hakt. Für das Addukt ^{125}I-β-Bungarotoxin plus α-Untereinheit plus β-Untereinheit hätte man ein MG von 137 Kd erwartet. Rehms 116 Kd passen besser zu einer Vernetzung von zwei ^{125}I-β-Bungarotoxin an eine α-Untereinheit. Vielleicht liegen die gebundenen β-Bungarotoxine benachbarter α-Untereinheiten nahe aneinander. In diesem Fall müsste man allerdings auch ein Vernetzungsprodukt aus zwei α-Untereinheiten und zwei β-Bungarotoxinen erwarten mit einem MG von 198 Kd. In der Tat sind auf Rehms (1983) Gelen hochmolekulare Vernetzungsprodukte zu sehen, die bei Zugabe von nichtmarkiertem β-Bungarotoxin verschwinden (z.B. Fig. 1 Spur 1 versus 2, oder Fig. 3 Spur 3 versus 6; nicht aber in Fig. 2 Spur 6). Auf 5–10% Gradientengelen hat Rehm allerdings auch nur eine Bande bei 116 Kd gesehen.

Widerspruchsfrei sind auch Schmidts Experimente nicht. Er interpretiert seine verschwommene Bande vom MG 46–49 Kd als Vernetzungsprodukt mit der β-Untereinheit. ^{125}I-β-Bungarotoxin würde also mal an die α- und mal an die β-Untereinheit vernetzt. Wie das? Nun, β-Bungarotoxin bindet extrazellulär an die α-Untereinheit. Dabei könnte es sich mit seiner Phospholipase A2 Aktivität teilweise in die Membran einlagern und sich so der β-Untereinheit nähern. So könnten auch wasserlösliche Vernetzer β-Bungarotoxin mit der β-Untereinheit zu verbinden, wenn auch mit geringerer Effizienz. Das kleine Dendrotoxin dagegen, das keine Phospholipase Aktivität besitzt, hat keinen Kontakt zur Membran, weswegen es nur an die α-Untereinheit vernetzt.

Bei Schmidts Vernetzungsprodukt vom MG 46–49 Kd könnte es sich aber auch um ein Proteolyse Artefakt der MG 90–95 Kd Bande handeln. Der Grund: Weder β-Bungarotoxin noch die β-Untereinheit sind glykosiliert, also hätte Schmidt eine scharfe Bande bei 62 Kd erhalten müssen, 21 Kd für β-Bungarotoxin plus 41 Kd für die β-Untereinheit (vorausgesetzt das MG der β-Untereinheit ist beim Huhn gleich wie beim Rind).

Sie sehen: Die Auslegung von Vernetzungs-Experimenten kann sich zum Welträtsel ausweiten.

Sie sehen auch: Weder Schmidt noch Rehm haben Mist gebaut. Vielmehr können kleine Änderungen in Vernetzungsversuchen, Sulfo-SANPAH statt SANPAH oder 0,02% Triton X-100 oder kein Triton X-100, riesige Auswirkungen haben. Jawohl, der Unterschied in den Ergebnissen von Rehm bzw. Schmidt könnte auch an der Tatsache liegen, dass Rehm etwas Triton X-100 im Puffer hatte. Die Seife lagert sich in Membranen ein und ändert ihre Eigenschaften. Um Klarheit zu schaffen, hätte Schmidt zusätzlich mit SANPAH und in Gegenwart von Triton vernetzen müssen. Eine interessante Frage wäre auch gewesen, wie sich die markierten Banden (90–95 und 46–49 Kd) verhalten, wenn man das Vernetzungsexperiment mit Membranen durchführt, von denen die Glykanketten enzymatisch entfernt wurden. Doch ist das leicht hingeschrieben: Schmidt stand damals im fünften Jahr seiner Promotion… Sie jedenfalls sollten sich den »Materials und Methods«-Abschnitt eines Vernetzungspapers genau anschauen, bevor Sie ein Urteil fällen oder die Pipette in die Hand nehmen.

Noch wichtiger ist: Treffen Sie vor einem Abgang nach Nizza oder anderswo, mit dem Professor klare Absprachen über die Autorenschaften. Halten Sie ihn nicht einfach für einen guten Mann. Halten Sie Kontakt. Rehm ärgert sich heute noch darüber, dass er bei Schmidt & Betz (1989) nicht als Coautor aufgenommen wurde.

Wer diesen Abschnitt mit einem Blick auf Strategie gelesen hat wird sich fragen, warum Rehm die β-Untereinheit nicht selbst kloniert hat? Er hatte sie ja 1988 als erster gefunden und seine Konkurrenten kamen erst volle sechs Jahre später zu Potte. Die Antwort: Rehm bekam keine Stelle, in der er die β-Untereinheit auf eigene Rechnung hätte ansequenzieren können – und für andere wollte er es nicht tun. Der Trotzkopf!

Literatur

1 Newitt, R. et al. (1991): Potassium channels and epilepsy: evidence that the epileptogenic toxin, dendrotoxin, binds to potassium channel proteins. Epilepsy Res. Suppl. 4, 263–273

2 Rehm, H. & Betz, H. (1983): Identification by cross-linking of a beta-bungarotoxin binding polypeptide in chick brain membranes. EMBO J. 2, 1119–1122

3 Rehm, H. & Lazdunski, M. (1988): Purification and subunit structure of a putative K^+-channel protein identified by its binding properties for dendrotoxin I. PNAS 85, 4919–4923

4 Rehm, et al. (1988): The receptor site for the bee venom mast cell degranulating peptide. Affinity labeling and evidence for a common molecular target for mast cell degranulating eptide and dendrotoxin I, a snake toxin active on K^+-channels. Biochemistry 27, 1827–1832

5 Schmidt, R. & Betz, H. (1989): Cross-linking of beta-bungarotoxin to chick brain membranes. Identification of subunits of a putative voltage-gated potassium channel. *Biochemistry* 28, 8346–8350

2.4.4 Vernetzung nicht-radioaktiver Liganden

Nicht radioaktive Liganden vernetzen Sie wie oben beschrieben. Vernetzung und Anzahl der vernetzten Liganden weisen Sie mittels Massenspektrometrie nach. Das Bindungsprotein wird ja durch die Vernetzung um die Molekularmasse des/der Liganden schwerer. Wollen Sie die Stelle der Vernetzung identifizieren, so zerlegen Sie den Ligand-Protein-Komplex vor und nach der Vernetzung proteolytisch in Peptide (siehe auch ▶ Kapitel 7.4). Beide Verdaus werden im Massenspektrometer analysiert. Sie suchen jenes Peptid, das um die Ligandenmasse zunimmt. Die Bindungsstelle ist nicht mit der Vernetzungsstelle identisch (sonst gäbe es keine Bindung!) aber oft liegen sie nahe zusammen.

2.5 Sinniges

Es ist schön, die Bindungsstelle eines Liganden gefunden zu haben. Doch noch schöner wäre es, dem Protein, auf dem die Bindungsstelle liegt, eine Funktion im Zellstoffwechsel zuordnen zu können. Das Problem, um die Existenz eines Proteins zu wissen, doch seine Funktion nicht zu kennen, tritt oft auf. Gelingt es z.B., den Bindungspartner eines Toxins über Bindungstests mit dem markierten Toxin zu identifizieren, weiß der Experimentator zwar, dass ein Partner existiert, doch über seine Funktion weiß er nichts. Beim Herstellen monoklonaler Antikörper gegen eine ungereinigte Probe können Antikörper gegen Proteine auftauchen, deren einzige bekannte Eigenschaft es ist, einen monoklonalen Antikörper zu binden (z.B. Wiedenmann & Franke 1985). Schließlich finden sich in vielen Banken cDNAs, die für Proteine kodieren, deren Funktion unbekannt ist.

Eine systematische Strategie zur Sinnsuche gibt es nicht, wohl aber Ansatzpunkte (◘ Abb. 2.32).

Zuerst schafft sich der Experimentator Werkzeuge. Damit sichert er sich auch gegen den völligen Misserfolg (=kein Paper). Werkzeuge wären:
- das gereinigte Protein,
- partielle Aminosäuresequenzen des Proteins,
- Antikörper gegen das Protein,
- die cDNA zum Protein.

Hin und wieder tauchen schon bei der Solubilisierung, Reinigung oder Klonierung des Proteins Hinweise auf die Funktion auf (Rehm & Betz 1984 und S. 110; Ushkaryov et al. 1992; Schiavo et al. 1992). Das gereinigte Protein einem Enzymtest nach dem anderen zu unterwerfen, ist dagegen bei den tausenden von Enzymaktivitäten ein endloses Lotteriespiel, in dem die Erfolgswahrscheinlichkeit nicht nur klein, sondern Null sein kann, denn nicht alle Proteine sind Enzyme. Zudem beschleicht den Erfolglosen die bange Frage, ob es nicht am Test (z.B. Puffer-pH, Ionen etc.) liegt oder die Aktivität bei der Reinigung verloren ging. Ein »Erfolg« ande-

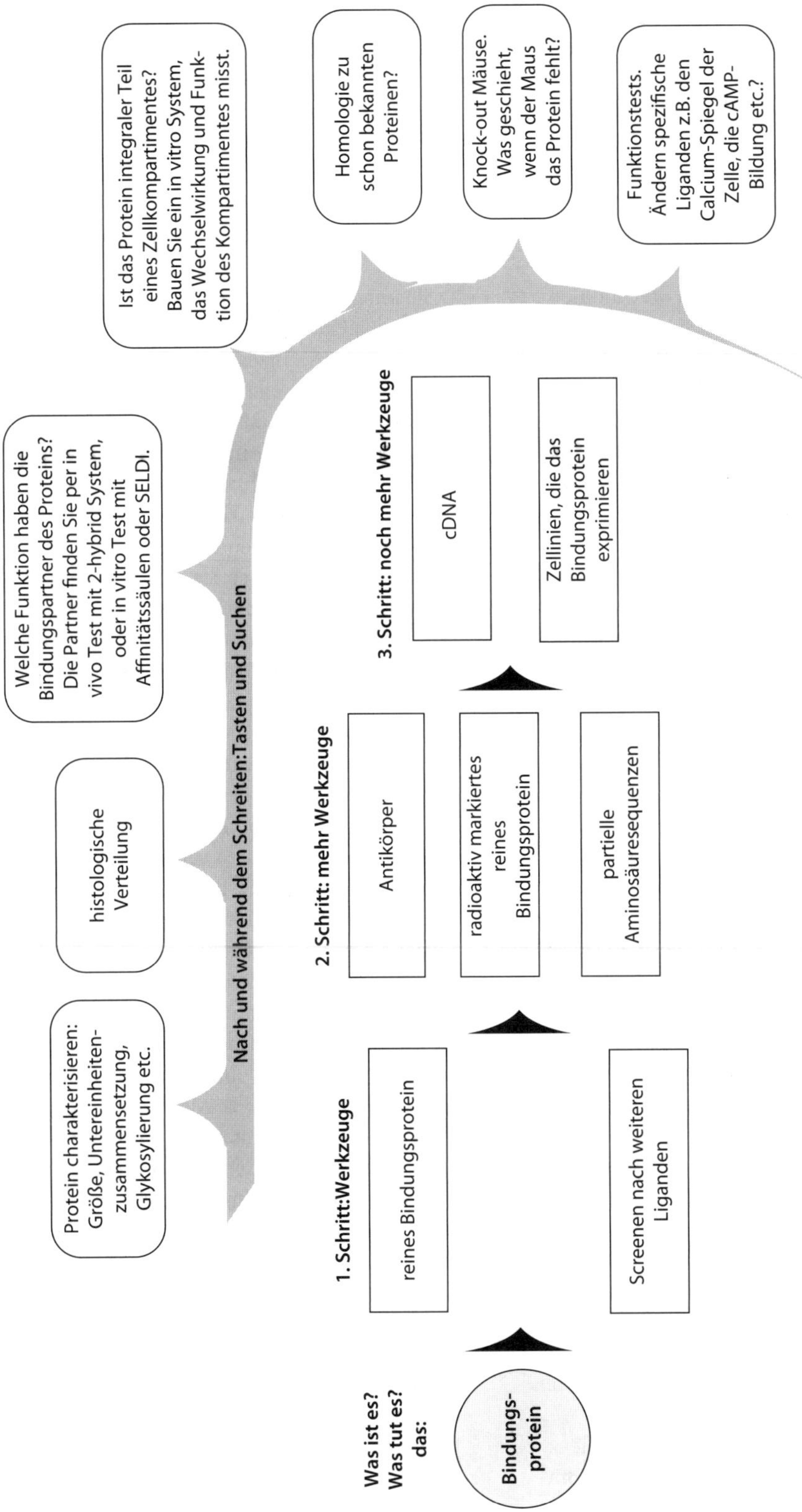

Abb. 2.32 Sinnsuche

rerseits kann von einer enzymatisch aktiven Verunreinigung ausgehen. Aussichtsreicher scheinen uns folgende Strategien:

- **A** Bestimmung des MG, der Glykosylierung und der Untereinheitenzusammensetzung des Proteins. Wo (Organe, Zellen) und wann (ontogenetisch, phylogenetisch) wird das Protein exprimiert? In welchen Zellkompartimenten sitzt es? Auch wenn diese Untersuchungen keinen eindeutigen Schluss auf die Funktion des Proteins zulassen, bieten sie doch eine Überlegungshilfe und lassen sich in einem mittelmäßigen Journal veröffentlichen.
- **B** Existieren in Datenbanken verwandte Proteinsequenzen, deren Funktion bekannt ist? Hat das Protein Teilsequenzen, die auf Ca^{2+}-Bindung, Kinaseaktivität etc. hindeuten?
- **C** Mit dem markierten und gereinigten Protein sucht der Experimentator in Membranen oder Zellextrakten nach möglichen Bindungspartnern. Hat er einen Bindungspartner gefunden, verfolgt er die Kette der Protein-Wechselwirkungen weiter, bis er auf ein bekanntes Protein trifft. Der Freund des schnellen und schmutzigen Experiments färbt dazu Blots mit dem markierten und gereinigten Protein an (s. ► Abschn. 1.6.6). Gründlichere aber nicht notwendig erfolgreichere Leute entwickeln einen Bindungstest oder koppeln das gereinigte Protein an Affinitätssäulen und versuchen den Bindungspartner anzureichern. Bei letzerem ist fraglich, ob die Bindungsaktivität die Reinigung und Kopplung an die Säule übersteht. Gelingt dies und gelingt es auch, das Problem der Elution von der Säule zu lösen, hat man beide Bindungspartner in der Hand. Die Interpretation derartiger Experimente wird jedoch durch die Tatsache verwässert, dass eine Proteinaffinitätssäule aus konzentrierten Proteinlösungen immer und unspezifisch Proteine adsorbiert. Die notgedrungen unspezifischen Elutionsmethoden (z.B. pH-Extreme, hohes Salz, 1% SDS) eluieren diese unspezifisch gebundenen Proteine. Sie stehen dann hilflos vor einer Mischung denaturierten Materials.
  Das Problem der Strategie C ist es also, die Spezifität der Bindung und die Natur des Bindungspartners nachzuweisen. Immerhin, wenn die K_D der Bindung im nanomolaren Bereich liegt und ein definierter Bindungskomplex entsteht, ist das interessant und damit veröffentlichbar. Erhält der Experimentator keine Bindung, so heißt das nichts. Die Bindungsaktivität des Proteins kann während der Reinigung oder Markierung verlorengegangen sein oder ein Kofaktor fehlt.
- **D** Sie unterbinden die Expression des Proteins: in Zellen z.B. durch RNA-Interferenz (*Laborjournal* 11/2008), Injektion von anti-sense Oligonucleotiden gegen die mRNA des Proteins, oder Sie züchten knock-out-Mäuse.
  Dieses elegante Experiment hat Tücken. Sein Erfolg hängt davon ab, welche Funktionen Sie messen können. Dass das fragliche Protein aus der Zelle verschwunden ist, lässt sich leicht beweisen. Jedoch, sehen Sie der Zelle sonst nichts an, sind Sie nach dem Experiment so schlau wie zuvor. Stirbt die Zelle, ist außer der Erkenntnis, dass das Protein lebensnotwendig war, ebenfalls nichts gewonnen. Sie müssen also einen Funktionsbereich suchen (z.B. Glucoseabbau, Neurotransmitterausschüttung), der durch das Fehlen des Proteins gestört ist. Dabei hilft die zelluläre und intrazelluläre Lokalisation. Sie prüfen den verdächtigen Funktionsbereich und engen ihn Schritt für Schritt auf den neuralgischen Punkt ein (z.B. bei Enzymketten). Dies geht nur, wenn die molekularen Zusammenhänge im Funktionsbereich weitgehend bekannt sind; anderenfalls erhalten Sie für ihre Mühe nur die Information, dass der Funktionsbereich ohne das Protein nicht oder anders arbeitet (z.B. Alder et al. 1992).
- **E** Zellen ohne das fragliche Protein werden permanent mit dem Gen für das Protein transfiziert. E ist das Umkehrexperiment zu D und es gelten daher ähnliche (umgekehrte) Überlegungen wie bei D. Wieder lässt sich leicht beweisen, dass die Zellen das fragliche Protein exprimieren, und der Histologe zeigt Ihnen, wo in der Zelle das Protein sitzt. Allein, was heißt das? Vielleicht wird es nur synthetisiert und sitzt als molekularer Frührentner tatenlos in einem Kompartiment. Oder es nimmt in der neuen Zelle eine andere Funktion wahr oder

arbeitet im falschen Kompartiment oder kann nicht arbeiten weil ihm der richtige Partner fehlt.

Die Suche nach der Funktion selbst majoritärer und leicht zu isolierender Proteine kann Jahrzehnte dauern und Dutzende von Doktoranden verschleißen. Beispiele wären der α-Latrotoxin-Rezeptor oder die neuronalen Membranproteine Synapsin und Synaptophysin. Letzteres wurde 1983 entdeckt. Hinweise auf seine Funktion tauchten erst in den letzten Jahren auf.

Genug des Unkens. Eine Sinnsuche ist riskant und schwierig kann aber zu unerwarteten Ergebnissen führen (z.B. Ushkaryov et al. 1992). Es braucht Grips, die Beherrschung verschiedenster Methoden und eine gute Kenntnis der Literatur: ein Projekt für ehrgeizige Doktoranden mit eisernen Nerven.

Literatur

1 Alder, J. et al. (1992): Calcium-dependent transmitter secretion reconstituted in *Xenopus* oocytes: requirement for synaptophysin. Science 257, 657–661

2 Rehm, H. & Betz, H. (1984): Solubilization and characterization of the β-bungarotoxin binding protein of chick brain membranes. J. Biol. Chem. 259, 6865-6859

3 Schiavo, G. et al. (1992): Tetanus and botulinum B neurotoxins block neurotransmitter release by proteolytic cleavage of synaptobrevin. Nature 359, 832–835.

4 Ushkaryov, Y. et al. (1992): Neurexins: synaptic cell surface proteins related to the α-latrotoxin receptor and laminin. Science 257, 50–56

5 Wiedenmann, B. & Franke, W. (1985): Identification and localization of synaptophysin, an integral membrane protein of Mr 38000 characteristic of presynaptic vesicles. Cell 41, 1017–1028

Membranproteine solubilisieren

Da es also ist, sagte Sancho, so bleibt nichts weiter zu tun, als dass wir uns Gott empfehlen und das Glück dahin gehen lassen, wohin es uns führen will.

Wer Membranproteine reinigen oder untersuchen will, bringt sie besser zuerst in Lösung. Integrale Membranproteine, d.h. Proteine mit Transmembranhelices, lösen sich mit Seifen. Periphere Membranproteine, d.h. mit Membranen assoziierte Proteine, die keine Transmembranhelices besitzen, lösen sich oft schon in Puffern hoher oder niedriger Ionenstärke oder hohem pH (Steck & Yu 1973). Proteine, die über Glykosyl-Phosphatidylinositol-Reste in der Membran ankern (z.B. alkalische Phosphatase), werden durch eine Behandlung mit phosphatidylinositol-spezifischer Phospholipase C solubilisiert.

Beim Solubilisieren ist es des Experimentators Wunsch und Streben, die Konformation und Funktion der Proteine zu erhalten. Bei integralen Mebranproteinen ist dies oft ein Problem. Dessen Lösung kann aber – mit Glück – nicht nur den Weg zur Reinigung öffnen, sondern auch Einblicke in die Funktion gewähren.

Dazu ein Beispiel: Für seine Doktorarbeit sollte Autor Rehm die Bindungsstelle des Schlangentoxins β-Bungarotoxin reinigen. Das Toxin tötet Nervenzellen spezifisch und in picomolaren Konzentrationen. Vom Mittler dieser Wirkung, der Bindungsstelle, wusste man nichts, weder Funktion noch Natur. Es war nicht einmal klar, ob es sich um ein Protein oder ein Phospholipid handelte. Für Letzteres sprach die Phospholipase A2-Aktivität von β-Bungarotoxin. Bindungsstudien mit ^{125}I-β-Bungarotoxin verliefen zuerst im Sand, weil das Toxin durch die damals üblichen hohen Konzentrationen von Chloramin-T in der Iodierungsreaktion inaktiviert wurde. Rehm gelang es dann mildere Iodierungsbedingungen zu finden. Erste Bindungsstudien mit nativem ^{125}I-β-Bungarotoxin wiesen auf ein integrales Membranprotein als Bindungsstelle hin. Aber welche Funktion hatte dieses Protein? Nachdenken und Literatur-Studium führten zu nichts. Eine Methode, die Frage direkt anzugehen, fiel dem naivem Doktoranden nicht ein und seinem etwas weniger naiven Chef auch nicht.

Was tun? Rehm stellte die Frage zurück, und machte was machbar schien. Machbar schien die Solubilisierung des β-Bungarotoxin Bindungsproteins. Die hätte anschließend dessen Reinigung ermöglicht, die wiederum die Sequenzierung und die endlich, so hoffte Rehm, hätte einen Hinweis auf die Funktion gegeben.

Solubilisieren schien ja so einfach: Membranen machen, in Puffer resuspendieren, Seife zugeben, ein bisschen warten, zentrifugieren und schon schwimmt das Toxin-Bindungsprotein fröhlich im Überstand. Jedoch: Rehm konnte machen was er wollte, verschiedene Seifen, verschiedene pHs, verschiedene Bindungstests: Nie war im Überstand auch nur die Spur einer β-Bungarotoxin-Bindungsaktivität zu entdecken – und war doch eine da, lag es daran, dass er nicht richtig abzentrifugiert hatte. Das ging so ein halbes Jahr. Rehms Verzweiflung nahm zu und der Unwillen seines Chefs ebenfalls.

»Willsch nit doch lieber s'Thema wechsle?«, fragte der Chef, der alles bezahlen musste. Rehm wollte nicht. Rehm setzte Puffer nach Puffer an, meistens Tris-Cl mit 50 bis 150 mM NaCl, weil er glaubte, NaCl sei besonders physiologisch. Schließlich war die NaCl-Flasche leer. Das geschah glücklicherweise an einem Sonntag. Glücklicherweise deswegen, weil am Sonntag die Chemikalienausgabe des MPI für Biochemie geschlossen hatte. Rehm empfand das zwar nicht als Glück, sondern fluchte vor sich hin, dann aber, weil er schon mal da war, griff er eben, in Gottes Namen, zum nächst besten Ersatz: der Flasche mit KCl. Statt Na^+-haltigen Puffer, wie sich das gehörte, wie das in der Abteilung schon immer gemacht worden war, setzte Rehm K^+-haltigen an. Am Abend spuckte der Counter den Beleg einer einwandfreien Bindung aus. Rehms Verblüffung war grenzenlos. Mit K^+ ging, was mit Na^+ unter keinen Bedingungen zu erreichen gewesen war.

Es stellte sich heraus, dass es auch mit Rb^+ und Cs^+ ging. Es ging mit allen Ionen, die einen K^+-Kanal passieren konnten und je besser die Ionen das konnten, umso besser erhielten sie die Konformation des gelösten β-Bungarotoxin-Bindungsproteins. Vielleicht voreilig aber begeistert, verkündete Rehm auf dem nächsten Toxin-Kongress, dass es sich bei dem Bindungsprotein um einen K^+-Kanal handele (Rehm 1984). Rehm hatte Recht. Es war der erste spannungsabhängige K^+-Kanal, den man als Protein in die Hand bekam.

Literatur

1 Steck, T. & Yu, J. (1973): Selective solubilization of proteins from red blood cell membranes by protein perturbants. J. supramol. Structure, 220–231
2 Rehm, H. & Betz, H. (1984): Solubilization and characterization of the β-Bungarotoxin binding protein of chick brain membranes. J. Biol. Chem. 259, 6865–6869
3 Rehm, H. (1984): News about the neuronal membrane protein which binds the presynaptic neurotoxin beta-bungarotoxin. J Physiol (Paris). 79(4), 265–268.

3.1 Seifen

Das wichtigste Hilfsmittel beim Solubilisieren integraler Membranproteine sind Seifen: Ohne Seife läuft nichts, mit Seife - nun ja. Seifen sind molekulare Zwitter; sie bestehen aus einem hydrophilen und einem hydrophoben Teil (◘ Abb. 3.1). Der hydrophobe Teil besteht aus Phenylderivaten (Triton X-100), aliphatischen Ketten (Octylglucosid, Zwittergent 3–14, Lubrol PX) oder Steroidgerüsten (Cholat, Deoxycholat, Chaps, Bigchap, Deoxybigchap, Digitonin). Den hydrophilen Seifenteil bilden ionisierte Gruppen (Cholat, Deoxycholat, Chaps, SDS), Zucker (Octylglucosid, Digitonin, Bigchap, Deoxybigchap), Hydroxylgruppen (Cholat, Deoxycholat) oder Polyethylenoxide (Triton X-100, Lubrol PX).

Das Wesen einer Seife ist also gespalten zwischen der Liebe zum Fett und der Sehnsucht nach Wasser, und es ist diese Zwiespältigkeit, welche es der Seife ermöglicht, zusammenzubringen, was nicht zusammen gehört, also Membranproteine und eine wässrige Lösung.

3.1.1 Saubere Begriffe

Mizellen sind Aggregate von Seifenmolekülen. Die hydrophoben Teile der Seifenmoleküle liegen im Inneren der Mizellen, die hydrophilen Reste wechselwirken mit dem wässrigen Medium. Die Größe der Mizellen, also die durchschnittliche Zahl der Seifenmoleküle pro Mizelle, und ihre Form sind ein Charakteristikum jeder Seife. Triton X-100 bildet große sphärische Mizellen, während die Steroidseifen (Cholat etc.) Flüssigkristallaggregate aus 2, 4 etc. Monomeren bilden (◘ Abb. 3.1). Größe und Form der Mizellen hängen aber auch von Temperatur, Seifenkonzentration, Salzkonzentration, pH, Anwesenheit von Phospholipiden ab (◘ Abb. 3.2 und ◘ Abb. 3.3).

Die **kritische mizelläre Konzentration** (CMC) ist diejenige Seifenkonzentration, oberhalb derer sich Mizellen bilden. Unterhalb der CMC liegen die Seifenmoleküle in monomerer Lösung vor. Die CMC hängt ab von der Temperatur, der Ionenstärke, dem Puffer-pH und der Konzentration nichtionischer Substanzen wie Harnstoff oder Alkohole.

Der **Wolkenpunkt** ist diejenige Temperatur, bei der die Seife in wässriger Lösung ausfällt.

Eine Reihe weiterer Begriffe, die für das tägliche Arbeiten weniger wichtig sind, wie die kritische mizelläre Temperatur, den Krafft-Punkt und das hydrophile/lipophile Gleichgewicht beschreibt der Übersichtsartikel von Helenius & Simons (1975), der trotz seines hohen Alters das beste Schriftstück über Seifen ist.

Literatur

1 Helenius, A. & Simons, K. (1975): Solubilization of membranes by detergents. BBA 415, 29–79

3.1.2 Vom Umgang mit Seifen

Allgemeines

- Nichtionische Seifen mit hoher CMC sind leicht dialysierbar, Seifen mit niedriger CMC dagegen sind durch Dialysieren kaum zu entfernen.
- Die CMC einer ionischen Seife nimmt ab, wenn die Ionenstärke des Puffers erhöht wird. Die CMC nichtionischer Seifen dagegen hängt kaum von der Ionenstärke ab.
- Die Temperatur hat auf die CMC von ionischen Seifen wenig Wirkung, die CMC von

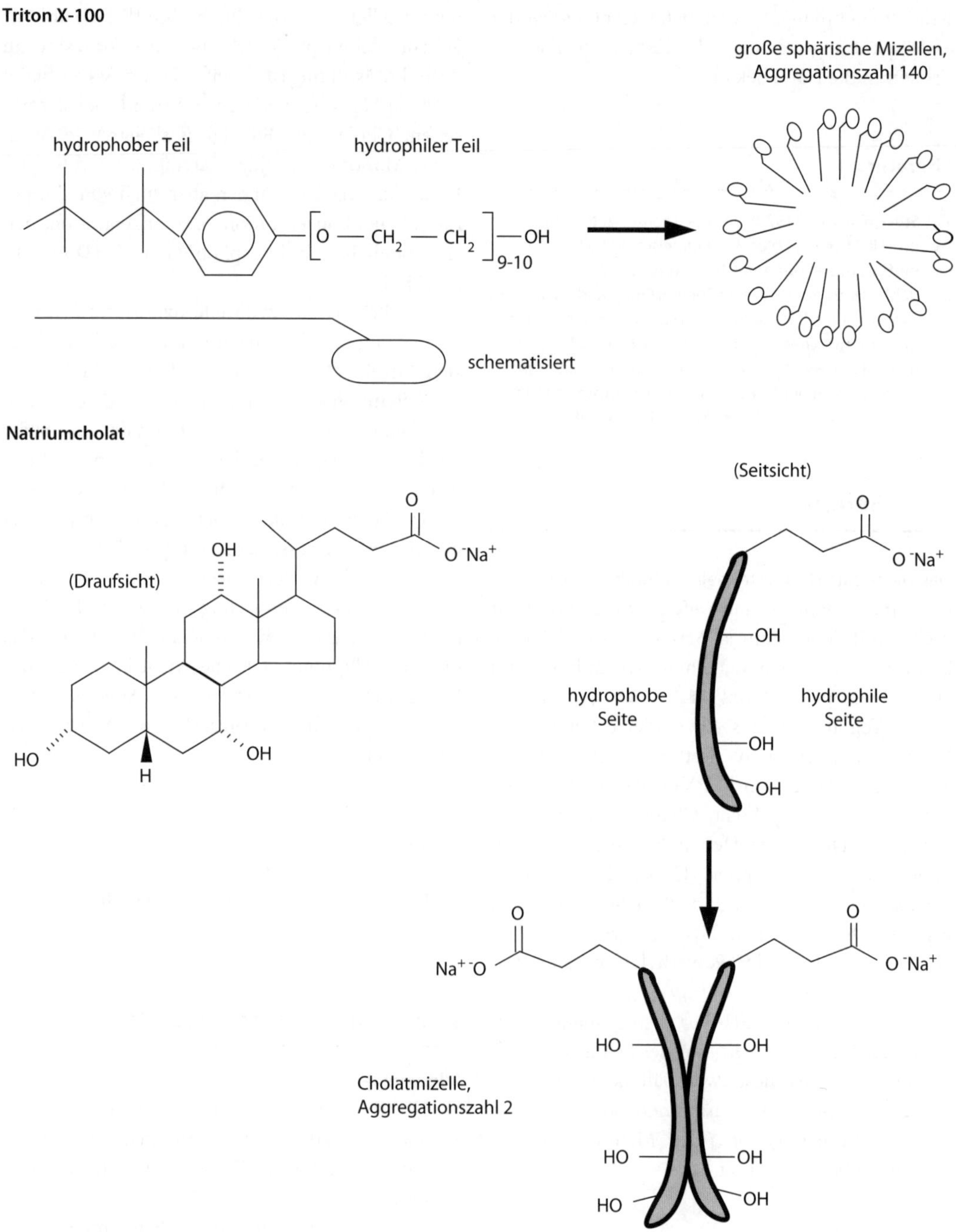

Abb. 3.1 Struktur von Mizellen von Cholat und Triton X-100

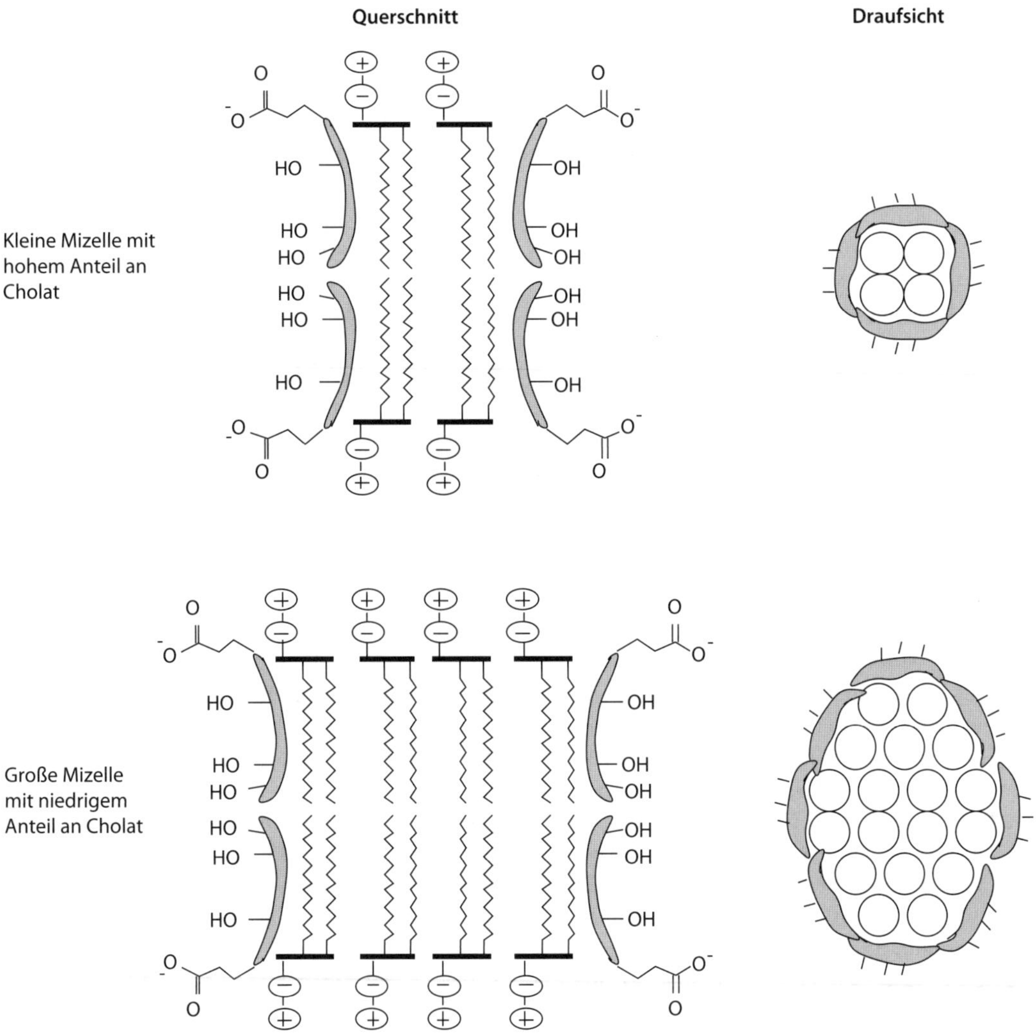

Abb. 3.2 Struktur von Lecithin/Cholat-Mizellen

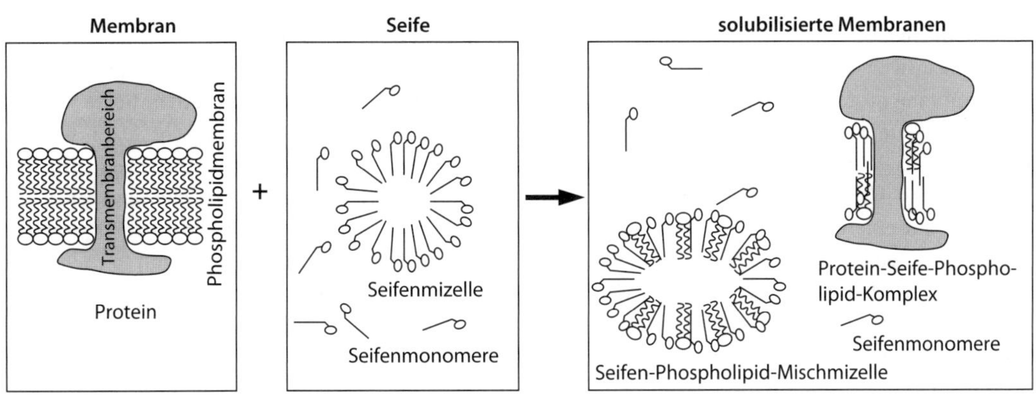

Abb. 3.3 Solubilisierung von integralen Membranproteinen

nichtionischen Seifen nimmt mit zunehmender Temperatur signifikant ab.
- Die CMC einer Mischung von zwei Seifen (mit verschiedener CMC) liegt nahe der niedrigen CMC, selbst dann, wenn nur wenig Seife der niedrigen CMC in der Lösung schwimmt.
- Viele nichtionische Seifen sind autoklavierbar, fallen bei diesem Prozess aber aus (Wolkenpunkt) und müssen nach dem autoklavieren wieder gemischt werden.

Spezielles: Triton X-100 und seine Analoga wie Triton X-114 sind Gemische von p-t-Octylphenyl-polyoxyethylenen, in denen die Länge der Polyoxyethylenketten um jeweils einen Mittelwert schwankt. Tritonmoleküle mit kurzen Polyoxyethylenketten binden besonders fest an hydrophobe Oberflächen.

Die Phenylgruppe im Triton-Molekül sorgt für eine starke Absorption bei 280 nm.

Wegen der zähen, honigartigen Konsistenz von reinem Triton X-100 legen Sie sich am besten eine 20% (w/v) Vorratslösung an. Na-EDTA pH 7,4 (0,1–1 mM) in der Vorratslösung hemmt Pilzbefall und die Bildung von Oxidantien (Chang & Bock 1980).

Die Mizellengröße von Triton nimmt exponentiell mit der Temperatur zu, bis – am Wolkenpunkt – das Triton ausfällt. Diesen Effekt nutzt die **Phasentrennung nach Bordier** (1981): Membranen werden bei 4°C in Triton X-114 aufgelöst und die Lösung danach auf 25 oder 30°C erwärmt. Dabei fällt das Triton X-114 aus und nach dem Abzentrifugieren liegt eine Triton X-114-reiche Phase und eine Triton X-114-arme Phase vor. Bordier stellt in seinem Abstract fest: »Hydrophilic proteins are found exclusively in the aqueousphase, and integral membrane proteins with an amphiphilic nature arerecovered in the detergent phase.« Als Autor Rehm dies las, wurde Bordier sein Held – für eine Woche. Denn Bordier ließ die Hoffnung keimen, er könne auf einen Schlag Membranproteine von löslichen Proteinen trennen. Zudem imponierte es Rehm, dass Bordier die Zivilcourage besessen hatte, ein fettes *J. Biol. Chem.* Paper ohne professoralen »Ehrenautor« zu veröffentlichen: Der Mann hatte Mumm. Im ersten Punkt wurde Rehm enttäuscht. Seine zwei integralen Membranproteine, das β-Bungarotoxin-Bindungsprotein (=spannungsabhängiger K^+-Kanal) und Synaptophysin tummelten sich keineswegs vollständig in der TX-114-reichen Phase, nicht einmal das Synaptophysin mit seinen vier Transmembrandomänen bei einem MG von nur 38 Kd. Vielmehr verteilten sich die Proteine, wahrscheinlich wegen ihrer hydrophilen Glykanketten, zwischen den Phasen. Der Reinigungseffekt war gering. Das Paper von Bordier verschwand in Rehms Ordner »Seltsame Methoden«.

Zugegeben: Weder Bordier noch Rehm haben die Methode theoretisch und praktisch ausgereizt. Dies hat Luis Gonzalez de la Vara (2009) nachgeholt und Bordiers Methode gewissermaßen zu Ende gedacht.

Auch de la Vara stellte fest, dass sich Proteine, auch integrale Membranproteine, nicht ausschließlich in der einen oder anderen Triton X-114-Phase aufhalten, sondern in beiden, wenn auch in verschiedenen Konzentrationen. Die Verteilung gibt ihr Verteilungskoeffizient K_i wieder. K_i ist das Verhältnis der Konzentrationen eines Stoffes i in der oberen (Triton X-114 armen) zu der Konzentration in der unteren Phase. Hydrophobe Proteine besitzen demgemäß einen $K_i < 1$, hydrophile einen $K_i > 1$. De la Vara, ein Freund der Runkelrübe, hat Rübenproteine mit Triton X-114 in Lösung gebracht und in einem manuellen Gegenstromverfahren zwischen den beiden Phasen verteilt. Das geht so: 1,5 ml Triton X-114 Lösung (P_0) werden in einem 2 ml Eppendorf von 0°C aus 25°C erhitzt, und danach abzentrifugiert. Es entstehen 0,3 ml untere und 1,2 ml obere Phase. Die 1,2 ml obere Phase werden abgenommen und in ein Eppendorf P_1 mit 0,3 ml frischer unterer Phase transferiert. Zu den 0,3 ml unterer Phase in P_0 werden 1,2 ml frische obere Phase gegeben. Dann werden beide Eppendorfs auf 0°C gekühlt und gemischt. Dann werden beide wieder auf 25 °C erwärmt und abzentrifugiert. Ein Eppendorf P_3 mit 0,3 ml frischer unterer Phase wird bereitgestellt. Die obere Phase aus P_2 kommt in P_3, die obere Phase aus P_0 in P_1 und in P^o werden wieder 1,2 ml frische obere Phase gegeben. Und so weiter und so fort.

Die untere Phase in P_0 wird so sukzessive mit frischer oberer Phase gewaschen, die erste obere Phase von P_0 wird sukzessive mit frischer unterer

Phase gewaschen. Macht man das n-Mal erhält man n+1 Fraktionen (und dazu zittrige Finger), wobei die Proteine nach Maßgabe ihrer Hydrophobizität in einer Binominalverteilung über die Fraktionen verteilt sind. In P_0 schwimmen die hydrophobsten in P_n die hydrophilsten Proteine. Die Amphiphilen bevorzugen die Zwischenfraktionen.

Das ist schön und gut, in den Extrempositionen dürften auch Reinigungseffekte zu erwarten sein. Hier lassen sich die Proteine durch Zugabe von Puffer oder Triton X-114 zudem konzentrieren. Aber für gewöhnlich hat man es mit Proteinen zu tun, die in den Zwischenfraktionen liegen. Deren Gipfel gleichen sanften Schwarzwaldhügeln mit langen Vorbergen was kleine Ausbeute und geringe Reinigung bedeutet: Die Methode gibt Ihnen im Grunde nur ein Maß der Hydrophobizität ihres Proteins. Das aber liefert auch der K_i, den man schneller und einfacher erhält. Auch ist das manuelle Gegenstromverfahren arbeitsaufwendig und braucht Geschick. Sie müssen dutzende von Malen exakt die obere Phase von der unteren trennen: Ein Geduldsspiel. Übrigens: Für die Reinigung extrem hydrophober Proteine reicht es, die erste Fraktion zehnmal mit frischer oberer Phase zu extrahieren. Allerdings vertragen nicht alle Proteine das x-malige Erhitzen und Abkühlen in Gegenwart von 3% (v/v) Triton X-114. So berichtet de la Vara, dass die Aktivität der H^+-ATPase verschwinde. Vielleicht hilft es, den Wolkenpunkt von Triton X-114 durch Zugabe von Triton X-45 zu senken (Ganong & Delmore, 1991). Eine weite Verbreitung dürfte der Methode dennoch nicht beschieden sein, es sei denn, es gelingt, sie zu automatisieren oder zu verstetigen. Man könnte sich eine Dünnschichtflussapparatur vorstellen, bei der bei 25°C über eine stationäre Triton X-114-reiche Phase eine Triton X-114-arme Phase fließt. Die Proteine eluieren nach Maßgabe ihrer Hydrophobizität: die hydrophilen zuerst. Eine Aufgabe für frustrationstolerante Tüftler.

Der Ausgewogenheit halber wollen wir auch zwei Optimisten zitieren. Thomas Arnold and Dirk Linke schreiben: »Phase separation is a simple, efficient, and cheap method to purify and concentrate detergent-solubilized membrane proteins.« (Arnold & Linke, 2007). Machen Sie Ihre eigenen Erfahrungen!

Literatur

1 Chang, H. & Bock, E. (1980): Pitfalls in the use of commercial nonionic detergents for the solubilization of integral membrane proteins: sulfhydryl oxidizing contaminants and their elimination. Anal. Biochem. 104, 112–117

2 Bordier, C. (1981): Phase separation of integral membrane proteins in Triton X-114 solution. J. Biol. Chem. 256, 1604–1607

3 Ganong, B. & Delmore, J. (1991): Phase separation temperatures of mixtures of Triton X-114 and Triton X-45: application to protein separation. Anal. Biochem. 193, 35–37

4 Arnold, T. & Linke, D. (2007): Phase separation in the isolation and purification of membrane proteins. Biotechniques 43, 427–430

5 De la Vara, L. et al. (2009): Separation of membrane proteins according to their hydropathy by serial phase-partitioning with Triton X-114. Anal. Biochem. 387, 280–286

Meiden Sie **Digitonin**. Kommerziell erhältliche Digitonin-Präparationen sind nicht nur teuer, sie sind auch mit Giften verunreinigt (bis zu 50% und darüber), deren genaue chemische Natur unbekannt ist. Zudem lösen sich Digitoninpräparationen meist nur unter Erhitzen (max. Konzentration 4% w/v). Aus den Lösungen fällt bei 4°C im Verlauf von Tagen Material aus, das Säulen verstopft und eine Quelle endlosen Ärgers bildet. Auch sind die Digitoninpräparationen verschiedener Firmen und teilweise auch der gleichen Firma von unterschiedlicher Qualität und oft nicht für Solubilisierungen geeignet. Die besten Erfahrungen machte Rehm mit den Digitoninpräparaten der Firmen Wako, Fluka und Sigma. Die Reinigung von Digitonin beschreiben Kun et al. (1979).

Von den in der ◻ Tab. 3.1 aufgeführten Seifen solubilisiert **Deoxycholat** (nach SDS) am besten: Etwa 70–80% der Proteine einer Membranpräparation gehen mit Deoxycholat in Lösung. Trotzdem ist Deoxycholat kein ideales Detergenz, denn seine Solubilisierungseigenschaften, CMC und Mizellengröße hängen stark von pH und Ionenstärke ab: Deoxycholat bildet bei saurem pH ein Gel und fällt mit zweiwertigen Kationen aus. Auch ist es bei Reinigungen, die Ladungsunterschiede ausnutzen, nicht zu gebrauchen, und es ändert die Konformation vieler Proteine.

Tab. 3.1 Seifen

	Name	MG Mon	MG Miz	CMC % (w/v) / (mM)	psV	Dia?	Besonderheiten
Steroid-Gerüste	Bigchap	862	6900	0,12 / 1,4	0,60	Ja	
	Chaps	615	6150	0,25 / 4	0,81	Ja	
	ChapsO	631	7000	0,5 / 8		Ja	
	Na-Cholat	431	1700	0,36 / 8	0,77	Ja	Fällt aus mit divalenten Kationen und bei pH<6,5
	Deoxybigchap	862	7000	0,12 / 1,4	0,63	Ja	
	Na-Deoxycholat	415	700-9000	0,11 / 1-2,7	0,778		Bildet Riesenmizellen bei pH<7,8; fällt aus bei pH<6,9 bzw. mit Ca^{2+}, Mg^{2+} ; CMC sinkt mit zunehmender Salzkonz.
	Taurodeoxycholat	522	4200-30 000	0,05-0,2 / 1-4	0,76		CMC sinkt bei zunehmender Salzkonz. und Mizellengröße nimmt zu
	Digitonin	1229	70 000	0,031 / 0,25		Nein	Giftig, löst sich nur bei Erhitzen
Alkyl-Reste	ASB-14	435					Zwitterionische Sulfobetain-Gruppe
	ASB-16	463					Zwitterionische Sulfobetain-Gruppe
	Octylglucosid	292	8000	0,73 / 25		Ja	Nichtionisch
	Octylthioglucopyranosid	308		0,277 / 9		Ja	Nichtionisch
	Lubrol PX	582	64 000	0,006 / 0,1	0,958	Nein	
	SDS	288	18 000	0,24 / 8,2	0,870	Ja	Unlöslich mit K^+ und dival. Kationen
	Dodecylmaltosid	511	50 000	0,008 / 0,16		Nein	Nichtionisch mit Maltoserest
	MEGA-8	321		1,9 / 58		Ja	Nichtionisch
	MEGA-10	351		0,22 / 6,2		Ja	Nichtionisch
	Hecameg	335		0,65 / 19,5		Ja	Stört in höheren Konz. BCA-Test und Lowry; unverträglich mit Bradford
	Brij 58	1122	79 000	0,0086 / 0,077		Nein	Polyoxyethylen im hydrophilen Teil
	SB 3-10	307		/ 25-40			Zwitterionische Sulfobetain-Gruppe
	Cetyltrimethylammo-Br	364					Kationisch
	Zwittergent 3-14	364	30 000	0,011 / 0,30		Nein	
	Tween 20	1228		0,0074 / 0,06		Nein	Polyoxyethylen im hydrophilen Teil, nichtionisch, Wolkenpunkt bei 76 °C
Phenyl-Reste	Triton X-100	650	90 000	0,02 / 0,24	0,908	Nein	Adsorbiert bei 280 nm; Wolkenpunkt bei 64 °C
	Triton X-114	536		0,009 / 0,20		Nein	Adsorbiert bei 280 nm; Wolkenpunkt bei 22 °C
	Nonidet P 40	606		0,015 / 0,25		Nein	Nichtionisch; Wolkenpunkt bei 65 °C; mit Licht können sich Peroxide bilden
	C7BzO	400					Zwitterionische Sulfobetain-Gruppe im hydrophilen Teil; verträgt sich mit 7 M Harnstoff; extrahiert gut Pflanzenprot.
	4-Octylbenzol Amidosulfobetain						Zwitterionische Sulfobetain-Gruppe

MG Mon: MG Monomer; **MG Miz:** MG Mizelle; **psV:** partielles spezifisches Volumen; **Dia:** Dialysierbar

Literatur

1 Kun, E. et al. (1979): Stabilization of mitochondrial functions with digitonin. Methods Enzymol. 55, 115–118

3.2 Solubilisieren

Beim Solubisieren lagern sich die Seifenmoleküle mit ihren hydrophoben Resten an die hydrophoben Stellen (vor allem Transmembranbereiche) des Proteins an und verdrängen dabei teilweise die Phospholipide (■ Abb. 3.3) (Roth et al. 1989). Lagern sich genügend Seifenmoleküle an, geht das Membranprotein in Lösung. Solubilisierte Membranproteine sind also Komplexe aus Seife, Phospholipid und Protein, wobei die Anteile der Komponenten von der Zusammensetzung des verwendeten Puffers abhängen. Der Anteil der Seifen- und Phospholipidmoleküle am Komplex liegt in der Regel zwischen 10-50%.

Beim Solubilisieren von integralen Membranproteinen gibt es zwei **Probleme:**

A Das Protein geht nicht in Lösung, es aggregiert.
B Das Protein geht in Lösung und denaturiert.

Jedes Membranprotein benötigt eigene Bedingungen, um in nativer Konformation in Lösung zu gehen. Kritisch ist immer die Seife und ihre Konzentration, aber auch der Puffer, der pH, die Ionen, die Ionenstärke oder die An- oder Abwesenheit bestimmter Liganden können eine Rolle spielen. Dasselbe gilt für die Art und Menge der Phospholipide und für das Protein-zu-Seife-Verhältnis. Jede dieser Variablen kann, keine muss entscheidend sein.

Seife: Da sich die Seifen mit ihren hydrophoben Resten ans Protein anlagern, hat dieser Rest Einfluss auf die Konformation des solubilisierten Proteins. Nach ■ Tab. 3.1 gibt es drei Grundformen an hydrophoben Resten: Steroidgerüste, aliphatische Ketten, und Phenylderivate. Beim Screenen auf geeignete Seifen sollte jede Grundform vertreten sein.

Seifen mit nichtionischen hydrophilen Teilen, z.B. Octylglucosid, sind sanft zum Membranprotein und belassen es meist in der nativen Konformation – und leider oft auch in der Membran. Andererseits unterbinden ionische Seifen – durch die ionostatische Abstoßung – die Aggregation. Verlassen kann man sich darauf nicht, nicht einmal bei Deoxycholat.

Zum Solubilisieren muss die Seifenkonzentration größer sein als die CMC, denn die Membranlipide müssen sich in Mizellen einlagern können. Die obere Grenze der Seifenkonzentration liegt bei 2–3% (w/v); mehr macht wenig Sinn wegen der Inaktivierung vieler Proteine und der Viskosität der Lösung.

Es gibt Leute, die behaupten, **ohne Seifen solubilisieren** zu können. So hat Merck im Februar 2008 einen Kit namens ProteoExtract auf den Markt gebracht, von dem die Firma behauptet, er löse Membranproteine mit der Kraft von SDS und dennoch nativ. Wirkbestandteile sind die Reagenzien A und B. Sie wurden von dem Merck Mitarbeiter Jörg von Hagen gefunden. Dies im Rahmen eines Suchprojektes nach amphiphilen Substanzen in Mercks chemischer Bibliothek, wobei nicht nur Seifen, sondern alle wasserlöslichen Substanzen gescreent wurden. Messgröße war die Solubilisierung des Transmembranproteins EGF-Rezeptor im Vergleich zu Triton X-100.

Nach einem Merck-Artikel in *Innovations* löse das Reagenz A zwei Membranproteine mit sieben Transmembraneinheiten besser als SDS. Reagenz B gäbe auch eine höhere Aktivität der über einen Glykosyl-Phosphatidylinositol-Anker mit der Membran verbundenen alkalischen Phosphatase wie Triton X-100 (Reagenz A extrahiere hier weniger effizient).

Bei genauem Hinschauen tauchen Fragen auf. Nach ihrem *Innovations*-Artikel haben Uwe Michelsen, der Produktmanager für ProteoExtrakt, und Jörg von Hagen ihre Extrakte nur für 15 Minuten bei 16.000 g abzentrifugiert. Unter diesen Bedingungen sedimentieren fein verteilte Partikel nicht, es ist also unklar, ob ProteoExtrakt wirklich besser solubilisiert oder nur besser suspendiert. Autor Rehms Nachfrage bei Herrn Michelsen ergab, dass anscheinend nie bei 100.000 g für eine Stunde abzentrifugiert wurde, wobei selbst das kein absolut sicheres Solubilisierungskriterium ist (siehe ▶ Abschn. 3.2.1).

Des Weiteren zeigen Michelsen und von Hagen die Extraktionskraft von ProteoExtrakt nur für drei Proteine; Angaben über die Gesamtextraktion von Proteinen aus Membranen fehlen und wurden nach Michelsen auch nie durchgeführt.

Ein Rätsel ist die Natur der Wundersubstanzen Reagenz A und B. In dem erwähnten Innovations-Artikel wird beteuert, A und B seien keine Detergenzien, und verträglich mit den meisten Proteinanalysemethoden, insbesondere der 2D-Elektrophorese. Uwe Michelsen teilte auf Nachfrage mit, es handele sich um wasserlösliche amphiphile Substanzen, über deren Natur er aus patentrechtlichen Gründen keine Auskunft geben dürfe. Auch ob die Substanzen ionischer Natur sind, wollte er nicht mitteilen.

Was soll man davon halten?

Es ist möglich, dass es Substanzen gibt, die besser als SDS solubilisieren und dennoch die native Konformation der Membranproteine erhalten. Zumindest hoffen wir das. Dass allerdings die Merckschen Produkte dieses Wunder vollbringen, halten wir nicht für nachgewiesen. Da Herr Michelsen versichert hat, ProteoExtract sei ein Verkaufserfolg, müssten einige Forscher darüber Auskunft geben können. Bitte melden Sie sich!

Literatur

1 Michelsen, U. & Von Hagen, J. (2008): Efficient extraction of transmembrane proteins. Innovations 28, 18–20

Solubilisierungspuffer: Hepes-, Mops-, Tris-Puffer sind, falls mit Ihren Tests verträglich, eine gute Wahl. Die Konzentration sollte etwa 20 mM betragen, um genügend Pufferkapazität zu gewährleisten. Eine hohe Ionenstärke (Zusatz von 0,1–0,4 M NaCl oder KCl) im Solubilisierungspuffer schadet selten; vor allem bei den ionisierten Seifen Deoxycholat und Cholat fördern hohe Konzentrationen von NaCl (bis 1 M) die Solubilisierung. Die Zugabe von Phospholipiden ist beim Solubilisieren unnötig, die Membranen liefern genügend endogene Lipide.

Phosphatpuffer (0,1–0,2 M), die chaotropen Rhodanidsalze (0,2–0,4 M) und Harnstoff (2–6 M) verstärken die Solubilisierungskraft von Seifen, wobei Harnstoff mit nichtionischen Seifen Komplexe bildet. Chaps vereint mit Guanidinchlorid soll wirksam Proteine solubilisieren, die zur Aggregation neigen, doch nichtionische Seifen fallen mit hohen Konzentrationen von Guanidinchlorid aus. Die denaturierenden Zusätze Rhodanid, Harnstoff und Guanidinchlorid verwendet der Experimentator, dem es auf die native Konformation seines Proteins ankommt, nur in der Not.

Beliebte **Stabilisatoren** im Solubilisierungspuffer sind 10–20% (w/v) Glycerin, 1 mM DTT und 0,1–1 mM EDTA. Segensreich wirken auch die Proteaseninhibitoren PMSF, Bacitracin, Trypsininhibitor, Leupeptin, Benzamid und Benzamidin, denn Bindungsaktivitäten sind in Lösung empfindlicher gegen Proteasen als in der Membran (s. ◘ Tab. 5.1). PMSF hemmt Serin-Proteasen irreversibel durch kovalente Derivatisierung des aktiven Zentrums. Eine einmalige Anwendung reicht daher aus, zumal sich PMSF in wässriger Lösung zersetzt (Halbwertszeit ein paar Stunden).

Protein/Seife-Verhältnis: Bei der Solubilisierung kommt es nicht nur auf die Konzentration der Seife an, sondern auch auf das Massenverhältnis Seife/Protein (SPV). ◘ Abb. 3.4 zeigt, wie die Solubilisierung eines Membranproteins vom SPV abhängt. Systematische Untersuchungen fehlen, doch scheint es zu jedem Seife/Membranproteinpaar ein optimales SPV zu geben. Für Chaps liegt das optimale SPV meist zwischen 0,5 und 1, für Cholat zwischen 0,5 und 2,5, für Triton X-100 zwischen 2 und 4 und für Digitonin zwischen 3 und 6. Daher die Solubilisierungs-Faustregel: Seifenkonzentration 0,5–2% (w/v); Proteinkonzentration 2–5 mg/ml (SPV 1-10).

Lagerung: Bei 4°C und in Puffern mit Stabilisatoren halten sich die meisten solubilisierten Membranproteine ein paar Tage. Wer Seifenextrakte länger aufbewahren will, sollte sie in flüssigem N_2 einfrieren und bei −80°C lagern. Solubilisierte Membranproteine überstehen wiederholtes Frieren und Tauen, vorausgesetzt das Einfrieren findet in flüssigem N_2 statt. Einfrieren und Lagern bei −20°C ist, nach Rehms Erfahrungen, nicht besser als Lagern bei 4°C.

Wie solubilisiert man? Man inkubiert die fein suspendierten Membranen (Proteinkonzentration 2–5 mg/ml) bei 4°C in einem geeigneten Puffer mit 0,5%–2% (w/v) der Seife. Die einen rühren dabei mit einem Teflonfisch, andere vortexen alle 10 min und wieder andere bemühen einen Überschlag-Schüttler. Schaumschlagen jedoch übt der Profi nur auf Kongressen und auch Beschallen kann die Proteine denaturieren. Nach etwa 1 h wird der Extrakt abzentrifugiert (1 h, 100.000 g oder mehr bzw. länger) und das Pellet, nach mehrmaligem Waschen, im gleichen Volumen Solubilisierungspuffer (ohne Seife) resuspendiert. Untersuchen Sie Überstand **und** resuspendiertes Pellet auf die gewünschte Aktivität!

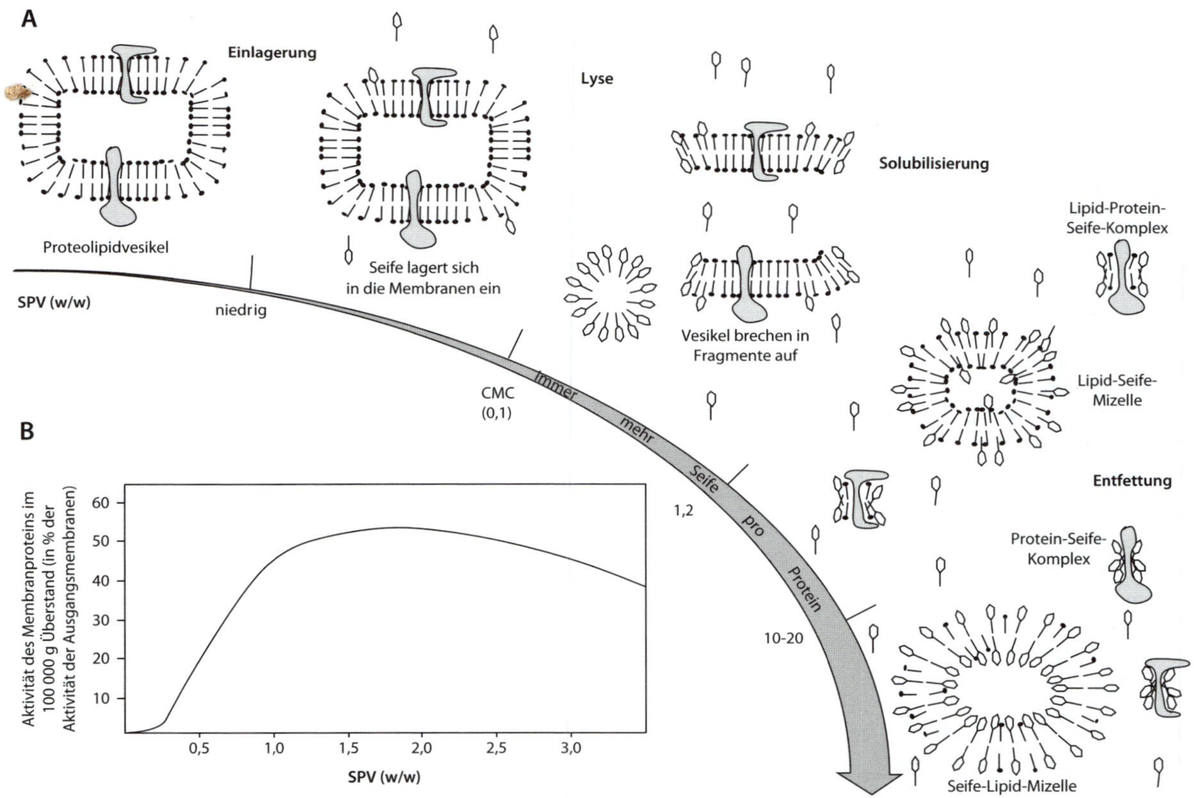

Abb. 3.4 Der Einfluss des Seife/Protein-Verhältnisses (SPV) auf die Solubilisierung von Membranproteinen
A SPV und Membransolubilisierung, schematisch (nach Hjelmeland 1990)
B Abhängigkeit der solubilisierten Aktivität vom SPV. Aliquots einer Membran-Suspension mit bestimmter Proteinkonzentration wurden mit jeweils zunehmenden Konzentrationen Seife solubilisiert. Danach bestimmte der Experimentator in den 100.000 g Überständen und auch in der ursprünglichen Membransuspension (100%-Wert) die Aktivität des gesuchten Membranproteins (z.B. Ligandenbindung, Enzymaktivität)
Im Allgemeinen hängt der Prozenzsatz solubilisierte Aktivität S-förmig vom SPV ab. Doch die verwendete Seife, Puffer etc. beeinflussen die Position der Kurve, die Höhe ihres Gipfels und das Ausmaß der Inaktivierung der Aktivität (bei hohen Seifenkonzentrationen, rechter Kurvenarm)
Zudem verschiebt sich die Kurve oft nach links, wenn man die Konzentration an Gesamtprotein erhöht, so dass z.B. unter sonst gleichen Bedingungen ein SPV von 0,5 bei einer Membranproteinkonzentration von 3 mg/ml 10% Aktivität solubilisiert, bei einer Konzentration von 6 mg/ml aber 40%

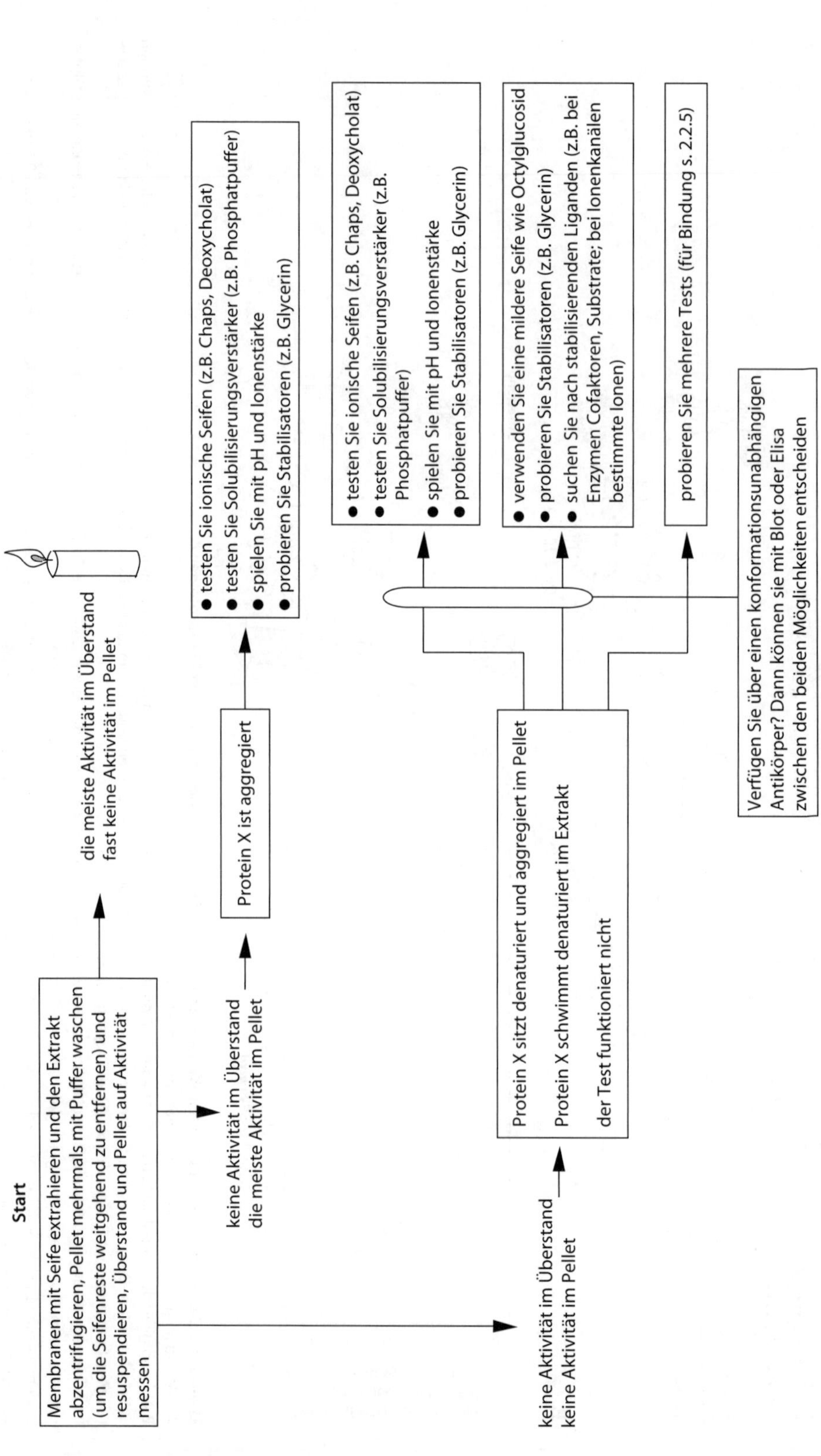

Abb. 3.5 Solubilisieren

Führen Sie zuerst 2–3 Pilotexperimente durch mit Triton X-100, Cholat und Octylglucosid und dem Puffer in dem Sie für gewöhnlich ihre Aktivität messen. Scheitern die Pilotexperimente, sollten Sie sich überlegen, ob Sie nicht besser an einem anderen Projekt weiter machen. Vor allem dann, wenn beim Extrahieren die (z.B.) Bindungsaktivität verschwindet und weder im Pellet noch im Überstand zu finden ist. Wurde solubilisiert, aber der Bindungstest funktioniert nicht? Wurde nicht solubilisiert und das Protein sitzt aggregiert und denaturiert im Pellet? Funktioniert der Test und das Protein wurde in nichtbindendem Zustand solubilisiert? Mit diesen Fragen können Sie sich jahrelang herumschlagen. Denn ein rationales Erfolgsrezept gibt es für's Solubilisieren nicht, Sie müssen screenen: Seifen, Ionen, Stabilisatoren etc. pp. (■ Abb. 3.5).

Ist das Protein in nativem Zustand solubilisiert, setzt man für die weiteren Untersuchungen die Seifenkonzentration herab (Richtwert 0,05–0,2% (w/v) für Seife, 0,01–0,04% (w/v) für Phospholipid). Dies aus Sparsamkeit und weil eine hohe Seifenkonzentration vielen Proteinen auf die Dauer missfällt. Viele Solubilisierer glauben, dass Membranproteine nur oberhalb der CMC einer Seife in Lösung bleiben. Nach Rehms Erfahrungen gilt dies nicht für alle Seifen und Membranproteine. Allerdings sollten **alle** Puffer, mit denen das solubilisierte Protein in Kontakt kommt, Seife und Phospholipid enthalten. Natürlich kontrollieren Sie, ob ihr Protein unter den neuen Bedingungen nicht ausfällt (ein paar Stunden stehen lassen, abzentrifugieren, Überstand & Pellet testen und vergleichen).

Merke Membranproteine solubilisieren benötigt wenig Intelligenz, aber Fleiß und Ausdauer.

Zum Schluss noch mal zum Anfang: Zur **Vorbehandlung der Membranen.** Falls Sie ihr integrales Membranprotein reinigen oder ihre Untersuchung auf integrale Membranproteine beschränken wollen, kann es sinnvoll sein, vor der Solubilisierung alle Proteine zu entfernen, die nicht fest in der Membran verankert sind. Dazu waschen Sie die Membranen mit eiskalter verdünnter Natronlauge (1 mM=pH 11) oder behandeln sie mit eiskalter Carbonatlösung pH 11,5 (Fujiki et al. 1982). Bei diesem pH sind fast alle Proteine und die Membran stark negativ geladen und stoßen sich gegenseitig ab (Coulombsche Abstoßung). Nicht fest verankerte (nicht-integrale) Proteine werden daher von der Membran abgestreift und Sie sind sie los.

Bei stark alkalischem pH wandeln sich Membranvesikel zudem in flächige Schuppen um. Der alkalische pH wirkt also von beiden Seiten und intravesikuläre Proteine werden ebenfalls freigesetzt (s. ► Kap. 7.5.9.3). Ja, es kann Ihnen sogar geschehen, dass Sie integrale Membranproteine verlieren. Sie müssen das kontrollieren.

Natürlich ist pH 11 schlecht für die Konformation vieler Proteine. Integrale Membranproteine werden jedoch durch die Membran stabilisiert und überstehen oft (aber nicht immer!) die brutale Behandlung.

Eine ähnliche aber schwächere Abstreifwirkung erreichen Sie durch Behandeln der Membranen mit bidest. H_2O bzw. mit Puffern niedriger Ionenstärke (z.B. 5-10 mM NaH_2PO_4). Sie entfernen damit die kleinen Ionen (Na^+, Cl^-, K^+ etc.), die Protein- und Membranladungen abschirmen, und es kommt ebenfalls zu Abstoßung zwischen Proteinen und den Proteinen und der Membran. Aber Vorsicht: Bei niedriger Ionenstärke adsorbieren manche Proteine und Proteinkomplexe (z.B. Ribosomen) an Membranen. Es empfiehlt sich, die Membranen erst bei hoher und dann bei niedriger Ionenstärke zu waschen. Manche Membranvesikel scheinen zudem bei niedrigen Ionenstärken in kleine Fetzen zerrissen zu werden, die nicht oder nur schlecht pelletieren.

Auf diese Weise zog er langsam fort, und die Sonne schien so brennend hernieder, dass dies hinreichend gewesen wäre ihm die Sinne zu verrücken, hätte er welche gehabt.

Literatur

Übersichtsartikel

2 Fujiki, Y. et al. (1982): Isolation of intracellular membranes by means of sodium carbonate treatment: application to endoplasmic reticulum. J. Cell Biol. 93, 97–102
3 Hjelmeland, L. (1990): Solubilization of native membrane proteins. Methods Enzymol. 182, 253–264

4 Luche, S. et al. (2003): Evaluation of nonionic and zwitterionic detergents as membrane protein solubilizers in two-dimensional electrophoresis. Proteomics 3, 249–254
5 Roth, M. et al. (1989): Detergent structure in crystals of a bacterial photosynthetic reaction center. Nature 340, 659–662.

Neuronale Transmitterrezeptoren

6 Bristow, D. & Martin, I. (1987): Solubilization of the γ-aminobutyric acid/benzodiazepine receptor from rat cerebellum: optimal preservation of the modulatory responses by natural brain lipids. J. Neurochem. 49, 1386–1393
7 Hooper, R. (1986): Optimisation of conditions for solubilization of the bovine dopamine D2 receptor. J. Neurochem. 47, 1080–1085

Ionenkanäle

8 Rehm, H. & Betz, H. (1984): Solubilization and characterization of the β-bungarotoxin binding protein of chick brain membranes. J. Biol. Chem. 259, 6865–6859
9 Seagar, M. et al. (1987): Solubilization of the apamin receptor associated with a calcium-activated potassium channel from rat brain. J. Neuroscience 7, 565–570

Transporter

10 Yamada, K. et al. (1988): Solubilization and characterization of a ^{3}H-hemicholinium-3 binding site in rat brain. J. Neurochem. 50, 1759–1764

Hormonrezeptoren

11 Dufau, M. et al. (1973): Characteristics of a soluble gonadotropin receptor from the rat testis. J. biol. Chem. 248, 6973–6982
12 Johnson, W. et al. (1984): Solubilization and characterization of thyrotropin-releasing hormone receptors from rat brain. Proc. Natl. Acad. Sci. USA 81, 4227–4231

Andere Rezeptoren

13 Bogonez, E. et al. (1985): Solubilization of a vectorial transmembrane receptor in functional form: aspartate receptor of chemotaxis. Proc. Natl. Acad. Sci. USA 82, 4891–4895
14 Perdue, J. et al. (1983): The biochemical characterization of detergent-solubilized insulin-like growth factor II receptor from rat placenta. J. Biol. Chem. 258, 7800–7811

3.2.1 Solubilisierungskriterien

Ist ein Protein nach einstündiger Zentrifugation bei 100.000 g noch im Überstand, so gilt es nach landläufiger Ansicht als solubilisiert. Dieses Kriterium versagt, wenn der Solubilisierungspuffer Glycerin oder andere Bestandteile enthält, die die Dichte der Lösung erhöhen und die Sedimentationsgeschwindigkeit erniedrigen. Auch bei großen Zentrifugationsvolumina und entsprechend langen Sedimentationswegen reichen 100.000 g×h nicht aus, um alle Partikel zu sedimentieren. Beweiskräftiger ist eine Gelfiltration des Seifenextraktes an Sepharose CL 6B: Erscheint das Protein im Einschlussvolumen der Säule, ist es solubilisiert.

Dichtegradientenzentrifugationen (z.B. in 5–20% Sucrosegradienten) sind ein weiteres Solubilisierungskriterium. Nichtsolubilisiertes Protein pelletiert am Boden des Zentrifugenröhrchens. Ein solubilisiertes Protein dagegen gibt einen Gipfel im Gradienten, dessen Position von seiner Sedimentationskonstante abhängt. Dichtegradienten verdünnen die Probe kaum und erlauben es, mehrere Proben gleichzeitig unter verschiedenen Bedingungen zu untersuchen. Über mitlaufende Markerproteine misst die Dichtegradientenzentrifugation zudem den scheinbaren Sedimentationskoeffizienten.

Zum einwandfreien Beweis der Solubilisierung gehören die Gelfiltration und der Dichtegradient. Der Beweis ist nicht trivial. So wurden Ende der 80er Jahre ein halbes Dutzend Paper zur Solubilisierung des Rezeptors für den Neurotransmitter N-Methyl-D-Aspartat (NMDA) veröffentlicht. Verschiedene Laboratorien behaupteten, sie hätten den Rezeptor in nativer Form mit Deoxycholat, Triton oder Cholat solubilisiert. Sie irrten.

Als **Beispiel für falsche Forschungsstrategien** und Taktik sei das genauer erzählt.

Rehms Professor wollte eine der veröffentlichten Solubilisierungsmethoden nutzen, um den NMDA-Rezeptor zu reinigen und zu klonieren. Er hielt das für genial, Rehm für eine Schnapsidee. Der Grund: Wenn sechs Gruppen an der Solubilisierung arbeiten, haben mindestens drei ebenfalls den nahe liegenden Einfall, den Rezeptor zu reinigen. Man lässt sich also auf ein Wettrennen ein, bei dem alle Gegner einen Vorsprung von etwa anderthalb Jahren haben.

Allein, Rehm redete gegen eine Wand.

Also wurde solubilisiert. Es ging nicht. Rehm kochte das halbe Dutzend Vorschriften aufs Genaueste nach, das Ergebnis war immer das gleiche: kein NMDA-Rezeptor im Überstand und wenn doch, dann war er nicht gelöst.

Wie konnten dann die anderen behaupten, sie hätten solubilisiert?

Solubilisierungskriterium war für alle Gruppen allein die übliche Zentrifugation bei 100.000 g für 1 h gewesen. Das reicht wie eingangs erwähnt jedoch nicht immer, um fein suspendierte Membranpartikel zu pelletieren, vor allem dann nicht, wenn man Deoxycholat zum Solubilisieren verwendet und der Puffer noch 10% oder mehr Glycerin enthält. Glycerin erhöht die Dichte der Lösung. Rehms Konkurrenz hatte fein suspendierte Membranpartikel für »gelösten« NMDA-Rezeptor gehalten.

Das zeigte Rehm unter anderem eine Gelfiltration an Sepharose CL 6B. Bei der eluierte die Bindung im Ausschlussvolumen. Wäre der NMDA-Rezeptor gelöst gewesen, hätte er – wie oben erwähnt – im Einschlussvolumen auftauchen müssen.

Mit dieser Erkenntnis marschierte Rehm zum Ordinarius. Der glaubte ihm nicht.

»Ein halbes Dutzend angesehener Gruppen berichten von einer Solubilisierung. Aber der oberschlaue Rehm will's besser wissen«, mochte er gedacht haben.

Gesagt hat er: »Da hast du wohl experimentell etwas übersehen, oder was nicht richtig gemacht. Oft hängt es ja nur an Kleinigkeiten…« Der Ordinarius war wenigstens ein guter Diplomat.

»OK, probier ich halt weiter«, sagte Rehm, zog eine Lätsch (er ist kein guter Diplomat), und dachte nicht druckfähige Worte. Dabei hatte er damals mit der Forschung schon abgeschlossen und es konnte ihm gleich sein, womit er den Rest seiner Vertragszeit totschlug. Rehm hat dann ein halbes Jahr damit verbraten, den NMDA-Rezeptor zu solubilisieren: Nach den publizierten Methoden, nach eigenen Einfällen, aus Rattenhirn, aus Krötenhirn, sogar aus Hummerganglien. Vergebens. Heute, über 20 Jahre später, ist der Rezeptor immer noch nicht solubilisiert.

Was lernt der Experimentator daraus?

Trauen Sie niemandem, auch mehrere Labors können irren. Entscheidend ist nicht eine Autorität, auch dann nicht wenn sie in der Mehrzahl auftritt ($n \times 0 = 0$). Entscheidend ist das Experiment. Und: Lassen Sie sich keine Experimente aufdrängen, von denen Sie nicht überzeugt sind, vor allem dann nicht, wenn Sie nur eine Zeitstelle haben. Der Prof kann Vorschläge machen, die Entscheidung darüber liegt bei Ihnen. Sie tragen das Risiko, Sie haben es auszubaden, wenn die Experimente schief gehen. Wenn der Prof das nicht akzeptiert, dann schauen Sie, dass Sie weiterkommen und zwar so schnell wie möglich.

3.2.2 Physikalische Parameter solubilisierter Membranproteine

Von solubilisierten Membranproteinen lassen sich ohne größeren apparativen Aufwand MG, Stokes Radius, Sedimentationskoeffizient, Anteil an gebundener Seife und Phospholipid, isoelektrischer Punkt und scheinbarer Reibungskoeffizient bestimmen. Die Kenntnis von Stokes Radius, MG und isoelektrischem Punkt erleichtert die Planung einer Reinigung oder den Entwurf eines Nachweistests; die anderen Größen sind von bibliothekarischem Wert.

Den **Stokes Radius** des Protein-Seife-Phospholipid-Komplexes liefert eine Gelfiltration (z.B. an Sepharose 6B oder CL 6B), sofern man Markerproteine von bekanntem Stokes Radius mitlaufen lässt (z.B. β-Galactosidase 6,9 nm; Apoferritin 6,1 nm; Katalase 5,2 nm; BSA 3,55 nm). Die Methode bestimmt **nicht** das Protein-MG (u.a. wegen dem Anteil an Seife und Phospholipid am Komplex).

Sedimentationskoeffizient, MG, scheinbarer Reibungskoeffizient und die Anteile an gebundener Seife und Phosholipid lassen sich über Dichtegradientenzentrifugationen in H_2O und D_2O bestimmen. Voraussetzung ist, dass die partiellen spezifischen Volumina von Seife und Protein (wird als 0,73 cm^3/g angenommen) verschieden sind und der Stokes Radius des Protein-Phospholipid-Seifen-Komplexes bekannt ist (Clarke 1975). Lubrol PX, Triton X-100 und Octylglucosid eignen sich für die H_2O/D_2O-Zentrifugation, Deoxycholat nicht. Die zugehörige Rechnerei ist kompliziert, und manche Parameter, so das partielle spezifische Volumen des Proteinanteils, müssen angenommen werden. Trotzdem stimmt das errechnete MG oft gut mit der Wirklichkeit (d.h. mit den Ergebnissen anderer Bestimmungsmethoden) überein.

Nach Ariel Lustig (2000, 2006) lässt sich das MG eines Membranproteins mit der analytischen

Ultrazentrifuge bestimmen. Die Methode soll genau genug sein, um die Untereinheitenzusammensetzung eines Membranproteins zu bestimmen (s. ► Abschn. 8.1.1)

Auch mit Strahlungsinaktivierung lässt sich das MG von Membranproteinen bestimmen (Harmon et al. 1985). Sie bestrahlen die gefriergetrocknete oder gefrorene Probe mit verschiedenen Dosen hochenergetischer γ- oder β-Strahlung (> 1 MeV). Die Strahlung zerstört in einem »alles oder nichts« Prozess die molekulare Struktur des Proteins und damit seine biologische Aktivität. Zu jeder Dosis bestimmen Sie die restliche enzymatische Aktivität (V_{max}) oder die Zahl der Bindungsstellen (B_{max}). Daraus lässt sich die Trefferwahrscheinlichkeit und das MG der »funktionellen Einheit« errechnen. Die Methode setzt eine hochenergetische Strahlenquelle voraus. Zudem muss sich die Probe ohne Aktivitätsverlust gefriertrocknen und rehydrieren oder frieren/tauen lassen.

Mit einer Chromatofokussierung können Sie den **isoelektrischen Punkt** von Membranproteinen ermitteln. Sie gibt zudem eine beachtliche Anreicherung. Für eine Chromatofokussierung muss das Protein bei niedriger Ionenstärke stabil sein (Salz stört die Fokussierung) und Sie dürfen keine ionische Seifen wie Deoxycholat, Cholat oder SDS verwenden.

Über eine isoelektrische Fokussierung in Polyacrylamidgelen dagegen lässt sich der isoelektrische Punkt von integralen Membranproteinen nicht bestimmen. Integrale Membranproteine fokussieren nicht im IEF-Gel, sondern schmieren über mehrere pH-Einheiten (s. ► Abschn. 1.3.3). Der Grund sind vermutlich Aggregations/Adsorptionsprobleme, die auch der Zusatz nichtionischer Seifen wie Triton X-100 nicht behebt. Für Unverzagte: Dockham et al. (1986) behaupten, dass Membranproteine sich fokussieren lassen, wenn man sie in Lysin, 9 M Harnstoff und 2% Triton X-100 auflöst.

Literatur

MG-Bestimmung von Membranproteinen

1 Clarke, S. (1975): The size and detergent binding of membrane proteins. J. Biol. Chem. 250, 5459–5469
2 Haga, T. et al. (1977): Hydrodynamic properties of the β-adrenergic receptor and adenylate cyclase from wild type and variant S49 lymphoma cells. J. Biol. Chem. 252, 5776–5782
3 Harmon, J. et al. (1985): Molecular weight determinations from radiation inactivation. Methods Enzymol. 117, 65–94
4 Patthi, S. et al. (1987): Hydrodynamic characterization of vasoactive intestinal peptide receptor extracted from rat lung membranes in Triton X-100 and n-octyl-β-D-glucopyranoside. J. Biol. Chem. 262, 15740–15745
5 Tanford, C. et al. (1974): Molecular characterization of proteins in detergent solution. Biochemistry 13, 2369–2376
6 Lustig, A. et al. (2000): Molecular weight determination of membrane proteins by sedimentation equilibrium at the sucrose or Nycodenz-adjusted density of the hydrated detergent micelle. BBA 1464, 199–206
7 Machaidze, G. & Lustig, A. (2006): SEGAL, a semi-automatic program for fitting sedimentation equilibrium patterns from analytical ultracentrifugation. J Biol Phys Chem 6, 91–102

Isoelektrische Fokussierung und Chromatofokussierung

8 Dockham, P. et al. (1986): An isoelectric focusing procedure for erythrocyte membrane proteins and its use for two-dimensional electrophoresis. Anal. Biochem. 153, 102–115
9 Siemens, I. et al. (1991): Solubilization and partial characterization of angiotensin II receptors from rat brain. J. Neurochem. 57, 690–700
10 Thomas, L. et al. (1988): Identification of synaptophysin as a hexameric channel protein of the synaptic vesicle membrane. Science 242, 1050–1053

Solubilisieren entbehrt nicht einer gewissen Poesie. Der Experimentator schwebt in windigen Höhen wie ein Adler und späht nach dem Mäuschen, das sich nicht blicken lassen will. Einsam und endlos dreht er seine Kreise zwischen Membranenmachen, pipettieren, rühren, zentrifugieren, suspendieren und dem Aktivitätstest. Manche nennen das stumpfsinnig, doch fehlt uns nicht allen das beruhigende Ritual und das Gefühl, eine Sache um ihrer selbst willen zu tun?

Gottseidank lässt beim Solubilisieren der Erfolg nur in Ausnahmefällen länger als ein Jahr auf sich warten. Danach ist die Bahn frei für Interessanteres wie Reinigen, Untereinheitenzusammensetzung etc.

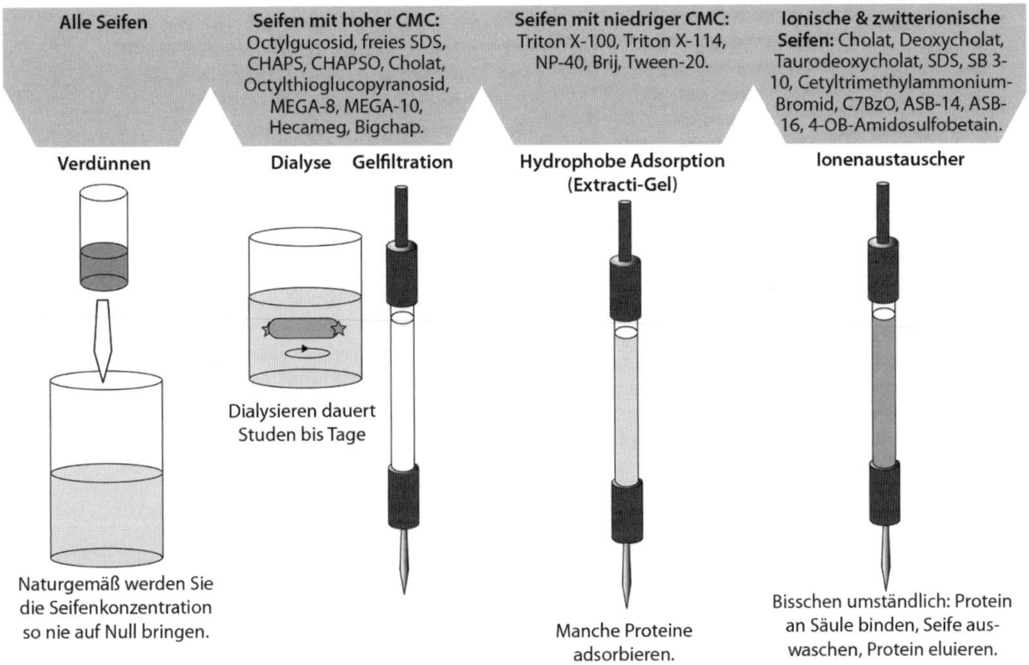

■ **Abb. 3.6 Seifen-Ex**

3.2.3 Wie werde ich die Seife wieder los?

Es gibt fünf Methoden Verdünnen, Dialyse, Gelfiltration, Adsorption an hydrophobe Säulen und Ionenaustausch-Chromatographie. SDS lässt sich unter bestimmten Bedingungen auch ausfällen (z.B. mit SDS-out Reagenz von Pierce). Die Wahl der Methode richtet sich nach der Seife und danach, was Sie hinterher mit der Probe anfangen wollen. ■ Abb. 3.6 gibt Ihnen einen Überblick. Einzelheiten finden Sie in ▶ Kap. 4.2.1.

Als Don Quichotte sich im freien Felde sah, war ihm, als befinde er sich wieder in seinem Elemente, sein Geist erwachte von neuem, die Bahn der Ritterschaft zu verfolgen, und indem er sich zu Sancho wandte, sagte er: Die Freiheit, Sancho, ist eins der köstlichsten Geschenke, welches der Himmel nur immer den Menschen verliehen hat.

Rekonstitution von Proteinen

4.1 Rekonstitution der Tertiärstruktur löslicher Proteine

Es gibt noch Fragen der Biochemie, deren Beantwortung mit einem Nobelpreis belohnt würde. »Wie berechnet man aus der Aminosäuresequenz die Konformation eines Proteins?«, wäre eine solche Frage und damit zusammenhängend: »Unter welchen Bedingungen bildet sich aus einer denaturierten Aminosäurekette das native Protein?«

Für Antworten auf die zweite Frage ist man immer noch auf Serienexperimente nach dem Versuch-Irrtum Prinzip angewiesen. Dabei stellt sich das Problem oft. So flockt bei der Proteinüberexpression in Bakterien das produzierte Protein häufig zu Inklusionskörpern aus, die aufgelöst werden müssen. Meist verwendet man dazu denaturierende Agenzien wie Harnstoff oder Guanidiniumchlorid oder SDS. Wie haucht man diesen Proteinleichen wieder Leben ein?

Zu einer erfolgreichen Rekonstitution müssen Sie mehrere Hürden nehmen. Die erste: Verhindern Sie die Aggregation der Aminosäureketten! Sind die Stränge einmal verfilzt können Sie einen Hut daraus pressen aber es wird kein Doktorhut werden. Das Aggregationsproblem versuchten Charles Epstein und Christian Anfinsen schon in den 60er-Jahren des letzten Jahrhunderts durch Immobilisierung zu lösen. Sie banden die denaturierten Proteinmoleküle an eine Matrix, entfernten das denaturierende Agens und lösten das (hoffentlich renaturierte) Protein dann wieder ab. Die Idee: Das denaturierende Agens, SDS, Harnstoff oder Guanidiniumchlorid, entfaltet die Proteinketten zwar, verhindert aber auch ihre Aggregation. Kritisch wird es erst, wenn das denaturierende Agens entfernt wird (z.B. durch Dialyse): Dann können die Aminosäureketten miteinander verfilzen. Ist jedoch das denaturierte Protein an eine Matrix gebunden kann es nicht mit seinesgleichen wechselwirken also auch nicht aggregieren.

Die Idee ist gut, funktioniert aber nicht immer. Manchmal lässt sich das Protein nicht mehr von der Matrix ablösen. Auch muss sich die Aminosäurekette nicht zwangsläufig wieder richtig zurückfalten. Faltet sie sich falsch zurück, kann es auch nach dem Ablösen von der Matrix zur Aggregation kommen – und selbst wenn nicht: falsche Faltung gibt eine Proteinleiche und Leichen sind tot – im Massengrab genauso wie bei Einzelbestattung. Zudem ist die Methode umständlich. Glücklich scheinen mit ihr denn auch nur die Erfinder geworden zu sein. Anfinsen erhielt 1972 den Nobelpreis, (Titel seiner Nobelpreisrede: »Studies on the principles that govern the folding of protein chains«). Epstein dagegen verließ das Gebiet und entwickelte eine Trisomie 16 Maus als Modell für das Down Syndrom.

Einfacher wäre es, in Lösung zu renaturieren. Eine allgemeingültige und zuverlässige Vorschrift dazu gibt es (noch) nicht, lediglich einige Regeln. Unsere stammen zum Teil aus dem Netz von einem gewissen Nikolai, den wir nicht näher identifizieren konnten. Zuerst gilt es einen einfachen Test zu entwickeln, der Ihnen sagt, ob das Protein in nativer Konformation oder denaturiert vorliegt. Bei Enzymen bietet sich die Enzymaktivität an. Die Prinzipien und Einzelheiten von Enzymtests werden in Bergmeyer (1983) und Suelter (1990) behandelt. Bei anderen Proteinen eignet sich die spezifische Bindung eines Liganden für die Konformationskontrolle (s. ► Kap. 2). Als nächstes muss das denaturierende Agens entfernt oder wenigstens seine Konzentration auf harmlose Werte reduziert werden. Der Erfolg einer Renaturierung hängt ab von:

1. Zusammensetzung und pH des Renaturierungspuffers. Dies ist ein weites Feld: endlos können Sie Ionen, Ionenstärke, Cofaktoren, Thiol-Verbindungen und den pH variieren. Es lohnt sich mit Mikrotiterplatten zu arbeiten und auf einen Schlag hunderte von verschiedenen Puffern zu testen. Anderenfalls verbraten Sie Jahre mit der Suche nach einem Renaturierungspuffer.
2. der Geschwindigkeit, mit der das denaturierte Protein in den Renaturierungspuffer überführt wird. Faustregel: Je schneller dabei das denaturierende Agens, z.B. SDS, entfernt oder unwirksam gemacht wird, desto besser der Renaturierungserfolg.
3. Der Reinheit des zu renaturierenden Proteins. Verunreinigungen behindern die Renaturierung.
4. Der Konzentration des zu renaturierenden Proteins. Faustregel: Je verdünnter desto bes-

ser. Je einsamer die Aminosäureketten in der Lösung schwimmen, desto weniger können sie sich beim Zurückfalten gegenseitig stören: Intramolekulare Wechselwirkungen überwiegen die intermolekularen Wechselwirkungen.
5. Zahl und Anordnung von SH-Gruppen. Faustregel: Je mehr SH-Gruppen ein Protein besitzt, desto unwahrscheinlicher ist eine korrekte Zurückfaltung bzw. die Ausbildung der richtigen Disulfidbrücken. Eine Mischung von reduziertem und oxidiertem Glutathion bei basischem pH (8 oder höher) soll helfen, wobei das optimale Verhältnis von reduziertem und oxidiertem Glutathion für jedes Protein bestimmt werden muss. Manchmal bilden sich die korrekten Disulfidbrücken auch ohne die Zugabe von Thiol-Verbindungen (Marston et al. 1984).

Das Wichtigste noch einmal: Das denaturierende Agens muss beim Wechsel in den Renaturierungspuffer verschwinden oder wenigstens auf harmlose Konzentrationen reduziert werden.

SDS beispielsweise sollte wenigstens auf Konzentrationen unterhalb seiner kritischen mizellären Konzentration sinken. Das ist jene Seifenkonzentration, unterhalb derer die Seife nur als Monomer und nicht mehr in Mizellen vorliegt. Bei SDS liegt die kritische mizelläre Konzentration – abhängig unter anderem von der Ionenstärke – bei 8 mM.

In ▶ Kapitel 3.2.3 werden fünf Methoden aufgezählt, die SDS-Konzentration einer Lösung herabzusetzen: Verdünnen, Dialyse, Gelfiltration, Ionenaustauschchromatographie und Ausfällen mit K^+ oder divalenten Kationen. Die Methoden sind in punkto Renaturierungserfolg nicht gleichwertig. Verdünnen beispielsweise geht schneller als dialysieren, und ist daher vorzuziehen, zumal auch das Verdünnen per se die Rekonstitution begünstigt. Ausfällen des SDS mit K^+ oder divalenten Kationen läuft zwar auch schnell ab, doch besteht hier die Gefahr einer Adsorption der Proteine an das Präzipitat: Nach Rehms Erfahrungen fehlt hinterher im Überstand sowohl das SDS als auch das Protein.

Ein weiteres Renaturierungshilfsmittel für SDS-denaturierte Proteine wurde 1995 von David Rozema und Samuel Gellman beschrieben: β-Cyclodextrin. Es handelt sich um ein ringförmiges Oligosaccharid aus sieben α-1,4-glykosidisch verknüpften Glucosemolekülen und entsteht beim Abbau von Stärke. β-Cyclodextrin ist stabil in alkalischen Lösungen. Es besitzt einen hydrophoben Hohlraum und bildet mit SDS und anderen Seifen eine reversible, nichtkovalente, wasserlösliche Einschlussverbindung. Seine renaturierende Wirkung kommt also durch die schnelle, schonende und effektive Entfernung von SDS zustande. So gelang es Rozema und Gellman 1996 mit Hilfe von β-Cyclodextrin denaturierte Carboanhydrase zu renaturieren.

Rozema und Gellman vertraten dabei die Ansicht, es sei essentiell, das Protein während der Denaturierung (bei Hitzedenaturierung) oder hinterher (bei Denaturierung durch 5 M Guanidiniumchlorid) durch Detergenzzusatz (SDS, Cetyltrimethylammonium bromide oder Sodiumtetradecylsulfat) vor dem Aggregieren zu bewahren. Nach Rozema und Gellman haben die Detergenzien eine Art Chaperone-Wirkung. Dennoch sollte man die Lösung soweit wie möglich verdünnen (auf 10–50 µg/ml). Je nach Art der Denaturierung (Hitze oder Guanidiniumchlorid) erhielten Rozema und Gellman in Anwesenheit von SDS und nachfolgender Gabe von β-Cyclodextrin zwischen 15 und 28% der ursprünglichen Aktivität. Beim Denaturieren in Gegenwart von Cetyltrimethylammoniumbromid lag die Ausbeute bei 81 bzw. 74%. Nichtionische Detergenzien erwiesen sich als wenig wirksam.

Die Methode funktioniert nach Gellman und Rozema nicht nur mit Carboanhydrase, sondern auch mit anderen Enzymen wie der dimeren Citrat Synthetase. Sie soll sogar in SDS-Gelen funktionieren. So hat Etsushi Yamamoto kürzlich α-Gluconidase aus Hefe mit Hilfe von β-Cyclodextrin im SDS Gel wiederbelebt. Die α-Gluconidase Probe war für zwei Minuten mit Mercaptoethanol gekocht und auf ein 10% Lämmli SDS Gel aufgetragen worden. Nach dem Lauf wurde das Gel entlang der Laufrichtung in Streifen geschnitten und die Streifen bei Raumtemperatur für 30 min in verschiedenen Renaturierungspuffern inkubiert (10 mM Na-Phosphat Puffer pH 7.6 mit verschiedenen Konzentrationen β-Cyclodextrin (0–1,5%) oder Triton oder Isopropanol). Alle Streifen wurden zum Schluss für fünf Minuten in 10 mM Na-Phosphatpuffer pH 7.6 inkubiert und danach mit dem α-Gluconidase Substrat p-Nitrophenyl-α-D-glucopyranosid in

Phosphatpuffer inkubiert. Falls das Enzym in nativer Konformation vorliegt, also aktiv ist, entsteht das gelbe p-Nitrophenyl. Und tatsächlich: ab einer Konzentration von 0,05% β-Cyclodextrin färbten sich die mit β-Cyclodextrin inkubierten Streifen nach zehn Minuten gelb und dies bei der richtigen Position: bei 68 Kd dem Molekulargewicht der α-Gluconidase.

Das Ergebnis verwundert. Denn einerseits wird das Enzym im Lämmligel ja konzentriert was die Renaturierung behindern sollte, und andererseits dauert die Equilibrierung eines 10%igen Lämmli-Gels mit Puffer, also auch mit β-Cyclodextrin, etwa eine halbe Stunde: Von schneller Entfernung des Denaturierungsmittels kann also keine Rede sein. Vermutlich renaturieren nur die Enzymmoleküle an der Geloberfläche und die Ausbeute an renaturiertem Enzym ist dementsprechend niedrig. Dafür spricht, dass Yamamoto et al. keine Ausbeute angeben, obwohl das durchaus möglich gewesen wäre: Sie hätten die Banden aus den Gelstücken eluieren und mit nativem Enzym vergleichen können.

Literatur zu Enzymtests

1 Bergmeyer, U. (1983): Methods of enzymatic analysis. Verlag Chemie, Weinheim
2 Bisswanger, H. (2004) Practical Enzymology, Wiley VCh, Weinheim
3 Suelter, C.H. (1990): Experimentelle Enzymologie. Gustav Fischer Verlag, Stuttgart

Literatur zur Renaturierung

4 Hedhammar, M. (2005): Strategies for facilitated protein recovery after recombinant production in Escherichia coli, Royal Institute of Technology, Department of Biotechnology, Stockholm. Unter www.diva-portal.org
5 Marston. F. et al. (1984): Purification of calf prochymosin (prorennin) synthesized in Escherichia coli. Biotechnol. 2, 800–804
6 Misawa, S. & Kumagai, I. (2000): Refolding of therapeutic proteins produced in Escherichia coli as inclusion bodies. Peptide Science 51, 297–307
7 Rozema, D. & Gellman, S. (1995): Artificial chaperones: protein refolding via sequential use of detergent and cyclodextrin. J. Am. Chem. Soc. 117, 2373–2374
8 Rozema, D. & Gellman, S. (1996) Artificial Chaperone-assisted refolding of Carbonic Anhydrase B. J. Biol. Chem. 271, 3478–3484
9 Yamamoto, E. et al. (2008): Effect of ß-cyclodextrin on the renaturation of enzymes after sodium dodecylsulfate–polyacrylamide gel electrophoresis. Anal. Biochem. 381, 273–275

4.2 Rekonstitution von Membranproteinen in Membranen

4.2.1 Einleitung

Hier geht es nicht um die Rekonstitution denaturierter Proteine, sondern um die Rekonstitution in Seifen gelöster nativer Membranproteine in Membranen. Es geht auch nicht um Proteine, die Moleküle verändern (Enzyme), sondern um Proteine, die die räumliche Verteilung von Molekülen oder Ionen steuern: Transporter und Ionenkanäle. Transporter und Ionenkanäle heißen auch Translokatoren.

Ein offener (aktiver) **Ionenkanal** ist eine wassergefüllte Proteinpore, die bestimmte Ionen passieren lässt. Der Ionenstrom wird getrieben vom Konzentrationsgradienten des Ions und dem elektrischen Potenzial über der Membran. Ionenkanäle sind aber keine molekularen Brunnenmännchen, durch deren Mund die Ionen in stetig gleichem Strome fließen. Ein Kanalmolekül öffnet und schließt wie es ihm gerade passt, i.e. stochastisch, wobei die Öffnungswahrscheinlichkeit von Parametern wie Membranpotenzial oder Ligandenkonzentration abhängt. Kanäle gleichen also einer schadhaften Toilettenspülung, die stotternd Wasser liefert, solange der Hebel gedrückt wird. Man unterscheidet spannungsabhängige Ionenkanäle (z.B. spannungsabhängiger Na^+-Kanal) und ligandengesteuerte Ionenkanäle (z.B. Acetylcholinrezeptor). Es gibt Ionenkanäle, die nur ein bestimmtes Ion (z.B. Na^+) durchlassen, andere sind permeabel für mehrere Ionen (z.B. Na^+ und Ca^{2+}). Manche Ionenkanäle sind oligomere Proteine mit 4 (K^+-Kanäle) bzw 5 (ligandengesteuerte Kanäle) Untereinheiten, andere bestehen aus einem großen Protein (Na^+-Kanäle, Ca^{2+}-Kanäle) mit 4 zueinander homologen Domänen. Ionenkanalproteine sind integrale Membranproteine mit mehreren Transmembranhelices.

Transporter vermitteln die Aufnahme oder Abgabe von lipidunlöslichen Stoffen (Zuckern, Aminosäuren, Ionen) durch Phospholipidmembranen. Transporter besitzen keine Porenstruktur, sondern transportieren ihre Fracht in drei Stufen: Bindung des Substrats an die eine Seite, Konformations- oder Ortsänderung des Transporter-Substrat-Komplexes, Dissoziation des Substrats vom Transporter an der anderen Seite der Membran. Oft wird nicht nur ein Molekül transportiert, sondern mehrere, entweder in gleicher Richtung (Symport, z.B. H^+ und Lactose) oder in Gegenrichtung (Antiport, z.B. Na^+ gegen Ca^{2+}). Primär aktive Transportprozesse (Pumpen) werden von ATPasen angetrieben (z.B. die Na^+/K^+ATPase), während sekundär aktive Transportprozesse an H^+- oder Na^+-Gradienten oder an das Membranpotenzial gekoppelt sind.

Die bisher bekannten Transporterproteine besitzen bis zu einem Dutzend Transmembranhelices, von denen ein Teil amphipatisch, der Rest hydrophob ist. Vermutlich bilden die amphipatischen Helices des Transporters einen inneren Kreis, der von einem äußeren Kreis hydrophober Helices in der Membran gehalten wird.

Transporter besitzen Bindungsstellen für ihr Substrat. Die Affinität des Substrats zum Transporterprotein und die Zahl seiner Bindungsstellen kennzeichnen Transportprozesse ebenso wie die kinetischen Größen Transportgeschwindigkeit und Umsatzzahl. Die Transportgeschwindigkeit (z.B. in μMol Substrat/min) erreicht mit zunehmender Substratkonzentration einen maximalen Wert, die maximale Transportgeschwindigkeit (V_{max}). Die Umsatzzahl (in sec^{-1}) gibt die Zahl der Substratmoleküle, die ein Transportermolekül pro Sekunde transportiert.

Der Transportgeschwindigkeit beim Transporter entspricht der Ionenflux beim Ionenkanal. Der Ionenflux von Kanälen zeigt aber keine Sättigung bei Zunahme der Ionenkonzentration und ist um Größenordnungen höher als die Transportgeschwindigkeit von Transportern. Der Ionenflux ist direkt proportional zum Ionenstrom.

Die Grundlage der Funktion von Translokatoren sind membranumschlossene Kompartimente. Zellen, Organellen, Vesikel oder Proteoliposomen (Prolis). Prolis und Liposomen spielen bei Reinigung und Rekonstitution von Translokatoren eine Rolle.

4.2.2 Liposomen

Liposomen sind Vesikel aus Phospholipidmembranen. Unterteilt werden Liposomen in multilamellare Vesikel (MLV), kleine unilamellare Vesikel (SUV) und große unilamellare Vesikel (LUV) (◘ Tab. 4.1).

MLV bestehen aus vielen zwiebelartig ineinandergeschachtelten Liposomen (Prinzip der russischen Puppen). Sie entstehen beim Kontakt von Phospholipiden mit wässrigen Lösungen.

SUV entstehen beim Beschallen von MLV-Suspensionen, bei der Dialyse oder der Gelfiltration von Seifen-Phospholipidmischmizellen, beim Einspritzen einer ethanolischen Lösung von Phospholipiden in eine wässrige Lösung und beim Durchpressen von MLV-Suspensionen durch Filter definierter Porengröße.

Der Durchmesser von SUV liegt bei 20–60 nm. Ein SUV vom Durchmesser 20 nm enthält 33.300 Wassermoleküle und von einer Substanz der Konzentration 1 mM durchschnittlich 0,6 Moleküle. Ein SUV vom Durchmesser 60 nm dagegen enthält ca. 2,5 Millionen Wassermoleküle und durchschnittlich 45 Moleküle von einer Substanz der Konzentration 1 mM. SUV sind instabil und fusionieren im Laufe der Zeit zu Aggregaten, MLV und LUV. Im Gegensatz zu ihren größeren Kameraden sind SUV unempfindlich gegen Schwankungen der Osmolarität.

LUV haben Durchmesser von 100 nm-10 μm. Kleinere LUV vom Durchmesser 100–240 nm entstehen beim Dialysieren von Seifen-Phospholipid-Lösungen, wobei die Größe der Vesikel vom molaren Verhältnis Seife zu Lipid und von der Art der Seife abhängt.

Die Eigenschaften von Liposomen, z.B. ihre Permeabilität, hängen von ihren Phospholipiden ab. Grundlage ist meist Phosphatidylcholin. Die oft verwendeten Phospholipide aus Eigelb oder Sojabohnen (Asolektin) sind Mischungen verschiedener Phospholipide mit unbekannten Substanzen. Sauberer sind die Produkte von Avanti Polar. Cholesterol (z.B. Phosphatidylcholin:Cholesterol 2:1) erhöht die Stabilität und erniedrigt die Permeabilität der Liposomen, und negativ geladene Phospholipide wie Phosphatidylserin verhindern durch elektrostatische Abstoßung die Aggregation.

4

Tab. 4.1 Herstellung und Eigenschaften von Liposomen

Vesikeltyp	Herstellungsmethode	Größenbereich (Ø in nm)	Kapazität (l/mol Lipid)	Vorteile	Nachteile
MLV	Dispersion des Lipids in Wasser		1–4	leichte und schnelle Herstellung	niedrige Kapazität und heterogene, schlecht charakterisierte Vesikelmischung
oligolamellare Vesikel und LUV	homogenisieren von MLV mit Liposomenextruder und Polycarbonatmembranen definierter Porengröße				heterogene Vesikelmischung, braucht spezielle Apparatur
SUV	ultrabeschallen von MLV	20–60	0,2–1,5	einheitliche Größe, leicht herzustellen	niedrige Kapazität; die Liposomen nehmen keine Moleküle auf, deren MG größer als 40 Kd ist; die SUV sind instabil und bilden Aggregate; beschallen degradiert Lipide
SUV/LUV	Dialyse von Phospholipid- Seifen-Mizellen; Seifen: Cholat, Deoxycholat, Octylglucosid	20–150	0,2–7	einheitliche Größe, gute Reproduzierbarkeit, Vesikelgröße kann durch verschiedene Parameter (Seife, Dialysegeschwindigkeit etc.) variiert werden; Reste von Cholat und Deoxycholat stabilisieren die Vesikel	Seifenreste in den Vesikeln?
SUV	Adsorption von Seifen aus Phospholipid-Seifen-Mizellen an hydrophobe Matrizen				
SUV	Einspritzen von Phospholipidmischungen in Ethanol in wässrige Lösungen	30–60	0,4–1,5	einfache Herstellung	heterogene Vesikelmischung; die Liposomensuspension enthält Ethanol

Die Eigenschaften der Liposomen hängen auch von der Temperatur ab, denn die Phospholipidmembran ändert ihre Struktur beim Phasenumwandlungspunkt. Unterhalb dieser Temperatur befinden sich die Phospholipide in geordnetem Zustand mit ihren Acylketten in all-trans Konformation. Oberhalb des Phasenumwandlungspunkts liegt ein mehr flüssiger Zustand vor, und die Liposomen werden permeabel. Der Phasenumwandlungspunkt der Liposomen hängt von Art und Länge der Acylketten ihrer Phospholipide ab. Phosphatidylcholine mit langen gesättigten Acylketten bilden besonders stabile Liposomen.

Lagern Sie Liposomen bei neutralem pH und unter Stickstoff, denn pH-Extreme hydrolysieren Phospholipide, und die entstehenden Lysolecithine permeabilisieren die Liposomenmembran. Längerer Kontakt mit Sauerstoff führt zu Lipidoxidation. Das Einfrieren sollten sie vermeiden, da dies die Vesikel aufbrechen kann; auch ändert ein Frieren/Tauen-Zyklus die Größenverteilung der Vesikel. Sie können die Vesikel mit Gefrierschutz wie Sucrose oder Trehalose bei −20°C aufbewahren, allerdings müssen Sie damit rechnen, dass Ihre Suspension früher oder später von Pilzen befallen wird. Auf der Netzseite von Avanti Polar wird empfohlen, SUV oberhalb ihres Phasenumwandlungspunktes nicht länger als 24 h zu lagern. LUV werden nach einer Woche bei 4°C wegen der Bildung von Lysolipiden undicht.

Bleibt die Frage: Wie bestimme ich die Größe und Größenverteilung meiner Liposomen? Auf der Netzseite von Avanti Polar wird dafür die Technik des »dynamic light scattering« (quasi-elastische Lichstreuung) empfohlen. Man könne damit sowohl den durchschnittlichen Durchmesser als auch die Größenverteilung ermitteln. Einen Vergleich zwischen verschiedenen Methoden der Größenbestimmung von Liposomen bieten Egelhaaf et al. (1996).

Literatur

1 Egelhaaf, S. et al (1996): Determination of the size distribution of lecithin liposomes: a comparative study using freeze fracture, cryoelectron microscopy and dynamic light scattering. J. Microscopy 184, 214–228

2 Saito, Y. et al. (1988): Giant liposomes prepared by freezing-thawing without use of detergent: reconstitution of biomembranes usually inaccessible to patch-clamp pipette microelectrode. BBRC 154, 85–90

3 Woodle, M. & Papahadjopoulos, D. (1989): Liposome preparation and size characterization. Methods Enzymol. 171, 193–217

4.2.3 Proteoliposomen

Liposomen mit eingebauten Membranproteinen heißen Proteoliposomen (Prolis). Mit Prolis zu arbeiten hat den Vorteil, dass das innere und äußere Medium, die Phospholipidzusammensetzung der Membran und Art und Menge der in die Membran eingelagerten Proteine Ihrer Kontrolle unterliegen. Sie können z.B. beliebige Ionengradienten über der Prolimembran aufbauen. Dementsprechend dienen Prolis zur Charakterisierung der Eigenschaften eines gereinigten Translokators in einer definierten Umgebung, aber auch zum Nachweis eines Translokators in einem Reinigungsprotokoll. Messgröße ist meist der Flux des Translokatorsubstrats in oder aus den Prolis (s. ▶ Abschn. 4.3). Ändern sich die Prolieigenschaften durch den Substratflux, lässt sich dies gelegentlich zur Reinigung des Translokators ausnutzen (Barzilai et al. 1984).

Prolis ähneln in ihren Eigenschaften den Liposomen. Sie treten ebenfalls als MLV, SUV und LUV auf, und was für die Permeabilität von Liposomen gilt, gilt auch für Prolis. Während jedoch SUV- und LUV-Liposomen Sterilfilter passieren, werden die entsprechenden Prolis adsorbiert.

MLV-Prolis eignen sich nicht für Fluxtests: Die Pospholipidmembranen des äußeren und nächstinneren Vesikels liegen so dicht aufeinander, dass das Zwischenvolumen zu klein ist. Zudem sind die Proteine der inneren Schalen für viele Tests nicht erreichbar.

SUV-Prolis können durch frieren/tauen und anschließende Passage durch Filter definierter Porengröße (z.B. Polycarbonatfilter von Nuclepore) und Liposomenextruder in kleinere LUV-Prolis überführt werden. LUV eignen sich wegen ihres großen inneren Volumens gut für Fluxmessungen.

Der Einsatz von Prolis für Fluxtests ist nicht frei von Fallen:

- Das kleine innere Volumen der SUV begrenzt die Aufnahmekapazität der Prolis und damit die Signalgröße des Tests. Zudem ist die Bedeutung makroskopischer Größen wie Konzentration oder pH im Innern derart kleiner Vesikel zweifelhaft.
- Die Oberfläche von SUV und LUV ist groß im Verhältnis zu ihrem inneren Volumen. Auch ist die Prolioberfläche, abhängig von der Protein- und Phospholipidzusammensetzung, geladen und kann geladene Stoffe wie Ca^{2+}, Proteine, Peptide adsorbieren. Es ist daher

schwierig, zwischen Aufnahme eines Stoffes in das innere Prolivolumen und seiner Bindung an die Prolioberfläche zu unterscheiden.

- Prolis sind oder werden oft undicht, d.h. unspezifisch permeabel für Ionen oder Zucker, denn z.B. SUV sind keine statischen Gebilde, sondern fusionieren, lagern sich um etc. Größere Prolis sind Osmometer, die anschwellen und schließlich platzen, wenn die Osmolarität des Puffers absinkt. Undichte Prolis eignen sich für Tests, die keinen Flux messen und weder Membranpotenzial noch einen Ionengradienten über die Membran voraussetzen, und natürlich für Tests, bei denen die innere und äußere Seite des Membranproteins für hydrophile Substrate zugänglich sein muss. Stabilität und Dichtigkeit von Prolis hängen ab von ihrer Protein- und Phospholipidzusammensetzung (siehe Liposomen), der Herstellungsmethode, der Temperatur, der Ionenzusammensetzung (vor allem Ca^{2+} und Mg^{2+}) und dem pH des umgebenden Puffers. Dementsprechend werden für die Stabilität von Konzentrationsgradienten über Prolimembranen die unterschiedlichsten Werte, von Minuten zu Tagen, angegeben. Wurden bei der Herstellung der Prolis andere Seifen als Deoxycholat oder Cholat verwendet, so müssen diese vollständig entfernt werden; schon geringste Reste von z.B. Triton X-100 permeabilisieren Prolis.

4.2.4 Rekonstitution in Membranen

Ein Membranprotein rekonstituieren heißt, das Protein funktionsfähig in eine Phospholipidmembran einbauen. Bei den meisten Methoden entstehen dabei Prolis. Ziel ist es, alle Funktionen und Eigenschaften des Translokators zu rekonstituieren – bei größeren Proteinen mit ihrer Vielzahl von Ligandenbindungsstellen und Regulationsmöglichkeiten eine ehrgeizige Aufgabe. Die wichtigste Funktion, die es zu rekonstituieren gilt, ist die Translokation des Substrats. Andere Eigenschaften des Translokators wie Substrat- oder Ligandenbindung, Enzymaktivitäten etc. dienen wegen ihres leichten Nachweises als Wegweiser bei der Suche nach optimalen Rekonstitutionsbedingungen. Prolis entstehen:

- durch Einbau der Membranproteine in vorgefertigte Liposomen,
- durch Entfernen der Seife aus einer Seifen-Phospholipid-Protein Lösung.

4.2.4.1 Rekonstitution von gelösten Membranproteinen

Wenn Sie die Seifenkonzentration einer Seife-Phospholipid-Membranprotein-Lösung herabsetzen, entstehen irgendwann Prolis. Ein Teil der Membranproteine wird in die Phospholipidmembran eingebaut, ein Teil aggregiert. Die eingebauten Membranproteine können funktionell aktiv oder inaktiv und in zwei verschiedenen Richtungen (outside out bzw. inside out) eingebaut werden. Über die relativen Anteile entscheiden drei Variable:

- die Seife, die Protein und Phospholipide in Lösung hält, und die Methode ihrer Entfernung,
- Art und Menge der Phospholipide und das Protein/Phospholipid-Verhältnis,
- Zusammensetzung, Ionen, Ionenstärke und pH des Puffers.

Die einfachste Methode, die Seifenkonzentration herabzusetzen (s. ► Abschn. 3.2.3), ist, die Lösung aus Phospholipiden, Seife und Membranprotein in einem geeigneten Puffer zu **verdünnen.** Die entstandenen Prolis können direkt in den Fluxtest eingesetzt oder zuvor konzentriert oder gewaschen werden (durch Abzentrifugieren etc.). Diese Methode funktioniert gut bei Cholat- oder Deoxycholat-Lösungen. Die entstandenen SUV sind stabil und dicht, denn die Reste der Gallensalze stabilisieren die Vesikelmembran ähnlich wie Cholesterol und sorgen durch ihre negative Ladung dafür, dass die Vesikel nicht verklumpen. Liegen die Membranproteine in anderen Seifen vor, setzen Sie vor dem Verdünnen Cholat zu (Ambesi et al. 1991).

Prolis entstehen auch bei der **Dialyse** der Seife-Phospholipid-Membranprotein-Lösung, bei ihrer Passage über eine **Gelfiltrationssäule** (z.B. Sephadex G-50) und wenn ein **Ultrafiltrat** der Lösung mit seifenfreiem Puffer verdünnt wird. Für alle drei Methoden muss die Seife dialysierbar sein bzw. eine hohe CMC besitzen (Octylglucosid, Cholat etc., s. ◘ Tab. 3.1). Die Gelfiltration hat den Nachteil, dass die Säule einen Teil der Prolis adsorbiert, und bei der Ultrafiltration kann die Filtermembran verstopfen. Je nach Seife entstehen SUV (Cholat, Deoxycholat) bis kleinere LUV (Octylglucosid). Die Größe der Prolis kann über das Seifen/Phospholipid-Verhältnis gesteuert werden.

Seifen mit niedriger CMC wie Digitonin, Triton X-100 oder Lubrol PX lassen sich nicht durch Dialyse entfernen (s. ► Abschn. 3.1.2). Sie können sie entweder gegen eine dialysierbare Seife austauschen (z.B. über IC- oder Lektinchromatographie) oder eine dialysierbare Seife zugeben. Nichtdialysierbare Seifen bilden Mischmizellen mit dialysierbaren Seifen, und diese Mischung ist dialysierbar, vorausgesetzt die Konzentration an nichtdialysierbarer Seife ist wesentlich niedriger als die der dialysierbaren (z.B. 0,05% Triton X-100 mit 1% Octylglucosid; Scheuring et al. 1986; Rehm et al. 1989). Der Zusatz einer geringen Menge von ^{3}H-Triton X-100 erlaubt es festzustellen, ob und wie viel Triton X-100 aus der Lösung entfernt wurde.

Hydrophobe Matrizen (z.B. SM-2 Biobeads von Biorad, Extracti-gel von Pierce) **adsorbieren** Seifen aus wässrigen Lösungen (entweder im Batch oder durch die Passage über eine Säule). Diese Technik entfernt auch Seifen mit niedriger CMC wie Triton X-100 oder Lubrol. Die Adsorptionsmatrizen sind mäßig wirksam; der Austausch der nichtdialysierbaren Seife gegen eine dialysierbare und anschließende Dialyse ist häufig vorteilhafter. Die Adsorptionsmethode führt teilweise zur Bildung von MLV und Aggregaten, die für Fluxtests nicht geeignet sind und nachbehandelt werden müssen. In Gegenwart von 1 mM EDTA und in Abwesenheit von divalenten Kationen können jedoch auch SUV entstehen.

Zur Wahl der Phospholipide: Die meisten Translokatoren arbeiten in Membranen aus verschiedensten Phospholipiden, wenn auch unterschiedlich munter. Gute Prolis geben Phospholipide aus Eigelb, Hirn oder Sojabohnen mit Cholesterolzusatz. Spezielle Phospholipide braucht, wer die Vesikel hinterher, z.B. für elektrophysiologische Untersuchungen, mit anderen Membranen fusionieren möchte (Rehm et al. 1989).

Der **Puffer,** in dem die Prolis hergestellt wurden, ist der Puffer, der hinterher in den Prolis drin ist. Die Ionenzusammensetzung des äußeren Mediums können Sie ändern, indem Sie die Prolis über eine Gelfiltrationssäule geben, die mit einem anderen Puffer äquilibriert wurde. Über der Prolimembran entstehen dann pH- und Ionengradienten, die wegen der verschiedenen Permeabilität der Ionen, zur Bildung von elektrischen Potenzialen führen.

Literatur

1 Levitzki, A. (1985): Reconstitution of membrane receptor systems. BBA 822, 127–153

Rekonstitution durch Verdünnen

2 Ambesi, A. et al. (1991): Sequential use of detergents for solubilization and reconstitution of a membrane ion transporter. Anal. Biochem. 198, 312–317

3 Hell, J. et al. (1990): Energy dependence and functional reconstitution of the γ-aminobutyric acid carrier from synaptic vesicles. J. Biol. Chem. 265, 2111–2117

4 Huganir, R. & Racker, E. (1982): Properties of proteoliposomes reconstituted with acetylcholine receptor from *Torpedo californica*. J. Biol. Chem. 257, 9372–9378

5 Newman, M. & Wilson, T. (1980): Solubilization and reconstitution of the lactose transport system from *E. coli*. J. Biol. Chem. 255, 10583–10586

Rekonstitution durch Dialyse

6 Barzilai, A. et al. (1984): Isolation, purification and reconstitution of the Na^+ gradient-dependent Ca^{2+} transporter (Na^+-Ca^{2+} exchanger) from brain synaptic plasma membranes. Proc. Natl. Acad. Sci. USA 81, 6521–6525

7 Cook, N. et al. (1986): Solubilization and functional reconstitution fo the cGMP-dependent cation channel from bovine rod outer segments. J. Biol. Chem. 261, 17033–17039

8 Epstein, M. & Racker, E. (1978): Reconstitution of carbamylcholine-dependent sodium ion flux and desensitization of the acetylcholine receptor from *Torpedo californica*. J. Biol. Chem. 253, 6660–6662

9 Rehm, H. et al. (1989): Dendrotoxin-binding membrane protein displays a K^+ channel activity that is stimulated by both cAMP-dependent and endogenous phosphorylations. Biochemistry 28, 6455–6460

10 Scheuring, U. et al. (1986): A new method for the reconstitution of the anion transport system of the human erythrocyte membrane. J. Membrane Biol. 90, 123–135

Rekonstitution durch Adsorption an hydrophobe Matrizen

11 Hanke, W. et al. (1984): Reconstitution of highly purified saxitoxin-sensitive Na^+ channels into planar lipid bilayers. EMBO J. 3, 509–515

12 Horne, W. et al. (1986): Rapid incorporation of the solubilized dihydropyridine receptor into phospholipid vesicles. BBA 863, 205–212
13 Talvenheimo, J. et al. (1982): Reconstitution of neurotoxin stimulated sodium transport by the voltage-sensitive sodium channel purified from rat brain. J. Biol. Chem. 257, 11868–11871

Rekonstitution durch Gelfiltration

14 Garcia-Calvo, M. et al. (1989): Functional reconstitution of the glycine receptor. Biochemistry 28, 6405–6409
15 Haga, K. et al. (1985): Functional reconstitution of purified muscarinic receptors and inhibitory guanine nucleotide regulatory protein. Nature 316, 731–732

4.2.4.2 Rekonstitution in vorgefertige Liposomen

Es ist möglich, Membranproteine in Liposomen einzubauen ohne Seifen zu benützen oder den Einbau in Gegenwart niedriger Seifenkonzentrationen zu bewerkstelligen. Insbesondere kann man Membranproteine direkt, ohne einen Solubilisierungsschritt zwischenzuschalten, aus der nativen Membran in Liposomen umziehen lassen. Die Technik erfordert meistens spezielle und hochgereinigte Phospholipide und eine genaue Kenntnis von deren Eigenschaften.

Literatur

16 Dencher, N. (1989): Gentle and fast transmembrane reconstitution of membrane proteins. Methods Enzymol. 171, 265–274
17 Zakin, D. & Scotto, A. (1989): Spontaneous insertion of integral membrane proteins into preformed unilamellar vesicles. Methods Enzymol. 171, 253–264

4.2.5 Nachweis der Rekonstitution in Membranen durch Fluxtests

Einen Test zu entwickeln, der die Translokation oder den Flux eines Substrats in Kompartimente misst, ist umso schwerer, je kleiner die Kompartimente sind. Die hohe Schule ist, in Prolis die Transport- oder Ionenkanalfunktion eines Translokators nachzuweisen. Dies deswegen, weil der Forscher nicht weiß, auf welcher Stufe sein vorheriges Experiment scheiterte: Wurde der Translokator nicht in der richtigen Konformation und Orientierung in Prolis eingebaut oder war das Fluxprotokoll ungeeignet? Bei Ionenkanälen handelt es sich zudem um schnelle Fluxe und seltene Membranproteine (▫ Tab. 4.2). Oft enthält nur ein kleiner Teil der Vesikel einen Ionenkanal. Dann müssen Sie den Flux in dieses kleine Volumen vom unspezifischen Flux in den großen Rest der Vesikelpopulation unterscheiden. Eine Hilfe ist es zu prüfen, ob andere Eigenschaften des Translokators, z.B. eine Enzymaktivität oder Bindungsstellen, rekonstituiert wurden. Doch eine zwingende Verbindung gibt es nicht: Oft wird z.B. eine Bindungsstelle des Translokators, nicht aber seine Translokationsfunktion rekonstituiert. Die Frage, misslungene Rekonstitution oder ungeeigneter Fluxtest, bleibt offen.

Bei der Entwicklung eines Fluxtests sollten, unabhängig von der Art der Kompartimente und des Translokators, folgende Kontrollen durchgeführt werden:

- Enthält die Vesikelpräparation noch endogene Substanzen, die den Translokator beeinflussen (z.B. Glycin beim Glycinrezeptor, Glutamat bei Glutamatrezeptoren)?
- Zeigt die Translokation pharmakologische Spezifität? Wie hoch ist der unspezifische Flux, d.h. der Flux, der nicht über den Translokator abläuft (z.B. in Gegenwart eines Hemmers des Translokators)? Der Translokatorflux ist dann die Differenz zwischen Gesamtflux und unspezifischem Flux. Der unspezifische Flux ist ein Maß für die Qualität der Kompartimente und die Anwesenheit anderer Translokatoren des Substrats; er kann über 90% des Gesamtfluxes ausmachen.
- Keine Translokation ohne die treibenden Gradienten oder Enzymaktivitäten!
- Nehmen Kompartimente, die keinen Translokator enthalten, Substrat auf? Keine Translokation ohne Translokator!
- Wurde das Substrat wirklich aufgenommen oder band es nur außen an die Membran der Kompartimente? Lyse der Kompartimente oder Substanzen, die die Membran für das Substrat durchlässig machen (z.B. Ca^{2+}-Freisetzung nach A-23187-Gabe), sollten das aufgenommene Substrat freisetzen während das gebundene mit der Membran assoziiert bleibt.

Tab. 4.2 Ionenfluxtests

Ion	Testmolekül	Messprinzip	Bemerkungen	Referenzen
Na^+	$^{22}Na^+$	direkt (Radioaktivität)	Harter γ-Strahler: zentimeterdicke Bleiziegel schirmen ab	Epstein & Racker 1978 Rosenberg et al. 1984[a]
K^+	$^{86}Rb^+$	direkt (Radioaktivität)	Harter γ- und β-Strahler; Halbwertszeit 19 d; braucht zentimeterdicke Bleiziegel zur Abschirmung	Arner & Stallcup 1981[a]
Ca^{2+}	$^{45}Ca^{2+}$	direkt (Radioaktivität)	Misst das $^{45}Ca^{2+}$ der ganzen Zelle. Die spezifischen Aktivitäten des Ca^{2+} in Zelle und Medium sind i. A. verschieden.	Barzilai et al. 1984; Akerman & Nicholls 1981[a] Combettes et al. 1990[a] Borle et al. 1975[a] Barrit et al. 1981[a]
	Fura-2 Indo-1 Quin-2 Arsenazo III	indirekt (Fluoreszenz) indirekt (Fluoreszenz) indirekt (Fluoreszenz) indirekt (Adsorption)	Misst das cytoplasmatische Ca^{2+}. Fura-2 ist selektiver für Ca^{2+}, arbeitet bei längeren Wellenlängen und besitzt größere Fluoreszenzintensität als Quin-2. Fura-2 ist der Ca^{2+}-Indikator der Wahl.	Pandiella & Meldolesi 1989[a] Morgan et al. 1987[a] Grynkiewicz et al. 1985[a] Grynkiewicz et al. 1985[a] Arslan et al. 1985[a] Koch & Kaupp 1985
	Äquorin	indirekt (Lichtemission)	Das Protein Äquorin bindet Ca^{2+} unter Lichtabgabe. Die Lichtabgabe hängt nicht linear von Ca^{2+} ab. Äquorin wird injiziert oder transfiziert. Je nach Transfektionstechnik erscheint es im Cytoplasma oder in den Mitochondrien. Ag^+ stört.	Olsen et al. 1988[a] Rizzuto et al. 1992
H^+	Pyranin	indirekt (Fluoreszenz		Page et al. 1988
	4-Methylumbelliferon	indirekt (Fluoreszenz)		Page et al. 1988
Cl^-	$^{36}Cl^-$	direkt (Radioaktivität)		Thympy & Barnes 1984
	I^- und MSQ[b]	indirekt (Fluoreszenz)		Garcia-Calvo et al. 1989
Anionen (HCO_3^- etc.)	$^{35}SO_4^{2-}$	direkt (Radioaktivität)		Scheuring et al. 1986

a: Akerman, K., Nicholls, D. (1981): *Eur. J. Biochem.* 115: 67–73; Arner, L., Stallcup, W. (1981): *Develop. Biol.* 83: 138–145; Arslan, P. et al. (1985): *J. Biol. Chem.* 260: 2719–2727; Barrit, G. et al. (1981): *J. Physiol.* 312: 29–55; Borle, A. et al. (1975): *Methods Enzymol.* 39: 513–555; Combettes, L. et al. (1990): *Methods Enzymol.* 192, 495–500; Grynkiewicz et al. (1985): *J. Biol. Chem.* 260, 3440–3450; Olsen, R. et al. (1988): *J. Biol. Chem.* 263, 18030–18035; Morgan et al. (1987): Am. J. Physiol. 253, C588–C598; Pandiella, A., Meldolesi, J. (1989): *J. Biol. Chem.* 264, 3122–3130; Rosenberg, R. et al. (1984): *Proc. Natl. Acad. Sci. USA* 81, 1239–1243; alle anderen Referenzen im Text; **b:** MSQ, 6-Methoxy-N-(3-sulfopropyl)quinolinium.

4.2.5.1 Influxtest

Beim direkten Influxtest inkubiert der Experimentator das radioaktive Substrat (z.B $^{22}Na^+$-, ^3H-Aminosäuren etc.) mit den Kompartimenten in einem geeigneten Puffer. Zum gewünschten Zeitpunkt unterbricht er die Translokation (z.B. durch Zugabe eines spezifischen Blockers) und trennt die Kompartimente vom Medium. Zur Trennung dienen Größen-, Adsorptions- oder Ladungsunterschiede zwischen Kompartiment und Substrat, also Filtration über Glasfaserfilter (Whatman GF/C) oder Nitrocellulosefilter (Millipore, GS-TF 0,22 µm), IC an Dowex 50 W, Gelfiltration oder, bei Zellkulturen, einfaches Waschen. Für Zellen oder größere Vesikel eignet sich auch die Zentrifugation durch ein Sucrose- oder Mineralölkissen. In diesem Fall ermittelt der Experimentator zusätzlich den Anteil an extrazellulärem Raum im Zell- oder Vesikel-Pellet mit einer nichtmembranpermeablen Substanz wie ^3H-Sucrose.

Achtung bei Filtertests Glasfaserfilter mit adsorbiertem ^3H oder ^{45}Ca müssen mindestens 18 h mit Scintillator inkubiert und gelegentlich geschüttelt werden. Erst dann haben sich die cpm / Vial stabilisiert. Vorinkubation der Filter mit einer Lösung von 10 mM $CaCl_2$ soll die unspezifische Bindung von $^{45}Ca^{2+}$ an die Filter unterdrücken.

Damit Prolis eine Filtration überstehen ohne ihren Inhalt zu verlieren, senkt man die Temperatur unter den Phasenumwandlungspunkt der verwendeten Phospholipide. Die Filtrationsverfahren ähneln denen in Membranbindungstests (s. ▶ Abschn. 2.2.3), doch mit dem Unterschied, dass auf Stabilität und Dichtigkeit der Kompartimente und eventuell auf Ionengradienten zwischen Kompartiment und Medium geachtet werden muss. Die Kompartimente dürfen keinen osmotischen Stress erfahren.

Fluxe durch Ionenkanäle in kleine Kompartimente zu messen ist wegen der Schnelligkeit des Vorgangs, dem kleinen inneren Volumen der Kompartimente und der Seltenheit der Kanal-Proteine ein Kunststück. Garty et al. (1983) entwickelten eine Methode, die so einfach wie genial ist (◘ Abb. 4.1). Sie messen den Influx des radioaktiven Ions gegen einen chemischen Gradienten des gleichen nichtradioaktiven Ions. Paradox? Die Kompartimente enthalten eine hohe Konzentration des für den Kanal permeablen Ions, das äußere Medium enthält stattdessen die gleiche Konzentration eines für den Kanal impermeablen Ions. Wegen der ungleichen Verteilung des kanalpermeablen Ions entsteht ein Diffusionspotenzial (bei Kationen innen negativ) über der Membran derjenigen Kompartimente, die den Kanal enthalten. Die anderen Kompartimente sind nicht permeabel für das Ion, und es entsteht daher kein Diffusionspotenzial (Idealfall). Der Experimentator mischt nun geringe Mengen des radioaktiven kanalpermeablen Ions ins äußere Medium. Das radioaktive Ion verteilt sich nach Maßgabe des Membranpotenzials und reichert sich daher (bis zu 100-fach) selektiv in denjenigen Vesikeln an, die den Kanal enthalten. Es ahmt sozusagen die Verteilung seines mächtigen Verwandten nach. Dieses Verfahren liefert ein um Größenordnungen höheres Signal als Ionenkanalfluxe, die nur einen Ausgleich messen. Zudem verläuft der Prozess langsam (im Minutenbereich) und kann bequem gemessen werden.

Bei **indirekten** Methoden der Influxmessung zeigt eine Farb-, Fluoreszenz- oder Enzymreaktion oder eine Dichteänderung der Kompartimente die Translokation des Substrats an. Die Indikatormoleküle befinden sich in der Regel im Innern der Kompartimente, nicht aber im äußeren Medium. Tritt das Substrat in die Vesikel ein, reagiert es mit dem Indikatormolekül, das Indikatormolekül ändert seine Eigenschaften, und diese Änderung wird gemessen. Die Reaktion mit dem Indikator läuft in der Regel schnell ab, so dass sich mit Absorptions- oder Fluoreszenzmessungen die Substrataufnahme bzw. -abgabe kontinuierlich verfolgen lässt.

Natürlich dürfen sich die Eigenschaften des Indikatormoleküls nur mit dem Substrat ändern. So können membrangängige Liganden des Translokators – deren Wirkung auf den Translokator festgestellt werden soll – z.B. die Fluoreszenz des Indikators quenchen und so eine Änderung in der Substrattranslokation vortäuschen.

Für den indirekten Influxtest müssen die Kompartimente dicht sein, und der Indikator muss zuvor ins Kompartiment hineingebracht werden. Eine elegante Lösung des letzteren Problems sind lipidlösliche Indikatorvorstufen, die die Membran leicht durchdringen und dann innerhalb des Kompartiments, z.B. durch Esterasen, in den lipidunlösli-

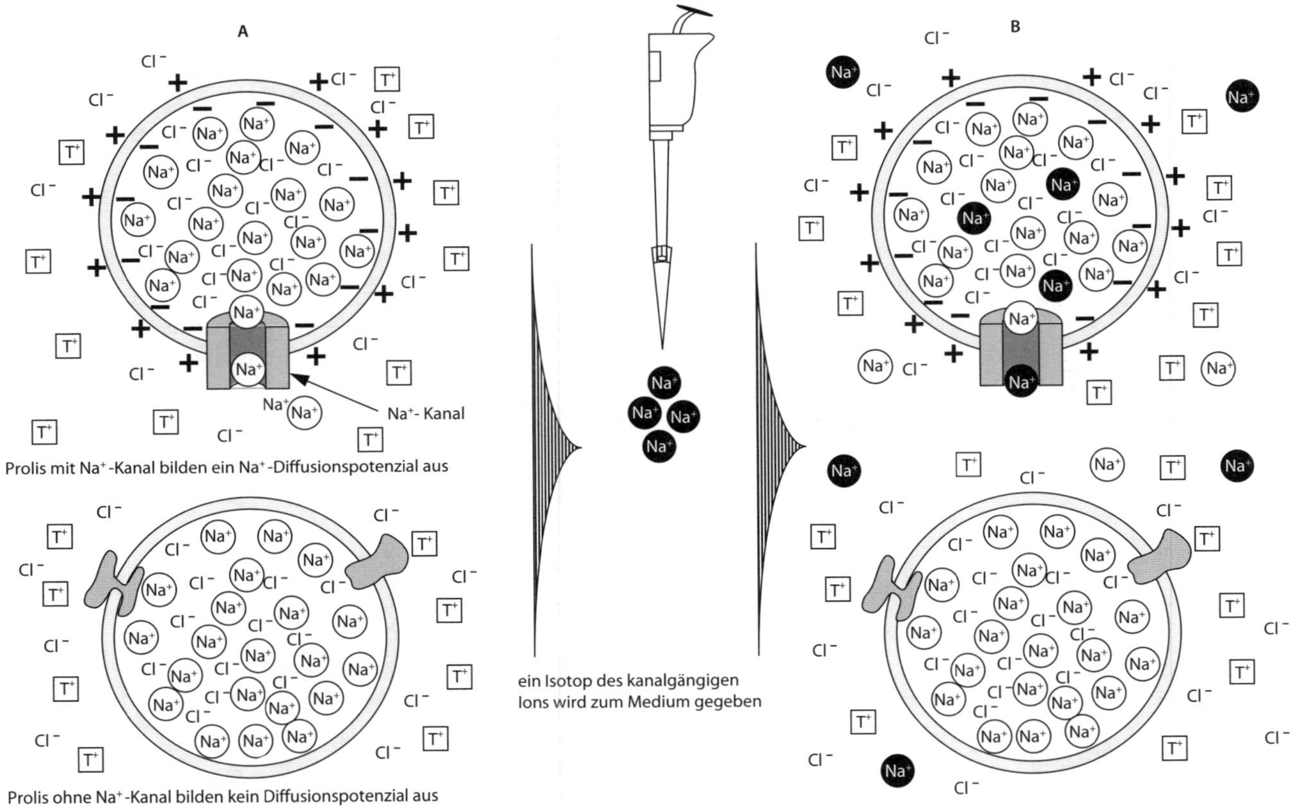

Abb. 4.1 Paradoxer Isotopenflux in kanalhaltige Vesikel. Prolis werden in Gegenwart einer hohen Konzentration eines kanalgängigen Ions (hier Na^+) gebildet. Danach wird das extravesikuläre NaCl durch das Na^+-Kanal impermeable Kation T^+ ersetzt. Es entsteht ein Na^+-Konzentrationsgradient zwischen Proliinnerem und dem äußeren Medium. Da Prolis mit Na^+-Kanälen permeabel für Na^+ sind, entsteht in diesen Prolis ein Na^+-Diffusionspotenzial (innen negativ). Diese Situation ist in A dargestellt. Nun wird radioaktives Na^+ zugegeben. Folgendes geschieht (B): Außen ist nur radioaktives Na^+, der Kanal lässt aber Na^+ in beiden Richtungen durch. Also wandert radioaktives Na^+ über den Kanal ins Vesikelinnere. Aus den Vesikeln kommt das radioaktive Na^+ nur schwer heraus. Grund: Wenn Sie eine schwarze Kugel (= radioaktives Na^+) in eine Kiste mit vielen weißen Kugeln (= Na^+) werfen, die Kiste schütteln und wieder eine Kugel herausnehmen, erhalten Sie mit großer Wahrscheinlichkeit eine weiße Kugel. Die kanalhaltigen Vesikeln enthalten aber lange Zeit viele Na^+-Ionen (weiße Kugeln), denn das innen negative Diffusionspotenzial hält die Na^+-Ionen in den Vesikeln fest. Das radioaktive Na^+ reichert sich also in den Vesikeln an, die Na^+-Kanäle besitzen und viel Na^+ enthalten

chen, hydrophilen Indikator umgewandelt werden. Substratinflux misst der Experimentator daher nur in Kompartimente, die die entsprechenden Esterasen enthalten. So hydrolysiert die lebende Zelle Fura-2-Acetoxymethylester nur im Cytoplasma zu Fura-2. Fura-2 ist ein Fluoreszenzfarbstoff, der selektiv mit Ca^{2+}-Komplexe bildet und daraufhin sein Exzitationsspektrum ändert. Mit Fura-2 kann der Experimentator also die Änderung des Ca^{2+}-Spiegels im Cytoplasma messen, nicht aber z.B. im endoplasmatischen Reticulum oder in den Mitochondrien. Letzteres gelang Rizzuto et al. (1992). Rizzuto transfizierte Zellen mit einer cDNA für Äquorin. Äquorin ist ein Protein, das Ca^{2+} unter Lichtabgabe bindet. Da die Äquorin-cDNA mit einer mitochondrialen Markersequenz fusioniert war, exprimierte sie die Zelle selektiv in den Mitochondrien, was es Rizzuto ermöglichte, ebenso selektiv Änderungen im Ca^{2+}-Gehalt dieser Organellen zu messen. Influx-Messungen mit $^{45}Ca^{2+}$ (eine direkte Methode) schließlich erfassen das gesamte von der Zelle aufgenommene $^{45}Ca^{2+}$.

Literatur

Influx in Zellen

1 Thampy, K. & Barnes, E. (1984): γ-aminobutyric acid-gated chloride channels in cultured cerebral neurons. J. Biol. Chem. 259, 1753–1757
2 Thayer, S. et al. (1988): Measurement of neuronal Ca^{2+} transients using simultaneous microfluorymetry and electrophysiology. Pflügers Arch. 412, 216–223

Influx in Vesikel

3 Garty, H. et al. (1983): A simple and sensitive procedure for measuring isotope fluxes through ion-specific channels in heterogenous populations of membrane vesicles J. Biol. Chem. 258, 13094–13099
4 Kish, P. & Ueda, T. (1989): Glutamate accumulation into synaptic vesicles. Methods Enzymol. 174, 9–25
5 Rizzuto, R. et al. (1992): Rapid changes of mitochondrial Ca^{2+} revealed by specifically targeted recombinant aequorin. Nature 358, 325–327

Influx in Prolis

6 Barzilai, A. et al. (1984): Isolation, purification and reconstitution of the Na^{+} gradient-dependent Ca^{2+} transporter (Na^{+}-Ca^{2+} exchanger) from brain synaptic plasma membranes. Proc. Natl. Acad. Sci. USA 81, 6521–6525
7 Claassen, D. & Spooner, B. (1988): Reconstitution of cardiac gap junction channeling activity into liposomes: a functional assay for gap junctions. BBRC 154, 194–198
8 Epstein, M. & Racker, E. (1978): Reconstitution of carbamylcholine-dependent sodium ion flux and desensitization of the acetylcholine receptor from *Torpedo californica*. J. Biol. Chem. 253, 6660–6662
9 Garcia-Calvo, M. et al. (1989): Functional reconstitution of the glycine receptor. Biochemistry 28, 6405–6409
10 Kasahara, M. & Hinkle, P. (1977): Reconstitution and purification of the D-glucose transporter from human erythrocytes. J. Biol. Chem. 252, 7384–7390
11 Page, M. et al. (1988): The effects of pH on proton sugar symport activity of the lactose permease purified from *Escherichia coli*. J. Biol. Chem. 263, 15897–15905
12 Radian, R. et al. (1986): Purification and identification of the functional sodium- and chloride coupled γ-aminobutyric acid transport glycoprotein from rat brain. J. Biol. Chem. 261, 15437–15441

Theoretische Analyse

13 Kotyk, A. (1989): Kinetic studies of uptake in yeast. Methods Enzymol. 174, 567–591
14 Stein, W. (1989): Kinetics of transport: analyzing, testing and characterizing models using kinetic approaches. Methods Enzymol. 171, 23–62

4.2.5.2 Effluxtest

Statt die Translokation eines Substrats **in** ein Kompartiment zu messen ist es manchmal zweckmäßiger, die Translokation **aus** dem Kompartiment zu bestimmen. Da aus einem Behälter nur etwas herauskommt, wenn etwas drin ist, werden beim Effluxtest die Kompartimente zuerst mit dem Substrat beladen. Wie belädt man? Sie können die Kompartimente stundenlang mit hohen Konzentrationen an Substrat inkubieren bis sich das Gleichgewicht zwischen innerer und äußerer Konzentration eingestellt hat. Diese Lademethode ist langwierig aber sicher und schonend (Scheuring et al. 1986; Hunter & Nathanson 1985). Falls Sie mit Prolis arbeiten, können Sie diese in Gegenwart des Substrats bilden oder Ihre Prolis in Gegenwart des Substrats einem Gefrier/Auftauzyklus unterwerfen.

Sind die Kompartimente beladen, trennen Sie das nicht aufgenommene Substrat ab (Dialyse, Zentrifugieren, Gelfiltration etc.) und setzen die beladenen Kompartimente so schnell wie möglich in den Test ein. Der besteht in der Regel darin, die beladenen Kompartimente für eine gewisse Zeit einem Agens auszusetzen und sie danach vom um-

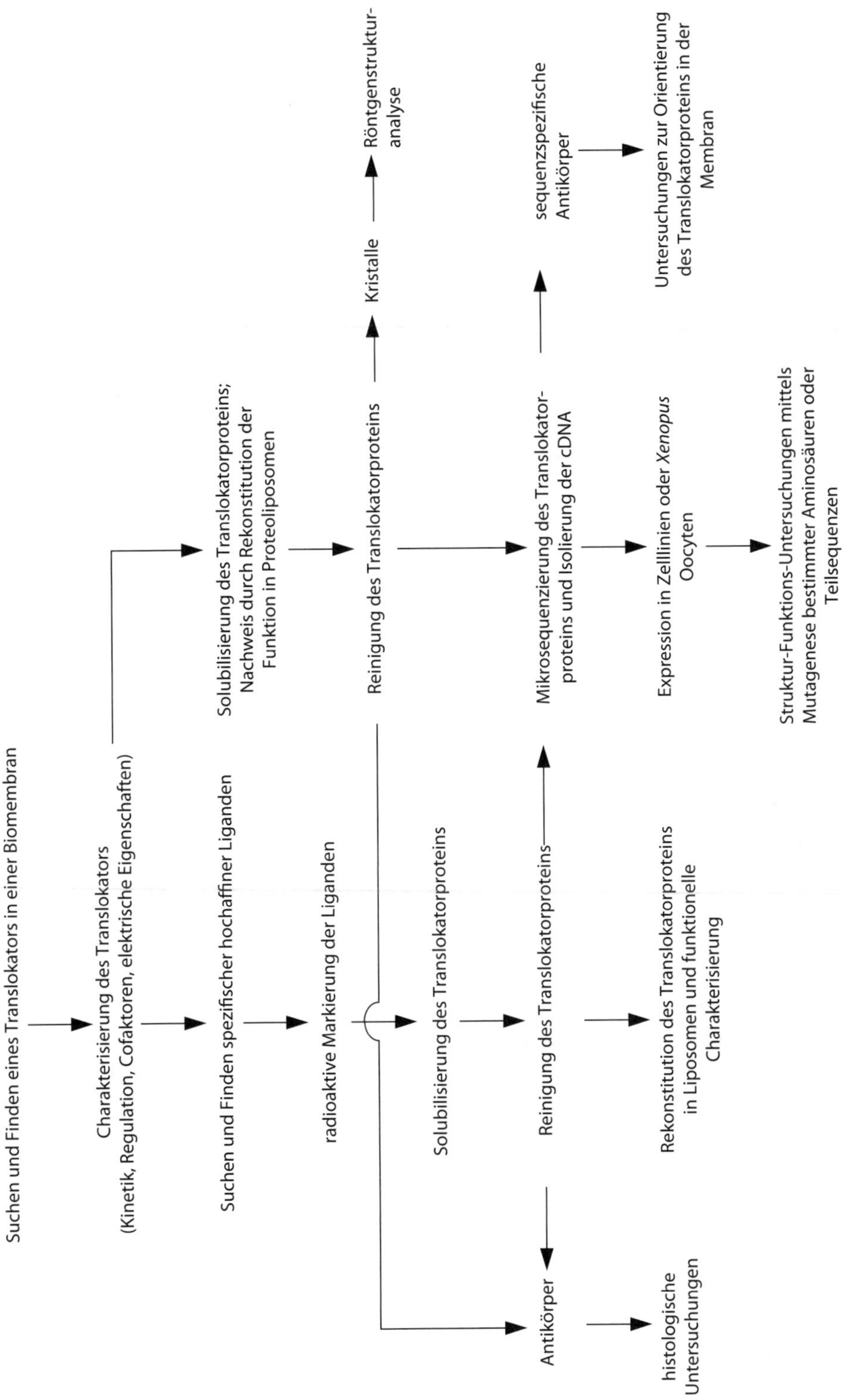

Abb. 4.2 Translokatorenforschung

gebenden Medium abzutrennen. Gemessen wird (direkt oder indirekt) die Menge an freigesetztem Substrat oder die Menge Substrat, die die Kompartimente noch enthalten.

Literatur

Efflux aus Zellen

1 Hunter, D. & Nathanson, N. (1985): Assay of muscarinic acetylcholine receptor function in cultured cardiac cells by stimulation of $^{86}Rb^{+}$ efflux. Anal. Biochem. 149, 392–398

2 Lukas, R. & Cullen, M. (1988): An isotopic rubidium ion efflux asay for the functional characterization of nicotinic acetylcholine receptors on clonal cell lines. Anal. Biochem. 175, 212–218

3 Quitterer, U. et al. (1995): Effects of bradykinin and endothelin-1 on the calcium homeostasis of mammalian cells. J. Biol. Chem. 270, 1992–1999 (in dem Paper geht es um den Efflux von 45 Ca^{2+})

Efflux aus Vesikeln

4 Koch, K. & Kaupp, B. (1985): Cyclic GMP directly regulates a cation conductance in membranes of bovine rods by a cooperative mechanism. J. Biol. Chem. 260, 6788–6800

Efflux aus Prolis

5 Scheuring, U. et al. (1986): A new method for the reconstitution of the anion transport system of the human erythrocyte membrane. J. Membrane Biol. 90, 123–135

4.2.6 Aufbauende Überlegungen

Rekonstitutionen von Membranproteinen in Membranen sind technisch einfach, brauchen wenig Einarbeitung, und Sie lernen den Umgang mit Seifen, Phospholipiden, Membranen, Membranproteinen. Ist die Rekonstitution gelungen, können Sie Ihr Protein frei vom Einfluss des Zellstoffwechsels in einer definierten Umgebung beobachten und sich anschließend dem in vitro Aufbau ganzer Stoffwechselketten oder -vorgänge widmen, gewissermaßen Ihr eigenes Organell bauen. Manchmal sind die Rekonstitution der Translokatorfunktion und der Fluxtest auch Voraussetzung für die Reinigung des Translokatorproteins. Ihre Möglichkeiten zeigt ■ Abb. 4.2.

Fluxtests mit größeren Kompartimenten wie Zellen oder Organellen sind leicht zu entwickeln. Zwar langweilt Zellkulturarbeit und das tägliche Schlachten einer Ratte für frische Organellen ersetzt das Frühstück, doch hat auch der Unerfahrene den Test in ein paar Monaten im Griff und kann dann zu publikationspolitisch lohnenderen Aufgaben übergehen. Schwieriger sind Tests, die Translokation in Prolis, womöglich noch mit einer indirekten Methode, nachweisen sollen. Funktioniert der Test nicht auf Anhieb, kann vieles schuld sein: die Prolis, die zu klein oder nicht dicht sind, ihre Phospholipidzusammensetzung, das Protein/Phospholipid-Verhältnis, das Substrat, das Translokatorprotein, welches entweder nicht oder falsch eingebaut wurde oder während des Einbaus denaturierte, der Fluxtest usw. Sie tappen im Dunkeln, bis sich die Glücksfee ihrer erbarmt - oder auch nicht. Oft lag über ein halbes Jahrzehnt zwischen der Reinigung eines Proteins und seiner Rekonstitution (z.B. Acetylcholin-, Glycin-Rezeptor).

Zudem ist es das bei Rekonstitutionen erarbeitete Know-How in Professorenkreisen nicht besonders begehrt und die Rekonstitution vieler Proteine eine Sackgasse, die keine neuen experimentellen Perspektiven eröffnet (■ Abb. 4.2). So hat die Rekonstitution von Ionenkanälen und Rezeptorproteinen an Ansehen verloren, weil Fragen, für die früher eine Rekonstitution des Proteins notwendig war, heute mit molekularbiologischen Methoden (z.B. Expression der cRNA in *Xenopus*-Oocyten) schneller und besser beantwortet werden können. Gelingt es also, das Protein zu rekonstituieren und einen zuverlässigen Test aufzubauen, reicht das, wenn Sie Pech haben, für eine unbeachtete Publikation im *J. Biol. Chem.* und (vielleicht) den Doktortitel. Danach verläuft das Projekt im Sande, weil andere auf kürzeren Wegen schneller vorankommen; Sie haben eine Niete gezogen und müssen in Zentrifugen und Reagenzgläschen erneut nach einer Gans suchen, die goldene Eier legt. Lassen Sie sich das nicht verdrießen – Geduld sollten Sie beim Rekonstituieren ja gelernt haben.

Säubern und Putzen

Wills da hinaus? sagte Sancho. Was haben denn die Stallmeister mit den Abenteuern ihrer Herren zu tun? Müssen sie den Ruhm davontragen, dass sie bestehen und wir müssen nichts weiter als die Mühe davon haben? Bei meiner armen Seele! Wenn die Historienschreiber noch sagten: der und der Ritter bestand das Abenteuer aber mit Hilfe des und des Mannes, seines Stallmeisters, ohne welchen es ihm unmöglich fiel, es zu bestehen; aber nein da schreiben sie trocken hin: Don Paralipomemon von den drei Sternen bestand das Abenteuer mit den 6 Gespenstern, ohne den Stallmeister nur mit dem Namen zu nennen.

5.1 Putziges

Nur das muss ich dir noch nebenher sagen, dass es nichts Herrlicheres auf der Welt gibt, als der Stallmeister eines irrenden Ritters zu sein, der ein Abenteuersucher ist. Es ist wohl wahr, dass die meisten, die man findet, nicht zu der Ergötzung ausschlagen,wie sie sich der Mensch wohl wünschen könnte, denn von hundert, auf die man trifft, geraten 99 höchst erbärmlich und windschief. Das weiß ich aus Erfahrung, denn in etlichen wurde ich geprellt, wieder in anderen geprügelt; aber doch bleibt es ein trefflich Ding, sein Heil zu versuchen, über Berge zu klettern, durch dichte Wälder zu ziehn, auf Felsen zu stehen, Kastelle zu besuchen, in Schänken um Gotteswillen zu herbergen, wo den Pfennig, den man bezahlt, gleich der Teufel holen soll.

Allgemeine Ratschläge zum Proteine putzen ähneln geistlichen Vorschriften zum selig werden: Was theoretisch schön und abgeklärt, hat praktisch oft geringen Wert. Wir beschränken daher die salbungsvollen Eingangsbemerkungen auf das Notwendige und selten Gesagte:

Uninteressante Proteine sind prinzipiell ebenso schwer zu reinigen wie interessante. Der Proteinputzer mit Zeitstelle sucht sich daher ein Protein, dessen Reinigung ihm Aufmerksamkeit bringt. Mit anderen Worten, drei Jahre an eine Reinigung zu verschwenden lohnt sich nur, wenn Sie diese in einem angesehenen Journal unterbringen können. Das ist oft möglich: Die Erstreinigung eines Proteins macht Eindruck, vor allem dann, wenn Sie die Reinigung kurz und klar mit einer Reinigungstabelle und einem Bandenmuster auf dem SDS-Gel darstellen können.

Das saubere Protein ist der Schlüssel zu weiteren Erkenntnissen und Papers (s. ► Abschn. 5.5). Sie können spezifische Antikörper herstellen, partielle Aminosäuresequenzen für die Klonierung ermitteln, Kristalle für die Röntgenstrukturanalyse basteln und die Untereinheiten-Zusammensetzung und Stöchiometrie aufklären. Das heißt, Sie könnten das, wenn nach der mehrjährigen Reinigung ihr Arbeitsvertrag nicht abgelaufen wäre und Sie nicht Labor und Thema wechseln müssten. Nun – ein richtiger Forscher ist trotzdem stolz auf seine Proteinreinigung, so wie ein Schneiderlehrling auf den ersten selbstgemachten Anzug. Den trägt ja schließlich auch ein anderer.

Wesentlich für die Reinigung eines Proteins sind zwei Größen: Der Nachweistest und das Material, aus dem das Protein isoliert werden soll. Oft wird der Test vom Vorgänger oder aus der Literatur übernommen. »Ich hab da jahrelang daran gefeilt, der Test steht optimal« beteuert der Vorgänger. Achten Sie nicht darauf. Versuchen Sie den Test schneller und einfacher zu gestalten, auch wenn das auf Kosten der Genauigkeit geht.

Das Ausgangsmaterial sollte zwei Anforderungen erfüllen: hohe Konzentration an gesuchtem Protein und leichter Zugang. Es lohnt sich, vor den ersten Reinigungsversuchen systematisch mehrere Spezies, verschiedene Organe und verschiedene Entwicklungsstadien auf ihre Konzentration an dem gesuchten Protein zu testen. Selbst wenn diese Vorarbeit für die Reinigung keine Vorteile bringt, Sie haben sich mit der Materie vertraut gemacht und können ein Paper schreiben (etwa »Development of protein X expression in different species«).

Der Fortschritt einer Reinigung spiegelt sich in der Zunahme der spezifischen Bindung oder Aktivität des Proteins (Anreicherung, z.B. in fmol

Bindungsstellen/mg Protein) und der Abnahme der Zahl der Banden im SDS-Gel. Für beide Reinheitsindizien ist es vorteilhaft, das MG des zu reinigenden Proteins zu kennen. Wenn Sie über einen geeigneten Liganden verfügen, sollten Sie während oder vor der Reinigung mit Vernetzungsversuchen das MG der ligandenbindenden Untereinheit ihres Proteins bestimmen (s. ► Abschn. 2.4).

Nach welchen Kriterien sucht man sich die Reinigungsmethoden aus? Wie kombiniert man sie? Wir raten: höchstens vier Reinigungsstufen, bei jeder Stufe die drei **A** beachten (**A**nreicherung, **A**usbeute, **A**rbeitsaufwand): möglichst keine Stufe mit einem Reinigungsfaktor unter 5, möglichst keine Stufe mit einer Ausbeute unter 30%, keine Stufe sollte länger als einen Tag und eine Nacht dauern. Konzentrierende Reinigungsschritte sparen Arbeit. Auch kombiniert der kluge Putzmann seine Stufen so, dass er die angereicherten Fraktionen direkt, also ohne aufwendige Zwischenbehandlung wie Dialyse, Pufferaustausch etc., auf die nächste Stufe aufladen kann. Langwieriges und Langweiliges, wie Säulenwaschen, verlegt man auf die Nacht.

Zahllos sind die Unglücksfälle, die eine Proteinreinigung scheitern lassen: Die Säule zieht Luft, der Pumpenschlauch ist durchgescheuert, der Puffer wurde verwechselt, Zuleitungs- oder Ableitungsschläuche sind undicht, die Säule verstopft, der Dialyseschlauch hat ein Loch, die Kühlzelle fällt aus und Fraktionssammler haben die Neigung dann zu streiken, wenn im letzten Reinigungsschritt gerade das kostbare Protein eluiert. Glücklich, wer eine eigene Pumpe, einen zuverlässigen Fraktionssammler (z.B. von Gilson) und gute Säulen (z.B. von Bischoff) besitzt und diese Werkzeuge nicht an die Kollegen ausleihen muss.

Verbinden Sie Säule, Fraktionssammler und Pumpe mit kurzen Schläuchen aus jeweils einem Stück. Dies sorgt für kurze Wartezeiten, kleines Totvolumen, verringert die Wahrscheinlichkeit von Lecks und schont Ihre Nerven.

Sitzt dem Säulenmaterial ein großes Pufferreservoir auf und hat der Elutionspuffer eine höhere Dichte als der Säulenpuffer, entsteht eine Mischkammer. Die verwandelt Stufengradienten in lineare Gradienten. Die Folge sind breite Gipfel und verdünntes Eluat.

Aufeinanderfolgende Puffer müssen sich vertragen; so passen Ca^{2+}-Lösungen nicht auf Puffer, die Phosphat oder Deoxycholat enthalten. Einen Überblick über Puffersysteme nach pH-Bereichen, Temperaturabhängigkeit und Herstellung geben Stoll & Blanchard (1990) (s. ► Abschn. 1.1).

Proteinputzer würzen die Kaffeepausen oft mit Klagen über das Verschwinden der Aktivität ihres Proteins. Die Aktivität verschwindet wegen irreversibler Adsorption des Proteins an Säulenmaterialien, proteolytischem Verdau und/oder instabiler Konformation. Heimtückisch sind Cofaktoren, von deren Existenz der Experimentator nichts ahnt, die aber das Protein stabilisieren und während der Reinigung verloren gehen. Die Existenz eines niedermolekularen Cofaktors liegt nahe, wenn das im rohen Zell- oder Membranextrakt stabile Protein seine Aktivität beim Dialysieren gegen Extraktionspuffer verliert.

Gegen Proteasen sind viele Kräuter gewachsen, aber keines gegen alle Proteasen. Es ist deshalb Sitte, einen Mix von 5–6 Proteasehemmern zum Proteinextrakt zu geben (◘ Tab. 5.1). Die wichtigsten Komponenten des Mix sind EDTA und PMSF.

Der Verdau eines Proteins lässt sich nicht nur durch die Hemmung der Proteasen verhindern, sondern auch durch die Stabilisierung des Proteins. So stabilisieren Glycerin (10%) und/oder Liganden die Konformation vieler Proteine (s. ► Abschn. 2.2.5.2 DSK). Zudem gibt es stabilisierende Wundersubstanzen, die **Ectoine**. Diese niedermolekularen Verbindungen werden von salzliebenden Bakterien produziert. Ectoine schützen die Bakterien gegen die extremen osmotischen Bedingungen ihrer Umgebung. Gleichzeitig stabilisieren Ectoine Proteine gegen Proteasen und Denaturierung. Sie nützen aus, dass Wasser in der Umgebung von Proteinen eine andere Struktur hat als in einer Salzlösung.

Die Struktur von flüssigem Wasser ähnelt ja dem Bau von Eis (Eis I). Im Eis ist jedes Wassermolekül über Wasserstoffbrücken mit vier anderen Wassermolekülen verbunden. Der mittlere Abstand von Sauerstoff zu Sauerstoff beträgt 0,276 nm. Im flüssigen Wasser bei 0°C ist jedes Wassermolekül durchschnittlich mit 3,6 Wassermolekülen verbunden und der O-O-Abstand liegt bei 0,280 nm. Kein großer Unterschied also: Flüssiges Wasser ist eisartig. In der Umgebung von Proteinen stören aber die hydrophilen Aminosäurereste die

5

Tab. 5.1 Proteasehemmer

Proteasehemmer	Proteasenklasse	Arbeitskonzentration	Besonderheiten
• PMSF	Serinproteasen	1–10 µM	zersetzt sich in wässriger Lösung; löslich in Ethanol und Isopropanol; in100% Isopropanol jahrelang stabil
Benzamidin	Serinproteasen	ca. 1 mM	
• Aprotinin	Serinproteasen	5 µg/ml	wird durch mehrfaches Frieren/Tauen und alkalischen pH (>10) inaktiviert
Antithrombin III	Serinproteasen	1 U/ml	bildet irreversible 1:1 Komplexe mit Serinproteasen
Trypsininhibitoren	Serinproteasen	10–100 µg/ml	Trypsininhibitor aus Sojabohnen ist instabil in alkalischen Lösungen
• Pepstatin A	saure Proteasen	1 µg/ml	löslich in Methanol (1 mg/ml)
• Leupeptin	Thiolproteasen	1 µg/ml	
Antipain	Thiolproteasen	1 µg/ml	
Cystatin	Thiolproteasen	250 µg/ml	
E64	Thiolproteasen	5 µg/ml	löslich in 1:1 Ethanol/Wasser
• EDTA	Metalloproteasen	0,1–1 mM	
Phosphoramidon	Metalloproteasen	100 µg/ml	

Die mit dem großen Punkt markierten Proteasehemmer reichen für die meisten Proteinreinigungen aus. Wer ein Übriges tun will, gibt noch die mit dem kleinen Punkt markierten Hemmer zu seinen Puffern. Ist die Aktivität immer noch instabil, verstärkt der Experimentator seinen Mix mit den restlichen Proteasehemmern oder sucht nach anderen Gründen für die Instabilität.

Wasserstruktur, hier ist das Wasser nicht mehr eisartig. Ectoine binden bevorzugt an eisartiges Wasser. Damit werden sie von dem Wasserfilm auf der Proteinoberfläche ausgeschlossen. Zwischen der Oberfläche jedes Proteins und seiner Lösung entwickelt sich also ein (Mini)-Konzentrationsgradient von Ectoin. Der Gradient bewirkt, dass das Protein sich abrundet und damit seine Oberfläche verkleinert (Abb. 5.1). Naive Begründung: Je kleiner die Oberfläche, desto kleiner die Gradientenfläche, desto kleiner die Störung des Gleichgewichts und Störungen liebt die Thermodynamik nicht. Das kompakte Kügelchen ist für Proteasen schlechter anzugreifen und zudem hitzestabiler.

Ectoine schützen sowohl Enzyme wie auch Antikörper – zumindest manche. Dazu kommt, dass Ectoine stabil sind und den Zellstoffwechsel selbst in hohen Konzentrationen nicht abwürgen (im Gegensatz zu EDTA!). Sie brauchen allerdings hohe Konzentrationen, so zwischen 0,4–2 M, – und das kostet. Zudem sind Ectoin und Hydroxyectoin stickstoffhaltige Zwitterionen (Abb. 5.1) und könnten daher Proteintests stören und wohl auch Reinigungsverfahren, die auf der Proteinladung aufbauen.

Schützen Sie volle Säulen, die Sie längere Zeit nicht brauchen, mit Azid (0,02%) gegen Mikroorganismen und beschriften Sie das Gerät (Inhalt, ihre Initialen). So bleibt das Matrixmaterial frei von verdächtigen grauen Pilzflecken und der Kühlraumverantwortliche scheut sich, die Säule zu entfernen: Mit Glück steht sie noch Jahre nach Ihrem Abgang dort und erinnert als Denkmalssäule an Ihr Werk.

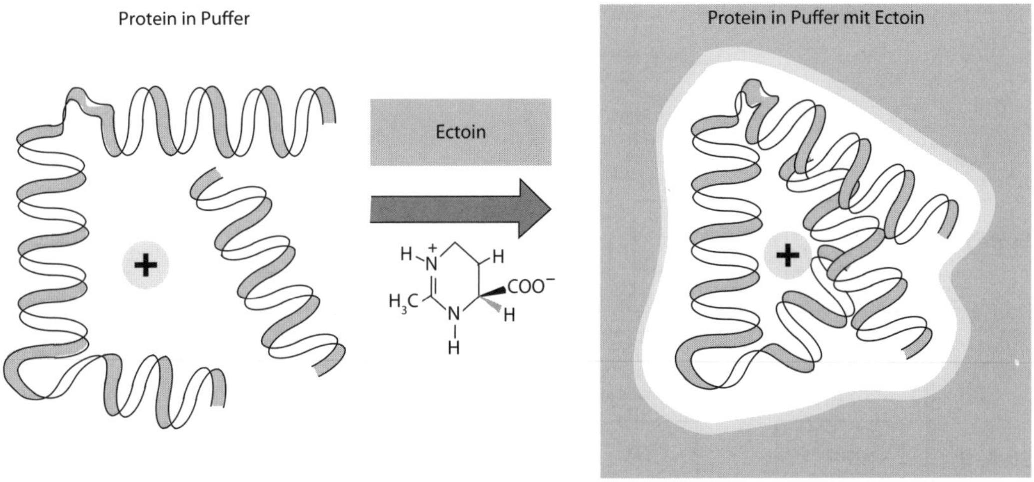

■ **Abb. 5.1 Mit Ectoin geht's rund:** In Lösungen von Ectoin bilden sich Gradienten zwischen Proteinoberfläche und der Wasserphase aus. In Folge runden sich die Proteine ab und werden widerstandsfähiger gegen Proteasen und Hitze

Eine Übersicht über die gängigen Reinigungsmethoden gibt ■ Abb. 5.2.

Literatur

1 Stoll, V. & Blanchard, J. (1990): Buffers: principles and practice. Methods Enzymol. 182, 24–38

5.2 Konventionelle Reinigungsmethoden

Nachdem dies gesprochen war, wandte sich Sancho um und trieb den Grauen an und Don Quichotte blieb zu Pferde, in den Steigbügeln ruhend und auf seine Lanze gestützt, voller trauriger und sehr verworrener Vorstellungen.

Konventionelle Reinigungsmethoden sind vergleichsweise leicht auszuarbeiten und liefern Zusatzinformationen z.B. über die Stabilität des gesuchten Proteins, seine Hydrophobizität, Ladung oder Größe. Beginnen Sie daher, bei einer voraussichtlich mehrstufigen Reinigung, mit einer konventionellen Methode. Hier ist die Zahl der Variablen begrenzt und spätestens nach zwei Wochen sieht man, ob die Methode einsetzbar ist. Selten müssen mehr als drei Methoden ausprobiert werden, bevor ein Verfahren gefunden wird, das einen akzeptablen Reinigungsfaktor und Ausbeute aufweist. Das Erfolgserlebnis gleich am Anfang beschert Ihnen den Schwung, den Sie brauchen, um die folgenden Stufen zu bezwingen.

Zu allererst empfehlen wir Ihnen folgendes Experiment Nehmen Sie ein Filterpapier und einen braunen Filzstift. Malen Sie einen großen Punkt auf das Filterpapier und pipettieren Sie darauf einige Tropfen Wasser. Die entstehenden Farbkreise werden Ihnen über die kommende Trennungsmühsal hinweghelfen.

Mit Fröhlichkeit, Zufriedenheit und Selbstbewusstsein setzte Don Quichotte seine Reise fort, durch den errungenen Sieg überzeugt, er sei der tapferste irrende Ritter, den die Welt in diesem Zeitalter besitze.

5.2.1 Reinigung nach Hydophobizität

Haben Sie das Filterpapierexperiment absolviert? Dann sind Sie reif für den Begriff Hydrophobizität. Statt hydrophob sagt man auch lipophil oder was-

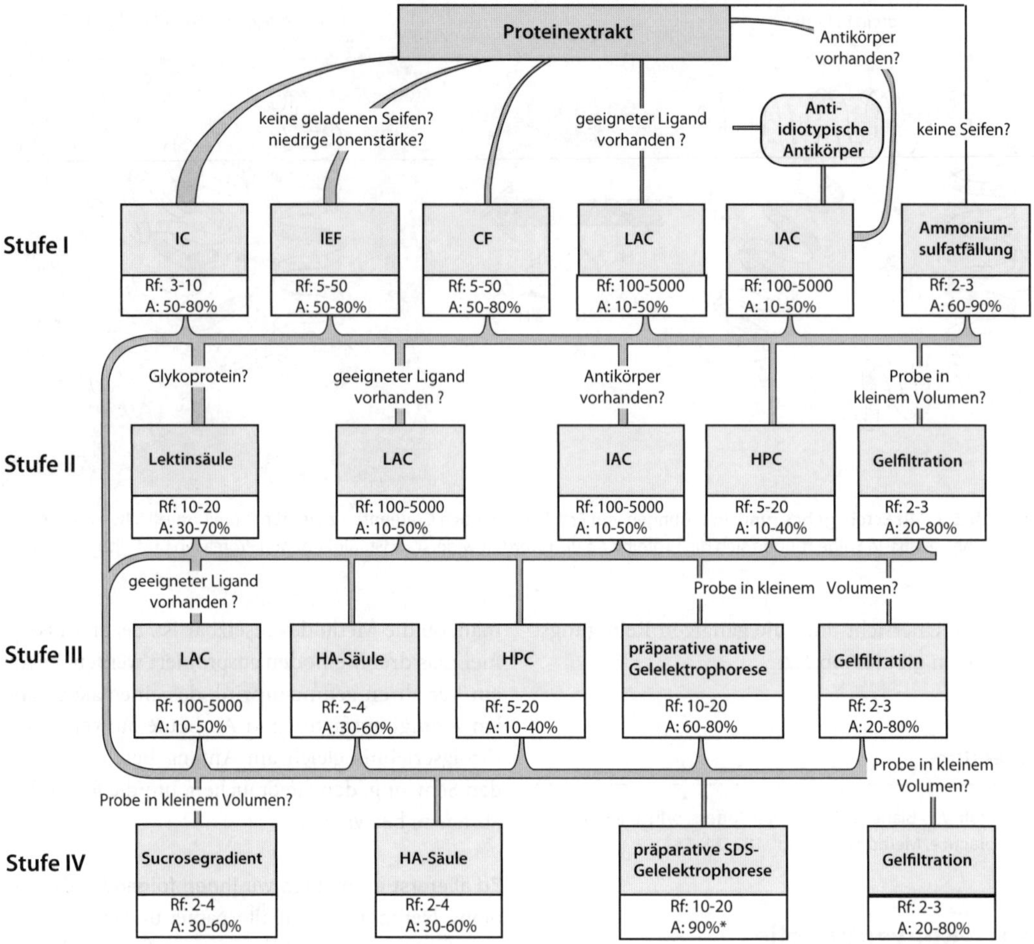

Abb. 5.2 Proteinreinigung. Das Diagramm soll bei der Planung einer Proteinreinigung helfen. Die unter den Methodenkästchen angegebenen Reinigungsfaktoren (Rf) und Ausbeuten (A) dienen zur groben Einschätzung und müssen nicht für jedes Protein zutreffen. Je weiter links das Methodenkästchen steht, desto eher sollte es auf der betreffenden Stufe verwendet werden. Es ist selten sinnvoll, im Laufe eines Reinigungsprotokolls eine Methode zu wiederholen. LAC: Liganden-Affinitätschromatographie; IAC: Immunoaffinitätschromatographie; HPC: Hydrophobe Chromatographie; *bezieht sich auf Protein, nicht auf Aktivität

serabweisend. Für die Hydrophobizität einer Verbindung gibt es mehrere Bestimmungsmethoden. Eine ist der Oktanol-Wasserkoeffizient. Wenn Sie eine Chemikalie in ein Zweiphasensystem aus 1-Octanol und Wasser geben, verteilt sie sich zwischen den beiden Phasen. Das Verhältnis der Konzentrationen der Chemikalie in 1-Oktanol bzw. Wasser ist der Oktanol-Wasserkoeffizient K_{ow} oft auch als $\log K_{ow}$ angegeben. Eine Chemikalie mit $K_{ow}>1$ bzw. $\log K_{ow}$ positiv wäre dann hydrophob, eine Chemikalie mit $K_{ow}<1$ bzw. $\log K_{ow}$ negativ wäre hydrophil. Jede Verbindung besitzt einen K_{ow}. Hydrophobizität wird auch häufig mit der HPLC über die Retentionszeit auf einer RP-Phase bestimmt (siehe nächsten Abschnitt).

5.2.1.1 Säulentechnik und Umkehrphasen-Chromatographie

Bei fast allen Adsorptionsmaterialien ist die Säulenchromatographie dem Batchverfahren überlegen.

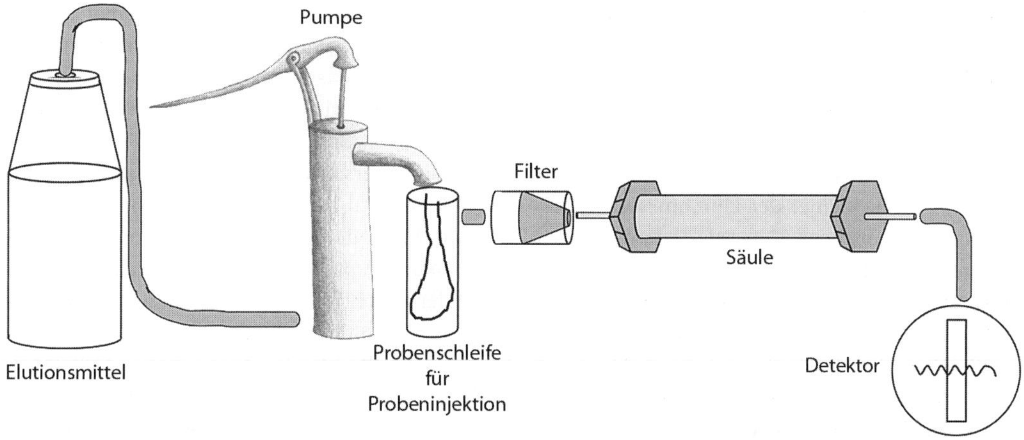

■ **Abb. 5.3 Aufbau einer HPLC**

Kommerzielle Säulen sind den bei akademischen Bastlern beliebten Vorrichtungen aus Spritzen, Pipetten und Gummistopfen vorzuziehen. Der Zeitaufwand und die Unglücksgefahr sind bei Selbstgebasteltem groß, und es ist schließlich nicht des Doktoranden Geld, das er für ordentliche Säulen ausgibt, wohl aber seine Zeit, die er damit spart.

Für viele Proteinreinigungen genügen die billigen Niederdrucksäulen, die mit Schlauchpumpen betrieben werden. Doch manchmal sind Niederdruck-Trennmethoden zu ineffizient und/oder zu langsam, z.B. bei Proteinen, die über 1000-fach gereinigt werden müssen, und für die keine Affinitätssäule existiert.

Hier lohnen Versuche mit der **HPLC** (high performance liquid chromatography; früher auch high pressure liquid chromatography). Benutzen Sie letzteren Ausdruck so outen Sie sich als Laie, erklären Sie allerdings den Sachverhalt, ist Ihnen ein wohlwollendes ‚Aha' sicher. Diese Anlagen bieten neben einfacher Arbeitsweise, hoher Reproduzierbarkeit – bei Peptiden und kleinen stabilen Proteinen – auch hohe Ausbeuten.

Den schematischen Aufbau einer HPLC zeigt ■ Abb. 5.3. Kernstück ist die Pumpe. Sie muss Drücke von 300–400 bar erzeugen können und das dauerhaft, reproduzierbar und pulsationsfrei. Neuerdings gibt es auch HPLC geeignete Pumpen die 600–1000 bar erzeugen. Diese Technik nennt sich dann UHPLC (U für ultra), trennt noch besser und ist auch wesentlich teurer.

Nur an die erwähnten Pumpen kann man kommerziell dicht gepackte Säulen anschließen, d.h. anschließen können Sie die Säulen auch an schwächere Pumpen, nur kommt dann kein Tropfen hinten raus. Je dichter die Säule gepackt ist, desto besser trennt sie. Damit die Säulen den Druck aushalten, bestehen ihre Mäntel und Verschlüsse in der Regel aus Stahl. Ihr Inhalt, also das Säulenmaterial oder die stationäre Phase, wie der HPLCler sagt, muss ebenfalls druckresistent sein. Der Säuleninhalt besteht daher in der Regel aus modifizierten Kieselgel- (Silica), Aluminiumoxid- oder Zirkonoxid-Partikeln.

Silica-Partikel sind am beliebtesten da am variabelsten modifizierbar. Unbehandeltes Kieselgel hat polare Eigenschaften. Es wurde in den ursprünglichen Trennsäulen verwendet. Daher spricht man von »Normalphasen«. Die polare Beschaffenheit der Kieselgel Oberfläche kann durch aliphatische oder aromatische Gruppen »umgekehrt« d.h. apolar (hydrophob) gemacht werden. Man spricht dann von »Umkehrphasen« oder »Reversed-Phase«. Dazu werden die Si-OH Gruppen des Kieselgels in einer Kondensationsreaktion (ein paar chemische Ausdrücke können Sie doch vertragen?) z.B. mit Alkylsilyl-Verbindungen umgesetzt. Für die Apolarität der Oberfläche kommt es zum einen auf die Beschaffenheit des angehängten Restes an, zum anderen auf die Vollständigkeit der Umsetzung, d.h. wie viele der Hydroxylgruppen der Partikeloberfläche derivatisiert wurden. Nicht umgesetzte Hydroxyl-Gruppen werden oft noch mit kleinen

$Si(CH_3)$-Gruppen gedeckelt (Originalausdruck: endcapped), was das Säulenmaterial dann vollends unpolar macht (und sich in der Reinigung häufig nachteilig auswirkt).

Die Partikel besitzen typischerweise Durchmesser von 3–7 µm. Je kleiner der Durchmesser der Partikel, je feiner also das Material, desto besser wird die Trennung und desto höhere Drücke muss man anwenden. Daher werden in der oben erwähnten UHPLC sogar Partikel bis zu 1,8 µm eingesetzt, was die Bodenzahlen der Säule und damit ihre Trennkraft immens erhöht. Es gibt poröse und nichtporöse Partikel. Poröse Teilchen haben naturgemäß eine größere Oberfläche und – vorausgesetzt, die zu trennenden Substanzen können in die Poren eintreten – eine bessere Trennwirkung. Beachten Sie: Die Porengrößen sind nie einheitlich, sie sollten aber nicht all zu sehr schwanken.

Die Trenneigenschaften einer HPLC-Säule hängen also von der Packungsdichte, der Länge, Polarität und Dichte der Alkylketten, und dem Deckelungsgrad ab.

Mehr Details finden Sie in HPLC Lehrbüchern, z.B. Unger 1989, Kaltenböck 2008, Meyer 2009 (deutschsprachig). Wollen Sie mehr zu UHPLC erfahren, müssen Sie sich an die englische Forschungsliteratur halten (MacNair 1999, Kaiser 2009), da diese Technik erst in den letzten Jahren entstanden ist und in Lehrbücher noch keinen Eingang gefunden hat.

Nun zu Ihrer Proteinaufreinigung mit HPLC. Das Prinzip: Proteine oder Peptide binden unterschiedlich fest an die stationäre Phase, d.h. an das modifizierte Silicagel, und werden wieder eluiert. Haben Sie die Säulen mit Ihrer Proteinprobe beladen (typischerweise zwischen 10 und 50 µl), so können Sie diese entweder isokratisch mit Lösungsmittel spülen (d.h. die mobile Phase ändert sich während der Elution nicht, z.B. immer Methanol/H_2O 50/50) oder mit einem Gradienten eluieren (man beginnt z.B. mit 90% Wasser und endet mit 90% Methanol). Die Gradientenelution gibt schärfere Gipfel, braucht weniger Zeit, aber auch jemanden, der zuvor per Versuch/Irrtum oder mit Erfahrung ermittelte, daß dieser bestimmte Gradient diesen Trenneffekt hat (Gradientenentwicklung). Sind Sie derjenige der den Gradienten zu entwickeln hat, dann informieren Sie sich zuvor genau über die Möglichkeiten, denn Gradientenentwickeln basiert auf naturwissenschaftlichen Gegebenheiten und nicht auf Esoterik (wie es Ihnen Pseudo-HPLCler gerne weismachen wollen).

Die Reversed-Phase oder RP-HPLC mit Wasser/Acetonitril bzw. Wasser/Methanol-Gradienten ist die Methode der Wahl beim Reinigen von Proteinen und Peptiden (z.B. aus tryptischen Verdaus). Mit der RP-HPLC können Sie schnell und wirksam kleine aber oft auch größere stabile Proteine trennen. RP-HPLC Säulen arbeiten mit picomolaren Mengen Probe. Die eluierenden Substanzen können Sie direkt zur Edman-Sequenzierung verwenden oder, noch besser, in ein Massenspektrometer mit ESI-Quelle einspeisen (s. ► Kap. 7.5.2.3).

Für die Trennung von Peptiden benutzt man für gewöhnlich C18-modifizierte Silicapartikel mit Porengrößen von 100 bis 300 Å, für Proteine solche mit 300 bis 4.000 Å; der Porendurchmesser sollte 10-mal größer sein als das Peptid bzw. Protein. Der Durchmesser der Silicapartikel liegt zwischen 3 und 5 µm. Es gilt: je kleiner der Durchmesser, desto besser die Trennung aber umso höher der Druck in Ihrem Pumpensystem. Eluiert wird die Probe gewöhnlich mit einem ansteigenden Acetonitril bzw. Methanol-Gradienten. Für tryptische Verdaus sind 20 cm Säulen mit 4,6 mm Standarddurchmesser üblich. Größere Proteine trennt man auf kürzeren Säulen, weil sonst die Ausbeute zu niedrig wird: Größere Proteine denaturieren gerne unter Reversed-Phase-Bedingungen. Deswegen setzt man die Reversed-Phase-HPLC ungern zur Trennung größerer Proteine ein.

Die Qualität der Trennung hängt von der Steilheit des Gradienten und der Temperatur ab. Von der Temperatur, weil Peptide unter den Bedingungen der Reversed-Phase-HPLC eine Sekundärstruktur (α-Helix, β-Faltblatt) beibehalten können, die die Adsorption beeinflusst. Hohe Temperaturen unterbinden Sekundärstrukturen. Des Weiteren nimmt die Viskosität der benutzten mobilen Phase mit höher werdender Temperatur ab und somit der Druck im Pumpensystem. Man arbeitet, auch wenn es unbequemer ist, bei etwa 50°C anstatt bei RT.

Das Reversed-Phase-Prinzip ist nicht das einzige Trennprinzip der HPLC. Sie können eine HPLC auch mit anderen Säulenmaterialien und wäss-

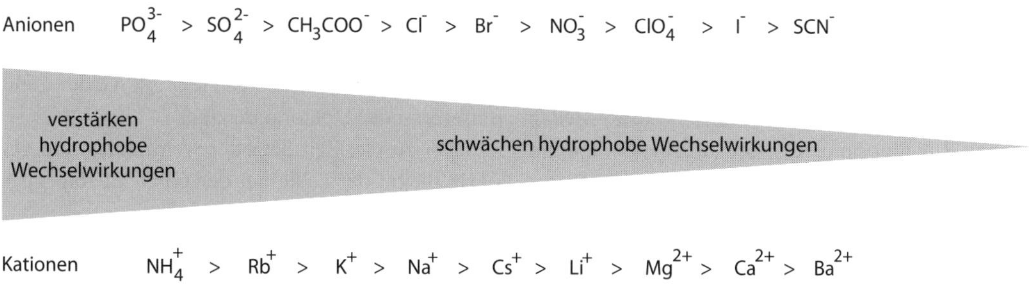

Abb. 5.4 Ionen für die hydrophobe Chromatographie

rigen Salzlösungen betreiben. Allerdings müssen Sie dann korrosionsbeständige HPLC-Anlagen benutzen, die Titan-, Edelstahl- oder Teflonteile enthalten. Mit diesen Geräten ist auch eine IC oder Gelfiltration möglich. Pharmacia/LKB oder Merck bieten dazu speziell entwickeltes Matrizenmaterial an (Mono-beads bzw. Tentakelgel) gepackt in Glas, Edelstahl oder Polyetheretherketon-Säulen, die hohe Flussraten bei mittleren Drucken (5–10 megabar) erlauben. Diese Säulen gibt es für Gelfiltration, IC, Chromatofokussierung, hydrophobe Chromatographie und Affinitätschromatographie an Protein A und G.

Probleme: Bei der Affinitätschromatographie bietet eine HPLC keinen prinzipiellen Vorteil gegenüber der Niederdruck-Chromatographie, und bei der Trennung von Membranproteinen mit IC oder Chromatofokussierung liefert die Niederdruck-Chromatographie eher bessere Ergebnisse. Glykoproteine bereiten generell Schwierigkeiten bei der HPLC. Einige Tricks diese zu beseitigen, wie die Zugabe von Betain oder Taurin zum Puffer, beschreibt das Büchlein »FPLC Ion Exchange and Chromatofocusing« von Pharmacia. Protein-Lösungen für die HPLC muss der Experimentator vor Gebrauch steril filtrieren (wegen Partikel). Das Gleiche gilt für selbst gemachte Pufferlösungen; diese muss er zusätzlich noch entgasen.

Literatur

1 Aguilar, M. & Hearn, M. (1996): High resolution reversed-phase high-performance liquid chromatography of peptides and proteins. Methods Enzymol. 270, 3–26

2 Chicz, R. & Regnier, F. (1990): High-performance liquid chromatography: effective protein purification by various chromatographic modes. Methods Enzymol. 182, 392–421

3 Kaiser T.J. (2009) Capillary-Based Instrument for the Simultaneous Measurement of Solution Viscosity and Solute Diffusion Coefficient at Pressures up to 2000 bar and Implications for Ultrahigh Pressure Liquid Chromatography. Anal. Chem. 81 (8), 2860–2868

4 Kaltenböck, K. (2008) Chromatographie für Einsteiger. Verlag Wiley-Vch

5 MacNair J.E. et al (1999): Ultrahigh-Pressure Reversed-Phase Capillary Liquid Chromatography: Isocratic and Gradient Elution Using Columns Packed with 1.0-µm Particles. Anal. Chem. 71 (3), 700–708

6 Meyer, V.R. (2009): Praxis der Hochleistungs-Flüssigchromatographie. Verlag Wiley-Vch

7 Unger, K.K. (Hrsg.): (1989): Handbuch der HPLC – Leitfaden für Anfänger und Praktiker. GIT Verlag, Darmstadt

8 *Gute Übersicht über verschiedenste HPLC Systeme in* (1992) Nachrichten aus Chemie 40, M1–M32

5.2.1.2 Hydrophobe Chromatographie

Viele lösliche Proteine besitzen auf ihrer Oberfläche hydrophobe Bereiche. In wässriger Lösung assoziieren diese hydrophoben Bereiche mit hydrophoben Oberflächen. Die Assoziationsneigung hängt von der Struktur des Wassers ab und diese wiederum von den darin gelösten Salzen. Hohe Konzentrationen von bestimmten Ionen verstärken die hydrophoben Wechselwirkungen, während chaotrope Salze die Wasserstruktur stören und dadurch die Neigung zu hydrophoben Wechselwirkungen verringern (Abb. 5.4). Diesen Sachverhalt nutzt die hydrophobe Chromatographie. Sie verträgt sich gut mit einer Ammoniumsulfatfällung (s. ► Abschn. 5.2.3.1).

Die Proteinprobe wird bei hoher Ionenstärke (meistens Ammoniumsulfat) auf eine hydrophobe

Matrix aufgeladen. Das Protein bindet, die Säule wird gewaschen und das gesuchte Protein anschließend mit einem abnehmenden Salzgradienten oder einer niedrigeren Salzkonzentration (Stufe) wieder eluiert. Zur Elution dienen oft auch Seifen, die die hydrophoben Bereiche der Proteine abdecken und sie dadurch von der Matrix ablösen.

Matrizen für die hydrophobe Chromatographie bieten Pharmacia und Spectrum an. Sie sind entweder mit Phenylresten (z.B. Phenylsepharose) oder Octylresten (z.B. Octylsepharose) derivatisiert. Ist die Hydrophobizität des gesuchten Proteins unbekannt, fängt man am besten mit Phenylsepharose an, denn diese ist weniger hydrophob als Octylsepharose, und die Proteine eluieren schon unter sanften Bedingungen. Octyl-substituierte Matrizen eignen sich für schwach hydrophobe Proteine und Membranproteine.

Literatur

1 Kennedy, R. (1990): Hydrophobic Chromatography. Methods Enzymol. 182, 339–343
2 Sarnesto, A. et al. (1990): Purification of H gene encoded β-galactoside α1 2-fucosyltransferase from human serum. J. Biol. Chem. 265, 15067–15075
3 Wu, S. & Karger, B. (1996): Hydrophobic interaction chromatography of proteins. Methods Enzymol. 270, 27–47

5.2.2 Reinigung nach Größenunterschieden

5.2.2.1 Gelfiltration

Die Gelfiltration Größenausschlusschromatographie (SEC; Size Exclusion Chromatography) oder Gelpermeationschromatographie (GPC) beruht auf der unterschiedlichen Verteilung von Molekülen zwischen einem Gelkompartiment (■ Tab. 5.2) und dem umgebenden Medium. Obwohl sie häufig angewandt wird, war die Niederdruck-GPC zum Reinigen von Proteinen, abgesehen von Ausnahmefällen, nicht geeignet. Die Gründe waren: großer Aufwand beim Säulen gießen und fahren; schlechte Auflösung (Reinigungsfaktoren etwa 3–6); begrenztes Probenvolumen; lange Dauer der Chromatographie, da die Flussgeschwindigkeit begrenzt ist. Schließlich wird die Probe um mindestens einen Faktor 3 verdünnt. Heute gibt es jedoch eine Vielzahl Hersteller (z.B. Tosoh), die gepacktes Material guter Qualität anbieten. Auch hier gilt wieder: Geld einsetzen oder Doktorandenzeit.

Wer zu viel Zeit hat oder wem nichts anderes übrig bleibt, der sollte bei der GPC auf folgendes achten:

Hohe Ionenstärke (mindestens 0,1 M Salz) im Säulenpuffer; Säule muss gerade stehen (Wasserwaage); Säule bei Raumtemperatur gießen und die Gel-Suspension vor dem Gießen entgasen, um die Bildung von Luftblasen zu vermeiden; um Schichtenbildung im Gel zu verhindern, die Säule gleichmäßig in einem Zug gießen (Vorratsgefäß zu Hilfe nehmen);

Sorgfältiger Probenauftrag: Das Volumen der Probe sollte nicht mehr als 5% des Säulenvolumens betragen, die Geloberfläche glatt und eben sein. Einen guten Auftrag erhält, wer die Probe mit einem Peleusball oder einem Pipetus akku auf die Säule lädt. Die Probe sollte dabei spezifisch etwas schwerer sein als der Säulenpuffer und etwa 0,5 cm oberhalb der Geloberfläche langsam und stetig am Rand der Säule herablaufen. Dabei ist das Pufferreservoir über der Geloberfläche 2–3 cm hoch, die Probe wird also unterschichtet.

Verzerrte Banden beruhen auf schlechtem Probenauftrag, der Adsorption von Protein an das Säulenmaterial oder einem Gleichgewicht des Proteins zwischen verschiedenen Polymerisationsstadien. Gegen die Adsorption an das Säulenmaterial hilft ein Vorlauf mit BSA und/oder der Zusatz von Triton X-100 oder Salz zum Säulenpuffer. Am besten prüft man die Säule vor dem Lauf mit farbigen Markern (z.B. einer Mischung von Cytochrom c, Dextranblau, Kaliumdichromat) auf Laufeigenschaften und Bandenverzerrung.

Als Vorsichtsmaßnahme gegen verstopfte Säulen sollte die Probe vor dem Auftrag 1 h bei 100.000 g zentrifugiert werden. Zudem sollten Sie die Säule gleich nach Gebrauch mit Natriumazid- oder 1 mM EDTA-haltigem Puffer spülen, denn die Zuckernatur vieler GPC-Gele führt bei neutralen oder leicht alkalischen Säulenpuffern schon nach ein paar Tagen zu bakteriellem Befall; verstopft die Säule trotzdem, hilft manchmal Spülen mit 1% SDS in 10 mM NaOH.

Die Auflösung der GPC lässt sich verbessern durch längere Säulen, langsameren Durchfluss, feineres Matrixmaterial und eine HPLC-Anlage (s. ► Abschn. 5.2.1.1).

Tipp: bei Aggregationsproblemen: Isopronanol in Konzentrationen bis zu 15% soll hydrophobe Wechselwirkungen zwischen Proteinen unterbinden.

Literatur

1 Stellwagen, E. (1990): Gel filtration. Methods Enzymol. 182, 317–328

Tab. 5.2 Gelfiltrationsmatrizen

	Name	Lieferant	Matrixaufbau	Stabilität		Korn Ø	Trennbereich	typische Fließgeschwindigkeit
				pH	T (°C)	(µm)	(in Kd)	(cm/h)
	Biogel A-0.5m	Biorad	Agarose	4–13	2–30	40–300	10–500	7–25
	Biogel A-5m			–.–	–.–	–.–	10–5000	7–25
	Biogel P-2		Polyacrylamid	2–10	1–80	<45–90	0,1–1,8	5–10
	Biogel P-100			–.–	–.–	45–180	5–100	3–6
	Sephacryl S-100 HR	Pharmacia	Dextran vernetzt mit Bisacrylamid	2–11	1–120	25–75	1–100	15
	Sephacryl S-500 HR			–.–	–.–	–.–	40–20 000	15
	Sephadex G-10		Dextran vernetzt mit Epichlorhydrin	2–10	1–120		<0,7	5
	Sephadex G-200			–.–	–.–		5–600	2
	Sepharose CL-6B		vernetzte Agarose	4–10	1–120	45–165	10–4000	18
	Sepharose CL-2B			–.–	–.–	60–200	7–40000	18
	Ultrogel A 6	IBF	vernetzte Agarose	3–10	2–36	60–140	25–2400	5
	Ultrogel A 4			–.–	–.–	–.–	55–9000	4
	Ultrogel AcA 54		vernetzte Agarose/ Polyacrylamid	3–10	2–36	60–140	5–70	4,5
	Ultrogel AcA 22			–.–	–.–	–.–	100–1200	2,5
HPLC	Protein Pak 60	Waters	Silica	2–8	1–90	10	1–20	
	Protein Pak 300			–.–	–.–	–.–	10–500	

Tab. 5.2 Fortsetzung

	Name	Lieferant	Matrixaufbau	Stabilität		Korn Ø	Trennbereich	typische Fließgeschwindigkeit
				pH	T (°C)	(µm)	(in Kd)	(cm/h)
	Shodex WS 802.5	Showa Denko	Silica	3–7,5	10–45	9	4–150	
	Shodex WS 80e			–.–	–.–	–.–	10–2000	
	Superose 12 HR 10/30	Pharmacia	vernetzte Agarose	2–12	4–40	8–12	1–300	
	Superose 6 HR 10/30			–.–	–.–	11–15	5–5000	
	SynChropak 60	SynChrom	Silica	2–7	1–60	5–10	5–30	
	SynChropak 500			–.–	–.–	–.–	30–2000	
	TSK G2000SW	Toyo-Soda	Silica	3–7,5	1–45	10–13	5–60	
	TSK G4000SW			–.–	–.–	–.–	5–1000	
	Zorbax GF-250	DuPont	Silica	3–8,5	1–100	4–6	4–500	
	Zorbax GF-450			–.–	–.–	–.–	5–900	

5

5.2.2.2 Präparative Gelelektrophorese

Die präparative SDS-Gelelektrophorese (s. ▶ Abschn. 1.3.1) eignet sich zur Reinigung von Proteinen, bei denen es nicht auf die biologische Aktivität ankommt. Die präparative SDS-Gelelektrophorese trennt nach Größe. Zum Nachweis des gesuchten Proteins dient sein MG, das z.B. aus Vernetzungsversuchen (s. ▶ Abschn. 2.4) bekannt ist. Das gesuchte Protein liegt nach der Elektrophorese als denaturierter Protein-SDS-Komplex vor; die Methode ist daher sinnvoll als letzte Reinigungsstufe, nachdem Reinigungsschritte, die auf Ladungsunterschieden oder einer Aktivität beruhen, ausgereizt wurden.

Die präparative SDS-Gelelektrophorese unterscheidet sich von der analytischen durch dickere Spacer (3 mm) und eine breite Auftragstasche. Ein Gel mit 3 mm dicken Spacern und einer 10 cm breiten Tasche verträgt maximal 20 mg Protein. Zum Schutz empfindlicher Aminosäuren wie Tryptophan und Methionin enthält der Kathodenpuffer 0,1 mM Natriumthioglycolat. Der Reinigungsfaktor bei der präparativen Gelelektrophorese hängt von der Länge des Gels und seiner Struktur ab (lineare bzw. exponentielle Gradientengele reinigen besser als einfache Gele). Gradientengele sind langen Gelen (>10 cm) vorzuziehen, denn deren bessere Reinigung geht auf Kosten der Ausbeute. So bleiben bei der SDS-Gelelektrophorese geringe Mengen Protein in der Laufspur hängen (empfindliche Proteinfärbungen machen den Kometenschweif sichtbar, den die Proteinbande im Gel hinter sich herzieht).

Die präparative **native** Gelelektrophorese (s. ▶ Abschn. 1.3.2) trennt nach Ladung und Größe und bringt beachtliche Reinigungsfaktoren bei guter Ausbeute. Oft bleibt die biologische Aktivität des gesuchten Proteins erhalten, und das Protein kann nach der Elektrophorese im Gel durch seine Aktivität nachgewiesen werden. Die native Gelelektrophorese eignet sich nicht für Membranproteine (s. aber ▶ Abschn. 1.3.2: Spezialfälle). Für die Methodik gilt sinngemäß das gleiche wie für die präparative SDS-Gelelektrophorese. Einen Vergleich verschiedener präparativer Elektrophorese-Methoden (SDS, nativ, IEF u.a.m.) nach Preis, Leistung, Firma etc. bietet Eby (1991).

Nach dem Lauf empfiehlt es sich, die Proteine mit einer schonenden Methode anzufärben, z.B. mit Natriumacetat (s. ▶ Abschn. 1.4.2.4) und die interessanten Banden mit einer Rasierklinge auszuschneiden. Der Handel bietet verschiedene Apparate zur Elektroelution von Proteinen aus Gelstücken an. Wer häufig präparative Elektrophoresen verwendet, sollte die Prep-Zelle von Biorad auf ihren Gebrauchswert testen. Die Vorrichtung erlaubt es, Proteine präparativ in einem Arbeitsgang zu elektrophoretisieren und zu eluieren.

Literatur

1 Eby, M. (1991): Prep-phoresis: a wealth of novel possibilities. Bio/Technology 9, 528–530
2 Hunkapiller, M. et al. (1983): Isolation of microgram quantities of proteins from polyacrylamide gels for amino acid sequence analysis. Methods Enzymol. 91, 227–236

5.2.3 Reinigung nach Ladungsunterschieden

5.2.3.1 Ammoniumsulfatfällung

Die früher traditionell als erste Stufe angewandte Ammoniumsulfatfällung ist mit Recht aus der Mode gekommen. Die Verluste sind groß, der Reinigungsfaktor unbefriedigend (ca. 2–3), der Zeitaufwand beachtlich. Bessere Resultate erhält, wer die Proteinprobe mit hohen Ammoniumsulfatkonzentrationen vollständig auf einen inerten Träger (z.B. Silicagel) ausfällt, die Trägersuspension mit dem ausgefällten Protein in eine Säule gießt und das gesuchte Protein danach mit einem absteigenden Gradienten von Ammoniumsulfat wieder eluiert.

Triton X-100 und andere neutrale Seifen salzen mit hohen Konzentrationen an Ammoniumsulfat als ölige Masse aus.

Literatur

1 Englard, S. & Seifter, S. (1990): Precipitation techniques. Methods Enzymol. 182, 285–300

5.2.3.2 Ionenaustauscher

Bei der Ionenaustauscherchromatographie (IC) binden Proteine über elektrostatische Wechselwirkungen an eine Matrix. Die Matrix trägt positiv geladene (Anionenaustauscher) oder negativ geladene Gruppen (Kationenaustauscher). Ausmaß und Stärke der Bindung eines Proteins an den Ionenaustauscher hängt von pH und Ionenstärke des Puffers, dem isoelektrischen Punkt des Proteins und der Dichte der Ladungen auf der Matrix ab.

Die IC ist technisch einfacher als die GPC. Die IC benötigt keine perfekt gegossenen Säulen, und das Probenvolumen kann ein Mehrfaches des Säulenvolumens betragen. Die IC gibt zudem bessere Reinigungsfaktoren als die GPC (je nach Protein und Bedingungen zwischen 3 und 15) und konzentriert die Probe. Auch die Ausbeuten sind oft besser (zwischen 50 und 80%). Bei mehrstufigen Reinigungen ist es eine gute Idee, die IC an den Anfang zu stellen. Hinterher liegt die Probe in einem kleinen Volumen vor und ist frei von endogenen Liganden oder anderen störenden Extraktbestandteilen.

Experimentelles: Zuerst prüfen Sie, unter welchen pH- und Salz-Bedingungen das gesuchte Protein stabil ist. Danach laden Sie die Probe auf die mit einem Puffer niedriger Ionenstärke (z.B. 20 mM Salz) equilibrierte Säule. Ungebundene Proteine werden ausgewaschen, das gesuchte Protein durch Erhöhung der Salzkonzentration oder Veränderung des pH eluiert. Vorsichtshalber misst man das gesuchte Protein auch im Durchlauf der Säule.

Am einfachsten chromatographiert man bei konstantem pH und adsorbiert bzw. eluiert das gesuchte Protein durch stufenweise Änderung der Ionenstärke. Bei größeren Proteinen und integralen Membranproteinen ist es nämlich vergebene Liebesmüh', die IC durch einen Salz- oder pH-Gradienten verbessern zu wollen. Der Konzentrierungseffekt der IC geht verloren, und die Reinigungsfaktoren werden nur unwesentlich höher. Die Elution des Proteins mit einem gut ausgewogenen Stufengradienten ist effizienter und reproduzierbarer. Bei der präparativen IC dienen lineare Gradienten also nur zum Abschätzen der Elutionsbedingungen. Mischungen kleinerer Proteine und Peptide dagegen trennt ein linearer oder exponentieller Gradient oft in ein spektakuläres Gipfel-Panorama auf (z.B. in Harvey & Karlsson 1980).

Die besten Reinigungsfaktoren erhält, wer die Säule an ihrer Kapazitätsgrenze für das gesuchte Protein fährt. Die Trennleistung der IC hängt zudem von der Flussrate ab (je langsamer desto besser). Schließlich beeinflussen das Matrixmaterial, sein Substitutionsgrad mit ionisierten Gruppen und die Art dieser ionisierten Gruppen das Trennergebnis. Es lohnt sich, verschiedene Ionenaustauscher auszuprobieren: also weg vom Historismus, nicht immer nur CM- oder DEAE-Sephadex! Zur Säulendimension: die kleinen, dicken sind am besten.

Bei der IC von Membranproteinen sind geladene Detergenzien wie Cholat oder Deoxycholat fehl am Platze.

Literatur

1 Choudhary, G. & Horvath, C. (1996): Ion-exchange chromatography. Methods Enzymol. 270, 47–82

2 Harvey, A. & Karlsson, E. (1980): Dendrotoxin from the venom of the green mamba, *Dendroaspis angusticeps*. Naunyn-Schmiedebergs Arch. Pharmacol. 312, 1–6

3 Rossomando, E. (1990): Ion-exchange chromatography. Methods Enzymol. 182, 309–317

5.2.3.3 Isoelektrische Fokussierung

Legt man an eine Mischung von zwitterionischen Verbindungen (Ampholine, Ampholyte) ein elektrisches Feld an, bildet sich ein pH-Gradient (niedriger pH an der Anode, hoher pH an der Kathode). Jede zwitterionische Verbindung wandert dabei zu ihrem isoelektrischen Punkt, d.h. zu der Stelle im pH-Gradient, an dem ihre Nettoladung gleich 0 ist. Wird ein Protein zugesetzt, wandert es im elektrischen Feld ebenfalls zu der Stelle im pH-Gradienten, an der seine Nettoladung Null ist: zu seinem isoelektrischen Punkt (◼ Abb. 5.5). Dort bleibt es liegen, denn ein elektrisches Feld wirkt nur auf geladene Moleküle. Das elektrische Feld konzentriert (fokussiert) das Protein also an seinem isoelektrischen Punkt. Deswegen heißt der Prozess isoelektrische Fokussierung (IEF).

Damit der pH-Gradient stabil bleibt, müssen Sie das System gegen Konvektion stabilisieren. Das gelingt durch ein 5% Polyacrylamidgel (analytische IEF) oder eine Aufschwemmung von granulierten Gelkügelchen in einem Trog (präparative IEF, ◼ Abb. 5.6).

Für die präparative IEF eignet sich auch die Rotofor Zelle (verkauft von Biorad, entwickelt von Egen et al. 1984). Hier wird in einer Säule fokussiert. Eine Reihe zwischengeschalteter Filter und die Rotation der Säule um die horizontal liegende Längsachse unterdrückt Konvektionsströme.

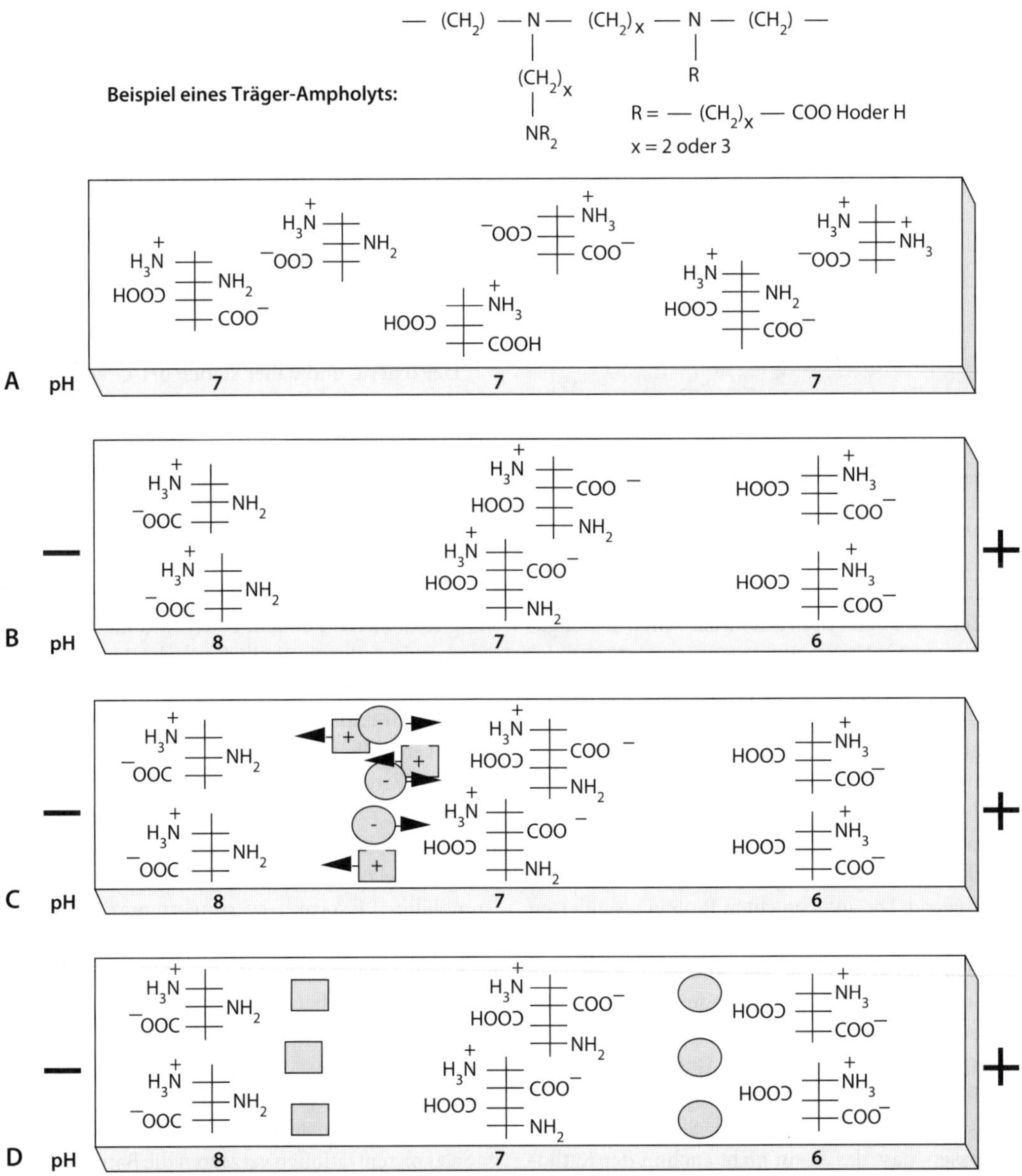

Abb. 5.5 Isoelektrische Fokussierung. A) Gemisch von Träger-Ampholyten (schematisch) im nichtfokussierten IEF-Gel. **B)** Spannung anlegen. Die Träger-Ampholyte wandern zu ihren isoelektrischen Punkten, der pH-Gradient entsteht. **C)** Probe aufbringen (kann auch schon vor der Bildung des pH-Gradienten geschehen). **D)** Probe fokussieren

Weitere präparative IEF Methoden finden Sie in ► Kap. 7.3.2.

Fixierte pH-Gradienten: Die IEF mit löslichen Ampholinen krankt an der Tatsache, dass Konvektionsunterdrückung allein den Gradienten nicht vollständig stabilisiert. So wandern bei längerer Fokussierung die Ampholine lustig in die Kathode und verschwinden darin samt den Proteinen. Schuld sind elektroendosmotische und andere seltsame Effekte. Das macht sich besonders bei basischen Gradienten bemerkbar.

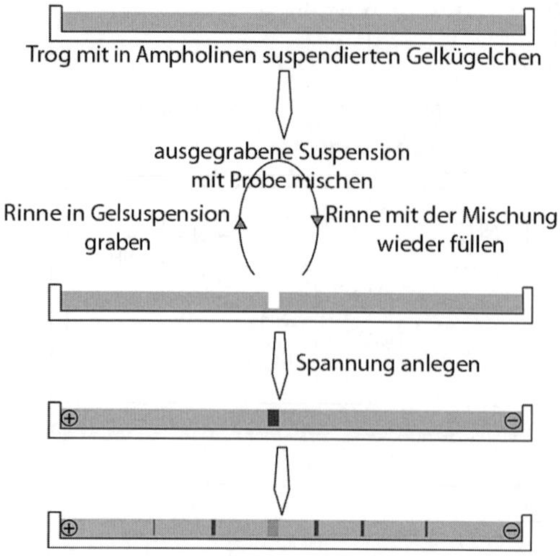

Abb. 5.6 Präparative IEF im Trog

Beim Reinigen des extrem basischen β-Bungarotoxin aus Schlangengift umging Autor Rehm das Problem auf folgendem Weg. Nach einer Vorreinigung über eine IC oder Gelfiltration wurde die β-Bungarotoxin-haltige Fraktion in einer dünnen Rinne mittig und parallel zu den Elektroden in den Trog mit der basischen Ampholin-Gelkügelchen-Suspension aufgebracht (Abb. 5.6). Unter Spannung bildete sich ein pH-Gradient, der langsam in der Kathode verschwand. Die aufgebrachten Proteine wanderten aus der Rinne als schmale Streifen zu ihren isoelektrischen Punkten, die sie aber nie ganz erreichten, weil diese eben auch zur Kathode wanderten. Die Proteine wurden also sowohl einer Elektrophorese wie auch einer unvollständigen isoelektrischen Fokussierung unterworfen. Diese Kombination führte zu 95% reinem β-Bungarotoxin. Sie müssen dabei aufpassen, dass das Toxin nicht auch in der Kathode verschwindet, also in regelmäßigen Abständen das Proteinmuster im Geltrog kontrollieren. Das ist nicht schlimm aber umständlich: Spannung abstellen, Filterpapier auf das Gel legen, Filterpaper auf Protein färben, Spannung wieder einschalten etc.

Schöner wäre es, wenn der pH-Gradient stabil bliebe!

Das Labor von Angelika Görg hat das durch kovalente Fixierung der Ampholine im Gel erreicht (Corbett et al. 1994). Diese Methode hat sich mit Aplomp durchgesetzt und wurde schnell kommerzialisiert. So kopolymerisiert das **Immobilin-System** (Pharmacia) puffernde zwitterionische Acrylamid-Derivate (Immobiline) mit Acrylamid und Bis. Zwei Acrylamid/Immobilin-Lösungen verschiedenen pHs und ein Gradientenmischer ergeben einen kovalent fixierten (immobilisierten) pH-Gradienten. Den Gradienten müssen Sie vorgeben, er kann sich ja im elektrischen Feld nicht mehr von selbst einstellen, da die Zwitterionen nach der Polymerisierung des Gels kovalent an dieses gebunden sind und nicht mehr wandern können.

Der fixierte und daher stabile pH-Gradient gibt – im Vergleich zur IEF mit nicht fixierten Ampholinen – eine 10-fach bessere Auflösung. Verwenden Sie Gele mit engem pH-Bereich (z.B. pH 5,5 – pH 6,5) können Sie noch Proteine trennen, deren isoelektrische Punkte sich nur um 0,01 pH Einheiten unterscheiden. Dies unter anderem deswegen, weil Sie mit Immobilinen länger und mit höherer Spannung fokussieren können. Auch sind die Ergebnisse reproduzierbarer. Endlich ist die Handhabung leichter, denn Immobilin-IEF Gele werden auf Folie gegossen und sind als 3–4 mm breite Streifen im Handel erhältlich (s. ► Kap. 7.3). Manche Autoren behaupten allerdings, dass sich auf herkömmliche IEF-Gele mehr Protein auftragen lasse, und die Proteine in herkömmlichen IEFs ein besseres Löslichkeitsverhalten zeigten. Membranproteine scheinen in der Immobilin-IEF sogar irreversibel zu präzipitieren.

Dieses Beispiel zeigt, dass es auch mit der Entwicklung analytischer Techniken was zu erreichen gibt. Frau Görg hat u.a. hierfür das Bundesverdienstkreuz erhalten.

Generelle Probleme der IEF: Eine IEF lässt sich nur bei niedriger Ionenstärke durchführen, selbst geringe Salzkonzentrationen verzerren die Banden. Viele Proteine benötigen aber eine gewisse Ionenstärke oder zweiwertige Kationen wie Ca^{2+} oder Mg^{2+} für ihre native Konformation bzw. um in Lösung zu bleiben.

Membranproteine schmieren in Polyacrylamidgelen der analytischen IEF. Überhaupt sind Probenauftrag und Löslichhalten im IEF-Gel Probleme, an denen sich schon mancher Doktorand die Zähne ausgebissen hat: Dummerweise ist die Löslichkeit vieler Proteine umso niedriger, je näher sie an ihren isoelektrischen Punkt kommen und eben dies, das Hinbringen zum isoelektrischen Punkt ist ja der Zweck der IEF. Falls es sich mit Ihrem Vorhaben verträgt, können Sie Ihre Proteine in denaturierenden Puffern aufnehmen. Ein typischer denaturierender Puffer wäre 8 M Harnstoff, 4% (w/v) Chaps, 40 mM Tris und 65 mM Dithiotreitol (weitere finden Sie in ► Kap. 7.3.1). Den Immobilin-Streifen dazu quellen Sie in 8 M Harnstoff, 2% Chaps, 10 mM Dithiotreitol und 2% (v/v) Resolyte des entsprechenden pH-Bereichs auf. Derartige denaturierende Puffer zerstören zwar die native Konformation der meisten Proteine (Nomen est Omen), deren Eigenladung bleibt jedoch erhalten. Der Vorteil dieser Puffer ist: Sie bringen und halten vieles – aber nicht alles – in Lösung.

Fokussieren Sie mit löslichen Ampholinen, haben Sie nach der Fokussierung Ampholine in der Probe. Die stören bei vielen Anwendungen, z.B. bei der Proteinbestimmung. Auch bleiben die pH-Gradienten nur für beschränkte Zeit (ca. 3 h) stabil. Extrem basische Proteine werden – wie schon erwähnt – schlecht aufgetrennt. Mit Immobilinen vermeidet man diese Probleme, dafür kann die Fokussierung 2–3 Tage dauern.

Vorteile: Die IEF verarbeitet große Materialmengen, konzentriert die Probe, gibt hohe Reinigungsfaktoren (10–100) bei guter Ausbeute und ermittelt zudem den isoelektrischen Punkt. Vorausgesetzt, das gewünschte Protein ist in Ampholinlösungen oder unter den Bedingungen der Immobilin-IEF stabil, bzw. aggregiert nicht, ist die IEF die bessere und schnellere Alternative zur IC.

Überblick Isoelektrische Fokussierung

Anwendungen

- Bestimmung des isoelektrischen Punkts,
- Untersuchung auf Mikroheterogenität (z.B. wegen Phosphorylierung, Sulfatierung etc.),
- Reinheitsnachweis (analytisch),
- Reinigung eines Proteingemisches nach Ladung (präparativ).

Tipps zum Gel

- Falls sich Ihre Proteinprobe nur mit Seifen löst, können Sie dem Gel noch CHAPS, CHAPSO, Octylglucosid (1–2%) oder Triton X-100 (0,1%) zusetzen. Auch Harnstoff (3–8 M) stört die Fokussierung nicht. Wollen Sie möglichst viele Proteine erfassen (z.B. Zellextrakte, Plasma etc.) empfiehlt es sich, die Probe in 8 M Harnstoff, 4% (w/v) CHAPS, 40 mM Tris, 65 mM DTT aufzulösen. Immobilingele werden entsprechend in 8 M Harnstoff, 2% (v/v) CHAPS, 10 mM DTT und 2% (v/v) Resolyte des entsprechenden pH-Bereichs gequollen.
- Sie fürchten, dass die Cystein- und Methioninreste Ihrer Proteine zu Cysteinsäure und Methioninsulfoxid oxidieren? Dann begasen Sie die IEF-Lösungen zuvor mit Stickstoff.
- Je dünner das Gel, desto besser die Hitzeableitung, desto geringer die Diffusion, desto besser die Auflösung.

Tipps zum Probenauftrag

- nicht zu nahe an den Elektroden aufbringen (Protein denaturiert);
- Probe muss salz- und präzipitatfrei sein;
- in Rohextrakten kann DNA stören, z.B. Banden verzerren. Abhilfe: Vorbehandlung der Probe mit DNAse.

Tipps zum Fokussieren

- bei langem Fokussieren (>3 h) wandert der pH-Gradient in die Kathode (Kathodendrift); Abhilfe: Immobiline;
- Oligosaccharidreste von Glykoproteinen werden in ungünstigen pH-Bereichen modifiziert;
- die Metallionen in Metalloproteinen können anodisch oxidiert bzw. kathodisch reduziert werden; auch können Metalloproteine ihr Metallion verlieren.

Kontrolle Fokussierung wiederholen und Probe einmal im basischen und einmal im sauren Bereich auftragen.

Literatur

1 Egen, N. et al. (1984) in »Electrophoresis 83« (H. Hirai ed.), p. 547. de Gruyter, Berlin

2 Corbett, J.et al. (1994) Positional reproducibility of protein spots in two-dimensional polyacrylamide gel electrophoresis usin immobilised pH gradient isoelec-

tric focusing in the first dimension: an interlaboratory comparison. Electrophoresis 15, 1205–1211
3 Grafin, D. (1990) Isoelectric focusing. Methods Enzymol. 182, 459–477
4 Righetti, P. et al. (1988) Immobilized pH gradients. TIBS 335–338

5.2.3.4 Chromatofokussierung

Die Chromatofokussierung (CF) trennt Proteine nach ihren isoelektrischen Punkten. Sie nützt den pH-Gradienten aus, der entsteht, wenn eine in Puffer pH A (Startpuffer) equilibrierte Ionenaustauschersäule mit einem Puffer pH B (Elutionspuffer, Polypuffer) eluiert wird (◘ Tab. 5.3). Es gilt pH A>pH B. Bei dem Ionenaustauscher handelt es sich um einen Anionenaustauscher auf Sepharose 6B Basis mit kationischen Gruppen unterschiedlicher pKa-Werte.

Zuerst werden die Proteine in Startpuffer an die Säule gebunden, danach löst der pH-Gradient die gebundenen Proteine in der Reihenfolge ihrer isoelektrischen Punkte ab; gleichzeitig kommt es zur Fokussierung, denn die Wanderungsgeschwindigkeit eines Proteins in der Säule hängt vom pH ab (◘ Abb. 5.7). Angeblich soll die CF noch Proteine trennen, deren isoelektrische Punkte sich nur durch 0,05 pH-Einheiten unterscheiden; Autor Rehms bestes Ergebnis waren 0,1 pH-Einheiten.

Eine CF-Säule muss, ähnlich einer Gelfiltrationssäule, gleichmäßig und frei von Gasblasen gegossen werden. Die Kunst des gleichmäßigen Packens beschreibt ► Abschn. 5.2.2.1. Da HCO_3^- den pH-Gradienten stört, dürfen die Start- und Elutionspuffer kein Kohlendioxid enthalten. Sie müssen die Puffer also entgasen. Schließlich sollte die Proteinprobe eine niedrige Ionenstärke haben. Ansonsten ist die CF so einfach wie eine IC und benötigt keine Stromquellen oder Gradientenmischer. Zur Not können Sie auch in Gegenwart von dissoziierenden Agenzien (Harnstoff und DMSO) oder nichtionischen Seifen (NP-40, Triton X-100, Octylglucosid) chromatofokussieren.

Steht die Säule, ist die Chromatographie in ein paar Stunden erledigt. Noch schneller und mit etwas besseren Ergebnissen chromatofokussiert man mit einer HPLC- oder FPLC-Anlage.

Die CF gibt oft bessere Reinigungsfaktoren als die IC, liefert den isoelektrischen Punkt und verkraftet große Proteinmengen. Die CF ist daher, falls das gesuchte Protein im Elutionspuffer stabil ist, eine Alternative zur IC.

Empfehlungen: Prüfen Sie die Qualität Ihrer CF-Säule mit einer Cytochrom-C-Lösung (Giri 1990).

Ein sauberer Probenauftrag ist bei der CF ebenso wichtig wie bei der GPC (s. ► Abschn. 5.2.2.1), vor allem muss die Geloberfläche eben sein. Giri (1990) empfiehlt, auf das PBE-Gelbett eine Schicht (1–2 cm) Sephadex G-25 coarse aufzubringen. Die Sephadexschicht soll einen gleichmäßigen Probenauftrag gewährleisten und als Mischkammer dienen. Sie verhindert auch, dass die Oberfläche des Ionenaustauschergels aufgewirbelt wird. Es ist üblich, die Probe vor dem Auftrag in Start- oder Elutionspuffer zu equilibrieren, wobei das Probenvolumen kleiner als das halbe Säulenvolumen sein sollte. Zuerst gibt man ein paar ml Elutionspuffer über die Säule, dann die Probe und letztlich den Elutionspuffer. Die Fließgeschwindigkeit ist bei der CF nicht kritisch und liegt gewöhnlich zwischen 20–40 cm/h.

Probleme: Die Proteinprobe und der Elutionspuffer dürfen kein Salz enthalten. Manche Proteine brauchen aber eine bestimmte Salzkonzentration zum Erhalt ihrer nativen Konformation.

Bei Membranproteinen oder bei flachen pH-Gradienten ist der Fokussierungseffekt schwach und die Probe wird verdünnt.

Das Eluat enthält Polypuffer/Ampholine. Diese stören bei manchen Tests, z.B. beim BCA-Test (s. ► Abschn. 1.2.1). Man entfernt sie durch:

- Ausfällen des Proteins mit Ammoniumsulfat (80% Sättigung. S. ► Abschn. 5.2.3.1 und Giri 1990) oder
- Ionenaustauscherchromatographie (nur binden, waschen, eluieren. Kein Gradient!) oder
- Lektinchromatographie (falls Glykoprotein) oder
- GC an Sephadex G-75 (nur in Notfällen).

Literatur

1 Giri, L. (1990): Chromatofocusing. Methods Enzymol. 182, 380–392
2 Siemens, I. et al. (1991): Solubilization and partial characterization of angiotensin II receptors from rat brain. J. Neurochem. 57, 690–700
3 Sluyterman, L. (1982): Chromatofocusing: a preparative protein separation method. TIBS 7, 168–170

5.2.3.5 Hydroxyapatit

Die Hydroxyapatit (HA)-Chromatographie ist eine »ich-weiß-nicht-was-ich-sonst-machen-soll«-Me-

Tab. 5.3 Puffer und Gele für Chromatofokussierung (nach Giri 1990)

pH- Bereich	Gel	Startpuffer	Elutionspuffer	Verdünnung des Elutionspuffers	Tot-	Gradienten-Volumina (in Säulenvolumen)	Gesamt-
10,5–8	PBE 118	pH 11; 0,025 M Triethylamin-HCl	pH 8; Pharmalyte (pH 8–10,5)-HCl	1:45	1,5	11,5	13,0
10,5–7	PBE 118	pH 11; 0,025 M Triethylamin-HCl	pH 7; Pharmalyte (pH 8–10,5)-HCl	1:45	2,0	11,5	13,5
9–8	PBE 94	pH 9,4; 0,025 M Ethanolamin-HCl	pH 8; Pharmalyte (pH 8–10,5)-HCl	1:45	1,5	10,5	12,0
9–7	PBE 94	pH 9,4; 0,025 M Ethanolamin-HCl	pH 7; Polypuffer 96-HCl	1:10	2,0	12,0	14,0
9–6	PBE 94	pH 9,4; 0,025 M Ethanolamin-CH_3-COOH	pH 6; Polypuffer 96-CH_3COOH	1:10	1,5	10,5	12,0
8–7	PBE 94	pH 8,3; 0,025 M Tris-HCl	pH 7; Polypuffer 96-HCl	1:13	1,5	9,0	10,5
8–6	PBE 94	pH 8,3; 0,025 M Tris-CH_3COOH	pH 6; Polypuffer 96-CH_3COOH	1:13	3,0	9,0	12,0
8–5	PBE 94	pH 8,3; 0,025 M Tris-CH_3COOH	pH 5; Polypuffer 96 (30%) + Polybuffer 74 (70%)-CH_3-COOH	1:10	2,0	8,5	10,5
7–6	PBE 94	pH 7,4; 0,025 M Imidazol-CH_3-COOH	pH 6; Polypuffer 96-CH_3COOH	1:13	3,0	7,0	10,0
7–5	PBE 94	pH 7,4; 0,025 M Imidazol-HCl	pH 5; Polypuffer 74-HCl	1:8	2,5	11,5	14,0
7–4	PBE 94	pH 7,4; 0,025 M Imidazol-HCl	pH 4; Polypuffer 74,HCl	1:8	2,5	11,5	14,0
6–5	PBE 94	pH 6,2; 0,025 M Histidin-HCl	pH 5; Polypuffer 74-HCl	1:10	2,0	8,0	10,0
6–4	PBE 94	pH 6,2; 0,025 M Histidin-HCl	pH 4; Polypuffer 74-HCl	1:8	2,0	7,0	9,0
5–4	PBE 94	pH 5,5; 0,025 M Piperazine-HCl	pH 4; Polypuffer 74-HCl	1:10	3,0	9,0	12,0

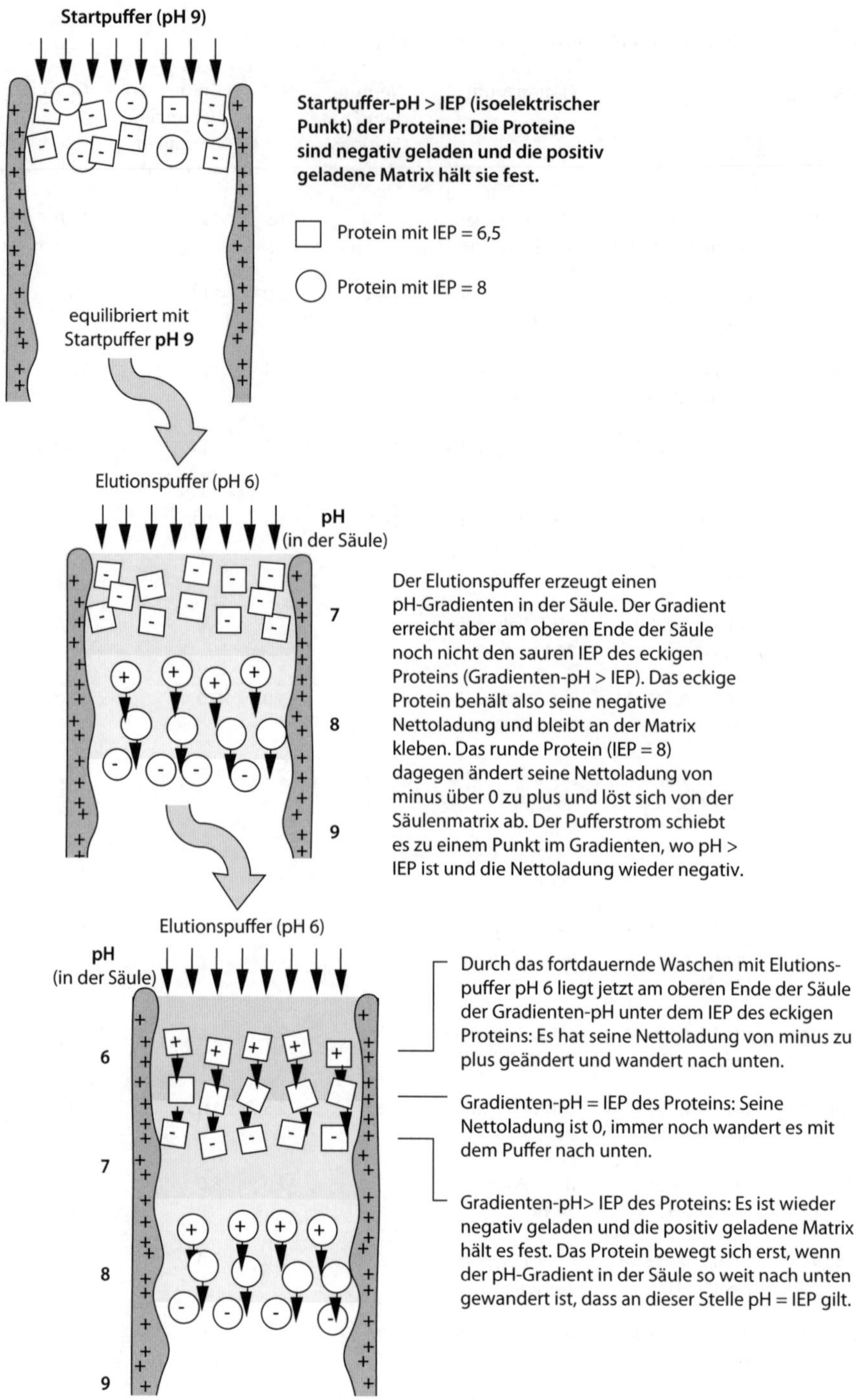

Abb. 5.7 Chromatofokussierung

thode und daher verwenden sie die meisten Reiniger als letzte Stufe.

Die HA-Chromatographie ist billig und anspruchslos und kann große Mengen an Protein verarbeiten. Doch die Reinigungsfaktoren sind oft schlecht (2–5), die Ausbeuten mäßig (40–60%). Bei sauren Proteinen zeigt HA manchmal erstaunliche Reinigungseffekte. Dies gilt besonders für über IC vorgereinigte Präparationen, denn HA trennt saure Proteine nach anderen Prinzipien als ein Ionenaustauscher.

HA ist ein Calciumphosphatmineral, das Proteine über zwei Mechanismen bindet (◘ Abb. 5.8):

- Basische Proteine binden über ihre Aminogruppen an die negative Oberflächenladung des Minerals, also über elektrostatische Wechselwirkungen.
- Saure Proteine bilden mit ihren Carboxylgruppen Komplexbindungen mit dem Ca^{2+} des Minerals.

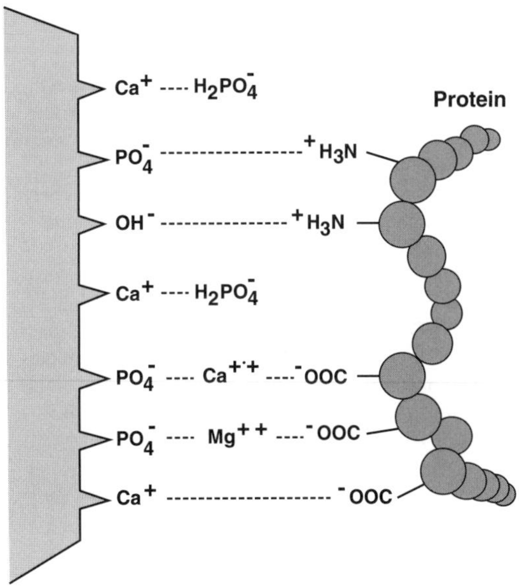

◘ **Abb. 5.8 Wechselwirkungen zwischen Protein und Hydroxyapatit** (nach Gorbunoff et al. 1984)

Denaturierte Proteine und Substanzen von niedrigem MG (z.B. Aminosäuren) binden nicht an HA. Ob Peptide binden, hängt von der Zahl ihrer geladenen Aminosäuren ab. Manche sauren Proteine binden nur, wenn sie in Wasser oder phosphatfreien Puffern aufgeladen werden (Schröder, 2003).

Beim Beladen der Säule mit Protein und beim Eluieren des gebundenen Proteins muss man nicht nur auf pH und Ionenstärke des Elutionspuffers, sondern auch darauf achten, ob dessen Ionen mit dem HA-Mineral spezifische Wechselwirkungen eingehen. Dies ist der Fall bei F^-, Phosphat und Ca^{2+}.

Basische Proteine eluieren von HA entweder mit 0,1–0,3 M Lösungen von einwertigen Kationen (Anionen: Cl^-, F^-, SCN^- oder Phosphat) oder mit niedrigen Konzentrationen (1–3 mM) an divalenten Kationen (Ca^{2+}, Mg^{2+}). Im ersten Fall arbeitet HA wie ein Kationenaustauscher; im zweiten Fall binden die divalenten Kationen an das negative Phosphat des HA und verdrängen dabei die Aminogruppen der Proteine.

Saure Proteine eluieren mit F^- und Phosphatsalzlösungen (0,05–0,15 M), aber nicht mit Cl^- oder divalenten Kationen. Dies deshalb, weil F^- und Phosphat die Carboxylgruppen des Proteins vom Calcium des Minerals verdrängen. Divalente Kationen verstärken die Bindung saurer Proteine an HA. Ewald Schröder (2003) eluierte ein schwach saures Protein von HA mit phosphathaltigem Puffer bei pH-Werten zwischen 5,5 und 8,0. Als Puffer verwendet er MES oder Hepes. Je saurer der Puffer, desto höhere Phosphatkonzentrationen wurden für die Elution benötigt.

Traditionell wird die HA-Säule mit einem Phosphatpuffer niedriger Konzentration (50 mM oder darunter) equilibriert. Danach wird die Proteinprobe aufgeladen und das gesuchte Protein, wenn es von der Säule gebunden wurde, wieder mit Phosphatpuffer höherer Konzentration eluiert. Die optimale Elutionskonzentration ermittelt man entweder mit einem Gradienten oder indem man mit mehreren aufeinanderfolgenden Stufen eluiert (z.B. 1-2 Säulenvolumen 100 mM Phosphat, gefolgt von 1-2 Säulenvolumen 150 mM Phosphat etc.). Bei sauren Proteinen scheint jedoch ein phosphatfreier Auftrag in 10 mM Hepes pH 7,0 einen Versuch wert zu sein.

Kristallines HA ist instabil, HA-Säulen leben also nicht lange. Biorad bietet jedoch ein keramisches (gesintertes) HA an, das chemisch und mechanisch stabil sein soll und hohe Flussraten ermöglicht.

Literatur

1 Gorbunoff, M. (1984): The interaction of proteins with hydroxyapatite; I. role of protein charge and structure. Anal. Biochem. 136, 425–432 *und nachfolgende Papers in der gleichen Ausgabe bis Seite 445.*
2 Hartshorne, R. & Catterall, W. (1984): The sodium channel from rat brain; purification and subunit composition. J. Biol. Chem. 259, 1667–1675
3 John, M. & Schmidt, J. (1984): High-resolution hydroxyapatite chromatography of proteins. Anal. Biochem. 141, 466–471
4 Schröder, E. et al (2003): Hydroxyapatite chromatography: altering the phosphate-dependent elution profile of protein as a function of pH. Anal. Biochem. 313, 176–178

5.2.4 Das Blaugel

Mit Blaugel bezeichnet man Matrizen, die den Farbstoff Cibacron Blue 3GA als Liganden tragen. Als Matrizen dienen Agarose, Sepharose oder Silicaperlen. Cibacron Blue 3GA wiederum ist ein Textilfarbstoff, ein Triazin, der an Proteine mit Dinucleotidtasche binden kann. Zudem besitzt Cibacron Blue 3GA negative Ladungen, ist hydrophob und tiefblau.

Diese Vielseitigkeit des Liganden gibt der Blaugel-Chromatographie den Charakter eines Glücksspiels. Es ist nicht voraussagbar, wie sich ein Protein auf einer Blaugel-Säule verhält. Auch Proteine ohne Nucleotidtasche können daran binden, sei es wegen der Ionenaustauschereigenschaften, der Hydrophobizität oder anderer Eigenschaften des komplizierten Farbstoffs. Wie bei allen Glücksspielen, so gilt auch bei der Blaugel-Chromatographie: Meistens verliert man.

Autor Rehms Liebe zum Blaugel gründet daher mehr auf der schönen Farbe als auf einem Erfolg. Das Blau, findet er, macht sich gut unter all dem weiß im Säulenwald. In USA, am VA Medical Center, hat Rehm einen bayrischen Kollegen sogar vor seinem weißblauen Säulenwäldchen heulen sehen, er weiß nicht, ob es wegen Heimweh war, oder ob der Bayer die Probe darin verloren hatte. Mit dem Reinigungseffekt ist es nämlich oft nicht weit her. Wenn Sie mit einem Blaugel mehr als eine Anreicherung von fünf erzielen und dabei nur die Hälfte Ihres gesuchten Proteins verlieren, dürfen Sie sich auf die Schultern klopfen. Tipp: Nehmen Sie kleine Säulen (1–1,5 ml Volumen oder weniger reicht).

Zu empfehlen ist das Blaugel, wenn Sie Medien von BSA befreien wollen. BSA bindet – je nach Matrix und Substitutionsgrad – in Mengen von 8–15 mg/ml ans Blaugel. Auch wenn Sie wissen oder vermuten, dass Ihr gesuchtes Protein eine Dinucleotidtasche besitzt, können Sie an Blaugel chromatographieren, solange Ihnen nichts Besseres einfällt. Die ganze Präparation würde Rehm nicht riskieren: Besser die Reinigungswirkung erstmal mit einem Aliquot testen. Es kommt öfters vor, dass ein Protein auf Nimmerwiedersehen in den blauen Tiefen verschwindet.

Eluiert wird das Blaugel, je nach Protein, mit hohen Ionenstärken (z.B. 1,5 M KCl) oder mit Seifen. Proteine mit Dinucleotidtaschen können Sie auch mit NADH zu eluieren versuchen.

Literatur

1 Kolossov, V. & Rebeiz, C. (2001): Chloroplast biogenesis 84: solubilization and partial purification of membrane-bound (4-vinyl) chlorophyllide a reductase from etiolated barley leaves. Anal. Biochem. 295, 214–219

5.2.5 Zeolit-Chromatographie

Es ist durchaus möglich, dass Sie die vorgehenden Methoden ausprobiert haben und Ihr Protein noch immer dreckig ist. Ein Affinitätsligand ist nicht in Sicht und Sie stehen im Kühlraum, frieren und fragen sich: »Was jetzt?« oder gar »Soll ich den Löffel hinschmeißen?«.

Wir raten Ihnen, nichts übers Knie zu brechen. Gehen Sie erst mal in den Kaffeeraum und flirten Sie mit der neuen Doktorandin oder dem neuen Doktoranden. Hier gibt es vielfältige Methoden: Zum Tango einladen, Essengehen, über den Prof lästern, Komplimente drechseln, Fahrradausflug vorschlagen… Das regt die Phantasie an und möbelt ihr Selbstbewusstsein wieder auf (oder auch nicht). Falls Ihnen dann immer noch nichts zur Proteinreinigung eingefallen ist, probieren Sie die Zeolit-Chromatographie. Diese Technik wird nicht notwendigerweise den Durchbruch bringen, aber sie könnte weiterhelfen und in der Not frisst der Teufel Fliegen und der Forscher züchtet welche.

Was sind Zeolite?

Es sind prominente Verbindungen. Es gibt eine International Zeolit Association und Kongresse, die nur diesem Mineral gewidmet sind. Denn um ein Mineral handelt es sich, um kristalline Tectosilikate mit Poren und Kanälen in der Größe von 0,3 bis 3 nm.

Es gibt hunderte verschiedener Zeolite. Sie bestehen aus AlO_4- und SiO_4-Tetrahedrons, die ihre Eckpunkte miteinander teilen. Die Strukturen sind negativ geladen. Die dazugehörenden Kationen wie Na^+, K^+ oder Ca^{2+} liegen, zusammen mit Wasser, in den Poren. Das Verhältnis (Si+Al):O beträgt 1:2. Das Si:Al Verhältnis dagegen kann während der Synthese oder später verändert werden. Es zeigt ungefähr die hydrophoben Eigenschaften von Zeoliten an. Je größer das Verhältnis, desto hydrophober ist der Zeolit und desto weniger Ionenaustauscher-Eigenschaften zeigt er.

Zeolite dienen als Wasserenthärter, Entgifter (sie adsorbieren Ammoniak und Schimmelgifte), Futterzusatz, Molekularsieb und Ionenaustauscher. Sie werden in Waschmitteln verwendet, befreien Aquarien von Algen und sind Bestandteil selbstkühlender Bierfässer. Zeolite sind Wunderstoffe.

Zeolite kommen natürlich vor – so in Hohlräumen von vulkanischem Gestein – sie können aber auch synthetisiert werden. Die natürlichen Zeolite tragen phantasievolle Namen wie Analcim, Chabasit und Mordenit. Auf Deutsch heißen sie Siedesteinchen, weil beim Erhitzen das Wasser aus den Poren kocht und die Steine zu brodeln anfangen.

Horiyuki Chiku et al. (2003) glauben, dass sich Zeolite für die Chromatographie von Proteinen eignen. In der Tat binden Proteine an Zeolite. Nach Chiku beruht diese Bindung auf hydrophoben Wechselwirkungen, Coulomb-Kräften und dem Ersatz von Wassermolekülen um die Al-Atome des Zeolits durch Aminogruppen des Proteins.

Unterhalb des isoelektrischen Punktes des Proteins, es ist hier positiv geladen, wirken zwischen Zeolit und Protein hauptsächlich Coulomb-Kräfte. Der Zeolit wirkt also als Kationenaustauscher. Oberhalb des isoelektrischen Punktes – das Protein ist negativ geladen – verdrängen die Aminogruppen des Proteins Wassermoleküle von den Al-Atomen des Zeolits. Zudem kommen hydrophobe Wechselwirkungen ins Spiel. Die Bindung wird durch Coulombsche Abstoßung geschwächt.

Beim isoelektrischen Punkt, das Protein trägt keine Nettoladung, spielen hydrophobe Wechselwirkungen die Hauptrolle. Daher binden Proteine in der Nähe ihres isoelektrischen Punktes mit besonderer Liebe an hydrophobe Zeolite.

Das Problem mit der Zeolit Chromatographie ist weniger die Adsorption von Proteinen als deren Elution. Proteine, die an ihrem isoelektrischen Punkt adsorbiert wurden, kleben so fest an dem Mineral, dass man sie weder mit hohen Ionenstärken (NaCl über 2,5 M) noch mit 8 M Harnstoff, noch mit nichtionischen Seifen (NP-40, Triton X-100, Tween 20), noch mit pH-Änderungen ablösen kann. Selbst SDS wirkt nur in Konzentrationen über 0,2% befreiend. Die Frage ist also: Wie holt man die Proteine wieder vom Zeolit herunter und dies in möglichst gutem Zustand?

Die Antwort ist verblüffend aber unverhofft kommt oft: Nach Chiku lassen sich die Proteine ablösen, wenn man dem Puffer Polyethylenglykol (PEG) beigibt. Dies allerdings nur an ihrem isoelektrischen Punkt bzw. bei pH-Werten oberhalb des isoelektrischen Punktes. Auch funktioniert die PEG-Elution nur mit der Zeolit Sorte Na-BEA. Dieser Zeolit besitzt das höchste Verhältnis von Si:Al und die größten Poren (7,6 × 6,4 Angström).

Von Na-BEA können 70% des adsorbierten BSA mit 2,5% PEG 20 000 eluiert werden. Bei anderen Proteinen (Ovalbumin, Hexokinase und Cytochrom c) war die Elution weniger erfolgreich. Sie konnte verbessert werden, indem man dem Elutionspuffer 2,5 M NaCl zugab.

Die Proteine eluieren oft in nativer Form, so überstanden DNA Polymerase β und Lysozym die Prozedur ohne Aktivitätsverlust. Sie können das Zeolit mit dem adsorbierten Protein sogar autoklavieren und es eluiert hinterher immer noch in nativer Konformation. Das glaubt Autor Rehm jedenfalls dem Material und Methoden Abschnitt von Chiku et al. (2003) entnehmen zu können. Der allerdings liest sich so, wie die meisten Japaner bei Vorträgen sprechen.

Wie wirksam reinigt die Zeolit Chromatographie? Um das sagen zu können, müsste man ein

Protein aus einem rohen Zellextrakt an einer Zeolit-Säule reinigen. Das haben Chiku et al. nicht getan, die Frage bleibt also offen.

Die Vorteile der Zeolit Chromatographie:

- Sie können die Probe in Salz oder Detergens auftragen und erhalten bei der Elution mit PEG eine salz- und detergensfreie Proteinlösung.
- Zeolite sind resistent gegen pH- und Temperaturextreme, Seifen und denaturierende Agenzien. Sie lassen sich leicht regenerieren.
- Sie können das machen, was Chiku et al. vergessen haben: Mit einer Zeolit-Säule aus einem Zellextrakt oder Plasma einige Proteine reinigen. Das müsste ebenfalls ein Paper in *Analytical Biochemistry* abwerfen.
- Sie können der neuen Doktorandin vorschlagen, mit Ihnen Zeolite sammeln zu gehen. Das wirkt originell.

Einige Nachteile der Zeolite müssen Sie in Kauf nehmen:

- Proteine aggregieren oft an ihrem isoelektrischen Punkt. Chiku et al. behaupten zwar, bei einer Zeolit Chromatographie mache das nichts aus. Ihre experimentellen Beweise dafür sind aber nicht überzeugend, d.h. nicht existent. Sie zeigen nur, dass man z.B. Ovalbumin am isoelektrischen Punkt wieder desorbieren kann, nicht aber, dass es zuvor aggregiert war.
- Die Ausbeute kann gering ausfallen.
- Sie sollten, wenn Sie ein bestimmtes Protein aus einem Extrakt reinigen wollen, dessen isoelektrischen Punkt kennen. Tragen Sie den Extrakt bei einem anderen pH auf, wird ihr Protein vielleicht nicht oder schlecht adsorbiert. Was nicht adsorbiert wird, kann auch nicht gereinigt werden.

Immerhin, Zeolite sind billig, Sie brauchen nicht viel (100 mg adsorbieren 3 mg Protein) und es geht schnell. Falls Sie also den isoelektrischen Punkt ihres Proteins kennen, sie schon alles ausprobiert haben und ihnen das Wasser bis zum Hals steht – greifen Sie zum Zeolit!

Literatur

1 Chiku, H. et al. (2003): Zeolites as new chromatographic carriers for proteins – easy recovery of proteins adsorbed on zeolites by polyethylen glycol. Anal. Biochem. 318, 80–85

5.3 Affinitätschromatographie

5.3.1 Lektinchromatographie

Lektine sind Proteine, die reversibel Mono- oder Polysaccharide oder die Zuckerreste von Glykoproteinen binden. Lektine unterscheiden sich in ihrer Zuckerspezifität, ihrem Aufbau und in den Cofaktoren, die für die Bindung des Zuckers notwendig sind. Kovalent an Matrizen gekoppelte Lektine sind beliebte Affinitätsmaterialien und im Handel erhältlich (◘ Tab. 5.4), ihre Spezifität zeigt ◘ Tab. 9.1.

Voraussetzung für die Lektinchromatographie ist eine Lektinmatrix, die das gesuchte Protein bindet. Um eine solche Matrix zu finden, bestellt sich der Experimentator Lektinmatrizen verschiedener Zuckerspezifitäten (WGA, Con A und 3–5 andere) und prüft im Batchverfahren die Adsorption des gesuchten Proteins. Lektinmatrizen mit Spezifität für Zucker, die in vielen Glykoproteinen vorkommen, binden das gesuchte Glykoprotein mit großer Wahrscheinlichkeit und liefern dafür mäßige Reinigungsfaktoren. Lektine mit Spezifität für seltene Zucker binden das gesuchte Protein mit geringer Wahrscheinlichkeit, doch wenn sie es tun, warten sie mit angenehmen Überraschungen auf (z.B. Barbry et al. 1987).

Manche Glykoproteine binden das Lektin erst, nachdem ihre Sialinsäurereste mit Neuraminidase abgespalten wurden. Dies macht sich eine Doppelchromatographie zunutze, die in der ersten Stufe die Lektin bindenden Proteine entfernt, das gesuchte Protein aber passieren lässt. Der Säulendurchlauf wird mit Neuraminidase behandelt und noch einmal über die regenerierte Lektinsäule gegeben. Diesmal bindet das gesuchte Protein.

Gute Ergebnisse gibt hin und wieder das Hintereinanderschalten zweier verschiedener Lektinsäulen. Die erste Säule bindet das gesuchte Protein zusammen mit anderen Glykoproteinen. Die ge-

Tab. 5.4 Matrizen für die Lektin-Affinitätschromatographie

Lektin	Cofaktoren	Matrix (Lieferant)	Elutionszucker	Besonderheiten
Weizenkeimagglutinin (WGA)		4% Agarose (Sigma) Sepharose 6 MB (Sigma) Spectragel* (Spectrum)	0,02–0,2 M N-Acetyl-D-glucosamin	stabil in 0,07% SDS und1% Deoxycholat
Concanavalin A (Con A)	Mn^{2+}; Ca^{2+}	4% Agarose (Sigma) Spectragel* (Spectrum) Sepharose (Pharmacia)	0,1–0,2 M α-D-Methylmannosid,10 mM α-D-Methylglucosid,	Puffer dürfen kein EDTA enthalten
Bandeiraea simplicifolia Lektin (BS-I)	Mn^{2+}; Ca^{2+}	Sephadex A25 (nicht käuflich)	0,05–0,1 M Melibiose	
***Bandeiraea simplicifolia* Lektin (BS-II)**		4% Agarose (Sigma)	N-Acetyl-D-glucosamin	
Linsenlectin (LCA)	Mn^{2+}; Ca^{2+}	4% Agarose (Sigma) Sepharose 4B (Pharmacia) Spectragel* (Spectrum)	0,1–0,2 M Methyl-α-D-mannosid	stabil in 1% Deoxycholat; Puffer dürfen kein EDTA enthalten
***Ricinus communis* Agglutinin (RCA-120)**		4% vernetzte Agarose (Sigma)	0,3 M β-Methyl- galactopyranosid	
Erdnusslektin (PNA)		4% vernetzte Agarose (Sigma)		
Sojabohnenlektin (SBA)		4% vernetzte Agarose (Sigma)	N-Acetyl-D-galactosamin	
Jacalin		4% Agarose (Vector Lab.) 6% Agarose (Pierce)	25–100 mM Melibiose oder 10 mMα-Methylgalactopyranosid	bindet O-glykosylierte Proteine
***Ulex europaeus* I (UEAI)**		4% Agarose (Sigma)	0,1–0,3 M α-L(-) Fucose	
***Helix pomatia* (HPA)**		4% vernetzte Agarose (Sigma)	N-Acetyl-α-D-galactosamin	

* Matrixmaterial nicht bekannt

bundenen Glykoproteine werden eluiert und das Eluat auf eine zweite Säule aufgeladen. Diese bindet ebenfalls viele Glykoproteine, lässt das gesuchte Protein aber passieren.

Um Ionenaustauschereffekte zu unterdrücken (Lektine tragen als Proteine Ladungen), benützt die Lektinchromatographie Puffer mit hohem Salzgehalt (0,2–0,5 M NaCl). Lektine brauchen mehrere Stunden, um ihre Liganden zu binden. Daher wird die Proteinprobe oft mit dem Lektin-Gel über Nacht inkubiert und das beladene Gel erst zum Waschen und Eluieren in eine Säule gegossen. Nach mehreren Läufen nimmt die Kapazität einer Lektinsäule ab. Zur Regeneration wäscht man sie 3-mal abwechselnd mit 0,1 M Natriumacetat pH 4,0 bzw. 0,1 M Tris-Cl Puffer pH 8,5, wobei die pH-Wechsel möglichst abrupt erfolgen sollten.

WGA (Weizenkeimagglutinin) und Con A (Concanavalin A) sind die Lieblinge der Proteinreiniger. WGA dient häufig zur Reinigung von Membranproteinen. Es bindet N-Acetylglucose- und N-Acetylglucosamin-Reste und, mit niedriger Affinität, Sialinsäurereste. Die Liganden bindet WGA in Abwesenheit zweiwertiger Kationen und WGA verträgt 0,07% SDS, 1% Deoxycholat oder 1 mM EDTA. Schwachbindende Proteine eluieren mit 3–30 mM N-Acetylglucosamin. Fest gebundene Liganden benötigen 100–300 mM N-Acetylglucosamin. Die Elution ist auch mit hohem Salz (0,5 M $MgCl_2$) möglich. Die Reinigungsfaktoren der WGA-Chromatographie liegen für rohe Proteinextrakte bei 10–20, die Ausbeuten bei 30–70% und die Temperatur spielt für Bindung und Elution keine Rolle.

Die Bindung und Elution von Con-A-Säulen ist bei Raumtemperatur am effektivsten. An Sojabohnen- oder Erdnusslektin binden Glykoproteine optimal bei 4°C.

Literatur

Übersichtsartikel

1 Gerard, C. (1990): Purification of glycoproteins. Methods Enzymol. 182, 529–539

***Bandeiraea simplicifolia* Lektin**

2 Barbry, P. et al. (1987): Purification and subunit structure of the ^{3}H-phenamil receptor associated with the renal apical Na^+ channel. Proc. Natl. Acad. Sci. USA 84, 4836–4840

***Ricinus communis* Agglutinin**

3 Novick, D. (1987): The human interferon-γ receptor; purification, characterization and preparation of antibodies. J. Biol. Chem. 262, 8483–8487

Weizenkeimagglutinin

4 Rönnstrand, L. (1987): Purification of the receptor for platelet-derived growth factor from porcine uterus. J. Biol. Chem. 262, 2929–2932

5 Tollefsen, S. et al. (1987): Separation of the high affinity Insulin-like growth factor I receptor from low affinity binding sites by affinity chromatography. J. Biol. Chem. 262, 16461–16469

Concanavalin A

6 Lin, S. & Fain, J. (1984): Purification of (Ca^{2+}-Mg^{2+})-ATPase from rat liver plasma membranes. J. Biol. Chem. 259, 3016–3020

7 Wimalasena, J. et al. (1985): The porcine LH/hCG receptor. J. Biol. Chem. 260, 10689–10697

***Ulex europaeus* Agglutinin**

8 Duong, L. et al. (1989): Purification and characterization of the rat pancreatic cholecystokinin receptor. J. Biol. Chem. 264, 17990–17996

5.3.2 Ligandenchromatographie

5.3.2.1 Einführung

Die Liganden-Affinitätschromatographie ist eine eindrucksvolle Methode. Eine gute Affinitätssäule erreicht Reinigungsfaktoren von 1.000 und darüber, bei Ausbeuten zwischen 10 und 50%. Ein spezifischer Ligand des gesuchten Proteins, der eine reaktive Gruppe besitzt, wird über einen Abstandshalter (Spacer) an eine Matrix aus Agarose oder Polyacrylamid gekoppelt (■ Abb. 5.9). Bleiben dabei die Bindungseigenschaften des Liganden erhalten, bindet die derivatisierte Matrix selektiv das gesuchte Protein. Die Matrix wird auf einer Säule ausgiebig gewaschen und das gesuchte Protein mit dem gleichen oder einem anderen Liganden des Proteins (also spezifisch) eluiert.

Das Problem besteht in der Regel darin, dass die derivatisierte Matrix das gesuchte Protein nicht bindet. Meistens findet man es quantitativ im Eluat wieder, aber gelegentlich verliert das Protein in der Säule seine Aktitvität. Der Experimentator glaubt dann, sein Protein hätte gebunden und spielt monatelang und zwecklos mit den Elutionsbedingungen herum. Schließlich kommt es vor, dass die Matrix das Protein zwar bindet, es aber nicht spezifisch eluiert werden kann. Entweder weil die Bindung an den Liganden zu fest ist (so wenn das Protein mehrere Bindungsstellen für den Liganden besitzt und die Affinitätsmatrix hochsubstituiert ist) oder weil das Protein unspezifisch bindet. Dass das gesuchte Protein an die Matrix bindet heißt nämlich nicht, dass es über seine Ligandenbindungsstelle bindet. Viele Liganden tragen eine Ladung und verwandeln die Matrix in einen Ionenaustauscher, und hydrophobe Spacer oder Liganden lassen aus der Affinitätschromatographie eine hydrophobe Chromatographie werden. Um Affinitätschromatographie handelt es sich, wenn das gesuchte Protein mit niedrigen Konzentrationen eines Liganden eluiert.

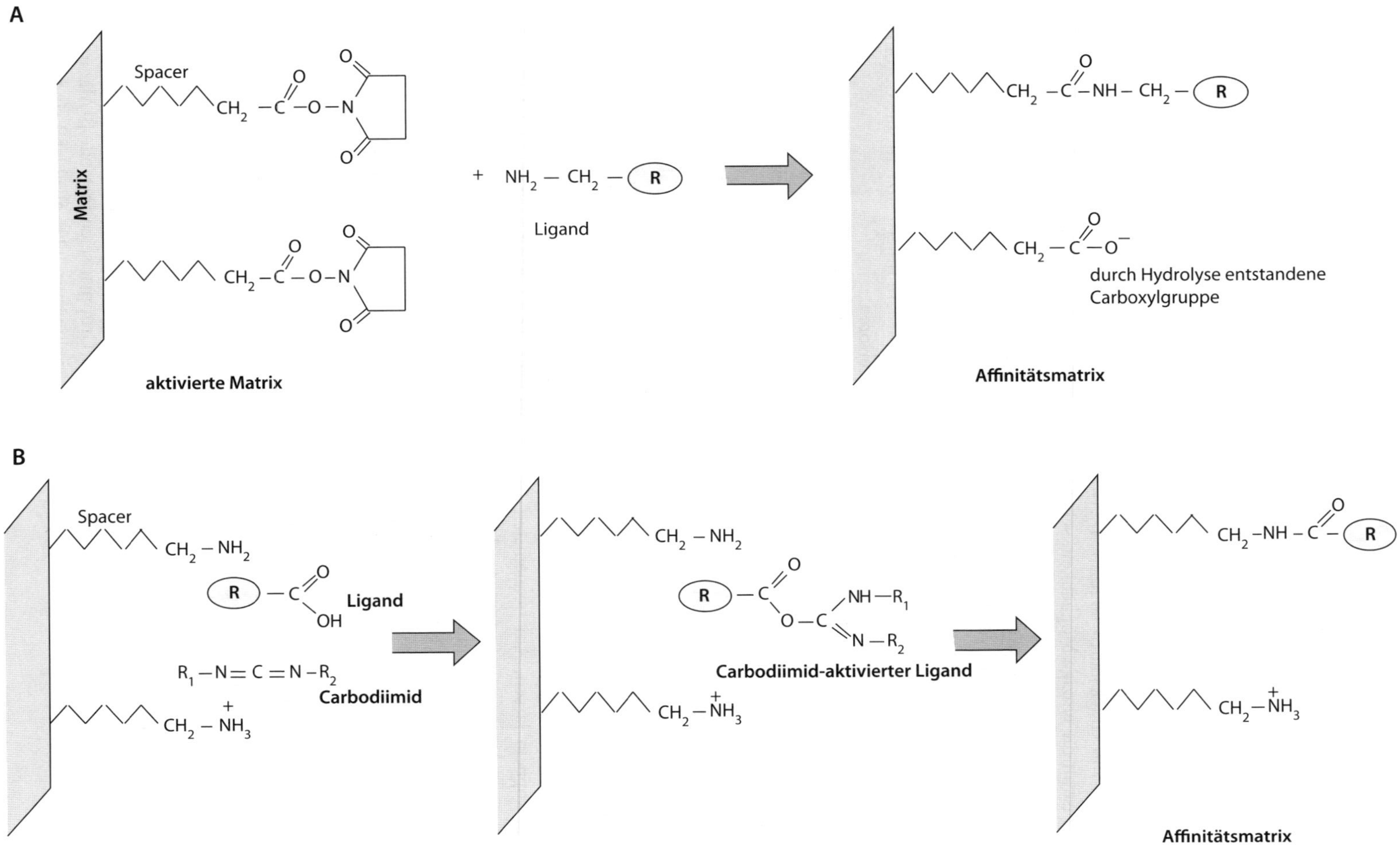

Abb. 5.9 Kopplung von Liganden an Matrizen. A) Kopplung eines Liganden über seine primäre Aminogruppe an eine mit N-Hydroxysuccinimidester aktivierte Matrix. **B)** Carbodiimid-Kopplung der Carboxylgruppe eines Liganden an matrixgebundene primäre Aminogruppen. Das Carbodiimid verwandelt sich dabei in das entsprechende Harnstoffderivat

Die Affinitätschromatographie kann nicht nur an ungeeigneten Liganden scheitern. Es gilt die Länge und Art (hydrophil/hydrophob) des Spacers zu beachten, die chemische Natur und Porengröße der Matrix und den Puffer (Ionensorten, pH, Seife, Ionenstärke), in dem das gesuchte Protein der Matrix angeboten wird. Ferner koppeln die Liganden selten so gut und so irreversibel, wie es die Firmenprospekte verkünden.

Die Entwicklung einer Affinitätschromatographie dauert, von Glücksfällen abgesehen, etwa ein Jahr. Sie ist oft die einzige Möglichkeit, seltene Proteine rein darzustellen. Die Reinigungsfaktoren und Ausbeuten konventioneller Verfahren sind in der Regel zu niedrig um, auch bei Kombination von mehreren Reinigungsschritten, eine Anreicherung von über 1.000 zu erreichen. Bedenken Sie: Bei einer durchschnittlichen Ausbeute von 50% pro Reinigungsschritt sind nach vier Schritten nur noch 6% der Ausgangsmenge vorhanden. Schließt man weitere Schritte an, sackt das gesuchte Protein schnell unter die Nachweisgrenze.

5.3.2.2 Die Rolle des Liganden

Die erste und schwerste Aufgabe ist es, einen geeigneten Liganden zu finden. Der Ligand sollte spezifisch und mit hoher Affinität (K_D<50 nM, besser K_D<10 nM) an das gesuchte Protein binden und sich ohne Affinitäts- und Spezifitätsverlust an eine Matrix koppeln lassen. Am bequemsten ist die Kopplung von Liganden mit primärer Aminogruppe, schwieriger die Kopplung von Liganden mit einer Carboxylgruppe. Gelegentlich wird auch über Sulfhydryl-, Hydroxyl-, aromatische Amino- oder Bromoalkylgruppen gekoppelt (s. Literatur zu 5.3.2.6). Biorad bietet Matrizen an, z.B. Affi-prep Hz, die Proteinliganden über deren Zuckerreste koppeln, den Proteinteil also unberührt lassen.

Bei Liganden mit niedrigem MG und nur einer derivatisierbaren primären Aminogruppe kann man, als Vorversuch, die primäre Aminogruppe mit einer großen Seitenkette derivatisieren (stellvertretend für die Matrix) und die K_i dieser Verbindung bestimmen. Es ist ein gutes Zeichen, wenn die K_i des Derivats nicht wesentlich höher ist als die der Ausgangsverbindung.

Es gibt Proteine, für die kein Ligand existiert. In diesem Fall, und wenn es der Nachweistest erlaubt, kann man sich Peptid-Liganden aus Epitop-Bibliotheken klonieren (Scott & Smith 1990, unter 5.3.2.6).

5.3.2.3 Die Rolle der Matrix

Die zweite Unbekannte bei der Affinitätschromatographie ist die Matrix. Hier stehen kommerzielle Produkte zur Auswahl (◘ Tab. 5.5) und eigene Affinitätsmatrizen herstellen oder entwickeln wird nur der, der diese Produkte vorher ausprobiert hat und ungenügend findet.

Die **Poren** der Matrix müssen groß genug sein, damit das gesuchte Protein ins Innere der Gelkügelchen diffundieren kann. Sind die Poren zu klein, ist der Ligand, der im Innern sitzt, für die Chromatographie verloren.

Ein langer **Spacer** ist bei Liganden mit kleinem MG oft notwendig, damit sich der Ligand problemlos in seine Bindungstasche einlagern kann. Um hydrophobe bzw. Ionenaustauschereffekte zu vermeiden, sollte der Spacer ungeladen und hydrophil sein.

Die Dichte der Matrix an aktivierten Gruppen bestimmt die maximal erreichbare Substitution mit Liganden. Ein hoher Substitutionsgrad gibt oft, aber nicht immer, die besten Ergebnisse (Parcej & Dolly 1989).

Ist genügend Ligand vorhanden, lohnt es sich, kleinere Mengen verschiedener Matrizen (verschiedenes Matrizenmaterial, Spacer, Dichte an aktivierten Gruppen, Kopplungschemie) zu derivatisieren und im Batchverfahren auf Adsorption zu prüfen.

Von der Natur der **aktivierten Gruppen** der Matrix hängt die Stabilität der kovalenten Bindung zwischen Ligand und Matrix ab. Stabil sind Säureamid- und Etherverbindungen. Die ersteren entstehen bei Matrizen, deren Alkylcarboxyreste zu N-Hydroxysuccinimidestern aktiviert wurden. Nach Wilchek & Miron (1987) bestehen aber die aktivierten Gruppen kommerzieller Produkte wie Affigel 10 etc. nur teilweise aus den N-Hydroxysuccinimidestern von Alkylcarboxylresten. Bis zu 80% der aktivierten Gruppen seien instabile β-Alaninester, deren Kopplungsprodukte alkalilabil sind und im Laufe der Zeit hydrolysieren (der Ligand »leckt«).

Tab. 5.5 Aktivierte Matrizen für die Affinitätschromatographie

Name	Hersteller	Matrix	reaktive Gruppe	Spacerlänge	Spacernatur	gut für
Affigel 10	Biorad	quervernetzte Agarose (Bio-Gel A-5m)	N-Hydroxysuccinimidester (15 µMol/ml Gel)	10 C	hydrophil	primäre Aminogruppe
Affigel 15	Biorad	quervernetzte Agarose (Bio-Gel A-5m)	N-Hydroxysuccinimidester (15 µMol/ml Gel)	15 C	hydrophil, eine positive Ladung	primäre Aminogruppe
aktivierte CH-Sepharose	Pharmacia	Agarose (Sepharose 4B)	N-Hydroxysuccinimidester (6–10 µMol/ml Gel)	6 C	hydrophob	primäre Aminogruppe
Epoxy-aktivierte Sepharose	Pharmacia	Agarose (Sepharose 6B)	Oxiran-Gruppen (15–20 µequiv/ml Gel)	11 C	hydrophil	primäre Aminogruppen, Hydroxylgruppen, Thiolgruppen
CNBr-aktivierte Sepharose 4B	Pharmacia	Agarose (Sepharose 4B)	Imidocarbonatgruppen	keiner	—	primäre Aminogruppen
Act-Ultrogel ACA 22	IBF-biochemics	Acrylamid/Agarose	Aldehydgruppen	—	—	primäre Aminogruppen
Spectra/Gel MAS	Spectrum	nicht bekannt	Aldehydgruppen	5 C	nicht bekannt	primäre Aminogruppen
Spectra/Gel MASB	Spectrum	nicht bekannt	Bromoacetylgruppen	10 C	nicht bekannt	primäre Aminogruppen
Reacti-gel	Pierce	Agarose	Imidazolyl-Carbamate	keiner	—	primäre Aminogruppen

Auch bei der Kopplung über Epoxide, die zu Ethern führen sollte, entstehen instabile Ester. Die Firma Spectrum behauptet, eine aktivierte Matrix (Spectra/gel MAS) entwickelt zu haben, die mit den Liganden stabile kovalente Bindungen eingeht.

Literatur

1 Parcej, D. & Dolly, J. (1989): Dendrotoxin acceptor from bovine synaptic plasma membranes. Biochem. J. 257, 899–903

2 Wilchek, M. & Miron, T. (1987): Limitations of N-hydroxysuccinimid esters in affinity chromatography and protein immobilization. Biochemistry 26, 2155–2161

5.3.2.4 Spezieller Fall: Die Reinigung von getaggten Proteinen

Auch Mollis müssen gelegentlich proteinbiochemisch arbeiten. In vier von fünf Fällen besteht dies darin, auf Säulen Proteine aufzureinigen, die der kluge Molli zuvor mit einem Peptid oder Protein-Schwänzle versehen hat, das spezifisch an Affinitäts-Matrizen bindet. Dieses Schwänzle nennt der Forscher Affinitätsmarker oder tag.

In der Theorie klingt das einfach: Sie fusionieren die tag-Information mit ihrem Gen, so dass der tag am N- oder C-terminalen Ende des zugehörigen Proteins erscheint, exprimieren das rekombinante

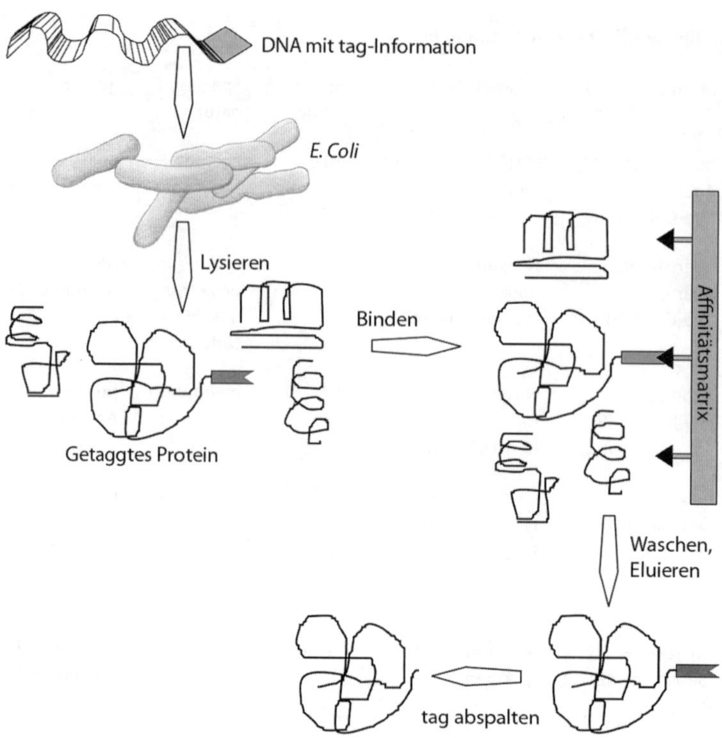

◻ Abb. 5.10 Taggen und Reinigen

Protein in einem geeigneten System, lysieren die Zellen, geben das geklärte Lysat über die Affinitätssäule, eluieren, spalten den tag mit einer Protease ab und schon liegt reines Protein vor (◻ Abb. 5.10).

Die Praxis wirft jedoch gerne Steine in den Weg des Experimentators. So gibt es viele verschiedene Expressionssysteme und nicht alle funktionieren mit Ihrer speziellen tag-Protein-Kombination. Kay Terpe (2004) empfiehlt daher, parallel in mehreren Systemen zu exprimieren. Das spare Zeit. Des Weiteren gilt es, die Wachstumstemperatur zu optimieren. Schließlich besteht die Gefahr, dass sich die tag-Protein Kombination (Fusionsprotein) nach der Lyse der Zellen nicht löst, auch nicht unter denaturierenden Bedingungen. Ohne Lösung gibt es aber keine Affinitätschromatographie und damit kein reines Protein.

Über die Reinigung des getaggten Proteins aus dem Lysat entscheidet die Natur des tags. Er sollte die Konformation bzw. Funktion des Proteins nicht beeinflussen und leicht abspaltbar sein. Aber: Schlau sind Sie immer erst hinterher. Terpe empfiehlt, parallel mit mindestens zwei unterschiedlichen tags zu arbeiten.

Es gibt viele tags: kleine, mittlere und große (◻ Tab. 5.6). Kleine tags besitzen bis zu 12 Aminosäuren, große über 60. Bei kleinen tags ist die Gefahr einer Konformationsänderung des Fusionsproteins geringer als bei großen aber durchaus existent, denn es kommt nicht nur auf die Größe sondern auch auf Ladung und Hydrophobizität des tags an. Arg- und His-tags z.B. sind geladen. Löst sich das Fusionsprotein schlecht, kann es helfen, den tag gegen einen großen hydrophilen tag auszutauschen. Weitere Details zur Molekularbiologie des tagging finden Sie bei Terpe 2004.

His-tags sind die klassischen Tags. Sie sind 6–10 Histidinreste lang und können am C- oder am N-terminalen Ende des Proteins sitzen. His-getaggte Proteine werden meistens mit *E. coli*-Expressionssystemen hergestellt, man kann aber auch andere Expressionssysteme wie Insektenzellen benützen.

Tab. 5.6 Schöne tags für schöne Stunden

Kleine tags	Eigenschaften
Arg-tag	5–6 Arginin-Reste. Basisch. Reinigung des Fusionsproteins über IC z.B. SP-Sephadex
His-tag	Bindet an immobilisierte Kationen wie Cu^{2+}, Ni^{2+}, Co^{2+}, Elution mit 250 mM Imidazol
Strep-tag	Sequenz WSHPQFEK; bindet an Streptavidin; Elution mit 2,5 mM Desthiobiotin
Flag-tag	Sequenz DYKDDD-DK; bindet Ca^{2+}-abhängig an die Antikörper M1, M2 und M5; Fusionsprotein lässt sich unter physiologischen Bedingungen reinigen; Enterokinase spaltet die letzten 5 Aminosäuren ab
Mittlere tags	
S-tag	Sequenz KETAAKFERQHMDS; bindet an das S-Fragment der RNAse A. Elution mit 3 M Guanidin-Thiocyanat oder 0,2 M Citrat
HAT-tag	Sequenz KDHLIHNVHKEFHAHNK; Reinigung wie beim His-tag über Melat-Chelat-Säulen
Calmodulin-Binde-Peptid	Bindet in Gegenwart von Ca^{2+} mit hoher Affinität an Calmodulin-Säulen; Elution mit EGTA
Große tags	
GST-tag	GST = Glutathion S-transferase (26 Kd); bindet an Glutathion-Affinitätsmatrizen; erhöht oft Stabilität und Löslichkeit des Fusionsproteins
Maltose-Binde-Protein	Bindet an Amylose-Matrix; Elution mit Maltose; Proteolysegefahr

His-getaggte Proteine reinigt man affinitätschromatographisch über Ni-Chelat Säulen. Die Säulen-Matrix besteht aus Agarose. His-tags binden spezifisch und umkehrbar an diese Säulen. Es gibt zwei Reinigungsmethoden: Die Native und die Denaturierende.

Die **native Methode** verwendet man, wenn das His-getaggte Protein nativ in Lösung vorliegt oder sich leicht in Lösung bringen lässt. Zur Reinigung wird das Protein in leicht alkalischem Puffer (z.B. 50 mM Tris-Cl pH 8.0) – nach gründlichem Abzentrifugieren – mit dem Ni-Chelat-Säulenmaterial equilibriert (1–24 h bei 4 °C). Die Bindungskapazität der meisten Säulenmaterialien liegt bei 10–15 mg His-getaggtem-Protein / ml Gel. Ist das Protein adsorbiert, wird gewaschen, denn an den Ni-Chelat-Säulen klebt nicht nur His-getaggtes Protein, sondern auch Dreck, z.B. Metalloproteasen oder histidinhaltige Proteine. Zum Waschen hat jeder Forscher seine eigenen Waschmittel und Methoden; wir empfehlen: Jeweils 20 Säulenvolumen Tris pH 8,0, 0,5 M NaCl gefolgt von 20 Säulenvolumen 50 mM Tris pH 8,0, 0,5 M NaCl, 5 mM Imidazol. Histidin enthält einen Imidazol-Ring, der Imidazol-Puffer entfernt daher die an die Säule gebundenen histidinhaltigen Proteine, die kein His-Schwänzle besitzen. Er entfernt sie allerdings nicht immer und nicht immer vollständig. Um Ihr Gewissen zu beruhigen, können Sie einen dritten Waschgang mit 50 mM Tris pH 8,0, 0,5 M NaCl, 10 mM Imidazol anschließen. Zum Eluieren wird die Imidazolkonzentration auf 0,5–1 M erhöht. In dieser Konzentration konkurriert Imidazol mit dem His-Tag um die Ni-Chelat-Bindungsstellen.

Probleme: Häufig bindet das His-getaggte Protein nicht an die Säule. Das kann daran liegen, dass das His-tag nur in Ihrer Einbildung existiert und das Protein in Wirklichkeit tag-frei ist. Es kann aber auch sein, dass das His-Schwänzle Protein sein Schwänzle eingezogen und im Innern verborgen hat. Oder Schwermetallionen komplexieren den

His-tag und hindern ihn so an der Bindung an die Säule. Hier soll es helfen, die Präparation mit 2 mM EDTA zu versehen und gegen den Auftragspuffer zu dialysieren. Sowohl die Schwermetallionen-EDTA-Komplexe als auch das restliche EDTA, das Ihnen die Ni-Chelat-Säule zerstören würde, verschwinden bei der Dialyse.

Als weitere Möglichkeit bleibt die **denaturierende Methode**: Die native Konformation des Proteins wird zerstört, das His-Schwänzle entblößt. Diese Methode bewährt sich auch, wenn das Protein in Einschlusskörpern von *E. coli* liegt.

Bei der denaturierenden Methode wird die Probe in Harnstoff- oder Guanidin-Chlorid-haltigem Puffer aufgelöst. Typische Zusammensetzungen eines solchen Lyse-Puffers wären 8 M Harnstoff, 1 M NaCl, 10% Glycerin, 10 mM Tris-Cl pH 8,0 oder 6 M Guanidin-Chlorid, 100 mM NaH_2PO_4, 10 mM Tris-Cl pH 8,0. Falls es sich um Membranproteine handelt können Sie noch 0,5% NP-40 oder Triton X-100 zugeben.

Die Brühe wird ausgiebig beschallt und ausgiebig abzentrifugiert. Unterdes äquilibrieren Sie die Ni-Chelat-Säule mit Lyse-Puffer und kippen dann das Lysat darüber. Entscheidend für die Reinheit des Produktes ist das Waschen. Gewaschen wird erst mit Lysepuffer und, wenn Sie es gründlich machen wollen, hinterher mit Lysepuffer, der 5–10 mM Imidazol enthält, oder mit etwas saurerem Lysepuffer. Kees et al. (2001) empfehlen, die Säule noch mit 10 mM Tris-Cl pH 8,0 und 60% Isopropanol in 10 mM Tris-Cl pH 8,0 zu waschen. Dies entferne wirksam die Endotoxine von *E. coli* und eventuelle Seifen. Wie bei anderen Säulen, so gilt auch für Ni-Chelat Säulen: Das Wirksame am Waschen ist der Wechsel nicht die Dauer!

Eluiert wird das denaturierte Protein mit einer pH-Stufe, z.B. mit Lysepuffer pH 4,95. Ein unbekanntes Protein eluieren Sie besser zuerst mit einem pH-Gradienten, um den genauen Elutions-pH zu ermitteln; bei nachfolgenden Reinigungen verwenden Sie dann die entsprechende pH-Stufe, auch können Sie eine kleinere pH-Stufe als Waschschritt vorschalten.

Festbindende His-getaggte Proteine eluieren mit 1% TFA.

Die Säulen können Sie mehrmals benutzen, ohne sie jedes Mal wieder mit Nickel-Ionen zu beladen. Nur sollten Sie es vermeiden, die Säulen mit EDTA zu waschen – aber das versteht sich wohl von selbst.

Problem: Gelegentlich erscheint das His-tag Protein im Eluat als Oligomer, das auch von SDS nicht aufgelöst werden kann. Hier bilden von der Säule leckende Nickel-Ionen mit den Proteinen SDS-stabile Chelate. EDTA hilft.

Tipp: Falls die Ni-Chelat Säule trotz allem schlechte Ergebnisse liefert, probieren Sie es doch einmal mit anderen Metall-Chelat Säulen. Es gibt Metall-Pentadentat-Chelat Agarosen für Kupfer-, Nickel-, Zinn- und Cobalt-Ionen. Das gleiche Protein kann sich, was Reinigungsfaktor und Ausbeute betrifft, auf verschiedenen Säulen verblüffend verschieden verhalten.

Literatur

1 Kees, L. et al. (2001): Purification of his-tagged proteins by immobilized chelate affinity chromatography; the benefits from the use of organis solvent. Protein Expr. Purif. 18, 95–99

2 Terpe, K. (2004): Proteinseparation mit Affinitäts-Tags. Teil 1,2,3 in Laborjournal 6/2004, 9/2004 bzw. 10/2004

5.3.2.5 Hexapeptidsäulen

Auf diese Affinitätschromatographie mit Millionen Hexapeptid-Liganden wird in ▶ Abschnitt 7.3.2.4 eingegangen. Angeblich fischt sie aus gereinigten Proteinproben die letzten Verunreinigungen heraus.

5.3.2.6 Wie geht man vor?

Vorschriften zum Koppeln von Ligand und Matrix listet das Literaturverzeichnis auf, und was es dabei zu beachten gilt steht in den vorigen Kapiteln. In der Regel ist das Koppeln des Liganden an eine aktivierte Matrix in ein paar Stunden erledigt. Nach der Kopplung sollten Sie die derivatisierte Matrix gründlich auf einer Fritte abwechselnd mit hoher und niedriger Ionenstärke und hohem und niedrigem pH (Wechsel von pH 4 auf pH 8) waschen, um nichtgebundene Liganden loszuwerden. Der

Ligand sollte den pH-Wechsel nicht übelnehmen. Messen Sie nach dem Waschen, wie viel Ligand am Gel hängen blieb. Dazu eignet sich die Licht- oder UV-Absorption der derivatisierten Matrix in 87% Glycerin (bei absorbierenden Liganden), die Zugabe von etwas radioaktivem Ligand bei der Kopplung (falls vorhanden), eine Proteinbestimmung (Proteinliganden) oder eine Phosphatbestimmung (bei Phosphor enthaltenden Liganden).

Derivatisierte Matrizen geben häufig geringe Mengen an Ligand ab. Das liegt an der Hydrolyse der kovalenten Matrix-Ligand-Bindung (s. ▶ Abschn. 5.3.2.3) oder daran, dass die Matrix nicht genügend gewaschen wurde und langsam adsorbierten Liganden freigibt. Oft spielt dieser Leckeffekt keine Rolle, nicht einmal für die Funktionalität der Matrix, die oft monatelang benützt werden kann. Doch bei hochbeladenen Matrizen, deren hochaffiner Ligand an einer einzigen unstabilen Bindung hängt, kann der Leckeffekt stören, so wenn der freigewordene Ligand die Bindung des gesuchten Proteins an die Affinitätsmatrix hindert oder dessen Nachweis im Durchlauf hemmt. Letzteres verleitet zu der irrigen Ansicht, das Protein hätte an die Säule gebunden.

Zur Chromatographie: Laden Sie die Probe in einem Puffer auf die Säule, der nach pH, Ionenstärke etc. eine optimale Bindung zwischen derivatisierter Matrix und dem gesuchten Protein erlaubt. Lassen Sie den beiden genügend Zeit zum Binden. Die Bedingungen schätzen Sie in vorherigen Bindungsversuchen ab.

Nach der Adsorption des Proteins sollten Sie die Säule mit mehreren Säulenvolumen Puffer waschen. Die Waschkraft des Puffers können Sie durch Seifen (z.B. 0,05% Triton X-100) und/oder hohe Salzkonzentrationen (z.B. 0,2 M KCl) erhöhen. Natürlich darf die hohe Ionenstärke oder die Seife das gesuchte Protein nicht von der Matrix ablösen. Eluiert wird das gesuchte Protein entweder mit dem gleichen Liganden oder, besser, einem chemisch verschiedenen Liganden. Auch können Sie ein Agens zugeben, das einigermaßen selektiv die Bindungsaffinität zwischen gesuchtem Protein und Ligand herabsetzt (Beispiel: Bindung ist Ca^{2+}-abhängig, also Elution mit EDTA). Ist das nicht machbar, z.B. weil es ein solches Agens nicht gibt und der Ligand zu kostbar ist, müssen Sie auf unspezifische Elutionsmethoden ausweichen wie Änderung der Ionenstärke oder des pH.

Der Elutionsligand stört oft den Nachweis des gesuchten Proteins im Eluat. Verdünnen der Probe erniedrigt die Ligandenkonzentration, verkleinert aber auch das Messsignal – oft bis zur Unkenntlichkeit. Den unangenehmen Liganden stellen Sie mit folgenden Methoden kalt:

- Wechsel des Nachweistests (statt z.B. Bindungstest mit radioaktiv markiertem Liganden einen Nachweis mit Antikörpern),
- Dialyse des Eluats (dauert lange, das gesuchte Protein könnte adsorbiert oder durch Proteasen abgebaut werden),
- Zentrifugation des Eluats durch Gelfiltrationssäulchen (Trennung vom Liganden nicht vollständig, Adsorptionsgefahr),
- Fällung mit PEG (benötigt bei verdünnten Proteinlösungen einen Proteincarrier, kann also nur mit einem Teil des Eluats durchgeführt werden; zudem adsorbieren manche Liganden an das Präzipitat),
- Ionenaustauscher- oder Lektinchromatographie bei Glykoproteinen des Eluats. Beide Methoden ermöglichen zwar ausgiebiges Waschen, sind aber umständlich und verlustreich.

Die Proteinkonzentration im Eluat einer Affinitätschromatographie ist in der Regel niedrig. Deswegen macht sich die Adsorption des gereinigten Proteins an Säulenmaterialien, Pipettenspitzen oder Reagenzgläser bemerkbar (reduzieren mit hoher Ionenstärke oder 0,05% Triton X-100 oder siliconisieren). Auch werden sich die noch vorhandenen Proteasen, mangels Ablenkung, auf das gesuchte Protein stürzen.

> *Wenn du diesen Vorschriften und Regeln folgst, Sancho, sagte Don Quichotte, so werden deine Tage lange dauern, dein Ruhm wird ewig, deine Belohnung groß, dein Glück unaussprechlich sein.*

Literatur

Übersichtsartikel

1 Cuatrecasas, P. (1970): Protein purification by affinity chromatography. J. Biol. Chem. 245, 3059–3065
2 Robinson, J. et al. (1980): Affinity chromatography in nonionic detergent solutions. Proc. Natl. Acad. Sci. USA 77, 5847–5851
3 Scott, J. & Smith, G. (1990): Searching for peptide ligands with an epitope library. Science 249, 386–390

Kopplung von niedermolekularen Liganden über ihre primäre Aminogruppe

4 Pfeiffer, F. et al. (1982): Purification by affinity chromatography of the glycine receptor of rat spinal cord. J. Biol. Chem. 257, 9389–9393
5 Raeber, A. et al. (1989): Purification and isolation of choline acetyltransferase from the electric organ of *Torpedo marmorata* by affinity chromatography. Eur. J. Biochem. 186, 487–492
6 Sigel, E. et al. (1983): A γ-aminobutyric acid/benzodiazepine receptor complex of bovine cerebral cortex. J. Biol. Chem. 258, 6965–6971

Kopplung von niedermolekularen Liganden über ihre Carboxylgruppe

7 Hampson, D. & Wenthold, R. (1988): A kainic acid receptor from frog brain purified using domoic acid chromatography. J. Biol. Chem. 263, 2500–2505
8 Senogles, S. (1986): Affinity chromatography of the anterior pituitary D_2-dopamine receptor. Biochemistry 25, 749–753

Kopplung von niedermolekularen Liganden über ihre Hydroxylgruppe

9 Abood, L. et al. (1983): Isolation of a nicotine binding site from rat brain by affinity chromatography. Proc. Natl. Sci. USA 80, 3536–3539

Kopplung von niedermolekularen Liganden über ihre aromatische Aminogruppe

10 Haga, K. & Haga, T. (1983): Affinity chromatography of the muscarinic acetylcholine receptor. J. Biol. Chem. 258, 13575–13579

Kopplung von niedermolekularen Liganden über ihre Bromoalkylgruppe

11 Bidlack, J. et al. (1981): Purification of the opiate receptor from rat brain. Proc. Natl. Acad. Sci. USA 78, 636–639

Kopplung von Peptiden über primäre Aminogruppen

12 Sheikh, S. et al. (1991): Solubilization and affinity purification of the Y2 receptor for neuropeptide Y and peptide YY from rabbit kidney. J. Biol. Chem. 266, 23959–23966

Kopplung von Proteinen über primäre Aminogruppen

13 Puma, P. et al. (1983): Purification of the receptor for nerve growth factor from A 875 melanoma cells by affinity chromatography. J. Biol. Chem. 258, 3370–3375
14 Rehm, H. & Lazdunski, M. (1988): Purification and subunit structure of a putative K^+ channel protein identified by its binding properties for dendrotoxin I. Proc. Natl. Acad Sci. USA 85, 4919–4923

5.4 Unkonventionelle Reinigungsmethoden

5.4.1 Nichtzerstörende präparative Massenspektrometrie

Ja, es ist so: Gelfiltration, Ionenaustausch, hydrophobe Chromatographie, Affinitätschromatographie, isoelektrische Fokussierung und Chromatofokussierung sind immer noch in Mode. Gibt es nichts Neues bei der Protenreinigung? Auf den ersten Blick haben wir nichts gefunden, abgesehen davon, dass gelegentlich uralt Methoden wie die Freifluss-Elektrophorese aufgewärmt und als neu verkauft werden.

Wenn es nicht Neues gibt, kann man sich überlegen, was es Neues geben könnte.

Viele analytische Methoden lassen sich präparativ anwenden, so die SDS-Gelelektrophorese oder die isoelektrische Fokussierung. Warum – die Idee kam Autor Rehm nach fünf sukzessive eingenommenen Espressos (Tee Peter, Freiburg, Batch Pedro Nero) – soll das nicht auch für die Massenspektrometrie gelten?

Massenspektrometer (MS) werden in ► Kapitel 7 ausführlich behandelt. Hier nur soviel: Ein MS besteht aus drei Teilen, Ionenquelle, Analysator und Detektor. Die Ionenquelle liefert gasförmige Protein-Ionen, der Analysator trennt sie auf und im Detektor werden sie nachgewiesen. Bei einer MALDI-Ionenquelle, meist kombiniert mit Time of Flight-Flugrohr als Analysator, wird das Protein in die Kristalle einer Matrix eingebaut und die Matrix danach mit einem Laserstrahl verdampft. Dabei treten Proteinionen in die Gasphase über.

Taugt also ein MS zur Proteinreinigung?

Präparative Mengen an Proteingas könnten einen Laserstrahl mit großem Durchmesser erzeugen. Das Proteingas wird im Vakuum der Flugröhre nach dem Quotienten Masse durch Ladung (m/z) aufgetrennt. Die einzelnen m/z-Spezies treffen am Ende auf einen Detektor und geben ein Signal, dem die Flugzeit zugeordnet wird. Ein präparativer MS müsste zusätzlich zum Detektor noch einen Fraktionssammler aufweisen. Es müsste ein Fraktionssammler sein, der im Hochvakuum arbeitet und das Proteingas in eine Flüssigkeit überführt.

Ist solch ein Fraktionssammler denkbar?

Denkbar ist er schon, aber mit der Verwirklichung dürfte es hapern. Denken könnte man sich eine hochtourig drehende Scheibe, die am Rande ein Loch (für die Detektion), gefolgt von Vertiefungen aufweist (◘ Abb. 5.11). In diesen Mulden würden die Proteingipfel abgebremst und verflüssigt. Aber überstehen die mit ca. 20.000 m/s dahinfliegenden Proteine die Bruchlandung in den Mulden? Wie verflüssigt man das Proteingas? Lässt sich eine Scheibe so schnell drehen, dass sie ein Time of Flight-Spektrum erfasst?

Die Flugzeiten von Proteinen in einem Time of Flight-Flugrohr liegen bei 5–100 ms, die Weite der Gipfel bei einigen Nanosekunden. Die Scheibe müsste also etwa mit 10^6 Upm drehen. Die auftretenden Zentrifugalkräfte würden die Scheibe in Fetzen zerreißen und das Problem des Gas-Flüssigkeitstransfers wäre immer noch nicht gelöst. Zudem gibt es den post source decay: Proteinionen können während des Flugs im Analysator in Bruchstücke zerfallen. Die bewegen sich mit der gleichen Geschwindigkeit weiter wie das Mutterion. Der Mutterion-Gipfel enthält also kein reines Protein, sondern auch Bruchstücke des Proteins. Die werden ebenfalls von unserem famosen Fraktionssammler aufgenommen. Die Folge: Die Fraktion mit dem Mutterion ist durch die Bruchstücke verunreinigt. Da bis zu 50% der Mutterionen im Analysator zerfallen können, müssten Sie der präparativen Massenspektrometrie einen weiteren Reinigungsschritt anhängen, um die Bruchstücke loszuwerden.

Fazit: Scheibenkleister.

Rehm rief Autor Letzel zu Hilfe. Der erfahrene Massenspektrometriker reagierte zuerst so, wie jeder Fachmann auf die abgedrehten Ideen eines Laien reagiert: er wehrte freundlich ab. Im Verlauf dieses Prozesses griff die Idee dann aber doch: Eine präparative Massenspektrometrie könne vielleicht

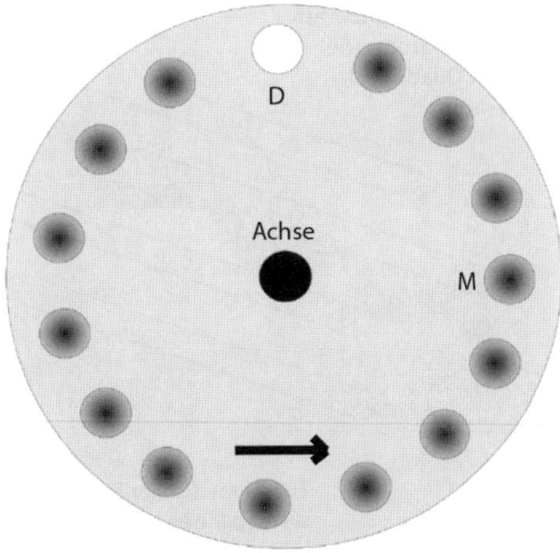

◘ **Abb. 5.11 Hypothetischer Fraktionssammler für Proteingas.** D Durchlass zum Detektor; M Mulden zum Probenauffang; Pfeil Drehrichtung

funktionieren, wenn man als Analysator einen Quadrupol oder eine Ionenfalle benütze, meinte Letzel.

Auch diese Begriffe werden in ► Kapitel 7 erklärt, hier nur soviel: Quadrupole werden meistens von ESI-Ionenquellen gespeist. Bei ESI wird die Proteinlösung über eine Kapillare in feinste geladene Tröpfchen versprüht. Wenn das Lösungsmittel der Töpfchen verdampft, bleiben gasförmige Proteinionen übrig.

Unabhängig von der Art der Ionenquelle (MALDI oder ESI) lässt ein Quadrupol – bei entsprechender Einstellung – ausschließlich Ionen mit einem bestimmten m/z durch. Er funktioniert quasi als kontinuierlicher Fraktionssammler und es kommt nur noch darauf an, das durchströmende Proteingas in intaktem Zustand in einen Puffer zu überführen. Die Menge an gewonnenem Protein richtet sich dann nach dem Input und der Zeit, in der das Gerät läuft. (◘ Abb. 5.12)

Der Durchsatz heutiger Anlagen ließen 1–2 pMol an reinstem Protein pro Stunde erwarten. Ließe man das Gerät über Nacht laufen kämen vielleicht 10–20 pMol zusammen. Bei einem an-

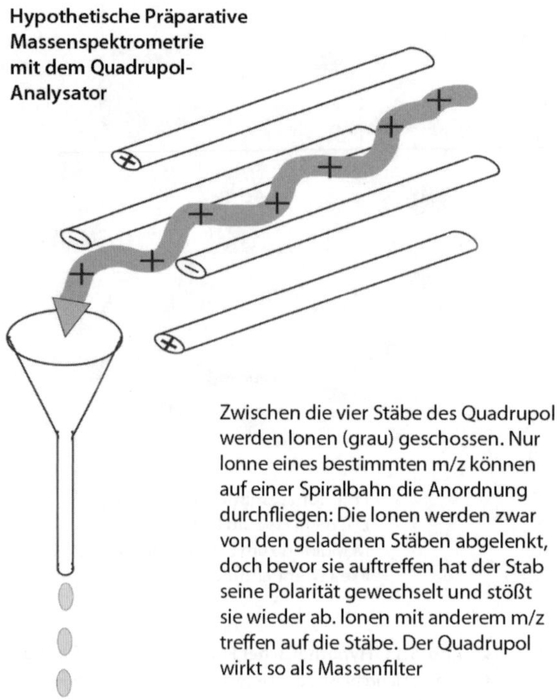

Abb. 5.12 Hypothetische präparative Massenspektrometrie mit dem Quadrupol Analysator

genommenen Molekulargewicht von 60.000 Da wären das 0,6 bis 1,20 mg. Damit kann man schon was anfangen.

Ähnlich die Ionenfalle: Sie sammelt bei entsprechender Einstellung nur Ionen mit einem bestimmt m/z und entlässt sie dann durch ihren Auslass. Statt also kontinuierlich Proteine zu liefern wie der Quadrupol, spuckt die Ionenfalle schubweise Ionen aus, die Zahl der Schübe bestimmt die Menge an geerntetem Protein.

Sowohl Ionenfalle als auch Quadrupol müsste man an eine Vorrichtung anschließen, die die Ionen abbremst und danach oder gleichzeitig in eine Lösung überführt. Die Bremse muss kollisionsfrei arbeiten, denn bei Kollisionen werden die Proteine zerschlagen.

Wie könnte eine Vorrichtung aussehen, die Proteingas kollisionsfrei abbremst? Die Proteine sind geladen, also müsste sie ein elektrisches Feld abbremsen. Wie aber bekommt man die abgebremsten Proteinionen in einen Puffer?

Vielleicht, indem man die Kammer mit feinsten Puffertröpfchen einnebelt und den Nebel dann kondensieren lässt? Eine reverse ESI!

Jawohl, Sie dürfen sich kugeln und Techniker dürfen uns hassen. Es ist uns klar, dass sich solche Vorschläge leicht schreiben, aber nur schwer durchführen lassen. Der Teufel liegt im Detail. So dürfte die Ausbeute an Protein durch das Auftreten von Mehrfach-Ladungen signifikant verringert werden: Ein Protein kann beim Vergasungsprozess nicht nur ein Proton aufnehmen, sondern zwei, drei, vier etc. und tritt daher mit unterschiedlichen m/z auf. Cytochrom c beispielsweise tritt bei ESI-Vergasungen als $(M+H)^{+}$, $(M+2H)^{2+}$, $(M+3H)^{3+}$ usw. auf mit entsprechend unterschiedlichen m/z. Der Quadrupol lässt aber nur ein m/z durch. Der Rest des Proteins, der mit anderen m/z-Werten auftritt, ist verloren.

Wozu braucht man überhaupt eine hochreinigende präparative Methode? Kann man nicht alles, was man wissen will, zum Beispiel Aminosäuresequenz und Phosphorylierungsstellen, mit dem analytischen MS ermitteln? Und wenn man schon reinigen muss, dann sollte doch die Affinitätschromatographie im Verbund mit einer zusätzlichen Methode ausreichend sein?

Was das Erste betrifft: Man will vielleicht Antikörper herstellen. Man braucht vielleicht Proteine für therapeutische Zwecke. Man will vielleicht reine Proteine in Zellen injizieren und den Effekt beobachten.

Zum Zweiten: So hoch rein wie mit der Massenspektrometrie bekommt man Proteine auch mit einer beliebigen Kombination klassischer Methoden nicht. Zudem geht es schneller. Schließlich möchte man vielleicht Isotopeneffekte untersuchen – die Affinitätschromatographie trennt keine Proteinisotopen.

Den Bedarf für eine solche Methode gäbe es also. Doch ist sie machbar?

Wahrscheinlich schon. Angeregt durch die Diskussion schaute Autor Letzel die Literatur durch und tatsächlich, er entdeckte im *Journal of Mass Spectrometry* ein Paper mit dem Titel: »Preparative separation of a multicomponent peptide mixture by mass spectrometry«. Zwar haben die Autoren Xinli Yang, Philip Mayer und Frantisek Turecek von der University of Washington weder einen Quadrupol noch eine Ionenfalle verwendet, sondern einen inhomogeneous-field magnetic mass analyzer. Die Peptide wurden auch nicht mit einem elektrischen Feld langsam abgebremst, sondern schlugen in Vertiefungen aus oxidiertem Edelstahl auf. Yang et al. nennen das euphemistisch »soft landing«. Die Ausbeuten waren entsprechend gering: Nach 30 Stunden Dauerbetrieb konnte man von den Edelstahl-Mulden 0,02–0,2 nMol abwaschen: 0,01–0,1% von dem, was in das MS eingesprayt worden war.

Unser ESI-Verflüssiger, wenn er denn funktionieren würde, sollte höhere Ausbeuten geben. Dies zumal dann, wenn man die Proteine so vergast, dass hauptsächlich einfach geladene $(M+H)^+$-Ionen auftreten.

Nebenbei: In dem Paper von Yang et al. wird auf eine Arbeit von Ouyang et al. in *Science* (2003) verwiesen, in der Proteine ebenfalls präparativ per Massenspektrometrie gewonnen wurden. Hier wurde in der Tat ein Quadrupol beziehungsweise eine Ionenfalle verwendet. Abgebremst wurden die Proteine jedoch auch brutal: Man ließ sie entweder auf eine goldbeschichtete Platte auftreffen oder auf eine Oberfläche, die mit einer Glycerin/Fructose/Wasser-Mischung beschichtet war. Danach wurde in einer Methanol/Wasser-Lösung gewaschen. Ausbeuten werden nicht angegeben, Ouyang et al. behaupten jedoch, nach einer Stunde etwa 2 ng Lysozym erhalten zu haben. Das Lysozym sei noch enzymatisch aktiv gewesen.

Neu ist die Idee einer präparativen Massenspektrometrie also nicht. Selbst Ouyang et al. können sich das nicht auf die Fahnen schreiben: Die ersten Berichte über präparative Massenspektrometrie stammen aus den 40er Jahren des vergangenen Jahrhunderts. Damals wurde auf diese Art ^{235}U gereinigt.

Literatur

1 Yang, X. et al. (2006): Preparative separation of a multicomponent peptide mixture by mass spectrometry. J. Mass Spectrom. 41, 256–262

2 Ouyang, Z. et al. (2003): Preparing protein microarrays by soft-landing of mass-selected ions. Science 301, 1351–1354

5.5 Die Reinheitsprobe

> *Es ist wahr, dass, um zu erproben, ob der Helm stark genug sei, die Gefahr eines Kampfes auszuhalten, er sein Schwert zog und zwei Hiebe auf ihn führte, aber schon mit dem ersten das wieder vernichtet hatte, was er in einer Woche gearbeitet.*

Der übliche Reinheitstest ist die SDS-Gelelektrophorese mit anschließender Silberfärbung. Wer ein Übriges tun will, schließt eine analytische IEF an oder macht eine zweidimensionale Gelelektrophorese.

Erscheinen auf dem SDS-Gel mehrere Banden, so können das Verunreinigungen oder Proteolyseprodukte des gesuchten Proteins sein. Vielleicht handelt es sich bei dem gesuchten Protein auch um einen oligomeren Proteinkomplex. Es gilt also zu bestimmen, welche der Banden zu dem gesuchten Protein gehören. Dazu untersucht man die Verteilung von Bandenintensität und biologischer Aktivität: Man fährt mit der gereinigten Proteinprobe einen Sucrosegradienten. Von jeder Fraktion des Gradienten wird ein Anteil auf einem SDS-Gel gefahren, das Gel auf Protein gefärbt und die Intensität der Banden gemessen (z.B. mit Scanner). Gleichzeitig bestimmt man die biologische Aktivität in den jeweiligen Fraktionen. Gehört eine Bande zum gesuchten Protein, muss ihre Intensitätsverteilung über den Gradienten mit der Verteilung der biologischen Aktivität übereinstimmen. Das ist natürlich nur eine notwendige und keine hinreichende Bedingung.

Den gleichen Dienst wie ein Sucrosegradient tut auch eine Gelfiltration oder eine Ionenaustauschersäule, die mit Salz- oder pH-Gradienten eluiert wird. Sucrosegradienten haben jedoch den Vorteil, dass in einem Zentrifugenlauf verschiedene Gradienten (Sucrose, Glycerin) unter verschiedenen Bedingungen (Salz, pH) gefahren werden können.

Bei Bindungsproteinen identifiziert man die ligandenbindende Untereinheit mit Vernetzungsversuchen (s. ► Abschn. 2.4).

Ist es wahrscheinlich, dass die Banden im SDS-Gel von dem gesuchten Protein stammen, bleibt die Frage, ob es sich dabei um verschiedene Untereinheiten handelt oder ob die Banden verwandt sind und z.B. durch Proteolyse auseinander entstanden. Hier entscheidet der proteolytische Partialverdau. Die beiden fraglichen Proteine werden mit einer Protease (z.B. *Staphylococcus aureus* V8, Trypsin, Chymotrypsin, Papain, Pepsin, Subtilisin) unter gleichen Bedingungen teilweise verdaut, und die Proteolyseprodukte auf einem SDS-Gel aufgetrennt. Sind die beiden Proteine verschieden, müssen die Bandenmuster im Gel ebenfalls verschieden sein. Ist das eine Protein ein Proteolyseprodukt des anderen, sollten sich die Muster ähneln.

Der proteolytische Partialverdau liefert eine schnelle Auskunft. Da aber die Empfindlichkeit eines Proteins gegenüber Proteasen stark von seiner Konformation abhängt, ist diese Auskunft nur dann zuverlässig, wenn die beiden Proben während des Verdaus vollständig denaturiert sind und genügend SDS (>0,05%) enthalten (Walker & Anderson 1985).

Auch beim Partialverdau gilt: Ohne Kontrolle gibt's viel Geschrei und wenig Wolle. Sichern Sie das Ergebnis ihres Partialverdaus ab! Setzen Sie mehrere Verdaus mit Proteasen verschiedener Spezifität an. Benützen Sie verschiedene SDS-Gelsysteme, um Spaltprodukte verschiedener Größenbereiche aufzutrennen (lineares Gel, Gradientengel). Eine positive und eine negative Kontrolle schließlich, also z.B. der Vergleich von BSA mit BSA und BSA mit Ovalbumin, zeigen Ihnen, dass die Methode unter den gewählten Bedingungen auch funktioniert.

Am besten suchen Sie sich einen Massenspektrometriker, der Ihnen die Verdaue analysiert und vergleicht oder Sie setzen sich selbst an das Gerät (Hilfestellung in ► Abschnitt 7.5).

Literatur

1 Cleveland, D. et al. (1977): Peptide mapping by limited proteolysis in sodium dodecyl sulfate and analysis by gel electrophoresis. J. Biol. Chem. 252, 1102–1106
2 Walker, A. & Anderson, C. (1985): Partial proteolytic protein maps: Cleveland revisited. Anal. Biochem. 146, 108–110

5.6 Ausschlachten

Steht die Proteinreinigung endlich, schreibt der Experimentator ein Paper. Doch der Sinn wissenschaftlicher Arbeit ist nicht ein Paper, sondern viele. ◘ Abb. 5.13 zeigt, welche Forschungsmöglichkeiten eine gelungene Proteinreinigung bietet:

- **Isolierung des cDNA-Klons.** Zu empfehlen, falls innerhalb der Doktorarbeit noch genügend Zeit zur Verfügung steht, das Ansequenzieren des Proteins unproblematisch und es nicht zu selten ist. Der cDNA Klon eröffnet eine Vielzahl von weiteren Forschungsmöglichkeiten.
- **Antikörper** (monoklonal und polyklonal). Die Herstellung von Antikörpern gegen das gereinigte Protein reicht nicht für ein Paper. Es sei denn, die Antikörper haben interessante Eigenschaften (beeinflussen z.B. die Funktion des Antigens). Der Professor jedoch verteilt die Antikörper gerne an andere Arbeitsgruppen. Das macht sich gut als »Kollaboration«

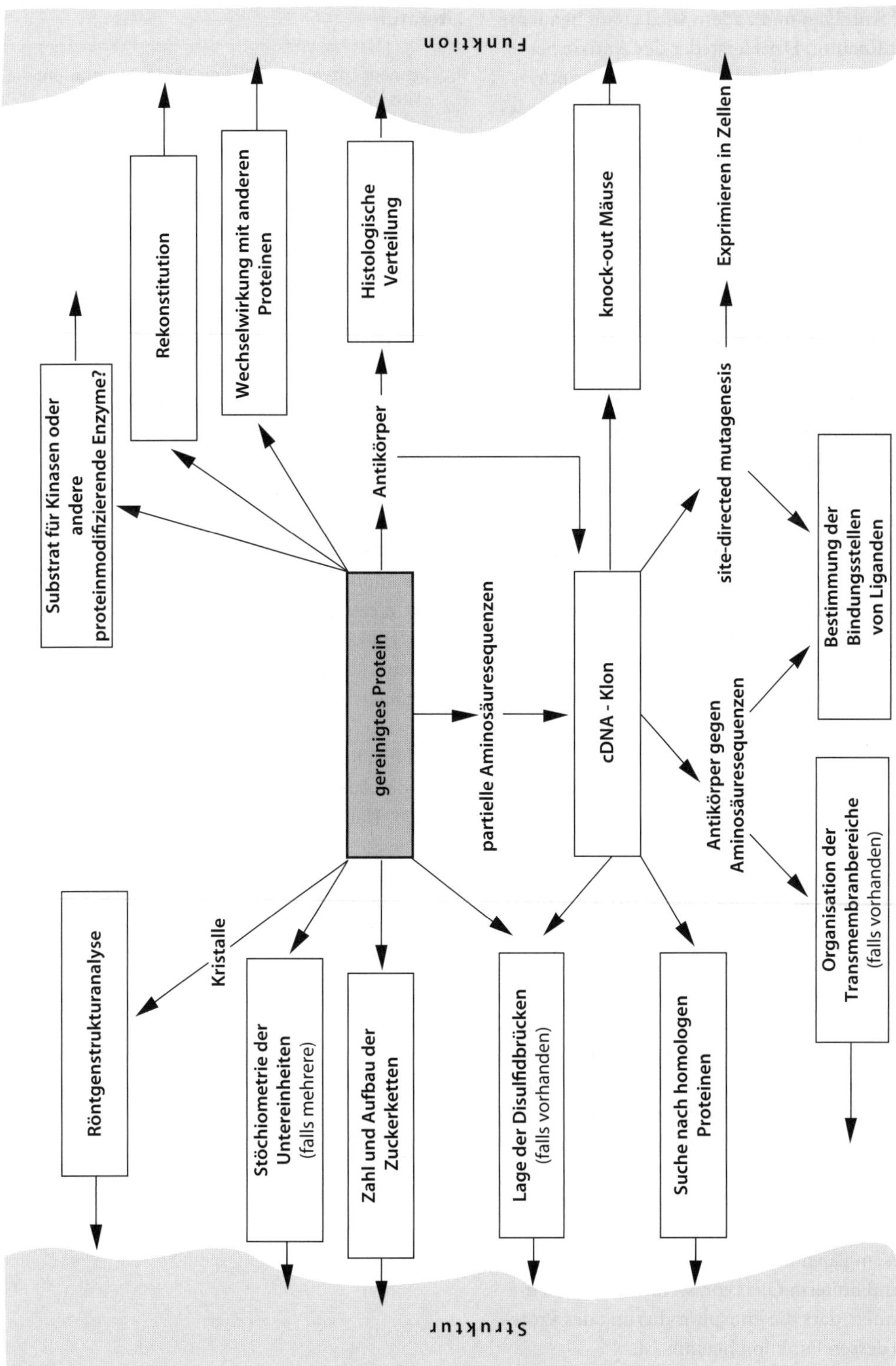

■ Abb. 5.13 Was tun mit dem gereinigten Protein?

auf Anträgen und zudem wird er auf bequeme Art Koautor. Der Hersteller der Antikörper wird ebenfalls Koautor, doch meistens nur solange, wie er noch Angestellter des Besitzers der Antikörper, sprich des Professors, ist. Hier lohnen sich klare Abmachungen zum rechten Zeitpunkt.

- Ob ein Protein **glykosyliert** ist, ist schnell beantwortet. Doch für ein Paper müssen Sie noch zusätzliche Fragen angehen: An welcher Stelle und wie sind die Zuckerketten mit dem Protein verknüpft? Von welchem Typ sind die Ketten? Welche Sequenz haben sie? Beeinflusst die Glykosylierung die Funktion des Proteins? Müssen die Methoden erst eingeführt werden, kann sich das Projekt für den Doktoranden zur Tretmühle entwickeln, die ihm wenig einbringt. Oft jätet er nur den Acker des Nachfolgers (s. ► Kap. 9). Auch hier empfehlen wir, sich an eine in der Massenspektrometrie bewanderte Person zu wenden. In diesem Fall raten wir jedoch vom ‚selbst machen' ab, außer Sie haben Erfahrung mit der Fragmentierung von Zuckern im MS.
- Ist das Protein **Substrat für Kinasen** oder andere Protein modifizierende Enzyme? Ein paar Vorexperimente klären, ob das Protein zum Kinasesubstrat taugt. Vorsicht: Die meisten Proteine mit einem Serin oder Threonin lassen sich phosphorylieren, wenn man sie nur lange genug mit Mg-ATP und einer Allerweltskinase inkubiert. Nicht jede Phosphorylierung hat also etwas mit der biologischen Wirklichkeit zu tun. Sieht die Sache vernünftig aus (die Kinasen phosphorylieren schnell und stöchiometrisch), bestimmt man die Stöchiometrie der Phosphorylierung, welche Kinasen unter welchen Bedingungen welche Aminosäuren phosphorylieren, die Kinetik etc. Dazu können Sie noch die Position der phosphorylierten Aminosäuren in der Aminosäuresequenz bestimmen. Stoff für ein solides Paper! Mit diesem Paper locken Sie aber nur dann einen Hund hinterm Ofen vor, wenn sie beweisen können, dass die Phosphorylierung des Proteins dessen Funktion beeinflusst.

Literatur

1 Methods Enzymol. (1991): Vol. 200, Protein phosphorylation part A; Protein kinases: assays, purification, antibodies functional analysis, cloning and expression
2 Methods Enzymol. (1991): Vol. 201, Protein phosphorylation part B; Analysis of protein phosphorylation, protein kinase inhibitors and protein phosphatases

Vielleicht haben Sie gar den **Ehrgeiz**, dass die Fachwelt das gereinigte Protein mit Ihrem Namen verbindet und nicht mit dem Ihres Professors? Das tut sie nur, wenn Sie mehrere Papers über das Protein veröffentlichen und auf den Autorenlisten des Professors Name fehlt. Letzteres lässt die Eigenliebe der Professoren und die feudale Struktur der deutschen Forschung nur in seltenen Fällen zu. Es gibt einen Ausweg: Arbeiten Sie bei der Konkurrenz an dem Protein weiter. Auch da steht ein Professor als Seniorautor auf den Papern, aber wenigstens ein anderer und den Insidern wird klar, wer auf dem Gebiet die treibende Kraft ist. Diese Taktik raubt Ihnen jedoch die politische Unterstützung ihres Professors (z.B. bei der Habilitation): Sie können sich glücklich schätzen, wenn Sie ihr früherer Chef künftig nur ignoriert. Üben Sie Demut! – oder wandern Sie in habilitationsfreie Länder wie USA, England oder Australien aus. Dies aber nicht mit leisem Weinen: Hauen Sie vor der Abreise auf die Pauke, schreien Sie ihre Gründe in die Welt. Sonst ändert sich nie was.

Antikörper

Frisch auf! sagte Sancho, für alle Dinge gibt es ein Mittel außer für den Tod.

Es ist immer eine gute Idee, Antikörper gegen ein gereinigtes Protein herzustellen. Antikörper ermöglichen Immunoaffinitätssäulen, immunologische Nachweistests, histologische Untersuchungen an Schnitten und das Screenen von Expressionsbanken. Antikörper gegen Peptidsequenzen eines Transmembranproteins informieren über seine Lage in der Membran, Antikörper gegen einzelne Untereinheiten oligomerer Proteine geben Auskunft über deren Zusammensetzung und Stöchiometrie.

6

Das Beste an Antikörpern ist, dass der Antikörperproduzent diese Experimente nicht selbst machen muss. Oft genügt es, die begehrten Antikörper herzustellen und an andere Arbeitsgruppen weiterzugeben. Diese nehmen den Antikörperlieferanten dankbar in die Autorenliste ihres Papers auf, und der Weise steht auf diese Weise ohne Qualen dutzendweise in Journalen.

Antikörper sind Glykoproteine. Sie bestehen aus vier Polypeptidketten, zwei leichten und zwei schweren. Die Ketten sind durch Disulfidbrücken miteinander verbunden (◘ Abb. 6.1). Das MG der schweren Ketten liegt bei 55 Kd, das der leichten Ketten bei 25 Kd, das der intakten Antikörper bei 160 Kd. Leichte und schwere Ketten besitzen eine N-terminale variable und eine C-terminale konstante Region. Die variable Region bindet das Antigen.

Serum enthält Antikörper der Klassen IgG, IgM, IgA, IgE und IgD. Die Klassen unterscheiden sich in den schweren Ketten.

IgG-Antikörper liegen im Serum in einer Konzentration von 8-16 mg/ml vor. Sie werden von B-Lymphocyten synthetisiert und weisen zwei schwere Ketten vom γ-Typ auf (◘ Abb. 6.1). Die Subklassen der IgG-Antikörper (IgG_1, IgG_{2a}, IgG_{2b}, IgG_3 u.s.w.) unterscheiden sich im C-terminalen Ende der schweren Ketten. IgG-Antikörper sind stabile Proteine. Sie vertragen geringe Konzentrationen an SDS (0,05%) und mehrere Gefrier/Auftauzyklen.

IgM-Antikörper sind Pentamere der Grundstruktur (◘ Abb. 6.1) mit einem MG von etwa 900 Kd. IgM-Antikörper gelten als instabil und empfindlich und überstehen kaum eine Reinigung; sie sind der Fluch jedes Experimentators.

► Kapitel 6 beschreibt die Herstellung von Antiseren, die Reinigung von Antikörpern und die wichtigsten immunologischen Nachweistechniken. Für **monoklonale Antikörper** sei verwiesen auf:

- Methods Enzymol. (1986) 121, Hybridoma technology and monoclonal antibodies,
- Monoclonal Antibody Production, a Report of the Committee on Methods of Producing Monoclonal Antibodies Institute for Laboratory Animal Research National Research Council, National Academy Press Washington, DC 1999 (im Netz unter http://grants.nih.gov/grants/policy/antibodies.pdf)
- EXPERIMENTATOR Immunologie.

Auch auf die neueren **in-vitro-Immunisierungs-Methoden** gehen wir nur kurz ein (mit freundlicher Beratung durch Stefan Rose-John).

Sowohl zur Herstellung polyklonaler als auch monoklonaler Antikörper brauchen Sie einen funktionierenden Organismus. Das ist oft nachteilig. So lassen sich menschliche Antikörper gegen menschliche Antigene wegen der immunologischen Toleranz nur schwer herstellen, obwohl gerade sie von medizinischem Interesse wären. Toxische Antigene wiederum lösen eher den Tod des Tieres als eine Immunreaktion aus, es sei denn Sie inaktivieren das Toxin zuvor. Damit verlieren Sie aber die interessanteste Eigenschaft bzw. die interessantesten Epitope. Einen Ausweg aus diesem Dilemma bietet die in-vitro-Immunisierung mit Phagen (◘ Abb. 6.2).

Die methodischen Vorteile der in-vitro-Immunisierung:

- Schnelligkeit. Sind Antigen und Phagen-Bibliothek vorhanden, so produziert ein eingearbeiteter Doktorand schon nach vier Wochen brauchbare sc- bzw. Fab-Fragmente. Jedoch: Der Erfolg hängt von der Qualität der Phagenbibliothek ab. Die wiederum hängt von der Herstellungsart ab und von der Vorbehandlung des Tieres, aus dem die Gene stammen. Qualitätsmaß ist die Zahl der verschiedenen Phagen. Selbst gute Phagenbanken mit 10^{10} bis 10^{12} verschiedenen Phagen bieten keine Gewähr für einen Treffer. Schließlich: Wer die in

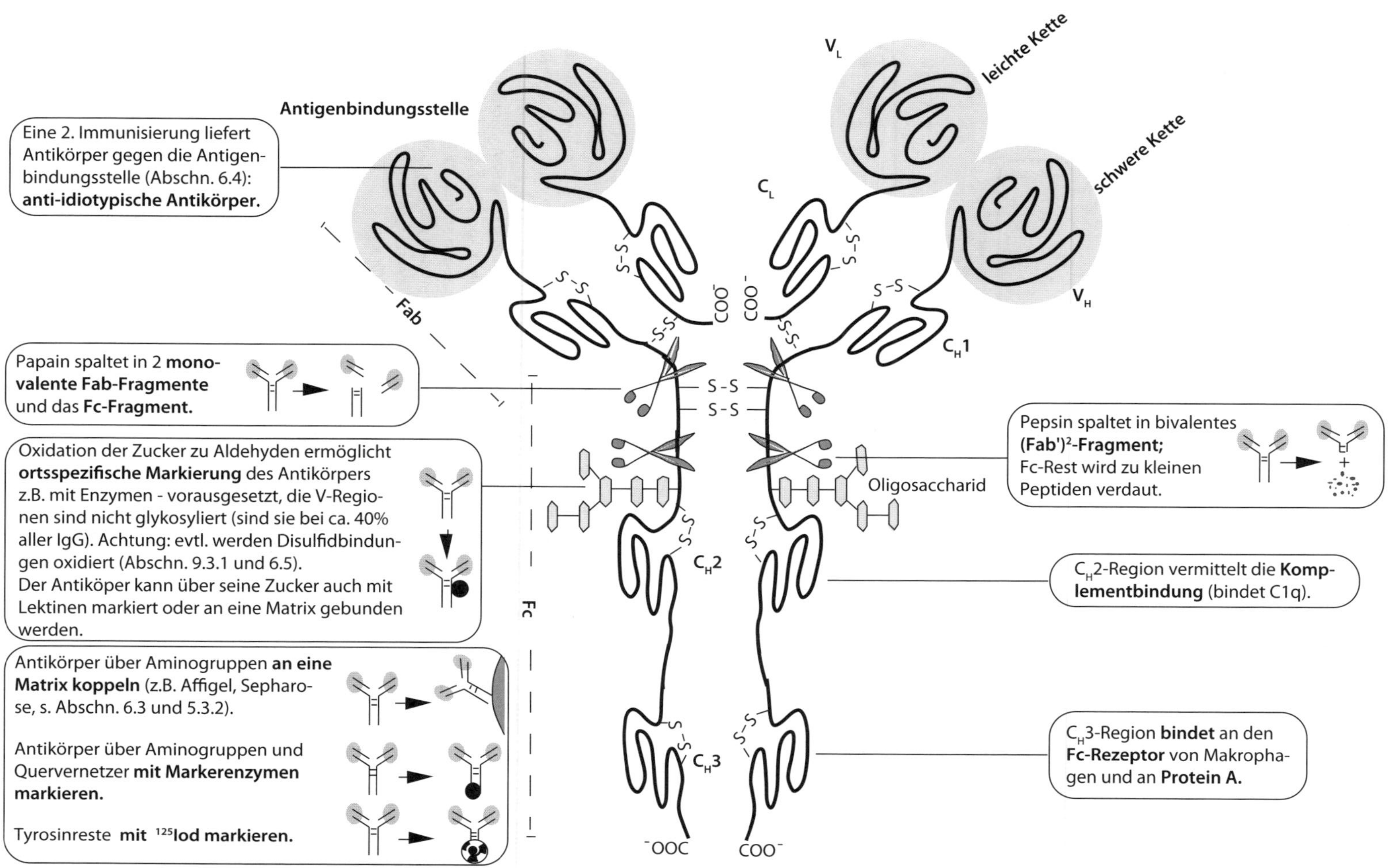

Abb. 6.1 Der IgG-Antikörper: Variationen eines Werkzeugs

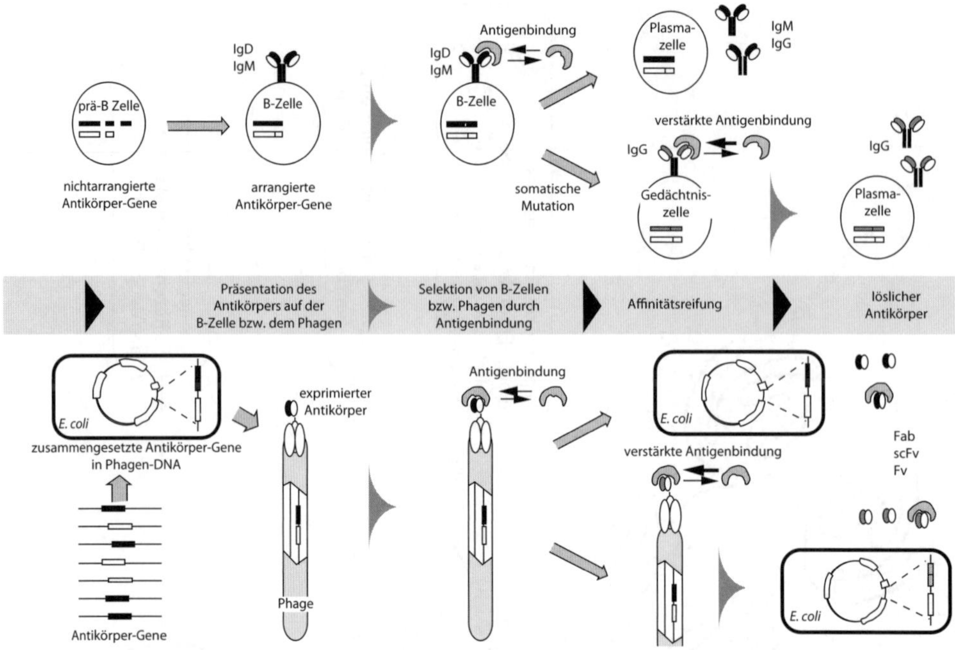

Abb. 6.2 Die Strategie des Immunsystems imitieren. Immunsystem: Die variablen Domänen von schwerer und leichter Kette bilden die Antigenbindungsstelle. Die Vielzahl von Antigenbindungstellen kommt durch die Kombination verschiedener Genelemente zustande. Die VH-Domäne (H von heavy chain) entsteht durch die Kombination eines V-Gens (von variabel) mit einem D-Gen (von Diversität) und einem J-Gen (von joining). Die VH-Domäne und ihre Produkte sind schwarz. Die VL-Domäne (von light chain) entsteht durch die Kombination eines Vκ- oder Vλ-Gens mit einem Jκ- oder Jλ-Gen. Die VL-Domäne und ihre Produkte sind weiß. Die Genkombinationen führen zu Millionen B-Zell-Klonen. Jeder Klon besitzt eine bestimmte Kombination von VH- und VL-Genen und präsentiert den zugehörigen Antikörper als Antigen-Rezeptor auf der Zelloberfläche. Bindet Antigen, so vermehrt sich die B-Zelle (1. Selektion). Sie wandelt sich in kurzlebige Plasmazellen um, die Antikörper sekretieren, und in langlebige Gedächtniszellen. Die Affinität der Antikörper erhöht sich durch eine zweite Selektion der Gedächtniszellen. **Phagensystem**: Kombinierte V-Gene (VH und VL) erhält man durch PCR von Lymphocyten-mRNA (aus immunisierten oder nichtimmunisierten Organismen). Die VH- und VL-Gene werden zufällig kombiniert und in Phagen kloniert, wobei Millionen verschiedener Phagen entstehen. Die VH/VL-Paare codieren entweder für scFv-Antikörper (VH- und VL-Produkt künstlich verknüpft durch ein Polypeptid) oder für Fab-Fragmente. Die Phagen tragen die Antikörper-Fragmente auf ihrer Oberfläche. Phagen mit antigenbindendem Antikörper-Fragment können deswegen an immobilisiertem Antigen gereinigt werden (1. Selektion). Non-supressor-Bakterien, die mit gereinigten Phagen infiziert wurden, synthetisieren lösliche Antikörper-Fragmente. Die isolierten Antikörper-Gene kann man mutieren und die entsprechenden mutierten Phagen einer zweiten Selektion unterziehen. Dabei erhält man Antikörper-Fragmente höherer Affinität

vitro Immunisierung von Null aufbauen muss und keinerlei Erfahrung mit der Methode hat, kann mit zwei Jahren harter Arbeit rechnen.

- Billigkeit. Im Vergleich zu monoklonalen Antikörpern benötigt in-vitro-Immunisieren keine teuren Medien, Zellkulturmaterialien etc.

Literatur

1 Griffiths, A. et al. (1993): Human anti-self antibodies with high specificity from phage display libraries. EMBO J. 12, 725–734
2 Marks, J. et al. (1992): Molecular evolution of proteins on filamentous phage. J. Biol. Chem. 267, 16007–16010
3 Nissim, A. et al. (1994): Antibody fragments from a single pot phage display library as immunochemical reagents. EMBO J. 13, 692–698

6.1 Herstellung von polyklonalen Antikörpern

6.1.1 Antigen

Antigen sein heißt, in einem Organismus die Bildung von Antikörpern gegen sich auslösen. Lösliche Proteine sind gut, aggregierte Proteine sehr gut antigen. Denaturierte Proteine sind weniger antigen als native Proteine, doch eignen sich Antikörper gegen denaturierte Proteine besser für die Entwicklung von Immuno-Blots. Die Antigenizität langkettiger Zucker ist schwach bis mittel, die von Nucleinsäuren schwach.

Substanzen mit einem MG<5 Kd sind selten antigen. Um die Bildung von Antikörpern auszulösen, müssen Peptide oder noch kleinere Moleküle an einen Träger gekoppelt oder zu hochmolekularen Addukten vernetzt werden. Als Träger dienen BSA oder das Glykoprotein KLH (keyhole limpet hemocyanin).

Kennen Sie die Aminosäuresequenz eines ungereinigten Proteins, können Sie es mit Antikörpern gegen Peptide aus der Proteinsequenz isolieren. Damit die Antikörper das zugehörige Protein spezifisch binden, sollten die Peptide mindestens 8 Aminosäuren lang sein; auch nimmt die Affinität von Anti-Peptid-Antikörpern generell mit der Länge des Peptids zu. Für Antikörper gegen native Proteine muss die Peptidsequenz hydrophil sein, denn hydrophile Peptidsequenzen liegen wahrscheinlich auf der Oberfläche des nativen Proteins. Faustregel: Die N- und C-terminalen Enden liegen auf der Oberfläche des Proteins und eignen sich daher zur Immunisierung. Die Antigenizität von Peptidsequenzen lässt sich schwer voraussagen, doch gibt die »hydrophilicity scale« nach Parker et al. (1986) brauchbare Anhaltspunkte. Bis zu 20 Aminosäuren lange Peptide lassen sich schnell und in mg-Mengen mit Peptidsynthesizern herstellen.

Literatur

Verwandlung kleiner Moleküle in Antigene

1 Posnett, D. et al. (1988): A novel method for producing anti-peptide antibodies. J. Biol. Chem. 263, 1719–1725

2 Seguela, P. et al. (1984): Antibodies against γ-aminobutyric acid: specificity studies and immuno-cytochemical results. Proc. Natl. Acad. Sci. USA 81, 3888–3892

3 Wang, J. (1988): Antibodies for phosphotyrosine: analytical and preparative tool for tyrosyl-phosphorylated proteins. Anal. Biochem. 172, 1–7

Antigenizität von Peptidsequenzen

4 Parker, J. et al. (1986): New hydrophilicity scale derived from HPLC peptide retention data: correlation of predicted surface residues with antigenicity and X-ray derived accessible sites. Biochemistry 25, 5425–5432

Soll das Antiserum spezifisch sein, darf das zur Immunisierung verwendete Antigen keine antigenen Verunreinigungen enthalten. Bei Proteinproben mit stark antigenen Verunreinigungen kann die Immunantwort gegen die Verunreinigung stärker ausfallen als die Antwort gegen das majoritäre Protein. Je nach Tier braucht es 1–100 μg Antigen für eine erfolgreiche Immunisierung.

Die Injektion von unbehandeltem Antigen gibt (vor allem bei löslichen Antigenen) selten eine gute Immunantwort, zudem sind manche Antigene toxisch. Das Antigen wird daher aufbereitet, entweder durch Emulgation mit Adjuvans und/oder Aggregation (z.B. durch Behandlung mit Formalin nach Hirokawa 1978).

Die SDS-Gelelektrophorese ist oft der letzte Schritt der Antigenreinigung. Antigene in Gelen lassen sich auf folgende Weisen aufbereiten (Autor Rehm bevorzugt C):

a. Das Antigen wird im Gel mit einer nichtfixierenden Färbemethode (z.B. Natriumacetat s. ► Abschn. 1.4.2.4) identifiziert, das Acrylamidstück mit dem Antigen ausgeschnitten und das zerkleinerte Gelstückchen in das Tier injiziert. Zerkleinert wird entweder durch mehrfaches Pressen durch zwei, über einen kurzen Schlauch miteinander verbundene, Spritzen (Zweispritzenmethode) oder durch Gefriertrocknen, gefolgt von Zermahlen im Mörser und Rehydrieren. Beides ist mühsam.
b. Das Antigen wird auf Nitrocellulose geblottet, die Antigenbande mit einer milden Methode (z.B. Kupferiodid s. ► Abschn. 1.6.1) gefärbt und ausgeschnitten. Das Membranstück kann der Experimentator subkutan implantieren. Viele lösen auch die Nitrocellulose in DMSO auf, emulgieren mit Adjuvans und injizieren (Chi-

les et al. 1987). Vorsicht: Bei längerem Stehenlassen von DMSO bei RT entsteht unter Lichteinwirkung Dimethylsulfat. Dimethylsulfat ist ein Zellgift und krebserregend. Kennzeichen: Das DMSO wird bei 4°C nicht mehr fest (H. Maidhof).

- Eine Ultraschallbehandlung (6×30 sec mit Mikrotip) verwandelt die Nitrocellulose in eine pulvrige Suspension, die mit oder ohne Adjuvans injiziert werden kann (Diano et al. 1987).
- Oft entstehen bei diesen Methoden Antikörper gegen Nitrocellulose, die bei der Entwicklung von Immuno-Blots stören. Abhilfe schafft die Adsorption des Serums an geblockte Nitrocellulosemembranen.

c. Sie identifizieren das Antigen im Gel mit einer nichtfixierenden Färbung (z.B. Natriumacetat s. ► Abschn. 1.4.2.4), schneiden das Acrylamidstück mit dem Antigen aus und elektroeluieren es (s. ► Abschn. 5.2.2.2). Eine Emulsion des Eluats mit Adjuvans wird injiziert.

Literatur

1 Chiles, T. et al. (1987): Production of monoclonal antibodies to a low-abundance hepatic membrane protein using nitrocellulose immobilized protein as antigen. Anal. Biochem. 163, 136–142

2 Diano, M. et al. (1987): A method for the production of highly specific antibodies. Anal. Biochem. 166, 224–229

3 Hirokawa, N. (1978): Characterization of various nervous tissues of the chick embryos through responses to chronic application and immunocytochemistry of β-bungarotoxin. J. Comp. Neurol. 180, 449–466

6.1.2 Adjuvans

Das Adjuvans entscheidet über den Erfolg einer Immunisierung. Es wirkt als Depot für das Antigen und verstärkt die Immunreaktion des Tieres. Adjuvantien gibt es viele. Das (bei Experimentatoren) beliebteste ist Freunds Adjuvans (FA). Pierce bietet zwei Adjuvantien an, Imject Alum und AdjuPrime, die das zu immunisierende Tier angeblich besser verträgt.

FA besteht aus einem nichtabbaubaren Mineralöl, das die Depotwirkung besorgt. Beim kompletten FA kommen noch abgetötete *Mycobacteriae tuberculosis* hinzu, die die Immunantwort in Gang bringen. FA und komplettes FA dürfen nicht intravenös verabreicht werden.

Bei der Erstinjektion wird das Antigen in PBS mit komplettem FA 1:1 gemischt und daraus eine stabile Ölemulsion hergestellt. Die Qualität dieser Emulsion bestimmt die Depotwirkung und damit den Erfolg der Immunisierung. Die Zweispritzenmethode (s.o.) oder Ultrabeschallung liefern mit Geduld und Glück gute Emulsionen. Die Emulsion ist gut, wenn ein Tropfen der Emulsion auf einer Wasseroberfläche ein Tropfen bleibt und nicht zerfließt.

6.1.3 Injektion und Serumgewinnung

> *....denn wenn man nur leben bleibt, sagte Sancho, lassen sich noch viele Dinge in Ordnung bringen.*

Das Standardtier für polyklonale Antikörper ist das Kaninchen. Ein Kaninchen liefert im Verlauf eines Immunisierungsprotokolls bis zu 500 ml Serum, Hamster oder Meerschweinchen 20 bzw. 30 ml, eine Maus 0,5 ml. Die Immunantwort ist von Kaninchen zu Kaninchen unterschiedlich, weswegen der vorsichtige Experimentator mindestens zwei Tiere immunisiert. Kaninchen benötigen für eine Immunisierung 10-100 µg Antigen pro Injektion, Hamster oder Meerschweinchen kommen mit 2-10 µg aus.

Bei der Injektion des Antigens haben Sie die Wahl zwischen intramuskulärer (im), intradermaler (id), subkutaner (sc), intravenöser (iv) oder intraperitonealer (ip) Injektion. Bei größeren Tieren und anatomischen Kenntnissen können Sie auch in die Lymphknoten injizieren. Die id-Injektion erfordert handwerkliches Geschick, soll aber eine gute Immunantwort auslösen, außerdem hält die Depotwirkung lange an. Zerkleinerte Gelstücke können nicht id injiziert werden und Mäusehaut ist zu dünn dafür.

Die sc-Injektion ist einfach, und es können bei der Maus 50 µl, bei Kaninchen 800 µl pro Stelle injiziert werden. Sowohl bei der sc wie auch bei der id-Injektion setzt man beim Kaninchen mehrere (bis zu 10) Injektionen zu beiden Seiten der Rückgratlinie. Bei der id und beim Kaninchen werden pro Stelle etwa 100 µl injiziert. Das Handwerk schaut der Anfänger am besten einem erfahrenen Kollegen ab. In vielen Labors pflanzen sich diese Techniken von Doktorandengeneration zu Doktorandengeneration gewissermaßen biologisch fort.

Etwa eine Woche vor der Erstinjektion nehmen Sie dem Tier Blut ab und bereiten daraus das Präimmunserum (für spätere Kontrollexperimente). 10 Tage nach der Erstinjektion nehmen Sie wieder Blut ab und bestimmen den Antikörpertiter. Nach weiteren 10 Tagen wird geboostet, d.h. Antigen in FA injiziert. 10–14 Tage nach dem Boost wird wieder Blut abgenommen und der Titer bestimmt. Zwei Wochen später dürfen Sie wieder boosten, worauf nach 10-14 Tagen die Blutentnahme folgt usw. usf. Dokumentieren Sie die Immunisierungsprotokolle in einem extra Heft mit Zeitpunkten, Antigenzubereitungen, Blutentnahmen etc.

Die Blutentnahme aus der Ohrvene des Kaninchens ist ein unangenehmes Geschäft, das in unerfahrenen Händen und unter unglücklichen Umständen zum Tod des Antikörperspenders führen kann (besonders empfindlich ist beim Kaninchen das Genick):

Der Experimentator rasiert eine Stelle um die Ohrvene, klemmt die andere Ohrvene ab, desinfiziert die rasierte Stelle mit 70% Alkohol und schneidet die Vene mit einem sterilen Skalpell im 45° Winkel an. Das austretende Blut (20–30 ml) fängt er in einem 50 ml Glasröhrchen auf.

Oft ist das **Kaninchen** ängstlich oder die Blutzufuhr ins Ohr bleibt aus anderen Gründen aus. Der Experimentator wird ungeduldig, das Kaninchen noch ängstlicher; ein Teufelskreis kommt in Gang, der dem Experimentator den Schweiß auf die Stirn und das Kaninchen in Panik treibt. Blutentnehmen läuft glatt ab, wenn das Kaninchen im Warmen (in flauschiges Handtuch einwickeln) auf einer rauen Oberfläche sitzt. Ein mechanischer Kaninchenhalter ist unsportlich. Reiben des Ohrs fördert die Blutzufuhr und Einreiben der Ohr-Zentralarterie mit etwas Xylol erweitert die Arterien ebenfalls.

Die **Maus** wird vor der Blutentnahme für 10–20 min mit Rotlicht bestrahlt, um die Durchblutung zu fördern. Danach wird das Tier in einen Mausblock eingelegt (Bio-Tec, Basel) und maximal 100 µl Blut durch einen Schnitt in den Schwanz entnommen. Die Schnittstelle wird nach der Blutentnahme mit Wundsalbe eingerieben.

Die Salamitechnik ist nicht jedermanns Sache und auch viele Mäuse können sich damit nicht anfreunden und liefern kaum Blut. Eine Alternative für geringe Mengen von Mäuseblut (40–60 µl) beschreibt Klundt (2001). Bei dieser Venenpunktion wird entweder die rechte oder die linke Kollateralvene des Mäuseschwanzes punktiert. Die Methode ist mäusefreundlich, erfordert aber Übung.

40 µl Blut reichen Ihnen nicht?

Punktieren Sie den Blutsinus hinter dem Mäuseauge (Klundt, 2001)! Bei dieser leicht widerlichen Methode wird eine Glaskapillare an einen bestimmten Punkt hinter den Augenbulbus geführt und in den Blutsinus gedrückt. Die Kapillare saugt das Blut ab und Sie leiten es in ein Eppendorfgefäß. Wenn Sie die Maus vollständig entbluten, lassen sich pro Tier ca 2 ml Blut gewinnen. Lassen Sie weniger Blut abtropfen, so dass die Maus überlebt, können Sie in Abständen von einigen Tagen mehrmals punktieren (mal ins linke, mal ins rechte Auge).

Die Maus wird vor der Punktion betäubt. Dennoch erfordert die Methode Geschicklichkeit und seelische Stabilität. Leider hat *Laborjournal*, um die Leser nicht zu schockieren, die Methode nicht bebildert. Lassen Sie sich von einem erfahrenen Punktierer anleiten (das muss man gesehen haben!). Niemand da, der Ihnen die Technik zeigen kann? Dann informieren Sie sich wenigstens zuvor über die Anatomie des Mäuseauges oder – besser – weichen Sie auf die nächste Methode aus.

Gut bebildert und erklärt ist eine norwegische Mäuseblutzapfmethode (Hem et al. 1998). Hier wird die Vena-saphena-magna (große Rosenader) am Hinterbein punktiert. Die Maus wird dazu, Kopf voraus, in ein Falcontube gesteckt, das Hinterbein rasiert, die Vene punktiert und das Blut in eine Kapillare abgesaugt. Die Methode liefert ca 100 µl Blut und Sie können im Laufe eines Tages an der gleichen Stelle mehrmals absaugen. Mit entsprechenden Stillhalteröhren bringen Sie auch größere Tiere, von der Ratte bis zum Frettchen, zum Blutspenden.

Tipp: Mäuseblut gerinnt unheimlich schnell. Die aus der Vene austretenden Blutstropfen also sofort in die Kapillare saugen.

Literatur

1 Hem, A. et al. (1998): Saphenous Vein puncture for blood sampling of the mouse, rat, hamster, gerbil, guinea pig, ferret and mink. Laboratory Animals 32, 364–368.

2 Klundt, E. (2001): Tipps für Blutsauger. Laborjournal 11/2001, S61

Zur Serumgewinnung lässt man das Blut 60 min bei RT stehen. Danach schüttelt man den Blutkuchen vom Rand des Röhrchens vorsichtig los oder löst ihn mit einem Glasstab ab und inkubiert für weitere 2–3 h bei RT oder über Nacht bei 4°C. Das Serum wird dekantiert und bei 5.000 rpm für 10 min abzentrifugiert, um die restlichen Blutzellen zu entfernen. Serum ist bei –80°C jahrelang stabil.

6.1.4 Reinigung von Antikörpern

Auch nach einer Immunisierung sind nur ein kleiner Teil der Serumproteine Antikörper und nur ein geringer Teil der Antikörper bindet Antigen. Es lohnt sich daher, die Antikörper aus dem Serum aufzureinigen. Die gängigen Methoden sind Ammoniumsulfatfällung und Chromatographie an HA, Protein-A-Sepharose oder einer Antigensäule. Letztere unterscheidet zwischen Antigen bindenden und nichtbindenden Antikörpern.

Die **HA-Chromatographie** verarbeitet große Mengen an Serum in einem Schritt und konzentriert die Antikörper. Es ist nicht nötig, das Serum vor der Chromatographie gegen Säulenpuffer zu dialysieren. Die Ausbeute ist gut, die Antikörper mäßig sauber. Monoklonale Antikörper aus Gewebekulturüberständen mit fötalem Kälberserum trennt die HA-Chromatographie nicht vollständig vom Albumin ab.

Literatur

1 Bukovsky, J. & Kennet, R. (1987): Simple and rapid purification of monoclonal antibodies from cell culture supernatants and ascites fluids by hydroxyl apatite chromatography on analytical and preparative scales. Hybridoma 6, 219–228

Die **Ammoniumsulfatfällung** von Serum (mit 45% Sättigung bei Kaninchenserum) ist eine »quick and dirty« Methode mit Betonung auf dirty. Die Fällung nimmt ein paar Stunden in Anspruch und anschließend ist noch eine Dialyse fällig.

Literatur

1 Dunbar, B. & Schwoebel, E. (1990): Preparation of polyclonal antibodies. Methods Enzymol. 182, 663–670

Protein A (MG 42 Kd) aus *S. aureus* bindet Antikörper reversibel über ihre Fc-Domäne (1 Mol Protein A bindet 2 Mol IgG). Hohe Salzkonzentrationen (2-3 M NaCl) und alkalische pH-Werte (pH 8-9) verstärken die Bindung zwischen Protein A und dem Antikörper. Für die Reinigung von Antikörpern aus Kaninchen, Maus (außer IgG_1), Mensch, Pferd und Meerschwein genügen jedoch physiologische Salzkonzentrationen. So liefert die Chromatographie von Serum an Protein-A-Sepharose in einem Schritt die (meisten) IgG Antikörper. Viele Firmen verkaufen vorgefertigte Protein-A-Säulen. Eluiert werden Protein-A-Säulen mit Puffer pH 2-3. Dem stabilen Protein macht eine Behandlung mit 4 M Harnstoff oder pH 2,5 wenig aus.

Die einfache und effiziente Reinigungsmethode hat den Nachteil, dass nicht alle IgG-Subklassen mit hoher Affinität an die Säule binden und so verloren gehen (z.B. Maus IgG_1). Auch gibt es Speziesunterschiede: Protein A bindet Kaninchen-Antikörper gut, Ratten-Antikörper schlecht.

Literatur

1 Ey, P. et al. (1978): Isolation of pure IgG_1, IgG_{2a}- and IgG_{2b}-immunoglobulins from mouse serum using protein A-sepharose. Immunochemistry 15, 429–436

Protein G (MG 35 Kd) bindet Antikörper und Albumin. Eine künstliche Variante von Protein G bindet nur Antikörper. Der Vorteil von Protein G ist seine ergänzende Spezifität zu Protein A: Antikörper, die nicht an Protein A binden, wie viele monoklonale Antikörper, binden oft an Protein G.

Eine **Antigensäule** ermöglicht es, antigenspezifische Antikörper zu isolieren (affinitätsgereinigte Antikörper). Die Affinitätsreinigung von Antikörpern ist nötig für manche Elisas und für die Herstellung enzymkonjugierter Antikörper. Affinitätsgereinigte Antikörper geben zudem gute Immunpräzipitationen, und schließlich verwandelt die Chromatographie an der Antigensäule niedertitrige Seren in ein vernünftiges Reagenz.

Die Affinitätsreinigung von Antikörpern ist kein Hexenwerk, vorausgesetzt das Antigen lässt sich mit Standardmethoden an eine kommerzielle Matrix koppeln, und es koppelt nicht gerade über die Stelle, gegen die die Antikörper gerichtet sind. Der Zeitaufwand beträgt etwa zwei Tage.

Probleme: Für eine Antigensäule benötigt man große Mengen an Antigen. Antikörper mit niedriger Affinität gegen das Antigen binden nicht an die

Säule, solche mit sehr hoher Affinität lassen sich aus der Säule nicht mehr im nativen Zustand eluieren.

Das Antigen wird über eine primäre Amino-, Carboxyl- oder Sulfhydrylgruppe kovalent an eine Matrix gekoppelt (Proteine oder Peptide z.B. an Affigel 10). Kopplungsmethoden beschreibt Abschn. 5.3. Sie pumpen das verdünnte Serum oder den Hybridoma-Überstand über die Säule, waschen ungebundenes Protein aus und eluieren nacheinander mit saurem pH, basischem pH und mit 3 M $MgCl_2$ (s.u.).

Oft nimmt schon nach ein paar Einsätzen die Antikörper-Bindungskapazität der Säule ab. Gründe: Proteolyse oder Denaturierung des Antigens oder Blockade durch hochaffine Antikörper. Allerdings sind viele Antigene an der Säule stabiler als in Lösung. Bei Blockade hilft Waschen mit 4 M Harnstoff oder 1,5 M KSCN.

Affinitätsreinigung: Serum 1:10 mit 10 mM Na-Hepes pH 8,0 verdünnen, für 30 min bei 20.000 rpm (Sorvall, SS34 oder gleichwertiger Rotor) abzentrifugieren und den Überstand langsam auf die Säule laden. Danach ausgiebig mit 10 mM Na-Hepes pH 8,0 und 10 mM Na-Hepes pH 8,0, 300 mM KCl (je mindestens 10 Säulenvolumen) waschen. Manche waschen auch mit 200 mM NaSCN pH 5,8. Säuresensitive Antikörper eluieren Sie mit 100 mM Glycin-HCl pH 2,5 (ca. 5 Säulenvolumen). Danach solange mit 10 mM Na-Hepes pH 8,0 waschen, bis der pH im Eluat 8,0 ist. Es folgt eine Elution mit 100 mM Triethylamin pH 11,5 für die alkalisensitiven Antikörper. Wieder wird die Säule mit Na-Hepes pH 8,0 gewaschen und danach mit 3 M $MgCl_2$ eluiert. Legen Sie bei der Elution mit pH-Extremen in die Fraktionsröhrchen einen starken Puffer vor (z.B. 1/10 Fraktionsvolumen 1 M Tris-Cl pH 8,1). Zum Schluss die Säule mit 10 mM Na-Hepes auf pH 8,0 einstellen, den pH der Eluate kontrollieren (bei Bedarf neutralisieren) und das $MgCl_2$ entfernen (z.B. durch Dialyse).

6.2 Immunpräzipitation

Die Immunpräzipitation (IP) isoliert ein bestimmtes Antigen aus der Vielzahl der Antigene einer Lösung. Die IP, eventuell mit anschließender Gelelektrophorese, beantwortet u.a. folgende Fragen: Erkennt ein Antikörper eine Bindungs- oder Enzymaktivität? Ändert die Zelle unter dem Einfluss eines Parameters das MG des Antigens, seinen Phosphorylierungsstatus, den Aufbau seiner Zuckerketten? Auch über die Spezifität von Antikörpern oder die Verteilung der Untereinheiten oligomerer Proteinfamilien auf deren Mitglieder gibt die IP Auskunft.

Der Vorteil der IP gegenüber einer Immunoaffinitätssäule (s. ► Abschn. 6.3) liegt darin, dass keine Säule gegossen werden muss und viele Ansätze gleichzeitig gefahren werden können. Die IP ist aber ein analytisches Werkzeug. Zur Isolierung größerer Mengen Antigen verwendet man die Säule.

Im Präzipitat bestimmt man das Antigen entweder über eine Funktion (z.B. Ligandenbindung, Enzymaktivität) oder über das MG in der SDS-Gelelektrophorese. Bei einer Proteinfärbung des Gels verschwindet das Antigen oft unter der großen Menge der Antikörper des Präzipitats. Der Experimentator markiert dann das Antigen vor der IP radioaktiv und identifiziert es hinterher durch ein Autoradiogramm. In Zellkulturen kann er Proteine mit radioaktiven Aminosäuren (z.B. ^{35}S-Methionin) markieren; Antigenlösungen oder Zelloberflächenantigene lassen sich iodieren.

Bei der IP seltener Proteine (i.e. Proteine in niedriger Konzentration wie Transmitter- oder Hormonrezeptoren) mit Antikörpern von niedriger Affinität (K_D>50 nM, wie viele anti-Peptid-Antikörper) erspart Rechnen Arbeit und Enttäuschungen. Mit den mutmaßlichen Konzentrationen von Antikörper, Antigen und K_D liefern Massenwirkungsgesetz und Erhaltungsgleichungen (◘ Abb. 2.4) den zu erwartenden Prozentsatz von Antigen-Antikörper-Komplex (Gleichung 2. Grades). Manchmal stellt sich heraus, dass der Antikörper unter den gegebenen Bedingungen nur ein paar Prozent des Antigens binden kann.

Literatur

1 Firestone, G. & Winguth, S. (1990): Immunoprecipitation of proteins. Methods Enzymol. 182, 688–700

6.2.1 Immunpräzipitation mit immobilisiertem Protein A

Wegen ihrer bivalenten Natur präzipitieren polyklonale Antikörper bei einem optimalen Antikörper/Antigen-Verhältnis. Das Präzipitat bildet ein Netz, das neben Antigen und Antikörper noch andere Proteine mitreißt. Zudem benötigt die Fällung große Mengen an Antigen und Antikörper. Die Methode wird daher, auch in Form der Ouchterlony-Technik, kaum noch angewandt. Üblich ist es vielmehr, der Antigenlösung Antikörper im Überschuss zuzusetzen, so dass sich kein Präzipitat bilden kann. Die Antigen-Antikörperkomplexe und freien Antikörper werden anschließend mit Protein-A-Sepharose bzw. fixierten *S. aureus*-Zellen (Pansorbin) ausgefällt.

Monoklonale Antikörper binden oft schlecht an Protein A. Um die Antigen-Antikörperkomplexe trotzdem zu fällen, schaltet man vor der Zugabe von immobilisiertem Protein A noch eine Inkubation mit anti-Maus IgG (Promega) ein oder verwendet Protein-G-Sepharose (Sigma) oder anti-Maus IgG-Sepharose.

Das Präzipitat enthält Antigen, Antikörper, die fixierten *S. aureus* Zellen bzw. Protein-A-Sepharose und unspezifisch adsorbiertes Protein (bei Zell-Lysaten vor allem Aktin). Den Anteil an unspezifisch adsorbiertem Protein können Sie verringern, indem Sie affinitätsgereinigte Antikörper statt Serum verwenden und bei hoher Ionenstärke (0,15–0,4 M NaCl) oder in Gegenwart von Seifen (1–2% Triton X-100 oder NP-40 oder 0,1% Deoxycholat) präzipitieren. Auch hilft es, den Präzipitationsansatz auf ein Sucrosekissen aufzuladen und die beladene Protein-A-Sepharose etc. durch die Sucrose zu zentrifugieren. Ist der Hintergrund immer noch zu hoch, wird das Präzipitat aufgelöst und die Präzipitation wiederholt (Platt et. al 1986; Doolittle et al. 1991).

Eine IP ohne Kontrolle ist wie ein Landeanflug ohne Licht. Zu einer IP gehören folgende Kontrollexperimente:

- IP mit Präimmunserum oder einem nicht gegen das Antigen gerichteten monoklonalen Antikörper;
- IP ohne den anti-Antigen-Antikörper (nur mit z.B. Protein-A-Sepharose oder Pansorbin);
- IP mit Zell-Lysaten, die das Antigen nicht enthalten;
- Sind die Antikörper gegen eine Peptidsequenz gerichtet, so muss sich die IP durch das entsprechende Peptid verhindern lassen.

Literatur

1 Doolittle, M. et al. (1991): A two-cycle immunoprecipitation procedure for reducing nonspecific protein contamination. Anal. Biochem. 195, 364–368

2 Platt, E. et al. (1986): Highly sensitive immunoadsorption procedure for detection of low-abundance proteins. Anal. Biochem. 156, 126–135

3 Sakamoto, J. & Campbell, K. (1991): A monoclonal antibody to the β-subunit of the skeletal muscle dihydropyridine receptor immunoprecipitates the brain ω-conotoxin GVIA receptor J. Biol. Chem. 266, 18914–18919

6.2.2 Immunpräzipitation mit immobilisiertem Antikörper

Wer im Präzipitat keine freien Antikörper haben möchte, z.B. weil er das Antigen durch SDS-Gelelektrophorese nachweisen muss und das Antigen nicht radioaktiv markieren will oder kann, koppelt die (affinitätsgereinigten) Antikörper kovalent an eine Matrix (z.B. Affigel 10). Aus dem Präzipitat gehen dann mit Lämmli-Probenpuffer (ohne Reduktans) nur Antigen und unspezifisch adsorbierte Proteine in Lösung. Die Antikörper bleiben auf der Matrix. Den Präzipitatextrakt können Sie nun auf SDS-Gelen fahren und diese auf Protein färben, ohne dass ihnen die Antikörper alles zuschmieren. Sie können das Gel auch blotten und den Blot mit präzipitierendem Antikörper entwickeln. Mit viel Antikörper im Präzipitatextrakt dagegen wird der Blot hässlich. Zudem binden denaturierte Antikörper den 2. Antikörper (mit dem der Blot entwickelt wird, s. ► Abschn. 1.6.3) oft fast so gut wie die nativen Antikörper (die auf dem Antigen sitzen).

An die üblichen aktivierten Matrizen (s. ► Abschn. 5.3) koppeln die Antikörper nicht nur über die Fc-Domäne, sondern beliebig, also auch über die Antigenbindungsstelle. Ein Teil der gekoppelten Antikörper bindet das Antigen also nicht oder schlecht. Schneider et al. (1982) vernetzen die Antikörper deswegen an Protein-A-Sepharose. Durch diesen Trick koppeln die Antikörper kovalent in der richtigen Orientierung, über die Fc-Domäne, an die Matrix.

Die IP mit monoklonalen Antikörpern setzt eine gewisse Affinität (K_D<100 nM) der Antigen-Antikörperbindung voraus. Bei polyklonalen Antikörpern sorgt die multivalente Antigenbindung dafür, dass das Antigen auch bei niedriger Affinität der einzelnen Antikörper fest an der Matrix haftet. Sie führt aber oft zu höherer unspezifischer Bindung.

Heruntersetzen können Sie die unspezifische Bindung durch die schon in 6.2.1 beschriebenen Techniken. Gängig ist auch einfaches Waschen, dies weniger wegen seiner Wirksamkeit, sondern weil dies das Erste ist, was einem Anfänger einfällt. Zum Waschen wird das Präzipitat mit Puffer aufgeschüttelt, wieder abzentrifugiert und der Überstand abgesaugt. Das können Sie einigemal so treiben und das Präzipitat wird langsam immer sauberer werden, Sie aber nicht notwendigerweise glücklicher. Die Affigel 10- oder Sepharose-Perlen bilden kein festes Pellet und daher saugen Sie mit dem Überstand oft auch einige der Perlen ab. Das macht sowohl die Ausbeute des adsorbierten Proteins wie auch quantitative Vergleiche zwischen Präzipitationen zur Glückssache. Zudem lässt sich, wegen dem weichen voluminösen Pellet, der Überstand nicht vollständig absaugen, was die Waschwirkung herabsetzt und das Eluat verdünnt.

Brymora et al. (2001) helfen sich mit einem Waschmaschinchen. Es besteht in einer kleinen Säule, die in ein Mikrozentrifugenröhrchen passt (◘ Abb. 6.3). Der Präzipitationsansatz wird in der verschließbaren Säule inkubiert und dann abzentrifugiert. Das Gel auf der Fritte lässt sich nun bequem und wirksam waschen. Anschließend können Sie das gebundene Protein von der Säule z.B. mit SDS-Probenpuffer eluieren. Es darf auch heißer Probenpuffer sein, denn die Säule lässt sich im Wasserbad bis auf 85 °C erhitzen. Nach Brymora et al. liefert diese Technik bis zu dreimal höhere Ausbeuten als das Abzentrifugieren-Überstand-absaugen. Geeignete Säulchen seien z.B. von Amersham Pharmacia zu erhalten (ProbeQuant G-50).

Literatur

1 Brymora, A. et al. (2001): Enhanced protein recovery and reproducibility from pull-down assays and immunoprecipitations using spin columns. Anal. Biochem. 295, 119–122c

2 Grässel, S. et al. (1989): Immunoprecipitation of labeled antigens with eupergit C1Z. Anal. Biochem. 180, 72–78

3 Peltz, G. et al. (1987): Monoclonal antibody immunoprecipitation of cell membrane glycoproteins. Anal. Biochem. 167. 239–244

4 Schneider, C. et al. (1982): A one-step purification of membrane proteins using a high efficiency immunomatrix. J. Biol. Chem. 257, 10766–10769

6.2.3 Nachweis präzipitierter Antigene mit biotinylierten Antikörpern

Nach Immunpräzipitationen wird das Präzipitat oft mit einer SDS-Gelelektrophorese aufgetrennt und die Antigene immunologisch auf einem Blot nachgewiesen. Wenn der präzipitierende Antikörper nicht kovalent an Kügelchen etc. gebunden war, finden Sie ihn auf dem Blot wieder. Weil er massenhaft auftritt, schmiert er von der Tasche hinunter bis zu MG 40–45 Kd. Entwickeln Sie den Blot mit einem Antikörper, der Affinität zum präzipitierenden Antikörper hat, erhalten sie eine intensive Hintergrundfärbung. Darunter bleibt verborgen, was Sie sehen wollen.

Beispiel: Ihr Protein hat ein MG von 60 Kd. Sie immunpräzipitieren es mit Kaninchen-Antikörpern. Das Präzipitat trennen Sie auf einer SDS-Gelelektrophorese auf und blotten das Gel. Den Blot entwickeln Sie zuerst mit den Kaninchen-Antikörpern gegen ihr Protein, danach mit HRP-gekoppelten anti-Kaninchen-Antikörpern. Und dann werden Sie weinen: Der HRP-gekoppelte anti-Kaninchen-Antikörper bindet nicht nur an den 60 Kd-Protein-Antikörper-Komplex, sondern auch an die Kaninchen Antikörper, mit denen sie immunpräzipitiert haben. Es ist ja der gleiche Antikörper nur denaturiert durch die SDS-Behandlung.

Was tun?

Sie können den Blot mit einem Ziegen-Antikörper gegen ihr Protein entwickeln und mit HRP-gekoppelten anti-Ziegen-Antikörpern färben.

Aber vielleicht haben Sie keinen Ziegen-Antikörper?

Oder der HRP-gekoppelte anti-Ziegen-Antikörper zeigt Kreuzreaktivität zum Kaninchen-Antikörper?

Immunpräzipitieren Sie mit kovalent gekoppeltem Antikörper.

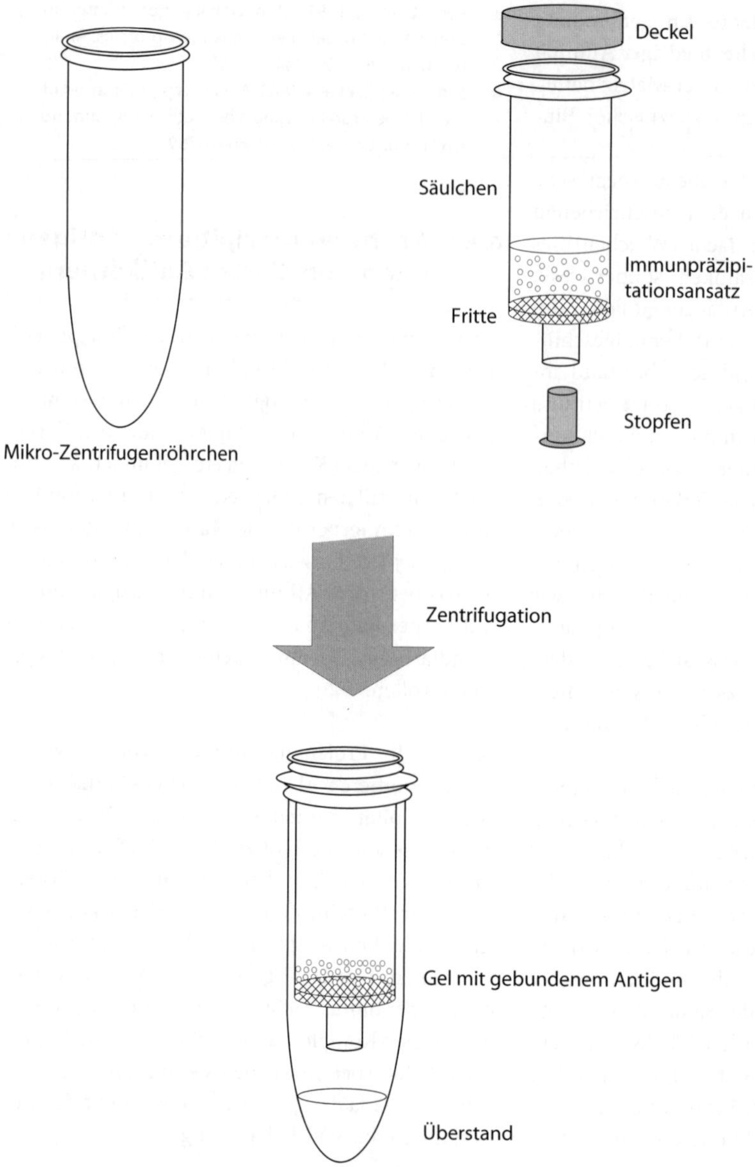

Abb. 6.3 Waschmaschine für Immunpräzipitation

Das ist Ihnen zu teuer?

Dann müssen Sie sich die Mühe machen und den Antikörper gegen ihr Protein für den Blot biotinylieren. Sie stellen also wie gehabt ihr Immunpräzipitat her, fahren das Gel und blotten. Den Blot entwickeln Sie aber mit dem biotinylierten Antikörper. Gefärbt wird mit HRP-Avidin. Das ignoriert den unbiotinylierten Kaninchen Antikörper vollständig, abgesehen von der hoffentlich geringfügigen unspezifischen Bindung. Bei der Färbung erscheint nur die gewünschte Bande.

Eine Vorschrift zur Biotinylierung von Antikörpern finden Sie in Berryman & Bretscher, 2001.

Literatur

1 Berryman, M. & Bretscher, A. (2001): Immunoblot detection of antigens in immunoprecipitates. BioTechniques 4, 744–746

6.3 Immunoaffinitäts-chromatographie

Die Immunoaffinitätschromatographie führt schnell zum sauberen Antigen, wenn spezifische monoklonale oder polyklonale Antikörper gegen das Antigen zur Verfügung stehen. Der Erfolg der Immunoaffinitätschromatographie hängt also von der Qualität des Antikörpers ab, doch ist sie kein Sensibelchen und funktioniert meistens schon beim ersten Anlauf. So lassen sich Antikörper, zumindest IgG, leicht und häufig ohne Verlust an Bindungsaktivität an die gängigen Matrizen koppeln. Auch ermöglicht die Immunoaffinitätschromatographie ausgiebiges Waschen und liefert antikörperfreies Antigen. Allerdings müssen Sie das Antigen in der Regel mit unspezifischen und rabiaten Mitteln eluieren. Die erreichbaren Reinigungsfaktoren liegen zwischen 1.000 und 5.000. Die Ausbeute hängt von der Elutionsmethode ab, liegt aber meistens über 50%. Das Koppeln der Antikörper an die Matrix und die Chromatographie verschleißt etwa zwei Tage.

Wie geht man vor? Sie koppeln die Antikörper kovalent an eine Matrix, gießen die Antikörper-Matrix in eine Säule und waschen ungekoppelten Antikörper aus (s. ▶ Abschn. 5.3). Dann beladen Sie die Säule mit Antigen. Zum Binden an die Immunoaffinitätssäule braucht das Antigen mindestens 2-3 Stunden (am besten über Nacht).

Eluiert wird mit Glycin-HCl-Puffer pH 2,5 oder 3,5 M $MgCl_2$. Brutalere Methoden wie die Elution bei pH 1,8 oder mit 3 M Thiocyanat oder gar mit 1% SDS führen auch zum Ziel, doch ist die Säule danach nicht mehr zu gebrauchen. Auch bei »milderen« Elutionsmitteln (pH 2,5) geht die biologische Aktivität des Antigens oft zugrunde, und auch die Säule gibt nach einigen Runden den Geist auf. Immunoaffinitätssäulen mit polyklonalen Antikörpern sind wegen der starken multivalenten Antigenbindung schwer zu eluieren. Milde Elutionsmittel genügen bei Säulen mit monoklonalen Antikörpern oder polyklonalen Antikörpern gegen eine Peptidsequenz des Antigens. In diesen Fällen ist es auch möglich, mit Liganden (z.B. dem Peptid) zu eluieren. Wer mit pH 1,8–2,5 eluiert und sein Antigen schonen möchte, neutralisiert das Eluat durch Vorlegen eines starken Puffers in die Fraktionsröhrchen.

Literatur

1 Leah, J. et al. (1988): Purification of ornithine aminotransferase by immunoadsorption. Anal. Biochem. 170, 495–501
2 Mc Gillis, J. et al. (1987): Immunoaffinity purification of membrane constituents of the IM-9 lymphoblast receptor for substance P. Anal. Biochem. 164, 502–513

6.4 Antikörper gegen ungereinigte Proteine

Wie kommt man zu Antikörpern gegen ein ungereinigtes Protein? Es gibt drei Möglichkeiten:

a. Sie stellen monoklonale Antikörper gegen die ungereinigte oder teilweise gereinigte Proteinprobe her, bis Sie einen Antikörper finden, der das gesuchte Protein bindet. Der Erfolg hängt ab von der Reinheit der Proteinprobe, der Antigenizität des gesuchten Proteins, der Erfahrung des Labors in der Herstellung von monoklonalen Antikörpern und davon, wie aufwendig der Nachweistest für das gesuchte Protein ist. Ein halbes bis mehrere Jahre kann die Suche dauern. Sie führt hin und wieder zu interessanten Nebenergebnissen (z.B. Antikörper gegen unbekannte Proteine). Auch lernen Sie eine brauchbare und begehrte Technik und steigern so Ihren Marktwert.
b. Ist die Sequenz des Proteins bekannt (z.B. von dessen Expressionsklonierung), liegt es nahe, Antikörper gegen geeignete Peptide herzustellen (s. ▶ Abschn. 6.1.1 und 6.3).
   Dieses Projekt liefert mit Sicherheit Ergebnisse und Papers. Die anti-Peptid-Antikörper ermöglichen, falls genügend spezifisch und affin, nicht nur die Reinigung des zugehörigen Proteins. Oft geben sie noch Informationen über Struktur und Faltung des Proteins und, bei Membranproteinen, die intra- oder extrazelluläre Lokalisation der Peptidsequenz. Doch müssen Antikörper gegen eine Aminosäuresequenz nicht notwendigerweise auch das zugehörige native Protein erkennen; so kann

die Sequenz im nativen Protein für den Antikörper nicht erreichbar sein, oder Zuckerketten schirmen die Sequenz vor dem Zugriff des Antikörpers ab. Schließlich ist der Gedanke, mit anti-Peptid-Antikörpern zu arbeiten, nicht gerade originell und veröffentlichte Sequenzen sind jedem zugänglich. Der einfallslose Konkurrenz-Professor wird also ebenfalls einen Doktoranden darauf ansetzen und sei es nur, um diese sichere Quelle von Publikationen nicht dem wissenschaftlichen Gegner zu überlassen.

c. Falls Sie über einen antigenen Liganden verfügen, können Sie anti-idiotypische Antikörper herstellen (◘ Abb. 6.4). Zuerst produzieren Sie anti-Liganden-Antikörper. Anti-Liganden-Antikörper binden den Liganden, besitzen also eine Bindungsstelle für den Liganden. Diese Bindungsstelle ähnelt bei manchen Antikörpern der Ligandenbindungsstelle des gesuchten Proteins. Also stellen Sie gegen die anti-Liganden-Antikörper (monoklonale oder affinitätsgereinigte polyklonale) monoklonale oder polyklonale Antikörper her. Viele dieser Antikörper binden an die Ligandenbindungsstelle der anti-Liganden-Antikörper. Manche dieser anti-idiotypischen Antikörper binden auch an die Ligandenbindungsstelle des gesuchten Proteins, was sich vielleicht in der Hemmung der Ligandenbindung kundtut. Auf diese Antikörper kommt es an. Ist ihr Titer gegen das gesuchte Protein hoch, lassen sie sich für eine Immunoaffinitätschromatographie verwenden. Wenn Sie polyklonale anti-idiotypische Antikörper für eine Immunoaffinitätschromatographie verwenden wollen, müssen Sie sie zuvor an einer anti-Liganden-Antikörper-Säule affinitätsreinigen. Polyklonale anti-idiotypische Antikörper binden das gesuchte Protein nicht multivalent, sondern nur über die Bindungsstelle des Liganden, daher eluiert das Protein von der Immunoaffinitätssäule schon unter milden Bedingungen (z.B. mit einem Überschuss Ligand).

Der Weg über anti-idiotypische Antikörper ist, bei aller theoretischen Eleganz, arbeitsaufwendig und riskant. Sie müssen den Liganden für die Immunisierung aufbereiten, einen oder mehrere Nachweistests aufbauen und mindestens zwei Immunisierungen durchführen, deren Ausgang Glückssache ist (◘ Tab. 6.1). Ein Anfänger benötigt 2–3 Jahre für brauchbare anti-idiotypische Antikörper. Zwar resultiert die Arbeit in umfangreichen Papern im *J. Biol. Chem.* oder *J. Immunol.*, doch nach unseren nichtrepräsentativen Beobachtungen haben anti-idiotypische Antikörper zum Zeitpunkt ihrer Verfügbarkeit nur noch geringen praktischen Wert. In den Jahren ihrer Herstellung hat sich die taktische Lage auf dem Gebiet oft gründlich geändert.

Literatur

1 Haasemann, M. et al. (1991): Anti-idiotypic antibodies bearing the internal image of a bradykinin epitope. J. Immunol. 147, 3882–3892

2 Kleyman et al., (1991): Characterization and cellular localization of the epithelial Na^+ channel. J. Biol. Chem. 266, 3907–3915

3 Kussie, P. et al. (1989): Production and characterization of monoclonal idiotypes and anti-idiotypes for small ligands. Methods Enzymol. 178, 49–63

4 Schick, M. & Kennedy, R. (1989): Production and characterization of anti-idiotypic antibody reagents. Methods Enzymol. 178, 36–48

6.5 Immunologische Nachweistechniken

Immunologische Methoden zeichnen sich durch Einfachheit, Vielseitigkeit und Sensitivität aus. Mit Dot-Blots oder Elisas können Sie problemlos 200–400 Proben am Tag messen, und bei einem guten Dot-Blot geben noch 500 pg an Antigen in 100 µg Protein ein messbares Signal.

Die Tests dienen in der Regel zur Konzentrationsbestimmung von Antigenen oder der Titerbestimmung von Seren. Oft benützte Verfahren zeigen die ◘ Abb. 6.5 und 6.6. Allgemein gilt:

- Je spezifischer anti-Antigen- und enzymkonjugierter anti-IgG-Antikörper, desto spezifischer der Test;
- Je stringenter gewaschen wird und je weniger Schichten aufgetragen werden, umso spezifischer und kleiner das Signal;

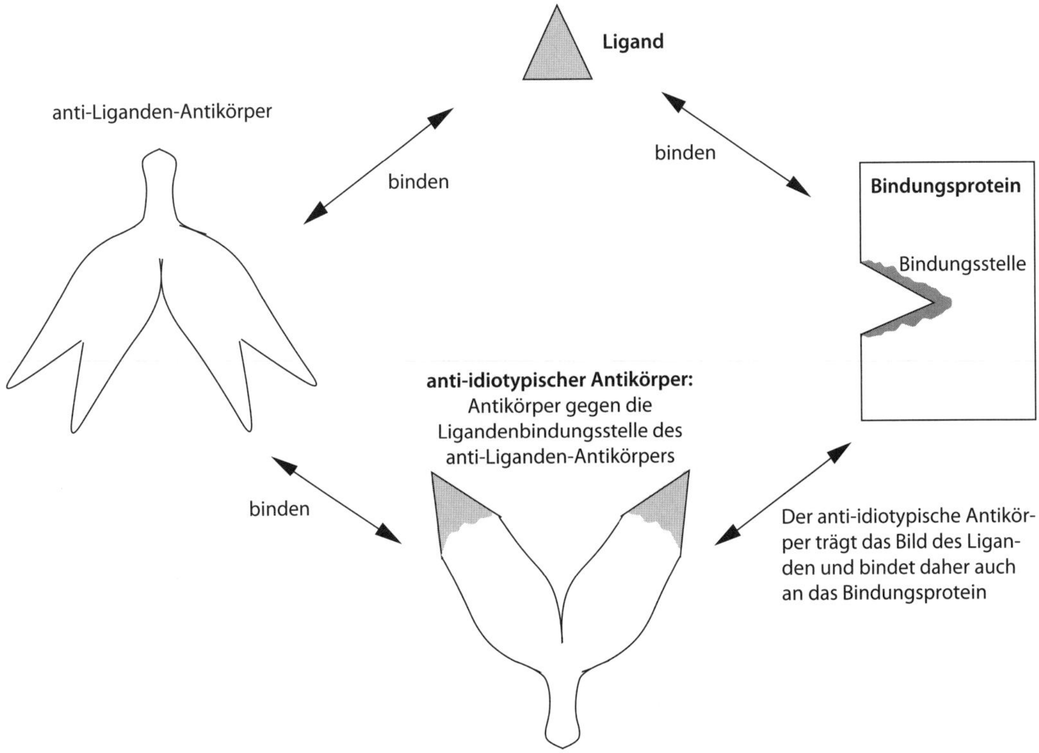

Abb. 6.4 Anti-idiotypische Antikörper

- Je höher die Konzentration der Antikörper, desto größer Signal und Hintergrundfärbung.

Literatur

1 Frutos, M. et al. (1996) : Analytical Immunology. Methods Enzymol. 270, 82–101

2 Parker, C. (1990): Immunoassays. Methods Enzymol. 182, 700–718

6.5.1 Dot-Blots

Bei Dot-Blots wird das Antigen an Nitrocellulosemembranen adsorbiert. Das Antigen ziehen Sie am besten mit einem Filtrationsapparat auf (Schleicher & Schüll). Hinterher fixieren Sie die Proteine mit Ethanol/Essigsäurelösungen, TCA oder Erhitzen, und blockieren die Proteinbindungsstellen der Membran (BSA, Milchpulver etc., s. ▶ Kap. 1.6.2). Es folgen Inkubationen mit anti-Antigen- und beispielsweise Peroxidase-konjugiertem anti-IgG-Antikörper. Zwischen den einzelnen Schritten wird gewaschen (Abb. 6.5). Zum Entwickeln stanzen Sie die Dots der Nitrocellulosemembran in die Vertiefungen (Wells) von Mikroplatten. In den Wells entwickelt sich mit einer geeigneten Substratlösung eine peroxidasekatalysierte Farbreaktion. Um das Konfetti loszuwerden, wird die Farblösung wird in neue Mikroplatten übertragen und schließlich im Elisa-Leser gemessen. Eine Kalibrierung mit definierten Mengen an Antigen erlaubt es Ihnen, aus den ‚Rohdaten' die Antigenmengen zu berechnen (Becker et al. 1989).

Beim Dot-Blot zieht das Antigen schnell auf. Zudem können Sie Serum als anti-Antigen-Antikörperlösung verwenden. Auch verträgt sich der Dot-Blot gut mit der Mikroplattentechnik ist also automatisierbar. Im Vergleich zum Elisa fordert er zwei zusätzliche Geräte (Filtrationsapparat und Stanzmaschine) zwei zusätzliche Arbeitsschritte.

6

Tab. 6.1 Liganden/Rezeptorenpaare, bei denen sich anti-idiotypische Antikörper segensreich auf die Publikationsliste auswirkten

	Ligand	Rezeptor/ Bindungsstelle	Referenzen
Moleküle mit kleinem MG	Adenosin	Adenosin	in Schick & Kennedy 1989, Seite 40
	Amilorid	Na^+-Kanal	Kleyman et al. 1991
	Alprenolol	β-Adrenerg	in Schick & Kennedy 1989, Seite 40
	Bis-Q	Acetylcholin	–.–
	Spiperon	D2-Dopamin	–.–
	Haloperidol	D2-Dopamin	–.–
Peptide	Angiotensin II	Angiotensin	–.–
	Bradykinin	Bradykinin	Haasemann et al. 1991
Proteine	Substanz P	Substanz P	in Schick & Kennedy 1989, Seite 40
	Choleratoxin	Gangliosid GM1	–.–
	IgE	Fcξ	–.–

Die Adsorption von Antigen an Nitrocellulose ist nicht kovalent, die adsorbierten Antigene können also wieder abgewaschen werden, z.B. durch höhere Konzentrationen von Seifen wie NP-40 und Tween 20 (Lui et al. 1996). Die Haftung des Antigens auf der Membran und seine Bindungsfähigkeit zum Antikörper hängen von der Art des Auftrags ab. Gute Auftragslösungen für Proteinantigene sind 0,1 M NaOH in 20–40% Methanol (Wiedenmann et al. 1988) oder 0,5% Deoxycholat, 20% Methanol in Tris-puffer pH 7,4 (Becker et al. 1989). Nitrocellulose bindet unter diesen Bedingungen etwa 1.000-mal mehr Protein als Polyvinylchlorid (300 ng/cm²) oder Polystyrol (400 ng/cm²).

Literatur

1 Becker, C.-M. et al. (1989): Sensitive immunoassay shows selective association of peripheral and integral membrane proteins of the inhibitory glycine receptor complex. J. Neurochem. 53, 124–131
2 Lui, M. et al. (1996): Methodical analysis of protein-nitrocellulose interactions to design a refined digestion protocol. Anal. Biochem. 241, 156–166
3 Smith, C. et al. (1989): Sodium dodecyl sulfate enhancement of quantitative immunoenzyme dot-blot assays on nitrocellulose. Anal. Biochem. 177, 212–219
4 Varghese, S. & Christakos, S. (1987): A quantitative immunobindiung assay for vitamin D dependent calcium binding protein (Calbindin-D28K) using nitrocellulose filters. Anal. Biochem. 165, 183–189
5 Wiedenmann, B. et al. (1988): Fractionation of synaptophysin-containing vesicles from rat brain and cultured PC12 pheochromocytoma cells. FEBS lett. 240, 71–779

6.5.2 Elisa

Noch beliebter als Dot-blots sind direkte Mikroplattentests. Hier werden Antikörper oder Antigene in die Wells von Polyvinylchlorid- oder Polystyrolplatten aufgezogen (Kemeny 1994). In einer

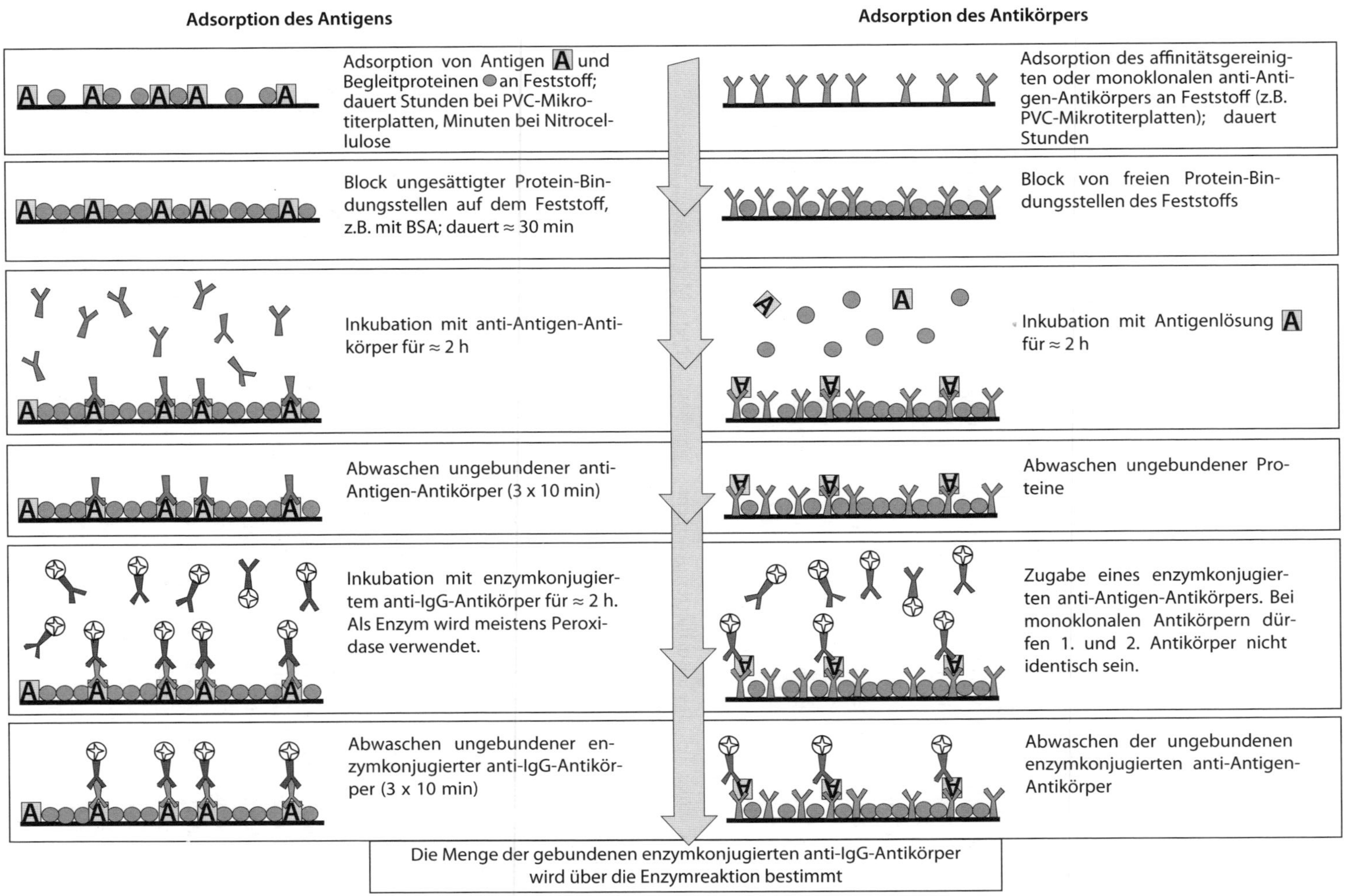

Abb. 6.5 Arbeitsabläufe bei ELISA

bestimmten Abfolge werden die Wells dann weiter mit Antikörpern, Antigen und enzymkonjugierten Antikörpern beschichtet (■ Abb. 6.6). Der Nachweis des Antigens erfolgt über eine enzymatische Farbreaktion (■ Abb. 6.5). Es handelt sich also um eine **e**nzyme **l**inked **i**mmuno**s**orbent **a**ssay abgekürzt Elisa. Genauso gut hätte man auch mit Elias abkürzen können, aber der Erfinder hat wohl seine Frau oder Lieblingstante verewigen wollen.

Zum Nachweis werden oft auch fluoreszenzmarkierte Antikörper benutzt und das Antigen dann über Fluoreszenz bestimmt. Das geht schneller ist aber, zumindest theoretisch, weniger empfindlich als ein enzymatischer Nachweis. Ein Test dieser Art müsste eigentlich Flimsa heißen (von fluorescence linked immunosorbent assay), man sagt aber ebenfalls Elisa dazu.

Viele Firmen (Nunc, Flow, Costar, Falcon) bieten 8- bzw. 12-Kanalpipetten, automatische Waschvorrichtungen, Elisa-Leser usw. an, die das Leben der Freunde von Elisa erleichtern und den Umsatz der Firma vergrößern.

Wie beim Dot-blot, so besteht auch beim Elisa die Gefahr, dass stringente Wasch- und Inkubationsschritte einen Teil des adsorbierten Antigens oder Antikörpers wieder ablösen. Auch gibt es Antigene (z.B. kleine Peptide), die nicht an Polystyrolplatten adsorbieren oder beim Adsorbieren ihre Bindungseigenschaften ändern. Hier helfen Platten, die Antigen oder Antikörper kovalent koppeln (covalink von Nunc).

Antigen-Kopplung. Es gibt zwei Möglichkeiten, ein Antigen an eine Oberfläche zu binden: Nichtkovalente passive Adsorption und kovalente Immobilisierung. Bei ersterer wissen Sie nicht wie und in welcher Orientierung das Antigen an die Oberfläche bindet. Je nach der Natur des Antigens bindet es auch schlecht und/oder benötigt zum Binden einen großen Teil seiner Oberfläche. Bei der kovalenten Immobilisierung sind die Möglichkeiten zwar eingeschränkt aber immer noch vielfältig. So hat ein Peptid-Antigen, das über seine primären Aminogruppen gekoppelt wird, ebenso viele Möglichkeiten der Kopplung wie es primäre Aminogruppen besitzt: Die N-terminale Aminogruppe und die Lysinreste.

Es ist nun nicht so, dass die Kopplung eines Antigens auf die Antigenizität desselben Rücksicht nimmt, d.h. die Antikörperbindungsstelle des Antigens kann durch die Kopplung zerstört werden. Bei beliebiger Kopplung kann es also vorkommen, dass ein Teil oder alle der gekoppelten Antigenmoleküle den Antikörper nicht mehr oder schwächer binden. Es wäre dann wünschenswert, das Antigen so zu koppeln, dass seine Antikörperbindungsstelle erhalten bleibt.

Gregorius und Theisen (2001) haben eine Methode vorgestellt, die Peptidantigene zumindest in definierter Orientierung an den Träger bindet. Zuerst werden die Lysin- und Cysteinreste des Peptids, während seiner Synthese, mit Schutzgruppen geschützt. Wie schützt man Peptide? Peptide mit Schutzgruppen zu versehen ist Standardpeptidchemie und gähnend langweilig. Autor Rehm musste sich in Tübingen zwei Semester damit herumschlagen und bringt es jetzt seelisch nicht mehr fertig, darauf einzugehen. Auch Ihnen raten wir: überlassen Sie das dem Spezialisten und loben Sie ihn dafür, denn auch der Peptidchemiker lebt nicht vom Brot allein. Jedenfalls: Sind die Lysin und Cysteinreste geschützt, kann das Peptid nur noch mit seiner N-terminalen Aminogruppe an, z.B. mit Tresyl-Gruppen beschichtete, Mikroplatten binden.

Wenn Sie Glück haben, spielt der N-Terminus für die Antigenizität des Peptids keine Rolle. Dann sollte der Antikörper an derart mit dem Peptid beschichtete Platten binden und zwar besser als wenn das antigene Peptid nach Zufall gekoppelt worden wäre. Das sei auch der Fall, behaupten Gregorius und Theißen (2001). Dies besonders dann, wenn nach der Kopplung die Schutzgruppen entfernt würden. Bis zu zehnfach höhere Signale könne man erwarten im Vergleich zu Platten, die auf herkömmliche Weise mit Peptid beschichtet wurden.

Die Mühe mag lohnen, wenn Sie den Test öfters verwenden oder einen kommerziellen Test aufbauen.

Literatur

1 Gregorius, K. & Theisen, M. (2001): In Situ Deprotection: A method for covalent immobilization of peptides with well-definded orientation for use in solid phase immunoassays such as enzyme-linked immunosorbent assay. Anal. Biochem. 299, 84–91

Gutes **Waschen** der Elisaplatten zwischen den Inkubationsschritten mit Antigen bzw. Antikörper gibt gute Signale. Die Waschvorschriften sind zahllos. P. Häring empfiehlt: Die Platten zwischen den Inkubationsschritten zweimal mit Leitungswasser, einmal mit PBS, 0,05% Tween 20, wieder zweimal mit Leitungswasser und schließlich mit PBS waschen.

Für manche Elisas müssen affinitätsgereinigte Antikörper aus Eigenproduktion mit einem Enzym (Peroxidase, alkalische Phosphatase) konjugiert werden. Dieses Problem können Sie mit Vernetzern lösen (Jeanson et al. 1988) oder, eleganter, über die Bildung von Aldehydgruppen in den Zuckerresten des Enzyms oder Antikörpers (Tijssen & Kurstak 1984) (◘ Abb. 6.1). Aldehydgruppen entstehen durch Oxidation mit Periodat (◘ Abb. 9.1). Eine brauchbare Übersicht über die Reaktionsbedingungen – Reaktionszeit, pH, Temperatur und Periodatkonzentration – geben Wolfe & Hage (1995). Durch die Wahl geeigneter Reaktionsbedingungen können Sie die Zahl der Aldehydgruppen pro Antikörper von 1 bis 8 variieren.

Bei Dot-Blots und Elisas sitzen Sie, vor allem wenn Sie Serumverdünnungen als anti-Antigen-Antikörperlösung verwenden, schnell Artefakten und falsch positiven Signalen auf. **Kontrollen:**

- Proteinprobe ohne Antigen
- Test ohne anti-Antigen-Antikörper
- Test mit Präimmunserum oder einem monoklonalen Antikörper, der das Antigen nicht erkennt.
- Ein unerwartetes positives Signal einer unbekannten Probe überprüft der vorsichtige Experimentator mit SDS-Gelelektrophorese und anschließendem Blot.

Tipp: Arbeiten Sie mit ELISA-Platten ausschließlich in thermostatisierten Räumen. Sie sparen sich ‚Shifts' und andere unerklärbare Phänomene. Wir kennen Einige, die die Phänomene erklären wollten. Sie haben's aufgegeben und arbeiten wieder im Klimaraum.

Literatur

Elisa mit adsorbiertem Antigen

1 Kemeny, D. (1994): ELISA – Anwendung des Enzyme Linked Immunosorbent Assay im biologisch/medizinischen Labor. Gustav Fischer Verlag, Stuttgart

2 Kingan, T. (1989): A competitive enzyme-linked immunosorbent assay: application in the assay of peptides, steroids, and cyclic nucleotides. Anal. Biochem. 183, 283–289

3 Yoshioka, H. et al. (1987): An assay of collagenase activity using enzyme-linked immunosorbent assay for mammalian collagenase. Anal. Biochem. 166, 172–177

Elisa mit adsorbiertem Antikörper

4 Goers, J. et al. (1987): An enzyme-linked immunoassay for lipoprotein lipase. Anal. Biochem. 166, 27–35

5 Kemeny, D. (1994): ELISA – Anwendung des Enzyme Linked Immunosorbent Assay im biologisch/medizinischen Labor. Gustav Fischer Verlag, Stuttgart

6 Kwan, S. et al. (1987): An enzyme immunoassay for the quantitation of dihydropteridin reductase. Anal. Biochem. 164, 391–396

7 Zhiri, A. et al. (1987): A new enzyme immunoassay of microsomal rat liver epoxid hydrolase. Anal. Biochem. 163, 298–302

Konjugation von Antikörpern mit Markerenzymen

8 Jeanson, A. et al. (1988): Preparation of reproducible alkaline phosphatase-antibody conjugates for enzyme immunoassay using a heterobifunctional linking agent. Anal. Biochem. 172, 392–396

9 Tijssen & Kurstak (1984): Highly efficient and simple methods for the preparation of peroxidase and active peroxidase-antibody conjugates for enzyme immunoassays. Anal. Biochem. 136, 451–457

10 Wolfe, C. & Hage, D. (1995): Studies on the rate and control of antibody oxidation by periodate. Anal. Biochem. 231, 123–130

6.5.3 Signalverstärkung bei Immunoassays

Schauen Sie sich ◘ Abb. 6.6 an und es wird Ihnen auffallen: Immunoassays ähneln dem Schmieren eines Marmeladenbrotes. Erst eine Schicht Brot, dann eine Schicht Butter, dann die Mangomarmelade oder das Pflaumenmus oder Johannisbeergelee. Feinschmecker schließen mit einer Schicht Senf ab.

Messgröße	Beschichtung des Wells	Vorteil	Nachteil
Antigenkonzentration	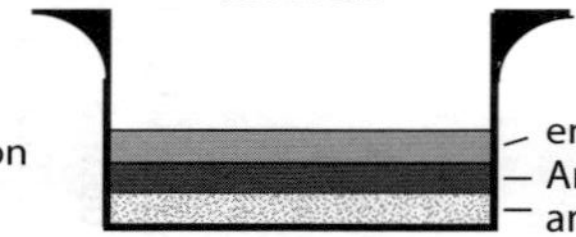 enzymkonjugierter anti-Antigen-Antikörper 2* (konstant) Antigen (variabel) anti-Antigen-Antikörper 1* (konstant)		Der Test benötigt 2 monoklonale oder einen affinitätsgereinigten polyklonalen Antikörper. Einer der Antikörper muss mit Enzym konjugiert werden
anti-Antigen-Antikörper (Screenen von Hybridoma Überständen, Serentiter bestimmen)	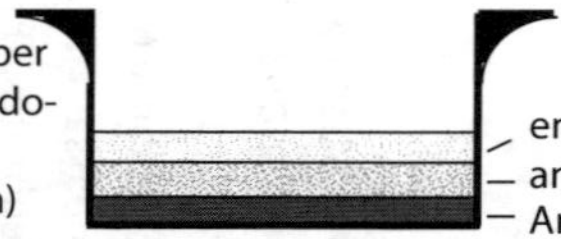 enzymkonjugierter anti-IgG-Antikörper (konstant) anti-Antigen-Antikörper (variabel) Antigen (konstant)	enzymkonjugierte anti-IgG-Antikörper im Handel erhältlich	
Antigenkonzentration	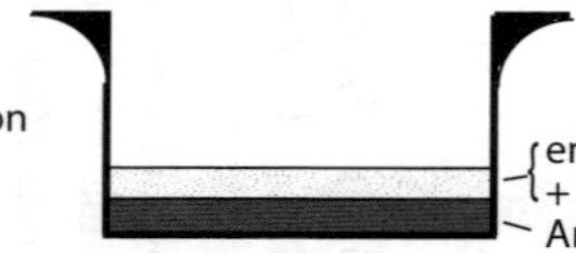 enzymkonjugierter anti-Antigen-Antikörper (konstant) + Antigen (variabel) Antigen (konstant)	wenig Arbeitsaufwand, spezifisch	Die anti-Antigen-Antikörper müssen mit Enzym konjugiert, polyklonale Antikörper zuvor affinitätsgereinigt werden
Antigenkonzentration	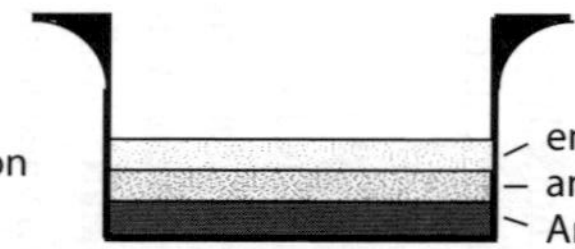 enzymkonjugierter anti-IgG-Antikörper (konstant) anti-Antigen-Antikörper (konstant) + Antigen (variabel) Antigen (konstant)	enzymkonjugierte anti-IgG-Antikörper im Handel erhältlich; Test arbeitet auch mit Serum	
Antigenkonzentration	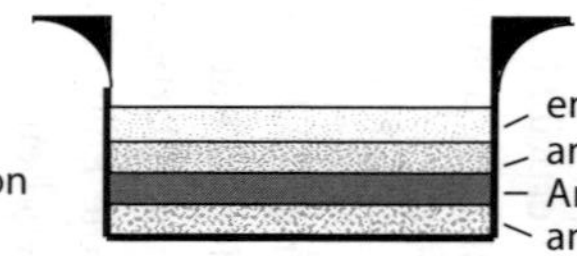 enzymkonjugierter anti-Spezie 2-Antikörper(konstant) anti-Antigen-Antikörper von Spezies 2 (konstant) Antigen (variabel) anti-Antigen-Antikörper von Spezies 1 (konstant)	hohe Sensitivität	Der Test benötigt von Spezies 1 entweder einen monoklonalen oder einen affinitätsgereinigten polyklonalen anti-Antigen-Antikörper. Wegen der 4 Schichten zeit- und arbeitsaufwendig und störungsanfällig

Abb. 6.6 Verschiedene ELISAs. *anti-Antigen-Antikörper 1 und 2: monoklonale Antikörper gegen verschiedene Epitope des Antigens, oder einer der beiden anti-Antigen-Antikörper ist ein affinitätsgereinigter polyklonaler Antikörper

Ob Senf oder Marmelade: Die letzte Schicht ist ein markierter Antikörper. Er macht die Messgröße, z.B. den Antigengehalt einer Probe, sicht- bzw. messbar. Markiert wird mit ^{125}Iod, einem Enzym oder mit Fluoreszenzfarbstoffen.

Die Auswahl an markierten Antikörpern und Methoden, Antikörper zu markieren, ist fast so groß wie die im Marmeladenregal von Edeka. Manche sind gut und teuer, manche billig und schlecht und manche teuer und schlecht. ^{125}Iod ist radioaktiv und nicht sehr empfindlich. Bei enzymmarkierten Antikörper müssen Sie oft lange inkubieren und Fluoreszenzfarbstoffe neigen zum Quenchen. Deswegen können Sie ihren Nachweis-Antikörper nicht endlos mit fluoreszierenden Farbstoffen derivatisieren, um die Empfindlichkeit hochzutreiben: Liegen die Farbstoffreste auf dem Antikörper zu nahe aneinander, kommt es zum Energietransfer und die Fluoreszenz-Emission nimmt ab. Dieser als FRET bekannte Prozess kann jedoch anderweitig nützlich eingesetzt werden, so in der Ligandenbindung (siehe ▶ Kapitel 2).

Zudem senkt eine exzessive Derivatisierung des Antikörpers seine Affinität. Vier bis acht Moleküle pro Antikörper: mehr geht selten. Als Ausweg hat man die Antikörper an mit Fluoreszenzfarbstoffen beladene Latexkügelchen oder Liposomen geklebt. Mit Fluoreszenzfarbstoffen beladene Liposomen sind jedoch umständlich herzustellen und instabil.

Vielversprechend scheinen zwei Methoden die Dieter Trau und Reinhard Renneberg in Singapur bzw. Hongkong entwickelt haben. Zwei exotische Ecken aber:

Wo man's nicht denkt, da springt der Hase auf

sagte Sancho Pansa.

Die Idee, auf der die beiden Methoden gründen, stammt von Trau. Er mahlt Fluorescein Diacetat (FDA) in SDS zu Mikrokristallen mit einem Durchmesser von etwa 0,5 µm. Jeder Kristall enthält etwa $1{,}5\times10^8$ FDA-Moleküle. Das SDS lagert sich an das hydrophobe FDA an und es bilden sich negativ geladene Partikel. Auf diese wird, Schicht auf Schicht, erst ein positiv geladener Polyelektrolyt, dann ein negativ geladener aufgetragen (◘ Abb. 6.7) und das ganze noch mal wiederholt. Es entstehen vier Polyelektrolytschichten von 6–8 nm Dicke. Als Polyelektrolyte dienen Poly(Allylamin Hydrochlorid) bzw. Poly(Natrium 4-Styrensulfonat). Die derart beschichteten FDA-Partikel sind – vom Styrensulfonat, der letzten Schicht – negativ geladen und bilden daher ein stabile Suspension, ein Kolloid. An diese Partikel werden Antikörper adsorbiert. Je nach Zahl der pro Partikel adsorbierten Antikörper liegt das molare Verhältnis zwischen FDA und adsorbierten Antikörpern zwischen 50.000 und 100.000, die maximale Zahl der pro Partikel adsorbierten Antikörper bei etwa 3.000.

Die mit Antikörper beschichteten FDA-Partikel setzen Trau et al. im Immunoassay als letzte Schicht zum Nachweis des Antigens ein. Nach der Inkubation werden ungebundene Partikel weggewaschen, der gebundene FDA-Kristall mit DMSO/Natronlauge aufgelöst und gleichzeitig das wasserunlösliche FDA in lösliches Fluorescein umgewandelt. Jetzt kann die Fluoreszenz gemessen werden.

Wegen der Verdünnung des Fluoresceins in einem großen Volumen gibt es kein Quenchen. Der Hauptvorteil ist jedoch: Bindet ein Antikörper des Partikels an sein Antigen, so hängt am Antigen ein Klumpen von über 100 Millionen FDA-Molekülen. Die verwandeln sich hinterher in ebenso viele Fluorescein-Moleküle. Bei herkömmlichen Fluoreszenz-Immunoassays, in denen der Fluoreszenzfarbstoff direkt und kovalent an den Antikörper gebunden wurde, hängen dagegen nur 4 bis 8 fluoreszierende Moleküle am Antikörper und damit am Antigen. Die Methode verstärkt das Signal theoretisch also über 10 millionenfach. In der Tat soll der Mikrokristall-Nachweis 70 bis 2.000 mal sensitiver sein als herkömmliche Fluoreszenz-Assays (Trau et al. 2002).

Genau genommen hängt das Messsignal vom molaren Verhältnis FDA zu erkanntem Antigen ab. Bindet der beschichtete Mikrokristall nur über einen seiner adsorbierten Antikörper, hängt – wie oben gesagt – an einem Antigen-Molekül ein millionenschwerer Klumpen FDA. Nun besitzt aber ein FDA-Partikel mehrere Antikörper, er kann also, abhängig von Antigen- und Antikörperdichte, über mehrere seiner Antiköper binden. Die Zahl der entstehenden Fluorescein Moleküle pro erkanntes Antigen nimmt entsprechend ab.

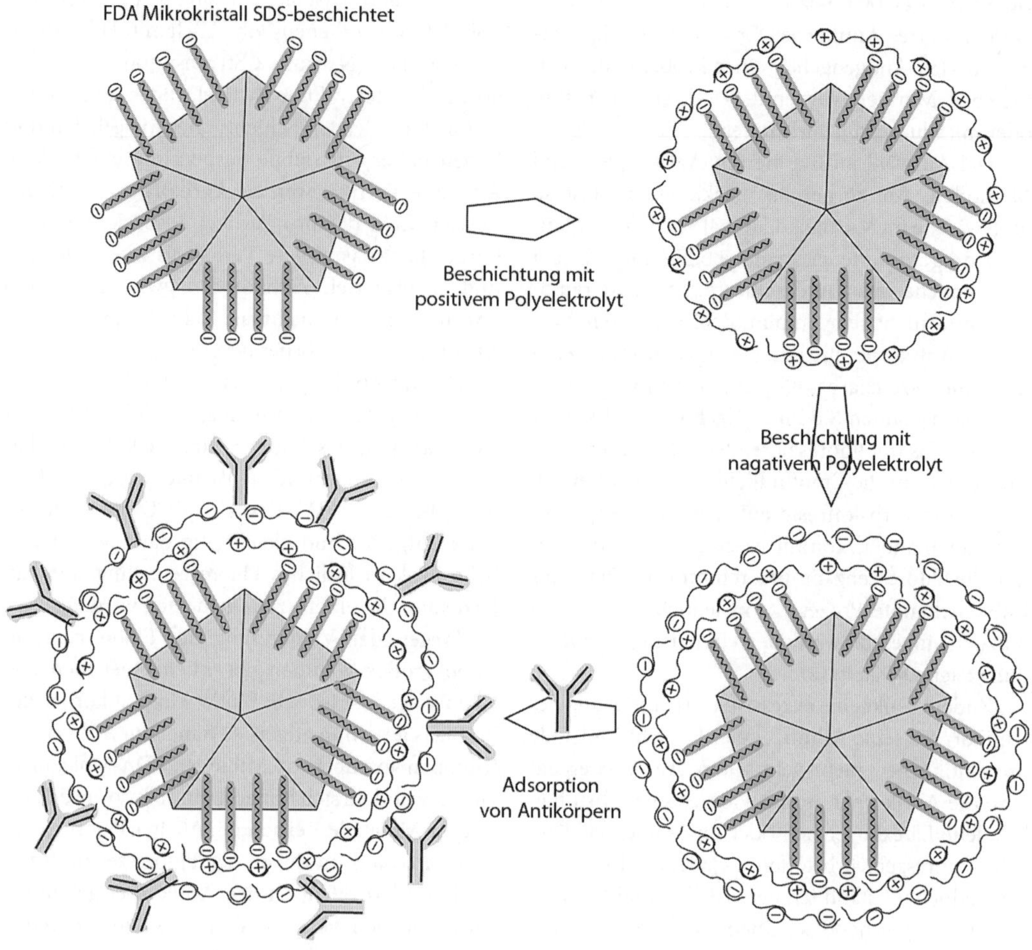

Abb. 6.7 Herstellung von beschichteten Mikrokristallen

Das molare Verhältnis zwischen FDA und Partikel-adsorbierten Antikörpern, bzw. die Dichte der adsorbierten Antikörper auf dem Partikel, beeinflusst die Bindungswahrscheinlichkeit und -Affinität des Partikels. Je mehr Antikörper eines Partikels binden, desto höher ist die Affinität der Partikelbindung. Sie müssen also unterscheiden zwischen der Bindung des Antikörpers und der Bindung des Antikörper-beschichteten FDA-Partikels.

Trau und Renneberg haben die Wirksamkeit der Mikrokristall-Technik nur in einem Simpel-System nachgewiesen. Sie beschichteten ihre Mikroplatte mit Ziegen-anti-Maus-IgG, gefolgt von Verdünnungen von Maus-IgG als Antigen und Ziegen-anti-Maus-IgGs beschichteten Mikrokristallen als Antigen-Nachweis. Überzeugender wäre ein Test aus dem wirklichen Leben gewesen, z.B. der Nachweis eines seltenen Proteins in einem Extrakt. Aber selbst im Simpel-System scheinen die Mikrokristalle nicht restlos zufrieden gestellt zu haben, denn zwei Jahre später erschien ein weiterer Artikel aus den Labors von Trau und Renneberg (Chan et al. 2004).

Die Mikrokristalle wurden zu Nanokristallen mit einem Durchmesser von 107 nm heruntergemahlen. Die enthalten zwar nur 2–3 Millionen FDA-Moleküle aber das chinesische Sprichwort sagt ja:

兵不在多而在精。

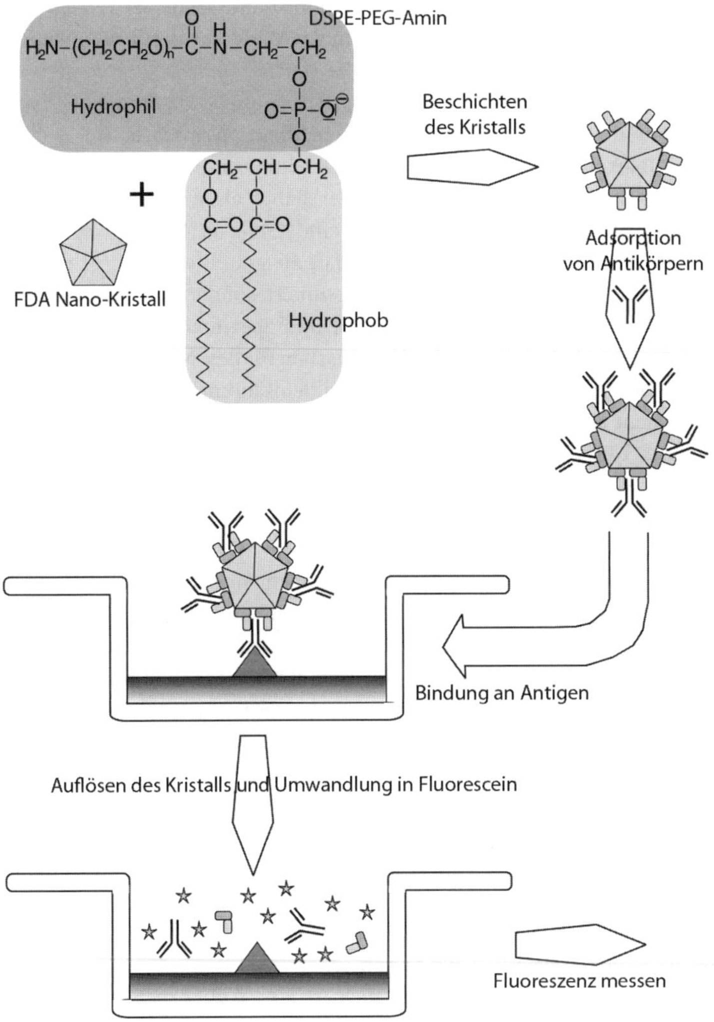

Abb. 6.8 Signalverstärkung mit Nanokristallen

Zudem wurde die Beschichtung vereinfacht. Statt den FDA-Kristall sukzessive mit SDS, positivem bzw. negativem Polyelektrolyt zu beschichten wird der Kristall nur mit einem Phospholipid-PEG-Derivat beschichtet (Abb. 6.8). Die hydrophoben Acylreste lagern sich an das FDA an, das hydrophile PEG richtet sich zum Medium aus. Statt also erst Butter, dann Marmelade und schließlich Senf schichtweise aufs Brot zu schmieren, rühren Renneberg und Trau Butter, Marmelade und Senf zusammen und tragen von der appetitlichen Mischung nur eine Schicht auf. Das spart Arbeit. Zudem sei die Ladungsdichte niedriger als bei voriger Methode, was zu einer niedrigeren unspezifischen Bindung führe, so Trau und Renneberg.

An solch einen negativ geladenen FDA-Phospholipid-PEG-Partikel werden etwa 100 Antikörper-Moleküle adsorbiert (molares Verhältnis von Antikörpern zu FDA etwa 28 000). Die antikörperbeschichteten Partikel dienen wieder als letzte Schicht im Immunoassay. Auch bei Nanopartikeln kommt es oft zur Mehrfachbindung, d.h. der antikörperbeschichtete Partikel bindet über zwei bis drei seiner Antikörper an entsprechend viele Antigen-Moleküle.

Gemessen wird wie bei den Mikrokristallen.

Renneberg und Trau wollen mit den Nanopartikeln eine 400 bis 2.700 fach höhere Sensitivität erreicht und zudem die Detektionsgrenze 5 bis 28-fach nach unten verschoben haben. Dies im Vergleich zu Immunoassays mit direkt an die Antikörper gebundenen fluoreszierenden Molekülen.

Sowohl bei den Mikro- wie bei den Nanopartikeln ist alles nur geklebt und nichts getackert. Der Polyelektrolyt ist an FDA adsorbiert, der Antikörper an den Polyelektrolyten; es gibt keine kovalenten Bindungen. Doch hat das Phospholipid-PEG-Derivat eine freie Aminogruppe (■ Abb. 6.8) und es wäre möglich, die Antikörper kovalent an die beschichteten Nanopartikel zu binden. Könnte man dann stringenter waschen und die unspezifische Bindung vielleicht unterdrücken? Leider nicht. Nach Auskunft von Matthias Seydack von der Firma Biognostics bringt die kovalente Kopplung der Antikörper an die beschichteten Nanokristalle keine bessere Spezifität. Es bestünde aber die Gefahr, dass wegen der Kopplungschemie die Antikörper aggregieren.

Falls Sie sich wundern, wie sich die millionenfache Verstärkung mit der nur etwa tausendfach höheren Sensitivität verträgt: Die begrenzende Größe in einem Immunoassay dieser Art ist nicht die Verstärkung, sondern die Qualität der Antikörper. Mit mäßig spezifischen, niedrigaffinen Antikörpern geben auch die schönsten Kristalle nur mäßige Ergebnisse, denn die unspezifische Bindung wird ja mitverstärkt. In der Tat ist die Trau-Renneberg Technik in punkto Sensitivität/Detektionslimit zwar besser als herkömmliche Fluoreszenzimmunoassays aber nicht besser als ein Elisa. Die Tasache, dass die Nanopartikel oft mehrfach und daher fester binden als die entsprechenden Antikörper und so stringenter gewaschen werden kann, ändert nichts. Gerade bei niedrigen Antigen-Konzentrationen kommt es, aus statistischen Gründen, nicht mehr zur Mehrfachbindung. Der Einsatz von Nanopartikeln lohnt sich also höchstens bei extrem hochaffinen Antikörpern: *Trau, schau wem!*

Warum haben wir diese Technik so ausführlich dargestellt?

Weil sie uns gefällt. Sie zeigt Ansätze von Genialität. Sie ist aber auch ein Beispiel für verfehlte Strategie: Eine gute Idee und Mühe verwendet auf das falsche System wie *von seiten des berühmten Ritters Don Quichotte von La Mancha, der die Krummen zerstört und denen zu essen gibt, die durstig sind und denen zu trinken, die Hunger haben.*

Dass das Detektionslimit eher an der Qualität der Antikörper hängt als am Verstärkungsfaktor hätte schon eine einfache Überlegung ergeben. Dann hätte man die gute Idee nicht für einen Immunoassay optimiert, sondern für Systeme mit höherer Affinität und Spezifität. In der Tat wird die Technik inzwischen für den Nachweis der Hybridisierung von Nukleinsäuren eingesetzt.

Warum soviel Mühe für banale Immunoassays? Nun: Der Reiz der Immunoassays liegt im Finanziellen. Sie werden in klinischen Labors im Großmaßstab durchgeführt und jedes Patent, das sich dort durchsetzt, kann Millionäre zeugen.

Das glaubte nicht nur die Firma Biognostics, das glaubt auch Chimera Biotec. Deren Methode nimmt für sich in Anspruch, die Nachweisgrenze herkömmlicher fluoreszenzbasierter Elisas tausendfach zu verbessern. Noch 0,01 Attomol (etwa 6.000 Moleküle) soll ihr **Imperacer-System** unter optimierten Bedingungen nachweisen können. In durchschnittlichen Assays sei eine Quantifizierung von 0,1 pg Protein mit einer Standardabweichung von weniger als 5% möglich, schreibt Chimera auf ihrer Netzseite www.chimera-biotec.com. Auch sei der Assay linear über fünf Dekaden. Das Prinzip zeigt ■ Abb. 6.9.

Kernstück ist eine Antikörper-DNA-Chimäre, d.h. ein 170–250 bp langes artifiziell hergestelltes DNA-Stück, das an den Nachweis-Antikörper gekoppelt wurde. Die Chemie der Kopplung sei geheim, der große Trick, meinte Michael Adler, Forschungsleiter von Chimera. Jedenfalls: Nach der Bindung der Antikörper-DNA-Chimäre und ausreichendem Waschen, wird die gebundene DNA per PCR vervielfältigt und dann gemessen: Bei Real-time PCR über Fluoreszenz. Haben Sie keinen Real-time Cycler, schalten Sie einen Enzymtest nach.

8–10 Euro kostet die Entwicklung eines Wells mit einem Standardkit. Müssen Sie einen Antikörper von Chimera erst mit DNA koppeln lassen, läuft leicht ein fünfstelliger Betrag auf.

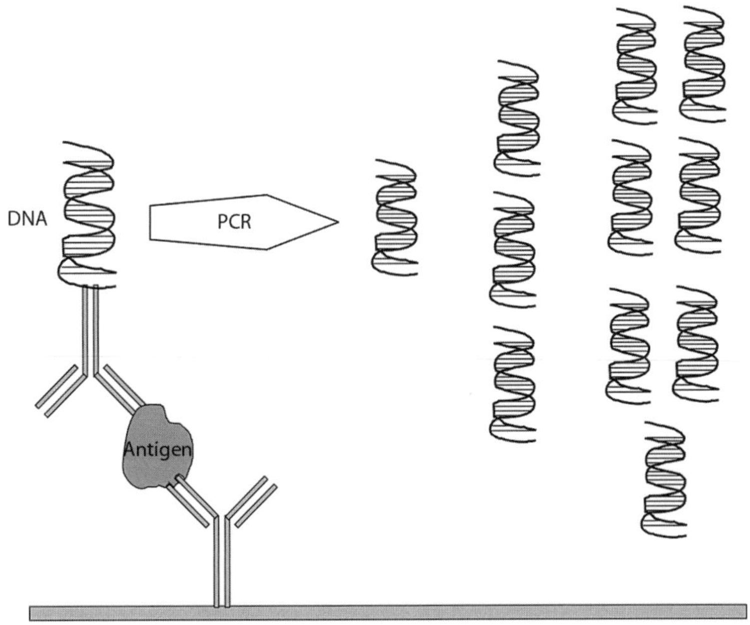

Abb. 6.9 Die Imperacer-Technik

Das Geld wäre vielleicht gut angelegt, wenn der Test das hält, was die Firma verspricht. Doch müßte für Imperacer das gleiche gelten wie für die FDA-Kristall-Technik: Ihr Potential kann sich nur bei exzellenten Antikörpern auswirken – und dürfte dann nicht viel besser sein als ein klassischer Elisa. Sie sind anderer Meinung? Zugegeben, wir haben nie mit Imperacer gearbeitet und lassen uns gern vom Gegenteil überzeugen: Schreiben Sie ihre Erfahrungen an hr@laborjournal.de

Literatur

1 Chan, C. et al. (2004): Nanocrystal biolabels with releasable fluorophores for immunoassays. Anal. Chem. 76, 3638–3645
2 Trau, D. et al. (2002): Nanoencapsulated microcrystalline particles for superamplified biochemical Assays. Anal. Chem. 74, 5480–5486

Proteomics

Als Sancho dies hörte, bat er ihn mit Tränen in den Augen, doch von dieser Unternehmung abzustehen, womit verglichen die mit den Windmühlen und die entsetzliche der Walkmühle und kurz, alle Taten, die er nur jemals im Laufe seines Lebens verrichtet habe, für Torten und Zuckerwerk zu rechnen wären.

7.1 Einführung

Das Wort ist Diener der Verhältnisse; es schafft keine. Das ist gut so. Dennoch gibt es Ausnahmen und Ausnahmen tummeln sich in der Proteinforschung. Ihr hing von Ende der 70er bis Ende der 90er Jahre etwas Hinterwäldlerisches an. An Proteinen allein mit proteinchemischen Methoden zu forschen, das taten Verknöcherte, die den Absprung in die Moderne, die Molekularbiologie, nicht geschafft hatten. Solch einem konnte es geschehen, dass er sich an die Reinigung eines Rezeptors machte, nur um nach einem Jahr der Mühsal in *Nature* zu lesen, dass die cDNA expressionskloniert worden war. Dann gab er entweder auf, oder reinigte weiter und wenn die Reinigung glückte, konnte er im *J. Biol. Chem.* veröffentlichen, was für's *PNAS* gedacht war. Der Ruhm blieb aus. Die Molekularbiologen hatten die Schau gestohlen. Und dies – wie sich der Proteinfreund zähneknirschend eingestehen musste – zu Recht. Mit der cDNA ließ sich mehr anfangen als mit dem gereinigten Protein: Man erhielt die vollständige Sequenz, man konnte die Sequenz beliebig verändern, das Protein in Grammengen exprimieren, Antikörper gegen das ganze Protein oder Teile davon herstellen, die Funktion in Abhängigkeit von Mutationen untersuchen etc. pp.

Da konnte der Proteinfreund noch so abfällig schimpfen über »Kringelmaler« und »Mollis«. Die Tatsachen sprachen zugunsten der Leute, die nur bis vier zählen können. Insgeheim bewunderte der Proteinfreund die biodynamischen Doktoranden und ihre unverständlichen Reden von EcoRI, Lambda-rexA-Genen und Shine-Dalgarno-Sequenzen. Molekularbiologisch erfahrene Postdoks gar erschienen ihm als höhere Wesen. Bestürzt aber starrte er auf die Flut molekularbiologischer Ergebnisse, die sowohl sein Arbeitsgebiet wie seine Aussichten hinweg zu schwemmen drohten. Immer mehr von seiner Fraktion wechselten mit fliegenden Fahnen ins gegnerische Lager.

Das Schlimmste war: Man konnte eigentlich nicht von einem gegnerischen Lager sprechen; für die Mollis waren die Proteinfreunde gar keine Gegner, es waren Relikte, die man leicht amüsiert verachtete.

Dieser beklagenswerte Zustand änderte sich mit einem Wort. Mit dem Wort »Proteom«. 1994 schleuderte es Marc Wilkins in die Forschergemeinde. Und das Wort wurde Fleisch. Heute sind Proteom und Proteomics so hip wie es die PCR Ende der 80er einmal war. Im Gegensatz zu anderen Worten, die die Welt veränderten – z.B. Gleichheit oder soziale Gerechtigkeit – ist das Wort Proteom eindeutig definiert. Man versteht darunter die Gesamtheit der Proteine einer Zelle, eines Gewebes oder eines Organismus, nach Zahl und Konzentration, zu einem bestimmten Zeitpunkt und bestimmten Bedingungen.

Man sollte nun meinen, dass nach den 20 dürren Jahren kein Proteinfreund übrig geblieben sei. Indes, die menschliche Natur ist in ihrer Vielfalt so unergründlich wie die deutsche Wissenschaftsförderung (für eine Beschreibung dieser Wüstenlandschaft siehe Bär & Schreck 2003). Einige Proteinfreunde hatten ökologische Nischen gefunden. Dies meist als Wasserträger der Molekularbiologen, z.B. als Mikrosequenzierer. Als Proteomics in Mode kam, tauschten sie die Wassereimer gegen Fackeln aus und schreiten seitdem einher als Leuchten der Wissenschaft.

In Wirklichkeit hatte nicht das Wort die Verhältnisse geändert. Es war vielmehr so, dass der Strom der Wissenschaft schleichend eine andere Richtung eingeschlagen hatte. Dies war niemandem aufgefallen, bis das Wort Proteom schlagartig die neue Landschaft beleuchtete. Zwei Felsen hatte den Strom abgelenkt: Die Einführung der Massenspektrometer und der immobilisierten pH-Gradienten in die IEF.

Dank der MALDI- und ESI-Ionenquellen waren Massenspektrometer in der Lage, die MG von Peptiden und Proteinen schnell und mit hoher Genauigkeit zu bestimmen. Dies gab der Proteinforschung den erotischen Ruch von Hai Täk. Weniger spektakulär aber von ähnlicher Reichweite waren die immobilisierten pH-Gradienten.

Endlich war der Molekularbiologie mit dem Ende des Human Genom Projektes die Vision abhanden gekommen. Denn machen wir uns nichts vor: So interessant molekularbiologische Erkenntnisse manchmal sind, die Techniken mit denen sie erarbeitet werden, haben etwas Mechanisches an sich, ein Air von Langeweile: Schneiden, kleben, vervielfältigen, sequenzieren und vor allem: Kits kochen, Kits kochen… Wenn das Großziel fehlt und damit die Hoffnung auf großen Ruhm, was bleibt dann von der Molekularbiologie? Arbeitsintensive Projekte mit mäßigem Prestige, die jeder macht und jeder kann.

Ein neues Großziel wurde gebraucht.

Bald dampfte es aus den Plastiktassen von Kongressteilnehmern und schlich sich in die Einsamkeit professoraler Kabuffs. Es war ein Ziel, mit dem man schon in den 70er Jahren des vorigen Jahrhunderts geliebäugelt hatte, das aber über der DNA/RNA-Euphorie in Vergessenheit geraten war: Man besann sich wieder darauf, dass es in der Biologie um das Verständnis der Lebensäußerungen von Zellen geht. Diese Lebensäußerungen gründen aber auf Proteinen; Nucleinsäuren liefern nur Baupläne. *Es gehört mehr zur Paella als das Rezept*, schrieben Anderson & Anderson 1998. Das neue Großziel bestand und besteht darin, das funktionelle Netzwerk der Zelle aufzuklären, das Zusammenspiel zwischen Proteinen, RNA, und DNA. Wie hängen Konzentration und Modifikationen eines Proteins von anderen Proteinen ab? Wie wirkt sich die Konzentrationsänderung eines Proteins X auf die Konzentrationen der restlichen Proteine aus? Die Zelle als molekulare Maschine zu verstehen, sie darzustellen in einem Satz Gleichungen, das ist der neue heilige Gral. Da wird es viel Herzeloyde geben und manchen Parzival. Doch Wolfram von Eschenbach wird den Nobelpreis erhalten.

Die ursprüngliche Bedeutung von Proteomics hat sich entsprechend erweitert: Man hat es mit Recht als öde empfunden, nur die Zahl und Konzentration der Proteine einer Zelle unter bestimmten Bedingungen zu erfassen. Funktion und Beziehungen gehören dazu und daher ist »Proteomics« durch neue Schlagwörter ersetzt worden. Zunächst schien der Begriff »Metabolomics« in logischer Konsequenz der Reihe »Genomics« und »Proteomics« das Rennen zu machen, er wurde aber schnell durch »Systembiologie« abgelöst. Das klingt nicht nur gut, das wirkt in seiner Unbestimmtheit auch integrierend. Damit kann sich jeder identifizieren und durch schlichte Umetikettierung modernisieren.

Auch vom Finanziellen her gewann die Proteinforschung an Reiz. Es gibt wohl nichts, was den Zustand einer Zelle oder eines Organismus genauer und empfindlicher ausdrückt, als das quantitative Spektrum seiner Proteine. Eine Krankheit wird die Expression bestimmter Proteine unterdrücken, die Expression anderer erhöhen oder erst anwerfen. Das Proteinspektrum sollte sich also als Krankheits- oder Gesundheitsindikator eignen.

Wohlgemerkt: Das Spektrum oder Muster ist das Neue. Einzelne Proteine dienten früher schon als Indikatoren oder Biomarker. Doch die Suche nach einzelnen Biomarkern gab nur einzelne Erfolge z.B. prostrate specific antigen, PSA. Heute benützt jeder Mediziner, der etwas auf sich hält, das Wort »Mustererkennung«, wenn er von Neuentwicklungen in der Diagnostik spricht. Es ist aber schwer, eine zuverlässige Diagnose aus Proteinmustern zu treffen. Gewebe oder Blut ändern ihre Proteinzusammensetzung mit der Zeit, dem Geschlecht, dem Alter und den Gewohnheiten. Zudem steht der klinische Forscher oft vor dem Problem der Gewebeheterogenität.

Praktisch ist bei der Proteinmuster-Diagnostik denn auch noch nicht viel herausgekommen. Zwar verkündeten Petricoin et al. 2002, sie hätten in Serum, mit einem Mustererkennungsalgorithmus, ein Proteinmuster identifiziert, das Ovarialcarcinome im Frühstadium anzeige. Diese Arbeit ist jedoch angezweifelt worden. Sie wurde unseres Wissens auch nicht reproduziert, nicht einmal von den Erfindern selber. Petricoin et al. müssen ihre Bestätigung durch eine unabhängige Studie abwarten (lesen Sie dazu ▶ Kap. 7.5.10.1). So einfach die Methode in ◘ Abb. 7.1 auch scheint, es ist schwer, mit Proteinmustern krank von gesund zu unterscheiden. Schon die Probennahme ist eine Wissenschaft für sich (s. ▶ Kap. 7.2).

Immerhin können Sie mit Proteinspektren oder -mustern zumindest gelegentlich die Wirkung von Pharmaka verfolgen (◘ Abb. 7.1) und deren Neben-

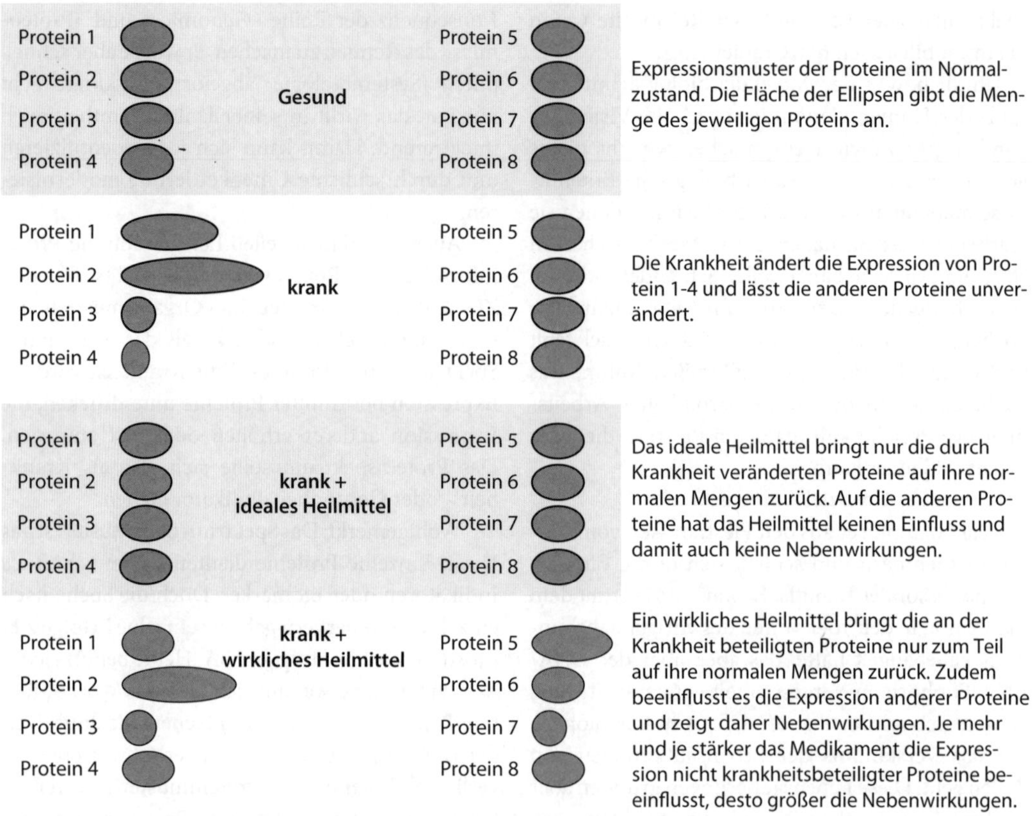

Abb. 7.1 Der Wert quantitativer Proteinspektren für die Diagnose von Krankheiten und den Nachweis der Wirkung von Medikamenten

wirkungen abschätzen. Man kann für diesen Zweck auch das mRNA-Spektrum einsetzen. Die Mengen der verschiedenen mRNA eines Zellextraktes zu messen ist ja kein Problem; dafür gibt es z.B. die Biochips von Affymetrix. Allein, das Proteinspektrum ist oft besser geeignet, denn viele Vorgänge spielen sich nur unter Proteinen ab. Einem mRNA Spektrum entgeht z.B. die Phosphorylierung von Proteinen. Zudem kann man über die sich verändernden Proteinspektren leichter auf die Mechanismen schließen.

So verursacht z.B. die Gabe von Halothan, einem Inhalationsnarkotikum, die Trifluoracetylierung bestimmter Leberproteine. Die acetylierten Proteine wiederum lösen bei manchen Personen eine Hyperimmunreaktion aus. Im Proteinspektrum tauchen nach Halothangabe die acetylierten Proteine als neue Flecken auf. Im RNA-Spektrum dagegen fällt höchstens eine Änderung in der Häufigkeit verschiedener Antikörper-mRNAs auf. Doch Vorsicht! Die Menge einer mRNA korreliert schlecht mir der Menge an codiertem Protein. Nach Anderson & Anderson (1988) liegt der Korrelationskoeffizient zwischen einer mRNA und dem von ihr codierten Protein im Durchschnitt bei 0,48, also in der Mitte zwischen perfekter Korrelation (1,0) und keiner Korrelation (0). Im Falle des Halothan weist das Proteinspektrum auf die direkte Ursache hin, das mRNA-Spektrum zeigt den Folgeeffekt. Beide Spektren zusammen liefern den ganzen Mechanismus.

Ein anderes Beispiel. Das inzwischen an Nebenwirkungen gescheiterte Herzmittel Etomoxir hemmt irreversibel die Carnitin-Palmitoyltransferase I. Dieses Enzym besorgt den Transport von Palmitoylsäureresten in die mitochondriale Matrix, wo die Fettsäurereste dann per ß-Oxidation abgebaut werden. Bei gehemmter Transferase sammeln sich in der Leber Lipide an. Die Lipide wiederum regen die Produktion des Proteins ADRP an, denn ADRP kleidet die Lipidtropfen aus. Im Proteinspektrum lässt sich die Bildung von ADRP auf Etomoxir-Gabe zuverlässiger verfolgen als im mRNA-Spektrum.

Hat man einmal den Mechanismus eines Pharmakons gefunden, lassen sich Pharmaka, die über ähnliche Mechanismen wirken, identifizieren: Sie zeigen ähnliche Effekte auf das Proteinspektrum. Umgekehrt lassen sich von zwei Substanzen, die ähnliche Wirkungen auf das Proteinspektrum haben, schließen, dass sie über ähnliche Mechanismen wirken.

Keine Frage also: Proteinspektren sind interessant für Medizin und Pharmaindustrie. Wie aber misst man sie? Die Messmethode sollte:

- Möglichst alle Proteine erfassen.
- Die Menge jedes Proteins messen.
- Jedes erfasste Protein identifizieren.
- Weil nur der Vergleich mindestens zweier Spektren, z.B. mit und ohne Medikament, eine Aussage macht, muss die Methode reproduzierbar sein. Dies am besten zwischen verschiedenen Laboratorien, wenigstens aber in den Händen des gleichen Experimentators.

Diesen Forderungen auch nur annähernd gerecht zu werden ist schwer, denn Proteomics ist mit prachtvollen Problemen behaftet:

- Die Konzentrationen von Proteinen in natürlichen Proben können sich über zehn Größenordnungen verteilen. So liegt in Serum Albumin in einer Konzentration von 30–40 g/l vor, Somatotropin dagegen in einer Konzentration von 0,3–5 µg/l. Der lineare Bereich der Färbemethoden jedoch deckt nur zwei, höchstens vier, Größenordnungen ab.
- Für Proteine gibt es, im Gegensatz zu DNA oder RNA, keine Amplifizierungsmöglichkeiten. Will man seltene Proteine erfassen, bleibt einem nichts als kräftigst aufzuladen. Diese Strategie entspricht dem Frontalangriff beim Militär und führt dort wie hier nur selten zum Erfolg (Hart 1991).
- Kaum eine Methode erfasst alle Proteine gleichmäßig: sehr saure und sehr basische, sehr große und sehr kleine.
- Proteasen bauen Proteine zu kleineren Proteinen ab und vergrößern Vielfalt und Verwirrung.
- Die Probennahme ist oft schwer zu reproduzieren (s. ► Kap.7.2). Das gilt übrigens auch für mRNA-Spektren.
- Methoden, die mit mehr oder weniger Erfolg diese Probleme angehen, sind die 2D-Elektrophorese (2DE) mit anschließender MALDI-MS/MS. Des Weiteren wurden entwickelt:
- Das SELDI-Proteinchip-System (► Kap.7.5.10.1).
- Die Differential Gel Elektrophorese (DIFGE). Sie erlaubt es, die Proteinmuster zweier Proben direkt in einem Gel zu vergleichen und so Gel/Gel-Varianzen zu eliminieren.
- Die »multidimensional protein identification technology« abgekürzt »mudpit«.
- Die »isotope coded affinity tags«, abgekürzt »icat«.

2DE, Massenspekt rometrie, Proteinchips, mudpit, icat, DIFGE: alles gut und schön – viele Experimentatoren scheitern aber schon am ersten Schritt: An der banalen, unterschätzten Probennahme.

Literatur (bei Anderson und Rabilloud handelt es sich um Übersichtsartikel)

1 Anderson L. & Anderson, N. (1998): Proteome and proteomics: New technologies, new concepts, and new words. Electrophoresis 19, 1853–1861
2 Bär, S. & Schreck, R. (2003): Geld zum Forschen. Lj-Verlag, Freiburg. Das Buch ist vergriffen. Vielleicht finden Sie es in der Instituts-Bibliothek.
3 Hart, L. (1991): Strategy, Meridian books
4 Petricoin, E. et al. (2002): Use of proteomic patterns in serum to identify ovarian cancer. Lancet 359, 572–577
5 Rabilloud, T. (2002): Two-dimensional gel electrophoresis in proteomics: old, old fashioned, but it still climbs up the mountains. Proteomics 2, 3–10

7.2 Probennahme

Der Reiz der Proteomforschung liegt im Vergleich von Proteomen: Krank gegen gesund, medikamentenbehandelt gegen Kontrolle, Zellen mit Protein X gegen die gleichen Zellen ohne Protein X. Vergleiche aber führen leicht zum Obsthändlerdilemma: Wie vermeide ich es, Äpfel mit Birnen zu vergleichen?

Nehmen Sie an, Sie wollen die Wirkung eines Medikaments auf das Proteinspektrum der Leber messen. Bei Mäusen geht das einigermaßen problemlos: Sie nehmen genetisch einheitliche und gleichartig aufgezogene Tiere und spritzen den einen PBS und den anderen PBS plus Medikament. Dann entnehmen Sie jeweils ein großes Stück Gewebe aus der gleichen Lebergegend und lösen es z.B. in Probenpuffer auf (s. ▶ Abschn. 7.3). Dann fahren Sie zwei 2D-Gele, eines von den Kontrollmäusen und eines von den medikamentenbehandelten, jeweils mit der gleichen Menge an Protein. Die Unterschiede in den 2D-Gelen sollten auf das Medikament zurückzuführen sein.

Aber wie stellt man solch einen Versuch beim Menschen an?

Menschen sind genetisch verschieden, das gilt selbst für eineiige Zwillinge (Bruder et al. 2008). Zudem essen sie unterschiedliche Sachen unterschiedlich oft, wohnen verschieden, arbeiten verschieden. Das alles wirkt auf ihre Leberproteome ein. Wie kann man da eine Leberprobe mit der anderen vergleichen?

Der Ausweg ist, jeden Patienten als seine eigene Kontrolle zu benützen. Also: Zuerst eine Punktion, dann das Medikament, dann die zweite Punktion. Das gibt zwei 2D-Gele, und deren Unterschied macht die Medikamentenwirkung aus. Dies immer vorausgesetzt, die Zeitpunkte der Punktionen und Medikamentgabe sind gut gewählt und der Patient fängt sich zwischen den Punktionen keine Grippe ein. Zudem darf die erste Punktion keine Nachwirkungen haben. Endlich müssen beide Punktionen vergleichbares Gewebe liefern (◘ Abb. 7.2). Vielleicht sollte man sogar zuerst in einer Reihe von Punktionen die Konstanz des Proteoms bestimmen. Sie sehen: Alles nicht so einfach.

Noch schwieriger wird es, wenn Sie Lebertumoren mit gesunden Leberzellen vergleichen wollen. Da können Sie keine Kontrolle punktieren, denn der Patient wird ja schon als Krebsfall eingeliefert. Vergleichen Sie aber das Proteom seines Leberpunktates mit einem Durchschnitt Gesunder, so müssen die Unterschiede keine tumorspezifischen Proteine darstellen, sondern können auf den erwähnten banalen Ursachen beruhen (z.B. genetische Polymorphismen, die Umstellung auf die Krankenhauskost etc.).

So sitzt er da, der klinische Forscher, und grübelt über seinen 2D-Gelen oder Proteinlisten aus dem Massenspektrometer: »Zwei Dutzend neuer Flecken im Vergleich zum Gesunden. Wunderbar! Aber welche stammen vom Tumor?«

Viel hülfe es da, das Proteom des Tumors mit dem gesunder Zellen der gleichen Leber vergleichen zu können. Aber ach! Viele Tumore bilden keine großen einheitlichen Zellhaufen, sondern infiltrieren gesundes Gewebe mit Zellhäufchen oder die Tumorzellen streunen einzeln zwischen den Hepatozyten herum. Das Proteinspektrum, das Sie bei einer Punktion erhalten, hängt dann von der Position des Punktats ab (◘ Abb. 7.2): Mal erfasst man viele Krebszellen, mal wenig, mal sind viele Endothelzellen dabei, mal wenig, mal viele Sternzellen, mal wenige. Vermutlich hängen auch die Proteome der Hepatozyten selber von Position und Alter ab. Dazu kommt, dass sich das Proteom eines Tumors mit der Zeit ändert. Tumoren bilden ja ständig neue Zelllinien mit neuen Proteomen.

Die Ergebnisse sind also schon im Ansatz nicht reproduzierbar – das Schreckgespenst jedes Experimentators. Der Mediziner kann den Patienten monatelang mit Punktionen quälen, das Ergebnis muss deswegen nicht klarer werden. Nicht nur die Patienten, auch die Mediziner können einem manchmal Leid tun.

Literatur

1 Bruder, C. et al. (2008): Phenotypically Concordant and Discordant Monozygotic Twins Display Different DNA Copy-Number-Variation Profiles. Am. J. Human Gen. 82, 763–771

7.2.1 Laserklebetechnik

Einen Ausweg aus der Misere weist die Mikrodissektion per Laserklebetechnik (Banks et al., 1999). Veröffentlicht wurde die Methode schon 1996 von Michael Emmert-Buck vom National Institute of Health (NIH); sie ist also ein alter Hut. Dennoch:

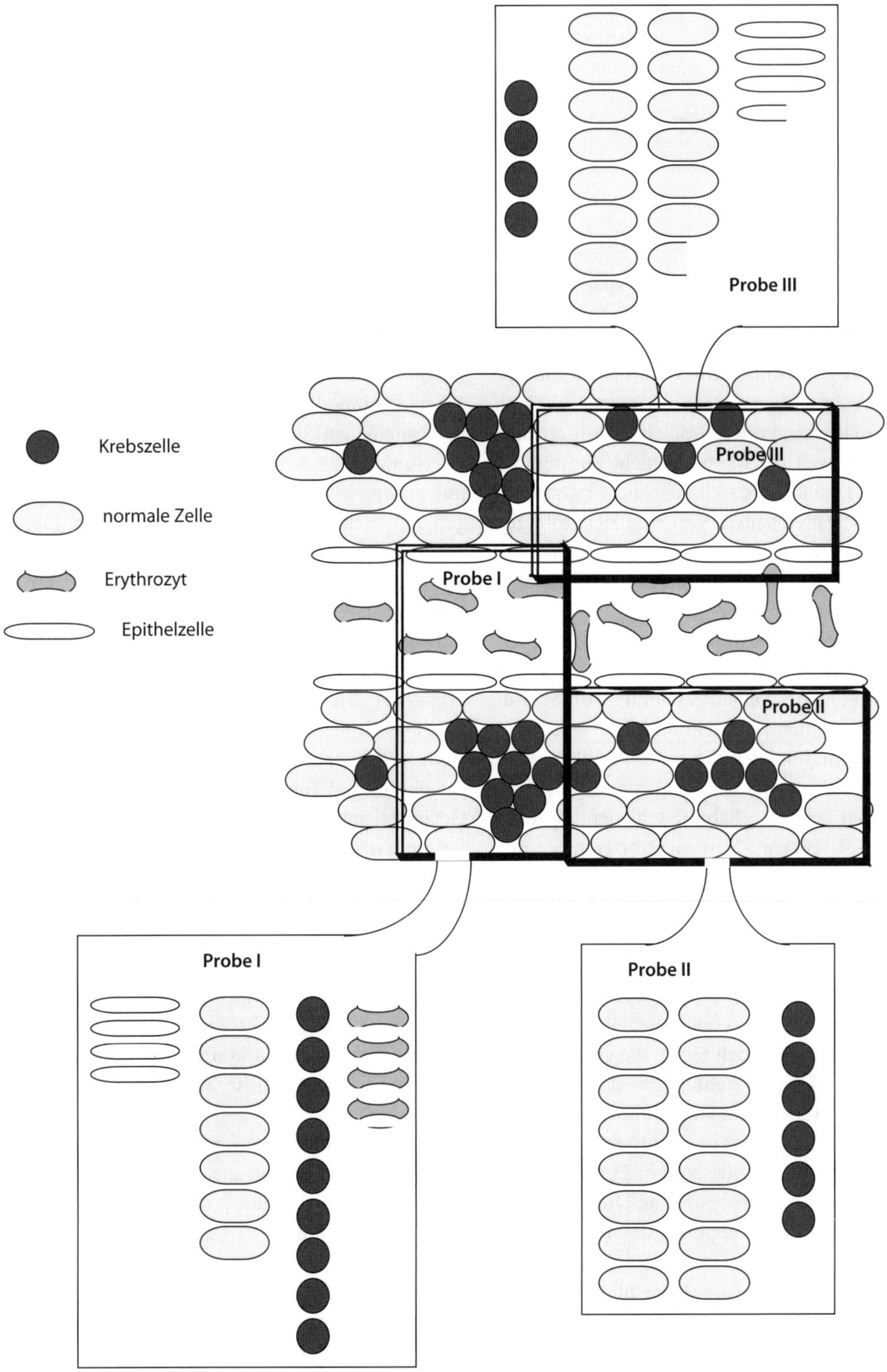

Abb. 7.2 Das Problem der Probennahme. Wegen der heterogenen Zusammensetzung eines Gewebes hängt das Proteinspektrum sowohl qualitativ wie quantitativ davon ab, wo und wie die Probe entnommen wird

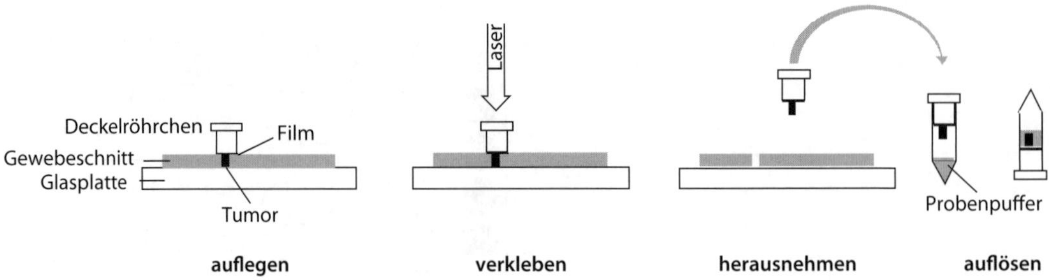

Abb. 7.3 Mikrodissektion mit Laserklebetechnik

Zufriedenstellend funktioniert sie bisher nur für RNA/DNA-Extraktionen – was Sie nicht daran hindern sollte, Ihr Proteinproblem damit anzugehen. Gerade weil die Methode nicht einwandfrei funktioniert, sollten Sie sich aber nicht knechtisch an die Vorschriften halten. Variieren Sie, probieren Sie Neues. Für RNA/DNA-Extraktionen gibt es am NIH eine Netzseite mit Protokollen. Die passenden Geräte vertreibt Arcturus.

Laserkleben läuft so ab:

Die Gewebeprobe, z.B. das Punktat, wird mit dem Mikrotom in Scheiben geschnitten, die Schnitte auf Glasplättchen verbracht und fixiert. Für Proteinextraktionen fixieren Sie mit 70% Ethanol für 30 sec. Danach wird mit Hämatoxylin und Eosin gefärbt. Den gefärbten Schnitt schieben Sie unter ein Invert-Mikroskop. Nun identifizieren Sie den Tumor, oder was Sie sonst interessiert, und legen auf den interessanten Bereich ein Röhrchen. Das Röhrchen ist an seiner Unterseite mit einem UVA-Polymerfilm abgedichtet. der Film liegt also auf dem Gewebe auf. Die interessanten Stellen des Gewebes verkleben Sie jetzt mit dem Film. Dies besorgt ein Laser-Strahl, den Sie an die gewünschten Stellen lenken. Danach nehmen Sie das Röhrchen samt Film und verklebtem Gewebe ab. Der Rest des Schnittes bleibt auf dem Glasplättchen. Das Röhrchen setzen Sie als Deckel auf ein Eppendorfcup. Im Cup befindet sich Probenpuffer. Drehen Sie das Cup um, löst der Probenpuffer das Protein vom Film ab (Abb. 7.3).

Nach Banks et al. (1999) beeinflussen weder Fixierung, noch Färbung, noch das Verkleben die Ausbeute, Antigenizität und Sequenzierbarkeit der Proteine. Das wundert einen. Wir hätten erwartet, dass die Wasser-, 70% Ethanol-, 100% Ethanol-Spülungen der Färbeprozedur etliches Protein abwaschen. Und modifizieren die histologischen Farben die Proteine wirklich nicht?

Nun, Banks et al. sprachen vorsichtigerweise nur von *preliminary findings* und in der Tat jüngere Arbeiten klingen weniger optimistisch. Lionel Mouledous (2002) z.B. hat aus Kryostatenschnitten von Rattenhirn mit dem Skalpell manuell das Striatum präpariert. Zudem hat er benachbarte Schnitte mit 70% Ethanol fixiert, mit verschiedenen Farben angefärbt und das Striatum per Laserklebetechnik präpariert. Die Striata wurden der 2DE unterworfen. Das Ergebnis war ernüchternd. Handpräpariertes, unfixiertes, ungefärbtes Striatum ergab das gewohnte 2DE Bild mit hunderten von Flecken. Gefärbtes, mit der Laserklebetechnik präpariertes Striatum dagegen wies dicke Aggregate auf und die Zahl der Flecken hatte sich auf ein paar Dutzend verringert. Das Problem sei nicht die Ethanol-Fixierung, sondern die Färbung, erkannte Mouledous. Es gebe kleine Unterschiede: Hämatoxylin / Eosin sei nicht so schlimm wie Nissl-Färbung. Aber gut sahen die Gele in keinem Fall aus. Verringert man die Färbeintensität werden die 2D-Gele besser, doch können Sie dann im Mikroskop kaum noch was erkennen.

Noch gründlicher wurde das Problem der Extraktion von Proteinen aus Gewebeschnitten im Labor von Emmert-Buck untersucht (Ahram et al. 2003). Die Ergebnisse:

- Formalinfixierung macht die Schnitte unbrauchbar für eine 2DE.
- Die Fixierung mit Ethanol und Einbettung in Paraffin verringert die Anzahl der Proteine im 2D-Gel um etwa ein Drittel und die Menge des extrahierten Proteins um ein Viertel (Aus-

beute: 1–1,4 µg Protein/mm² von einem 5 µm dicken Schnitt). Zudem sehen die Gele verschmierter aus.

- Die Färbung ethanolfixierter und in Paraffin eingebetteter Schnitte mit Hämatoxylin und Eosin reduziert die Zahl der Flecken in 2DE Gele weiter und zwar beträchtlich. Zudem schmieren sie mehr.
- Färben Sie die ethanolfixierten Schnitte nur mit Hämatoxylin erhalten Sie etwa die gleichen 2D-Gele wie mit ungefärbten Schnitten.

Zur Not könnten Sie also mit der Laserklebetechnik die Proteinzusammensetzung von Schnitten im 2D-Gel untersuchen, vorausgesetzt, die Schnitte wurden mit Ethanol fixiert und nur mit Hämatoxylin gefärbt. Für aussichtsreicher halten wir es, auf die 2DE zu verzichten und auf die mit der Laserklebetechnik präparierten und gefärbten Gewebestücke die Mudpit oder Icat Technik anzuwenden (siehe ► Kap. 7.3.3.7 und 7.5.7.3). Vielleicht funktioniert das sogar mit formalinfixierten Schnitten. Bei Mudpit und Icat werden die Proteine nicht mit Probenpuffer extrahiert, sondern mit Proteasen verdaut und dann die Peptide extrahiert. Hier könnte ein ehrgeiziger Doktorand für seinen oder den Braten seines Professors ein paar Lorbeerblätter holen.

Die Laserklebetechnik hat noch ein zusätzliches, schlimmer, ein grundsätzliches Problem. Pro Schnitt (die Schnitte sind in der Regel 6 µm dick) erhält man winzige Mengen an Proteinprobe und das heißt: man muss viele, viele Schnitte färben, untersuchen, verkleben und extrahieren. Rosamonde Banks benötigte 13 h (am Stück!), um genügend Protein für ein 2D-Gel zu präparieren. Diese Ausdauer dürften nicht viele Doktoranden oder TAs aufbringen. Gruppenleiter, die die Laserklebetechnik als Standardmethode benützen wollen, werden einen beträchtlichen Teil ihrer Forschungsgelder für Stellenanzeigen im *Laborjournal* ausgeben müssen.

Daher sollten Sie vielleicht einen anderen Weg einschlagen. Vielleicht löst Ihr Problem die Bildgebende Massenspektrometrie. Schlagen Sie ► Kapitel 7.5.9 nach.

Literatur

1 Ahram, M. et al. (2003): Evaluation of ethanol-fixed, paraffin-embedded tissues for proteomic applications. Proteomics 3, 413–421
2 Banks, R. et al. (1999): The potential use of laser capture microdissection to selectively obtain distinct populations of cells for proteomic analysis – preliminary findings. Electrophoresis 20, 689–700
3 Mouledous, L. et al. (2002): Lack of compatibility of histological staining methods with proteomic analysis of laser capture microdissected brain samples. J. Biomol. Tech. 13, 258–264

7.3 2D-Gelelektrophorese und andere mehrdimensionale Trenntechniken

Die zweidimensionale Gelelektrophorese (2DE) trennt Proteine nach ihrem isoelektrischen Punkt und dem MG – eben nach zwei Dimensionen. Zuerst wird eine IEF gefahren und danach eine SDS-Gelelektrophorese. Die Grundlagen der IEF-Technik beschreibt ► Abschn. 5.2.3.3. Andere mehrdimensionale Trenntechniken verbinden verschiedene Flüssigphasenchromatographien. Deren Grundlagen finden Sie in den ► Kapiteln 5.2 und 5.3.

7.3.1 Probenvorbereitung in der 2DE

Entscheidend für das Ergebnis einer 2D-Gelelektrophorese (2DE) sind Probe, Probenbehandlung und Probenauflösung. Wie extrahiert man z.B. die Proteine eines Stückchens Leber? Direkt auflösen in Probenpuffer? Erst in flüssigem Stickstoff zermahlen und das Mehl mit Probenpuffer mischen? Erst lyophilisieren und dann in Probenpuffer auflösen? Die Geister streiten sich. Auch auf die nächste Frage gibt es keine klare Antwort.

Welches ist der beste **Probenpuffer**?

Da der erste Schritt der 2DE die IEF ist, müssen die Proteine ihre Eigenladung behalten. Sie dürfen also nicht mit SDS lösen. Trotzdem muss der Probenpuffer so viele Proteine wie möglich in Lösung bringen, ihre Aggregation verhindern und sie in die Untereinheiten aufspalten. Endlich sollte der Probenpuffer die Proteasen inaktivieren.

Welcher Probenpuffer leistet das?

Keiner. Aber die Probenpuffer-Entwickler nähern sich diesem Ideal, wenn auch mit kleinen Schritten.

Fast alle Probenpuffer enthalten Harnstoff (3–8 M), eine Seife (NP–40, Chaps etc.) und ein reduzierendes Agens (Mercaptoethanol, DTT). Beliebt ist der Probenpuffer der Expasy-Homepage (www.expasy.ch/ch2d/protocols): 8 M Harnstoff, 4% (w/v) CHAPS, 40 mM Tris, 65 mM DTT incl. eine Spur Bromphenolblau. Gelegentlich werden auch Probenpuffer mit Thioharnstoff verwendet: 6 M Harnstoff, 2 M Thioharnstoff, 2% (w/v) Chaps, 1% (w/v) DTT, 0,8% Pharmalyte des entsprechenden pH-Bereichs.

Ein wichtiger Bestandteil des Probenpuffers ist die **Seife**, vor allem dann, wenn integrale Membranproteine solubilisiert werden sollen (siehe ◘ Tab. 3.1). Chaps ist eine der beliebtesten Seifen ohne aber eine ideale Lösung zu sein oder zu geben. In regelmäßigen Abständen erscheinen daher Veröffentlichungen mit angeblich besseren Detergenzien. Robert Henningsen (2002) stieß auf eine Seife mit dem schönen Namen 4-Octylbenzol Amidosulfobetain (Obas) die von Thierry Rabilloud entwickelt worden war. Obas besitzt die gleiche hydrophile Gruppe wie die Sulfobetaine ASB-14 und ASB-16, wedelt aber im lipophilen Schwanz mit einem Benzolring. Henningsen verglich Obas mit vier anderen Sulfobetainseifen: Chaps, SB 3–10, ASB-14 und ASB-16. Prüfsteine waren die Solubilisierung des menschlichen Histamin H2-Rezeptors (sieben Transmembrandomänen) und eines Rattenionenkanals (zwei Transmembrandomänen) aus alkali-behandelten Zellmembranen. Das Ergebnis: Obas brachte die meisten Proteine in Lösung. Die Seife solubilisierte den Ionenkanal in größeren Mengen als die anderen Seifen und zudem fokussierte der Kanal im IEF Gel. Beim hydrophoberen H2-Rezeptor dagegen brachte Obas den Rezeptor zwar teilweise in Lösung, doch aggregierte und schmierte er im IEF-Gel. Leider scheint Obas auch keine generelle Überlegenheit über die anderen Seifen zu besitzen: in den Membranen gab es mindestens ein Protein, das mit CHAPS nicht aber mit Obas in Lösung ging.

Ähnliche Ergebnisse hatten Stanley et al. (2003). Sie verglichen Chaps mit ASB-14 und SB3–10 und kamen zu dem wenig tröstlichen Schluss, dass verschiedene Seifen verschiedene Proteine verschieden gut solubilisieren. SB3–10 extrahiere bevorzugt saure Proteine, während ASB-14 die neutralen/basischen bevorzuge. Es sei auch ein Unterschied mit welcher Seife man extrahiere und mit welcher man fokussiere. Sie empfehlen mit ASB-14 zu extrahieren und dann in Chaps zu fokussieren. Da gilt aber nur für Proteine aus dem menschlichem Myokard und vermutlich auch nur für die speziellen Bedingungen unter denen Brian Stanley gearbeitet hat.

Der Schluss: Das Lösungsverhalten integraler Membranproteine ist so wenig vorhersagbar wie welche Seife Sie für ihr spezielles Problem benutzen sollten oder wie das Wetter zu Weihnachten wird. Sie müssen es probieren bzw. abwarten.

Zum Harnstoff: Der bricht bekanntlich die Wasserstoffbindungen der Proteine und sollte sie denaturieren. Er tut dies nicht bei allen Proteinen: Nicht bei nucleären Proteinen und nicht bei Tubulin, Fibronectin und integralen Membranproteinen. Hier soll der Zusatz von Thioharnstoff Wunder wirken. Üblich sind 2 M Thioharnstoff und 6 M Harnstoff.

Nun fragen Sie sich, warum nicht gleich Harnstoff durch Thioharnstoff ersetzen? Die Antwort: Thioharnstoff alleine geht schlecht in Lösung. Man braucht Harnstoff, um Thioharnstoff zu solubilisieren, der wiederum die Problemproteine solubilisiert.

Natürlich – Sie haben es geahnt – ist auch Thioharnstoff nicht das Gelbe vom Ei. Er bringt nicht wirklich alle Proteine in Lösung, bei pH-Werten zwischen 8,5 und 9 fängt er Iodacetamid ab und er hindert das SDS daran, an Proteine zu binden. Letzteres spielt zwar für die IEF keine Rolle, wohl aber beim 2. Schritt der 2DE, der SDS-Elektrophorese. Dafür müssen die Proteine im IEF-Gel zuerst mit SDS äquilibriert werden. Das geht nur, wenn zuvor der Thioharnstoff entfernt wird. Bleibt er, werden die Proteine schlecht mit SDS beladen. Sie ziehen dann im SDS-Gel einen Kometenschweif hinter sich her.

Was tun?

Sie können das IEF-Gel ausgiebig waschen. Doch während des Waschens diffundieren die Banden auseinander und die Auflösung leidet. Musante et al. (1998) empfehlen, die Thioharnstoffkonzentration auf 0,5 M zu verringern. Das gäbe immer noch eine wesentlich bessere Solubilisierung im Vergleich zu Harnstoff allein und verschlechtere die Auflösung nur minimal.

Uns scheint es besser, das IEF-Gel nach der Fokussierung erst kurz mit Wasser und dann ausgiebig mit 5% TCA zu waschen. Wir stellen uns vor: Die Proteine fallen aus und diffundieren nicht mehr. Das TCA können Sie mit Wasser wieder wegwaschen und dann das Gel mit SDS äquilibrieren. Probieren Sie es aus.

Bei integralen Membranproteinen dürfte auch Thioharnstoff nur in einzelnen Fällen helfen. So haben Klein et al. (2005) versucht integrale Membranproteine von *Halobacterium salinarum* mit Harnstoff (7 M), Thioharnstoff (2 M) und einer Mischung von ASB-14 und Triton X-100 in Lösung zu bringen und in IEF-Streifen zu fokussieren. Das Ergebnis war: Die integralen Membranproteine präzipitierten während der IEF. Diese Präzipitation war irreversibel, d.h. die meisten Membranproteine konnten mit SDS nicht mehr aufgelöst und in die 2. Dimension übertragen werden. Die Membranproteine scheinen zu verfilzen. Krass war dieser Effekt bei basischen Membranproteinen. Klein et al. haben den Transfer mit verschiedenen Mitteln (höhere SDS-Konzentration, höhere Temperatur, Ultraschall, Fixierung mit Essigsäure etc) zu erhöhen versucht. Soweit vergeblich.

Eine Methode für **Pflanzenmaterial** hat Annamraju Sarma (2008) entwickelt. Die umständliche Methode umfasst drei Extraktionsschritte und eine Fällung. Sarmas Fleiß scheint belohnt worden zu sein, jedenfalls dann, wenn die Unterschiede in seiner Fig. 1 A (2D-Gel mit herkömmlicher Probenaufbereitung) und C (2D-Gel nach neuer Aufbereitung) typisch sind: In seiner Fig. 1 A zählt Sarma 1.190 Punkte in Fig. 1C 1.400. Zudem sind die Punkte in C besser fokussiert und nicht so schmierig. Merke: Gute 2D-Elektrophoresen sind ein Produkt guter Gele **und** guter Probenaufbereitung.

Sarma zermahlt zwei bis drei Wochen alte Sojabohnenblätter mit säurefreiem Sand in Tris-Puffer, der DTT und Proteaseinhibitoren enthält, in einem vorgekühlten Mörser. Nach einer Zentrifugation wird der Überstand mit Phenol extrahiert. Der Phenolextrakt wiederum wird mit Tris-Puffer gewaschen und dann mit Methanol/Ammonium Acetat bei −80°C gefällt. Das Präzipitat wird abzentrifugiert, erst mit Methanol/Ammonium Acetat, dann mit Ethanol gewaschen und schließlich für die IEF durch Vortexen und Ultrabeschallen in einer Harnstoff/Thioharnstofflösung aufgelöst. Am Ende steht eine Zentrifugation bei 100.000 g. Nach Sarma sind die entscheidenden Punkte:

- Zugabe von frischem DTT in allen Schritten;
- Aufschluss des Gewebes mit Sand;
- Extraktion mit Phenol statt mit Trichloressigsäure/Aceton;
- Präzipitation des Phenolextrakts mit Methanol/Ammonium Acetat für 2–3 h bei −80°C.

Leider zeigen Sarma et al. nicht anhand mehrerer unabhängig voneinander hergestellter Gele und Probenaufbereitungen wie reproduzierbar diese Verbesserungen sind. Auch bleiben sie den Nachweis schuldig, dass auch bei anderen Geweben, z.B. Wurzel und Stamm, das Ergebnis herkömmlichen Methoden überlegen ist. Die Gutachter von *Analytical Biochemistry* hätten hier nachhaken müssen. Zudem dürfte Sarmas Prozedur einen Tag dauern und der knirschende Sand im vorgekühlten Mörser wird empfindlichen Doktoranden, neben erfrorenen Fingern, auch Seelenschäden zufügen.

Was die Welt braucht, ist eine Probenaufbereitung, die in höchstens zwei Schritten und binnen einer halben Stunde die Maximalzahl gut solubilisierter Proteine liefert und dies in einem Puffer, in dem sich diese aufs IEF-Gel aufladen lassen. Finden Sie diese Methode und Sie werden Zitatekönig werden.

Probenpufferprobleme:
In der Literatur und im Labor lösen hohe Konzentrationen von Harnstoff die Angst vor **Carbamylierung** aus. Sie treibt den Forscher zu eiligstem Arbeiten und lässt ihn die Proben tief in den Eiskübel drücken. Carbamylierung geht so: Harnstoff steht im Gleichgewicht mit Ammoniumcyanat und das reagiert mit den Aminogruppen von Lysinresten. Ist die Angst vor dieser Reaktion berechtigt? Herbert et al. (2003) bestreiten es. Die Angst vor Carbamylierung sei Hysterie. Man müsse die Proben schon in 8 M Harnstoff kochen damit Carbamylierung auftrete; bei Raumtemperatur daure es länger als zwei Tage. Im elektrischen Feld, also

während der IEF, komme es sowieso zu keiner Carbamylierung, weil die entstehenden Cyanationen in der Anode verschwinden. Ein einleuchtendes Argument.

Ähnlich gering scheint die Gefahr der **Deamidierung** der Probenproteine zu sein. Darunter versteht man die Umwandlung von Asparagin- bzw. Glutaminresten in Aspartat- bzw. Glutamatreste. Nach Herbert existiere Deamidierung nur in der Einbildung aufgeregter Forscher. Für eine Deamidierung müsse man die Proteine drei Wochen in Puffer pH 9,5 bei 55°C inkubieren.

Ein echtes Problem werde dagegen übersehen: Die **β-Eliminierung** von SH-Gruppen in Cysteinresten. Bei alkalischem pH wird aus Cysteinresten H_2S abgespalten und es entsteht ein Dehydroalaninrest. Damit einher geht ein MG-Verlust von 34 Dalton. Schlimmer: Die Doppelbindung des Dehydroalanin nimmt Wasser auf und das wiederum führt zur Spaltung der Peptidbindung. Am Ende steht Peptidsalat. Die β-Eliminierung läuft nicht im Probenpuffer ab, sondern während der IEF, denn die Reaktion wird durch die elektrische Feldstärke getrieben. Sie verhindern sie, indem sie die SH-Gruppen der Proteine vor der IEF alkylieren und zwar mit Acrylamid statt dem üblichen Iodacetamid.

Unser Tipp: Halten Sie die Proben dennoch auf Eis – nicht wegen der Carbamylierung aber wegen der **Proteasen** – und geben Sie einen Proteasehemmer-Cocktail dazu. Es ist zwar richtig, dass Harnstoff und DTT die Proteine denaturieren, aber nicht alle Proteine und vor allem nicht alle Proteasen. Denaturierte Proteine sind gute Substrate für Proteasen – deswegen denaturieren wir Fleisch durch Kochen und Braten. Falls Sie Ihre Probe beim Quellen des IEF-Streifens auftragen, was ja bei 20°C einige Stunden dauern kann, können die Proteasen ihre zersetzende Tätigkeit in aller Ruhe ausüben und tun es auch (Finnie & Svensson). Also: Proteasehemmer-Cocktail in den Quellpuffer geben (s. ▶ Kap. 5.1). Und noch ein Tipp: Manche Proteasehemmer werden durch DTT oder Mercaptoethanol inaktiviert.

Da wir gerade bei Tipps sind: Salz verträgt sich nicht mit der IEF. Halten Sie die Salzkonzentration der Probe niedrig! Das geht nicht? Dann verdünnen Sie die Probe in einem großen Volumen Probenpuffer. Vermeiden Sie umständliche Manipulationen wie Dialysieren, Säulenläufe etc sonst leidet ihre Proteinausbeute: Viel manipulieren heißt viel verlieren.

Literatur

1 Annamraju, S. et al (2008): Plant protein isolation and stabilization for enhanced resolution of two-dimensional polyacrylamide gel electrophoresis. Anal. Biochem. 379, 192–195

2 Finnie, C. & Svensson, B. (2002): Proteolysis during the isoelectric focusing step of two-dimensional gel electrophoresis may be a common problem. Anal. Biochem. 311, 182–186

3 Henningsen, R. et al. (2002): Application of zwitterionic detergents to the solubilization of integral membrane proteins for two-dimensional gel electrophoresis and mass spectrometry. Proteomics 2, 1479–1488

4 Herbert, B. et al (2003): ß-elimination: An unexpected artefact in proteome analysis. Proteomics 3, 826–831

5 Klein, C. et al. (2005): The membrane proteome of Halobacterium salinarum. Proteomics 5, 180–197

6 Musante, L. et al. (1998): Resolution of fibronectin and other uncharacterized proteins by two-dimensional polyacrylamide electrophoresis with thiourea. J. Chromatogr. B 705, 351–356

7 Stanley, B. et al. (2003): Optimizing protein solubility for two dimensional gel electrophoresis analysis of human myocardium. Proteomics 3, 815–820

Übersichtsartikel:

8 Shaw, M. & Riederer, B. (2003): Sample preparation for two-dimensional gel electrophoresis. Proteomics 3, 1408–1417

7.3.2 Vorfraktionieren für die 2DE

Durch Vorfraktionieren lässt sich ein grundsätzliches Problem der 2DE teilweise lösen: Die riesigen Konzentrationsunterschiede zwischen den Proteinen der Probe. Vorfraktionieren ist nicht originell aber wirksam.

Es gibt drei klassische Methoden: IEF in Sephadex, Vielkammer-IEF und die Dauerflußelektrophorese. Die isoelektrischen Fokussierungsmethoden vorfraktionieren die Proteine ihrer Probe in pH-Bereiche, z.B. pH 4–5, pH 5–6 und so weiter. Von jedem pH-Bereich fahren Sie ein 2D-Gel mit der entsprechenden IEF (◘ Abb. 7.4). Das ist wirksamer als jeweils ein Aliquot der ganzen Probe auf 2D-Gelen mit Bereichen pH 4–5, pH 5–6 etc. zu trennen. Proteine, deren isoelektrischer Punkt außerhalb des pH-Bereichs des Gels liegt, wandern zu den Elektroden und fallen dort aus. Das gibt unschöne Ränder. Zudem werden bei der Präzipitation Proteine mitgerissen, die in den pH-Bereich, d.h. ins Gel, gehören. Am wichtigsten: Nach einer pH-Vorfraktionierung können Sie mehr Proteine des betreffenden pH-Bereichs aufs Gel laden. So werden Sie auf ein pH 5–6 Gel, ausschließlich Proteine laden, deren isoelektrischer Punkt zwischen 5 und 6 liegt und dies bis zur maximalen Kapazität des Gels. Das erhöht Ihre Chance, seltene Proteine zu erfassen.

Im Gebrauch sind auch Depletionsmethoden, mit denen sich die Konzentration der häufigsten Proteine in der Probe heruntersetzen lässt. Wenn Sie z.B. Serum in der 2DE analysieren wollen, so empfiehlt es sich, zuvor Albumin und Immunglobuline zu entfernen. Dazu eignen sich Kits mit in Eppendorfcups montierten Membranen. Die trennen ruckzuck, ohne die Probe zu verdünnen und Sie sind die riesigen Albumin- bzw. Immunglobulin-Kleckse los, die Ihnen das Gel zuschmieren. Zur Albuminentfernung eignet sich auch das Blaugel (s. ► Abschn. 5.2.5)

Eine Methode mit Genialitätsanstrich ist die Egalisierung (► Kap. 7.3.2.4).

7.3.2.1 IEF in Sephadex

Die Großmeisterin der IEF, Angelika Görg, empfiehlt, die Probe mit einer herkömmlichen IEF in einer Flachbettkammer vorzufraktionieren (Görg et al, 2002 und ► Kap. 5.2.3.3). Stabilisiert wird mit Sephadex. Die 2DE läuft dann so ab: Äquilibrieren von Sephadex in Fokussierungslösung mit Pharmalyten pH 3–10, Zugabe der Probe, Mischen, Guss ins Flachbett, Fokussieren für drei Stunden. Damit das Sephadex nicht austrocknet, wird es mit Silikonöl überschichtet. Nach der Fokussierung identifizieren Sie den gewünschten pH-Bereich mit einer Oberflächenelektrode. Falls Sie keine haben, kratzen Sie ein bisschen Sephadex heraus, suspendieren es in zwei Milliliter Wasser und messen den pH mit einer normalen Mikroelektrode. Den gewünschten pH-Bereich nehmen Sie mit dem Spatel

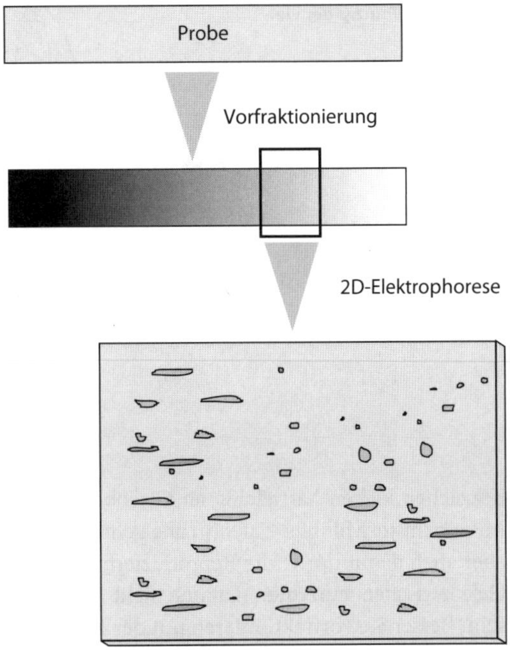

Abb. 7.4 Vorfraktionieren

heraus und tragen das Sephadex auf vorhydrierte IPG-Streifen mit dem gleichen pH-Bereich auf. Weder das Sephadex noch die Pharmalyte stören die folgende IEF. Die Einzelheiten finden Sie unter www.weihenstephan.de/blm/deg.

Auf der Netzseite findet sich auch eine Ärger-Abschussliste zur 2DE, die kostenfrei unbequeme Weisheiten anbietet wie: Lysepuffer immer frisch ansetzen, harnstoffhaltige Puffer nicht über 37°C erhitzen (Carbamylierungs-Hysterie?) und das DTT mit Iodacetamid wieder entfernen. Für sehr hydrophobe Proteine oder Proteine mit vielen Disulfidbrücken wird empfohlen, statt DTT/Iodacetamid Tributylphosphin zu verwenden. Letzteres ist eine unangenehme Verbindung: flüchtig, giftig und leicht entflammbar.

Autor Rehm ist die Vorfraktionierung mit Sephadex unsympathisch. Die Pharmalyte sind nicht an die Matrix (Sephadex) fixiert, also kommt es zu Elektroendosmose, instabilem pH-Gradient etc. Bei längerer Fokussierungszeit wandern z.B. basische Proteine in die Kathode. Es ist auch schwer immer die gleiche homogene Suspension von Sephadex herzustellen. Schon gar nicht, wenn Sie die Suspension in einem Glaserlenmeyer ansetzen: Die

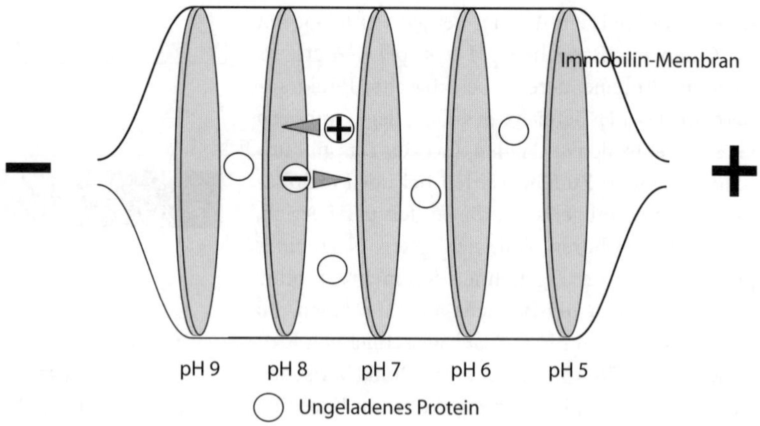

Abb. 7.5 Prinzip der Vielkammer-IEF

Kügelchen kleben hartnäckig an Glasoberflächen. Mit einem 50-Milliliter-Falcon Tube geht es besser, aber auch damit dürfte die Reproduzierbarkeit der Gele zwischen einzelnen Labors nicht die Beste sein. Besser Sie vorfraktionieren mit der FreeFlow-Elektrophorese oder in der rotierenden Vielkammer-IEF.

Literatur

1 Görg, A. et al. (2002): Sample prefractionation with Sephadex isoelectric focusing prior to narrow pH range two-dimensional gels. Proteomics 2, 1652–1657

7.3.2.2 Vielkammer-IEF

Die Idee stammt von einem Italiener, Pier Righetti, und erinnert an eine in Scheiben geschnittene Salami. Die Scheiben werden von isoelektrischen Membranen (Acrylamid mit Immobilinen aufgezogen auf Glasfaserfilter oder eine andere Membran) begrenzt, die einen bestimmten pH, z.B. 3,0, 4,0, 5,0 usw. aufweisen (Abb. 7.5). Die Kammern zwischen den Membranen sind mit salzfreiem Medium gefüllt. Wegen der Membranen bilden sich in den Kammern pH-Gradienten aus (z.B. pH 3,0–4,0; pH 4,0–5,0 usw.).

Zur Trennung wird die Probe in eine der Kammern gegeben. Es wird ein elektrisches Feld angelegt und die Proteine begeben sich auf Wanderschaft. Damit ihnen dabei nicht zu heiß wird, wird die Anlage in einem Kühlbad gedreht. Die Proteine wandern so lange bis sie in eine Kammer kommen, deren pH-Gradient ihren isoelektrischen Punkt eingrenzt. Schwupp, sitzen sie in der Falle. Auf diese Weise können Sie eine Proteinmischung in so viele Fraktionen auftrennen wie das Gerät Kammern hat.

Vorteil: Die isoelektrischen Punkte der Proteine jeder Fraktion liegen im vorbestimmten Bereich und die Proteinlösungen sind frei von Ampholyten.

Auf Righettis Idee baut eine Variation dieser Methode, die IsoPrime Anlage von Pharmacia (Daniels & Landers, 1996). Ihre acht Kammern werden ebenfalls von auf Glasfasern aufgezogenen isoelektrischen Membranen begrenzt. Die Anlage wird aber nicht im Kühlbad gedreht sondern der Inhalt jeder Kammer per Schlauchpumpe umgetrieben. Wahrscheinlich kühlt das besser. Die pH-Werte der Membranen können Sie frei wählen.

Billig ist der Spaß nicht: Die Anlage kostet knapp 23.000 Euro. Des weiteren müssen die Membranen für jede Trennung neu polymerisiert werden. Besser wären standardisierte Membranen, die mehrere Trennungen mitmachen. Das würde dem System Reproduzierbarkeit geben. Aber so kann man wohl mehr Immobilin-Lösungen verkaufen.

Billiger und genial in ihrer Einfachheit scheint eine Methode zu sein, die sich **Off-Gel-Elektrophorese** nennt. Das Prinzip findet sich in Ros et al.(2002), und für die Wirksamkeit geben wir keine Garantie ab. So soll's gehen: Man nimmt eine 96er Mikrotiterplatte, pipettiert die Probe in eine Reihe von Wells ein, legt ein Gel mit immobilisier-

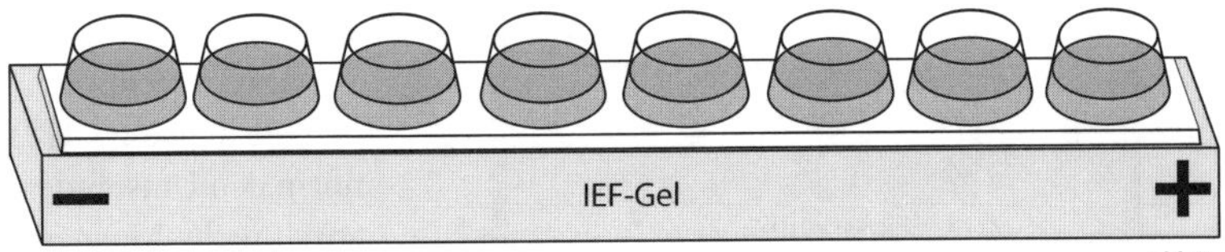

■ **Abb. 7.6 Off-Gel-Elektrophorese**

ten Ampholinen auf, drückt es an und dreht es um (■ Abb. 7.6). Das Gel dichtet die Wells mit den Probenaliquots ab, die Proteine können aber, über das Gel, von einem Well zum anderen wandern. Das tun sie auch, wenn Sie an den Enden der Wellreihe Spannung anlegen. Die Proteine wandern in das Well dessen Gelstück ihren isoelektrischen Punkt eingrenzt. So können Sie ihre Probe schnell und billig in ebenso viele Fraktionen auftrennen wie es Wells gibt. Noch einmal: Jede Fraktion enthält die Proteine deren isoelektrische Punkte in den pH-Bereich des Gels unter dem Well fallen.

Die Methode scheint ideal für kleine Volumina zu sein.

Nachteile: Die Wells sind rund und die Proteine kümmert das nicht, d.h. ein Teil der Proteine geht verloren, weil sie an Stellen im Gel wandern, die nicht unter der entsprechenden Well-Öffnung liegen. Zudem wird nur ein Teil der Proteinmoleküle aus dem Gel in die Wellflüssigkeit wandern. Um den Anteil der Proteine, die im Gel bleiben, so klein wie möglich zu halten, sollte das Gel so dünn wie möglich sein.

Literatur

1 Daniels, M. & Landers, T. (1996): Preparative-scale isoelectric purification of proteins without carrier ampholytes. Science Tools from Pharmacia Biotech 1, 23–25
2 Herbert, B. & Righetti, P. (2000): A turning point in proteome analysis: sample prefractionation via multicompartment electrolyzers with isoeletric membranes. Electrophoresis 21, 3639–3648
3 Ros, A. et al. (2002): Protein purification by Off-Gel electrophoresis. Proteomics 2, 151–156

7.3.2.3 Dauerfluss-Elektrophorese

Diese Methode ist ein alter Hut aber auch alte Hüte schützen vor Regen, wenn sie gut behandelt wurden. Erfunden hat die Dauerfluss-Elektrophorese (auch FreeFlow-Elektrophorese genannt) ein gewisser Kurt Hannig am Max-Planck-Institut für Biochemie vor etwa vierzig Jahren.

Bei der Dauerfluss-Elektrophorese läuft zwischen zwei Glasplatten ein breiter Strom von in Wasser gelösten Ampholyten und einigen Zusätzen. Links und rechts sitzen Elektroden und erzeugen quer zum Strom ein elektrisches Feld. Es bildet sich ein pH-Gradient. Treiben in dem Flüssigkeitsstrom Proteine mit, so wandern sie seitwärts zu ihren isoelektrischen Punkten. Am Ausfluss wird der Flüssigkeitsstrom fraktioniert (■ Abb. 7.7).

Das klingt so einfach wie das Prinzip des Wankelmotors, doch wie bei dem steckte auch hier der Teufel im Detail. Bei der Dauerfluss-Elektrophorese gab es Probleme mit der Diffusion der Elektrodenprodukte in die Trennkammer, der Präzipitation der Proteine, den Totvolumina bei den Sammelauslässen, dem Halbmondeffekt, dem Fremdwort elektrohydrodynamische Dispersion und mit der Hitzeableitung. Die isoelektrische Fokussierung in Dauerfluss-Elektrophorese-Geräten hat sich deswegen nie richtig durchgesetzt – wie der Wankelmotor auch. Dank der unermüdlichen Tüftelei eines Gerhard Weber sind heute jedoch einige Probleme zumindest teilweise gelöst (Weber & Bocek 1996). So werden die Totvolumina bei den Sammelauslässen mit Gegenfluss unterdrückt, die elektrohydrodynamische Dispersion bleibt dem heutigen Experimentator ein Fremdwort (u.a. dank wandfreier Injektion der Probe) und es ist gelungen, die Diffusion von Elektrodenprodukten in die Trennkammer zu unterbinden. Droht Präzipitation, so hilft es, die Probe nicht konzentriert durch den Probeneinlass, sondern verdünnt über den Laufmitteleinlass einzugeben (Hoffmann et al. 2001).

Die Auswirkungen einer Präzipitation sollten Sie nicht unterschätzen: Sie senkt nicht nur die Ausbeute ins zwergenhafte, sie verringert auch die

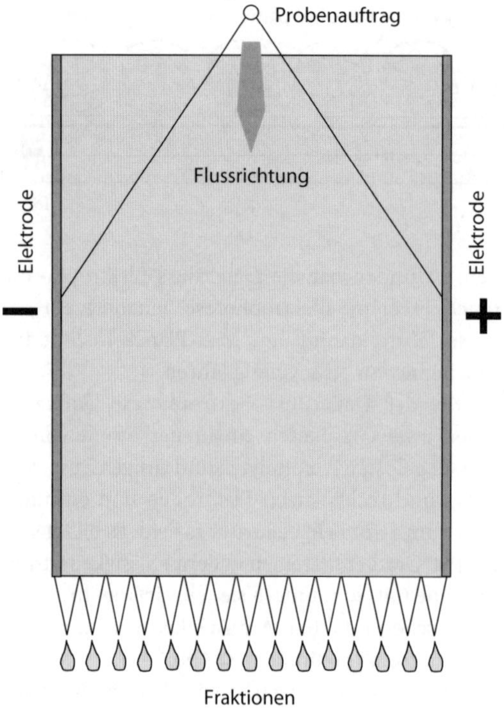

Abb. 7.7 Prinzip der Dauerfluss-Elektrophorese

Auflösung. Das Präzipitat verzerrt den Flüssigkeitsstrom wie ein Unfall den Verkehr auf einer sechsspurigen Autobahn.

Idiotensicher ist die Methode auch heute nicht: Für jede neue Probe müssen Sie herumspielen mit Flussraten (zu langsam droht Präzipitation, zu schnell schlechte Fokussierung), Proteinkonzentration, Feldstärke und Zusätzen zum Laufmedium. Die Dauerfluss-Elektrophorese ist etwas für geduldige Tüftler. Das ist nicht der einzige Nachteil. Ein Dauerfluss-Elektrophorese-Gerät ist teuer. Zudem finden Sie ihre Probe nach dem Lauf in einer Lösung wieder, die nicht nur Ampholyte, sondern auch Hydroxypropylmethylzellulose (und evtl. Harnstoff) enthält. Diese Verbindungen begleiten nicht alles was Sie hinterher mit der Probe anfangen mit gutmütigem Kopfnicken.

Lassen Sie den Kopf nicht hängen! Es gibt keine Matrix, also kann sie auch keine Proteine adsorbieren und Sie können mit hohen Ausbeuten rechnen (96–98%!). Beim gleichen Experimentator und von Tag zu Tag ist der pH-Gradient eines Dauerfluss-Gerätes erstaunlich reproduzierbar. Die Abweichung liegt bei unter 0,05 pH-Einheiten. Des Weiteren handelt es sich um eine kontinuierliches Verfahren: wenn Sie beliebig viel Zeit haben, können Sie beliebig viel Protein auftragen. Auch unter normalen Umständen verarbeitet das Gerät schnell ansehnliche Mengen an Protein. Sie können sogar Organellen und Erythrozyten trennen (Zischka et al. 2006). Membranproteine, die in nichtionischen Seifen löslich sind, dürften in der Dauerfluss-Elektrophorese weniger Probleme machen als in der 2DE. Die Trennwirkung ist beachtlich; das handelsübliche Dauerfluss-Elektrophorese-Gerät trennt Ihre Probe in 96 Fraktionen.

Die Methode eignet sich gut zur Reinigung eines einzelnen Proteins, besonders eines solchen, dessen isoelektrischer Punkt abseits der großen Herde weidet. Falls Sie auf Harnstoff im Laufmedium verzichten, können Sie Proteine in der nativen Konformation reinigen und hinterher per Bindungstest oder Enzymaktivität nachweisen. Ist Ihr Protein Substrat einer Kinase, können Sie sogar eine ingeniöse Doppelreinigung ins Werk setzen: Die Probe mit Phosphatase behandeln, das Protein per Dauerfluss-Elektrophorese reinigen, die Probenfraktion mit ATP und Kinase phosphorylieren und noch einmal auf den Apparat auftragen.

Falls Sie das ganze Proteom erfassen wollen, können Sie von jeder Fraktion ein 2D-Gel mit entsprechend engem pH-Gradienten fahren. 96 Fraktionen geben dann 96 2D-Gele. Ihre Doktoranden werden Sie kreuzigen! Uns scheint es besser, jede Fraktion mit Mudpit (s. ► Abschn. 7.3.3.7) oder direkt im ESI- oder MALDI-MS zu analysieren. Dazu sollten Sie zuvor die Ampholyte und die Hydroxypropylmethylzellulose loswerden. Die Dauerfluss-Elektrophorese kombiniert mit Mudpit oder MALDI-TOF ließe sich wohl vollständig automatisieren.

Literatur

1 Hoffmann, P. et al. (2001): Continous free-flow electrophoresis separation of cytosolic proteins from the human colon carcinoma cell line LIM 1215: A non two-dimensional gel electrophoresis-based proteome analysis strategy. Proteomics 1, 807–818
2 Weber, G. & Bocek, P. (1996): Optimized continuous flow electrophoresis. Electrophoresis, 17, 1906–1910

3 Zischka, H. et al. (2006): Differential analysis of Saccharomyces cerevisiae mitochondria by free flow electrophoresis. Mol. Cell Proteomics 5, 2185–2200

7.3.2.4 Egalisierung

Es kommt selten vor, dass wissenschaftliche Artikel literarischen Witz zeigen. Eine Ausnahme ist der Übersichtsartikel von Pier Giorgio Righetti (2006). Ein Auszug:

> *No proteome can be considered <democratic>, but rather <oligarchic>, since a few proteins dominate the landscape and often obliterate the signal of the rare ones. This is the reason why most scientists lament that, in proteome analysis, the same set of abundant proteins is seen again and again. A host of pre-fractionation techniques have been described, but all of them, one way or another, are besieged by problems, in that they are based on a <depletion principle>, i.e. getting rid of the unwanted species. Yet <democracy> calls not for killing the enemy, but for giving <equal rights> to all people.*

Righetti spricht das schon erwähnte Spreiz- und Deckproblem an, die Tatsache, dass in den meisten Zellextrakten oder Körperflüssigkeiten (Serum, Urin, Hirnwasser) die Konzentrationen der Protein- oder Peptidkomponenten über zehn (!) Größenordnungen spreizen. So liegt die Konzentration von Albumin im Serum zwischen 36–50 g/l, die von ACTH und Calcitonin unter 100 ng/l, die von Interleukin-6 und Kathepsin unter 10 ng/l. Keine Färbemethode ist über solche Bereiche linear und die Unmassen an Albumin oder Immunglobulinen decken in 2D-Gelen alles zu, was in der Nachbarschaft sitzt. Albumin macht auch im Massenspektrometer Ärger, da es die Signale anderer Proteine unterdrückt. Righetti geht dieses Problem an, indem er die Konzentrationen der Proteine egalisiert: Jenen in großen Konzentrationen wird fast alles genommen, jenen in kleinen Konzentrationen alles gelassen. Righetti schröpft also die Reichen und am Ende sind alle arm: So wie in der DDR. Eine derart egalisierte Proteingesellschaft lässt sich leichter analysieren, was vorher unsichtbar war bekommt plötzlich Gewicht, Farbe oder Fluoreszenz.

Righettis Methode gründet auf der Vorstellung, dass jedes Protein an etwas bindet: Für jedes Töpfchen gibt es einen Deckel. Man muss also nur für jedes Protein einen Liganden finden und alle Liganden an eine Säule koppeln. In der Säule sitzen dann für jedes Protein eine bestimmte Anzahl Liganden, für Albumin z.B. 100.000, für Ferritin unseretwegen auch 100.000. Gibt man Serum über die Säule binden 100.000 Albumin Moleküle und 100.000 Ferritin Moleküle. Wäscht und eluiert man die Säule, finden sich im Eluat 100.000 Albumin Moleküle und 100.000 Ferritin Moleküle. Lag das Verhältnis der beiden Moleküle im Serum bei 10^4:1, so liegt es im Eluat bei 1:1. Keines der Proteine ging verloren, aber ihre Konzentrationen wurden »egalisiert«. Das Prinzip ist also die von hinten gelesene Parole der französischen Revolution: fraternité, egalité, liberté.

Wie aber findet man für alle der zehntausende von Proteinen in biologischen Flüssigkeiten einen Liganden? Indem man gar nicht erst danach sucht. Stattdessen stellt man mit kombinatorischen Techniken alle möglichen Hexapeptide her und koppelt sie an eine Matrix: 20^6 verschiedene Hexapeptide, also 64 Millionen. Die Hoffnung: Unter den Millionen möglicher Partner wird jede Proteinspezies einen Liebhaber finden. Die Hexapeptid Matrix gießt man in eine Säule und die Grundlage der obigen Technik ist gegeben.

Warum gerade Hexapeptide?

Egisto Boschetti und Pier Righetti (2008) haben systematisch Peptidlängen, angefangen und aufsteigend von den Aminosäuren, ausprobiert, und kamen zu dem Schluss, dass Hexapeptide ausreichen, um fast alle Proteine eines Extraktes abzufangen. Auf die Synthese längerer Peptide wurde verzichtet, wohl aus der Überlegung heraus, dass längere Peptide zu stärkeren Bindungen und damit zu schlechterer Ausbeute führen würden. Heptamer-Säulen hält Righetti allerdings noch für sinnvoll. Die Methode wird von Biorad unter dem Namen »ProteoMiner Protein enrichment Kit« vertrieben. In Wirklichkeit handelt es sich natürlich um einen Verarmungs-Kit. Interessant, wie Propagandastrategen unterschiedlichster Systeme unter gleichem

Druck zu ähnlichen Lösungen greifen. »enrichment Kit« klingt wie »Paradies der Werktätigen«.

Anscheinend besteht die Matrix aus porösen Poly(hydroxymethylacrylat)-Kügelchen mit einem Durchmesser von 70 μm deren Hexapeptiddichte bei 40–60 μMol/ml feuchtem Kügelchenvolumen liegt. Die Bindung von Proteinen an das Matrixgerüst soll gegen Null gehen. Eluiert wird z.B. mit 2 M Thioharnstoff, 7 M Harnstoff, 4% Chaps. Das Eluat, denaturierte Proteine, kann nach Reduktion direkt auf ein 2D-Gel aufgetragen oder mittels SELDI-gekoppelte Massenspektrometer vermessen werden.

Die Schwächen der Methode:

- Die Peptide auf der Matrix können von Peptidasen abgebaut werden.
- Es wird Proteine geben, die von den Hexapeptiden nicht gebunden werden; Righetti schätzt sie auf 3–7% der Gesamtpopulation an Proteinen.
- Manche Proteine scheinen bevorzugt adsorbiert zu werden, so Apolipoprotein A1.
- Es könnte Proteine geben, die so fest an die Säule binden, dass sie selbst von 2 M Thioharnstoff, 7 M Harnstoff, 4% Chaps nicht abgelöst werden. Die gehen dann dem Proteom verloren. Für diesen Fall empfiehlt Righetti die Säule mit 6 M Guanidin-HCl pH 6 zu waschen. Das soll alle Bindungen aufbrechen und alle Proteine denaturieren. Allerdings müssen Sie vor einer Weiterverarbeitung der Proteine das Guanidin-HCl loswerden, denn es stört in so gut wie allen Techniken. Das ist lästig, denn bei der Dialyse oder Gelfiltration geht mit Sicherheit das eine oder andere Protein verloren. Zudem wird die Probe verdünnt. Nach Righetti (2006) kleben übrigens selbst in Gegenwart von 6 M Guanidin-HCl pH 6 noch Proteine an der Säule, denn aus damit gewaschenen Säulen lässt sich mit heißem SDS immer noch etwas herunterholen.

Was bringt die Hexapeptid Egalisierung?

Egalisierte Proben bringen mehr Signale im Massenspektrometer. Bis zu 50% mehr bei Plasmaproben, bis zu 400% mehr bei Urinproben. In 2D Gelen sehen Sie nach Hexapeptid Egalisierung mehr Flecken: mit Serum und drei Elutionsschritten z.B. 800 Flecken verglichen zu 115 in Kontrollen.

Damit scheint die Methode den klassischen Vorfraktionierungsmethoden wie präparative isoelektrische Fokussierung in Sephadex, Vielkammerisoelektrische Fokussierung und Dauerflusselektrophorese überlegen zu sein. Auch Depletionstechniken, d.h. Entfernen von Albumin mit Cibacron Blau und Immunglobulinen mit Immuno-Affinitätssäulen, scheinen Righettis Peptidsäulen nicht das Wasser reichen zu können. Auf Cibacron Blau bzw. Immuno-Affinitätssäulen bleiben zudem auch andere Proteine kleben als nur die unerwünschten und die fehlen dann im Proteom.

Schließlich lässt sich die Technik verwenden, um aus gereinigten Proteinproben die letzten Verunreinigungen herauszufiltern. In diesem Fall ist natürlich der Durchlauf der Säule interessant.

Wegen der leichten Verfügbarkeit von Urin glaubt Righetti, dass diese Körperflüssigkeit in Zukunft zum Nachweis von Biomarkern dienen wird. Die Egalisierungstechnik eigne sich hervorragend zur Untersuchung von Urinproben. Die Gleichmacher-Wirkung der Technik steht dem Biomarker-Finden zwar scheinbar entgegen, doch schiebt sie das Suchniveau nur herunter auf niedrige Konzentrationen, d.h. seltenere Proteine. Bei denen versagt die Gleichmacherei, weil sie ihre Bindungsstellen auf der Säule nicht mehr absättigen können. Auch Biomarker mit Nulleffekt, die also nur in Kontrolle oder Probe exprimiert werden, werden erfasst: Was nicht vorhanden, kann nicht zurückgehalten werden. In der Tat setzen Sihlbom et al. (2008) die Egalisierungs-Methode bei der Suche nach Biomarkern ein. Bisher allerdings scheint man auch mit Hexapeptidsäulen erfolglos geblieben zu sein.

Literatur

1 Boschetti, E. & Righetti, P. (2008): The ProteoMiner in the proteomic arena: a non-depleting tool for discovering low-abundance species. J. Proteomics 71, 255–64.
2 Righetti, P. et al. (2006): Protein EqualizerTM Technology: The quest for a democratic proteome. Proteomics 6, 3980 - 3992. Tip: Falls Sie je mal einen Übersichtsartikel schreiben müssen, nehmen Sie sich den zum Vorbild!
3 Sihlbom, C. et al. (2008): Evaluation of the combination of bead technology with SELDI-TOF-MS and 2-D DIGE for detection of plasma proteins. J. Proteome Res. 7, 4191–8

7.3.3 Die Technik der 2DE

7.3.3.1 Geschichte

Nach Probenvorbereitung und Vorfraktionieren kommt die eigentliche Prozedur, die zweidimensionale Trennung.

Wer hat sie erfunden?

Nach vorherrschender Meinung haben die 2DE, unabhängig voneinander, Patrick O'Farrel und Joachim Klose erfunden und im Jahre 1975 publiziert. Es war anders, wie Joachim Klose *Laborjournal* mitteilte. Die Idee, Proteine in zwei Dimensionen aufzutrennen, war schon in den 50er Jahren entstanden: Als Kombination von Papier- und Stärkegel-Elektrophorese oder Agargel- und Immuno-Elektrophorese oder SDS-Gelelektrophorese mit SDS-Gelelektrophorese (jeweils unterschiedliche pH-Bedingungen oder Gelkonzentrationen). Später wurde die IEF mit der SDS-Gelelektrophorese kombiniert. Zuerst von Kaltschmidt und Wittmann am MPI für Genetik in Berlin und von Kenrick und Margolis. Beide Gruppen publizierten die Technik 1970 in *Analytical Biochemistry*. Angewandt wurde diese 2D-Methodenkombination jedoch nur auf die Reinigung einzelner Proteine oder Proteinkomplexe. Etwas später und angeregt von Kaltschmidt tauchte in den Köpfen von Klose und O'Farrel die Idee auf, die 2DE zur Darstellung aller Zellproteine zu benützen. Klose trennte die Proteine der Maus auf, O'Farrel die von *E. coli*. Der Gedanke, dass es von Nutzen sein könne, das gesamte Zellproteom darzustellen und mit einem anderen zu vergleichen, war also neu, nicht die Technik. Dennoch wurden O'Farrel und Klose nicht als Initiatoren von Proteomics bekannt, sondern gelten als Erfinder der 2DE. Kaltschmidt und Wittmann dagegen sind für die Kaltschmidt-Wittmann Ribosomen bekannt, denn mit ihrer 2DE analysierten sie Ribosomen. Der Ruhm geht manchmal krumme Wege.

Viel haben Klose und O'Farrel von ihrer Idee erst mal nicht gehabt. Die 2DE fristete im Schatten der Molekularbiologie lange Zeit ein Mauerblümchendasein. Zu recht. Die 2DE lieferte zwar eindrucksvolle Bilder von *E. Coli*-Lysaten, aber dabei blieb's auch. Das lag u.a. daran, dass die 2DE schlecht reproduzierbar war. Dies nicht nur zwischen Labor und Labor, sondern auch in den Händen des gleichen Experimentators. Die Position eines Proteins im Gel schwankte wie ein Einjähriger, der gerade das Gehen lernt. Autor Rehm hat einmal mit einer Woche Abstand zwei 2D-Gele von der gleichen Probe gefahren (Zellextrakt von PC12 Zellen bei −80°C aufbewahrt). Beide Gele sahen eindrucksvoll aus – viele Pünktchen und Flecken, etliches Geschmier – aber eine Ähnlichkeit ließ sich erst nach längerem Betrachten erahnen. Rehm kam sich vor wie ein Kunstsachverständiger. Mit der 2DE alten Stils hat unseres Wissens niemand ein sensationelles Ergebnis erzielt. Sie versprach große Möglichkeiten, löste dieses Versprechen aber nicht ein.

Dies hat sich mit der Einführung der IEF mit immobilisierten pH-Gradienten gebessert (s. ▶ Kap. 5.2.3.3) Der im Gel fixierte pH-Gradient hob sowohl Reproduzierbarkeit wie auch Auflösung der 2DE um eine Größenordnung an (Corbett et al. 1994). Zudem ermöglichte es der fixierte Gradient, die IEF-Gele auf eine Plastikunterlage zu trocknen, zu lagern und bei Bedarf wieder aufzuquellen. Das erleichterte Handhabung und Handel ungemein und befreite den Experimentator von der dümmlichen, aber Aufmerksamkeit erfordernden Beschäftigung des Gradientengelegießens. IEF-Gele mit immobilisierten pH-Gradienten sind für die 2DE inzwischen Standard.

Literatur

1 Corbett, J. et al. (1994): Positional reproducibility of protein spots in two-dimensional polyacrylamide gel electrophoresis using immobilized pH gradient isoelectric focusing in the first dimension: an interlaboratory comparison. Electrophoresis 15, 1205–1211

2 Kaltschmidt, E. & Wittmann, H. (1970): Ribosomal proteins VII: Two dimensional polyacrylamide gel elctrophoresis for fingerprinting ribosomal proteins. Anal. Biochem. 36, 401–412

3 Klose, J. (1975): Protein mapping by combined isoelectric focusing and electrophoresis in mouse tissues. A novel approach to testing for induced point mutations in mammals. Humangenetik 26, 231–243

4 O'Farrell, P. (1975): High resolution two-dimensional electrophoresis of proteins. J. Biol. Chem. 250, 4007–4021

7.3.3.2 Die erste Stufe: Die IEF

Sie haben die Probe in Probenpuffer aufgelöst? Sie wollen sie fokussieren?

Dazu wählen Sie einen trockenen IEF-Streifen passenden pH-Bereichs. Die üblichen Streifen sind 18–24 cm lang und im Handel in breiten (3–10) und engen (z.B. 5,5–6,5) pH-Bereichen zu haben. In einer Quellkassette wird der Streifen über Nacht aufgequollen. Als Quell-Lösung empfiehlt die Expasy-Homepage 25 ml 8 M Harnstoff, 2% (w/v) Chaps, 10 mM DTT und 2% (v/v) Resolyte des entsprechenden pH-Bereiches nebst einer Spur Bromphenolblau (s. auch ► Abschn. 5.2.3.3).

Den fertig gequollenen (rehydratisierten) Streifen übertragen Sie in die IEF-Kammer und beschichten sie mit Paraffinöl. So verdunstet während des Fokussierens kein Wasser. Falls Sie die Probe nicht schon haben mitquellen lassen, sie also nicht schon im Gel sitzt, pipettieren Sie sie in die Probenkammer am kathodischen oder anodischen Ende des Gels. Auf analytische Gele sollten Sie nicht mehr als 50 µg aufladen, auf präparative können Sie bis zu 15 mg schaufeln.

Der Ort des Auftrags, anodisch oder kathodisch, soll nicht gleichgültig sein: manche Proben sollen besser fokussieren, wenn man sie in der Nähe der Anode, andere wenn man sie in der Nähe der Kathode aufträgt. Vermutlich hängt das mit Präzipitationseffekten zusammen, d.h. ein Teil der Proteine verträgt die extremen pH-Werte in der Nähe der Elektroden nicht. Autor Rehm ist die Methode von Sanchez et al. (1997) am sympathischsten. Jean-Charles Sanchez trägt weder am anodischen noch am kathodischen Ende auf, sondern lässt den IEF-Streifen gleich in der Probenlösung aufquellen. Damit vermeidet er Präzipitationen und kommt mit kürzeren Fokussierungszeiten aus. Zudem braucht er keine speziellen Probenkammern zum Auftragen großer Proteinmengen: Eine Probe mit 50 µg wird genauso behandelt wie eine mit 15 mg. Leider müssen Sie bei dieser Methode wie ein Schießhund auf die Proteasen aufpassen (s. ► Kap. 7.3.1 und 5.1).

Fokussiert wird in handelsüblichen Apparaten (Pharmacia, Biorad). Die Bedingungen sind so zahllos wie die Fokussierer. Generell geht man die Sache langsam an, erhöht z.B. die Spannung innert 3 h linear von 300 auf 3.500 V, gefolgt von 3 h bei 3.500 V und schließlich 5.000 V über Nacht. Über Nacht ist immer gut: es gibt einem das Gefühl, rund um die Uhr zu arbeiten, und somit ein gutes Gewissen und also besseren Schlaf. Sie können auch mit 150 V für die ersten 30 Minuten fokussieren, dann mit 300 V für 1 h und schließlich 3.500 V über Nacht. Zur Dauer der Fokussierung, ausgedrückt in Voltstunden, findet man in der Literatur alle Werte zwischen 40.000 und 400.000 Vh. 100.000 Vh reichen aus.

Literatur

1 Sanchez, J. et al. (1997): Improved and simplified in-gel sample application using reswelling of dry immobilized pH gradients. Electrophoresis 18, 324–327

7.3.3.3 Die zweite Stufe: Die SDS-Gelelektrophorese

Nach der IEF müssen die Proteine im IEF-Gel mit SDS gesättigt werden. Dazu inkubiert man den fokussierten Gelstreifen für 10–12 min in 50 mM Tris-Cl pH 6,8, 6 M Harnstoff, 30% (v/v) Glycerin, 2% (w/v) SDS und 2% (w/v) DTT. Falls der Gelstreifen Thioharnstoff enthielt, lesen Sie zuerst ► Abschn. 7.3.1. Nach der SDS-Sättigung werden die freien –SH Gruppen blockiert. Das erreichen Sie durch inkubieren mit 2,5% (w/v) Iodacetamid in 50 mM Tris-Cl pH 6,8, 6 M Harnstoff, 30% (v/v) Glycerin und 2% (w/v) SDS für fünf Minuten. Die Proteine sind nun bereit für die Trennung in der zweiten Dimension, dem SDS-Gel.

Der mit SDS equilibrierte IEF-Gelstreifen wird auf ein SDS-Plattengel aufgelegt. Hier erhebt sich die Frage: Auf was für ein SDS-Gel? Ganz einfach. Sie wählen ein Gel, mit dem Sie die meisten Proteine erfassen oder eben die, die Sie interessieren. Beliebt sind 9–16% Gradientengele (erfassen Proteine von 200-8 Kd) und 12% Gele (erfassen Proteine von 150-14 Kd). Schauen Sie sich dazu die ◘ Abb. 1.2 an.

Um der besseren Reproduzierbarkeit willen, sollten Sie das SDS-Gel nicht in Gegenwart von SDS polymerisieren. Die SDS Mizellen nehmen Acrylamidmonomere auf, stören die homogene Polymerisation und sorgen für unpolymerisiertes Acrylamid im Gel. Unpolymerisiertes Acrylamid kann N-Termini blockieren oder Proteine vernetzen.

Wie das SDS hinterher ins Gel kommt?

Aus dem Lauf- und Probenpuffer! SDS läuft ja schneller als die SDS-Protein-Komplexe. Die bewegen sich daher immer in einer SDS-haltigen Umgebung.

Tipp Auf der schon erwähnten Expasy-Homepage wird empfohlen, Piperazindiacrylyl anstatt Bisacrylamid als Quervernetzer zu benutzen. Piperazindiacrylyl-vernetzte Gele sollen die Proteine besser trennen und weniger N-Termini blockieren. Zudem sollen sich Piperazindiacrylyl-vernetzte Gele besser mit Silber anfärben lassen. Dem besseren Färben dient auch ein Zusatz von 5 mM Na-Thiosulfat in den Laufpuffer.

Auf ein Sammelgel verzichten viele Experimentatoren. Das IEF-Gel (in Tris-Cl pH 6,8) zusammen mit der als Befestigung verwendeten Agarose reiche als Sammelgel aus, meinen sie. Andere, z.B. Corbett et al. 1994, äquilibrieren die fertig fokussierten IEF-Streifen in ähnlichen Lösungen wie oben aber mit 50 mM Tris-Cl pH 8,8 als Puffer. Danach legen sie den Streifen auf ein 4 cm langes Sammelgel in 125 mM Tris-Cl pH 6,8, 0,1% (w/v) SDS auf.

Woran soll man sich halten?

Halten Sie sich an die Methode, die am wenigsten Arbeit macht – verzichten Sie also auf das (extra) Sammelgel. Corbett et al. dürften aus historischen Gründen sammelgelen: Vom Vorgänger übernommen, nicht überdacht, und daher immer wieder gemacht.

Zum SDS-Trenngel wurde schon in ► Kapitel 1.3.1 alles gesagt. Vielleicht mit einer Ausnahme, auf die uns Udo Roth aufmerksam gemacht hat: Beim Anodenpuffer können Sie das teure Glycin weglassen. Das hat keine Auswirkung auf die Trennschärfe des Gels.

Literatur

1 Corbett, J. et al. (1994): Positional reproducibility of protein spots in two-dimensional polyacrylamide gel electrophoresis using immobilized pH gradient isoelectric focusing in the first dimension: an interlaboratory comparison. Electrophoresis 15, 1205–1211

7.3.3.4 Probleme mit dem SDS-Gel

Jawohl, selbst diese eingefahrene Methode kann Probleme bereiten. Vor allem bei der Reproduzierbarkeit. So ist klar, wann für das SDS-Gel der Strom eingeschaltet werden muss – sobald das IEF-Gel aufliegt – aber wann schaltet man ihn ab?

Wenn der Marker, das Bromphenolblau, kurz vor der Anode steht? Was heißt kurz? Oder ist es besser, wenn der Marker in der Anode verschwindet? Oder 10, 20, 30 min nachdem der Marker verschwunden ist?

Zudem: Nur selten gelingt ein absolut gleichmäßiger Lauf. Meist läuft die Markerbande etwas schief und verschwindet an der einen Ecke früher als an der anderen. Was soll dann als Laufzeit gelten?

Die Laufzeit ist wichtig, denn sie bestimmt die Position der Proteine im 2D-Gel, wenn auch nur in einer Richtung. Die SDS-Gelelektrophorese ist nun mal keine Gleichgewichtsmethode wie die IEF. Dort spielt, bei immobilisierten Gradienten, eine Stunde mehr oder weniger fokussieren keine Rolle. Die Verwendung von R_f-Werten verbessert die Situation nicht wesentlich, vor allem bei Gradientengelen nicht: Forscher, die ihre 2D-Gele in der 2. Dimension verschieden lange laufen lassen, werden Mühe haben, diese Gele zu vergleichen.

Sie sehen, selbst Trivialitäten, wie der Zeitpunkt des Stromabschaltens, wollen gut überlegt sein. Autor Rehm hat es für gewöhnlich so gehalten: Warten bis das erste Bromphenolblau in den unteren Puffer schliert, zu Sankt Simplicius beten, dann abschalten.

7.3.3.5 Probleme mit der IEF

Es wurde schon mehrfach angesprochen und es sei noch mal wiederholt: Auch bessere Probenpuffer (mit Thioharnstoff, neuen Seifen etc.) und Tricks wie mit SDS vorlösen oder alkalische Puffer, bewegen die meisten integralen Membranproteine nicht dazu, sich in IEF-Gelen anständig zu verhalten: sie schmieren wie in der nativen Gelelektrophorese (s. ► Kap. 1.3.2). Nach Klein et al. 2005 präzipitieren die meisten integralen Membranproteine irreversibel im IEF-Gel. Anscheinend verfilzen sie im Gel auf eine Weise, der selbst SDS hilflos gegenüber steht.

Manche Experimentatoren helfen sich, indem sie die Probe in SDS auflösen. Weil aber SDS-Proteinkomplexe nicht fokussieren – sie besitzen keinen brauchbaren isoelektrischen Punkt – müssen Sie das SDS nach dem Auflösen mit NP-40 oder Chaps wieder verdrängen (Garrels, 1979, Corbett et al., 1994). Viele Membranproteine aggregieren nach der NP-40/Harnstoff Zugabe wieder und bleiben nur als SDS-Proteinkomplexe oder als Komplexe mit anderen geladenen Seifen in Lösung. Zudem bildet SDS Mischmizellen mit NP-40, die wegen ihrer negativen Ladung zum +Pol des IEF-Gels wandern. Dadurch kommt es zu einer ungleichen Verteilung der Seifen im IEF-Gel. Vielleicht ist das der Grund für die schlechte Auflösung der IEF-Gele in Gegenwart von SDS/NP-40 Mischmizellen.

Dockham et al., 1986 schlugen vor, Membranproteine in einem alkalischen Puffer aufzulösen, der Lysin, Triton X-100 und Harnstoff enthält. Auch diese Methode hat sich nicht durchgesetzt. Vermutlich stört das Lysin die IEF und solubisiert auch nicht so gut wie Dockham et al. sich das einbilden.

Bei der IEF haben kleine Temperaturänderungen große Wirkungen auf die Position mancher Proteine, vermutlich weil die Dissoziationskonstante einer ionisierbaren Gruppe des Proteins stark von der Temperatur abhängt. Das beeinträchtigt die Reproduzierbarkeit. Wer kann schon garantieren, dass, sagen wir, der Thermostat in Uppsala die Temperatur auf ein zehntel Grad genau so einstellt wie der Thermostat in Rom? Zumal bei verschiedenen Thermostatmodellen!

Literatur

1 Corbett, J. et al. (1994): Positional reproducibility of protein spots in two-dimensional polyacrylamide gel electrophoresis using immobilized pH gradient isoelectric focusing in the first dimension: an interlaboratory comparison. Electrophoresis 15, 1205–1211

2 Dockham, P. et al. (1986): An isoelectric focusing procedure for erythrocyte membrane proteins and its use for two-dimensional electrophoresis. Anal. Biochem. 153, 102–115

3 Garrels, J. et al. (1979): Two-dimensional gel electrophoresis and computer analysis of proteins synthesized by clonal cell lines. J. Biol. Chem. 254, 7961–7977

4 Klein, C. et al. (2005): The membrane proteome of Halobacterium salinarum. Proteomics 5, 180–197

7.3.3.6 Vor- und Nachteile der 2DE

Die Vorteile der 2DE sind schnell aufgezählt. Sie ist billig und braucht keine Großgeräte. Sie kann also auch in kleinen Labors eingerichtet werden. Des Weiteren erlaubt sie es, die Menge jedes Proteins abzuschätzen.

Die Liste der **Nachteile** ist länger. Zwar ist die Reproduzierbarkeit der 2D-Gele durch die fixierten pH-Gradienten verbessert worden, dennoch lässt sie und wird wohl immer zu wünschen übrig lassen: Die 2DE hat zu viele Schritte und daher zu viele Fehlerquellen. Fehler beim Abwiegen des Acrylamids, beim Polymerisieren, bei der Temperatureinstellung, bei der Laufzeit der SDS-Gelelektrophorese... Die 2DE ist zwar keine Kunst mehr, sondern ein Handwerk, aber sie zu automatisieren und standardisieren, also zu industrialisieren, ist bisher misslungen (Rabilloud, 2002).

Zudem erfasst die 2DE nur einen Teil der Proteine der Probe. Proteine mit extremen Eigenschaften – sehr große, sehr kleine, sehr saure, sehr basische, sehr hydrophobe – gehen verloren, so viele Membranproteine (◘ Abb. 7.8). Selbst bei kleinen Genomen (z.B. *E. coli*) erfasst die 2DE im besten Falle 2/3 aller exprimierten Proteine. Bei Säugerzellen liegt der Anteil weit niedriger.

Seltene Proteine eines Proteoms sieht man nicht. Zwar können Sie dick aufladen und empfindlich anfärben (z.B. mit Sypro Orange) aber leider, leider werden Sie feststellen, dass Ihnen das wenig nützt. Ein Protein liegt nämlich in einem 2D-Gel nicht in einem scharf umrandeten Flecken, sondern zeigt eine Gauss-Verteilung (◘ Abb. 7.9). Je dicker Sie aufladen und je empfindlicher Sie anfärben, desto mehr Platz nehmen die Flecken ein – sie fließen auseinander und die Flecken der häufigen Proteine überdecken mit ihren dicken Gauss-Schwänzen die Flecken der seltenen. Dazu kommt, dass der lineare Bereich einer Färbemethode sich höchstens über drei oder vier Größenordnungen streckt, meistens nur über zwei. Darüber ist alles tiefblau oder tieforange oder tiefschwarz – so schwarz wie die Aussichten, unter dem fetten Blob Ihr seltenes Protein zu finden.

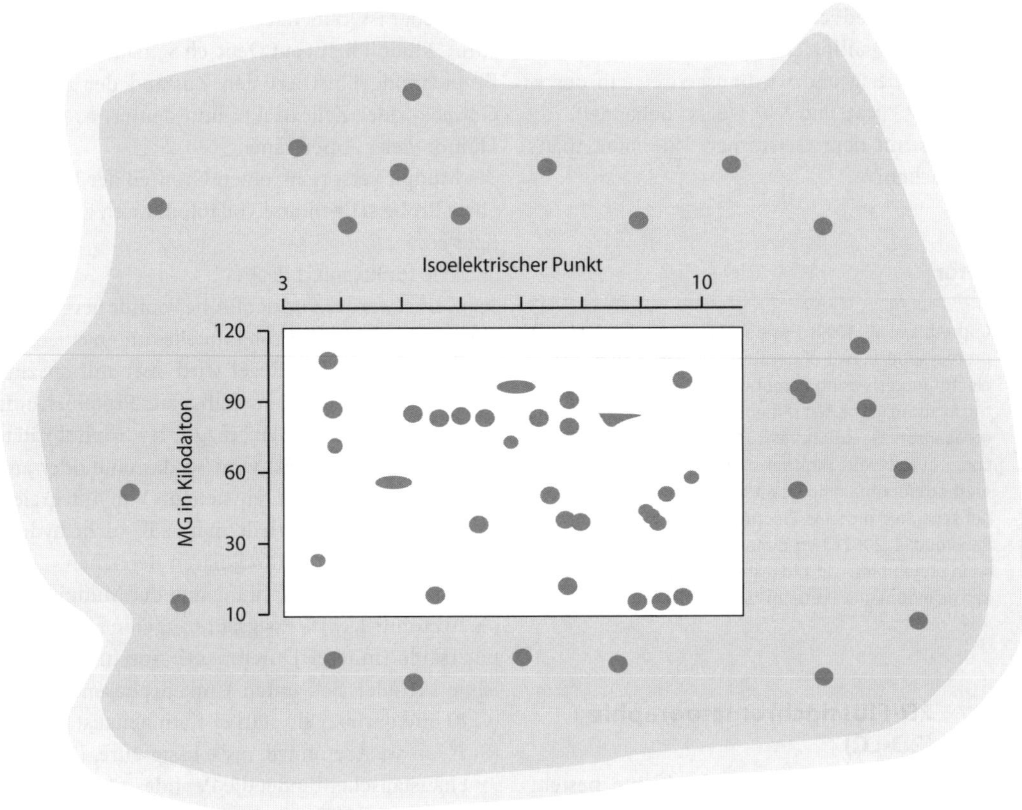

Abb. 7.8 Drumherum verloren' Land. Auch die 2D-Gelelektrophorese gibt nur einen Ausschnitt des Proteoms

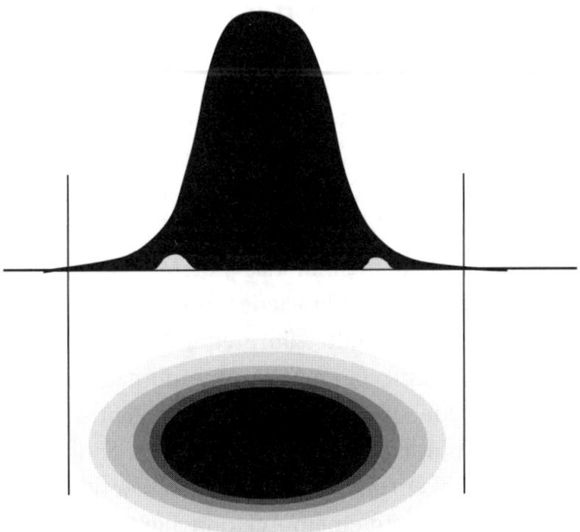

Abb. 7.9 Deckproblem. In den Proteinflecken eines 2D-Gels ist das jeweilige Protein nach einer Gauss-Kurve verteilt. Die Gauss-Schwänze der Proteine hoher Konzentration verdecken daher die Flecken von Proteinen niedriger Konzentration

Die Quantifizierung der Flecken auf einem 2D-Gel ist auch nicht einfach, vor allem dann nicht, wenn die Flecken verschiedener Gele miteinander verglichen werden sollen. Und Sie müssen vergleichen: Kontrolle mit Probe, gesund mit krank, transfiziert mit nicht transfiziert. Dieses Problem wurde in ► Abschn. 1.4.2 schon angesprochen. Hermann Wetzig gab in der Serie »Neulich an der Bench« in *Laborjournal* 7/8 (2009) einige Lösungen und diese gelten auch für 2D Gele.

Endlich: Es dauert – vor allem die IEF. Von der Zubereitung der Probe bis zum fertigen 2D-Gel können Sie gut und gerne zwei Tage rechnen. Das zerrt an den Nerven.

Viel wäre gewonnen, könnte man die IEF-Gele direkt mit dem Massenspektrometer abfahren. In der Tat ist es möglich, das fokussierte IEF-Gel auf PVDF-Membranen zu blotten und den Blot schließlich mit einem IR-Laser-MS abzuscannen (s. ► Kap. 7.5.2.1 bzw. Loo et al. 1999). Bei der Methode hapert es jedoch mit der Quantifizierung der Proteine. Die Qantifizierung ist in der Proteomics generell schwierig und wird ansatzweise in den ▶ Kapiteln 7.5.7.3 (Icat) und 7.5.7.4 (Silac) behandelt.

Schluss mit dem Gejammer: Wie kann man's besser machen?

Literatur

1 Corbett, J. et al. (1994): Positional reproducibility of protein spots in two-dimensional polyacrylamide gel electrophoresis using immobilized pH gradient isoelectric focusing in the first dimension: an interlaboratory comparison. Electrophoresis 15, 1205–1211

2 Loo, J. et al. (1999): High sensitivity mass spectrometric methods for obtaining intact molecular weights from gel-separated proteins. Electrophoresis 20, 743–748

3 Rabilloud, T. (2002): Two-dimensional gel electrophoresis in proteomics: Old, old fashioned, but it still climbs up the mountains. Proteomics 2, 3–10

7.3.3.7 2D-Flüssigchromatographie (2D-LC)

Die radikale Lösung der 2DE Probleme besteht darin, das 2D-Gel wegzulassen. Stattdessen kombiniert man 2D-LC Techniken mit der Massenspektrometrie. Bei 2D-LC Techniken folgen zwei LCs aufeinander. Die erste LC kann frei gewählt werden also z.B. IC, Chromatofokussierung, Hydroxyapatitchromatographie. Die zweite Dimension ist immer die RP-HPLC. Dies deswegen weil viele Trenntechniken nicht kompatibel sind mit der ESI-MS Technik (siehe ▶ Kap. 7.5.2.3), so enthalten die Eluate einer Chromatofokussierung Ampholine, die IC Eluate Salze. Die RP-HPLC jedoch ist direkt mit der ESI-MS koppelbar und trennt gut. So haben Xiaodan Su et al. (2009) die Hydroxyapatitchromatographie mit der RP-HPLC und Massenspektrometrie kombiniert und damit Histone angereichert und charakterisiert.

Der »Klassiker« unter den 2D-LC Techniken ist die Kombination der IC mit der RP-HPLC. Die Trennung von Proteinen ist zwar möglich, doch meist werden tryptische Verdaue getrennt.

Hier hat sich **Mudpit** durchgesetzt. Mudpit steht für Multidimensionale Protein-Identifikations-Technologie. Erfinder der Methodik und Namensgeber ist John Yates vom Scripps Research Institut. Mudpit heißt auf Deutsch Schlammloch. Die Bezeichnung illustriert den Zustand der meisten Gewebs- oder Zellextrakte und den etwas groben Humor vieler Amerikaner.

Mudpit verspricht, einen Großteil der Proteine einer Probe schnell und vollautomatisch zu identifizieren.

Wie funktioniert das?

Zuerst werden von der Probe Peptide hergestellt. Dabei wird, je nach Proteinquelle, unterschiedlich vorgegangen. In der Regel wird aber mit spezifischen Proteasen verdaut. Selbst aus Proteinen mit extremen Eigenschaften (bzgl. Hydrophobizität, Basizität oder Acidität) wird so das eine oder andere moderate Peptid entstehen. Von integralen Membranproteinen erhält man z.B. nicht-hydrophobe Peptide aus extrazellulären Bereichen.

Die rohe Peptidmischung gibt der Mudpitler in 5% Acetonitril, 0,5% Essigsäure auf eine HPLC-Kapillarsäule (innerer Durchmesser 100 μm). In der Säule befindet sich unten Umkehrphasenmaterial (C18) und darüber ein starker Kationenaustauscher (SCX) in 5% Acetonitril, 0,5% Essigsäure. Der Kationenaustauscher bindet die Peptide.

Danach wird die Doppelsäule zuerst mit einem Acetonitril-Gradienten (5–64% in 0,02% Heptafluorbuttersäure) eluiert. Das Eluat läuft direkt in das ESI-MS/MS und wird dort analysiert. Dann beginnen die Salzzyklen.

Im ersten Zyklus werden mit 25 mM Ammoniumacetat in 5% Acetonitril, 0,02% Heptafluorbuttersäure Peptide vom SCX eluiert. Die Peptide binden an die angeschlossene Umkehrphasen-Säule. Von dort werden sie mit einem anschließenden Acetonitrilgradienten in das ESI-MS/MS eluiert. Danach wird die Säule wieder mit 5% Acetonitril, 0,02% Heptafluorbuttersäure equilibriert und die nächste Salzstufe (50 mM Ammoniumacetat) angelegt. Wieder löst sich ein Teil der Peptide vom SCX und bindet an die Umkehrphasen-Säule. Die auf die Umkehrphase gewaschenen Peptide werden wiederum mit einem Acetonitrilgradienten ins ESI-MS/MS eluiert usw. So geht man in 25 mM-Schritten hoch bis 250 mM Ammoniumacetat. Beendet wird das Experiment mit zwei Schlusszyklen, der letzte schließt einen Waschgang mit 500 mM Ammoniumacetat ein (◘ Abb. 7.10).

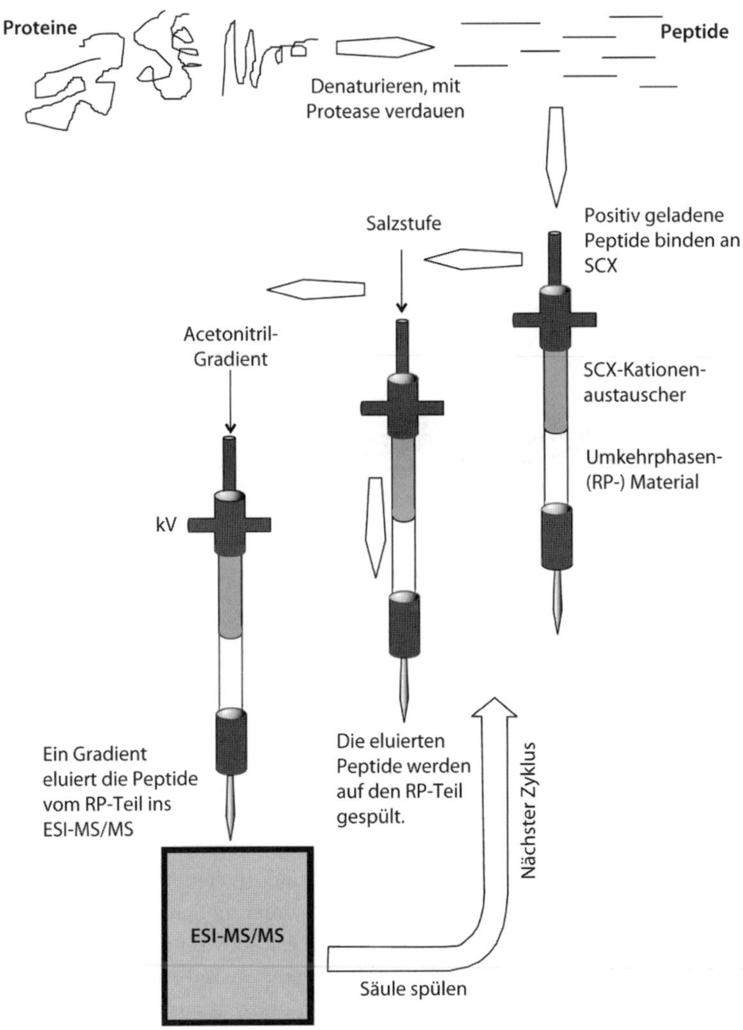

Abb. 7.10 Mudpit

Ein Zyklus dauert zwei Stunden, insgesamt sind es 15 Zyklen. Wegen der eleganten Idee, die Säulen übereinander zu setzen und das ESI-verträgliche Ammoniumacetat zu verwenden – sowohl NH_3 als auch HAc sind flüchtig -, läuft der Analyseprozess kontinuierlich und vollautomatisch ab. Die Maschine arbeitet 30 Stunden und produziert 100.000 oder mehr Massenspektren. Mit ihrer Hilfe werden die Peptide und die zugehörigen Proteine in Datenbanken identifiziert.

Das Mudpit-Prinzip können Sie endlos variieren, z.B. in 20 mM Schritten hochgehen, anderes Umkehrphasen-Material, anderes Kationenaustauscher-Material, statt Acetonitril Methanol verwenden etc.

Der Witz aber ist immer: Sie kombinieren eine zweidimensionale Vorfraktionierung mit einer verblüffend simplen und wirksamen Lösungsmethode für Proteininformation: dem Verdau mit spezifischen Proteasen. Die zweidimensionale Vorfraktionierung trennt nach Ladung und nach Polarität/Hydrophobizität. Im ESI-MS kommt noch eine dritte Trenndimension dazu, das MG. Diese dreidimensionale Trennung der Peptide wird scheinbar auch mit der Komplexität von Zellproteomen fertig.

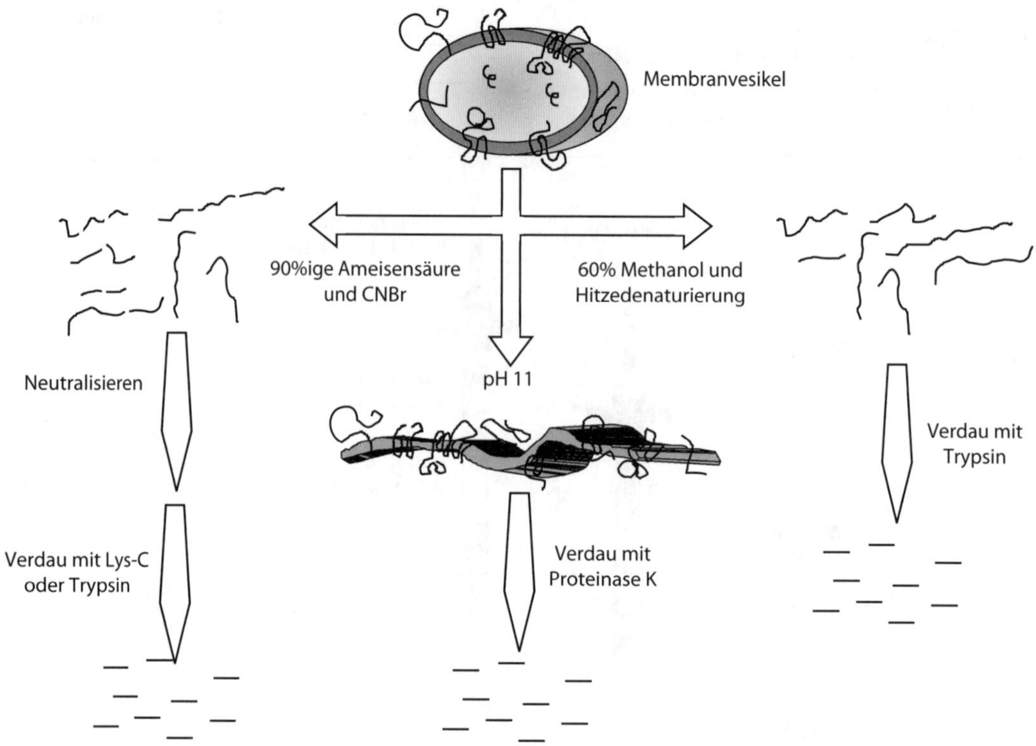

Abb. 7.11 Verdau von Membranproteinen

Wichtig: Mudpit untersucht nicht Proteine, sondern Peptide. Das hat mehrere Vorteile:

- man kann auf die 2DE und ihre Nachteile verzichten
- Peptide sind leichter handzuhaben als Proteine
- Man erfasst auch integrale Membranproteine

Letzteres braucht zusätzliche Tricks, denn es ist schwierig, Membranproteine in brauchbare Peptide zu spalten: Die meisten Proteasen schneiden nicht in Transmembrandomänen, sie schneiden nur in den Schlaufen, die aus den Membranen herausragen. Dabei müssen nicht unbedingt lösliche Peptide entstehen. Zudem bilden die Membranen Vesikel, die den Proteasen den Zugang ins Innere verwehren.

Sie können auch die Membranen nicht einfach in SDS auflösen, das SDS verdünnen und dann mit Trypsin verdauen: SDS macht im ESI Probleme.

Dennoch ist es möglich, zuverlässig lösliche Peptide aus Membranproteinen herzustellen (Abb. 7.11).

Trick 1: Sie lösen die Membranproteine in 90%iger Ameisensäure auf und spalten die Proteine mit Bromcyan. Zur Erinnerung: Bromcyan spaltet Polypeptide auf der Carbonylseite von Methionin. Hinterher neutralisieren Sie mit Ammoniumbicarbonat, lyophilisieren und verdauen die Bromcyan-Peptide weiter mit einer spezifischen Protease (Lys-C oder Trypsin) (Washburn et al., 2001).

Trick 2: Die Membranen bei pH 11 mit Proteinase K behandeln. Bei pH 11 bilden die Membranvesikel flächige Schuppen, die der Protease gut zugänglich sind. Proteinase K ist bei pH 11 noch aktiv (Wu et al., 2003).

Trick 3: Die Membranen in heißem 60%igem Methanol auflösen und dann mit Trypsin verdauen (Goshe et al., 2003). Diese Methode ist jedoch für Mudpit noch nicht verwendet worden.

Washburn et al. gelang es, mit Mudpit im Hefe-Proteom in einem Tag 1.484 Proteine zu identifizieren. Darunter waren 131 integrale Membranproteine mit mindestens drei Transmembrandomänen. Die Membranproteine wurden mit Trick 1 erschlossen. Mit 2DE/MALDI-TOF dagegen können nur einige hundert Proteine identifiziert werden. Zudem scheint Mudpit die verschiedenen Proteinklassen gleichmäßiger zu erfassen als 2DE/MALDI-TOF. So macht Mudpit – dank Trick 1 – kaum einen Unterschied zwischen löslichen und Membranproteinen.

Das klingt gut.

Es klingt besser als es ist. Zum einen muss das ESI-MS/MS einen 30-stündigen Dauerlauf aushalten, ohne dass die feine Nadel verstopft. Das kann die Nerven des geduldigsten Doktoranden verschleißen. Zum anderen gibt Mudpit nur eine Liste von Proteinen. Über deren Konzentration wissen Sie nichts. Bei der Identifizierung von Membranproteinen aber scheint mit Mudpit ein Durchbruch gelungen zu sein. Das ist was wert: Etwa ein Viertel der vom Humangenom codierten Proteine sind Membranproteine.

Literatur

1 Goshe, M. et al. (2003): Affinity labeling of highly hydrophobic integral membrane proteins for proteome wide analysis. J. Proteome Res. 2, 153–161
2 Su, X. et al. (2009): Enrichment and characterisation of histones by 2D-hydroxyapatite/reversed-phase liquid chromatography mass spectrometry. Anal. Biochem. 388, 47–55
3 Washburn, M. et al. (2001): Large-scale analysis of the yeast proteome by multidimensional protein identification technology. Nature Biotechnol. 19, 242–247
4 Wu, C. et al. (2003): A method for the comprehensive proteomic analysis of membrane proteins. Nature Biotechnol. 21, 532–538

7.3.3.8 Differenzial-2D-Fluoreszenz-Gelelektrophorese (DFG)

Mit dieser Methode können Sie die Proteinmuster zweier Proben in **einem** Gel vergleichen und so Gel-Gel-Varianzen eliminieren. Dazu markieren Sie die Proteine von Probe 1 vor der Elektrophorese mit einem fluoreszierenden Farbstoff (meistens Cy3) und die Proteine der Probe 2 mit einem zweiten fluoreszierenden Farbstoff (meistens Cy5). Als internen Standard markieren Sie zudem die Proteine einer 1:1 Mischung von 1 und 2 mit einem dritten fluoreszierenden Farbstoff (meistens Cy2). Die Farbmarker binden über ihre N-Hydroxy-Succinimid-Gruppe an die primären Aminogruppen der Lysinreste. Es entstehen stabile Säureamide. Unter den üblichen Bedingungen hängt nach der Reaktion an ca. 3% der Proteine ein Farbmolekül und durchschnittlich ist nur ein Lysinrest einer Peptidkette markiert. Das MG der derivatisierten Proteine ändert sich dadurch nur unwesentlich: ein Cy-Molekül addiert ca. 500 Da zum MG des Proteins. Die positive Ladung der Cy-Moleküle ersetzt auch den Verlust der Ladung des Lysinrestes: der isoelektrische Punkt der derivatisierten Proteine ändert sich also kaum.

Die drei Proben werden gemischt und auf einem 2D-Gel getrennt. Mit der Wellenlänge A leuchten danach in schönem Blau die Cy2 markierten Proteine auf, mit der Wellenlänge B in Grün die Cy3 markierten Proteine und mit der Wellenlänge C in Rot die Cy5 markierten Proteine. Wenn ein bestimmtes Protein in Probe 1 in anderer Konzentration auftritt als in Probe 2, wird dieser quantitative Unterschied der Expression im 2D-Gel messbar (■ Abb. 7.12).

Zum Messen brauchen Sie sich nicht auf Ihr Auge verlassen. Es gibt kommerzielle Bildgeräte, die das 2D-Gel scannen und Programme, die die Scans auswerten und Ihnen eine Liste jener Proteinflecken liefern, die in Grün und Rot verschiedene Intensitäten geben.

Mit der DFG wurden bearbeitet: Die Unterschiede in der Proteinexpression des Meeresbakteriums *Pirellula*, aufgewachsen einmal mit Glucose und Ammonium und einmal in N-Acetylglucosamin oder die Unterschiede in der Proteinexpression von *E. coli*, aufgewachsen mit und ohne Benzoesäure. Sie können die DFG für jedes Bakterium, für jede Zelllinie, für alle möglichen Bedingungen (Medienzusätze, Temperaturen, Drücke) treiben und wenn das langweilig wird, dann vergleichen Sie Krebsgewebe mit normalem oder Knockout-Maus mit normaler usw. usf. Mit den Möglichkeiten der DFG reichen Sie bis zur Emeritierung.

Vorteile der DFG:

- Da Probe 1 und 2 auf demselben Gel getrennt werden sind die Flecken direkt vergleichbar. Gel zu Gel Varianzen, die auch bei 2D-Gelen

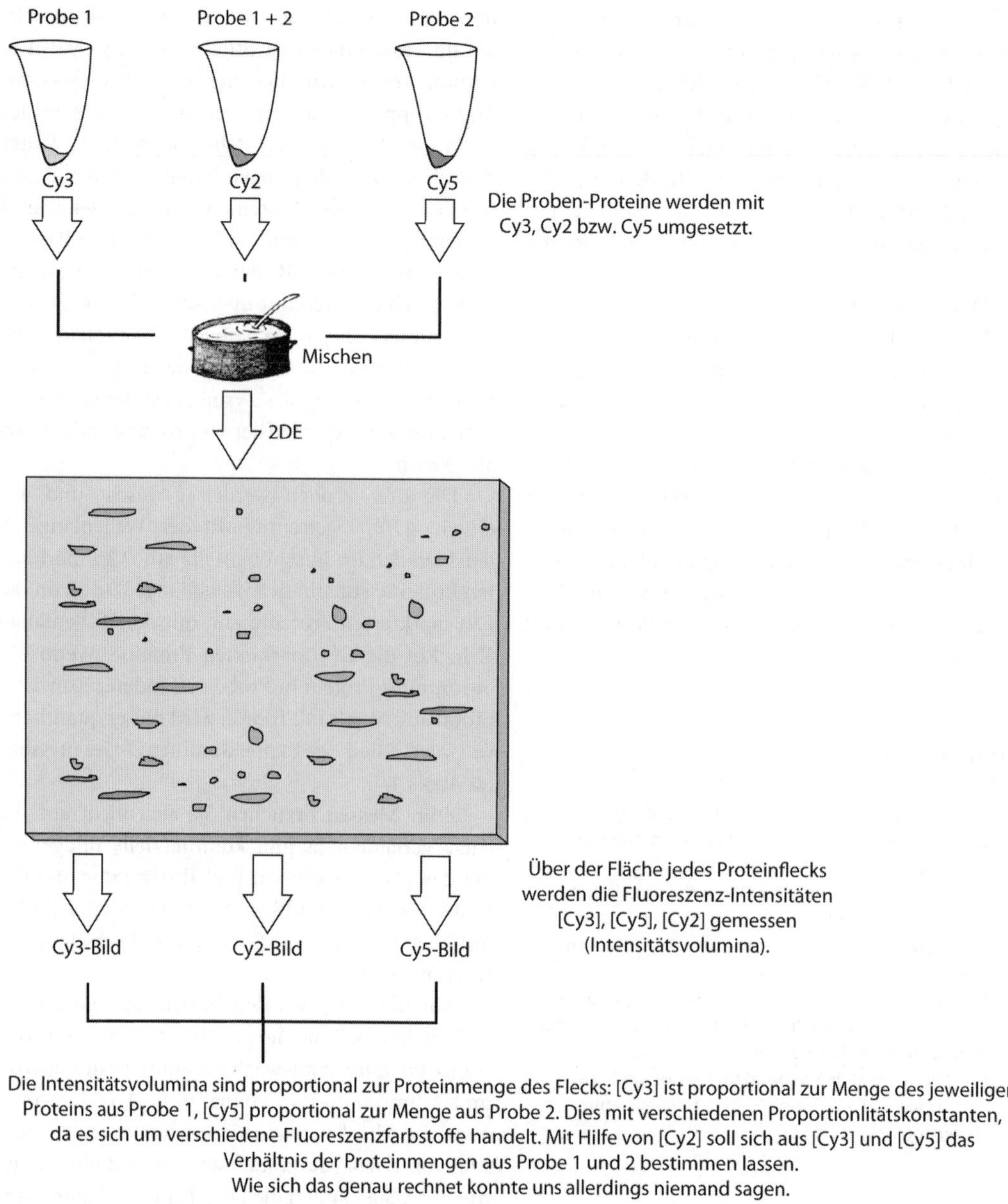

Abb. 7.12 Arbeitsablauf bei der DFG

mit immobilisierten pH-Gradienten noch vorkommen, spielen keine Rolle. Mit Hilfe des dritten Farbstoffs lassen sich sogar Intergel-Vergleiche anstellen. Dazu werden auf einem 2D-Gel drei Proben getrennt. Die dritte Probe ist eine mit Cy2 (blau) gefärbte Kontrollprobe (interner Standard). Das zweite Gel enthält zwei andere Proben und ebenfalls den blauen internen Standard. An den Positionen und Intensitäten der Proteine des internen Standards können Sie die Proteinpositionen und Intensitäten der Proben ausrichten.

- Die Cy-Farben färben ähnlich empfindlich wie Silber, färben aber gleichmäßiger und dies über eine große Bandbreite. Die untere Grenze der Färbung liegt bei 0,25 ng Protein und sie ist einigermaßen linear bis 2,5 µg (vier Größenordnungen im Vergleich zu einer Größenordnung bei der Silberfärbung).

- Da durchschnittlich nur 3% einer Proteinspezies durch Cy-Farben modifiziert wurden, blieb der große Rest unverändert. Damit steht deren Analyse im MS nichts entgegen.

Die **Nachteile** der DFG sind die der 2DE: Umständlich, langwierig, nichtautomatisierbar und wie die 2DE, so erfasst auch die DFG nur einen Teil des Proteoms. Originelle Anträge – Entschuldigung! – extreme Proteine erfasst sie nicht. Teuer ist die Angelegenheit auch: Eine komplette Ausrüstung mit Elektrophorese Geräten, Scanner, Programmen etc. kommt Sie leicht auf eine Viertelmillion Euro. Haben Sie die Ausrüstung, kosten Fahrt und Entwicklung eines Gels (drei Fluoreszenzfarben und Anfärbung für's MS) etwa 100 Euro.

Literatur

1 Gade, D. et al. (2003): Evaluation of two dimensional difference gel electrophoresis for protein profiling. J. Mol. Microbiol. Biotechnol. 5, 240–251
2 Tonge, R. et al. (2001): Validation and development of fluorescence two-dimensional differential gel electrophoresis proteomics technology. Proteomics 1, 377–396

7.3.3.9 Andere 2DEs

Hartinger-Gele: Hartinger et al. (1996) entwickelten eine 2DE für Membranproteine. In der ersten Dimension werden die Proteine in saurem Puffer in Gegenwart der kationischen Seife Benzyldimethyl-n-hexadecylammonium-Chlorid aufgetrennt. Die zweite Dimension ist ein SDS-Gel.

Selbst Synaptophysin, ein kleines integrales Membranprotein synaptischer Vesikel, das Autor Rehm als unangenehmen Gelschmierer kennt, fokussiert anständig auf Hartinger-Gelen. Doch das Gelbe vom Ei ist auch diese Methode nicht: Beide Dimensionen trennen nach MG. Die Auflösung ist also dürftig und sie erhalten keine Informationen über die isoelektrischen Punkte ihrer Proteine. Mit der Reproduzierbarkeit ist es auch nicht weit her und die Handhabung ist an Umständlichkeit nicht zu überbieten. So schütten auch Hartinger et al. Harnstoff in Probenpuffer und Gel der ersten Dimension und dieser Probenpuffer muss immer frisch hergestellt werden. Noch lästiger: Weil schon der zweifache Probenpuffer bei RT fest wird, müssen Sie ihn bei 60°C aufbewahren. Die Probe darf in Probenpuffer weder gekocht noch eingefroren werden, sie muss unmittelbar nach dem Auflösen aufs Gel. Endlich müssen Sie, bevor Sie das Gel der ersten Dimension auf das SDS-Gel auflegen, die kationische Seife auswaschen.

Bei all ihren Nachteilen, in der Analyse der Membranzusammensetzung definierter Vesikel könnten Hartinger-Gele nützlich sein.

Native 2DE: Es liegt nahe, die 2DE nativ durchzuführen. Dazu gibt es zwei Möglichkeiten: Entweder eine vollständig native 2DE, d.h. die IEF ohne Harnstoff und Reduktionsmittel und die 2. Dimension ohne SDS oder eine nativ/denaturierende 2DE, d.h. die IEF ohne Harnstoff und Reduktionsmittel, die 2. Dimension aber ein SDS-Gel. Hier liegen Möglichkeiten. Unter nativen Bedingungen dissoziieren Proteinkomplexe nicht, die Flecken eines vollständig nativen 2D-Gels stellen also Proteinkomplexe dar. Stechen Sie einen Komplex aus und unterwerfen Sie ihn einer zweiten denaturierenden 2DE, werden seine Komponenten aufgetrennt. Mit löslichen Proteinen, z.B. mit Plasma, könnte das problemlos ablaufen – oder auch nicht.

Hochmolekulare Proteinkomplexe haben jedoch oft Schwierigkeiten, in die engen Maschen des Acrylamid-Geles zu diffundieren. Ryo Yokoyama und Kollegen (2009) behaupten, daß hier der Ersatz des Acrylamids durch Agarose weiterhelfe.

Takashi Manabe kämpft seit den 70er Jahren des letzten Jahrhunderts mit nichtdenaturierenden 2D-Gelen (Manabe et al., 2003). Dies anscheinend alleine, was einiges über die Brauchbarkeit der Technik aussagt. Auch uns haben die Ergebnisse entmutigt. Es packt einen das kalte Grausen, wenn man das vollständig native 2D-Gel in Fig. 1A von Manabe et al. (2003) betrachtet: Fast alle Proteine schmieren in horizontaler Richtung, obwohl es sich nur um Plasmaproteine handelt. Anscheinend funktioniert die native IEF nicht. Manabes nativ/denaturierende Gele (Fig. 1 B) sehen nur wenig besser aus.

In der Tat hat die vollständig native 2DE eingebaute Probleme. Funktioniert die erste Dimension, die IEF, dann sitzen die Proteine an ihren isoelektrischen Punkten, haben also keine Nettoladung. Legen Sie das IEF-Gel ohne Vorbehandlung auf das native Trenngel und schalten den Strom ein, dann rührt sich nichts, die Proteine bleiben liegen. Manabe wäscht daher die Ampholine des IEF-Gels nach der Fokussierung mit Tris-Glycin Puffer pH 8,3 aus. Er arbeitet also mit nichtfixierten pH-Gradienten. Damit aber kann er weder eine gute Trennung noch eine gute Reproduzierbarkeit erwarten. Zudem ist Tris-Glycin Puffer pH 8,3 alles andere als physiologisch. Manche Proteine denaturieren und Proteine, die bei pH 8,3 positiv geladen sind, gehen dem 2D-Gel verloren. Sie wandern ja in die falsche Richtung. Schließlich gibt die Laufgeschwindigkeit der Proteinkomplexe im Trenngel nur ein scheinbares MG, da in nativen Gelen die Laufgeschwindigkeit der Proteine von ihrer Größe und ihrer Ladungsdichte abhängt.

Falls Sie sich auf die native 2DE einlassen, übernehmen Sie nicht Manabes Methode. Versuchen Sie stattdessen, die Auflösung und Reproduzierbarkeit der vollständig nativen 2DE zu verbessern.

Wie Sie das anfangen sollen?

Einige Vorschläge für deren Wert wir keine Hand ins Feuer halten: Verwenden Sie in der ersten Dimension immobilisierte pH-Gradienten und suchen Sie nach Zusätzen, die die Fokussierung verbessern, ohne die Proteinkomplexe aufzuspalten. Solch ein Zusatz könnte Hydroxypropylmethylzellulose sein, niedrige Harnstoff- oder Thioharnstoffkonzentrationen oder nichtionische Seifen. Um den Proteinkomplexen nach der IEF wieder eine Ladung zu verpassen, reicht es möglicherweise nicht, das IEF-Gel mit Puffer zu waschen. Vielleicht hilft es, dem Waschpuffer etwas Deoxycholat zuzusetzen; einige Proteine könnten die negativ geladene Seife binden.

Erkundigen Sie sich zuvor was Manabe schon alles ausprobiert hat.

Literatur

1 Hartinger, J. et al. (1996): 16-BAC/SDS-PAGE: A two-dimensional gel electrophoresis system suitable for the separation of integral membrane proteins. Anal. Biochem. 240, 126–133

2 Manabe, T. et al. (2003): Detection of protein-protein interactions and a group of immunoglobulin G-associated minor proteins in human plasma by nondenaturing and denaturing two-dimensional gel electrophoresis. Proteomics 3, 832–846

3 Yokoyama, R. et al. (2009): Isoelectric focusing of high-molecular-weight protein complex under native conditions using agarose gel. Anal. Biochem. 387, 60–63

7.3.3.10 3D-Gele

2D-Gele kennt inzwischen jeder. Aber 3D-Gele? Jawohl, das gibt es. Bao-Shian Lee und Kollegen machen das so: 1. Dimension ist, wie gehabt, die IEF. Als 2. Dimension dient ein 12% SDS-Gel in Mes-Puffer und die 3. Dimension ist ein 7,5% SDS-Gel Würfel mit Tris-Glycin Laufpuffer. Die Idee: Die 2. Dimension trennt Proteine mit niedrigem Molekulargewicht und die 3. Dimension die Proteine mit hohem Molekulargewicht. Technisch braucht man für 3D-Gele eine Wanne mit Platindraht-Elektrode, einen oben und unten offenen Glaskasten und ein passendes Kupfernetz als obere Elektrode. Ein Netz deswegen, weil sich unter einer Platte Gasbläschen ansammeln würden. Haben Sie alles? Dann kann die Reise in die 3. Dimension losgehen. Zuerst wird wie üblich ein 2D-Gel hergestellt. Zudem wird in den Glaskasten ein Gelwürfel gegossen. Dann setzen Sie den Glaskasten in die Wanne, legen das 2D-Gel obenauf, das Kupfernetz darauf, dann oben und unten Laufpuffer zugeben, Strom anschließen und nach 5 Stunden ist das 3D-Gel fertig.

Kaum fertig, schon tauchen die ersten Probleme auf. Wie den Gelwürfel anfärben? Das geht nicht, es sei denn man hat ein Jahr Zeit, um zu warten bis das Coomassie in den Würfel diffundiert ist – und dann heißt es einige Jahre waschen… Die Autoren färben daher ihre Proteine vor dem Lauf kovalent an. Das hat auch wieder seine Probleme. Zudem sieht der Gelwürfel, zu urteilen nach dem Bild, das die Autoren lieferten, scheußlich aus. Des weiteren schweigen sich die Autoren darüber aus, wie man solch einen Gelblock aufbewahrt. Trocknen läßt er sich wohl nicht – und falls doch, hat man wieder ein 2D-Gel. Wunder der Technik! Die Methode von Bao-Shian Lee nachzukochen können wir also beim besten Willen nicht empfehlen. Der Aufwand ist entschieden größer als die zu erwartende Trennwirkung. Besser, Sie beschränken sich auf 2D-Gele und nehmen für die 2. Dimension ein langes 10% Gel.

Das heißt aber noch nicht, dass 3D-Gele keine Zukunft haben. Diese steht und fällt mit der dritten Dimension. Die muss unabhängig von den beiden ersten sein und von ähnlicher Trennwirkung. Also nicht noch eine IEF, nicht noch eine SDS-Gelelektrophorese, sondern… Ja, was? Das ist die Frage, lieber Leser, mit deren Lösung Sie ihren Professor berühmt machen können. Falls Letzteres ihre Motivation nur unerheblich steigert, einen Vorteil des 3D-Gels sehen wir doch. Man hat hinterher nicht ein glibberiges unfassbares Blatt in der Hand, sondern einen soliden viereckigen Kuchen, der sich prächtig werfen lässt. 3D-Gele sorgen für Spaß im Labor.

Literatur

1 Lee, B. et al (2003): High-resolution separation of proteins by a three-dimensional sodium dodecyl sulfate polyacrylamide cube gel electrophoresis. Anal. Biochem. 317, 271–275

7.3.3.11 Proteinextraktion aus 2DE und anderen Gelen

Nach der 2DE steckt Ihr Protein als Flecken im Gel. Es gibt zwei Möglichkeiten, das Protein zu extrahieren. Entweder Sie blotten es auf eine Membran oder Sie eluieren es in eine Flüssigkeit.

Bevor Sie jedoch mit dem Gel hantieren: passen Sie auf, dass Sie es nicht mit anderen Proteinen verschmutzen. Die Welt, insbesondere ihr Kopf, ihre Haut, ihre Finger und alles was Sie angefasst haben, ist voll von Keratinen. Also: Handschuhe tragen, Laborkittel anziehen, Haare zum Zopf binden. Dann erst kann's losgehen.

Blotten: Sie können die Proteine ihres 2D-Gels auf PVDF-Membranen blotten. Mit dem IR-Laser eines MALDI-MS lassen sich die Proteine direkt auf dem Blot analysieren (7.5.2.1). Oder Sie verdauen die geblotteten Proteine mit Proteasen und trennen die entstandenen Peptide in der HPLC. Die HPLC-Eluate können Sie in ein ESI-MS einspeisen (7.5.2.3) oder nach Edman sequenzieren (7.7.2).

Wollen Sie einen bestimmten Proteinflecken isolieren, schneiden Sie ihn aus dem Blot aus. Zuvor müssen Sie den Flecken erkennen. Färbeprotokolle für Blots finden Sie in ▶ Abschn. 1.6.1. Für manche Zwecke ist es sinnvoll, das Protein von der Blotmembran wieder abzulösen und in Lösung weiterzuverarbeiten. Techniken dazu finden Sie in ▶ Kap. 1.6.6.

Auch IEF-Gele kann man blotten. Vor dem Blot eines IEF-Gels müssen Sie jedoch die Ampholine mit Perchlorsäure auswaschen (Hsieh et al. 1988) – was sich natürlich bei immobilisierten Ampholinen erübrigt. Beim Auswaschen geht Protein verloren und durch den sauren pH werden empfindliche Bindungen (z.B. Asp-Pro) teilweise hydrolysiert.

Die Effizienz des Proteintransfers vom Gel auf den Blot sollte hoch sein, das Protein auf dem Blot leicht zu identifizieren und die Blotmembran stabil gegenüber den später verwendeten Reagenzien. So vertragen Nitrozellulose- und Nylon-Membranen die Lösungsmittel der Edman-Chemie nicht: Dem Experimentator bleibt die Wahl zwischen beschichteten Glasfaser- und PVDF-Membranen. Glasfasermembranen werden entweder mit Polybren (Vandekerckhove et al. 1985) oder positiv geladenen Silanverbindungen beschichtet (Xu & Shively 1988). PVDF-Membranen können ohne Beschichtung eingesetzt werden (Matsudaira 1987), doch macht sie eine Polybrenbeschichtung den Glasfasermembranen überlegen (Xu & Shively 1988). Zudem können Sie das gesuchte Protein auf PVDF-Membranen mit Coomassie identifizieren, ohne dass dies die anschließende Mikrosequenzierung beeinflusst (Xu & Shively 1988). In der Regel werden daher PVDF-Membranen verwendet. Bei beiden Membranen geht ein gewisser Prozentsatz an Protein (10–30%) während des Blottens verloren.

Extraktion in eine Flüssigkeit. Blotten ist nicht immer das Mittel der Wahl. Oft wünscht man sich das Protein frei in einer Flüssigkeit schwimmend statt auf einer Membran klebend, so für die meisten MS-Techniken. Zwar kann man Proteine von Blotmembranen wieder ablösen, doch ist es oft besser, sie gleich vom Gel in eine Flüssigkeit zu transferieren. Theoretisch können Sie das gewünschte Gelstück

mit einer Pipettenspitze ausstechen oder einem Skalpell ausschneiden, dann in den gewünschten Puffer legen und warten bis das Protein aus dem Gelstückchen in den Puffer diffundiert ist. Doch ohne SDS braucht das Wochen, wenn sich das Protein überhaupt rührt. Es wurde ja durch die Färbeprozedur präzipitiert. Die Doktorarbeit sollte aber nicht länger als drei Jahren dauern.
Wie kann man dem Protein Beine machen?

- Prussak et al. (1989) eluieren Proteine durch passive Diffusion in Gegenwart von 0,01% SDS. Es hilft, das Gelstückchen zuvor im Mikromörser zu zermahlen. Dies ist allerdings alles andere als spaßig. Die Äquilibierung von Proteinen und Peptiden zwischen Gel und Extraktionsflüssigkeit wird beschleunigt, wenn Sie das zermahlene Gel im Extraktionsgefäß ultrabeschallen (Mackun & Downard 2003). Dies nicht von innen mit dem SonicatorTipp (Pfui!), sondern von außen, d.h. in dem Sie das Gefäß mit Gelstück und Extraktionsflüssigkeit in ein Ultraschallbad stellen (5×15 min).
- Hunkapiller et al. (1983) färben das Gel schonend an (z.B. mit Na-Acetat), schneiden die Bande bzw. den Flecken aus und eluieren das Protein in eine Dialysekammer. Die Methode ist zuverlässig, aber umständlich und gibt niedrige Ausbeuten.
- Falls Sie nur Peptide wollen, verdauen Sie die Proteine im Gel und eluieren dann die Peptide (s. ► Kap.7.4.1). Das geht schneller weil Peptide kleiner sind als Proteine.

Literatur

1 Hunkapiller, M. et al. (1983): Isolation of microgramm quantities of proteins from polyacrylamide gels for amino acid sequence analysis. Methods Enzymol. 91, 227–236
2 Hsieh, K. et al. (1988): Electroblotting onto glass-fiber filter from an analytical isoelectrofocusing gel: a preparative method for isolating proteins for N-terminal sequencing. Anal. Biochem. 170, 1–8
3 Mackun, K. & Downard, K. (2003): Strategy for identifying protein-protein interactions of gel-separated proteins and complexes by mass spectrometry. Anal. Biochem. 318, 60–70
4 Matsudaira, P. (1987): Sequence from picomole quantities of proteins electroblotteed onto polyvinylidene difluoride membranes. J. Biol. Chem. 262, 10035–10038
5 Prussak, C. et al. (1989): Peptide production from proteins separated by sodium dodecyl sulfate polyacrylamide gel electrophoresis. Anal. Biochem. 178, 233–238
6 Vandekerckhove et al. (1985): Protein-blotting on polybrene-coated glass fiber sheets. Eur. J. Biochem. 152, 9–19
7 Xu, Q. & Shively, J. (1988): Microsequence analysis of peptides and proteins; improved electroblotting of proteins onto membranes and derivatized glass-fiber sheets. Anal. Biochem. 170, 19–30

7.4 Proteine spalten

Für viele Techniken der ESI- und MALDI-Massenspektrometrie und auch für die inzwischen aus der Mode geratene Edman-Sequenzierung müssen Sie Ihre Proteine in Peptide zerlegen. Das kostet Selbstüberwindung, vor allem, wenn es sich um ein gereinigtes Protein handelt. Da haben Sie so aufgepasst mit den Proteasen, haben Inhibitoren zugesetzt, im Kühlraum gebibbert und sich Nachts Augenringe angearbeitet, nur damit es schneller geht und die Proteasen keine Zeit für ihr Zerstörungswerk haben und jetzt – freiwillig! – welche zugeben, das kostbare Produkt mutwillig zerstören? Aber da hilft alles nix:

> *Willst Du ne Sequenz erhalten,*
> *musst Du spalten, spalten, spalten.*

Meistens spaltet man mit selektiven Proteasen (■ Tab. 7.1). Dies ist aber nicht der einzige Weg um zu analysierbaren Peptiden zu kommen. Sie können es auch mit Bromcyan oder verdünnten Säuren probieren: diese Agenzien spalten ebenfalls nur an bestimmten Aminosäureresten.

Wie vorgehen?

Sie besorgen sich das gereinigte Protein. Entweder durch konventionelle Reinigung oder indem Sie es aus einem 2D-Gel ausstechen oder einem 1D-Gel ausschneiden und dann eluieren. Sie können das Protein auch aus einem Blot auschneiden und dann verdauen. Es empfiehlt sich, Heterooligomere vor der Spaltung in die Untereinheiten aufzutrennen. Die gereinigte Untereinheit wird denaturiert und eventuelle Disulfidbrücken werden reduziert. Vor der Reoxidation der Cysteine schützt eine Car-

Tab. 7.1 Selektive Endoproteasen und ihre Mucken

Protease	Spaltstelle	pH-Optimum; Arbeitskonz.	Achtung!
Trypsin	Arg - X Lys - X	8-9; 1:20 - 1:100	Arg-Pro und Lys-Pro Stellen sind resistent; Lys-Glu, Lys-Asp, Arg-Glu und Arg-Asp Stellen werden nur langsam gespalten; folgen zwei oder mehr basische Reste aufeinander "zerfasern" die Spaltstellen; höhere Aktivität in 10% Acetonitril.
Lys-C	Lys - X	8,5; 1:20 - 1:100	Lys-Pro Stellen sind resistent; höhere Aktivität in 10% Acetonitril und 0,01% SDS.
Arg-C	Arg - X Lys-Lys - X	7,5-8,5; 1:50 - 1:200	Arg-Pro Stellen sind resistent; spaltet in geringem Maß auch Lys-X Stellen; höhere Aktivität in 4 M Harnstoff und 5% Acetonitril.
Glu-C	Glu - X Asp - X	4,0-7,8; 1:20 - 1:100	Stabil in 0,01% SDS; höhere Aktivität in 5% Acetonitril.
Asp-N	X - Asp X - Cys	6,0-8,5	Metalloprotease; geringfügige Spaltung von X - Glu Stellen; höhere Aktivität in 5% Acetonitril; arbeitet auch in 1 M Harnstoff.

boxymethylierung mit Iodessigsäure (Lind & Eaker 1982). Diese Reaktion braucht Fingerspitzengefühl, da bei zu hoher Konzentration an Iodacetat oder dem falschen pH auch andere Aminosäuren wie Methionin, Lysin und Histidin reagieren. Brauchen Sie nur ein paar Teilsequenzen, können Sie auf die Carboxymethylierung verzichten.

Literatur

1 Lind, P. & Eaker, D. (1982): Amino-acid sequences of the a-subunit of taipoxin, an extremely potent presynaptic neurotoxin from the Australian snake taipan. Eur. J. Biochem. 124, 441–447

7.4.1 Proteasenverdau

Von den drei selektiven Proteinspaltungsmethoden ist der Verdau mit Proteasen die gängigste. Es gibt mehrere Arten, ein Protein mit einer Protease zu analysierbaren Peptiden zu verdauen.

Zum einen inkubieren Sie das denaturierte Protein in Lösung mit möglichst geringen Mengen einer selektiven Protease. Dies so lange bis das Protein vollständig in gegen die Protease resistente Peptide aufgespalten ist (Leube et al. 1987; Prussak et al. 1989). Die Peptide können Sie hinterher auf der HPLC auftrennen und z.B. im ESI-MS analysieren.

Sie müssen nicht vollständig verdauen, Sie können es auch bei größeren Spaltprodukten bewenden lassen. Diesen Teilverdau trennen Sie entweder mit der HPLC auf oder, wenn es sich um größerer Bruchstücke handelt, mit der SDS-Gelelektrophorese. Im letzteren Fall verdauen Sie das Protein am besten gleich in der Tasche des SDS-Gels, elektrophoretisieren die Spaltprodukte und blotten sie auf eine geeignete Membran (Kennedy et al. 1988). Diese unvollständige Proteaseverdau spart Zeit und verringert Verluste und macht andererseits die Proteinidentifizierung über die Datenbanksuche (z.B. Swissprot) schwerer und ungenauer.

In der Regel liegt das Protein nicht in Lösung vor, sondern in den Maschen eines 1D oder 2D-Gels. Wenn Sie keine Lust haben, die in 7.3.3.9 beschriebenen Extraktionsmethoden anzuwenden, können Sie das Protein blotten und nach dem Blot vollständig verdauen. Sie identifizieren dazu ihr

Protein auf dem (nicht geblockten!) Blot mittels Proteinfärbung, schneiden das Blotstück aus und geben eine selektive Protease dazu. Es entstehen Peptide, die auf der HPLC getrennt werden. Diese Peptide sequenzieren Sie im MS oder per Edman, wenn Sie was für Tradition übrig haben.

Die Sache hat einen Haken: Wenn Sie Proteine direkt auf PVDF- oder Nitrocellulosemembranen verdauen, bindet die ungeblockte Membran die Protease und inaktiviert sie. Zudem arbeiten Proteasen besser mit gelöstem Protein. Sie beseitigen das Problem, indem Sie das Protein vom Blotstück ablösen und die Adsorption von Protease und Peptiden verhindern (s. ▶ Kap. 1.6.6).

Wollen Sie das umständliche Blotten vermeiden? Dehydratisieren Sie die Gelstücke und rehydratisieren Sie sie anschließend in Gegenwart von z.B. Trypsin und Ammoniumbicarbonat-Puffer. Protease und Puffer werden in das Gel gesaugt und können dort das Protein in Peptide spalten. Die werden mit 50% Wasser/Acetonitril ausgewaschen. Das geht, weil die Peptide kleiner sind als das Protein, aber gut geht das Auswaschen nicht. Sie müssen es mehrmals wiederholen, denn immer bleibt ein Teil der Peptide im Gel stecken und das Protein wird auch nicht vollständig verdaut, d.h. zu den kleinstmöglichen Peptiden aufgespalten. Aus eigener Erfahrung empfehlen wir daher, aus Gelen eluierte Peptide in Lösung nachzuverdauen, da dies dort effizienter ist und bessere Ergebnisse in der anschliessenden Datenbanksuche gibt.

Schließlich erhebt sich die Frage, welche Protease soll ich nehmen? Die Antwort: Im Zweifel Trypsin. Es ist am billigsten und am besten charakterisiert. Exzentriker greifen zu anderen selektiven Proteasen. ◘ Tab. 7.1 gibt eine Auswahl.

Trypsin spaltet Proteine an der carboxyterminalen Seite von Lysin- und Argininresten; Arg-Pro bzw. Lys-Pro Stellen sind trypsinresistent. Auch greift Trypsin Peptidbindungen zwischen einer basischen (Lys, Arg) und einer sauren Aminosäure (Glu, Asp) nur langsam an. Das pH-Optimum von Trypsin liegt zwischen 8 und 9 und das optimale Verhältnis von Enzym zu Substrat (in Gewicht) bei 1:50 bis 1:100. Ca^{2+}-Ionen hemmen den Selbstverdau von Trypsin. Die Trypsinpräparation darf keine Chymotrypsinaktivität enthalten, muss also TPCK behandelt und hochgereinigt sein. Spaltstellen nach Lysinresten können durch Derivatisierung des Lysinrests (z.B. mit Citraconsäure) vor Trypsin geschützt werden. Umgekehrt führt eine Behandlung der Cysteingruppen mit Iodoäthyltrifluoroacetamid neue Trypsinspaltstellen ein. Mehr dazu in ◘ Tab. 7.1.

Die **V8 Protease** von *Staphylococcus aureus* (MG 12 Kd) ist von pH 3,5 bis 9,5 aktiv und entwickelt ihre maximale Aktivität bei pH 4,0 und 7,8. Bei pH 4,0 präzipitiert die Protease teilweise. In Phosphatpuffer spaltet die V8 Protease Peptidbindungen auf der carboxyterminalen Seite von Asp- und Glu-Resten. In 50 mM Ammoniumbicarbonat-Puffer pH 7,8 oder Ammoniumacetat-Puffer pH 4,0 dagegen spaltet das Enzym nur nach Glu-Resten. Unterhalb von 40°C zeigt die Protease keinen Selbstverdau. Ihre wässrigen Lösungen können ohne Aktivitätsverlust gefroren und getaut werden. Divalente Kationen oder EDTA haben keinen Einfluss auf die Enzymaktivität, auch arbeitet das Enzym noch in 0,5% SDS. Diisopropyl-fluorophosphat hemmt die V8 Protease. Vercaigne-Marko et al. (2000) behaupten, dass sich der Verdau mit V8-Protease verbessern und vervollständigen lässt, wenn man das Substrat an eine negativ geladene hydrophobe Matrix bindet. Vielleicht funktioniert das auch mit anderen Proteasen: Probieren Sie es aus wenn Sie gerade nichts Besseres vorhaben.

Die Endoproteasen **Lys-C**, **Glu-C** und **Arg-C** sind ebenfalls beliebt bei Proteinspaltern. Lys-C spaltet – Nomen est Omen – an der carboxyterminalen Seite von Lysinresten. Das Enzym ist hart in Nehmen und arbeitet noch in 5 M Harnstoff bzw. 0,1% SDS. Glu-C spaltet je nach Puffer an der carboxyterminalen Seite von Glu- bzw. Glu- und Asp-Resten. Arg-C ist eine Cysteinprotease, die Peptidbindungen an der carboxyterminalen Seite von Argininresten hydrolysiert.

Die Proteasen **Papain** und **Chymotrypsin** werden selten verwendet. Die Serin-Protease Chymotrypsin (MG 25 Kd) zeigt breitere Spezifität als Trypsin. Unter milden Bedingungen (kurze Inkubationszeit) spaltet Chymotrypsin bevorzugt Peptidbindungen nach den aromatischen Aminosäuren Phenylalanin, Tyrosin und Tryptophan. Mit der Zeit werden auch die Peptidbindungen auf der C-terminalen Seite von Leu, Met, Asp und Glu angegriffen.

Die Protease **Pepsin** kann zum unspezifischen Verdau eingesetzt werden. Sie ist bis pH 2 aktiv und bietet die Möglichkeit im sauren Milieu Peptidleitern herstellen. In Ausnahmefällen kann das von Vorteil sein.

Warnung: Proteasen sind Proteine. Sie können sich also selbst verdauen und tun es auch oft. So tauchen in Massenspektren von Trypsin-verdauten Proteinen regelmäßig Trypsin-Peptide auf (◻ Tab. 7.6). Es lohnt sich also, die MG bzw. Sequenzen Ihrer Peptide aus Protein-Verdaus auf ihre Herkunft zu überprüfen.

Sie sehen, selbst eine so einfache Sache wie einen Enzymverdau kann man beliebig kompliziert gestalten. Aber keine Panik: Normalerweise werfen Sie das Enzym zum Substrat, inkubieren über Nacht bei 37°C und am Morgen ist alles gegessen und sie können vorwärts schreiten auf dem Wege zum Ruhm.

Literatur

1 Cleveland, D. et al. (1977): Peptide mapping by limited proteolysis in sodium dodecyl sulfate and analysis by gel electrophoresis. J. Biol. Chem. 252, 1102–1106
2 Kennedy, T. et al. (1988): Sequencing of proteins from two-dimensional gels by using in situ digestion and transfer of peptides to polyvinylidene difluoride membranes: application to proteins associated with sensitization in Aplysia. Proc. Natl. Acad. Sci. USA 85, 7008–7012
3 Leube et al. (1987): Synaptophysin: molecular organization and mRNA expression as determined from cloned cDNA. EMBO J. 6, 3261–3268
4 Prussak, C. et al. (1989): Peptide production from proteins separated by sodium dodecyl sulfat polyacrylamide gel electrophoresis. Anal. Biochem. 178, 233–238
5 Vercaigne-Marko, D. et al. (2000): Improvement of *Staphylococcus aureus* V8 protease hydrolysis of bovine hämoglobin by its adsorption on to a solid phase in the presence of SDS: peptide mapping and obtention of two hämopoietic peptides. Biotechnol. Appl. Biochem. 31, 127–134

7.4.2 Bromcyan- und Säurespaltung

Die Umsetzung eines Proteins mit Cyanogenbromid verwandelt die Methioninreste in Homoserinreste und spaltet die Aminosäurekette auf der C-terminalen Seite des Methioninrests. Die Spaltung ist in der Regel zu 90–95% vollständig und die Reagenzien können, da flüchtig, leicht entfernt werden. Vorsicht: Cyanogenbromid ist ätzend, Kontakt vermeiden.

Verdünnte Salzsäure (0,03 N bei 105°C) spaltet Proteine auf der C-terminalen Seite von Aspartatresten.

Literatur

1 Morrison, J. et al. (1990): Studies on the formation, separation and characterization of cyanogen bromide fragments of human A1 apolipoprotein. Anal. Biochem. 186, 154–152

7.5 Massenspektrometrie von Proteinen und Peptiden

Euer Gnaden, sagte Sancho, taugt besser zum Prediger als zum irrenden Ritter. Die irrenden Ritter, Sancho, verstehen alles und müssen alles verstehen, antwortete Don Quichote.

7.5.1 Einführung

Massenspektrometer (MS) zogen zusammen mit den Schlaghosen in den 60er Jahren in die Labors ein. Die Chemiker benutzten sie zur Massenbestimmung und Strukturaufklärung von flüchtigen Molekülen und Molekülbruchstücken.

Das funktionierte so: Die gasförmige Molekülmischung wurde im Gaschromatographen getrennt. Ein Gaschromatograph arbeitet ähnlich wie eine HPLC, nur dass die mobile Phase gasförmig ist und die stationäre Phase entweder ein Flüssigkeitsfilm (Verteilung) oder ein Feststoff (Adsorption). Eine der Fraktionen wird mit Elektronen (70 eV) aus einem Heizdraht beschossen. Die Elektronen ionisieren die Probenmoleküle und brechen Bindungen auf. Die Massen der entstandenen Fragment-Ionen werden dann im MS bestimmt und daraus Schlüsse auf die Struktur des ursprünglichen Moleküls gezogen. Die MS trennten die entstandenen Fragmentionen in magnetischen Feldern. Die Ablenkung eines Ions im magnetischen Feld hängt von seiner Masse und Ladung ab, bei bekannter Ladung misst das MS also das MG. Die Messung ist so genau, dass z.B. positive Ionen der Zusammensetzung CO (MG 27,9949), H_2CN (MG 28,0187), C_2H_4 (MG 28,0313), N_2 (MG 28,0061) unterschieden werden können.

Bei Peptiden, Proteinen, DNA versagt diese Technik: So große (und noch dazu geladene) Moleküle sind nicht flüchtig. Zudem würden sie unter dem hochenergetischen Elektronenbombardement in zahllose Einzelteile zerfallen. Anfang der 80er Jahre, die Schlaghosen waren inzwischen in die Altkleidersammlungen gewandert, fand man jedoch Tricks, mit denen es gelang, auch hochmolekulare Ionen ins Vakuum springen zu lassen.

Es schadet nichts, wenn Sie sich mit den physikalischen Grundlagen der MS vertraut machen. Es nützt aber auch nicht viel. Wichtiger als die Kenntnis von Feld- und Arbeitsgleichungen oder Stabilitätsdiagrammen ist die Kenntnis der Handy-Nummer des Servicemanns von Bruker Daltonics, Applied Biosystems, Thermo Finnigan, Agilent oder Waters bzw. ein gutes Verhältnis zu dem Postdok, der das MS bedient. MG ist MG und wenn es stimmt kann es Ihnen gleichgültig sein, mit welchen Tricks die Maschine es ermittelt hat. Man sollte nicht versuchen, auf allen Gebieten Meister zu sein: Wer alles können will, kann am Ende nichts.

Wie alle guten Dinge besteht ein MS aus drei Teilen: Einer Ionenquelle, einem oder mehreren Analysatoren und dem Detektor.

An Ionenquellen und Analysatoren gibt es verschiedene Typen, die nach verschiedenen Prinzipien arbeiten. Auch kann man inzwischen jede Ionenquelle mit jedem Analysator koppeln: Nichts ist mehr unmöglich, abgesehen von der Bezahlung.

7.5.2 Ionenquellen und Probenvorbereitung

7.5.2.1 Matrix-Assisted Laser-Desorption Ionization

Die Matrix-Assisted Laser-Desorption Ionization (MALDI) wurde in den 1980er Jahren von Michael Karas und Franz Hillenkamp entwickelt und etwa zeitgleich in einer anderen Version von Koichi Tanaka. Die Version von Karas und Hillenkamp setzte sich durch. Dennoch erhielt 2002 Tanaka den Nobelpreis für die Entwicklung der Methode. Die Entscheidungen des Nobelkomittees sind manchmal unergründlich. Aber diese Sorgen sollten Sie vorläufig nicht plagen. Wichtiger ist die Frage: Was ist MALDI?

Bei MALDI werden die Proteine oder Peptide auf einem sogenannten Probenteller in Kristalle von UV-absorbierenden Molekülen eingebaut (Kokristallbildung) (■ Abb. 7.13). Dabei übertragen die sauren UV-absorbierenden Moleküle Protonen auf die Proteine/Peptide und laden sie positiv auf. Die Proteine/Peptide erhalten so in der Regel eine oder zwei positive Ladungen.

Moleküle, die Kokristallbildung, Protonentransfer und UV-Absorption zeigen, nennt man Matrix (■ Tab. 7.2).

Es folgt der eigentliche Ionisierungsprozess. Dazu schiebt man die protein- oder peptid-gedopten Kristalle ins Hochvakuum des MS und bestrahlt sie mit einem UV-Laser Puls. Der setzt explosionsartig die UV-absorbierenden Matrix-Moleküle und damit auch die eingebauten Proteinionen frei.

Die positiv geladenen Proteine gehen nackt, d.h. ohne Hydratwasser und Gegenionen wie Cl^-, in die Gasphase. Auch erscheinen im Gas meistens einzelne Polypeptidketten: Proteinkomplexe zerfallen in der sauren denaturierenden Matrixlösung in ihre Untereinheiten.

Spezielle Proteine machen spezielle Probleme.

Membranproteine in die Kristalle einzulagern ist schwierig. Wenn es doch gelingt bleibt unklar, ob die Membranproteine dabei mit Lipiden und Seifen assoziiert bleiben und ein Protein-Seifen-Komplex ins Gas springt (wenn überhaupt etwas springt). Das Membranprotein Bacteriorhodopsin, so scheint es, wurde erfolgreich mit MALDI analysiert. Auch bei Aquaporinen (sechs Transmembrandomänen) gelang die Analyse. Das gereinigte Aquaporin wurde in 80% Ameisensäure gelöst, mit Matrixlösung gemischt und danach auf dem Probenteller getrocknet (Fotiadis et al. 2001). Falls es Ihnen nur auf einen Peptid-Fingerabdruck der Membranproteine ankommt (s. ▶ Abschn. 7.5.5), empfehlen Noura Bensalem und Kollegen (2007) einen proteolytischen

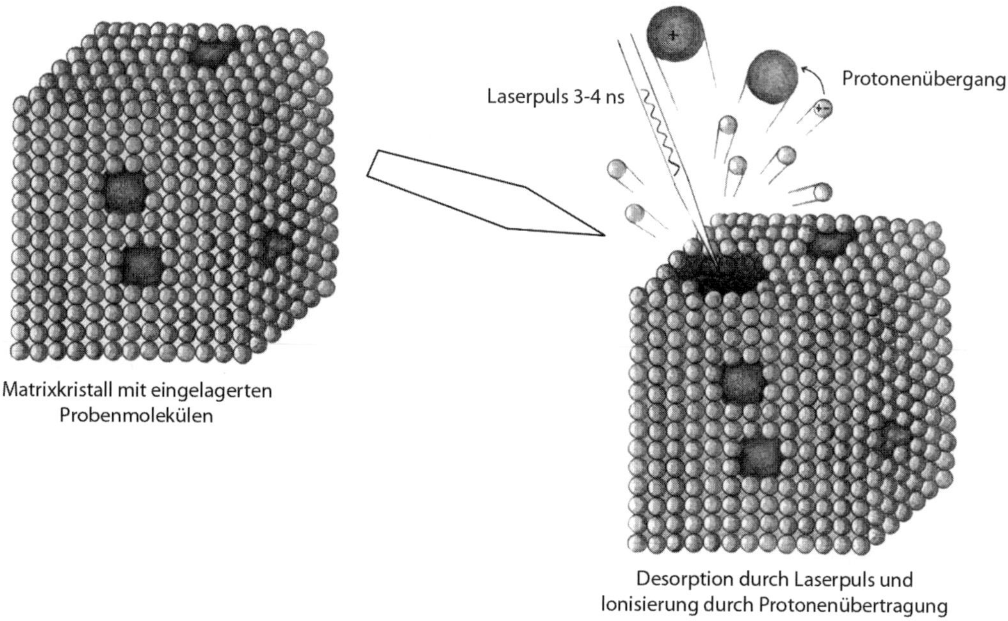

Abb. 7.13 Matrix-Assisted Laser-Desorption Ionization (MALDI)

Verdau der mit Seifen solubilisierten Membranproteine, anschließende Extraktion der Peptide mit Acetonitril und Polystyren Kügelchen und Analyse der Peptide mit MALDI. Die Elektrospray-Ionisierung scheint jedoch für Membranproteine die bessere Methode zu sein (s. ► Abschn. 7.5.2.3).

Bei Glykoproteinen lagern sich die Zuckermoleküle gelegentlich um oder werden in der sauren Matrix und unter dem UV-Photonenstrom abgespalten. Schließlich zerfällt unter dem Laser ein Teil der Matrixmoleküle, reagiert mit den Proteinen und vergrößert dadurch deren MG. Dies macht sich im Spektrum durch sogenannte Addukt-Signale bemerkbar.

Wenn MALDI klappt, und es klappt meistens, liegt eine Gaswolke von positiv geladenen Proteinionen vor. Diese Ionen beschleunigt ein elektrisches Feld auf einen Schlitz zu – jedenfalls dann, wenn die MALDI-Quelle mit einem TOF-Analysator verbunden ist.

Das gleiche Feld beschleunigt alle Ionen. Jedes Ion (Masse m = MG) erhält also die gleiche Energie E multipliziert mit seiner Ladung z, anders gesagt: $E = (m/z) \times v^2$. Die Geschwindigkeit v der Ionen ist daher proportional zu eins durch die Wurzel aus Masse/Ladung. Die erreichte Geschwindigkeit eines Ions hängt also ab von dem Quotienten Masse durch Ladung (m/z). Das heißt: Zwei Proteine mit gleicher Ladung aber unterschiedlicher Masse beschleunigt das Feld auf unterschiedliche Geschwindigkeiten, das Protein mit kleinerer Masse erreicht die höhere Geschwindigkeit. Ein zweiwertig positiv geladenes Protein erreicht eine höhere Geschwindigkeit als das gleiche Protein mit nur einer Ladung.

Beachten Sie: Die Matrix kann ein Protein unterschiedlich mit Protonen beladen. Zwar fliegen die meisten Proteine als einwertig positive Ionen durch Vakuum $(M + H)^+$. Zweiwertig positiv und (in geringem Ausmaß) dreiwertig positiv geladene Proteinionen kommen aber ebenfalls vor. Größere Proteine geben also oft mehrere Signale.

Wie so oft, liegt auch bei MALDI der Teufel im Detail. Die Gaswolke, die der Laserstrahl erzeugt, hat eine räumliche Ausdehnung. Diese Ausdehnung nimmt mit der Zeit zu, denn die Ionisierung verleiht den Ionen auch eine gewisse Anfangsgeschwindigkeit, die von Ion zu Ion unterschiedlich ist. Auch Ionen mit gleichem m/z haben unterschiedliche Anfangsgeschwindigkeiten. Für die

Tab. 7.2 Eigenschaften von MALDI-Matrizen

Unter Matrix versteht man einen UV- oder IR-absorbierenden kristallisierbaren Stoff, der Biopolymere in seine Kristalle einbaut. Im Hochvakuum des MALDI-TOF Massenspektrometers stoßen die Kristalle unter der Einwirkung eines Laserstrahls (UV oder IR) Matrixmoleküle und eingebaute Biopolymere aus. Proteine und Peptide werden dabei durch Protonentransfer positiv aufgeladen. Zur Herstellung der proteingedopten Kristalle nach Beavis & Chait (1996) wird Matrix in einem geeigneten Lösungsmittel bis zur Sättigung aufgelöst, dann mit Protein/Peptidlösung gemischt und auf dem Probenträger des Massenspektrometers eingetrocknet. Als Lösungsmittel für die Matrix dienen Mischungen von Wasser mit organischen Lösungsmitteln wie Acetonitril, Methanol oder Propanol in dem in der Tabelle angegebenen Verhältnis (nach Beavis & Chait, 1996)

	Matrix	Lösungsmittel für Matrix	Kristallbildung mit Einbau von Peptiden	Kristallbildung mit Einbau von Proteinen	Signalintensität und Durchschnitts-Ladungen pro Protein/Peptid	Bemerkungen
Matrizen für UV-Laser	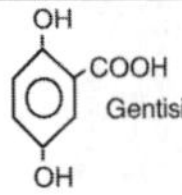 Gentisinsäure	Wasser 9:1 organische Lsgm.	klappt meistens	versagt gelegentlich	akzeptabel; +	Matrix produziert stabile Proteinionen; photochemische Adduktgipfel treten auf: MG(Protein)+136
Matrizen für UV-Laser	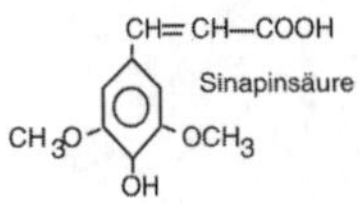 Sinapinsäure	2:1	versagt gelegentlich	klappt meistens	akzeptabel; +	eignet sich für Proteinmischungen; bei kleinen Peptiden oft schwache Signale; photochemische Adduktgipfel treten auf: MG(Protein)+206
Matrizen für UV-Laser	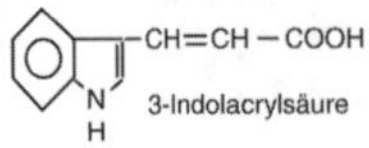 3-Indolacrylsäure	2:1	klappt meistens	klappt meistens	gut; ++	eignet sich für komplizierte Proteinmischungen; photochemische Adduktgipfel treten auf: MG(Protein)+185
Matrizen für UV-Laser	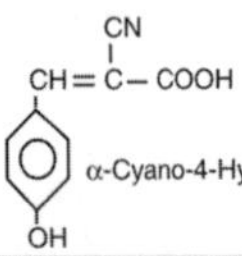 α-Cyano-4-Hydroxyzimtsäure	2:1	klappt meistens	klappt meistens	sehr gut; +++	kaum photochemische Adduktgipfel; Adsorption von Cu an manche Peptide führt zu Peptid/Cu Gipfeln; Matrix produziert mehrfach geladene labile Proteinionen
Matrizen für IR-Laser	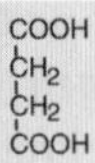 Bernsteinsäure	40 mM Bernsteinsäure in Wasser			gut; ++	Die Bestrahlung mit dem IR-Laser scheint Dimere und Trimere zu produzieren

spätere Auflösung im Analysator ist es aber wichtig, dass die Ionen die Ionenquelle als flaches Paket verlassen. Dies erreicht man mit verzögerter Extraktion (delayed extraction) (Abb. 7.14). Mit Extraktion ist die Desorption der Ionen aus der Ionenquelle gemeint, auf Deutsch: der Übergang der Ionen von der Ionenquelle in den Analysator.

Infrarot-Matrizen Es muss nicht unbedingt ein UV-Laser sein, der die Proteine in die Gasphase katapultiert. Auch Infrarot (IR)-Laser eignen sich für MALDI. IR-Laser übertragen größere Energiemengen als UV-Laser. Sie übertragen genügend Energie, um Proteine von PVDF-Membranen zu lösen. Daher können Sie mit IR-Lasern Proteine direkt vom Blot analysieren. UV-Laser dagegen entlocken PVDF-adsorbierten Proteinen kein Signal (Sutton et al. 1997). Zudem sind IR-Laser Matrizen hydrophil und kommen ohne organische Lösungsmittel aus. Daher bleiben die Proteinflecken oder -banden auf der Blotmembran da wo sie hingehören und fließen nicht ineinander wie Ihnen das mit den hydrophoben UV-Matrizen geschehen kann. Die am häufigsten verwendete IR-Matrize ist Bernsteinsäure.

Beim IR-MALDI vom Blot stören Reste von Blotpuffer, Puffer also gründlich abwaschen! Zudem muss die PVDF-Membran in der richtigen Orientierung auf dem MALDI-Probenträger liegen. Wegen der hohen Bindungskapazität der PVDF-Membranen binden Proteine nur an einer Oberfläche der PVDF-Membran, auf der Butterseite, da wo das Gel mit der Membran in Kontakt kam. Merke: Butterseite nach oben.

Die hohe Energieübertragung der IR-Laser hat nicht nur Vorteile. Empfindliche Proteine können fragmentieren, andere kovalent aggregieren (zu Dimeren und Trimeren). Beides führt zu Artefaktsignalen.

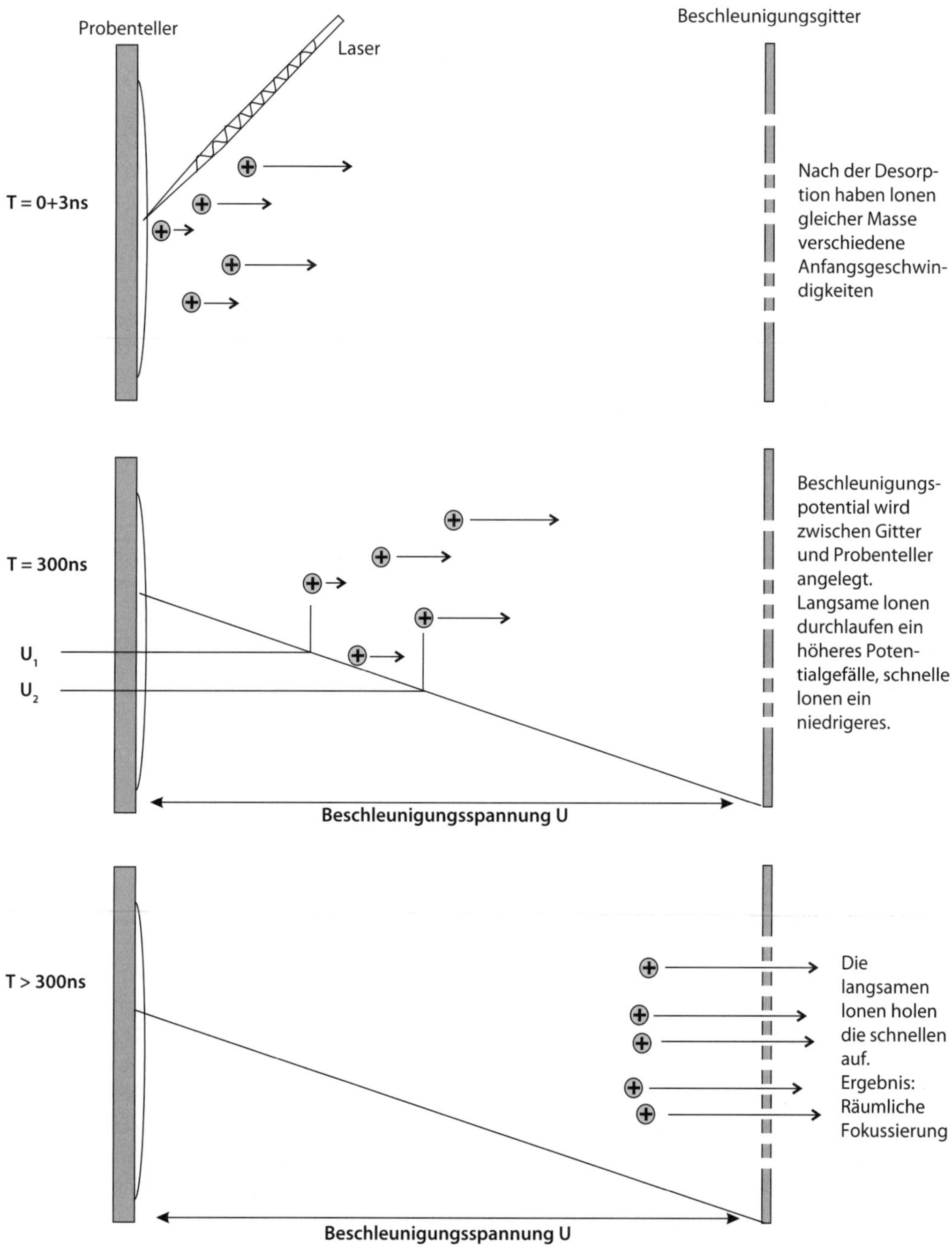

Abb. 7.14 Verzögerte Extraktion bei MALDI

Zur Analyse der proteolytischen Verdaus von Proteinen bzw. der daraus entstandenen Peptide eignet sich das IR-MALDI schlecht. Wahrscheinlich bekommt der Matrix der Verdaupuffer nicht. Es wäre daher gut, im gleichen Gerät sowohl mit IR- als auch mit UV-Lasern messen zu können.

Literatur

1 Fotiadis, D. et al. (2001): Structural characterization of two Aquaporins isolated from native spinach leaf plasma membranes. J. Biol. Chem. 276, 1707–1714
2 Sutton, C. et al. (1997): The analysis of myocardial proteins by infrared and ultraviolet laser-desorption mass spectrometry. Electrophoresis 18, 424–431
3 Bensalem, N. et al. (2007): High sensitivity identification of membrane proteins by MALDI TOF mass spectrometry using polystyrene beads. J. Proteome Res. 6, 1595–1602

7.5.2.2 Probenvorbereitung für MALDI

Vermeiden Sie alles, was Ihr Protein derivatisieren und sein MG ändern könnte, z.B. hohe Konzentrationen an Ameisensäure, Harnstoff, TFA und Verbindungen, die mit freien Aminogruppen reagieren. Auch werden viele Proteine bei Reinigung und Lagerung teilweise oxidiert und/oder deamidiert was die Präparation heterogen macht und die Signale im Analysator verbreitert bzw. neue Signale auftauchen lässt. Die experimentelle Crux und entscheidend für die Qualität ihres Spektrums ist die Qualität der Protein-gedopten Kristalle. Nur Proteine, die in Matrixkristalle eingebaut sind, springen in die Gasphase. Nicht jede Matrix eignet sich für jedes Protein. Welche Matrix die besten Ergebnisse liefert, ist nicht voraussagbar: Ausprobieren! Geeignete Matrizes finden sie in ◘ Tab. 7.2.

Die Proteinkonzentration der kristallisierenden Lösung sollte zwischen 1–10 µM liegen. Für MALDI werden die Peptid-Proteinproben gewöhnlich in 0,1% TFA/Acetonitril (60/40, v/v) gelöst. Geringe Konzentrationen von Salzen, Puffern oder Lipiden stören die Kristallbildung nicht. Größere Mengen nichtflüchtiger Substanzen wie Glycerin, Polyethylenglykol, 2-Mercaptoethanol, DMSO dagegen behindern die Kristallisation. Tödlich wirken ionische Seifen. In Gegenwart von SDS werden keine Proteine in die Kristalle eingebaut. SDS müssen Sie gründlich entfernen, z.B. durch Blotten des Proteins, Ionenpaar-Extraktion (Henderson et al. 1979) oder HPLC. Auch bei zwitterionischen Seifen ist Vorsicht geboten: Mit z.B. Zwittergent 3–16 bilden sich keine Kristalle. Azid stört die Ionenbildung beim Laserbeschuss und Lipid den Kristallaufbau. Schließlich muss der pH der Protein/Matrix-Lösung kleiner 4 sein, denn oberhalb pH 4 liegt ein beachtlicher Teil der Matrixmoleküle in ionisierter Form vor. Ionisierte Matrixmoleküle kristallisieren nicht oder bilden Kristalle mit schlechten Eigenschaften, z.B. solche, die kein Protein einbauen.

Wie stellt man gute Kristalle her?

Bartlet-Jones et al. (1994) trocknen die Protein/Peptidlösung auf den MALDI-Probenträger auf, pipettieren dann ein Tröpfchen Matrixlösung dazu und trocknen wieder ein.

Beavis & Chait (1996) werben für die Getrocknete-Tropfen-Methode: Protein/Peptidlösung mit gesättigter wässrig/organischer Matrixlösung mischen. Die Protein/Peptidkonzentration der Mischung sollte zwischen 1 und 10 µM liegen. Ein Tröpfchen davon auf den Probenträger bringen und bei Raumtemperatur an der Luft trocknen lassen. Wichtig: Die Matrixlösung immer frisch ansetzen. Das Protein/Peptid muss vollständig gelöst sein und weder Protein/Peptid noch Matrix dürfen beim Mischen präzipitieren; die Matrix fällt gelegentlich aus, wenn die Protein/Peptidlösung keine organischen Lösungsmittel enthält.

Protein/Matrix-Tröpfchen nicht erhitzen. Das ändert Kristallbildung wie Protein/Peptideinbau und zwar meistens nach dem Murphy-Prinzip.

Proteinkonzentrationen höher als 10 µM sind sinnlos. Sie verschlechtern eher das Signal.

Das optimale Mischungsverhältnis zwischen Probe und Matrixlösung liegt irgendwo zwischen 1:1 und 1:10. Weitere Tipps finden Sie in Beavis & Chait 1996.

Nach Vorm et al. (1994) und Vorm & Mann (1994) soll schnelles Trocknen kleinere und gleichmäßiger verteilte Protein-gedopte Kristalle geben. Daher trocknen diese Leute das Protein/Matrix-Tröpfchen im Vakuum ein. Hewlett Packard bot ein Gerät an, mit dem Sie die Kristallbildung im Vakuum optisch verfolgen konnten. Hewlett Packards Analysesparte wurde jedoch an Agilent ausgelagert, ob das auch mit diesem Gerät geschah, ist den Autoren nicht bekannt.

Falls die Protein/Peptidlösung hohe Konzentrationen an nichtflüchtigen Substanzen enthielt, empfiehlt es sich, die Kristalle kurz (10 sec) in kaltem Wasser zu waschen. Die nichtflüchtigen Substanzen reichern sich nämlich an der Kristalloberfläche an und werden durch das Waschen teilweise entfernt. Das verbessert das Signal (Beavis & Chait 1996). Vorsicht: Die Kristalle lösen sich leicht vom Probenträger ab. Gegenmaßnahme: Wasser schnell absaugen oder abschütteln.

Die Probenvorbereitung mag sich kompliziert lesen, doch im praktischen Leben erweist sich die Kristallisiererei als erstaunlich einfach. Bei guter Anleitung und durchschnittlicher Intelligenz erlernt man diese Kunst in zwei Wochen.

Zwei Grundmethoden haben sich in den letzten Jahren durchgesetzt. Deren Details schwanken von Labor zu Labor, so wie es Männlein und Weiblein gibt, davon aber jeweils viele Varietäten. Diese Grundmethoden sind die Getrocknete-Tropfen-Methode und die Schnellverdampfungs-Methode. Wir wollen Ihnen aber nicht verschweigen, dass France Landry behauptet, sie hätte die Vorteile der beiden Methoden vereinigt und die jeweiligen Nachteile beseitigt (also gewissermaßen einen Hermaphroditen gezeugt). Vielleicht stimmt es ja, zumindest liest sich das Paper gut (Landry et al. 2000). ◘ Tab. 7.3 stammt aus Landry et al. und stellt die drei Methoden einander gegenüber.

Oft sitzt die Probe in Gelen und man findet es mühsam, sie herauszuholen. Einmal macht es Arbeit und dann kann so viel geschehen: Kontamination, Proteasen-Verdau, Adsorption. Insbesondere die Kontaminationsgefahr mit Keratinen hängt über Ihren Versuchen wie ihre Locken über die Mikroplatte. Für die Elektrospray-Ionisierung führt kein Weg an der Extraktion aus dem Gel vorbei, das werden Sie spätestens dann einsehen, wenn Sie ▶ Kap. 7.5.2.3 gelesen haben. Aber MALDI, das müsste sich doch direkt aus dem Gel machen lassen?

In der Tat: Es lässt sich machen. Loo et al. (1999) desorbieren Proteine direkt vom IEF-Gel. Zuerst waschen Loo et al. das Gel für 10 min in 1:1 Acetonitril, 0,2% TFA, um den Harnstoff und die Seifen zu entfernen. Danach lassen sie das gewaschene Gel für 5–10 min in Matrix quellen (gesättigte Sinapinsäure in 1:1 Acetonitril, 0,2% TFA) und bei RT trocknen. Das trockene Gel wird auf den Probenträger des MALDI gelegt und mit dem UV-Laser abgefahren.

Loo nennt das »virtuelle« 2D-Gel-Analyse. Welch treffendes Wort! Wahrlich, es finden sich Literaten unter den Proteinbiochemikern. Die erste Dimension ist wie herkömmlich die IEF, die zweite die Massenbestimmung im TOF-Analysator. Das MS ersetzt also die SDS-Gelelektrophorese. Das hat seine Vorteile: Ein TOF-Analysator misst genauer als ein SDS-Gel (bei Loo et al. um zwei Größenordnungen). Es hat aber auch Nachteile: Zum einen hält man hinterher nur einen Computerausdruck in der Hand und zum anderen sind die Signale schwer quantifizierbar. Zu den virtuellen Flecken kann die virtuelle 2DE nur virtuelle Proteinmengen angeben. In einem richtigen Gel können Sie dagegen die Menge der Proteine leicht messen, z.B. mit Fluoreszenzfarbstoffen.

Zum Schluss noch einmal eine Warnung vor Keratinen: Es gibt mehrere und es gibt sie in Mengen auf der Haut, den Haaren, in Schuppen. Das Massenspektrum eines Proteinverdaus ist kompliziert genug, Sie müssen seine Interpretation nicht noch durch Keratinpeptide erschweren. Arbeiten sie immer mit Handschuhen und wenn Sie schon keine Kappe tragen wollen, dann beugen Sie sich wenigstens nicht über ihre Proben. Die MG der wichtigsten tryptischen Keratinpeptide zeigt ◘ Tab. 7.4. Allein diese vier Keratine ergeben schon 26 Signale und es gibt Dutzende von Keratinen.

Literatur

1 Bartlet-Jones, M. et al. (1994): Peptide ladder sequencing by mass spectrometry using a novel, volatile degradation reagent. Rapid Comm. Mass Spectrom. 8, 737–742

2 Beavis, R. & Chait, B. (1996): Matrix-assisted laser-desorption ionization mass spectrometry of proteins. Methods Enzymol. 270, 519–551

3 Henderson, L. et al. (1979): A micromethod for complete removal of dodecyl sulfate from proteins by ion-pair extraction. Anal. Biochem. 93, 153–157

4 Landry, F. et al. (2000): A method for application of samples to matrix-assisted laser desorption ionization time-of-flight targets that enhances peptide detection. Anal. Biochem. 279, 1–8

5 Loo, J. et al. (1999): High sensitivity mass spectrometric methods for obtaining intact molecular weights from gelseparated proteins. Eletrophoresis 20, 743–748

6 Vorm, O. & Mann, M. (1994): Improved mass accuracy in matrix-assisted laser desorption / ionization time-of-flight mass spectrometry of peptides. J. Am. Soc. Mass Spectrom. 5, 955–958

7 Vorm, O. et al. (1994): Improved resolution and very high sensitivity in MALDI TOF of matrix surfaces made by fast evaporation. Anal. Chem. 66, 3281–3287

Tab. 7.3 Sie haben die Wahl! Dreimal Probenvorbereiten für MALDI

»Getrocknete Tropfen«	»Schnelle Verdampfung«	»gelöste Nitrocellulose«
40 mg/ml α-Cyano-4-Hydroxyzimtsäure(αC) in 50% Acetonitril, 0,1% TFA auflösen	40 mg/ml α-Cyano-4-Hydroxyzimtsäure (αC)	40 mg/ml α-Cyano-4-Hydroxyzimtsäure (αC)
Innere Kalibrierstandards zugeben (0,25–0,5 mM)	20 mg/ml Nitrocellulose in Aceton auflösen	20 mg/ml Nitrocellulose in Aceton auflösen
Die Matrix (αC-Lösung) mit der Peptidprobe mischen (Verhältnis optimieren zwischen 1:1 und 1:10)	αC-Lösung, Nitrocellulose-Lösung und 2-Propanol im Verhältnis 2:1:1 mischen	αC-Lösung, Nitrocellulose-Lösung 2-Propanol im Verhältnis 2:1:1 mischen
1 µl der Mischung auf den MALDI-Probenträger pipettieren	Innere Kalibrierstandards zugeben (0,25–0,5 mM)	Innere Kalibrierstandards zugeben (0,25–0,5 mM)
trocknen lassen	0,5 µl der Mischung auf den MALDI-Probenträger pipettieren	2 µl der Mischung zu 2 µl Peptidprobe geben
Spektren fahren	trocknen lassen	1 µl der Mischung auf den MALDI-Probenträger pipettieren
	0,5 µl 5% Ameisensäure auf den MALDI-Probenträger pipettieren	trocknen lassen
	0,5 µl Peptidprobe in 5% Ameisensäure auf den MALDI-Probenträger pipettieren	MALDI-Probenträger nacheinander mit 5% Ameisensäure und MilliQ-Wasser waschen
	trocknen lassen	trocknen lassen
	MALDI-Probenträger nacheinander mit 5% Ameisensäure und MilliQ-Wasser waschen	Spektren fahren
	trocknen lassen	
	Spektren fahren	

7.5.2.3 Elektrospray Ionisierung

Die zweite Möglichkeit, Proteinionen in die Gasphase zu bringen, ist die Elektrospray Ionisierung (ESI). 2002 erhielt John Fenn einen Nobelpreis für die Entwicklung der Methode. Das ESI-Prinzip stellt ◘ Abb. 7.15 dar. Man baut die Proteine/Peptide nicht in eine verdampfbare Matrix ein, sondern versprüht eine Protein-/Peptidlösung aus einer Kapillare in feinste Tröpfchen. Dabei liegt eine hohe Potentialdifferenz zwischen Kapillare und Gegenelektrode (2–6 kV).

Im Detail funktioniert das so (◘ Abb. 7.15): Die Lösung tritt aus der Kapillare (Durchmesser z.B. 100 µm) aus. Wegen der Potentialdifferenz zwischen Kapillare und Gegenelektrode wandern je nach Polarität negative oder positive Ionen an die Oberfläche und die Flüssigkeit wird zum Gegenpol gezogen. Gegen diesen Zug wirkt die Oberflächenspannung der Flüssigkeit. Diese hängt von der Zusammensetzung der Lösung ab, so vom Gehalt an H_2O, wobei schon geringe Mengen organischer Lösungsmittel die Oberflachenspannung erniedrigen. Es bildet sich ein sogenannter Taylor-Kegel. Aus dem Kegel lösen sich geladene Tröpfchen ab, die durch Verdunstung immer kleiner werden. Die Verdunstung wird unterstützt durch den N_2-Strom

Tab. 7.4 MG tryptischer Keratinpeptide

Cytokeratin	Cytokeratin 2	Cytokeratin 9	Cytokeratin 10
1382,68	1036,52	896,41	1164,58
1475,74	1192,61	1059,56	1233,67
1715,84	1319,58	1065,49	1356,71
1992,97	1837,91	1306,67	1364,63
2382,94	2509,12	2704,15	1380,64
3312,31	2830,19		1433,76
			1706,76
			2024,94
(nach Schrattenholz, 2001)			2366,26

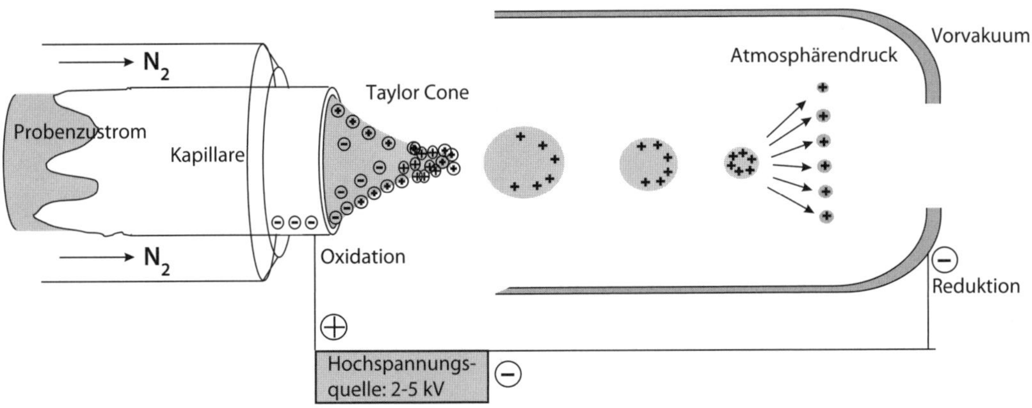

Das zwischen Probenkapillare und der Gegenelektrode angelegte elektrische Feld zerstäubt die aus der Probenkapillare austretende Lösung. Die Tröpfchen verlieren durch Verdampfen Lösungsmittle und werden kleiner. Gleichzeitig nimmt die Ladungsdichte zu. Wegen der elektrostatischen Abstoßung zerplatzen die Tröpfchen schließlich (Coulomb-Explosionen). Es entstehen dehydrierte, mehrfach geladene Protein-/Peptid-Ionen.

Abb. 7.15 Ionenerzeugung in der Elektrospray-Quelle (ESI)

um die Kapillare. Die Ladung der Tröpfchen kommt durch die Ionen zustande, die sich darin aufhalten. Werden die Tröpfchen kleiner, werden diese Ionen zusammengedrängt. Ist endlich die elektrostatische Abstoßung der Ionen im Tröpfchen größer als dessen Oberflächenspannung (Raleigh-Grenze) kommt es zur Coulomb-Explosion. Das Tröpfchen explodiert in kleinste Tröpfchen, mit oft nur einem Ion. In der geheizten Transferkapillare (Abb. 7.16) und durch den geheizten N_2-Gegenstrom wird der Rest der Lösungsmittelmoleküle entfernt. Es bleibt ein Ionengas.

So einleuchtend das klingt, es ist nur eine Theorie. Nach einer anderen Theorie treten große Moleküle vor der Coulomb-Explosion von der Oberfläche der Tröpfchen in die Gasphase über. Für beide Theorien gibt es experimentelle Belege.

ESI gilt als die schonendste Ionisierungsmethode. In der Tat treten bei ESI kaum Fragment-Ionen auf.

Schwache Säuren helfen bei der Erzeugung von positiv geladenen Molekülen und organische Lösungsmittel dienen als Sprühhelfer. Dennoch haben Sie große Freiheit in der Wahl des Lösungsmittels. Sowohl polare (H_2O, Dimethylformamid) als auch schwach polare Lösungsmittel (Dichlormethan, Diethylether) werden eingesetzt; auch Mischungen eignen sich (z.B. Methanol/H_2O, Isopropanol/H_2O oder Acetonitril/H_2O Gemische). Eine typische Trägerlösung für die Produktion von positiven Ionen (der Normalfall bei der Untersuchung von Proteinen und Peptiden) ist Acetonitril/Wasser 50:50 mit 0,1% Essigsäure. Statt Acetonitril wird oft Methanol verwendet, was bei den aktuellen Preisen von Ace-

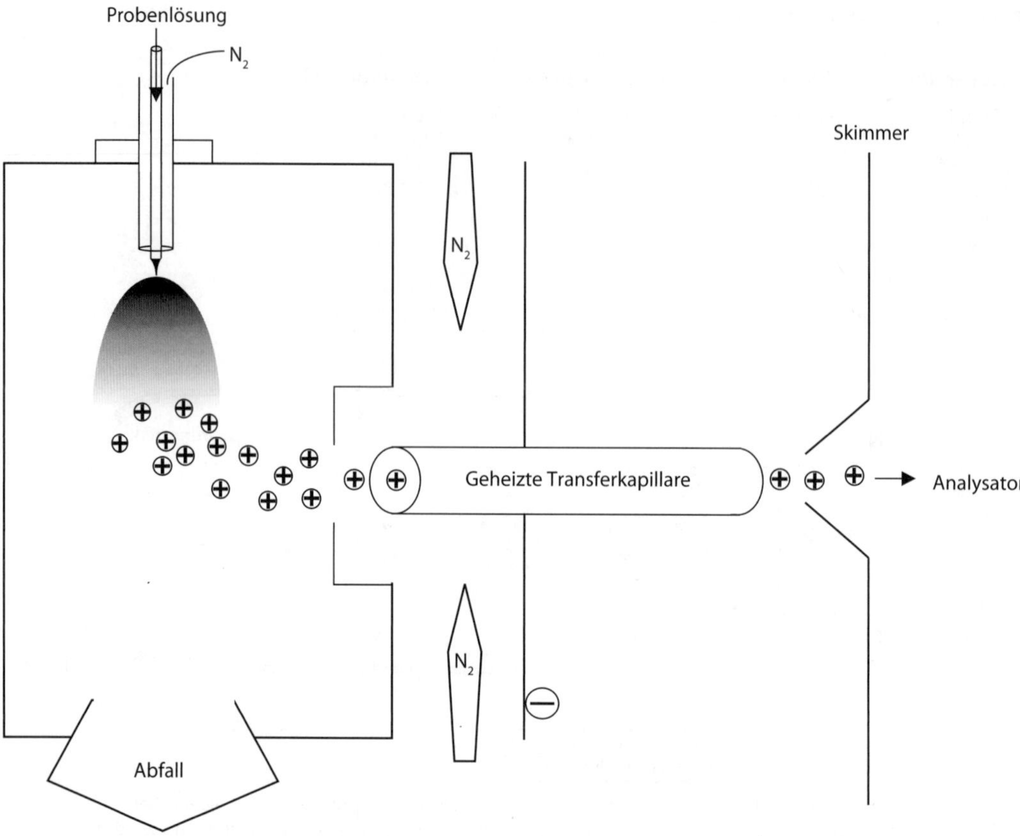

Durch die orthogonale Anordnung von Spraykonus und Analysatoreinlass landen ungeladene und daher nicht analysierbare Moleküle im Abfall.

Abb. 7.16 Aufbau einer orthogonalen ESI-Quelle

tonitril eine sinnvolle Alternative darstellt. Die Signalintensität hängt bei ESI nicht von der Menge an Peptid ab, sondern von dessen Konzentration. Der Grund: begrenzender Schritt bei der Ionenbildung ist nicht die Zufuhr an Peptid, sondern die Oxidation an der Kapillaroberfläche (s. Abb. 7.15). Man versucht daher die Peptid-/Proteinlösungen vor dem Einschuss möglichst hoch zu konzentrieren. Die Konzentrationen der Proteine/Peptide sollten zwischen 10^{-4} und 10^{-6} mol/l liegen.

Bei ESI bilden sich häufig mehrfach geladene Ionen. Peptidionen z.B. tragen oft zwei positive Ladungen; Nomenklatur: $[M+2H]^{2+}$. Bestehen die Peptidionen aus mehr als 15 Aminosäuren oder besitzen sie mehrere basische Reste (Lys-, Arg-, His-Reste) können sie auch drei und mehr Ladungen tragen.

Um Peptide oder Proteine massenspektrometrisch empfindlich detektieren zu können, müssen die verwendeten Salze und Zusatzstoffe kompatibel sein mit dem ESI-MS. Biologische Proben enthalten jedoch häufig nichtflüchtige Puffer und Salze wie Hepes, Tris, Phosphat und Zusatzstoffe wie Glycerin oder Seifen, die Proteine stabilisieren und ihre unspezifische Bindung unterdrücken sollen. Diese Additive verunreinigen den MS-Eingang. Als Folge kommt immer weniger Protein ins MS. Des Weiteren stören sie die Töpfchentrocknung im Spray und unterdrücken Signale durch Komplexbildung und Entladung. Salze, nichtflüchtige Additive und Seifen stören also bei ESI und müssen zuvor entfernt werden. Troxler et al. (1999) benützen dazu kleine Umkehrphasensäulen (C8, Elution mit TFA, Acetonitril). Aber Achtung: Die TFA-Konzentration sollten Sie niedrig halten, denn das negativ geladene TFA bildet mit den positiv geladenen Proteinen und Peptiden neutrale Komplexe (Garcia et al. 2002). Diese neutralen TFA-Protein-Komplexe erfasst das MS naturgemäß nicht, d.h. das entsprechende Signal wird unterdrückt.

Falls Sie auf einen Puffer nicht verzichten können, nehmen Sie einen flüchtigen, z.B. Ammoniumacetat, oder -formiat. Auch das Salz Ammoniumbicarbonat können Sie zusetzen.

Die ESI wird oft einer HPLC nachgeschaltet, denn Sie können HPLC Eluate direkt in das ESI einspeisen (▶ Abschn. 7.3.3.7). Das ist der Hauptvorteil von ESI.

Auch mit **Membranproteinen** scheint ESI umgehen zu können. Das behaupten jedenfalls Johannes le Coutre und Kollegen (2000). Im Anschluss an eine HPLC wollen sie bakterielle Membranproteine mit MG bis zu 61 Kd analysiert haben, darunter zwei Transporter, einen Ionenkanal und ein Porin Protein. Joe Carroll (2007) dagegen trennte mitochondriale Membranproteine durch Säulenchromatographie in organischen Lösungsmitteln auf, zerlegte die durch ESI erzeugten Proteinionen mittels kollisionsinduzierter Dissoziation und analysierte die enstandenen Fragmentionen mit Tandem-MS.

Nachteile: ESI gilt als weniger sensitiv wie das MALDI. Die Sensitivität hängt jedoch nicht nur von der Ionisierungsmethode, sondern auch vom Protein, der Trägerlösung (bei ESI), der Matrix und der Kristallisierungsmethode (bei MALDI) und gelegentlich – so scheint es – vom Wetter ab. In der Regel reichen bei ESI 10–100 pMol Protein/Peptid für eine Messung aus.

Eine ESI-Quelle verbraucht im Betrieb riesige Mengen an N_2-Gas: 200–500 l/h. Das Gas muss sauber sein, mindestens 99,5% N_2, bei oxidationsempfindlichen Stoffen sogar 99,9% N_2. Mit Gasflaschen kommen Sie hier nicht weit, Sie brauchen einen N_2-Generator. Da der mit Druckluft gespeist wird, muss er sich mit Ihrem Druckluftsystem vertragen. Bedenken Sie das, bevor Sie sich ein ESI-MS anschaffen.

Häufig ist der ESI-Aufsatz ein Sensibelchen. Es kommt zu Instabilitäten durch kleine Partikel, hohem Hintergrund und manche Signale werden unterdrückt. Signalunterdrückungen sind in der Regel erklärbar und wenn nicht, dann liegt es meist am Unwissen des Experimentators. Es geht also bei ESI immer mit rechten Dingen zu – was man nicht von allen Einrichtungen der deutschen Universität behaupten kann.

Nano-ESI: Das ist der vorläufig letzte Schrei auf dem ESI-Markt. Die Technik benutzt das gleiche Prinzip wie oben, doch werden metall-(gold)bedampfte Glaskapillaren mit einer Öffnung von nur 1–2 µm verwendet. Daher kann die Flussrate heruntergesetzt werden; sie liegt bei 50–100 nl/min. Des Weiteren wird mit niederen Spannungen (600–1.600 V) zwischen Kapillare und Gegenelektrode gearbeitet. Die Primärtröpfchen sind denn auch viel kleiner als die bei der normalen (Mikro-) ESI.

Die Nano-ESI hat mehrere Vorteile: Wegen der niedrigeren Flussrate wird weniger Probenvolumen gebraucht, die Probe kann also höher konzentriert werden. Dennoch wird weniger Probenmaterial verbraucht. Bei der Mikro-ESI verbrauchen Sie 10–100 pmol, bei der Nano-ESI kommen Sie schon mit einigen 100 fmol aus. Des Weiteren braucht die Nano-ESI keinen N_2-Gasstrom entlang der Kapillare.

Diesen Vorteilen steht gegenüber, dass man als Anfänger für gewöhnlich erst einige Dutzend Spitzen in den Sand setzt, bevor sich ein Spray bildet. Die Kapillarspitze muss nämlich durch Abbrechen geöffnet werden und dies erfordert Erfahrung. Tipp: Ein Fingernagelknipser erhöht den Öffnungserfolg.

Des Weiteren verstopft die Nano-Kapillare öfter als die Mikro-Kapillare. Die Vorbehandlung der Probe ist also wichtig. Man benützt dazu Kapillarsäulen. Es gibt sogar spezielle Nano-Eluter (von Novatia), von denen die Herstellerfirma Wunderdinge verspricht. Ob diese Wunder geschehen, wissen wir nicht. Eine goldbedampfte Nano-ESI Kapillare kostet ein paar Euro, kann im 10er Pack mit unterschiedlichen Spitzendurchmessern von 1–10 µm bestellt werden. Bei entsprechender Ausstattung (Puller und Sputter) können Sie die Kapillaren auch nach Bedarf herstellen.

Haben Sie jedoch viel Geld und viele Proben, empfiehlt sich ein Roboter. Der pipettiert Ihnen die Proben, füllt damit eine Kapillare und vernebelt automatisch in nano-liter Flussraten in das MS. Die Firma, die diesen MS-Roboter anbietet, heißt Advion. Er verschiebt den Engpass zur Datenauswertung, d.h. der Doktorand verbringt noch mehr Zeit am Computer. Übrigens: Gegen Hämorrhoiden hilft der Verzehr von Weizenkleie und Wiener Walzer Tanzen.

Proteinkomplexe: Das Trennen, Verdauen und Identifizieren zahlloser Proteinflecken zahlloser Gele, Proteinproben und Säulenfraktionen scheint für absehbare Zeit das Los der Proteomiker zu sein. Das kann öde werden. Gut, dass die ESI-MS eine weitere Spielmöglichkeit bieten. Die Versprühung ist ja, im Vergleich zur MALDI, eine milde Ionisierungsmethode. Wem es gelänge, bei physiologischem pH zu ionisieren, der könnte intakte Proteinkomplexe untersuchen. Zumindest für die Ca^{2+}-Komplexe von Proteinen scheint das möglich zu sein. Troxler et al. (1999) verwenden dazu statt der üblichen sauren Lösung (pH 3,0) den flüchtigen Puffer Ammoniumacetat pH 7,0 (mit oder ohne 100 µM Ca^{2+}). Unter diesen Bedingungen können Sie mit dem ESI-MS die Ca^{2+}-Komplexe von nativem α-Parvalbumin und rekombinanten α-Parvalbuminen unterscheiden. Doch Erfolg scheint Glückssache zu sein: Mit manchen Proteinen geht es, mit anderen nicht. Mit Calmodulin z.B., ebenfalls ein Ca^{2+}-bindendes Protein, arbeitet die Methode weit schlechter (Troxler, H. persönliche Mitteilung). α-Parvalbumin lässt sich vermutlich nur deswegen als Ion vergasen, weil α-Parvalbumin stark sauer ist und Troxler et al. riesige Mengen (800 pMol) einsetzten. Es sei ein heikles Gebiet, auf dem es viele Religionen gäbe, meinte Herr Troxler und empfahl den Übersichtsartikel von Joseph Loo (1997). Der sei die Bibel der ESI-Komplex-Gläubigen. Autor Letzel empfiehlt den Gläubigen auch die Artikel von Loo (2000) und Daniel et al. 2002.

Bei der Untersuchung von Protein-Komplexen ist generell Vorsicht geboten: Was im Gas gilt, kann in Lösung ganz anders sein. Zudem ist 10 mM Ammoniumacetat pH 7,0 nicht gerade der physiologischste aller Puffer; einer ganzen Reihe von Proteinen geht es herzlich schlecht unter diesen Bedingungen. Aber das ist halt der Fluch des Forscherlebens: Nie ist man sicher, auch mit allen Kontrollen nicht. Immer muss man mit zusätzlichen Methoden bestätigen, Einwände zu widerlegen suchen, Referees überzeugen – Ach, nicht von ungefähr, wünsch't ich, dass ich Theologe wär.

Literatur

1 Carroll, J. et al. (2007): Identification of membrane proteins by tandem mass spectrometry of protein ions. Proc. Natl. Acad. Sci. USA 104, 14330–14335

2 Cech, N. & Enke, C. (2001): Practical implications of some recent studies in electrospray ionization fundamentals. Mass Spectrom. Rev. 20, 362–387

3 Chait, B. & Kent, S. (1992): Weighing naked proteins: practical, high-accuracy mass measurement of peptides and proteins. Science 257, 1885–1894

4 Daniel J.M, et al (2002): Quantitative determination of noncovalent binding interactions using soft ionization mass spectrometry. Int. J. Mass Spectrom. 216, 1–27

5 Garcia, M. et al. (2002): Effect of the mobile phase composition on the separation and detection of intact proteins by reversed-phase liquid chromatography-electrospray mass spectrometry. J. Chromat. A 957, 187–199

6 Le Coutre J. et al (2000): Proteomics on full-length membrane proteins using mass spectrometry. Biochemistry 39, 4237–42

7 Loo, J.A. (1997): Studying non-covalent protein complexes by ESI. Mass Spectrom. Rev. 16, 1–23

8 Loo, J.A. (2000): Electrospray ionization mass spectrometry: A technology for studying noncovalent macromolecular complexes. Int. J. Mass Spectrom. 200, 175–186

9 Schrattenholz, A. (2001): Methoden der Proteomforschung. Spektrum Akad. Verlag, ISBN 3-8274-1153-X

10 Sutton, C. et al. (1997): The analysis of myocardial proteins by infrared and ultraviolet laser desorption mass spectrometry. Electrophoresis 18, 424–431

11 Troxler, H. et al. (1999): Electrospray ionization mass spectrometry: Analysis of the Ca^{2+}-binding of human recombinant a-parvalbumin and nine mutant proteins. Anal. Biochem. 268, 64–71

7.5.2.4 Probenvorbereitung für ESI

Für gewöhnlich werden die Proben für die ESI auf kleinen Umkehrphasensäulen (z.B. Poros R2) konzentriert. Die Säulenmatrix wird in eine Glaskapillare gegeben. Danach wird die Probe aufgeladen, gewaschen und mit einer Stufe eluiert. Dem Säulenfluss hilft man mit einer Zentrifuge nach. Wässrige Peptidlösungen können so schnell von 20 µl auf 1 µl eingeengt und entsalzt werden (Schrattenholz, 2001).

Gobom et al. (1999) machen das noch eleganter: Sie führen die Chromatographie in einer Pipettenspitze durch. Geloader-Spitzen von Eppendorf (Durchmesser 0,3 mm) werden mit Umkehrphasenmaterial gefüllt, die Peptidmischung oder was sonst anfällt aufgeladen, gewaschen und dann mit 50–100 nl Elutionslösung eluiert. Mit entsprechenden ZipTips erzielen Sie ebenfalls gute Ergebnisse.

Extrakte aus Gelstücken haben meist ein Volumen von 50–100 µl wässrigem flüchtigem Puffer oder Acetonitril/H_2O. Das dampfen Sie mit der speed-vac zur Trockne ein. Den Rückstand lösen Sie in 1 µl 80%iger wässriger Ameisensäure auf. Dazu geben Sie 10 µl Wasser oder Pufferlösung. Diese Lösung können Sie wie oben auf einer RP-Säule weiter konzentrieren.

Wir wissen nicht, auf welche Gedanken Sie kommen, aber: Verwenden Sie zum Eindampfen von Peptidlösungen keinesfalls Glasgefäße. Auf Glasoberflächen kleben Peptide nach dem Eindampfen zur Trockne wie mit Sekundenkleber angeleimt. Gleichzeitig lösen sich Na-Ionen aus dem Glas und bilden vermehrt Na-Addukte mit Ihren Peptiden. Das führt führt zu anderen Ionenmassen in der MS. Letzteres sollte mit einer modernen Analysesoftware zwar keine Probleme mehr bereiten aber man soll das Schicksal nicht herausfordern.

Verwenden Sie auch nie billiges Plastik, sonst sehen Sie im MS nur noch einen Wald von Weichmacher-Signalen, in dem Sie sich verirren wie Hänsel und Gretel ohne je ein Knusperhäuschen zu finden.

Gelegentlich, so bei hydrophoben Peptiden, Alkaloiden oder Lipiden, liegt die Probe in **organischen Lösungsmitteln** wie DMSO vor.

Wie engt man organische Lösungsmittel auf nl-Volumina ein?

Wie aliquotiert man µl und nl-Mengen organischer Lösungsmittel?

Um diese keineswegs trivialen Fragen hat sich etliche Jahre, wenn nicht Jahrzehnte, Wolfgang Dünges aus Mainz gekümmert. Er ist zu folgenden Erkenntnissen gekommen:

Gehen Sie in Zehner- bis Zwanzigerschritten vor. Konzentrieren Sie also z.B. 1 ml auf 50 µl, die 50 µl auf 5 µl und die 5 µl auf 500 nl. Das Konzentrat wird jeweils in ein kleineres Gefäß transferiert. Als geeignetste Technik des Konzentrierens empfiehlt Dünges das Einengen unter partiellem Rückfluss. Dazu wird das Lösungsmittel in einem Spitzkölbchen in ein Wasserbad gestellt (◘ Abb. 7.17). Das Bad hat eine 2–4°C höhere Temperatur als der Kochpunkt (Kp) ihres Lösungsmittels. Das Lösungsmittel dampft nun im Kölbchen ab. An einer bestimmten Stelle im Hals des Kölbchens kondensiert das Lösungsmittel jedoch wieder und bildet einen Kondensationsring. Über die Eintauchtiefe des Kölbchens können Sie die Position des Kondensationsrings regulieren. Zum Konzentrieren muss der Ring direkt unterhalb der Öffnung des Kölbchenhalses sitzen. Wichtig: Der Temperaturgradient zwischen Wasseroberfläche und Kölbchenöffnung muss konstant sein. Das ist er nur, wenn die Wasseroberfläche glatt ist. Das wiederum erreichen Sie mit einer speziellen Strömungsführung, die Wirbel vermeidet. Zudem muss es ein Glaswasserbad sein, denn Sie müssen die Verdampfung beobachten. Sie sitzen also vor dem Kölbchen, beobachten den korrekten Sitz des Kondensationsrings im Kölbchenhals und warten, bis die Flüssigkeit im Kölbchenboden gerade scheinbar verschwunden ist. Dann stecken Sie das Spitzkölbchen in Eis. Die an den Glasrändern sitzenden Flüssigkeitsreste sammeln nun sich in der Spitze; sie ergeben etwa ein Zehntel des Ausgangsvolumens. Diese Restflüssigkeit transferieren Sie in ein kleineres Kölbchen, tauchen es wieder ins Wasserbad, stellen den Kondensationsring ein und der Prozess beginnt von neuem.

Elegant ist das nicht, aber es funktioniert. Der Molekularbiologe ist ja verwöhnt was Bequemlichkeit und Schnelligkeit seiner Techniken angeht, u.a. weil sich die Firmen geradezu überschlagen, ihm die Versuche mit Kits und Kinkerlitzchen zu erleichtern. Die Chemikertechnik des Herrn Dünges dagegen lehrt Sie Geduld, Demut und Bescheidenheit – Eigenschaften, die Sie für Ihre spätere Karriere dringend brauchen werden.

Ein Trost: Das Einengen unter partiellem Rückfluss soll verlustlos ablaufen; Verluste (und Kontaminationsgefahr) treten aber beim Transferieren ins nächstkleinere Kölbchen auf.

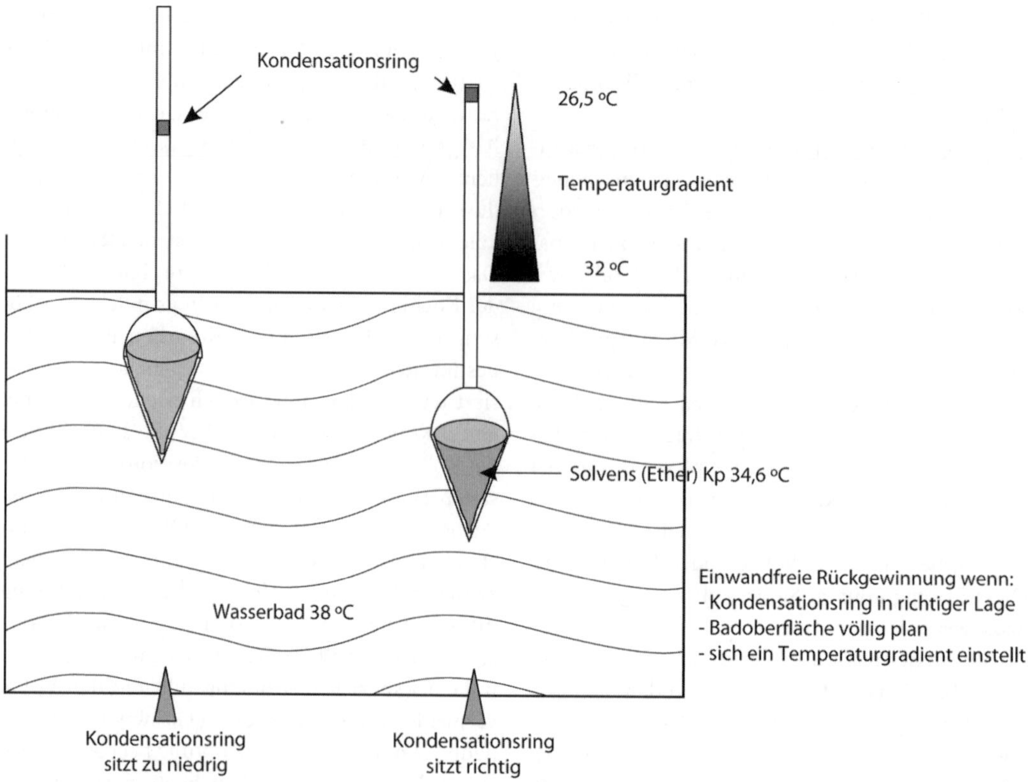

Abb. 7.17 Einengen von organischen Lösungsmitteln unter partiellem Rückfluss

Haben Sie ihre Probe auf 1 µl oder 500 nl organisches Lösungsmittel eingeengt, werden Sie feststellen, dass der Umgang mit diesen nl-Mengen nicht trivial ist. Es ereignen sich Zeichen und Wunder:

- Wenn Sie die Spitze einer Hamilton-Spritze in Ihre Probe tauchen, nimmt das Volumen der Flüssigkeit ab: Die Nadel wirkt als Heizelement und dampft die Probe ein.
- Es gelingt nicht, mit einer Hamilton-Spritze reproduzierbar sub µl-Mengen zu entnehmen. Die organische Flüssigkeit zerspringt Ihnen in der Pipette in Tröpfchen.

Um dies zu unterbinden müssen Sie folgendes tun: Die Spritze mehrfach bis zur Hälfte mit dem organischen Lösungsmittel füllen und wieder vollständig entfernen. Dadurch wird das Spritzenvolumen mit Lösungsmitteldampf gesättigt und die Innenwände mit einer Lösungsmittelschicht imprägniert.

Zum Pipettieren wird die Probe in Eis gestellt. Das verlangsamt die die Verdunstung.

Um nun z.B. aus einem µl ein Aliquot von 25 nl zu entnehmen, ziehen Sie den Spritzenstempel halb hoch. Dann kühlen Sie die Nadel mit zwei speziell dafür hergestellten Aluschalen ab, die in flüssigem Stickstoff abgekühlt worden waren. Jetzt tauchen Sie die Nadel in die Probenlösung. Dann pressen Sie sofort einen mit flüssigem Stickstoff gekühlten Alu-Block auf den Spritzenkörper (Abb. 7.18). Der Lösungsmitteldampf im Spritzenkörper kondensiert, in der Spritze entsteht Unterdruck, der aus der Probe ein bestimmtes Volumen abzieht (Kältesog). Nach genau einer Sekunde ziehen Sie die Nadel aus der Probe. In der Nadel befinden sich jetzt 25 nl. Hätten Sie zwei Sekunden angepresst wären es 50 nl gewesen: Das Volumen der durch den Kältesog aufgezogenen Probe korreliert mit der Eintauchzeit. Die 25 nl in der Spritzennadel können Sie in den Spritzenkörper hochziehen.

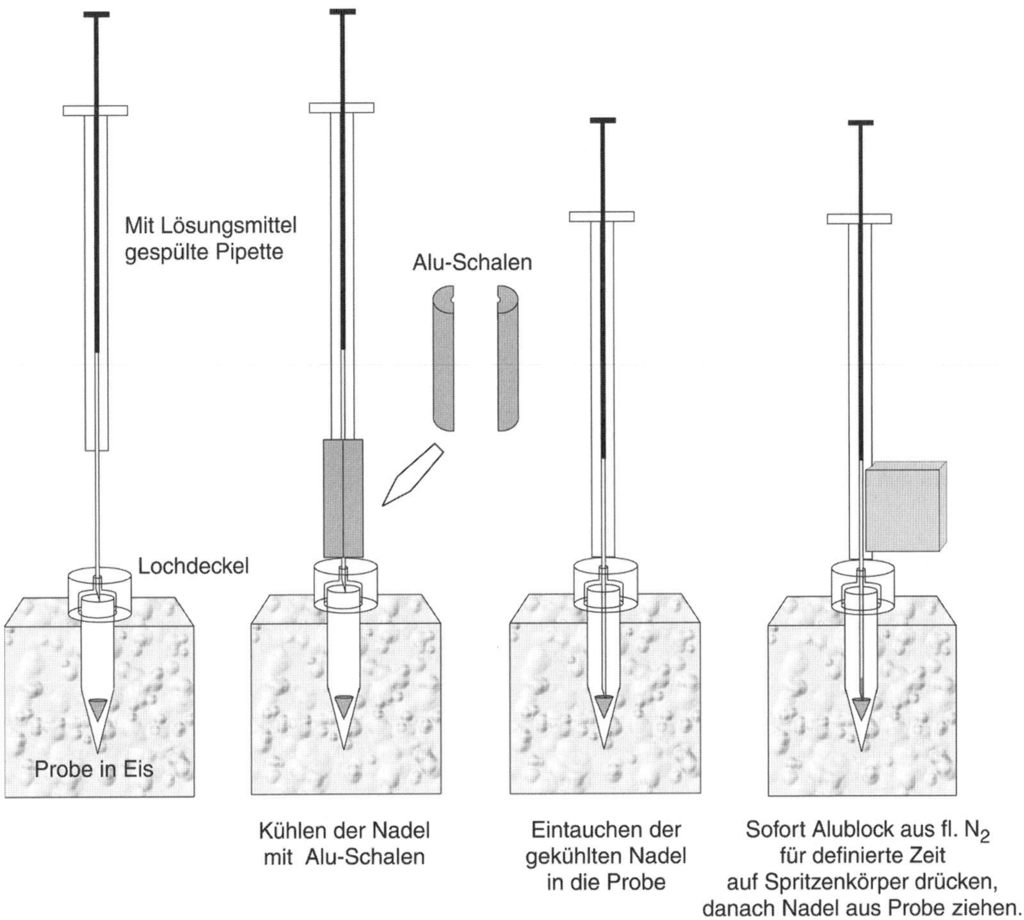

Abb. 7.18 Entnahme von nl-Mengen organischer Flüssigkeiten

Auch diese Technik klingt kompliziert. Sie ist es auch. Wolfgang Dünges hat uns jedoch versichert, dass sie mit einiger Übung wenigstens zuverlässig sei.

Literatur

1 Gobom, J. et al. (1999): Sample purification and preparation technique based on nano-scale reversed-phase columns for the sensitive analysis of complex peptide mixtures by matrix-assisted laser desorption/ionization mass spectrometry. J. Mass Spectrom. 34, 105–116
2 Schrattenholz, A. (2001): Methoden der Proteomforschung. Spektrum Akad. Verlag, ISBN 3-8274-1153-X

7.5.3 Analysatoren und Detektoren

Nach der Vergasung werden die Ionen in den Analysator eingespeist und dort nach m/z getrennt. Es gibt verschiedene Typen von Analysatoren, die nach verschiedenen physikalischen Prizipien arbeiten. Je nach verwendetem Analysator werden die Ionen zuvor noch fokussiert, parallelisiert oder beschleunigt.

7.5.3.1 Flugzeitanalysatoren

Hier werden die Ionen aus der Ionenquelle vor Eintritt in den Analysator von einem elektrischen Feld beschleunigt. Das gleiche Feld wirkt auf alle

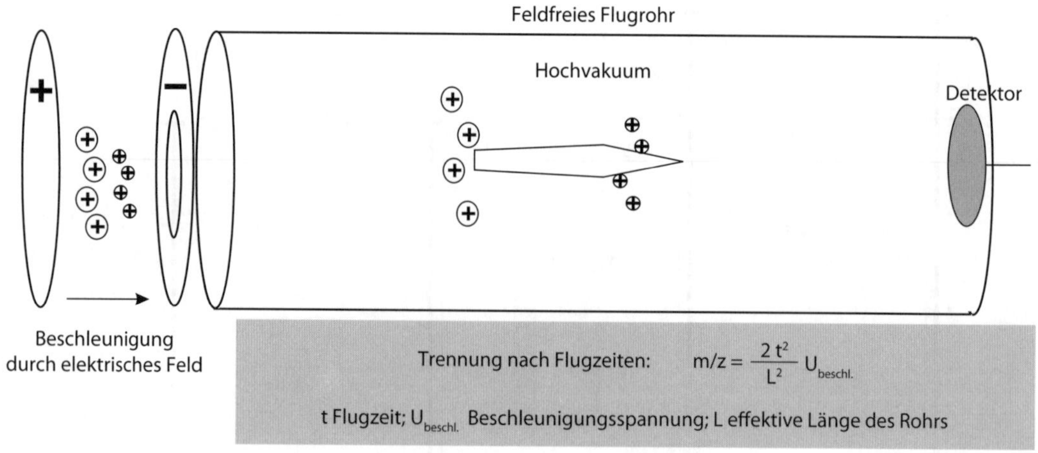

Abb. 7.19 Aufbau eines einfachen TOF-Flugrohrs

Ionen und überträgt damit auf jedes Ion die gleiche Energie pro Ladung. Das Feld bringt die Ionen daher in einer bestimmten Zeit auf eine bestimmte Geschwindigkeit, die abhängt von ihrer Masse und Ladung bzw. ihrem Masse/Ladungsverhältnis (m/z) (s. ► Kap. 7.5.2.1). Mit dieser Geschwindigkeit, plus ihrer Anfangsgeschwindigkeit, fliegen die Ionen durch einen Schlitz in ein feldfreies Vakuum-Flugrohr, den Flugzeitanalysator oder TOF (von: time of flight). Weil das Rohr feldfrei ist werden die Ionen nicht mehr beschleunigt (oder abgebremst), sondern fliegen mit der erreichten Geschwindigkeit dahin. Alle Ionen fliegen die gleiche Strecke, nämlich die Länge des Flugrohrs. Danach treffen sie auf den Detektor. Ionen mit unterschiedlicher Geschwindigkeit erreichen den Detektor zu unterschiedlichen Zeiten. Diese Flugzeiten werden gemessen (■ Abb. 7.19).

Klingt das Ihren Ohren kompliziert? Wir müssen Ihnen gestehen, dass die Verhältnisse noch um einiges verwickelter sind. So treten, wie schon erwähnt, die Ionen nach ESI oder einem Laserpuls bei MALDI nicht in Linie an. ESI-Quellen, die inzwischen auch mit TOFs gekoppelt werden, liefern kontinuierlich Ionen; bei MALDI werden die Ionen zwar stoßweise erzeugt, sie verteilen sich aber als Wolke: Ionen mit gleichem m/z erhalten beim Laserbeschuss verschiedene kinetische Anfangsenergien (sowohl in Größe wie auch Richtung). Je dicker die entstehende Wolke, desto breiter die Ionenpakete im TOF bzw. die Signale am Detektor und desto schlechter die Trennung. Diesem beklagenswerten Effekt hilft die delayed extraction ab, die den Raum der Ionenwolke vor dem Eintritt in den Analysator einengt (► Abschn. 7.5.2.1).

Manche TOFs besitzen einen Reflektor, der die Ionen umlenkt. Damit wird die Fluglänge verdoppelt und damit die Auflösung verbessert (■ Abb. 7.20). Zudem werden die Ionen mit gleichem m/z aber unterschiedlichen kinetischen Energien am Reflektor fokussiert. Der Grund: Die schnellen Ionen dringen tiefer in den Reflektor ein, brauchen also länger um wieder an seine Oberfläche zu kommen, gewinnen also an Flugzeit; bei den langsamen ist es umgekehrt. Das Ergebnis ist eine Fokussierung.

Die Auflösung eines TOFs hängt zudem von der Stabilität der Stromquellen, der mechanischen Präzision des Gerätes und einem halben Dutzend anderer Faktoren ab. Kommerzielle TOFs haben eine Fluglänge von 1.000 bis 2.000 mm, die Flugzeiten liegen zwischen 5 und 100 µs, die Weite der einzelnen Signale bei einigen ns.

Die Massen-Kalibrierung eines TOF ist nicht einfach. Bei MALDI-Ionenquellen muss eine Kalibrierungskurve mit mehreren Punkten und internen Standards erstellt werden. Als interne Standards benutzt man oft die Peptide, die beim Selbstverdau von Trypsin entstehen.

Einmal eingestellt zeigt das Gerät oft einen Drift. Das liegt gewöhnlich an einer Temperaturinstabilität. So ist die Länge des Flugrohrs eine Funktion der Temperatur (Wärmeausdehnung) und die Län-

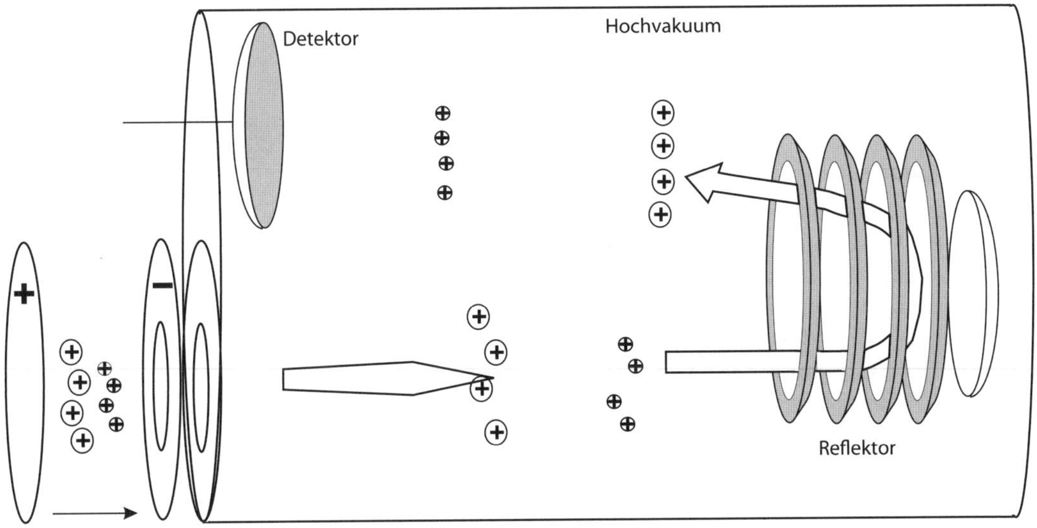

Abb. 7.20 Aufbau eines TOF-Flugrohrs mit Reflektor

ge der Flugröhre geht bei der Bestimmung von m/z im Quadrat ein (Abb. 7.19). Auch die Spannung der Stromversorgung hängt von der Temperatur ab. Die wiederum geht direkt in die Bestimmung von m/z ein. Wenn Sie Glück haben, heben sich beide Effekte auf. Aber wann hat man schon Glück? Besser ist es, Sie verwenden ein wärmeisoliertes Flugrohr (z.B. von Agilent) oder/und arbeiten in einem klimatisierten Raum.

Dafür hat ein TOF-Analysator einige Vorteile. Genau eingestellt und kalibriert bestimmt ein brauchbares TOF die Masse eines Proteins mit einer Genauigkeit von 0,1 Promille, teure Geräte sogar mit 0,001 Promille. Er misst in einem praktisch unbegrenzten m/z Bereich: bei der Kopplung mit einer MALDI-Quelle bis m/z 100.000 und darüber wenn's sein muss. Am besten arbeiten die Geräte mit Proteinen bis 30–40 Kd, aber auch bei größeren Proteinen wie Immunglobulinen liefern sie brauchbare Daten. Der Rekord liegt bei knapp 1.000 Kd (Rostom & Robinson, 1999). Natürlich können Sie auch Proteingemische mit dem TOF analysieren.

Über die Höhe der Signale im TOF Spektrum kann man, im Prinzip und mit geeigneten internen Standards, die Proteinkonzentration messen (Nelson et al. 1994). Dies wäre eine Mengen-Kalibrierung (Höhe des Signals) im Gegensatz zur obigen Massen-Kalibrierung (Position des Signals). Auch die Mengen-Kalibrierung ist eine schwierige Kunst.

TOF-Analysatoren werden meistens mit MALDI-Ionenquellen verwendet. Der Grund: Bei MALDI entstehen die Ionen stoßweise und der TOF analysiert ebenfalls stoßweise, d.h. eine Ionenwolke nach der anderen. Will man eine kontinuierliche Ionen-Quelle (z.B. ESI) an einen TOF koppeln, müssen die Ionen für einige µs gespeichert werden. Die Ionenwolke wird dann durch einen Spannungspuls in den Analysator gejagt. Eine ESI-Ionenquelle passt daher theoretisch besser zum Quadrupol-Analysator, der eine kontinuierliche Ionenversorgung braucht (▶ Kap. 7.5.3.2). Praktisch funktionieren die ESI-TOFs aber hervorragend.

Literatur

1 Chernushevich, I., et al. (2001): An introduction to quadrupole-time-of-flight mass spectrometry. J. Mass Spectrom. 36, 849–865

2 Nelson et al. (1994): Quantitative determination of proteins by matrix-assaited laser-desorption ionization time-of-flight mass spectrometry. Anal. Chem. 66, 1408–1415

3 Rostom, A. & Robinson, C. (1999): Detection of the intact GroEL chaperonin assembly by mass spectrometry. J. Am. Chem. Soc. 121, 4718–4719

7.5.3.2 Quadrupol-Analysator

Das Prinzip eines Quadrupol-Analysators zeigt ◘ Abb. 7.21. Das Gerät besteht aus vier Metallstäben, die parallel und in gleichem Abstand voneinander liegen. An die diagonalen Partner wird je eine Wechsel- (V) und eine Gleichspannung (U) angelegt. Der Analysator hat also vier Pole, daher der Name Quadrupol.

Zu jedem Ion (MG: m; Ladung: z) existiert ein Verhältnis von Gleich- und Wechselspannung (U/V), das dem Ion die Passage durch den Quadrupol erlaubt. Dies nicht in gerader Linie, sondern mit begrenzter Amplitude in x- und y-Richtung schwingend bzw. – die Physiker mögen den Ausdruck verzeihen – auf einer helikalen Bahn, die die Elektroden nicht berührt. Ionen mit geringerem m/z nehmen während der Passage Energie auf und werden schließlich aus dem Feld geworfen oder treffen auf die Stäbe und werden entladen. Bei Ionen mit größerem m/z sorgt hauptsächlich die Gleichspannung für eine instabile Flugbahn.

Zur Bestimmung eines Massenspektrums schießen Sie, bei einem bestimmten U/V-Verhältnis, Ionen in den Quadrupol. Das U/V-Verhältnis bestimmt den Filterdurchlass bzw. das Auflösungsvermögen. Es bleibt während der Bestimmung des Massenspektrums (scans) konstant. Was Sie ändern ist die Höhe von V (und damit von U, denn das Verhältnis muss ja gleich bleiben). Zu jedem V gibt es m/z-Werte, die in den Stabilitätsbereich fallen. Ionen mit diesem m/z-Wert lässt der Filter passieren (◘ Abb. 7.22).

Der Stabilitätsbereich in ◘ Abb. 7.22 wird mit Mathieu-Diffenzialgleichungen errechnet. Falls Sie den Ehrgeiz haben dies nachzuvollziehen, laden Sie sich das Skript von Klaus Blaum herunter. Aber Vorsicht: Das Skript ist für Physiker gedacht.

Die Gleichungen stammen von Emile Mathieu (1835–1890), einem Mathematiker aus Metz, der mit Sicherheit nie einen Quadrupol gesehen hatte und bis zu seiner Auferstehung keinen mehr sehen wird. Er hatte es nicht leicht: Trotz einer glänzenden Promotion, die er mit 24 Jahren ablegte und die die Grundlage für seinen späteren Ruhm bildete, wollten die Universitäten von dem schüchternen Emile nichts wissen. Er musste sich zehn Jahre lang als Privatlehrer für Mathematik durchschlagen. Auch danach bekam er nur Stellen an Provinzuniversitäten. Sie lernen daraus: Leute, die sich mit den Fakultäten nicht vertragen, können dennoch berühmt werden – wenn sie tot sind.

Quadrupole haben einen wesentlich kleineren Messbereich als TOF-Analysatoren. Die meisten Quadrupole messen nur bis Massen/Ladungsverhältnisse von 3.000 oder 5.000. Wollen Sie also Proteine messen, müssen Sie diese stark aufladen. Ein einfach geladenes Protein mit MG 100.000 hat ein m/z von 100.000, das zweifach geladene ein m/z von 50.000, das zehnfach geladene von 10.000. Deswegen koppelt man Quadrupol Analysatoren in der Regel an ESI-Ionenquellen. Ein weiterer Nachteil des Quadrupols: Mit der Spreitzung des Massenbereichs nimmt die Empfindlichkeit ab. Mit einem TOF dagegen, können Sie riesige m/z-Bereiche ohne Verlust an Empfindlichkeit scannen.

Dafür ist die Massenkalibrierung eines Quadrupols auf lange Zeit stabil: Einmal kalibriert hält es für Monate. Auch eignet sich der Quadrupol gut für die Analyse kontinuierlicher Ionenströme wie sie ein ESI erzeugt.

Ein weiterer Vorteil von Quadrupolen liegt in der Möglichkeit ihrer Hintereinanderschaltung, z.B im Tripel-Quadrupol (► Kap. 7.5.7). Sie können aber auch zwei Quadrupole mit einem TOF kombinieren (Chernushevich et al, 2001).

Literatur

1 Chernushevich, I., et al. (2001): An introduction to quadrupole-time-of-flight mass spectrometry. J. Mass Spectrom. 36, 849–865

2 Klaus Blaum, Mainz, Wintersemester 2004/05, Vorlesung: Spektroskopie in Ionenfallen – Grundlagen und moderne Experimente mit gekühlten und gespeicherten Ionen

7.5.3.3 Ionenfalle

Die Ionenfalle wurde 1953 von Wolfgang Paul erfunden und wird auch ion trap (IT), ion trap detector (ITD) oder Paulfalle genannt. 1989 erhielt Paul

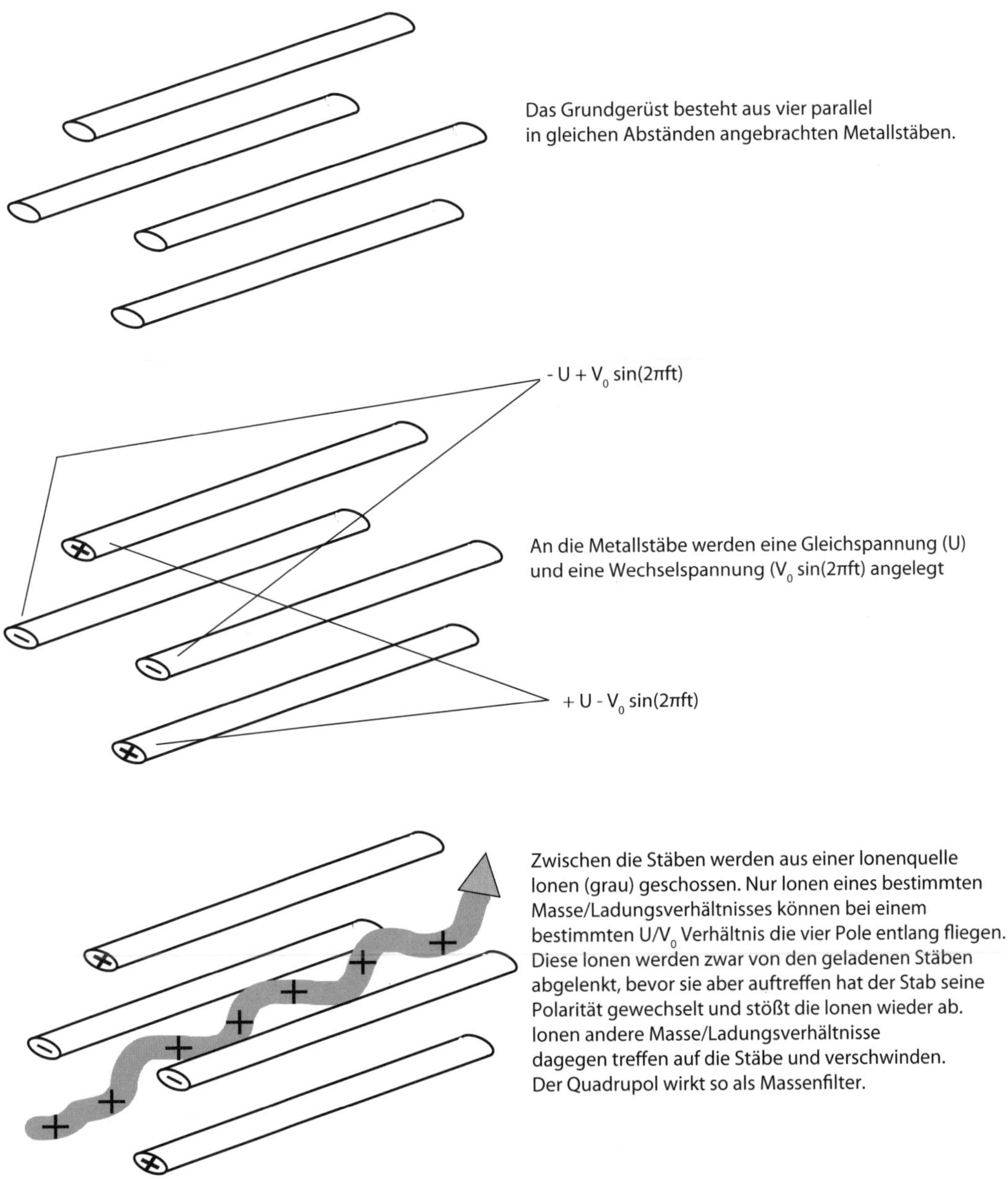

Abb. 7.21 Quadrupol-Analysator

dafür den Nobelpreis. Kommerzielle Geräte gibt es seit 1983. Ausgereizt ist die Technik dennoch nicht, ständig wird weiterentwickelt und verbessert.

Wie ihr Name schon andeutet: Die Ionenfalle speichert Ionen; die gespeicherten Ionen können analysiert werden.

Aufgebaut ist eine Ionenfalle aus einer Ringelektrode, der zwei Endkappenelektroden anliegen (Abb. 7.23). Zudem enthält sie Helium als Kühl- und Stoßgas (10^{-3}–10^{-4} bar).

Wird an der Ringelektrode eine Radiofrequenz-Hochspannung (etwa 1 MHz) angelegt, entsteht in der Ionenfalle ein dreidimensionales Feld. Leitet

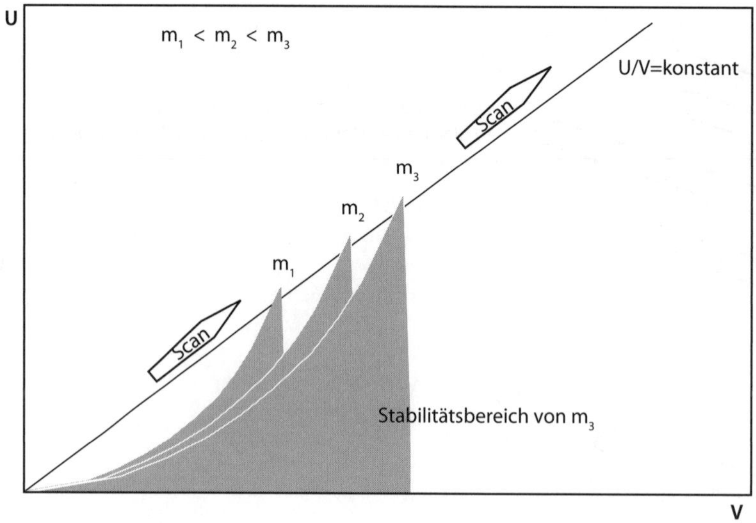

Abb. 7.22 Zur Quadrupol-Theorie

man nun durch die Öffnung in der Endkappenelektrode Ionen in das Feld ein, werden sie von den Helium Atomen etwas abgebremst (gekühlt). Zudem zwingt das Feld die Ionen auf Kreisbahnen. Diese Kreisbahnen kann man mit Mathieu-Differentialgleichungen berechnen, aber wir tun Ihnen – und uns – den Gefallen und verzichten darauf. Die Ionen kreisen also und das können sie tun bis ihnen schlecht wird. Das aber ist nicht der Sinn der Ionenfalle, sie soll vielmehr die m/z-Werte der kreisenden Ionen bestimmen. Daher kommt der zweite Trick: Die Ionen werden selektiv nach ihrem m/z Wert aus der Ionenfalle entlassen. Dazu fährt man die Amplitude der Wechselspannung an der Ringelektrode kontinuierlich hoch. Bei einer bestimmten Amplitude wird die Flugbahn von Ionen mit einem bestimmten m/z Wert instabil. Sie fliegen durch das Loch in der Endkappenelektrode davon und weiter zum Detektor oder in einen anderen Analysator. Bei niedrigen Amplituden fliegen die Ionen mit niedrigen m/z-Werten aus der Falle, bei hohen Amplituden die mit hohen m/z-Werten. Auf diese Weise erhalten Sie ein m/z-Spektrum der in der Ionenfalle gespeicherten Ionen. Auf Neudeutsch heißt das: mass-selective instability scan.

Es gibt noch einen dritten Trick. Legen Sie an die Endkappenelektroden ein weiteres Hochfrequenzfeld an mit einer Amplitude von einigen hundert Millivolt, können Sie die Ionen kinetisch anregen, d.h. sie sausen schneller auf ihren Kreisbahnen herum. Zudem gibt es ein Loch im Stabilitätsdiagramm. Durch dieses Loch (und das Loch in der Endkappenelektrode) können die Ionen nach ihren m/z-Werten aus der Ionenfalle fliegen. Praktisch sieht das so aus: Sie fahren wieder die Radiofrequenz-Amplitude hoch und wieder fliegen die Ionen – in der Reihenfolge ihrer m/z-Werte – durch das Loch in der Endkappe davon. Dies aber schon bei niedrigeren Amplituden. Das nennt sich resonant ejection.

Die meisten kommerziellen Geräte kombinieren mass-selective instability scan und resonant ejection.

Literatur

1 http://tuprints.ulb.tu-darmstadt.de/epda/000315/Dissertation_Runge.pdf

7.5.3.4 Detektoren

Beim Detektor handelt es sich immer um einen Photomultiplier. Quadrupole besitzen noch klassische Photomultiplier, TOF-Geräte dagegen eine so genannte Multichannel Plate oder Microchannel Plate (MCP). MCPs bestehen aus Reihen von Glaskapillaren, die innen mit elektronenabgebendem Material beschichtet sind. Der Durchmesser der Kapillaren liegt bei 25 µm. Trifft ein Ion in das Inne-

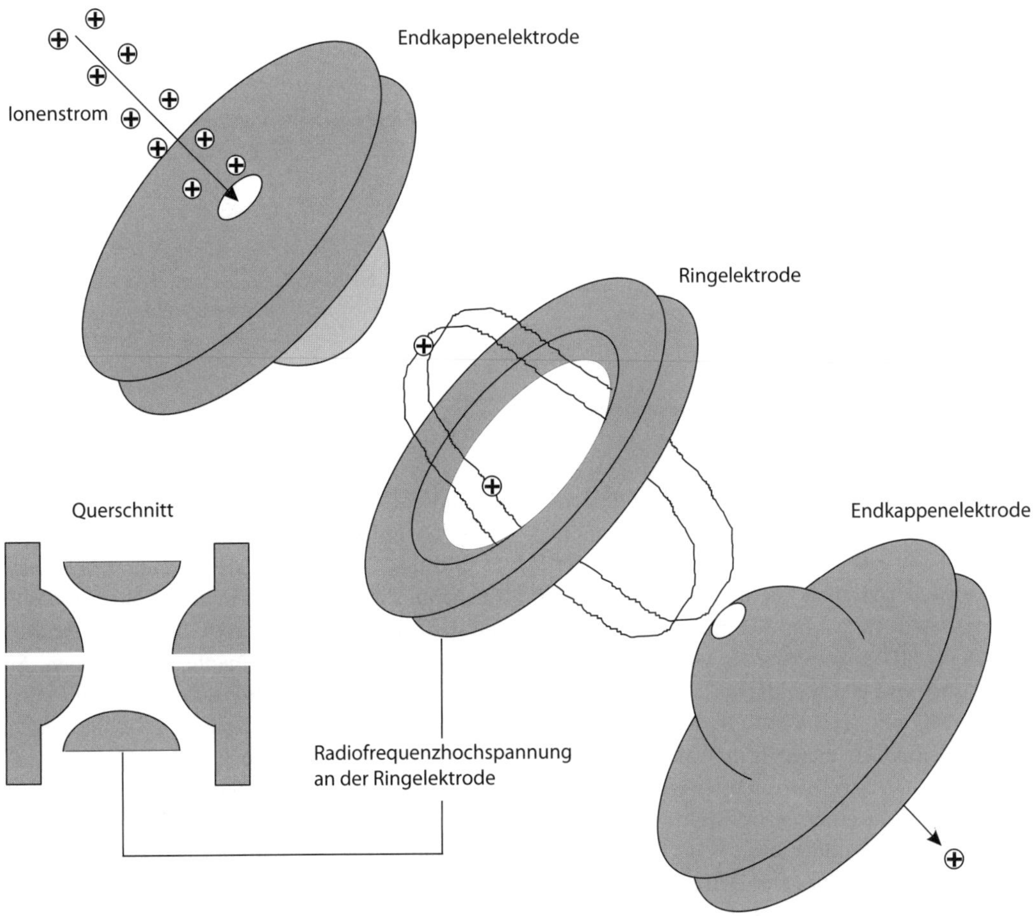

Abb. 7.23 Aufbau einer Ionenfalle

re einer Kapillare löst dies eine Kaskade von Elektronen aus, die gemessen werden kann (Abb. 7.24). Die Reaktionszeit dieser Geräte liegt unter 1 ns.

7.5.4 MS-Parameter und Spektreninterpretation

Um aus dem MS Ergebnisse herauszuholen oder sie zu interpretieren, müssen Sie nicht alle technischen Details beherrschen. Der Postdok, der für das Gerät verantwortlich ist, wird Sie sowieso nicht an den Knöpfen drehen lassen. Manches haben wir nur erwähnt, damit Sie etwas haben, womit Sie im Kaffeestübchen Eindruck schinden können; es soll sich ja lohnen, dieses Buch gekauft zu haben.

Was Sie jedoch brauchen, sind Begriffe wie Auflösungsvermögen, Genauigkeit, Massenkalibration, monoisotopische Masse, etc. Zudem sollten Sie in der Lage sein, einfache MS-Spektren auszuwerten und daraus das MG von Proteinen zu bestimmen oder die Sequenz kleiner Peptide.

Führen Sie sich deshalb den folgenden Abschnitt gründlich zu Gemüte.

7.5.4.1 Berechnung des MG und Isotopenverteilung

Um aus MS-Spektren das MG von Peptiden (bzw. Proteinen) zu berechnen, bedarf es keines ausladenden Intellekts, sondern einiger MG-Informationen, eines Taschenrechners und, im Falle von

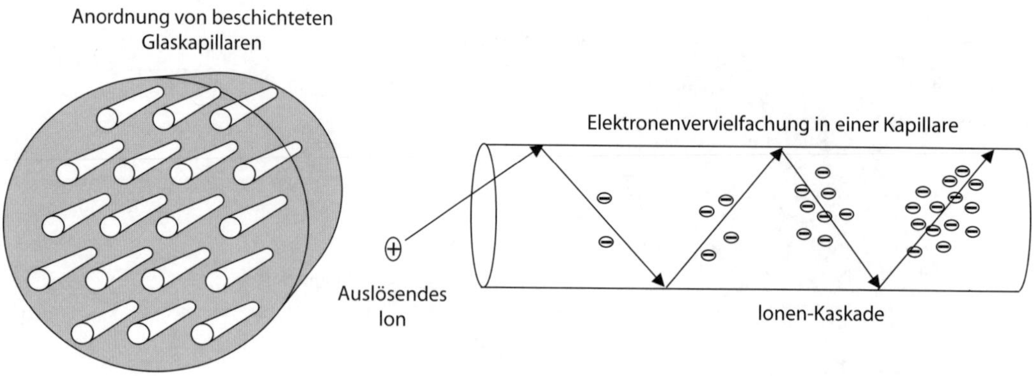

Abb. 7.24 Vielkanalplatte (MCP) zum Ionennachweis

größeren Proteinen, größerer Geduld oder einer Berechnungs-Software. Die MG-Informationen finden Sie z.B. in Tab. 7.5. Sie listet die –NH-CHR-CO-Kerne der zwanzig natürlich vorkommenden Aminosäuren auf, zusammen mit deren monoisotopischem MG und mittlerem MG. Keine Panik: Was das ist wird gleich erklärt.

Die MG der –NH-CHR-CO-Kerne errechnen sich aus dem MG der jeweiligen Aminosäure minus dem MG von Wasser. Warum listen wir die MG von –NH-CHR-CO-Kernen auf? Weil ein (ungeladenes) Protein aus der Summe von –NH-CHR-CO-Kernen plus einem H_2O besteht. Denn bei der Bildung einer Peptidbindung wird Wasser frei. Den in ein Peptid eingebauten Aminosäuren (von den beiden endständigen abgesehen) fehlt C-terminal eine Hydroxy-Gruppe und N-terminal ein Wasserstoff, also das MG von H_2O, sie sind –NH-CHR-CO-Kerne.

Wenn Sie das MG eines Peptides (bzw. Proteins) bekannter Primärstruktur berechnen wollen, summieren Sie also die MG der–NH-CHR-CO-Kerne. Abschließend addieren Sie einmal 18 Da: für das –OH der C-terminalen Carboxylgruppe und –H für die N-terminale Aminogruppe. Für das Pentapeptid LESER erhalten Sie so ein mittleres MG von 113,1595 + 129,1155 + 87,0782 + 129,1155 + 156,1876 + 18,0152 = 632,6715.

Bevor man mit etwas rechnet, sollte man wissen, was es bedeutet. Was ist also die Definition von monoisotopischem und mittlerem MG?

Das **monoisotopische MG** einer Verbindung berechnet man aus den Massen des jeweils häufigsten Isotops eines Elements (Abb. 7.25). Die Aminosäure Glycin z.B. hat das monoisotopische MG 75,0319 (Abb. 7.25); hier ist das N-terminale H und das C-terminale OH enthalten!). Da viele Elemente stabile Isotopen bilden, Kohlenstoff z.B. die stabilen Isotope ^{12}C und ^{13}C, bestehen auch die Verbindungen dieser Elemente aus Isotopen. So gibt es nicht nur monoisotopische Kohlenstoff-Verbindungen (nur ^{12}C), sondern auch Verbindungen, die ein oder zwei oder noch mehr ^{13}C-Atome besitzen. Die Häufigkeit dieser Verbindungen hängt ab von der Häufigkeit von ^{13}C und der Anzahl der C-Atome in der Verbindung. Die Häufigkeit der monoisotopischen Verbindung nimmt mit der Zahl der C-Atome ab: Bei einem C-Atom beträgt sie 98,89%, bei zwei C-Atomen 97,8%, bei 100 C-Atomen 32,75%. Die Häufigkeit stabiler Isotope zeigt Abb. 7.26. Aus der Anzahl der C-Atome in Ihrer Verbindung lassen sich die zu erwartenden Prozentsätze an ein, zwei, drei etc. ^{13}C-Verbindungen berechnen. Berücksichtigen Sie in Ihren Berechnungen die Häufigkeit der jeweiligen Isotope, so erhalten Sie das **mittlere MG**.

Ob Sie das monoisotopische oder das mittlere MG eines Peptides berechnen sollten, hängt von den in Ihren Experimenten genutzten Massenspektrometern ab.

Überprüfen Sie diese Berechnungen nun experimentell mit dem MS, so ist – wie eingangs erwähnt- darauf zu achten, was Ihr MS alles kann. Ist Ihr MS imstande, Isotope zu trennen (mit hoher massenspektrometrischer Auflösung, siehe 7.5.3.1 und 7.5.4.3), müssten die relativen Signalhöhen mit den Prozentsätzen übereinstimmen. Zuerst kommt

Tab. 7.5 NH-CHR-CO-Kerne der Aminosäuren

Aminosäure		Mittleres MG	Monoisotopisches MG
Ala	A	71,0788	71,03711
Arg	R	156,1876	156,10111
Asn	N	114,1039	114,04293
Asp	D	115,0886	115,02694
Cys	C	103,1448	103,00919
Glu	E	129,1155	129,04259
Gln	Q	128,1308	128,05858
Gly	G	57,0520	57,02146
His	H	137,1412	137,05891
Ile	I	113,1595	113,08406
Leu	L	113,1595	113,08406
Lys	K	128,1742	128,09496
Met	M	131,1986	131,04049
Phe	F	147,1766	147,06841
Pro	P	97,1167	97,05276
Ser	S	87,0782	87,03203
Thr	T	101,1051	101,04768
Trp	W	186,2133	186,07931
Tyr	Y	163,1760	163,06333
Val	V	99,1326	99,06841
H_2O		18,0152	18,0105

das Signal der monoisotopischen ^{12}C-Verbindung, dann in Abständen von 1,0034/z die Signale der ein, zwei, drei etc. ^{13}C-Verbindungen. Bei Massenspektrometern mit niedriger Auflösung (▶ Abschn. 7.5.3.2 und ▶ Abschn. 7.5.4.3) bzw. bei sehr hohen z-Werten verschwimmen diese Signale zu einem einzigen (◘ Abb. 7.27). Das Signal gibt dann das ungefähre **mittlere MG** an.

Je nachdem, ob Sie hochauflösende oder niedrigauflösende MS benutzen, erhalten Sie also verschiedene MG (siehe ▶ Abschn. 7.5.3 und 7.5.4.3): Mit hochauflösenden die monoisotopischen, mit niedrigauflösenden die mittleren MG. Ob hochauflösend oder niedrigauflösend, für akkurates Messen müssen Sie das Gerät kalibrieren.

Element	Mittlere Masse	Stabile Isotopen	Isotopen-Masse
H	1,008	^{1}H	1,0078
		^{2}H (D)	2,0141
C	12,011	^{12}C	12,0000
		^{13}C	13,0034
N	14,007	^{14}N	14,0031
		^{15}N	15,0002
O	15,999	^{16}O	15,9949
		^{17}O	16,9991
		^{18}O	17,9992

Schon für's Abitur - lang, lang ist's her - haben Sie gelernt, dass ein Element in Isotopen auftreten kann. Falls Sie es nicht mehr genau wissen: Isotopen haben die gleiche Zahl an Protonen aber verschieden viele Neutronen. Isotope unterscheiden sich daher nicht in ihrer Chemie aber in der Masse. So beträgt der Massenunterschied zwischen ^{12}C und ^{13}C 1,0034. Es gibt stabile und instabile (radioaktive) Isotope. In der Tabelle sind die stabilen Isotope der wichtigsten Elemente aufgeführt.
Ein Molekül, das mehrere Atome eines Elementes besitzt, kann aus verschiedenen Isotopen bestehen. So können chemisch gleiche Moleküle, die mehrere C-Atome enthalten, aus ^{12}C und ^{13}C Atomen bestehen. Jedes einzelne dieser Moleküle hat ein bestimmtes MG. Berücksichtigt man die Häufigkeit der Isotope lässt sich ein mittleres MG berechnen, das natürlich nur für eine große Anzahl der Moleküle Sinn macht.

Monoisotopisches MG: Das Molekül besteht ausschließlich aus den häufigsten Isotopen, z.B. ^{1}H, ^{12}C, ^{14}N, ^{16}O.

Mittleres MG: Zur Berechnung des MG werden die mittleren Atommassen (Masse unter Berücksichtigung der Häufigkeit der Isotope) benützt.
Das mittlere MG ist in der Regel größer als das monoisotopische MG.

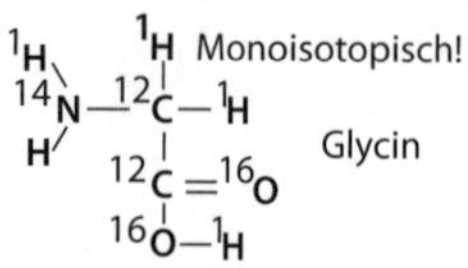

MG = 2x12,0 + 5x1,0078 + 2x15,9949 + 1x14,0031 = 75,0319

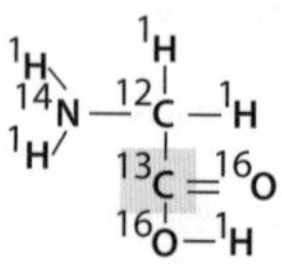

Ein ^{12}C wurde durch ^{13}C ersetzt, MG = 76,0353

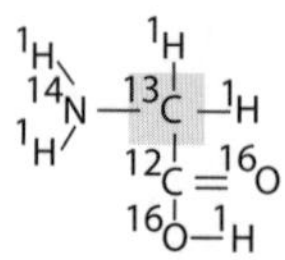

Ein ^{12}C wurde durch ^{13}C ersetzt, MG = 76,0353

■ Abb. 7.25 Isotopen, Massen und MG

7.5.4.2 Massenspektrometrische Genauigkeit (bzw. Massenkalibration)

Unter einer Kalibration versteht man normalerweise die Zuordnung der Intensität eines spektroskopischen oder spektrometrischen Messsignals eines Analyten zur einer bekannten Menge Analyt. Der analytisch unbedarfte Proteinbiochemiker redet hier gerne von »Eichkurve erstellen« und im Prinzip handelt es sich auch darum. Der Begriff »eichen« ist jedoch bei Analytikern unbeliebt (»Sind wir das Eichamt?«) und wenn Sie sich als Fachmann darstellen wollen, sollten Sie darauf verzichten und »kalibrieren« sagen.

In der Massenspektrometrie kommt zu dier ‚Mengenkalibration' noch eine weitere Kalibration: Die Massenkalibration.

Ihr MS trennt die untersuchten Substanzen nach m/z. Dieser Parameter ist jedoch keine Größe, die sich automatisch aus der Trennung in der Gasphase ergibt. Beim TOF könnte man sie zwar, wie in ■ Abb. 7.19 angegeben, aus Flugzeit, Rohrlänge und Beschleunigungsspannung errechnen, aber das ist graue Theorie und das Ergebnis wäre aus vielerlei Gründen zu ungenau. Besser und zuverlässiger ist es, den Analysator zu kalibrieren.

Wie kalibriert man?

Man vermisst Substanzen von bekanntem m/z und teilt dem MS mit, welche Signalposition (die Betonung liegt auf Position) im Spektrum welchem m/z-Wert entspricht. Bei diesen Substanzen handelt es um ‚Massenkalibrationsstandards'. Sie müssen zu Ionisierungsmethode und kablibrierendem m/z-Bereich passen.

In der Elektrospray-Ionisation benutzt man häufig Cs-Salze wie CsI (bis m/z 3.000), Cs-tridecafluoroheptanoat (bis m/z 10.000), Proteine wie Lysozym (m/z 1.000–2.100) und Myoglobin (m/z 500–2.500) oder andere Substanzen wie Ultramark 1621 (Perfluoroalkylphosphazine, bis m/z 6.000) und Wasser-Cluster (bis m/z 4.000).

Bei MALDI wird häufig ein Gemisch von Proteinen verwendet wie Gramicidin, Insulin, Cytochrom c, Lysozym, Myoglobin und BSA.

Da MALDI Ionenquellen meistens mit TOF-MS gekoppelt sind, sollten die Kalibrations-Protei-

Abb. 7.26 Isotopenhäufigkeit

Element	Stabile Isotopen	Häufigkeit
H	^{1}H ^{2}H (D)	99,99 % 0,01 %
C	^{12}C ^{13}C	98,89 % 1,11 %
N	^{14}N ^{15}N	99,63 % 0,37 %
O	^{16}O ^{17}O ^{18}O	99,76 % 0,04 % 0,20 %

Wie berechnet man die Häufigkeit einer bestimmten Isotopenverbindung?
Sie hängt von der natürlichen Häufigkeit des Isotops und der Anzahl des Elementes in der Verbindung ab. Schauen Sie sich die ^{12}C/^{13}C-Isotope von Glycin an. Glycin hat zwei C-Atome, daher gibt es vier Glycin-Isotope. Das erste ist monoisotopisch, die beiden mittleren haben das gleiche MG.

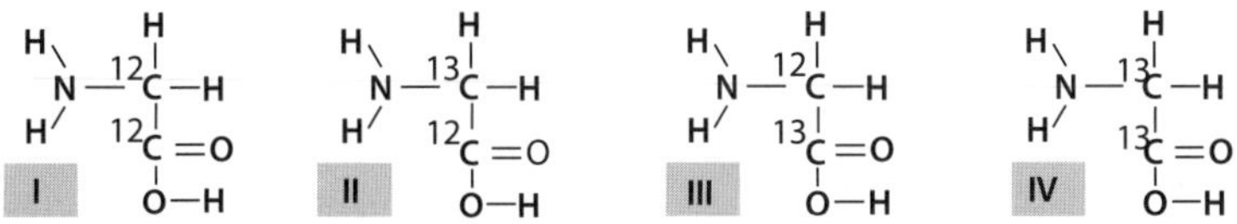

MG = 75,0319 MG = 76,0353 MG = 76,0353 MG = 77,0387

Die Wahrscheinlichkeit, dass ein C-Atom ein ^{13}C-Isotop ist, ist p = 0,0111.
die Wahrscheinlichkeit,für Glycin I ist $W_I = (1-p) \times (1-p)$
für Glycin II ist $W_{II} = p \times (1-p)$
für Glycin III ist $W_{III} = (1-p) \times p$
für Glycin IV ist $W_{IV} = p \times p$
Die Wahrscheinlichkeit,W_1, dass Glycin (oder eine andere 2C-Verbindung) genau ein ^{13}C enthält, ist: $W_1 = W_{II} + W_{III} = 2p \times (1-p) = 00219$. Das heißt: 2,19 % der Glycin-Moleküle enthalten genau ein ^{13}C.
Die Wahrscheinlichkeit W_2, dass Glycin (oder eine andere 2C-Verbindung) mindestens ein ^{13}C enthält, ist: $W_2 = W_{II} + W_{III} + W_{IV} = 2p \times (1-p) + p^2 = 0{,}0220$
Die Wahrscheinlichkeit C-monoisotopischen Glycins ist $W_I = (1-p)^2 = 0{,}9779$
$W_I + W_2 = 0{,}9779 + 0{,}0220 = 1{,}0$

Falls Ihnen langweilig ist, können Sie diese Rechnerei weiter treiben. So haben wir ausgerechnet wie hoch die Wahrscheinlichkeit W_{2n} ist, dass in einer Verbindung mit n C-Atomen genau zwei ^{13}C sitzen.

$$W_{2n} = \binom{n}{2} \times p^2 \times (1-p)^{n-2} = \binom{n}{2} \times 0{,}0111^2 \times 0{,}9889^{n-2} = \frac{n!}{2 \times (n-2)!} \times 1{,}232 \times 10^{-4} \times 0{,}9889^{n-2}$$

Übrigens: Das wirkliche Leben ist noch komplizierter!

ne einen großen MG-Bereich abdecken. Ein TOF misst ja über mehrere MG-Größenordnungen und nur wenn die Kalibrierungs-Proteine einen ähnlichen Bereich abdecken, ist eine akkurate Detektion über den gesamten Messbereich gewährleistet. Auf jeden Fall sollten die Kalibrierungs-Substanzen den für Sie interessanten und massenspektrometrisch möglichen MG-Bereich abdecken.

TOF-Analysatoren werden bevorzugt intern kalibriert, d.h. die Kalibrierungs-Substanzen werden der Probe entweder beigemischt oder mit dieser parallel vergast und vermessen. Dies ist notwendig, da die meisten TOFs über die Zeit Massenverschiebungen aufweisen. So kann beispielsweise eine Temperaturerhöhung in Ihrem Experimentierraum das metallene Flugrohr ausdehnen. Die Flugstrecke wird länger, die Moleküle fliegen länger, der Detektor teilt den ankommenden Molekülen eine größere m/z zu und gibt somit falsche Ergebnisse. Um diese Verfälschungen zu verhindern oder auszugleichen wird der interne Standard permanent (oder in schneller Frequenz) massenspektrometrisch vermessen und das Signal im Spektrum mit der bekannten Masse des internen Standards korrigiert, d.h. bei einer potenziellen Verschiebung des m/z des internen Standards verschiebt sich entsprechend die m/z des Analyten. Mit interner Kalibrierung erhält man heutzutage Genauigkeiten bis zu 1 ppm. Sie fragen sich, was heißt nun wieder ppm? Es heißt parts-per-million und wird überwiegend in der Umweltanalytik benutzt (z.B. 50 ppm Ozon). In unserem Fall bezieht sich das ppm jedoch auf die

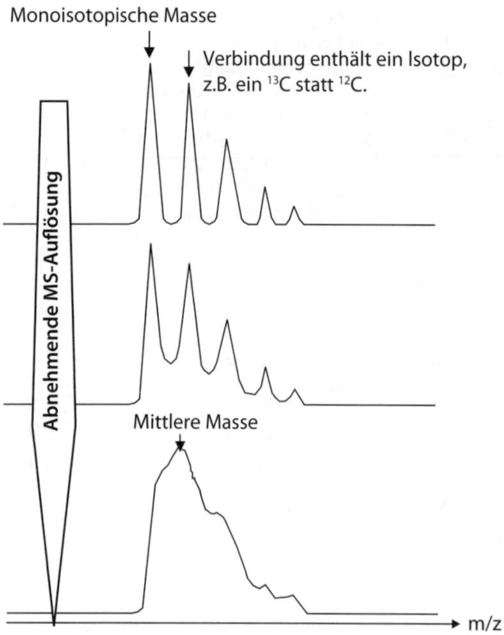

■ **Abb. 7.27 Auflösung eines Massenspektrometers**

entsprechende Stelle hinter dem Komma: Bei einem m/z von 100 ist 0,0001 Da Abweichung 1 ppm.

In tryptischen Verdaus von Proteinen entstehen automatisch Kalibrierungs-Substanzen: die Peptide aus dem Selbstverdau von Trypsin (■ Tab. 7.6). Beim Vermessen solcher Proben können Sie also auf extra zugeführte Kalibrierungs-Substanzen verzichten.

Quadrupol-Analysatoren sind heutzutage bis zu m/z 3.000 kalibrierbar und anschließend oft über mehrere Monate hinweg massenstabil. Da einmal gemacht, lange stabil bedeutet, werden diese Kalibrationen in der Regel extern durchgeführt, d.h. ohne Probe kalibriert. Mit externer Kalibrierung erreichen Sie bei diesen Geräten Genauigkeiten bis mindestens 50 ppm.

7.5.4.3 Massenspektrometrische Auflösung

Das **Auflösungsvermögen R** eines MS berechnet sich aus dem Quotient von Masse m und Signalbreite Δm bei halbmaximaler Höhe (■ Abb. 7.28). Es handelt sich um eine dimensionslose Zahl. Verwechseln Sie die massenspektrometrische Auflösung nicht mit der Auflösung von chromatographischen Signalen (in denen man die ‚Δm‘ zwischen zwei Signalen ermittelt).

Die in diesem Buch behandelten MS zeigen folgende Auflösung:

Neuere TOF-Analysatoren mit Reflektor haben eine Auflösung von 10.000–20.000 und sind demzufolge hoch auflösend. Als Beispiel: Bei einer Auflösung von 10.000 trennt das Gerät ein Signal bei m/z = 5000 von einem Signal bei m/z = 5000.5 (■ Abb. 7.28).

Quadrupol- und Ionenfallen-Analysatoren erreichen Auflösungen von bis zu 200 und sind demzufolge niedrig auflösend.

Somit entspräche das oberste Signal in ■ Abb. 7.27 einem TOF-Spektrum und das unterste einem Quadrupol/Ionenfallen-Spektrum.

Diese Auflösungswerte ändern sich mit der technischen Entwicklung; mit jeder neuen Geräte-Generation werden sie besser.

7.5.4.4 MG-Bestimmung aus MS-Spektren

Mit MALDI erhält man überwiegend die m/z von einfach geladenen Molekülen $[M+H]^+$. Das z in m/z ist also 1. Das vereinfacht die MG-Bestimmung:

ermittelte Signal-Masse / 1 – 1 (H) entspricht dem MG des Analyten

Bei ESI treten bekanntlich mehrfach geladene Ionen auf (z > 1). Peptide z.B. sind meistens doppelt geladen, manche aber auch drei- oder vierfach. Die Auswertung von ESI-Spektren ist dennoch nicht viel schwieriger als die von MALDI-Spektren. Je nach dem Typ des Spektrums können Sie eine von drei Möglichkeiten anwenden:

a) Abzählreim

Sie erinnern sich an die Isotope aus ► Abschn. 7.5.4.1?

Kurze Wiederholung: Das massenspektrometrische Signal eines Moleküls, das mehrere C-Atome enthält, besteht aus einer Ansammlung von Isotopensignalen (■ Abb. 7.29). Denn ein C-Atom ist mit einer Wahrscheinlichkeit von etwa 1% nicht ^{12}C sondern ^{13}C und ^{13}C ist um 1,0034 Da schwerer als ^{12}C. Eine Verbindung, die ein ^{13}C besitzt, wird also von der gleichen Verbindung, die nur aus ^{12}C

Tab. 7.6 Tryptische Trypsin-Peptide zur internen Eichung

Aminosäuren	MG	Sequenz
3-6 (4)	514,32	IQVR
57-64 (8)	841,50	VATVSLPR
47-56 (10)	1044,56	LSSPATLNSR
65-82 (18)	1767,79	SCAAAGTECLISGWGNTK
7-26 (20)	2210,10	LGEHNIDVLEGNEQFINAAK
27-46 (20)	2282,17	IITHPNFNGNTLDNDIMLIK
27-56 (30)	3308,72	IITHPNFNGNTLDNDIMLIKLSSPATLNSR

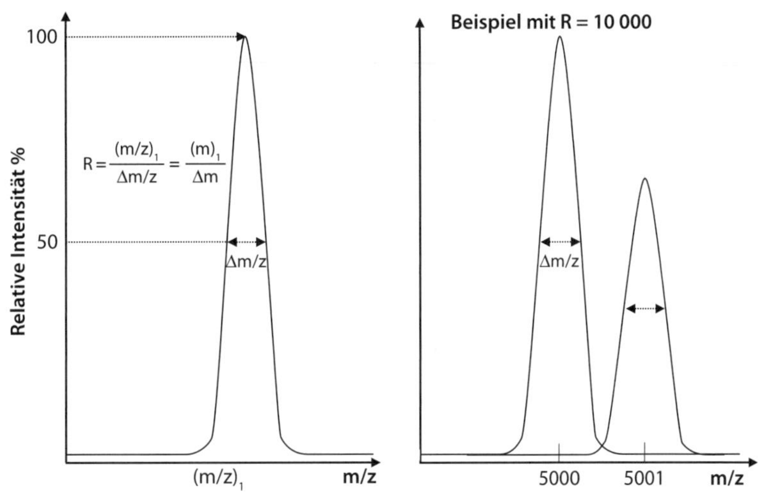

Abb. 7.28 Auflösung von Massenspektrometern

besteht, im hochauflösenden MS getrennt. Verbindungen mit mehreren C-Atomen besitzen Isotope mit einem ^{13}C (wobei die an verschiedenen Orten sitzen können, was aber das MG nicht beeinflusst), zwei ^{13}C, drei ^{13}C usw… Die Häufigkeit der Isotope einer Verbindung und damit deren Signalhöhe hängt ab von der Gesamtzahl der C-Atome (Abb. 7.26) der Verbindung. Die Unterschiede im MG aber betragen immer 1,0034. Sie folgen im Massenspektrum kurz hintereinander wie die Sprossen einer Leiter. Sie bilden eine Isotopenleiter. Das gilt auch für Peptide; denn auch ein Peptid enthält mehrere C-Atome und besteht aus einer Mischung von ^{12}C und ^{13}C Isotopen. Die Ladung der Peptidisotopen ist gleich.

Nehmen Sie das hochaufgelöste Spektrum eines Moleküls (Abb. 7.29), so ist das ganz linke Signal das monoisotopische Signal. Das zweite Signal von links ist das Isotop mit einem ^{13}C und so weiter. Die Differenzen zwischen den Signalen sind etwa gleich und betragen im Mittel 0,33. Da Sie m/z detektieren gilt:

$\Delta m/z = 0{,}33$; Δm ist 1,0034 und daher $z = \Delta m/0{,}33 = 1{,}0034/0{,}33 = 3{,}04$

Das MS hat also recht genau die Ladung $z = 3$ bestimmt.

Das MG erhalten Sie, indem Sie die monoisotopische Masse mit z multiplizieren und vom Ergebnis die Masse der Protonen ($z \times 1{,}0078$ Da) abziehen. (Auflösung am Ende von ▶ Kap. 7.5.8)

Noch einfacher ist: Sie nehmen sich das monoisotopische Signal und zählen die Isotopen ab, die Sie überschreiten müssen um auf ein Isotop mit m/z + 1 zu gelangen (siehe Abb. 7.29; hier von 571,92 auf 572,91). Damit haben Sie schon mal die Ladung. Nun nehmen Sie die monoisotopische Masse des Signals, multiplizieren dies mit der Zahl des Abzählvorgangs und ziehen die Masse der Protonen ab (da diese ja nicht zur Molekularmasse des Moleküls zählen). Das Ergebnis ist das MG.

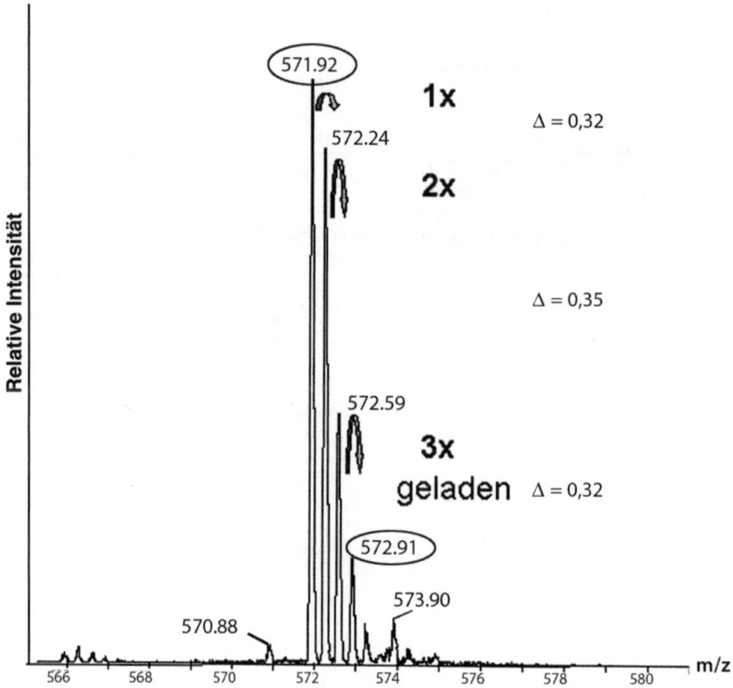

Abb. 7.29 Ladungsbestimmung mit Isotopenleitern

Ein MS ist auch nur ein Mensch: Bei hohen Ladungszahlen erreicht selbst die Genauigkeit hochauflösender Geräte ihre Grenzen. Die m/z-Differenzen werden ja umso kleiner, je höher die Ladung z des Moleküls ist. Da die Fehler bei der Bestimmung der Subtrahenten voll auf die Differenz Δm/z durchschlagen, wird diese zu ungenau, bzw. die Signale lassen sich nicht mehr zweifelsfrei abzählen.

b) über Na^+- oder K^+-Addukte

Vielleicht steht Ihnen zur MG-Bestimmung kein hochauflösendes MS zur Verfügung? Oder das Molekül trägt zu viele Ladungen, so dass das Isotopenmuster nicht mehr erkennbar ist? Oder ist das Spektrum wie in Abb. 7.30 zu wenig fokussiert? Verzweifeln Sie nicht, es gibt einen Ausweg: Die MG-Bestimmung über die Na^+-Addukte.

Na^+-Addukte finden Sie dann häufig vor, wenn Sie die Substanzen in Glasbehältern gelöst, gelagert oder pipettiert haben und anschließend mittels ESI versprühen. Denn Glas enthält je nach Sorte zwischen 1 und 17% Na_2O. Für die MG-Bestimmung ist die Adduktbildung erfreulich, in anderen Fällen jedoch ärgerlich, da sich Na^+-Addukte im MS anders verhalten als rein protonierte Ionen. Jed Ding hat eben mindestens zwei Seiten.

Ein nahe liegender Tipp: Wenn Sie Na^+-Addukte unterbinden wollen, sollten Sie den Kontakt der Probe mit Glas vermeiden.

Der Verzicht auf Glas hat seine Tücken, denn in irgendeinem Material müssen Sie ihre Proben ja einschließen. Benutzen Sie Plastik, stellen Sie häufig fest, dass Sie den Teufel mit dem Belzebub ausgetrieben haben, denn ‚minderwertige' Spitzen oder Behälter enthalten so große Mengen Weichmacher, dass Sie im MS nur noch Phtalat-Signale detektieren. Achten Sie deshalb darauf, die teuren, weichmacherfreien Spitzen und Gefäße zu nutzen. Die große Empfindlichkeit der MS ist halt nicht immer ein Segen.

Zurück zu Na^+-Addukten; Mit Molekülen, die Na^+-Addukte bilden, erhalten Sie Spektren wie in Abb. 7.30 gezeigt.

Wie kommt man hier zum MG?

Zuerst nehmen Sie sich die m/z des voll-protonierten Molekülions (meistens ganz links). Danach suchen Sie das nächste rechtsseitig benachbarte Signal eines Na^+-Addukts. Aus den beiden m/z bil-

Abb. 7.30 Ladungsbestimmung über Na^+-Addukte

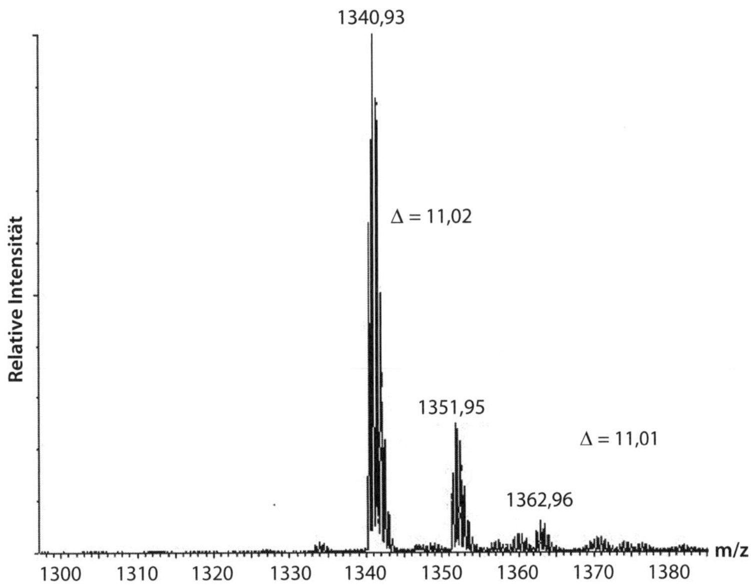

Abb. 7.31 Berechnung der Ladung von Na^+- bzw. K^+-Addukten

Bei der Bildung von Na^+-Addukten wird ein Proton H^+ (1 Da) durch Na^+ (23 Da) ersetzt, d.h. $[M+nH]^{n+}$ geht über in $[M+(n-1)H+Na]^{n+}$

Bei einfacher Ladung entsteht aus $[M+H]^+$ das $[M+Na]^+$:
Die Differenz der m/z von $[M+Na]^+$ und $[M+H]^+$ ist **22**

Bei doppelter Ladung entsteht aus $[M+2H]^{2+}$ das $[M+Na]^{2+}$:
die Differenz der m/z von $[M+H+Na]^{2+}$ und $[M+2H]^{2+}$ ist **11**

Bei dreifacher Ladung entsteht aus $[M+3H]^{3+}$ das $[M+2H]+Na]^{3+}$:
die Differenz der MG von $[M+2H+Na]^{3+}$ und $[M+3H]^{3+}$ ist **7,3**

Und so weiter...

Für K^+-Addukte gilt das gleiche in Grün:

Ein Proton (1 Da) wird ersetzt durch ein K^+ (39 Da)

Bei einfacher Ladung entsteht aus $[M+H]^+$ das $[M+K]^+$:
die Differenz der MG von $[M+K]^+$ und $[M+H]^+$ ist **38**

Und so weiter mit **19, 12,7 ...**

den Sie die Differenz Δ (in Abb. 7.30 ist Δ = 11). Der Differenz ordnen Sie mit Hilfe von Abb. 7.31 die Ladung z zu (hier z = 2).

Zur Sicherheit suchen Sie das nächstgrößere m/z (2 Na^+) und bilden die Differenz (mit dem 1 Na^+). Bestätigt sich die Differenz, können Sie sicher sein, die richtige Ladung bestimmt zu haben. Mit der Ladungszahl können Sie nach Schema F (beschrieben weiter oben) m (=MG) berechnen: Sie multiplizieren die monoisotopische Masse des Signals mit der Zahl der Ladungen und ziehen die Masse der Protonen (z×1,0078) ab. Die Auflösung finden Sie am Ende von ▶ Kap. 7.5.8.

Im selteneren Fall der Bildung von K^+-Addukten verfahren Sie analog.

c) durch Berechnung

Können Sie beide eben beschriebenen Methoden nicht nutzen, so liegt Ihnen wahrscheinlich ein Spektrum wie in Abb. 7.32 vor. Es handelt sich um ein Spektrum mit Signalen eines Moleküls in unterschiedlichen Ladungszuständen $(M+H)^+$, $(M+2H)^{2+}$, $(M+3H)^{3+}$ etc. Hochgeladene Proteine geben oft dutzende solcher Signale.

Für die Berechnung von Ladung und MG müssen Sie zuerst zwei benachbarte Signale der gleichen Substanz ermitteln. Bei dem Spektrum **eines**

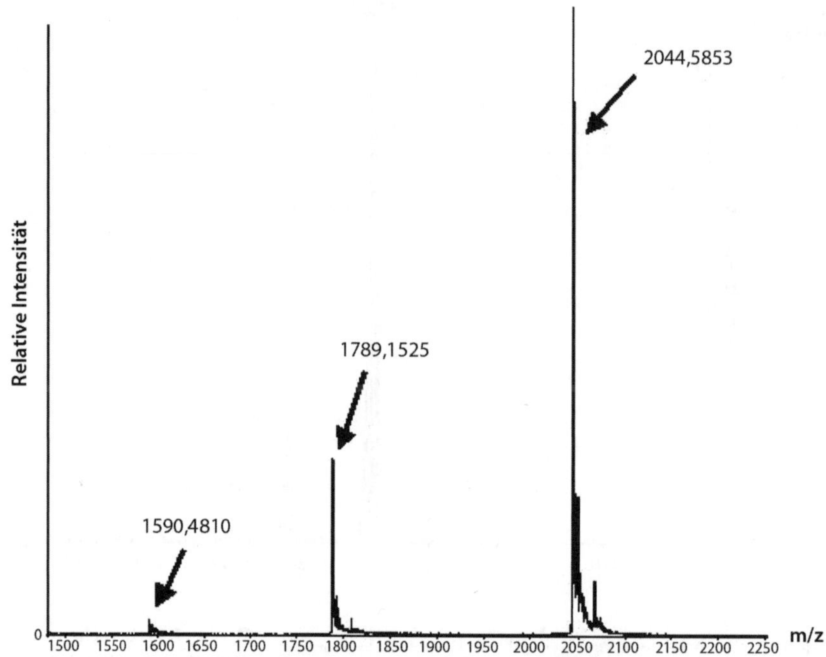

Abb. 7.32 Ein-Molekül-MS-Spektrum

Proteins wie in Abb. 7.32 ist das kein Problem, bei Proteinmischungen jedoch kann das schwierig werden. Da müssen Sie eben eine Weile suchen und rätseln – aber das soll ja den Reiz des Forscherlebens ausmachen. Legen Sie auf diese Reize keinen Wert, bleibt noch der Griff zu einer geeigneten Software. Wie auch immer: Haben Sie zwei benachbarte Signale, nehmen Sie deren m/z-Werte und berechnen daraus die Ladungszustände bzw. das MG des Proteins, wie in Abb. 7.33 beschrieben.

In dem Beispiel in Abb. 7.33 handelt es sich um Lysozym. Übrigens: Sie müssen nicht die Signale bei 1789,1525 und 2044,5853 nehmen. Das Signalpaar 1590,4810 und 1789,1525 sollte das gleiche Ergebnis geben. Und das tut es auch: Sie kommen auf ein MG von 14306,073. »Unglaublich genau!«, staunt der Laie und dem Fachmann schwillt die Brust.

Die Rechnung in Abb. 7.33 ist auf alle Moleküle mit mehreren Ladungszuständen anwendbar.

Haben Sie Spaß an der Sache gefunden? Dann wollen wir Ihnen den verdoppeln: Berechnen Sie das MG des Moleküls, das im MS-Spektrum die benachbarten m/z-Signale 670,97 und 894,29 zeigt. Erhalten Sie das gleiche MG, wie bei der Substanz aus Abb. Abb. 7.30? Wenn ja, haben Sie richtig gerechnet. Das richtige MG finden Sie am Ende dieses Kapitels.

7.5.5 Peptidmassen Fingerabdruck

Unbekannte Proteine können Sie durch Massen Fingerabdrucke charakterisieren. Dazu verdauen Sie das Protein mit spezifischen Proteasen und bestimmen das MG der entstandenen Peptide. Sie erhalten einen Satz von Peptid-MGs. Den vergleichen Sie mit den entsprechenden Daten einer Datenbank. So erlaubte die Datensammlung im SERC Daresbury Labor den Vergleich mit Fragmenten von über 50.000 Proteinen (Pappin et al. 1997). Andere gängige und regelmäßig aktualisierte Datenbanken für Peptidmassen Fingerabdrücke sind Swissprot/Trembl und MSDB (EBI). Sie enthalten mittlerweile wesentlich mehr Proteine. Auf diese Weise können Sie schnell und zuverlässig Proteinflecken in 2D-Gelen identifizieren. Tryptische und andere Verdaus können in einem Rutsch ausgemessen werden. Schon die MG

◘ Abb. 7.33 Berechnung des MG

Nehmen Sie zwei benachbarte, vom gleichen Molekül stammende, m/z Signale: z.B. 1789,1525 und 2044,5853 aus Abb. 7-30

Es gilt: 1789,1525 = (m + zH) / z und 2044,5853 = [m + (z-1)H] / (z-1). m ist das MG des signalerzeugenden Moleküls und H das MG eines Protons (1,0078).

Begründung: Das Signal bei m/z 2044,5853 stammt vom gleichen Protein wie das Signal bei m/z 1789,1525. Also ist m bei beiden Signalen gleich. Um auf ein höheres m/z zu kommen (2044,5853>1789,1525) muss bei Position 2044,5853 die Zahl der Ladungen z kleiner sein als bei Position 1789,1525. Weil die Signale benachbart sind, ist diese Differenz 1.

Berechnung
Aus der 1. Gleichung folgt: z = m / (1789,1525 - H) = m / 1788,1447
Aus der 2. Gleichung folgt: z = m / (2044,5853 - H) + 1 = 1 + m / 2043,5775
Gleichsetzen gibt: m / 1788,1447 = 1 + m / 2043,5775

nach m auflösen gibt: $$m = \frac{2043{,}5775}{(2043{,}5775 / 1788{,}1447) - 1} = 14305{,}968$$

m in erste Gleichung eingesetzt gibt: z = 14305,968 / 1788,1447 = 8

von drei Peptiden charakterisieren das Protein fast so eindeutig wie die Aminosäuresequenz.

Unproblematisch ist die Methode nicht. So ist Trypsin keine perfekte Protease (siehe ► Kap. 7.4.1). Das Enzym kann unvollständig oder an der falschen Stelle schneiden. Es gibt Verunreinigungen, z.B. durch Selbstverdau, und nicht jedes tryptische Peptid taucht im Spektrum auf (Ionenunterdrückung). Schließlich werden posttranslationale Modifikationen wie Glykosilierungen (► Kapitel 9) und Phosphorylierungen häufig nicht erfasst oder vernachlässigt.

Literatur

1 Pappin, D. (1997): Peptide mass fingerprinting using MALDI-TOF mass spectrometry. Methods Mol. Biol. 64, 165–73

7.5.6 Peptidsequenzierung mit der MS

7.5.6.1 Strukturanalyse mit Tandem-Massenspektrometrie

An ESI- oder MALDI-Quellen gekoppelte einfache Analysatoren geben Ihnen den m/z-Wert und damit, bei bekannter Ladung, das MG. Mehr nicht – es sei denn Sie stellen vor dem MS-Lauf auf irgendeine Weise Peptidleitern her (► Abschn. 7.5.6.4 und 7.5.6.5). Mit der Tandem-MS dagegen erhalten sie auch Strukturinformationen, z.B. die Sequenz eines Peptids.

Man unterscheidet die zeitabhängige Tandem-MS und die raumabhängige Tandem-MS. Bei der zeitabhängigen Tandem-MS wird die Strukturanalyse mit ionenspeichernden Analysatoren, also mit Ionenfallen (MS^n), durchgeführt. Die raumabhängige Tandem-MS dagegen nützt in Reihe angeordnete Analysatoren (MS/MS). Sie können drei Analysatoren koppeln. Der erste Analysator –meistens ein Quadrupol- isoliert das gewählte Ion. Danach wird das Ion in einer Stoßkammer – in der Regel ebenfalls ein Quadrupol – fragmentiert. Der letzte Analysator trennt die Fragmente nach m/z und ist meistens ein Quadrupol oder ein TOF (◘ Abb. 7.34). Man nennt dies ein Tripel-Quadrupol-MS QqQ.

Andere gängige Analysatorkombinationen sind das Doppel-Quadrupol mit TOF-Analysator (QqTOF) und ein TOF gefolgt von Quadrupol gefolgt von TOF-Analysator (TOFqTOF). Auch gibt es Kombinationen wie QqIT oder andere. Die Frage stellt sich: Wer nutzt all diese Massenspektrometer sinnvoll? Werden all diese Kombinationen benötigt? Der Markt wird's regeln.

Zurück zu den meistgenutzten Strukturanalye-MS-Typen

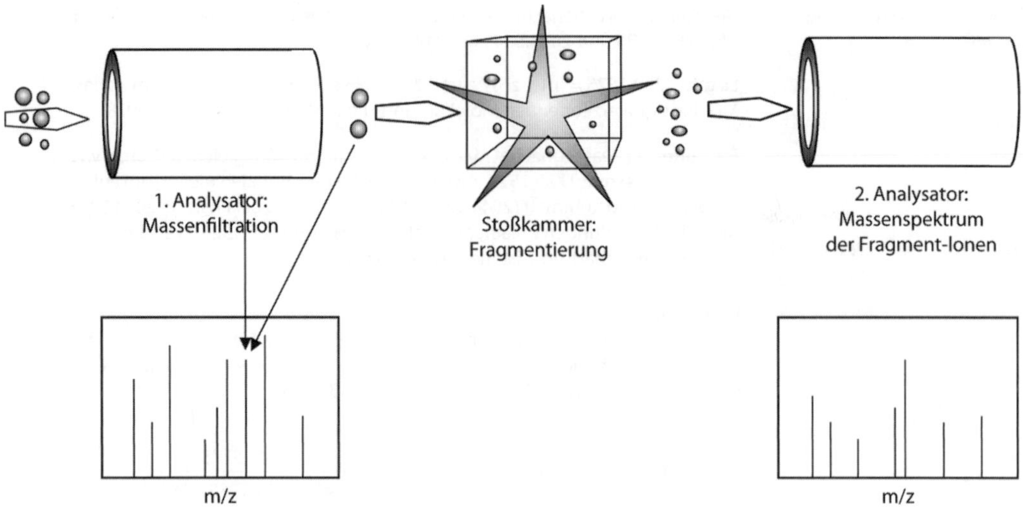

Abb. 7.34 MS/MS

Strukturanalyse mit zeitabhängigen Tandem-MS.
Für gewöhnlich wird in die Ionenfalle ein Gemisch von Peptid-Ionen eingespeist. Wollen Sie ein bestimmtes Peptid-Ion fragmentieren, müssen Sie zuerst dafür sorgen, dass in der Ionenfalle nur noch dieses Ion kreist. Dazu legen Sie an die Endkappenelektroden eine Breitbandfrequenz an, die alle Ionen mit Ausnahme des gewünschten aus der Ionenfalle entfernt. Dann stellen Sie die Resonanzfrequenz auf den m/z-Wert dieses Ions ein und regen es damit kinetisch an (resonance excitation). Es saust jetzt schneller auf seiner Kreisbahn herum und kollidiert öfter und heftiger mit den Helium-Atomen in der Kammer. Dabei kommt es zur collision induced dissociation (CID). Das Molekül-Ion zerfällt in Fragmente. Die und die restlichen Molekül-Ionen werden nun in der Reihenfolge ihrer m/z-Werte aus der Ionenfalle entlassen. Den Rest besorgt der Detektor.

Mit Ionenfallen können Sie auch mehrstufige MS/MS-Experimente durchführen: Sie isolieren ein Fragment in der Ionenfalle und fragmentieren dieses dann noch mal usw. Als Nachteil müssen Sie die abnehmende Signalhöhe der Fragmente in Kauf nehmen (jeweils ungefähr ein Faktor 10).

Strukturanalyse mit raumabhängigen Tandem-MS.
Hier wird mit dem ersten Quadrupol das Molekül-Ion herausgefiltert. Der mittlere Quadrupol dient als Stoßkammer, in der das Molekül-Ion durch Kollision mit Helium oder Argon-Atomen in Fragment-Ionen zerfällt. Das Spektrum der Fragmente wird schließlich im dritten Quadrupol analysiert (Abb. 7.35).

7.5.6.2 De novo-Sequenzierung mit der Tandem-MS

Die Edman-Sequenzierung ist seit Jahren aus der Mode – was sich allerdings in letzter Zeit wieder zu ändern scheint. Auch die Leitersequenzierung (▶ Abschn. 7.5.6.5) ist nicht mehr en vogue. Darin üben sich Labors, die nur gelegentlich sequenzieren und sich kein Tandem-MS leisten können oder wollen.

Die Methode der Wahl ist zur Zeit die Sequenzierung mit dem Tandem-MS (z.B. einem ESI-QqTOF). Beim Sequenzieren mit dem Tandem-MS geht man so vor (dieser Abschnitt macht kräftig Gebrauch von dem exzellenten Review Manns (Steen & Mann, 2004): Das Protein wird mit einer Protease verdaut, meist mit Trypsin. Gelegentlich werden auch andere Proteasen verwendet (▶ Kap. 7.4).

Abb. 7.35 Tripel Quadrupol

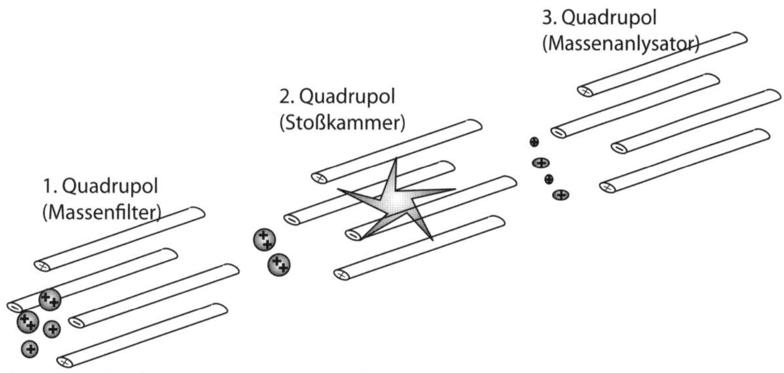

Tryptische Peptide haben die richtige Länge für das ESI-MS und zudem ein Arginin oder Lysin, also basische Aminosäuren, am C-terminalen Ende. Der Trypsinverdau gibt – wen wunderts? – eine Mischung von tryptischen Peptiden. Die wird auf einer HPLC aufgetrennt und das Eluat in das ESI-MS eingespeist. Unkomplizierte Verdaus, z.B. von kurzen Proteinen, können Sie auch direkt ins MS geben. Sie erhalten ein Massenspektrum der Peptide, den sog. peptide mass fingerprint (▶ Kap. 7.5.5).

Anhand des Massenspektrums wählen Sie nun ein Peptid zur Fragmentierung aus; Sie können die Wahl aber auch der MS-Software überlassen.

Das ausgewählte Peptid-Ion, das Molekül- oder Mutter-Ion, zerschlagen Sie in der Kollisionskammer des MS in Bruchstücke (Fragment- oder Tochter-Ionen). Meistens brechen die Peptide an ihren schwachen Stellen, also an einer der Säureamidbindungen. Dort setzt ja auch die enzymatische Hydrolyse an. Es entsteht ein N-terminales und ein C-terminales Bruchstück.

Es können auch zu der Säureamidbindung benachbarte Bindungen der Hauptkette brechen. Für die Bruchstücke wurde eine Nomenklatur eingeführt (Abb. 7.36).

Schließlich können Peptide nicht nur in ihrem Grundgerüst brechen, auch die Seitenketten können abgerissen oder gespalten werden.

Nun sind die Peptide, die in die Kollisionszelle geschossen werden, geladen: Entweder einfach $(M+H)^+$, doppelt $(M+2H)^{2+}$ oder mehrfach.

Wie verteilen sich die Ladungen auf die Bruchstücke?

Wie sehen die Bruchstücke aus?

Proteasen spalten Säureamidbindungen unter Wasseraufnahme. In der Kollisionszelle wird die Säureamidbindung nicht unter Wasseraufnahme gespalten, denn in der Kollisionszelle gibt es kein Wasser. Bei einfach geladenen Peptid-Ionen entstehen daher überwiegend entweder b-Ionen oder y-Ionen. Letztere entstehen nach dem in Abb. 7.37 dargestellten Mechanismus.

Wenn b-Ionen entstehen, lief der Mechanismus in Abb. 7.38 ab.

Beachten Sie: Im Spektrum erscheinen nur die Ionen, die neutralen Bruchstücke erreichen den Detektor nicht und werden daher nicht erfasst.

Die doppelt geladenen tryptischen Peptidionen aus einer ESI-Quelle zerfallen häufig in einfach geladene b- und / oder y-Ionen (Abb. 7.39).

In Quadrupol- oder Quadrupol-TOF Analysatoren überwiegen y-Ionen; in Ionenfallen kann man b- und y-Ionen beobachten (Steen & Mann, 2004).

Ein bestimmtes Peptid-Ion kann – wenn auch mit unterschiedlicher Wahrscheinlichkeit – an einer beliebigen Peptidbindung zerfallen. Also können aus dem in die Kollisionskammer eingeschossenen Peptid-Ionenspezies alle möglichen y-Fragment-Ionen entstehen: Aus einem Peptid mit 15 Aminosäuren (P_{15}) also y_{14}, y_{13}, y_{12} usw. Kurz gesagt: Es entsteht eine Leiter von y-Ionen (Abb. 7.40). Die Massen dieser Fragmente werden im dritten Analysator bestimmt. Die Differenzen $MG(y_{14}) - MG(y_{13})$, $MG(y_{13}) - MG(y_{12})$ usw. ergeben die MG der -NH-CHR-CO- Kerne der Aminosäuren (MG

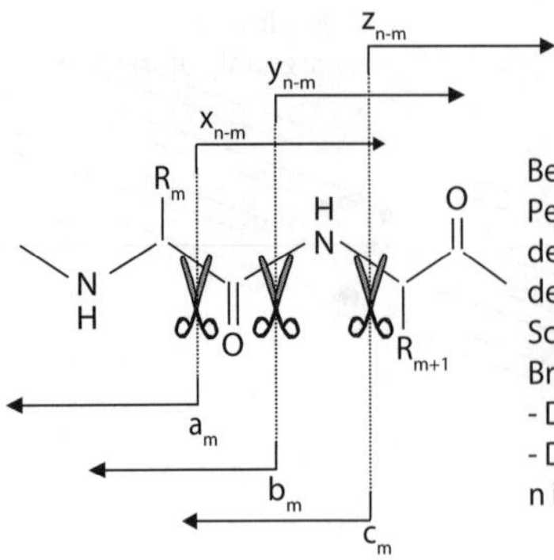

Bei einer Kollision kann die Hauptkette eines Peptids an drei Stellen brechen (Scheren). In der Regel bricht sie am schwächsten Punkt, der Peptidbindung (Säureamidbindung, mittlere Schere). Aus dem Peptid entstehen dann zwei Bruchstücke:
- Das N-terminale Bruchstück: b_m Bruchstück.
- Das C-terminale Bruchstück: y_{n-m} Bruchstück.
n ist die Zahl der Aminosäurereste des Peptids.

Abb. 7.36 Peptidfragmentierung durch Kollision

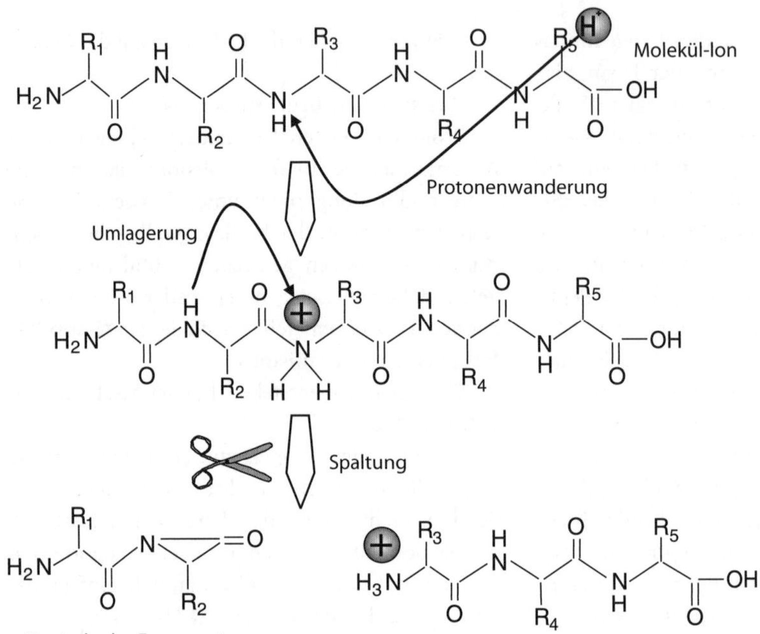

Abb. 7.37 y-Ion aus einfach geladenem Peptid

Aminosäure – MG H_2O) an den Positionen 14, 13 usw. und damit die Sequenz (Abb. 7.41). Damit Sie nicht ewig suchen müssen, haben wir Ihnen die MG der -NH-CHR-CO- Kerne in Tab. 7.5 aufgelistet.

Doch so einfach, wie oben beschrieben, geht es im wirklichen Leben selten zu.

- Oft ist die Leiter nicht vollständig, d.h. bestimmte Signale bzw. Fragment-Ionen fehlen. Es finden sich beispielsweise y_2, y_3, y_4, y_6, y_7 etc., aber y_5 fehlt.
- Oft treten im Zerfallsspektrum andere Signale auf als die der erwarteten Fragment-Peptide. So können die Fragment-Ionen NH_3 oder H_2O verlieren (–17 Da bzw. –18 Da) und geben dann entsprechende Satellitensignale. Das gilt besonders für Peptide, die viele Ser, Thr, Glu, Gln, Asp oder Asn-Reste enthalten. Auch der C-Terminus (Carboxylgruppe) spaltet oft Wasser ab.
- Peptidbindungen N-terminal zu Prolinresten und Peptidbindungen C-terminal zu Aspartatresten sind besonders labil. Die entsprechenden Zerfalls-Ionen treten also besonders häufig auf. Umgekehrt sind Peptidbindungen

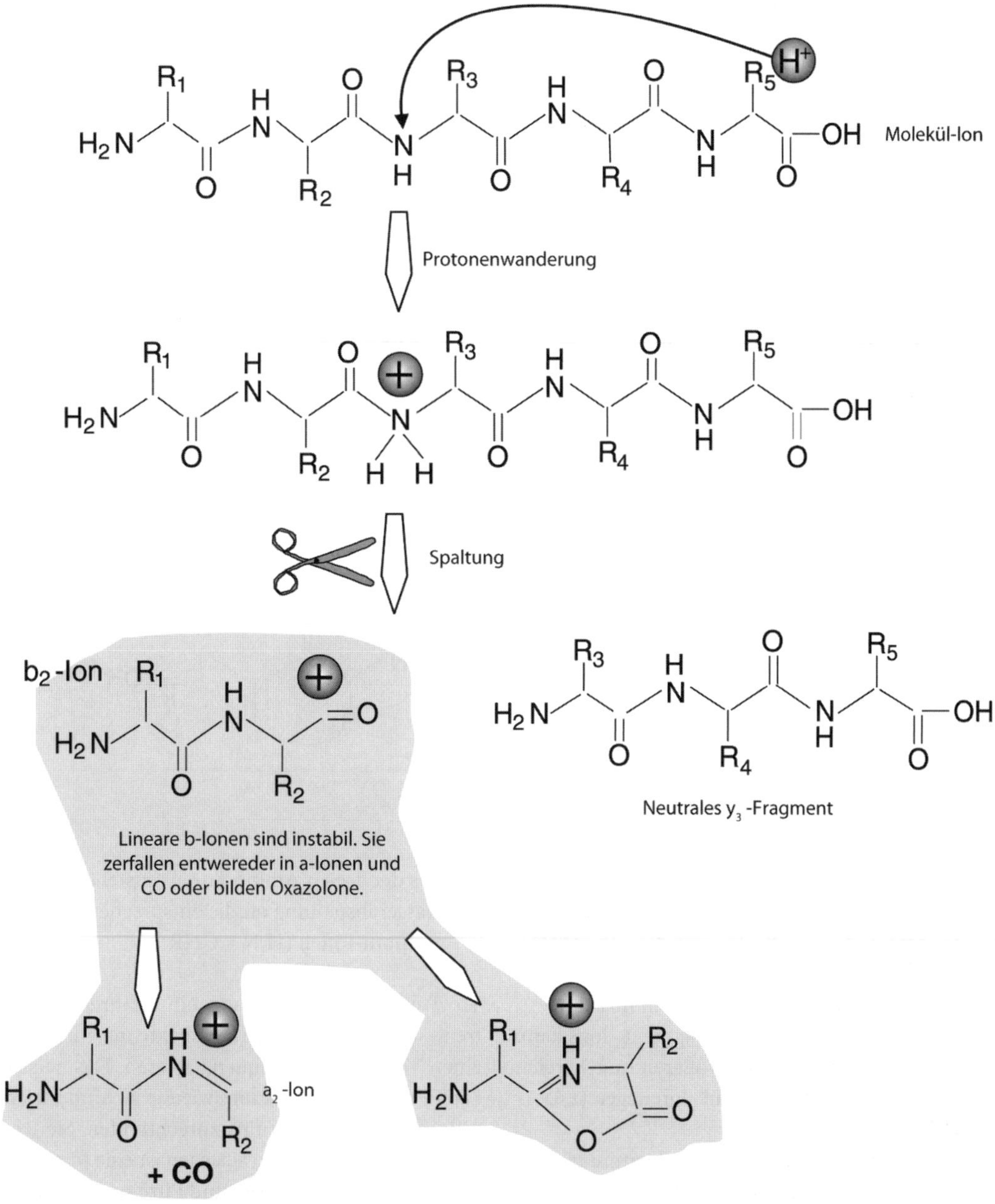

Abb. 7.38 Bildung von b-Ionen aus einfach geladenem Peptid

C-terminal zu Prolinresten und N-terminal zu Aspartatresten besonders stabil.

- Modifizierte Aminosäureste (phosphoriliertes Serin, oxidiertes Methionin, glykosiliertes Serin) neigen dazu, ihre Modifikationen abzuspalten. Ersteres verliert dann Phosphorsäure (98 Da), oxidiertes Methionin verliert CH_3SOH (64 Da). Es entstehen Satellitensignale.
- Viele Zerfallspeptide haben eine niedrigere Ladung als das Molekülion aus dem sie entstanden. So entstehen aus doppelt geladenen

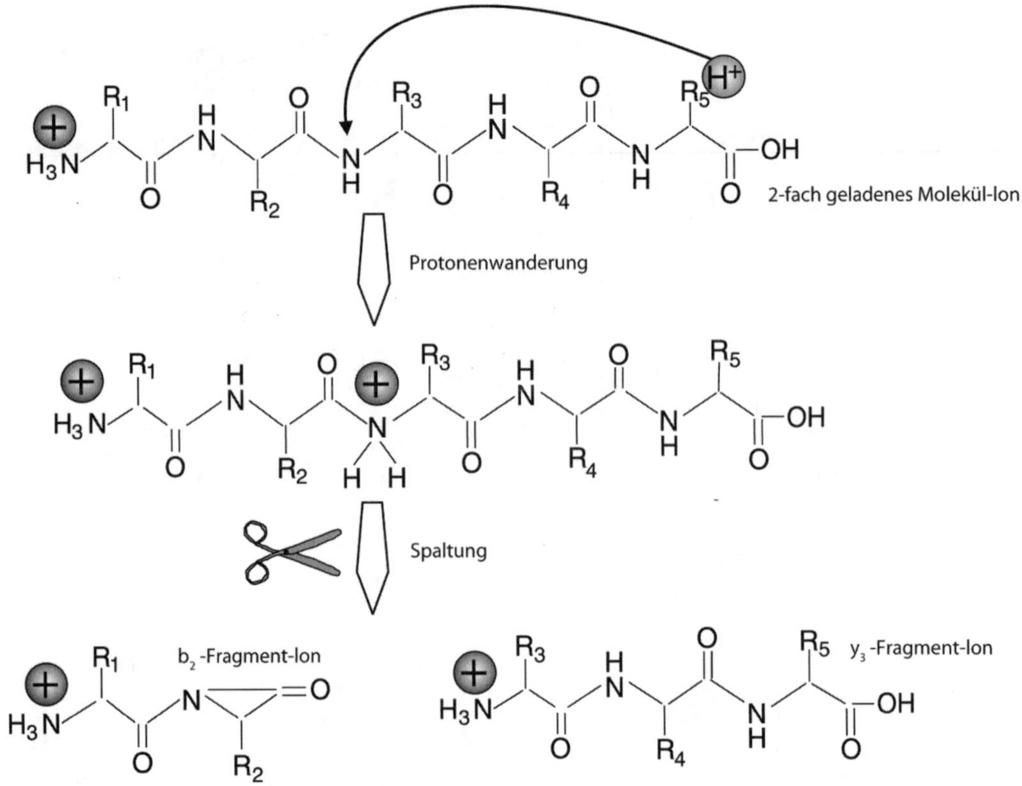

Abb. 7.39 Fragmentierung eines doppelt geladenen Peptids

tryptischen Peptiden einfach geladene Fragment-Ionen. Es können aber durchaus auch Fragment-Ionen auftreten, die die Ladung des Molekül-Ions beibehalten haben.

- Denken Sie daran: Sie bestimmen m/z und nicht m. Das Signal eines Fragment -Ions kann durchaus rechts, d.h. im größeren m/z-Bereich von einem seinem Molekül -Ion liegen (z.B. Abb. 7.41).
- Abgesehen von acetylierten N-Termini treten im Zerfalls-Massenspektrum keine b_1-Ionen auf und die Signale von y_2-Ionen sind in der Regel kaum zu entdecken. y_1-Ionen dagegen machen keine Probleme.
- Leucin- und Isoleucinreste besitzen die gleiche Masse. Auch ist die Masse eines Glycinrestes (57 Da) genau die Hälfte der Masse eines Asparaginrestes (114 Da).
- Aus den freien Aminosäuren entstehen unter Wasserabspaltung oft die entsprechenden Immonium-Ionen ($H_2N = CHR^+$).

Trotz dieser Probleme kann ein erfahrener Spektrenleser aus einem Zerfallsspektrum zumindest einen Teil der Peptidsequenz ablesen. Das nächste Kapitel gibt eine Anleitung, wie Sie sich im Strichwald eines MS-Spektrums zurechtfinden. Sie werden feststellen: Spektren auslegen ist eine Mischung von Kreuzworträtsel lösen und Pilze suchen. Erfahrung schärft den Blick.

Seit Mitte der 90er Jahre des vergangenen Jahrhunderts helfen Datenbanken bei der Sequenzbestimmung. Dazu gibt es Programme wie PeptideSearch, Sequest, Mascot, und ProteinProspector. Für PeptideSearch brauchen Sie drei Informationen: Die Masse des Mutterpeptids, eine eindeutige Peptidleiter (und damit Sequenz) aus dem Zerfallsspektrum und die Masse der niedrigsten Sprosse

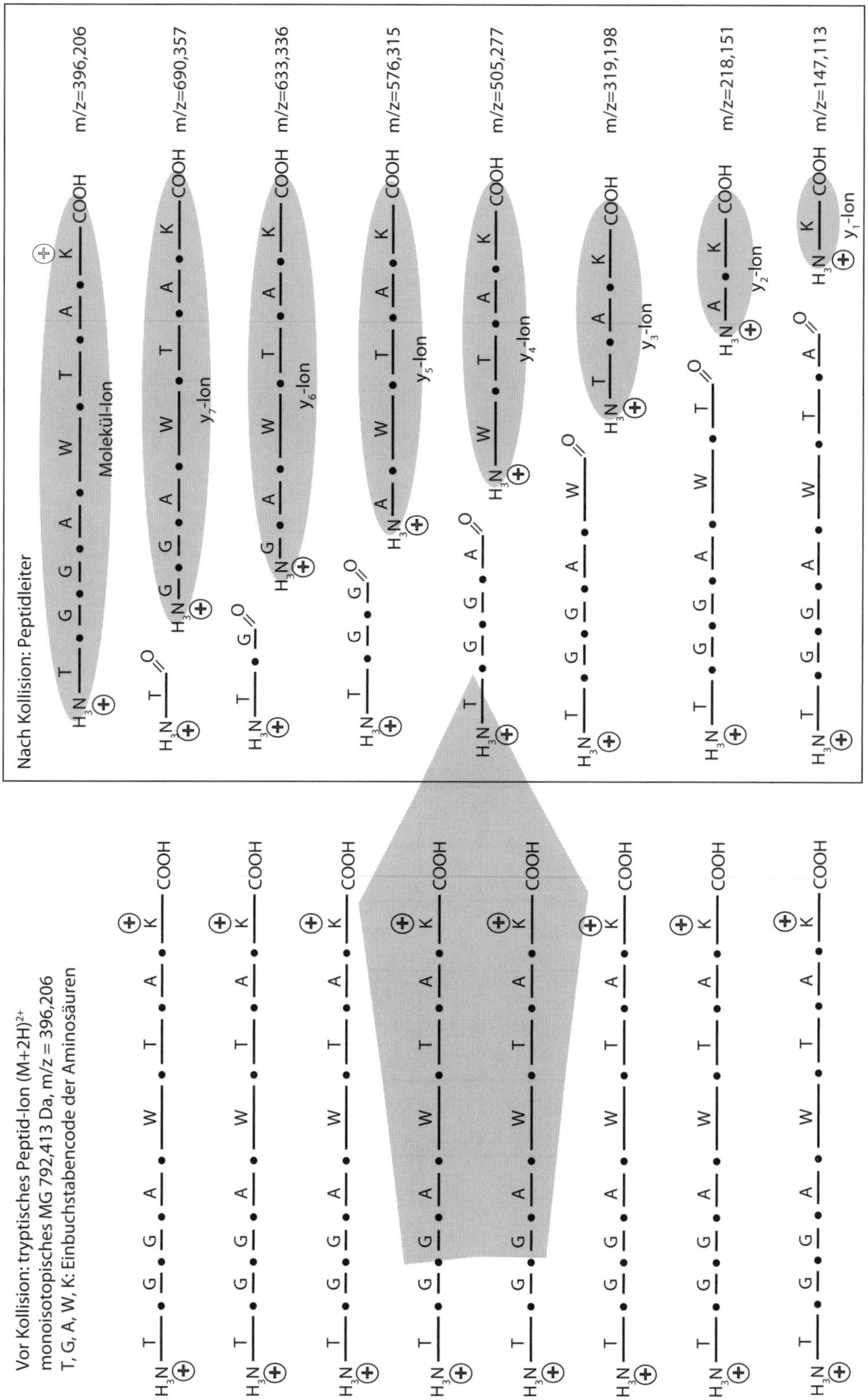

Abb. 7.40 Peptidleiter nach Kollision (idealisiert)

MG-Differenzen

Die N-terminale Aminosäure ergibt sich aus der MG-Differenz zwischen ungeladenem Mutterpeptid und dem um eine Aminosäure kleineren Peptid.
Das MG des ungeladenen Mutterpeptids folgt aus dem m/z des doppelt geladenen Molekül-Ions (= doppelt geladenes Mutterpeptid). (MG + 2H) / 2 = 396,206. MG ist 790,396 Da.
Das um eine Aminosäure kleinere Peptid ist das einfach geladene y_7-Ion (größtes m/z Signal bei 690,357). Das MG des ungeledenen Peptides ist 690,357 Da - 1,0078 Da = 689,349 Da.
790,396 Da - 689,349 Da gibt 101,047 Da. Das entspricht dem monoisotopischen MG des - NH-CHR-CO-Bruchstücks von Threonin (Threonin - (H_2o); Tab. 7-5).

	Abgelesene Sequenz	
	T	N-Terminus
Den Rest der Sequenz gibt die Leiter der y-Ionen:		
Δ :57,021 (= MG Glycin - (H_2o))	G	
Δ :57,021 (= MG Glycin - (H_2o))	G	
Δ :71,038 (= MG Alanin - (H_2o))	A	
Δ :186,079 (= MG Tryptophan - (H_2o))	W	
Δ :101,047 (= MG Threonin - (H_2o))	T	
Δ :71,038 (= MG Alanin - (H_2o))	A	
Δ:147,113 (= MG Lysin (+ H))	K	C-Terminus

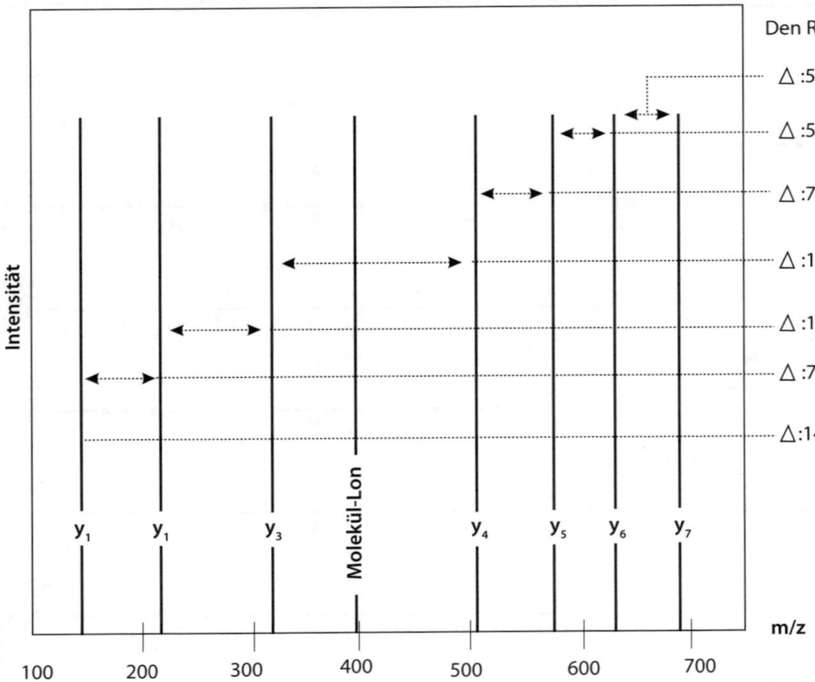

■ **Abb. 7.41 Massenspektrum der y-Ionen von. ■ Abb. 7.40** (der Einfachheit halber wurden die Signale der b-Ionen weggelassen)

Abb. 7.42 Berechnung des monoisotopischen MG eines Peptid

Addieren Sie die monoisotopischen MG der -NH-CHR-CO-Kerne (Tab. 7-5)

Addieren Sie das monoisotopische MG von H_20 (18,0156)

Addieren Sie bei einfach geladenen Peptiden das MG von H^+ (1,00785)

Addieren Sie für jedes oxidierte Methionin das MG von 15,99491.

Addieren Sie für jedes Cystein mit Acrylamid-Addukt das MG von 71,0371

Addieren Sie für jedes iodacetylierte Cystein das MG von 58,0071.

Noch mehr Modifikationen?
Gehen Sie zu: http://prowl.rockefeller.edu/aainfo/deltamassv2.html

dieser Leiter. Mit diesen drei Informationen sucht das Programm für Sie die Datenbank durch und wenn Sie Glück haben findet es das zugehörige Protein oder Peptid. Natürlich setzt das voraus, dass das Genom des Organismus, mit dem sie arbeiten, sequenziert ist. Oder zumindest, dass das Genom einem schon sequenzierten ähnelt.

Literatur

1 Steen, H. & Mann, M. (2004): The ABC's (and XYZ's) of peptide sequencing. Nature Reviews Molecular Cell Biology 5, 699–711

7.5.6.3 Manuelle Spektreninterpretation zur Strukturbestimmung von Peptiden

Der experimentelle Ansatz ist folgender: Eine wässrige Lösung (z.B. der tryptische Verdau eines Proteins) wird im normalen MS-Modus vermessen und die darin enthaltenen Peptidmassen sowie deren Ladungszustand bestimmt. Danach wird die Sequenz eines dieser Peptide ermittelt. Dazu fragmentieren Sie in einem zweiten MS-Lauf das Peptid in der Kollisionskammer des Tandem-MS (MS/MS-Modus s. ► Abschn. 7.5.6.2). Sie erhalten ein Spektrum seiner Fragmente.

Abb. 7.43 zeigt das Fragmentierungs-Spektrum (MS/MS-Spektrum) eines protonierten Peptids mit m/z 528 (d.h. hier $[M+H]^+ = 528$ Da). Sie sehen ein Wäldchen von Strichen. Jeweils darüber ist das MG angegeben. In diesem Wäldchen können Sie die Perlenkette der Sequenz suchen. Das tun Sie am besten Schritt für Schritt. Abb. 7.44 zeigt Ihnen wie.

Also Stift zur Hand und los geht's mit dem Spektrum in Abb. 7.43:

Schritt 1: Sie sehen ein Signal bei m/z 528 $[M+H]^+$, dabei handelt es sich um das zuvor bestimmte Molekül-Ion, d.h. das einfach geladene Mutterpeptid. Dieses Molekül-Ion haben Sie im MS/MS-Modus fragmentiert. Gleich daneben liegt ein Signal bei m/z 510 ($[M+H]^+$ -18). Daraus folgt: das Peptid enthält C-terminal eine Carboxylgruppe. Das ist zu erwarten bei Peptiden aus enzymatischer Hydrolyse.

Schritt 2: m/z 528 entspricht voraussichtlich 4–5 Aminosäuren.

Schritt 3: Um welche Aminosäuren handelt es sich?

a. Der Vergleich von m/z-Signalen des Spektrums (bis m/z 160) mit m/z-Signalen aus Tab. 7.7 ermöglicht die Identifizierung von Aminosäuren über deren Immonium-Ionen. Das Signal bei m/z 60 deutet auf Ser; das Signal bei m/z 84 auf Lys, Gln, Glu; das Signal bei m/z 88 auf Asp; das Signal bei m/z 110 auf His und die Signale bei m/z 70 und 112 deuten auf Arg. Behalten Sie diese Aminosäuren im Auge.
b. 175 = 156 + 19. Das Signal bei m/z 175 könnte daher von einem C-terminalen Arg stammen, also dem y_1.
Weil 88 = 87 + 1 ist (87 ist das MG des -NH-CHR-CO-Kerns von Serin), könnte das Signal bei m/z 88 auch dem b_1 von Serin entsprechen (Abb. 7.44 3b). Das Signal bei m/z 88 ist also nicht zwingend das Immonium-Ion von Asp.

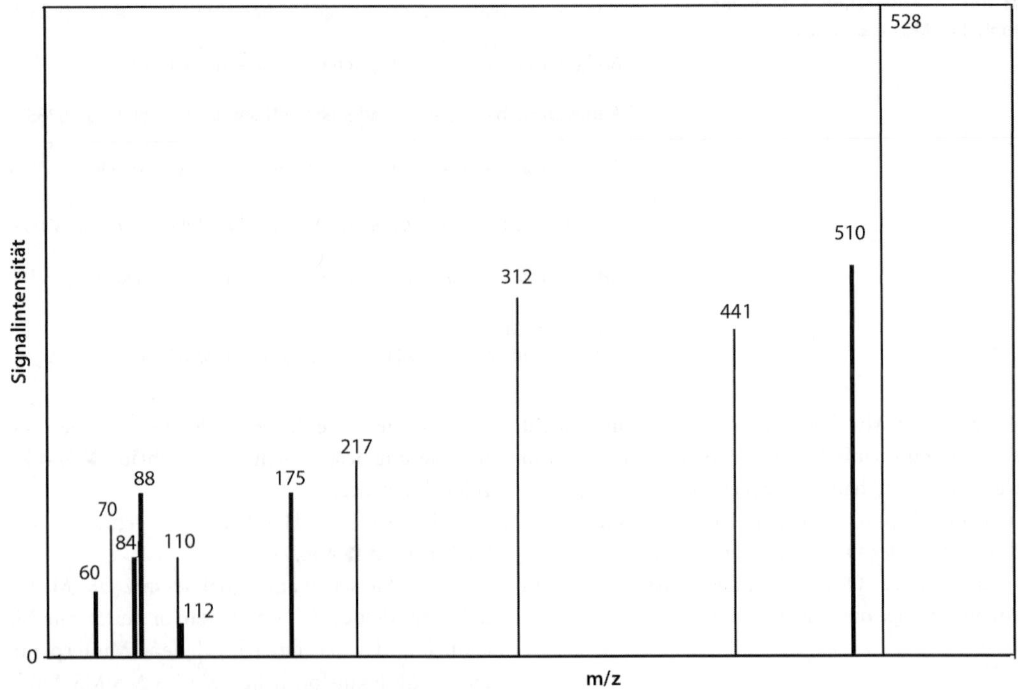

Abb. 7.43 Fragmentspektrum eines Peptids

Schritt 4: Die Signale bei m/z 88 und 60 zeigen die Differenz 28. Deshalb könnte ersteres Ion das b_1-Ion aus Serin und Letzteres das durch CO-Abspaltung (CO = MG 28) daraus hervorgegangene a_1-Ion sein. Dies spricht ebenfalls dagegen, dass das Signal bei m/z 88 das Immonium-Ion von Asp anzeigt (siehe 3a).

Schritt 5: 88 + 441 = 529. Das Signal bei m/z 88 (b_1?) und das Signal bei 441 ergeben also das MG von $[M+H]^+$+1. Bei m/z 441 könnte es sich daher um ein y-Ion handeln. Sie hätten dann zum b_1 das zugehörige y-Ion identifiziert.

Schritt 6:

1. Möglichkeit:

m/z 528 ist das MG von $[M+H]^+$. Wäre m/z 441 das nächst kleinere y-Ion, dann entspräche die Differenz zwischen beiden Signalen dem –NH-CHR-CO-Kern einer Aminosäure (Tab. 7.5), d.h. 528 und 441 wären zwei Sprossen einer y-Ion-Leiter. 528–441 = 87. Δ87 entspricht dem -NH-CHR-CO-Kern von Ser. Ser wäre also die n-terminale Aminosäure.

Die nächste Sprosse der Leiter könnte das Signal bei m/z = 312 sein, denn mit dem Signal haben wir bisher nichts anfangen könnnen und es ist das nächstkleinere. 441–312 = 129. Δ129 entspricht dem -NH-CHR-CO-Kern von Glu (siehe auch Schritt 3a). Wir hätten die Sequenz Ser-Glu.

Ist die nächste Sprosse der Leiter das Signal bei m/z = 217? Nein! Denn 312 – 217 = 95 und 95 entspricht keinem –NH-CHR-CO-Kern (Tab. 7.5). Bleibt das Signal bei m/z 175. 312 – 175 = 137. Δ137 ist das MG des –NH-CHR-CO-Kerns von His (siehe auch Schritt 3a). Wir hätten die Sequenz Ser-Glu-His.

m/z 175 entspricht wie in Schritt 3b beschrieben y_1, der C-terminalen Aminosäure und damit Arg. Sie haben damit die Leiter y_1 = 175, y_2 = 312, y_3 = 441 identifiziert und die Primärsequenz lautet: **Ser-Glu-His-Arg**

2. Möglichkeit

Nehmen Sie an, m/z 175 wäre y_1 (siehe Schritt 3b). Bilden Sie die Differenzen mit den nächsthöheren m/z. Dann finden Sie die y-Reihe von unten und zwar mit folgender Argumentation:

Nehmen Sie das MS/MS-Spektrum des Peptids zur Hand und lehnen Sie sich zurück:

1. Liegt das protonierte Molekülion $[M+H]^+$ mit freier C-terminaler Säuregruppe vor?
Signal bei $[M+H]^+$- 18 spricht für freie -COOH Gruppe
Signal bei $[M+H]^+$- 17 ist nicht NH_3 vom N-Terminus, sondern spricht für -$CONH_2$ Gruppe am C-Terminus. Kommt bei tryptischen Verdaus nie vor.
Das MG von $[M+H]^+$ kennen Sie aus dem ersten MS-Lauf.

2. Schätzen Sie die Zahl der Aminosäuren des Peptids ab. Teilen Sie dazu das MG des Peptids durch das durchschnittliche Aminosäuren MG (etwa 120 Da).

3. Es ist hilfreich, zu wissen, aus welchen Aminosäuren sich das Peptid zusammensetzt.
a.) Untersuchen Sie also das Spektrum auf Ionen, die Informationen über Aminosäuren liefern. Achten Sie besonders auf Immonium-Ionen (Tab. 7-7). Identifizieren Sie so viele Amino-säuren wie möglich.
b.) Suchen Sie nach einem Signal für die einzelnen Aminosäuren aus 3a, die jeweils dem y_1 bzw. dem b_1 Ion entsprechen würden. Es gilt:
MG von [-NH-CHR-CO-Kern + 19] wenn C-terminal COOH oder
MG von [-NH-CHR-CO-Kern + 1] wenn N-terminal NH_2

4. Suchen Sie nach Signalpaaren, deren Differenz 28 (MG von CO) beträgt. Bei solchen Pärchen handelt es sich häufig um a_m und b_m Ionen.

5. Suchen Sie nach komplementären Ionen wie y- und b-Ionen.
Für ein Pentapeptid wären beispielsweise die Pärchen b_2/y_3, b_3/y_2 und b_4/y_1 möglich. Für die MG der Pärchen gilt:
$b_2 + y_3 = [M+H]^+ + 1$
$b_3 + y_2 = [M+H]^+ + 1$
$b_4 + y_1 = [M+H]^+ + 1$

6. Versuchen Sie, beginnend mit a_m, b_m oder y_m Ionen, benachbarte a_{m+1}, b_{m+1} oder y_{m+1} Ionen sowie a_{m-1}, b_{m-1} oder y_{m-1} Ionen zu identifizieren, z.B. durch Addition oder Subtraktion anderer Signale im Spektrum. Dies ermöglicht es, die Position einzelner Aminosäurereste zu bestimmen (siehe 7.5.8.1).

7. Achten Sie auf untypische Signale, die Modifizierungen anzeigen wie Schutzgruppen, Phosphorylierungen, Glykosilierungen oder S-S-Brücken von Cysteinen.

◘ Abb. 7.44 Spektreninterpretation Schritt für Schritt

217 – 175 = 42. Diese Differenz entspricht keinem –NH-CHR-CO-Kern einer Aminosäure (◘ Tab. 7.5). Das Signal bei 217 ist also nicht das gesuchte y_2-Ion.

312 – 175 = 137. Diese Differenz entspricht dem –NH-CHR-CO-Kern von His (siehe auch Schritt 3a). Das Signal bei 312 ist also y_2.

441 – 312 = 129. Diese Differenz entspricht dem –NH-CHR-CO-Kern von Glu (siehe auch Schritt 3a). Das Signal bei 441 ist also y_3.

528 – 441 = 87. Diese Differenz entspricht dem –NH-CHR-CO-Kern von Ser.

Primärsequenz wäre ebenfalls: **Ser-Glu-His-Arg**

Sie können die Sequenz noch anders ableiten, z.B. über die b-Ionen. Meist führt jedoch nur eine Kombination aller Möglichkeiten zum richtigen Ergebnis. Vorsicht, wenn maskierte Endgruppen vorliegen: Dann entstehen Fragmente anderer Masse.

Jetzt lecken Sie sich sicher die Finger nach einem zweiten proteomischen Kreuzworträtsel. Sollen Sie haben! Nehmen Sie sich das Spektrum aus ◘ Abb. 7.46 vor.

Haben Sie ein Ergebnis erhalten? Dann freuen Sie sich, denn im wirklichen Leben treten solch schöne Spektren nur selten auf. Nichtsdestotrotz, können Sie jetzt kontrollieren, ob Ihnen der MS-Postdok oder dessen Auswerte-Software, annähernd die richtige Struktur mitgeteilt hat. Das ist mehr als viele Ihrer Kollegen können, oder?

Eine Bitte hätten wir noch: Tragen Sie die Einbuchstabencodes der beiden Peptide aus ◘ Abb. 7.45 und ◘ Abb. 7.46 in die leeren Kästchen ein. Was ergibt Ihr Lösungsspruch? An dem Richtigen dürfen Sie sich am Ende des Kapitels erfreuen.

Tab. 7.7 Immonium-Ionen ($H_2N^+ = CHR$)

m/z Immonium-Ion	Aminosäure	m/z weitere Ionen
30	Gly (i)	–
44	Ala (i)	–
55	Val (i-NH_3)	72
56	Lys (i-NH_3-C_2H_4)	84
60	Ser (i)	–
61	Met	104
69	Leu (i-NH_3)	86
	Ile (i-NH_3)	86
70	Pro (i)	–
	Asn (i-NH_3)	87
	Arg	112, 87
72	Val (i)	55
74	Thr (i)	–
76	Cys (i)	90
84	Lys (i-NH_3)	56
	Gln (i-NH_3)	101
	Glu (i-H_2O)	102
86	Leu (i)	69
	Ile (i)	69
87	Asn (i)	70
	Arg ($C_3H_9N_3$)	112, **70**
88	Asp	–
91	Phe (C_7H_7)	**120**, 103
101	Gln (i)	**84**
101	Lys (i)	**84**
102	Glu (i)	**84**
103	Phe (i-NH_3)	**120**, 91
104	Met (i)	61
107	Tyr (S)	**136**
110	His (i)	–
112	Arg (i-NH_3)	87, **70**
117	Trp	**159**, 144, **130**
120	Phe (i)	91, 103
129	Arg (i)	112, 87, **70**
130	Trp (S)	**159**, 117
136	Tyr (i)	**107**
159	Trp (i)	**130**, 117

Nach dem Kurs-Skript "Biomolecular Mass Spectrometry" der Universität Utrecht, 2001; i = Immonium Ion; S = Seitenkette; Schrift fett = hohe Intensität; normal = moderate Intensität; Kursiv = schwache Intensität oder nicht vorhanden

7.5.6.4 Sequenzieren mit Exopeptidasen

Es gibt Proteasen, die ihr Substrat wie eine Salami verzehren, d.h. sie spalten von einem Ende des Peptids her sukzessive eine Aminosäure nach der anderen ab. So arbeiten sich Carboxypeptidasen vom C-Terminus in Richtung N-Terminus vor und Aminopeptidasen tun das gleiche in umgekehrter Richtung.

Inkubiert man ein gereinigtes Peptid (n Aminosäurereste) mit einer Carboxypeptidase so ist anfangs nur Peptid vorhanden und am Ende der Reaktion, nach einigen Tagen, nur die Aminosäuren. In den Zeiten dazwischen finden sich (im Prinzip) in der Reaktionslösung das Ausgangspeptid und die Abbaupeptide (mit n-1, n-2, n-3 etc. Aminosäureresten). Die Konzentrationen von Ausgangs- und Abbaupeptiden hängt von der Zeit ab. Die Konzentration des Ausgangspeptids nimmt ab, die der Abbaupeptide klettert jeweils auf ein Maximum, um dann ebenfalls abzunehmen. Im Verdau entstehen also Peptidleitern, die sich mit der Zeit zu kleineren Peptiden hin verschieben um sich schließlich in Aminosäuren aufzulösen (Abb. 7.47).

Eine elegante Art dieser Sequenzierung ist, auf dem MALDI-Probenträger – die ja inzwischen mehrere Proben aufnehmen können – den Verdau mehrfach anzusetzen und zu verschiedenen Zeiten zu stoppen. Sie können dann zeitlich verfolgen wie die Exopeptidase arbeitet und erhalten zu jedem Zeitpunkt eine Peptidleiter. So erhalten Sie die maximale Information.

Wie Sie die Zeitpunkte setzen hängt natürlich von ihrem Peptid ab, aber auf die neuen MALDI-Probenträger lassen sich ja bis zu 96 und mehr Spots auftragen. Gestoppt werden die Verdaus entweder mit 0,2% TFA oder, noch einfacher, durch Zugabe der Matrixlösung.

Die Methode hat Vorteile. Es ist eine milde Art Peptidleitern zu erstellen und daher bleiben empfindliche Proteinmodifikationen erhalten. Auch braucht man nur geringe Peptidmengen (2–5 pMol). Es geht rapidi, kapidi: 20 Reste in 30 Minuten. Endlich genügt zur Analyse ein einfaches MALDI-TOF.

Genauso einfach, aber mit mehr Detailinformation über die Hydrolysereaktion, ist eine von Autor Letzel benutzte Methode. Er füllt die Lösung mit

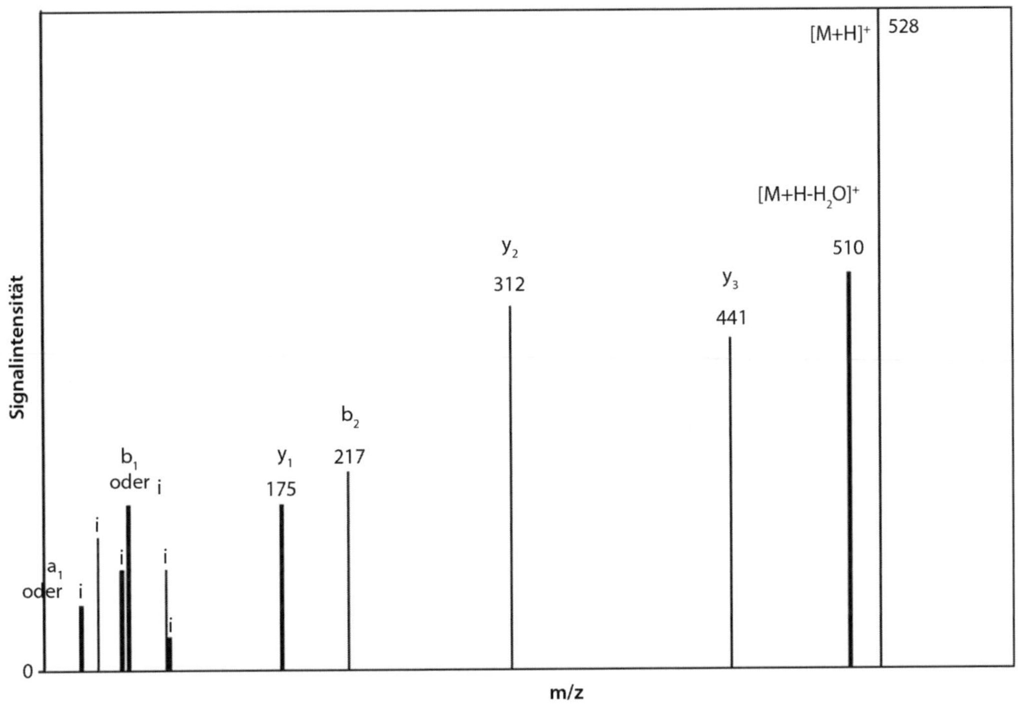

Abb. 7.45 Spektrenauswertung

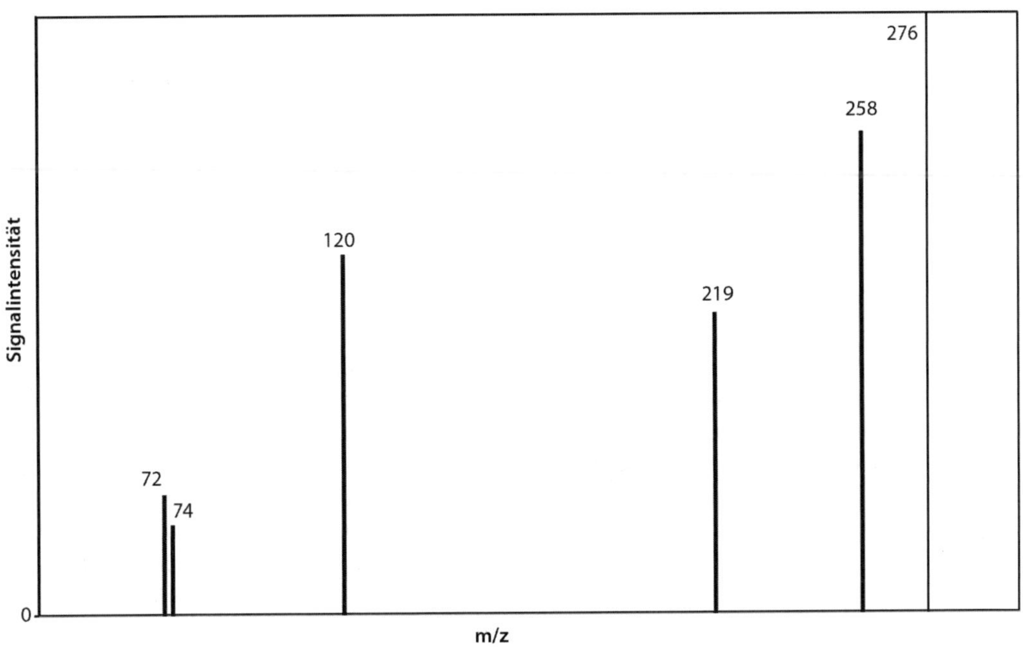

Abb. 7.46 Übungsspektrum

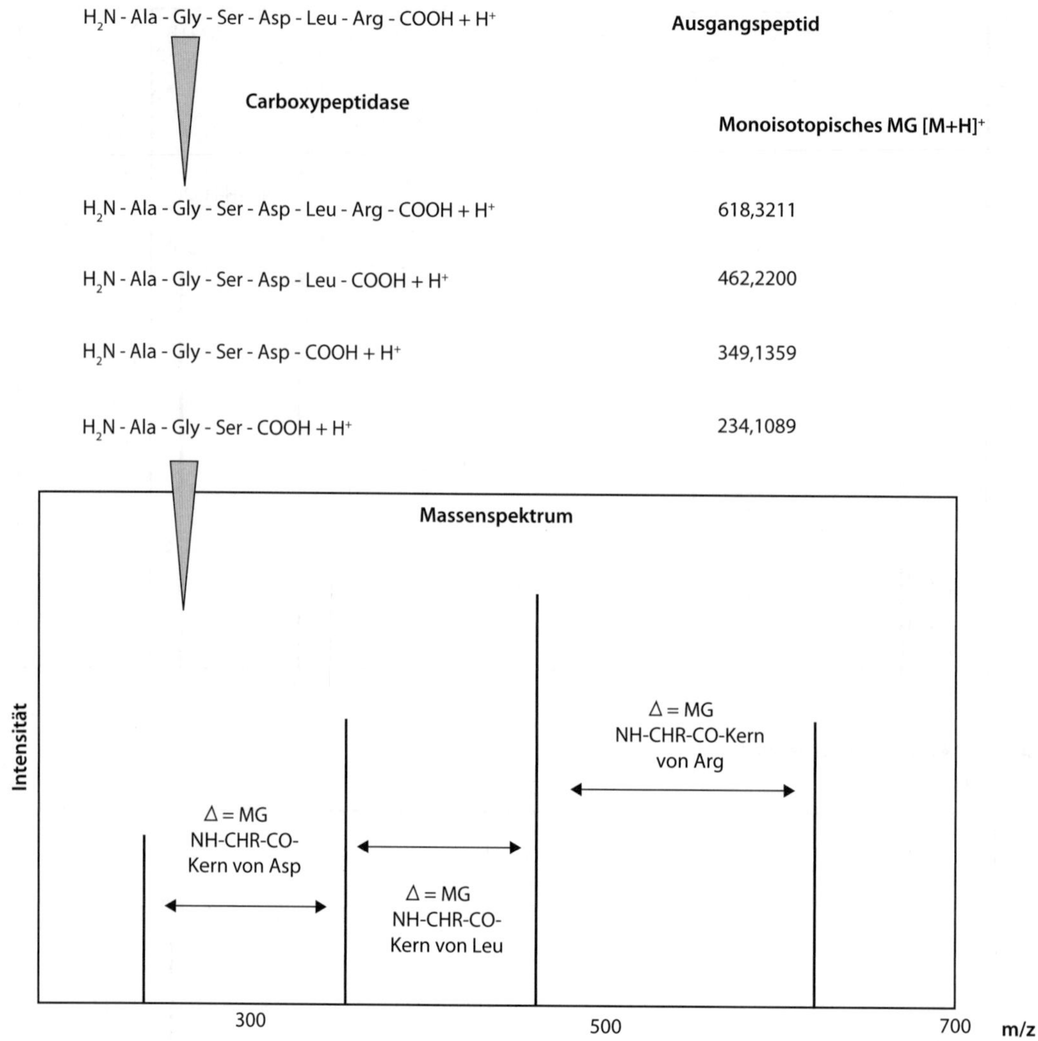

Abb. 7.47 Peptidleiter mit Carboxypeptidasen

dem zu verdauenden Protein und Trypsin in eine Spritze, bringt sie kontinuierlich in ein ESI-MS ein und beobachtet so die Hydrolyse. Im Gegensatz zur MALDI-Methode kann hier ohne Aliquotierung gemessen und etwa jede Sekunde ein Spektrum aufgenommen werden. Weiterführende Beispiele in Letzel, 2008.

Sie sind begeistert? Leider müssen wir dämpfen: Exopeptidasen spalten die Aminosäuren nicht gleichmäßig ab. Bei manchen Aminosäuren geht es langsam, bei anderen schnell. So spalten Carboxypeptidasen die Bindung zwischen Glu und Leu so schnell, dass im Verdau kein Zwischenpeptid auftaucht. Sie sehen dann im Spektrum die MG-Differenz Glu-Leu und kommen erst mal ins Rätseln. Bindungen wiederum, die langsam gespalten werden, z.B. die zwischen X-Pro, führen dazu, dass die entsprechenden Peptide in Verdau und Massenspektrum überproportional vertreten sind oder dass die Leiter gar abbricht. Sowieso kommt es selten vor, dass eine Leiter komplett ist. Bei N-terminaler Sequenzierung dürfen Sie sich »von« schreiben, wenn Sie vier Aminosäurereste identifizieren (Doucette & Li, 2001).

Tab. 7.8 Sequenzieren mit Exoproteasen

C-terminal	
Carboxypeptidase Y	Setzt nicht frei: Pro und C-terminale Nachbarn von Pro Setzt langsam frei: Phe Setzt schnell frei: Gly, Leu
Carboxypeptidase A	Setzt nicht frei: Arg, Pro und C-terminale Nachbarn von Pro Setzt langsam frei: Asp, Cys, Glu, Gly, Lys
Carboxypeptidase B	Setzt nicht frei: Pro und C-terminale Nachbarn von Pro Setzt schnell frei: Arg, Lys
N- terminal	
Aminopeptidase N	Setzt langsam frei: Pro Setzt schnell frei: Ala Besonderheit: Folgt auf eine N-terminale hydrophobe Aminosäure ein Pro, werden beide Aminosäuren als Dipeptid freigesetzt.

Die Qualität der Sequenzierung mit Exoproteasen hängt wesentlich von den Eigenschaften der Protease ab: Sie sollte alle Aminosäuren etwa mit der gleichen Geschwindigkeit ablösen. Bisher wurde solch eine Protease nicht gefunden (Tab. 7.8). So bereitet die Ablösung von Prolin allen (uns) bekannten Exoproteasen Schwierigkeiten. Das heißt nicht, dass eine »gleichmäßige« Protease nicht existiert oder nicht herzustellen wäre. Suchen Sie eine! Es gibt hunderttausende von Proteasen, nur ein geringer Prozentsatz ist bekannt. Die Screening-Aufgabe: Sie nehmen ein Peptid mit Prolin am Anfang oder am Ende und messen die Freisetzung von Prolin. Die Exoproteasen, die Prolin freisetzen, prüfen Sie auf ihre Eignung zum Sequenzieren. Eine solche Exoprotease würde Ihnen den Dank des Vaterlands und vielleicht einen Anschlussvertrag einbringen.

Literatur

1 Cool, D. & Hardiman, A. (2004): C-terminal sequencing of peptide hormones using carboxypeptidase Y and SELDI-TOF mass spectrometry. Biotechniques. 36, 32–4

2 Doucette, A. & Li, L. (2001): Investigation of the applicability of a sequential digestion protocol using trypsin and leucine aminopeptidase M for protein identification by matrix-assisted laser desorption/ionization mass spectrometry. Eur. J. Mass Spectrom. 7, 157–170

3 Letzel T. (2008): Real-time mass spectrometry in enzymology. Anal. Bioanal. Chem. 390, 257–261

4 Mano, N. et al. (2003): Exopeptidase degradation for the analysis of phosphorylation site in a mono-phosphorylated peptide with matrix-assisted laser desorption/ionization mass spectrometry. Anal. Sciences 19, 1469–1472

5 Patterson, D. et al. (1995): C-terminal ladder sequencing via matrix-assisted laser desorption mass spectrometry coupled with carboxypeptidase Y time-dependent and concentration-dependent digestions. Anal. Chem. 67, 3971–3978

7.5.6.5 Sequenzieren mit chemisch hergestellten Peptidleitern

Jawohl, Peptidleitern können Sie auch auf chemischen Weg herstellen. Ihr Vorteil liegt, wie bei den Peptidleitern mit Exoproteasen, darin, dass Sie die Produkte schon mit einfachen MS analysieren können. Eine MALDI-Quelle mit einem einfachen TOF-Analysator genügt. Der TOF-Analysator misst genau genug, um über die Massendifferenz zwischen einem Peptid und dem gleichen Peptid minus einer Aminosäure, die fehlende Aminosäure zu identifizieren. Selbst Asp-Reste (monoisotopisches MG 115,0270) und Asn-Reste (monoisotopisches MG 114,0429) werden unterschieden. Schwieriger wird es bei Lys- und Gln-Resten (monoisotopische

MG 128,0950 bzw. 128,0586), und unmöglich wird es bei den beiden Isomeren Leucin und Isoleucin. Des Weiteren dürfen die Peptide nicht zu groß sein (max. 30 Aminosäurereste).

Da es zwischen MALDI-Jüngern und ESI-Aposteln Rivalitäten zu geben scheint, fühlen wir uns verpflichtet, anzumerken, dass Sie eine Peptidleiter selbstverständlich auch mit einem ESI-TOF analysieren können.

Für die Peptidleiter brauchen Sie das reine Peptid. In diesem schlichten Satz kann zugegebenermaßen viel Arbeit stecken. Die addiert sich dann zu dem auch nicht geringen Aufwand für die Herstellung der Leiter.

Peptidleitern basteln mit dem Chemiebaukasten

Chait et al. (1993) bauen eine Peptidleiter mit einer modifizierten Edman-Reaktion (◘ Abb. 7.48): Das Peptid wird mit Phenyliso**thio**cyanat (PICT) umgesetzt, das 5% Phenylisocyanat (PIC) enthält. PICT bildet mit der N-terminalen Aminosäure ein Phenyl**thio**carbamylpeptid, PIC das entsprechende Phenylcarbamylpeptid. Nach dieser Kopplungsreaktion extrahiert man überschüssiges Reagenz. Die verbleibenden (derivatisierten) Peptide werden mehrmals gewaschen und schließlich in der Vakuumzentrifuge getrocknet. Dann gibt man TFA zu. Unter dem Einfluss von TFA zyklisiert das PICT-Peptid, und die N-terminale Aminosäure spaltet sich ab (Edman-Reaktion). Dem PIC-Peptid tut TFA nichts. In der Lösung schwimmen also das PIC-Peptid und das um eine Aminosäure verkürzte Peptid. Letzteres trägt eine freie N-terminale Aminogruppe. Die Produkte trocknet man in der Vakuumzentrifuge. Alle Reaktionen, Wasch- und Trockenvorgänge werden in **einem** Vial durchgeführt.

Der Zyklus kann wiederholt werden. Das Ergebnis ist eine Leiter von PIC-Peptiden mit n, n-1, n-2, n-3… Aminosäuren und ein Restpeptid mit freiem N-Terminus. Dieses wird nach dem letzten Zyklus ebenfalls mit PIC blockiert. Von der Peptidleiter wird nun ein Massenspektrum gefahren. Mittels der MG-Differenzen können Sie die abgespaltenen Aminosäuren identifizieren (◘ Abb. 7.48 C).

Mühselig an der Methode nach Chait et al. (1993) sind die Extraktions-, Trocken- und Waschvorgänge. Zudem verliert man dabei Peptid. Bartlet-Jones et al. (1994) arbeiten eleganter. Sie stellen die Peptidleiter ebenfalls durch sukzessives Abspalten der N-terminalen Aminosäuren her, doch verwenden sie dabei flüchtige Reagenzien (das flüchtige Kopplungsreagenz Trifluoroethylisothiocyanat (TFEITC) und flüchtige Puffer. ◘ Abb. 7.49). Die Extraktionsschritte entfallen, Puffer und überschüssiges Reagens verflüchtigen sich via Vakuumpumpen (◘ Abb. 7.50). Ein weiterer Vorteil: Sie pipettieren immer nur in das Reaktionsgefäß hinein. Bis auf den Schluss entnehmen Sie nichts. Das mindert Verunreinigungen und Verluste. Blocker des N-Terminus wie PIC haben Bartlet-Jones nicht nötig. Die endständigen derivatisierten Aminosäuren spalten sie – aus pipettiertechnischen Gründen – mit Heptafluorbuttersäure ab, statt mit TFA. Es entsteht eine Peptidleiter mit freien N-Termini und nicht wie bei Chait eine Leiter PIC-blockierter Peptide.

Wichtig:

- Nach jedem Kopplungsschritt muss der basische Puffer vollständig entfernt werden. Über die Zyklen reichern sich sonst die Salze der Heptafluorbuttersäure an. Ihre Pufferwirkung hemmt die Abspaltung der Aminosäuren und sie unterdrücken das Signal bei MALDI. Bartlet-Jones empfiehlt zwei unabhängige Vakuumsysteme mit Säure- bzw. Basenfalle zum Trocknen (◘ Abb. 7.50).
- Falls Sie eine MALDI-Quelle benutzen, führen Sie die Reaktionen am besten in Glasminivials durch. Bei MALDI haben Sie kein Problem mit Na-Addukten. In Polystyrol- oder Polypropylenröhrchen verlieren Sie Peptid.
- So erhöhen Sie die Sensitivität: Die Peptide der Leiter (die ja freie Aminotermini besitzen) vor der Analyse im Massenspektrometer mit quartären N-Alkylverbindungen umsetzen. Damit verpassen Sie allen Peptiden eine positive Ladung, was das Signal verbessert. Denn die Protonenübertragung bei MALDI durch schwache Säuren ist nicht quantitativ. Die Synthese einer zweckmäßigen N-Alkylverbindung beschreiben Bartlet-Jones et al. (1994).

Haben Sie erst die Peptidleiter, gibt ihnen der Massenspektrometer innerhalb von Minuten die Sequenz des Peptids. Da Sie von verschiedenen Peptiden (in verschiedenen Röhrchen) gleichzeitig Leitern herstellen können, sequenzieren Sie mit Pep-

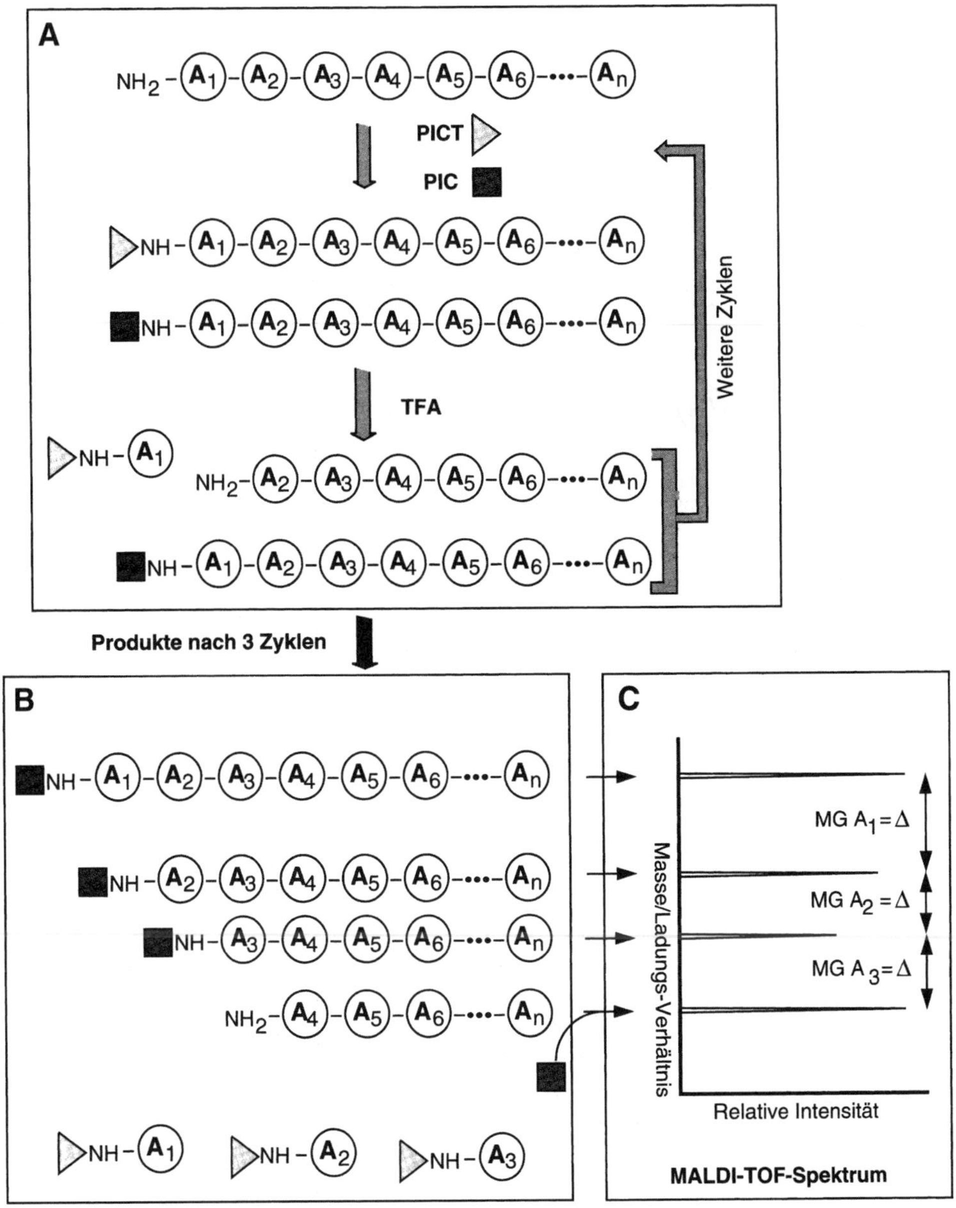

Abb. 7.48 Leitersequenzierung von Peptiden nach Chait et al. A) Peptid wird mit Pict und PIC gekoppelt. TFA spaltet die PICT gekoppelte Aminosäure ab. Das PIC derivatisierte Peptid bleibt unverändert. B) Mehrere Zyklen (hier 3) von PICT/PIC-Kopplung und anschließender Säureabspaltung erzeugen eine Peptidleiter mit PIC-N-Termini, ein Restpeptid mit freiem N-Terminus und die PICT-derivatisierten Aminosäuren. Zur Analyse der Peptidleiter blockiert man das Restpeptid ebenfalls mit PIC. C) Die Peptidleiter wird mittels MALDI-TOF analysiert. Die 4 PIC-Peptide im Beispiel ergeben 4 Gipfel bzw. 4 Peptid-MG. Aus den MG-Differenzen lassen sich die Aminosäuren A_1, A_2 und A_3 bestimmen. Ihre Abfolge entspricht der Sequenz

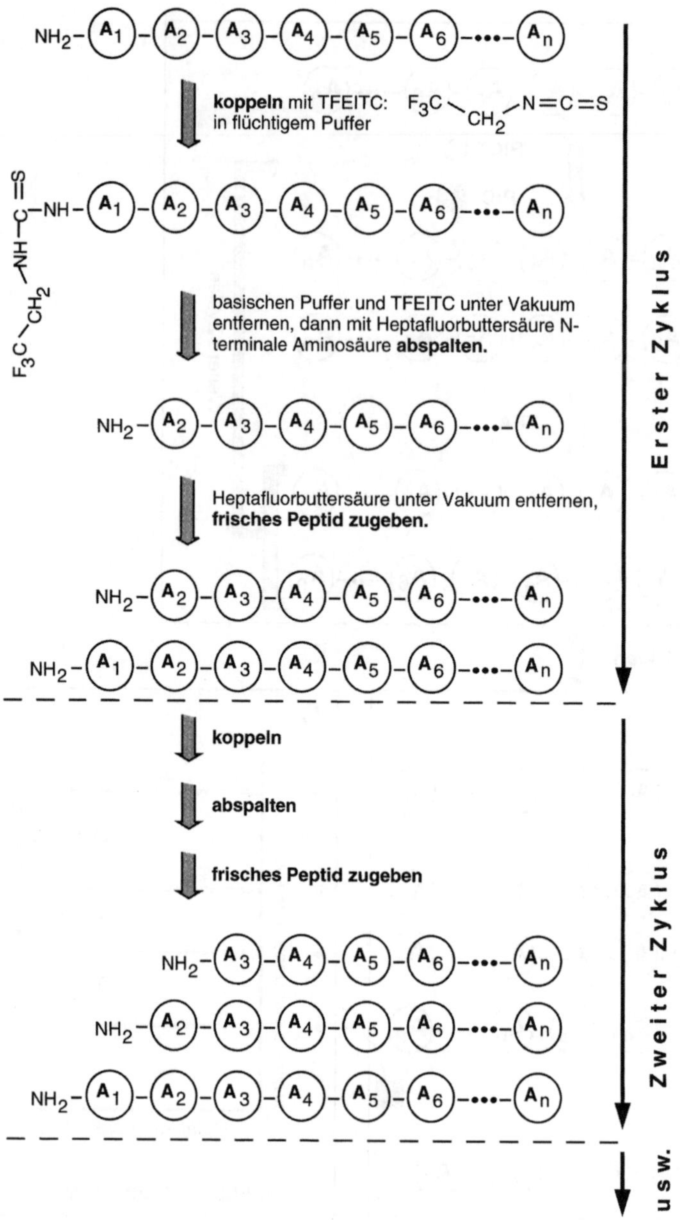

Abb. 7.49 Peptidleiter nach Bartlet-Jones et al

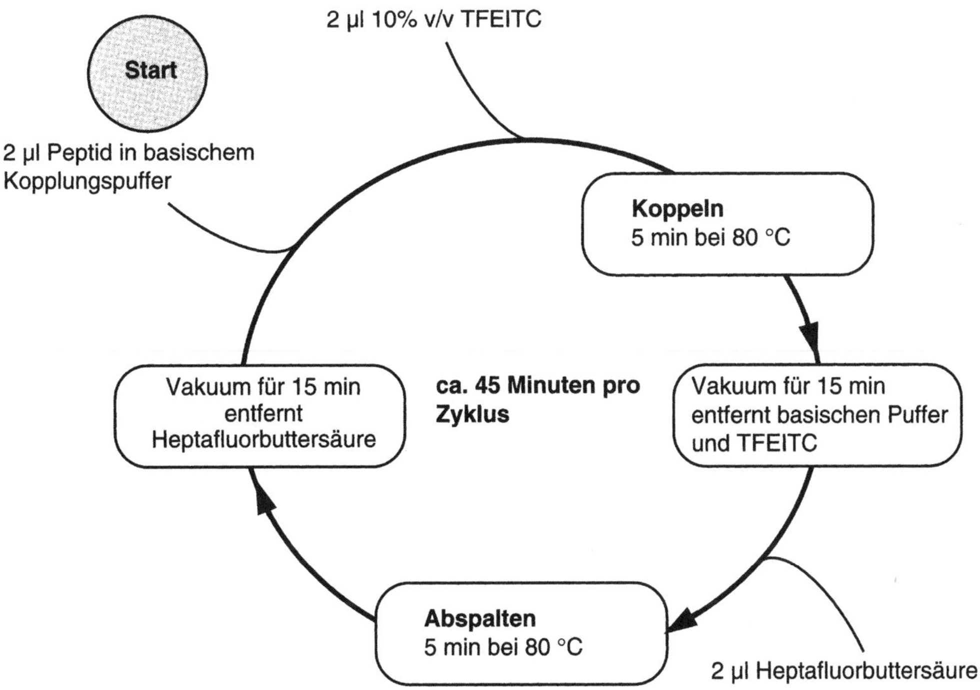

Abb. 7.50 Wir basteln eine Peptidleiter! Sie benötigen ein 100 µl Glasröhrchen, einen Heizblock, zwei Vakuumpumpen und zwei Lösungsmittelfallen: eine für Trimethylamin/Trifluoroethanol (Kopplungspuffer) und TFEITC und eine für Heptafluorbuttersäure (Abspaltreagenz). Luftsauerstoff stört nicht, Stickstoffbegasung ist unnötig

tidleitern und MS schneller als mit der klassischen Edman-Methode. Dies mit weniger Peptid. Es muss halt nur klappen. Denn wie jede Methode, so hat auch die Leitersequenzierung ihre Probleme:

- Sie müssen das Peptid zuvor reinigen. In Frage kommen die HPLC oder ein Ionenaustauscher.
- Bei Peptiden mit über 30 Aminosäuren werden die gemessenen MG-Differenzen häufig ungenau (es handelt sich ja um kleine Differenzen zwischen großen MG): Die abgespaltenen Aminosäuren lassen sich nicht mehr zweifelsfrei bestimmen. Glücklicherweise entstehen bei den meisten Proteinspaltungen Peptide mit 20–30 Aminosäuren.
- Leu und Ile besitzen das gleiche MG, das Massenspektrometer kann also nicht zwischen Leu und Ile unterscheiden. Auch die MG-Differenz zwischen Lys und Gln ist bei älteren MS problematisch.
- Sowohl Chait als auch Bartlet-Jones stellen ihre Peptidleiter mittels Edman-Chemie her.

Sie setzen also einen freien N-Terminus voraus. Eine N-terminale Blockade können Sie mit vom C-terminalen Ende her angreifenden Exoproteasen umgehen, denn dadurch entsteht ebenfalls eine Peptidleiter (▶ Abschn. 7.5.6.4). Bei freiem N-Terminus könnten Sie das Peptid von beiden Seiten ansequenzieren (Woods et al. 1995; Thiede et al. 1995). Einige pMol Peptid genügen für die Sequenz. Zudem entstehen Peptidleitern auch durch Säurespaltung.

Protokoll für die Sequenzierung nach Bartlet-Jones
(von J. Zimmermann, University College London).

1. Peptid in Kopplungspuffer (2,2,2-Trifluoroethanol : Wasser : 12,5% Trimethylammoniumcarbonat pH 8,5 (5:4:1, v/v) lösen, und zwar in 2 µl pro Zyklus + 4 µl (bei 5 Zyklen also 14 µl).
2. 2 µl Peptid in ein 100 µl HP Glasminivial pipettieren und sofort 2 µl 10% (v/v) TFEITC zugeben.
3. Vial verschließen.
4. Für 5 min auf 80°C erhitzen (Heizblock).
5. Mit 5 µl Wasser verdünnen.

Tab. 7.9 Vergleich der Sequenziermethoden

	Herkömmlicher Edman-Abbau	Peptidleitersequenzierung nach Bartlet-Jones et al.
Ausgangsmaterial	Peptide und Proteine beliebiger Größe mit freiem N-Terminus	Peptide mit 20 bis 30 Aminosäuren und freiem N-Terminus
Menge an Peptid	1 pMol–10 pMol	0,5 pMol–1 pMol
Zahl sequenzierter Aminosäuren	20–30	5–10
Mehrere Proben gleichzeitig sequenzierbar?	Nein	ja
Zeit	1 Tag	1 Tag für 10 Zyklen. Der MALDI-TOF-Lauf dauert nur Minuten. Wenn Sie von mehreren Proben gleichzeitig Leitern herstellen, können Sie mehrere Proben am Tag sequenzieren
Phosphorylierte Aminosäuren erkennbar?	nicht direkt	ja
Apparatekosten (in Kilo-Euro)	200–250	50–300

6. Erstes Vakuumsystem anlegen: 15 min bei 4×10^{-2} mbar mit Toluolsulfonsäure in der Falle und P_4O_{10} als Trockenmittel.
7. 2 µl Heptafluorbuttersäure zugeben.
8. Vial verschließen.
9. Für 5 min auf 80°C erhitzen (Heizblock).
10. Zweites Vakuumsystem anlegen: 15 min bei 4×10^{-2} mbar mit NaOH Pillen als Säurefalle.

Die Schritte 1–10 für n Zyklen n-1-mal wiederholen. Nach dem letzten Zyklus 2 µl Peptid und 5 µl Wasser zugeben. Danach mindestens 1 h über NaOH Pillen trocknen.

Die Peptidleiter in 3–5 ml 50% aq. Acetonitril/0,1% v/v TFA auflösen und 5 min ultrabeschallen.

Mehrere Aliquots (0,3–0,5 µl) nacheinander auf den Träger aufpipettieren und jeweils für 5 min luft trocknen. Schließlich 0,3 µl Matrixlösung (1% w/v α-Cyano-4-Hydroxyzimtsäure in 50% aq. Acetonitril/ 0,1% v/v TFA) auf die trockene Probe pipettieren und wieder lufttrocknen. Diese Präparation in das MALDI-Massenspektrometer einfahren und analysieren.

Einen Vergleich der Sequenzier-Methoden finden Sie in Tab. 7.9.

Literatur

1 Bartlet-Jones, M. et al. (1994): Peptide ladder sequencing by mass spectrometry using a novel, volatile degradation reagent. Rapid Comm. Mass Spectrom. 8, 737–742

2 Chait, B. & Kent, S. (1992): Weighing naked proteins: practical, high-accuracy mass measurement of peptides and proteins. Science 257, 1885–1894

3 Chait, B. et al. (1993): Protein Ladder Sequencing. Science 262, 89–92

4 Thiede, B. et al. (1995): MALDI-MS for C-terminal sequence determination of peptides and proteins degraded by carboxypeptidase Y and P. FEBS Lett. 357, 65–69

4 Woods, A. et al. (1995): Simplified high-sensitivity sequencing of a major histocompatibility complex classI-associated immunoreactive peptide using matrix-assisted laser-desorbtion ionization mass spectrometry. Anal. Biochem. 226, 15–25. *Die Details ihres Vorgehens erklären die Autoren schlecht bis gar nicht. Das Paper ist nur als Anhaltspunkt für eigene Testversuche brauchbar.*

Was nehmen, Chemie, Protease oder Tandem-MS?

Wenn Sie uns fragen, welche Methode vorzuziehen ist, Chemie, Exopeptidase oder MS/MS, so sagen wir, dass Sie mit ersterer mehr Aminosäuren bestimmen können, es aber mit den letzten beiden bedeutend schneller geht. Wir empfehlen die dritte Methode: die *de novo*-Sequenzierung mit dem Tandem-MS (► Abschn. 7.5.6.2). Falls Sie keinen Zugriff

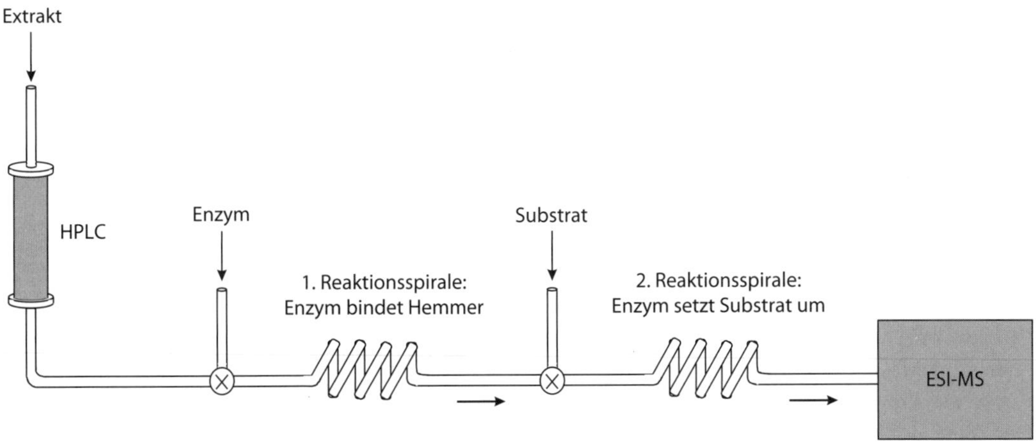

Abb. 7.51 Hochdurchsatzscreening mit dem ESI-MS

auf ein Tandem-MS haben, probieren Sie es mit einer Exopeptidase (Tab. 7.8). Wenn die Sequenz stimmt, wird sie später kein Mensch danach fragen, wie sie dazu gekommen sind. Das ist ähnlich wie beim Professorwerden. Da frägt sie hinterher auch keiner mehr, wie zum Teufel sie das geschafft haben. Sie sind's und damit gut (Bär, 2003).

Literatur

1 Bär, S. (2003): Die Zunft, Lj-Verlag Freiburg. Das Buch ist vergriffen, vielleicht finden Sie es in Ihrer Bibliothek.

Auflösung der Rätsel in ▶ Kap. 7.5.4 und 7.5.8:

Das MG aus Abb. 7.27 ist 1712.75 Da

Das MG aus Abb. 7.28 und ▶ Kap. 7.5.4.6 ist 2679.84 Da

Der Lösungsspruch lautet: SEHR GVT

7.5.7 Möglichkeiten der MS mit ESI-Quellen

7.5.7.1 Hochdurchsatz-Screening auf biologisch aktive Proteine/Peptide

Sie haben ein Enzym oder einen Rezeptor und einen Zellextrakt. Sie wollen wissen, ob sich im Extrakt Moleküle befinden, die Ihr Enzym beeinflussen oder an den Rezeptor binden.

Das Problem können Sie auf herkömmliche Weise lösen. Sie prüfen in einem Enzymtest, ob der Extrakt ihr Enzym hemmt. Falls ja, basteln Sie mit dem Enzym eine Affinitätssäule, fischen die Hemmer aus dem Extrakt heraus, und eluieren sie wieder von der Säule. Das Säuleneluat können Sie massenspektrometrisch untersuchen und den oder die Hemmer identifizieren. Bis aber die Affinitätschromatographie funktioniert, können Wochen bis Monate vergehen. Zudem müssen Sie Fraktionen testen, konzentrieren, riesige Mengen verarbeiten etc., kurzum, diese Technik ist langwierig und aufwendig.

Autor Letzel hat in seiner Post-Doc Zeit zusammen mit Kollegen eine Methode publiziert, die das Gleiche in ein paar Stunden leistet (De Boer et al., 2004). Sie brauchen dazu eine HPLC, zwei Reaktionsspiralen und eine ESI-Quelle mit Analysator (Abb. 7.51).

Alle Geräte sind in Reihe geschaltet. Gibt man in das System nur Enzym und Substrat und fährt kontinuierlich ein Massenspektrum, so sieht man das Substratsignal, das Produktsignal und – je nachdem welchen m/z-Bereich der Analysator abdeckt – auch das Enzym. Es ändert sich nichts, weder in den Positionen der Signale noch in ihrer Intensität. Die Intensität des Produktsignals gegen die Zeit gibt eine horizontale Linie. Das gleiche gilt für die Intensität des Substratsignals.

Interessanter wird die Sache, wenn die HPLC zugeschaltet wird. Auf ihr wird ein Extrakt aufgegeben und mit einem Gradienten eluiert. Nehmen Sie an, der Extrakt enthält einen Hemmer des Enzyms. Solange der Hemmer noch auf der HPLC-Säule klebt, ändert sich mit den (anderen) eluierten Substanzen zwar das absolute Massenspektrum, die Intensitäts/Zeit-Kurve des Produkts aber bleibt gleich. Das Enzym setzt ja ungestört und kontinuierlich die gleiche Menge an Produkt frei. Erscheint jedoch im Eluat der Hemmergipfel, nimmt die Aktivität des Enzyms ab und damit auch Produktkonzentration und Intensität des Produktgipfels im Massenspektrum. Die Intensitäts/Zeit-Kurve des Produkts zeigt eine Delle nach unten: Der Gipfel des Hemmers bildet sich spiegelbildlich in der Intensitäts/Zeit-Kurve des Produkts wider (■ Abb. 7.52). Durch diesen Effekt lässt sich gleichzeitigder Hemmer identifizieren. Das geht so:

Sie schauen sich das Massenspektrum beim Tiefpunkt der Delle an. Von jedem Signal des Massenspektrums erstellen sie eine Intensitäts-/Zeit-Kurve. Die Intensitäts-/Zeit-Kurve, die von Form und Zeitpunkt genau zur Intensitäts-/Zeit-Kurve des Produkts passt, ist die Ihres Hemmers. In einem folgenden MS/MS-Lauf können Sie ihn charakterisieren.

Der Vergleich von Intensitäts-/Zeit-Kurven können Sie von einem PC-Programm durchführen lassen. Ein solches Programm wurde kürzlich von der Bioinformatik an der FH Weihenstephan (oh, sorry, das heißt mittlerweile University for Applied Sciences Weihenstephan) erstellt. Falls Sie die Software benötigen hilft Ihnen Autor Letzel gerne weiter.

Auf diese Weise suchen Sie, ruckzuck, einen Extrakt nach dem anderen durch. Das Ergebnis ist eine Liste von Hemmern. Falls es Ihnen gelingt, Ligand-Bindungsprotein-Komplexe im ESI zu vergasen, können Sie mit dem ESI auch die Bindungspartner von Proteinen in Zellextrakten suchen. Das wird jedoch nur in Ausnahmefällen gelingen.

Zudem muss der Hemmer oder Ligand die HPLC überstehen, was kleine Moleküle jedoch häufig tun. Auch darf das HPLC-Eluens (Methanol, Acetonitril etc.) die Enzymaktivität nicht beeinflussen. Des Weiteren muss das Enzym in ESI-Puffer wirksam sein bzw. müssen Ligand und Bindungsprotein in ESI-Puffer binden. Wahrscheinlich gibt es noch weitere Probleme. Wir behaupten also nicht, diese Technik sei der Weisheit letzter Schluss oder werde klassische Methoden ersetzen. Sie ist jedoch ein Beispiel dafür, was man mit einem ESI-MS alles anfangen kann und soll Sie zu ähnlichen Ideen anregen.

... wenigstens soll man auf ihn den bekannten Ausspruch anwenden können, dass wenn er große Taten nicht vollendete, er im Versuche starb.

Literatur

1 De Boer, A. et al. (2004): On-Line Coupling of high-performance liquid chromatography to a continuous-flow enzyme assay based on electrospray ionization mass spectrometry. Anal. Chem. 76, 3155–3161

7.5.7.2 Konformation von Proteinen

Mit der ESI-MS lässt sich die Konformation von Proteinen untersuchen. Das wundert den Laien. »Die Konformation hat doch keinen Einfluss auf das MG?«, fragt er sich verwundert. Hat sie auch nicht. Aber von der Konformation hängt die Protonierung des Proteins ab und damit m/z. An ein denaturiertes Protein binden in der Regel mehr Protonen als an das native Protein. Denn die kompakte Faltung nativer Protein verwehrt Protonen den Zugang zu den inneren Lys-, Arg- oder His-Resten. Die basischen Aminosäurereste denaturierter und entfalteter Proteine sind dagegen zugänglich. Die ESI-MS erfasst also eine mit der Konformation zusammenhängende Größe, die man Kompaktheit nennen könnte. Diese reagiert selbst auf kleine Änderungen in der Tertiärstruktur, Änderungen in der Sekundärstruktur (α-Helix, β-Faltblatt) dagegen wirken sich kaum aus.

Ein Beispiel: Cytochrom c vom Pferd ist ein basisches Protein vom MG 12100 mit 21 Lys- oder Arg-Resten und drei His-Resten. Bei pH 3.0 in H_2O/Acetat trägt natives Cytochrom c 9 positive Ladungen; bringt man den pH auf 2.6 entfaltet sich (denaturiert) das Protein. Im ESI-MS wandert

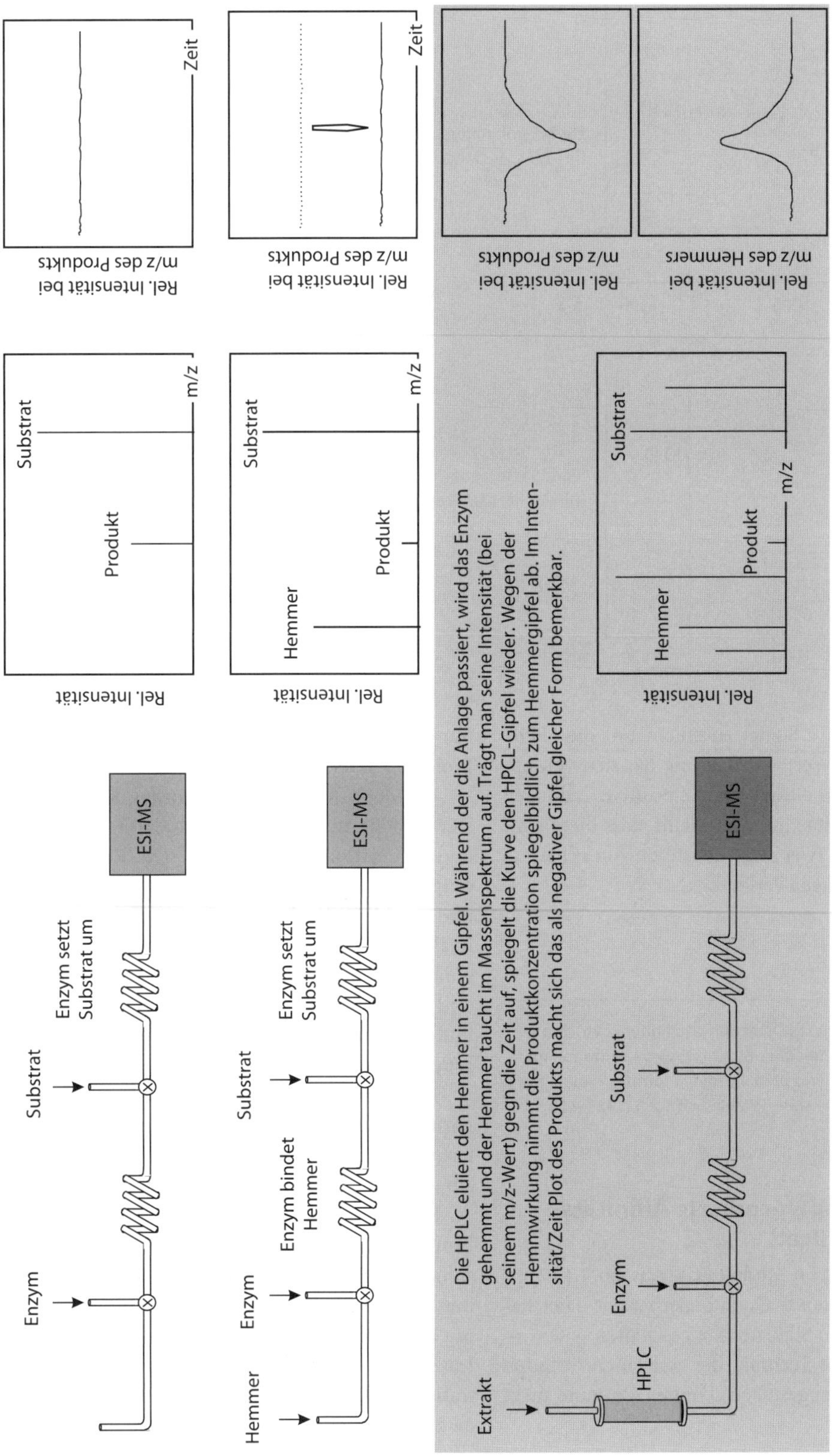

Abb. 7.52 Hochdurchsatzscreening mit dem ESI-MS II

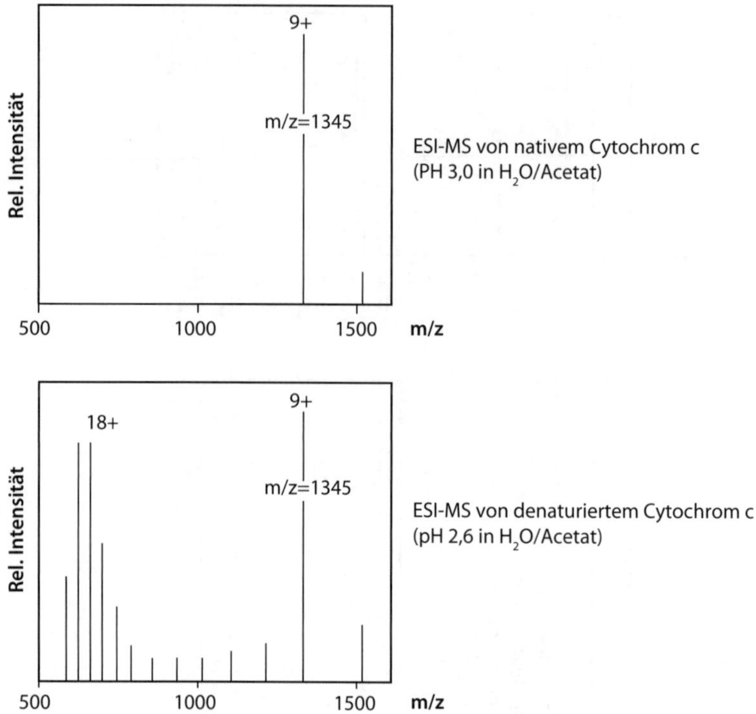

Abb. 7.53 Denaturierung von Cytochrom c

das Cytochrom c Signal zu einem um die Hälfte kleineren m/z-Wert: Die Ladung hat sich verdoppelt, Cytochrom c trägt jetzt 18 positive Ladungen (Abb. 7.53). Rita Grandori meint, dass diese Umwandlung über zwei Zwischenstufen von 11 bzw. 14 positiven Ladungen verläuft.

Literatur

1 Grandori, R. (2002): Detecting equilibrium cytochrome c folding intermediates by electrospray ionization mass spectrometry: two partially folded forms populate the molten-globule state. Protein Science 11, 453–458

7.5.7.3 Isotopen-codierte Affinitätstags (Icat)

Eine Schwäche von Mudpit (s. ► Abschn. 7.3.3.7) ist die (noch?) fehlende Quantifizierbarkeit. Hier haben z.B. Icat und Silac Abhilfe geschaffen.

Mit der **Icat**-Technik, der wir einen Schatten von Genialität zugestehen, können Proteine nicht nur identifiziert, es können auch die Mengen der Proteine zweier Proben verglichen werden.

Die Idee von Icat liegt im Biotin-tag (Abb. 7.54). Der besteht aus Biotin, einer Iodacetamidgruppe und einem Linker dazwischen. Die Iodacetamidgruppe reagiert mit den Cysteinresten der Proteine und markiert sie über den Linker mit Biotin. Die Reaktion läuft auch unter denaturierenden Bedingungen ab, so in Gegenwart von Harnstoff, SDS und Salzen. Sie müssen nur darauf achten, dass der Puffer keine Verbindungen mit reaktiven Thiolgruppen enthält.

Den Linker gibt es in leichter und schwerer Form. Bei letzterer wurden 8 H-Atome gegen Deuterium-Atome ausgetauscht – daher isotope coded affinity tags, abgekürzt icat.

Sie wollen nun zwei Proteinproben vergleichen, Probe 1 und 2. Dazu reduzieren Sie zuerst die Disulfidbindungen mit Tributylphosphin. Danach markieren Sie Probe 1 mit dem schweren, Probe 2 mit dem leichten Tag (Abb. 7.55). Überschüssiges Icat-Reagenz trennen Gygi et al. mit einer Gelfiltration ab. Das scheint eine umständliche Methode zu sein. Vielleicht inaktivieren Sie das Reagenz

Abb. 7.54 Isotopen-codiertes Affinitätstag

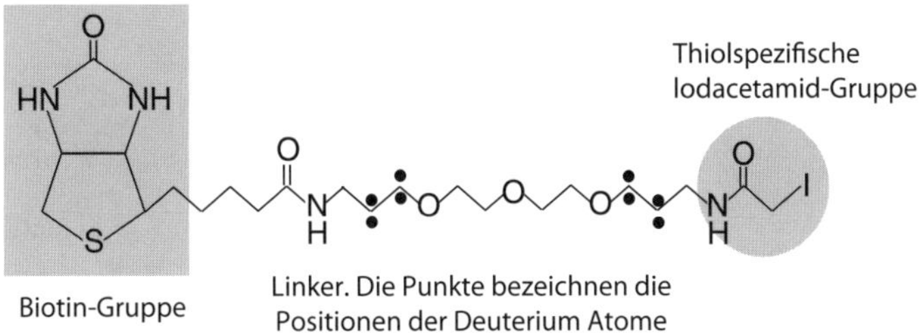

Die -SH Gruppe des Cysteinrests subtituiert das Iod der Iodacetamidgruppe. Es entsteht Iodwasserstoffsäure. Der Schwefel des Cysteinrests wird alkyliert.

einfach durch Zugabe einer Thiolverbindung (z.B. DTT). Wie auch immer: Danach werden die Proben gemischt und mit Trypsin verdaut. Die entstehenden cysteinhaltigen Peptide tragen das Biotintag. Wichtig: Aus cysteinhaltigen Proteinen, die in beiden Proben vorkamen, entstehen cysteinhaltige Peptidpärchen, die sich im Linker unterscheiden. Kam das Protein aus Probe 2 trägt der Linker H-Atome, kam es aus Probe 1 trägt er Deuterium-Atome. Die cysteinhaltigen Peptidpärchen unterscheiden sich um die Masse 8 Da.

Den Trypsin-Verdau geben Sie über eine Avidinsäule. Die bindet die biotinmarkierten cysteinhaltigen Peptide (etwa 10% der Peptide). Die störenden Verbindungen wie SDS etc. werden ausgewaschen. Die cysteinhaltigen Peptide eluieren Sie mit Ameisensäure. Danach bringen Sie die Peptide auf eine RP-HPLC auf, eluieren mit einem Acetonitril-Gradienten und analysieren das Eluat mit einem ESI-MS/MS.

Schweres und leichtes Peptid eines Peptidpaares verhalten sich in der RP-HPLC identisch (oder sollten es), bilden also einen Gipfel. Anders in der Massenspektrometrie. Die erste MS-Analyse trennt leichtes vom schweren Peptid eines Paares und gibt ihr m/z an. Da tryptische Peptide meistens zwei Ladungen tragen unterscheiden sich die Pärchen um 4 m/z.

Weil beide Proben vereint und von dort an gleich behandelt wurden, zeigt das Verhältnis der Signalintensitäten von leichtem und schwerem Peptid die relative Häufigkeit der zugehörigen Proteine in der Probe.

Enthält ein Protein mehrere Cysteine, erhalten Sie von dem Protein in der Regel auch mehrere Peptide bzw. Peptidpärchen. Das Verhältnis der Signalintensitäten jedes Peptidpärchens sollte gleich sein – und ist das auch mit einer Abweichung von 10%. Sie können dann für die relative Häufigkeit des zugehörigen Proteins einen Mittelwert und eine Standardabweichung angeben.

In der 2. MS Analyse werden die Peptide fragmentiert. Mit den sich daraus ergebenden Sequenzen identifizieren Sie Teile des zugehörigen Proteins.

Icat gibt somit Auskunft über Zahl, Natur und Mengenverhältnis der Proteine zweier Proben. Ähnlich wie bei der DFG (▶ Abschn. 7.3.3.7) können Sie mit Icat vergleichen: Zellkulturen mit und ohne Hormon, Toxin, Ligand etc.. Oder: wie wirkt sich das Verschwinden eines Proteins auf die anderen aus, worin unterscheidet sich normales von Krebsgewebe und das womöglich noch zeitlich aufgelöst. Das Beste: Weil sich diese Projekte ähneln wie ein Ei dem anderen, können Sie immer den gleichen Antrag verwenden und müssen nur die Namen austauschen.

Gygi et al. (1999) haben die Methode mit Hefe, die einmal in Ethanol, einmal mit Galaktose aufwuchs, überprüft.

Doch Sie ahnen es schon: Icat hat Schwächen. Es erfasst nur Proteine mit Cysteinresten. Ein Siebtel aller Proteine ist aber cysteinfrei. Zudem sitzen die Cysteinreste mancher Proteine an Stellen, die sie nach dem Verdau in z.B. extrem hydrophoben Peptiden auftauchen lassen. Diese Peptide können bei den nachfolgenden Schritten verschwinden. Des Weiteren gehen durch die umständliche Probenaufarbeitung (eine chemische Reaktion, ein Verdau, drei Säulenläufe) Peptide verloren. Die Ausbeute an cysteinhaltigen Peptiden einer Standardproteinmischung liegt nach der Avidinsäule

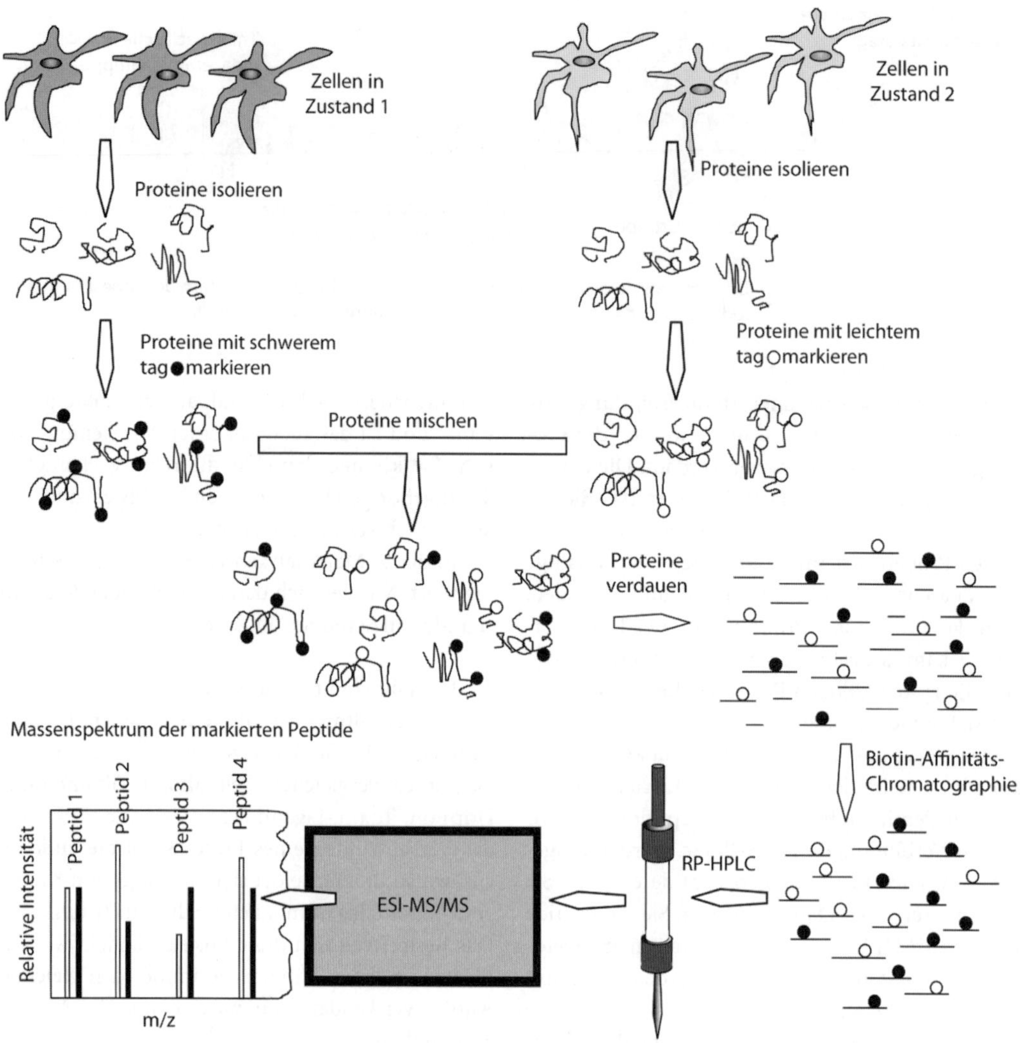

Abb. 7.55 Proteomanalyse mit Isotopen-codierten Affinitätstags

bei 70% (Gygi et al., 1999). Und es gehen nicht nur Peptide verloren, es tauchen auch welche auf, die man nicht will: Nichtmarkierte Peptide können unspezifisch an die Avidinsäule binden und eluieren dann mit der Ameisensäure. Des Weiteren wird der große Biotin-Marker in der Stoßkammer des MS oft fragmentiert. Das erschwert die Interpretation der Spektren. Damit nicht genug: Leichter und schwerer Teil eines Peptidpaares verhalten sich in der HPLC nicht immer identisch. Der Isotopeneffekt der acht Deuterium Atome führt zu einer teilweisen Trennung der Signale. Das verschlechtert die Quantifizierung. Schließlich wird ein großes Protein in der Icat Analyse gelegentlich nur durch ein einziges cysteinhaltiges Peptid vertreten. Das ist nicht beruhigend, da vermutet der vorsichtige Experimentator ein Artefakt. Manchmal – wenn auch selten – kommt es vor, dass ein Peptid zwei Cysteine enthält. Was dann? Es gibt zwei Möglichkeiten: Entweder bindet dieses Peptid so fest an die Avidinsäule, dass Sie es nicht mehr ablösen können, oder es löst sich ab und sorgt dann für Verwirrung bei der Interpretation der MS-Spektren. Die Massen-

Abb. 7.56 Festphasen-Icat-Reagenz

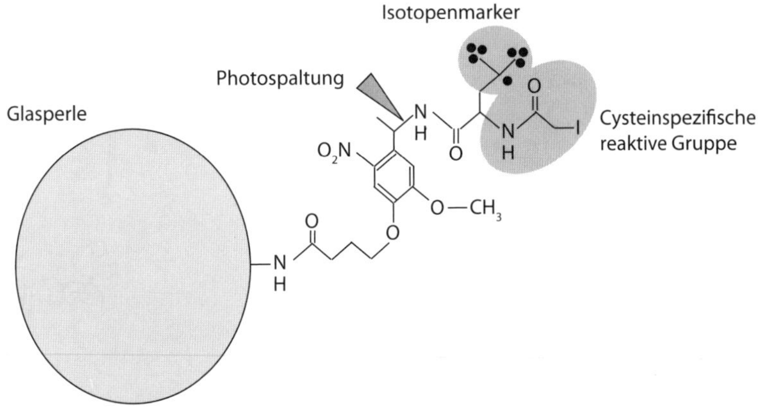

differenz des entsprechenden Peptidpärchens ist ja nicht 8 Da, sondern 16 Da.

Es wundert einen also nicht, dass nach dem 1999er Paper von Steven Gygi in kurzer Zeit ein halbes Dutzend Icat-Verbesserungspaper erschienen. So wurde die Isotopenmarkierung verändert. Zhou et al. 2002 setzen nicht die Proteine, sondern die tryptischen Peptide mit dem Marker um. Der Marker (ein leichter, ein schwerer, MG-Unterschied 7 Da) ist nicht in Lösung, sondern an Glasperlen gebunden und die cysteinhaltigen Peptide sind es nach der Reaktion auch (Abb. 7.56).

Das Reagenz enthält kein Biotin und die Affinitätschromatographie an der Avidinsäule fällt aus. Wozu auch eine Affinitätschromatographie? Die Spezifität für Cysteinreste lag ja in der Umsetzung mit dem Iodacetamidrest.

Nach der Reaktion sind also die Peptide über Linker an die Glasperlen gebunden, wobei der Linker entweder von der schweren oder der leichten Sorte ist (7 D bzw. 7 H Atome). Die Glasperlen werden gemischt und gewaschen. Ungebundene Peptide, SDS und unerwünschte Salze verschwinden so im Abguss. Bestrahlung mit UV-Licht löst dann die markierten cysteinhaltigen Peptide ab. Die werden in die HPLC geschickt und das HPLC-Eluat wie gehabt mittels ESI-MS/MS analysiert (Abb. 7.57).

Huinin Zhou und Kollegen behaupten, dass diese Methode schneller, einfacher, sensitiver und leichter zu automatisieren sei als die originale Icat-Methode. In der Tat ist die Probenbehandlung einfacher: Die Avidinsäule fällt weg. Des Weiteren sind die Peptide kovalent an die Glasperlen gebunden. Die können Sie also mit brutalen Mitteln waschen was die Kontamination mit nicht-cysteinhaltigen Peptiden verringert. Ferner ist die Masse des Markers und damit die Fragmentierungsgefahr kleiner.

Andererseits erfasst auch diese Methode nur die cysteinhaltigen Proteine. Auch ist die quantitative Vergleichbarkeit weniger gut als bei der löslichen Icat-Version: die Proben werden ja erst in einer späteren Stufe identisch behandelt. Schließlich ist ein Isotopeneffekt in der HPLC auch bei dem neuen Marker nicht auszuschließen.

Das Problem der Unsichtbarkeit cysteinfreier Proteine können Sie umgehen, indem Sie andere Aminosäurereste mit Isotopen markieren, z.B. saure oder basische Aminosäurereste. Peters et al. (2001) setzten die C-terminalen Lysinreste von tryptischen Peptiden mit 2-Methoxy-4,5-dihydro-1*H*-imidazol um. Es entstehen die 4,5-Dihydro-1*H*-imidazol-2-yl Derivate. Die entsprechenden Massenspektren sollen einfach zu interpretieren sein. 2-Methoxy-4,5-dihydro-1*H*-imidazol kann mit Deuterium markiert werden.

Das Thema ließe sich endlos weiterspinnen, denn das Gebiet ist in vollem Fluss. Im Monatsrhythmus erscheinen neue Icat-Marker, -Techniken und –Modifikationen. Eine passable Übersicht finden Sie in Tao & Aebersold (2003). Welche Technik die beste ist, muss sich herausstellen und hängt auch von der Problemstellung ab. Mangels prophetischer Gaben wagen wir keine Voraussage außer der einen: Auf Icat dürfte noch mancher Doktorand verbraten werden.

In den letzten Jahren wurden weitere MS-Quantifizierungsmethoden entwickelt. Suchen Sie nach Begriffen wie isobaric Tag for Relative and

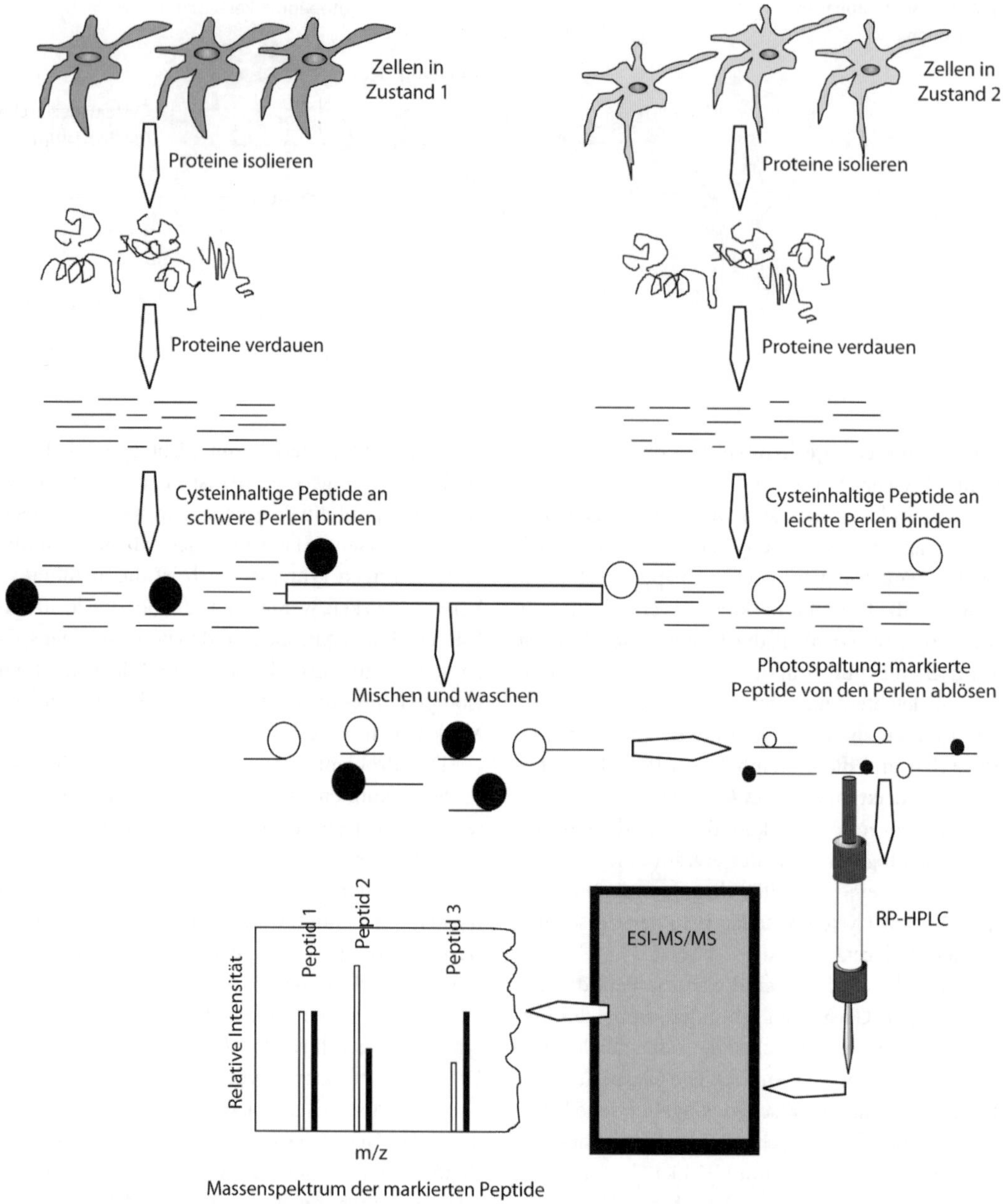

Abb. 7.57 Isotopen-codierte Affinitätstags an Festphase

Absolute Quantification (iTRAQ), label free quantification, Element- or Metal- Coded (Affinity) Tags (ECAT oder MeCATs), metabolisches Labelling wie dem N-terminalen Labelling, oder dem Stable Isotope Labelling with Amino acids in Cell culture (SILAC; ► Abschn. 7.5.9.4). Für eine Einschätzung der Nutzungsmöglichkeiten und Anwendungsbeispiele empfehlen wir Ihnen einen im Jahre 2007 erschienenen Übersichtsartikel von Küster et al.

Ein grundsätzlicher Nachteil haftet an all diesen Methoden: Sie vergleichen nur. Eine absolute Quantifizierung ist nicht möglich.

Literatur

1 Bantscheff, M, et al. (2007): Quantitative mass spectrometry in proteomics: A critical review. Anal. Bioanal. Chem. 389, 1017–1031
2 Gygi, S. et al. (1999): Quantitative analysis of complex protein mixtrues using isotope-coded affinity tags. Nature Biotechn. 17, 994–999
3 Peters, E. et al. (2001): A novel multifunctional labeling reagent for enhanced protein characterization with mass spectrometry. Rapid Comm. Mass Spectrom. 15, 2387–2392
4 Tao, A. & Aebersold, R. (2003): Advances in quantitative proteomics via stable isotope tagging and mass spectrometry. Curr. Op. Biotechn. 14, 110–118
5 Zhou, H. et al. (2002): Quantitative proteome analysis by solid phase isotope tagging and mass spectrometry. Nature Biotechn. 20, 512–515

7.5.7.4 Zellkulturmarkierung mit stabilen Isotopen von Aminosäuren (Silac)

Silac steht für eine Methode, die einige der Nachteile von Icat vermeidet und dafür andere hat. Das Prinzip ist: Sie kultivieren ihre Zellen in einem Medium, in dem eine essentielle Aminosäure gegen die entsprechende isotopenmarkierte Aminosäure ausgetauscht wurde. Also z.B. Leucin gegen Leucin mit drei Deuterium Atomen. Da die Zellen nicht zwischen normalem Leucin und isotopenmarkiertem Leucin unterscheiden, wird das isotopenmarkierte Leucin in die Proteine eingebaut. Nach einiger Zeit enthalten ihre Proteine nur noch isotopenmarkiertes Leucin.

Die Kulturen mit isotopenmarkierten Leucin können Sie mit normalen Kulturen vergleichen. Sie nehmen von jeder Kultur gleich viel Protein und mischen es. Die Proteinmischung reinigen Sie vor, entfernen z.B. BSA oder Immunglobuline, oder Sie lassen das bleiben: Der nächste Schritt ist jedenfalls ein Verdau mit Trypsin. Wie bei Icat erhalten Sie tryptische Peptidpärchen, wobei der Massenunterschied zwischen den Gliedern eines Paares von der Zahl der Leucine im Peptid abhängt. Die tryptischen Peptide werden auf der HPLC getrennt und die Eluate im ESI-MS/MS analysiert (■ Abb. 7.58).

Die Vorteile dieser Strategie gegenüber Icat liegen auf der Hand: Leucin kommt fünfmal häufiger vor als Cystein, es entstehen also mehr markierte Peptide. Etwa die Hälfte der tryptischen Peptide enhält Leucin, nur etwa 10% enthalten Cystein. Auch gibt es kaum leucinfreie Proteine. Des Weiteren wird kein Fremdkörper in die Peptide eingeführt und es fällt weder eine Affinitätschromatographie noch eine chemische Reaktion an. Bei der Fragmentierung gibt es keine Probleme mit derivatisierten Aminosäuren, denn es gibt keine derivatisierten Aminosäuren. Silac ist also einfacher handzuhaben als Icat.

Sie sind auch keineswegs auf den Einbau von deuteriertem Leucin angewiesen. Sie können z.B. auch ^{13}C-Arginin als Marker benützen (Ong et al., 2003).

Andererseits funktioniert Silac nur mit lebenden Zellen in Kultur. Bei den Kulturbedingungen müssen Sie auf einiges achten, so dürfen Sie nur dialysiertes Medium verwenden. Undialysierte Medien enthalten Leucin und das würde Ihnen Ihre Isotopenmarkierung verdünnen. Dennoch erhalten Sie auch mit Dialyse, und wenn Sie die Zellen noch so lange in deuteriertem Leucin kultivieren, immer auch Proteine ohne deuteriertes Leucin: die adsorbierten Serumproteine. Sie können die Zellen vor der Proteinextraktion zwar waschen, einmal, zweimal, dreimal – aber glauben Sie mir: Es bleiben immer Serumproteine an der Zellmembran kleben oder sie wurden gar von den Zellen aufgenommen. Die Peptide dieser Proteine tauchen in Ihrem Massenspektrum auf und geben Anlass zum Rätseln.

Geduld müssen Sie auch aufbringen: Bis zur vollständigen Markierung aller Proteine mit isotopenmarkiertem Leucin dauert es mindestens fünf Tage und bei Primärkulturen bzw. Zellen, die sich nicht teilen (z.B. Neurone) kann es sogar länger dauern. Zudem hat die Zunahme der Zahl der Peptide nicht nur Vorteile: Sie macht Ihre Mischung komplexer und damit schwieriger zu analysieren. Schwierigkeiten beim Analysieren macht auch die Tatsache, dass Sie mit Peptiden rechnen müssen, die zwei oder mehr Leucine enthalten. Der Massenunterschied der Peptidpärchen ist also nicht konstant sondern ein Vielfaches von 3/z. Dieses Problem können Sie umgehen, indem sie ^{13}C-Arginin als Marker benützen. Das kommt in tryptischen Peptiden meistens nur einmal vor und zwar am C-terminalen Ende.

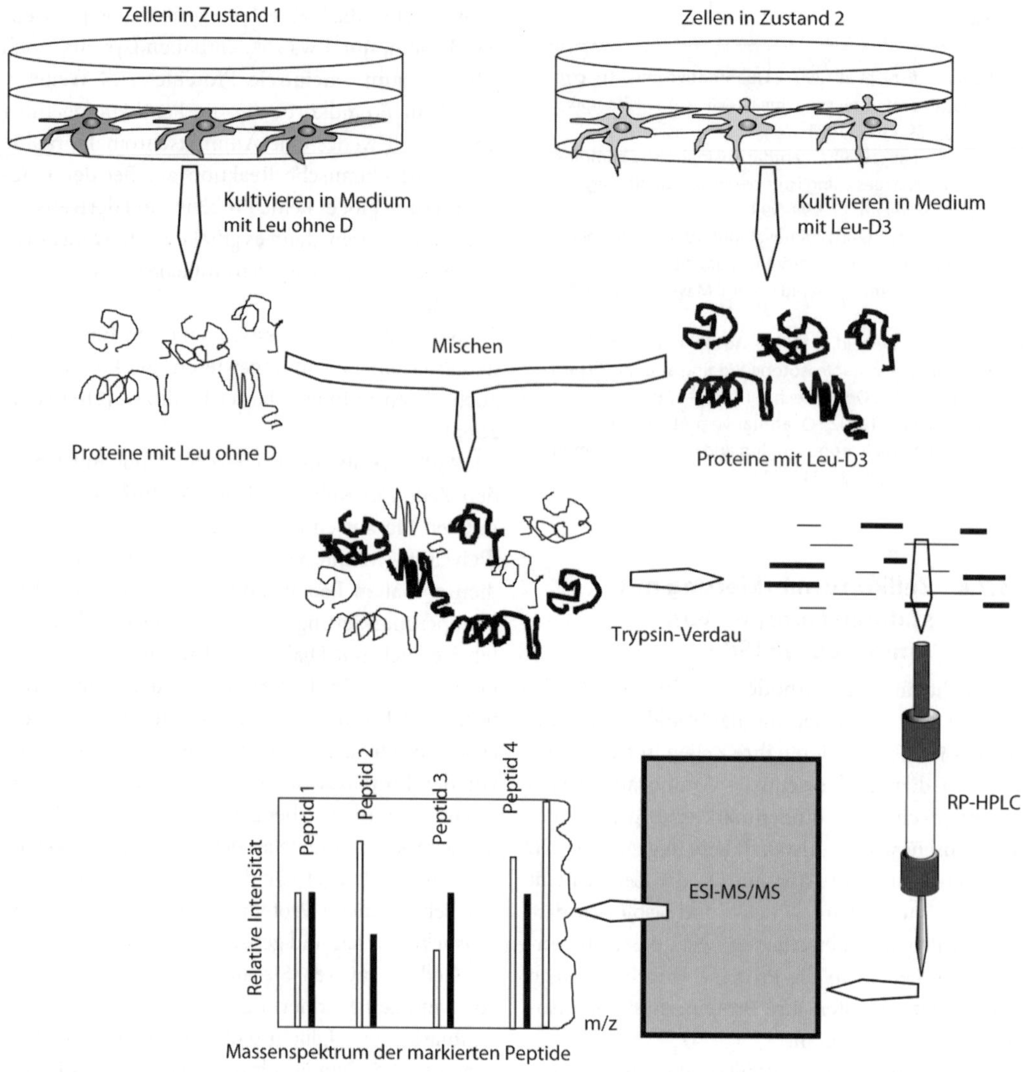

Abb. 7.58 Silac

Literatur

1 Ong, S. et al. (2002): Stable isotope labeling by amino acids in cell culture, SILAC, as a simple and accurate approach to expression proteomics. Mol. Cell. Proteomics 1, 376–386

2 Ong, S. et al. (2003): Properties of 13C-substituted arginine in stable isotope labeling by amino acids in cell culture (SILAC). J. Proteome Res. 2, 173–181

7.5.8 Möglichkeiten der MS mit MALDI-Quellen

MALDI-Quellen unterscheiden sich von ESI-Quellen in:

- Der schnellen gepulsten Ionisierung
- Sie erzeugen meistens einfach positive Ionen, MALDI-Spektren sind daher einfacher zu interpretieren als ESI-Spektren
- MALDI-Quellen sind meistens mit einem TOF-Analysator kombiniert

- MALDI-Quellen zeigen in Kombination mit einem TOF hohe Sensitivität (im attomolaren Bereich)
- Sie sind tolerant gegen Puffer, Salze und andere Verunreinigungen
- Sie sind schnell: für die Messung eines Peptidfingerabdrucks benötigt ein Gerät mit MALDI-Quelle eine halbe Minute, ein Gerät mit ESI-Quelle etwa hundertmal länger.

Mit MALDI-Ionenquellen können Sie daher die Reinheit von Proteinen und Peptiden überzeugend nachweisen: Besser als mit der SDS-Gelelektrophorese. Das Spektrum eines reinen Proteins zeigt nur Signale bei dessen m/z-Werten.

Wenn Sie die Aminosäuresequenz des gereinigten Proteins kennen (z.B. von der cDNA), bestimmen Sie mit dem MALDI-TOF das MG des Proteins und vergleichen es mit dem aus der cDNA-Sequenz errechneten. Sind die MGs identisch, stimmt die Primärstruktur Ihres Proteins. Abweichungen weisen auf Modifikationen hin, z.B. Phosphorylierungen, Glykosilierungen, Punktmutationen. Bei kleineren Proteinen macht sich selbst die Acetylierung der N-terminalen Aminosäure bemerkbar. Die Position der Modifikation bestimmen Sie, indem Sie das Protein in Peptide zerschneiden, das MG der einzelnen Peptide messen und mit dem aus der Sequenz vorausgesagten MG vergleichen.

Weitere Möglichkeiten eines MALDI-TOF:

- Sie können die Schnittstellen von Proteasen über die MG der Spaltprodukte bestimmen.
- Sie können die Wirkung von Glykosidasen über die MG-Abnahme des glykosilierten Proteinsubstrats verfolgen. Gleichzeitig messen Sie die Zahl der abgespaltenen Zuckergruppen. Wegen der Heterogenität der Glykoproteine sind Ihre Signale in der Regel breit (analog zur SDS-Gelelektrophorese). Ein gutes Gerät (TOF-Analysator mit Reflektor) kann die Signale auflösen und erzeugt dann ein geheimnisvolles Gipfelgebirge.
- Kinasen vergrößern das MG ihres Substratproteins um 80 Da oder ein Vielfaches davon. Phosphatasen verringern das MG phosphorylierter Proteine um den entsprechenden Betrag. Über diese MG-Abnahme können Sie feststellen, ob Ihr Protein phosphoryliert ist. Lässt sich wegen der Größe des Proteins oder der Qualität Ihres MS eine Addition oder Subtraktion von 80 Da nicht zweifelsfrei nachweisen, verdauen Sie Aliquots vor und nach der Enzymbehandlung mit Trypsin und messen die MGs der Peptide. Noch wertvoller könnte Ihr MALDI-MS für die schnelle Aufklärung des Phosphorylierungsstatus (Verhältnis der Isoformen mit keiner, ein, zwei etc. Phosphatgruppen) eines Proteins im Zellstoffwechsel werden. Bisher wurden die Zellen zuvor in Kultur mit ^{32}P markiert und die Zellextrakte einer 2DE oder einer Immunoaffinitätschromatographie mit anschließender isoelektrischer Fokussierung unterworfen. Zum Markieren der Phosphoproteine musste man riesige Mengen an ^{32}P in die Zellkulturen kippen.
- Sie können das Epitop eines Antikörpers eingrenzen. Dazu verdauen Sie das epitop-tragende Protein – z.B. mit Trypsin – und fischen anschließend mit ihrem Antikörper in der entstandenen Peptidsuppe. Das MG des immunpräzipitierten Peptids bestimmen Sie mit dem ESI- oder MALDI-MS. Sie müssen dazu nicht einmal über das gereinigte epitop-tragende Protein verfügen, im Prinzip muss das auch mit nicht zu komplizierten Proteinmischungen funktionieren. Kennen Sie die Sequenz des epitop-tragenden Proteins, errechnen Sie die MG aller möglichen tryptischen Spaltprodukte und können dann das immunpräzipitierte Peptid identifizieren. Durch Verdau mit Proteasen anderer Spezifität lässt sich das Epitop weiter eingrenzen. Eine Hilfe sind auch die Datenbanken auf www.expasy.org. Umgekehrt können Sie über die Sequenz der Peptide das epitop-tragende Protein identifizieren.
- Sie können mit dem MALDI-MS sogar Bakterien bestimmen. Dazu schmieren Sie intakte Bakterien einer Primärkultur auf die Probenplatte, lassen die Bakterien mit Matrix kokristallisieren und bestrahlen mit UV-Laser. Die desorbierenden Bakterienmoleküle ergeben ein Massenspektrum, das den Bakterienstamm eindeutig definiert. Das Spektrum wird wahrscheinlich von den Mucopeptiden, Glykoproteinen und Lipoproteinen der bakteriellen Zellwand und Stützschicht gebildet – eben

jenen Molekülen, auf die auch herkömmliche Bestimmungsmethoden bauen. Das Massenspektrum geben Sie in eine Datenbank ein, ein Algorithmus sucht dort nach vergleichbaren Spektren und schon ist der Bakterienstamm identifiziert. Die Firma Waters-Micromass, die das System vertreibt, behauptet, man könne damit zwischen genetischen Transformanten, Antibiotika-sensitiven/resistenten Stämmen und Stämmen mit verschiedenen Plasmidprofilen unterscheiden. Ein Test brauche nur eine kleine Kolonie. Sicher ist: Es geht schnell; von der Probenvorbereitung bis zum fertigen Ergebnis dauert es nur Minuten.

- Die MALDI-Technik ist nicht auf Proteine/Peptide beschränkt. Mit einer geeigneten Matrix können Sie auch DNA und RNA in die Gasphase bringen. Wozu? Z. B. um mit Oligonucleotidleitern Oligos zu sequenzieren (Limbach et al. 1995). Die kleinste MG-Differenz zwischen DNA-Basen – die zwischen Adenin und Thymin – beträgt immerhin 9 Da. Bei RNA Basen liegt die kleinste Differenz – die zwischen Cytosin und Uracil – bei 1 Da. Auch Oligosaccharide lassen sich in Matrixkristalle einbauen und vergasen. Mit dem MALDI-MS müssten sich die Oligosaccharide sogar sequenzieren lassen (Leitersequenzierung s. ► Abschn. 7.5.6.4 und Stahl et al. 1994). Prinzipiell bringt MALDI jedes Polymer in die Gasphase, selbst Polyethylenglykol. Solch neutralen Polymeren muss man allerdings eine positive Ladung aufdrücken, sonst kann sie das elektrische Feld nicht in den TOF beschleunigen. Man komplexiert neutrale Polymere deshalb mit Metallionen (deren MG natürlich berücksichtigt werden muss).

Wie Sie sehen, kann eine MALDI-Quelle, kombiniert mit einem Flugzeit-Analysator, Ihre experimentelle Reichweite vergrößern. Sicher, so ein Gerät ist nicht billig, aber es ist ja schließlich nicht Ihr Geld, das dafür ausgegeben werden muss.

Literatur

1 Beavis, R. & Chait, B. (1996): Matrix-assisted laser-desorption ionization mass spectrometry of proteins. Methods Enzymol. 270, 519–551

2 Chait, B. & Kent, S. (1992): Weighing naked proteins: practical, high-accuracy mass measurement of peptides and proteins. Science 257, 1885–1894

3 Limbach et al. (1995): Characterization of oligonucleotides and nucleic acids by mass spectrometry. Curr. Opin. Biotechnol. 6, 96–102

4 Stahl, B. et al. (1994): The oligosaccharides of the Fe(III)-Zn(III) purple acid phosphatase of the red kidney bean. Eur. J. Biochem. 220, 321–330

5 Stults, J. (1995): Matrix-assisted laser-desorption ionization mass spectrometry (MALDI-MS). Current opinion in structural biology 5, 691–698. *Der Review enthält eine Reihe von Referenzen, die spezielle Themen ansprechen, z.B. Unterscheidung von Sulfat- und Phosphatgruppen, MALDI mit Infrarotlasern und Bernsteinsäurematrix, subfemtomolare Nachweisgrenzen mit einer Dünnschichtmatrix, hochempfindlicher Proteinnachweis im Attomol-Bereich, höchstauflösende Massenspektrometrie.*

7.5.8.1 SELDI

Eine weitere Anwendung des MALDI-Prinzips nennt sich SELDI (surface enhanced laser desorption ionization). SELDI kombiniert Probenträger in Chipform, die eine besondere Oberfläche aufweisen, mit einem UV-MALDI-TOF-MS. Die Chips sind solide Aluminium-Riegel, die mit kationischen oder anionischen Ionenaustauschern, mit hydrophilen oder hydrophoben Molekülen oder mit Metallionen-Chelatoren beschichtet wurden (◘ Abb. 7.59).

Auch Chips mit aktivierten Oberflächen sind erhältlich. Diese Oberflächen binden Proteine kovalent über deren Aminogruppen und ermöglichen es, Chips nach Wunsch mit Antikörpern oder Rezeptoren zu beschichten.

Jeder Chip besitzt acht beschichtete Löcher mit einem Durchmesser von 1 mm. In die Löcher bringt man die Probe auf. Ein Teil der Proteine/Peptide wird adsorbiert, der Rest weggewaschen. Die adsorbierten Proteine/Peptide werden mit Matrix versetzt und können dann im MS analysiert werden (◘ Abb. 7.60)

Was kann SELDI?

- Komplexe Proteinmischungen werden vorfraktioniert. Je nach Chip bleiben saure oder

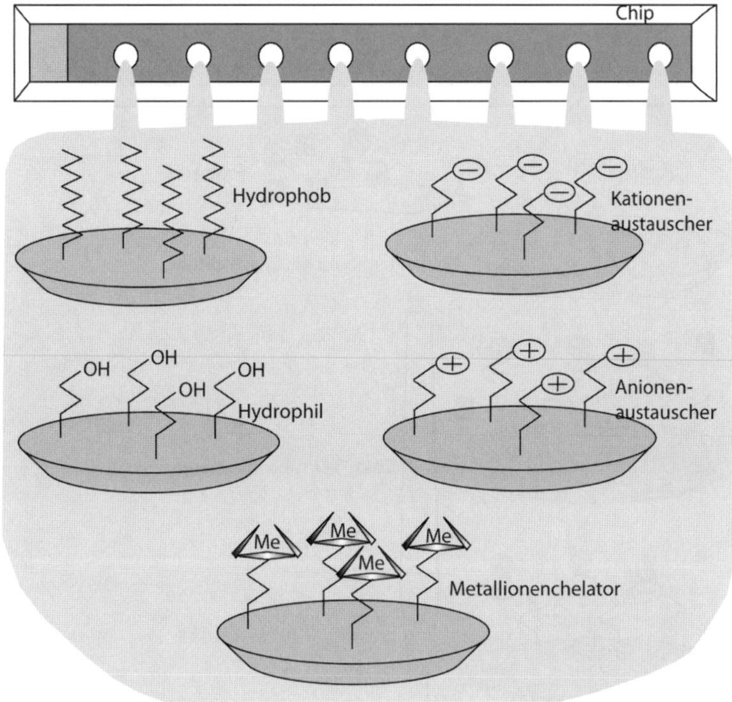

Abb. 7.59 SELDI-Oberflächen

basische oder hydrophobe Proteine kleben. Mit Metallionen-Chelatoren beschichtete und mit Eisen- oder Gallium-Ionen beladene Chips binden bevorzugt phosphorylierte Peptide.

- Störende Ionen oder Seifen werden weggewaschen.
- Die Proteine sind auf der Oberfläche linear und einschichtig adsorbiert. Daher erhalten Sie mit SELDI einheitlich verteilte und einheitlich ausgerichtete Kristalle und keinen wirren Kristallsalat wie bei den üblichen MALDI-Techniken. Die einheitliche Kristallbeschichtung gibt ein exzellentes und einigermaßen reproduzierbares Signal: Die Signalhöhen variieren bei aufeinander folgenden Läufen der gleichen Probe nur zwischen 10 und 30%. Das behauptet jedenfalls die Herstellerfirma. Zudem müssen Sie den Laser nicht mehr ausrichten, d.h. nach besonders proteinreichen Kristallhäufchen suchen. Die Proteine sind ja gleichmäßig über die Lochoberfläche verteilt. Es ist sogar möglich mit Hilfe einer Verdünnungsreihe das Protein quantitativ zu messen.
- Sie können biologische Proben wie Serum oder Urin direkt auf den Chip laden.
- Das TOF-Spektrum unterscheidet sich von dem eines 2D-Gels. Zum einen in der Schnelligkeit, mit der es erstellt werden kann, zum andern im MG-Bereich. 2D-Gele lösen unterhalb 6 Kd nicht oder schlecht auf. Die SELDI-MS dagegen trennt Peptide/Proteine zwischen 1 und 25 Kd besonders gut. Oberhalb 40 Kd trennt wiederum häufig das 2D-Gel besser.
- Das Messen geht ruckzuck: Je 1 µl Probe auf die Chiplöcher träufeln (per Hand), waschen, Matrix aufbringen, trocknen, messen. Keine lange Fokussierung, kein Hantieren mit brüchigen Gelen. In 10 Minuten ist die Sache erledigt. Bis zu 100 Proben könne man pro Tag analysieren, verspricht die Herstellerfirma.
- Der Umgang mit dem Gerät ist leicht zu erlernen: In einer Woche können Sie es problemlos bedienen.

Bei Chips, die nicht kovalent mit Proteinen beschichtet wurden, können Sie Matrix und Probenreste nach dem Messen abwaschen und den Chip

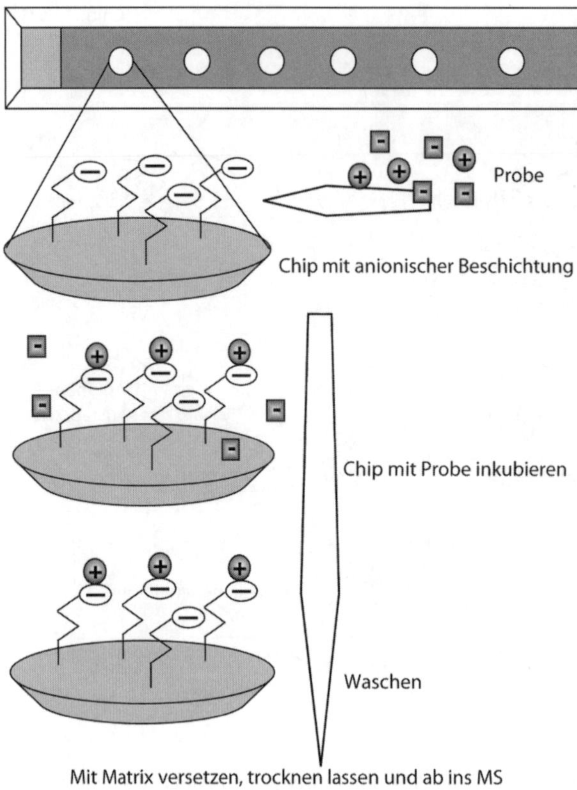

Abb. 7.60 SELDI-Prozessierung

7

wieder verwenden. Für wichtige/saubere Experimente sollten Sie allerdings neue Chips benützen.

Welche Möglichkeiten eröffnet SELDI?

Sie können damit Protein-Protein Wechselwirkungen untersuchen (siehe auch ► Kap. 2.5 und besonders ► Abschn. 2.2.5.2).

Beispiel: Sie haben ein Protein X gereinigt oder exprimiert und wüssten gerne dessen Funktion. Weder Sequenz noch Reinigung geben Anhaltspunkte. Da wäre es gut, zu wissen, welche Proteine an Protein X binden. Vielleicht kennt man ja deren Funktion und das gäbe einen Hinweis. Sie koppeln also ihr Protein X an einen SELDI-Chip. Dies möglichst unter verschiedenen Bedingungen (also in verschiedene Löcher). Danach waschen Sie ungebundenes Protein X ab und blockieren ungenützte Gruppen. Jetzt inkubieren Sie die Chiplöcher mit Zellextrakt oder worin Sie sonst Bindungspartner vermuten. Abwaschen. Mit Matrix kokristallisieren. Ab mit dem Chip ins MS. Nach einigen Sekunden wissen Sie, ob ein Protein an Protein X bindet und Sie kennen sogar dessen MG.

Nun erhebt sich die Frage: Ist dieses Protein der physiologische Bindungspartner oder eine Zufallsliebschaft, die nur unter diesem speziellen Bedingungen zustande kam?

Um dies zu entscheiden, brauchen Sie Kontrollen. Sie koppeln an ein Kontroll-Chiploch ein zu Protein X in isoelektrischem Punkt und MG ähnliches Protein. Dieses Loch sollte keine oder jedenfalls andere Proteine binden. Umgekehrt sollten Zellextrakte oder Seren, von denen Sie wissen, dass sie keinen Bindungspartner für Protein X besitzen, keine Spur im Massenspektrum hinterlassen. Ferner sollte das Protein stöchiometrisch an Protein X binden. Stimmt alles? Dann identifizieren Sie den Bindungspartner in Datenbanken und bestellen sich eine Flasche Champagner. Bei Misserfolg allerdings ist guter Rat teuer – im Wortsinn. Misserfolg heißt nämlich nicht, dass kein Partner existiert: In der Zelle gibt es zu fast jedem Töpfchen ein Deckelchen. Es ist wahrscheinlicher, dass Ihre Bedingungen nicht stimmen: Entweder bei der Kopplung von Protein X an den Chip oder bei der Inkubation des beschichteten Chips mit dem Zellextrakt. Sie müssen also eine Bedingung nach der anderen ausprobieren und einen Chip nach dem anderen kaufen. Jeder Chip kostet etwa 80 Euro.

Eine andere Anwendung von SELDI liegt in dem mitgelieferten Abziehprogramm. Damit können Sie die quantitativen Unterschiede zweier Spektren (z.B. krank/gesund oder Medikament/ohne Medikament) ermitteln. Dies macht Sinn wenn die Spektren einigermaßen reproduzierbar sind.

Beispiel: Sie suchen im Blut nach einem frühen Tumormarker. Frühe Tumormarker treten im Blut in der Regel in sehr niedrigen Konzentrationen auf. Dies weil es (frühe Marker!) noch wenig Krebszellen gibt, weil diese nur einen Teil des Markers ins Blut abgeben (wenn überhaupt!) und weil der Marker von Proteasen abgebaut wird. Damit haben Sie ihr erstes Problem: Die riesigen Mengen von Albumin und Immunglobulinen im Serum schmieren ihnen die seltenen Proteine zu. Der Ausweg: Sie nehmen einen Chip mit z.B. kationischer Oberfläche, adsorbieren ihre Serumverdünnung und waschen dann Albumin und Immunglobuline ab. Dazu füllen Sie ein Loch ihres Chips mit Puffer, die restlichen sieben mit Serumverdünnung und prüfen dann sechs verschiedene Waschprotokolle, z.B. verschiedene Salzkonzentrationen. Mit der niedrigsten Salzkonzentration, die noch Albumin und Immunglobuline entfernt, fahren Sie nun ihren Versuch, d.h. Sie vergleichen etliche gesunde mit etlichen Tumorseren. Natürlich können Sie auch bei dieser Salzkonzentration adsorbieren, so vielleicht ihren Marker anreichern, und dann vergleichen. Sehen Sie Unterschiede zwischen den Spektren, gilt es die dafür verantwortlichen Proteine zu identifizieren und sicherzustellen, dass es auch wirklich Tumormarker sind und die Differenzen nicht z.B. Diätunterschiede widerspiegeln (s. ▶ Kap. 7.2).

Natürlich kann und wird es Ihnen geschehen, dass Sie keine Unterschiede sehen: weil der Tumor keine Marker ins Blut abgibt, weil Sie mit dem Albumin auch den Marker abwaschen, weil die Markerkonzentration zu niedrig ist. Allein, viel Zeit haben Sie ja nicht investiert. Probieren Sie eben die nächste Chipsorte. Falls ein Marker existiert, wird sich schon eine Bedingung finden, die den Marker kleben lässt.

»Falls ein Marker überhaupt existiert« – das ist die Crux bei dieser Art von Versuchen. Manchmal existieren welche: PSA z.B. markiert Prostata-Karzinome. Die Regel ist das nicht: Einzelne Marker für bestimmte Tumoren gibt es selten – was einen nach der gängigen Tumortheorie auch nicht wundert. Danach sind Tumorentstehung und -entwicklung Zufallsprozesse, die bei jedem Patienten anders verlaufen. Es gibt nicht **den** Lungentumor, er bleibt im Laufe der Krankheit auch nicht konstant, sondern bildet immer neue/andere Proteine. Warum also sollte es einen Marker für Lungentumoren geben? Man sucht inzwischen denn auch nicht mehr einzelne Marker, sondern Proteinmuster, die Krebs und möglichst dessen Frühstadium anzeigen sollen. Nicht das Auftauchen eines einzelnen Proteins zeige Krebs an, sondern die Konzentrationsab- und zunahmen einer ganzen Reihe von Proteinen. Diese Muster soll ein Mustererkennungs-Algorithmus aus den Massenspektren herausfiltern.

Petricoin et al. verkündeten 2002, auf diese Weise Proteinmuster identifiziert zu haben, die Ovarialcarcinome im Frühstadium anzeigen. In einem Blindversuch untersuchten sie 50 Seren von Krebspatientinnen und 66 Kontrollseren. Angeblich identifizierte das Programm aus den Spektren richtig alle 50 Krebsseren, obwohl 18 dieser Seren von Patientinnen im Frühstadium stammten. Von den 66 Kontrollseren seien 63 als nicht von Krebspatientinnen stammend erkannt worden.

Die Auflösung des SELDI-TOF war nach Petricoin et al. gering ($m/\Delta m<400$) und die Autoren beschränkten ihre Untersuchung auf $m/z < 20.000$ Da. Die m/z der fünf Moleküle, deren Signalhöhen das ent- und unterscheidende Muster bilden, lagen zwischen 534 und 2.465. Da ein hydrophober C16-Chip benutzt wurde, handelte es sich wohl um hydrophobe Peptide.

Auch Wilson et al. (2004) wollen ein Muster von drei Proteinen gefunden haben, mit dem sie glauben, das Rückfallrisiko von operierten Melanoma-Patienten vorhersagen können.

Ob das stimmt?

Es würde bedeuten, dass es Proteinmuster für Krebs gibt, die über die Entwicklung des Krebses konstant bleiben. Das zu glauben fällt uns schwer und anderen anscheinend auch. So haben Keith Baggerly und Kollegen (2004), Statistiker des Anderson Cancer Centers, die Daten von Petricoin et al. untersucht und darin »various inconsistencies« gefunden. Sie kamen zu dem Schluss: »*Taken together, these and other concerns suggest that much of the structure uncovered in these experiments could be due to artifacts of sample processing, not to the underlying biology of cancer.*« Anscheinend konnten Petricoin et al. ihre Lancet-Daten auch nicht reproduzieren, angeblich weil der SELDI-TOF nicht reproduzierbar arbeitete. Er soll mit den gleichen Proben verschiedene Muster an verschiedenen Tagen gegeben haben. Der Hersteller von SELDI, Ciphergen, bestritt das und hat kein Vertrauen in das Mustererkennungsprogramm von Petricoin et al.. Dennoch führte die Petricoin Affäre dazu, daß die Instrumentensparte von Ciphergen, d.h. die SELDI-Technik, im Jahre 2006 an Bio-Rad verkauft wurde. Ciphergen benannte sich in Vermillion um.

Das Biomarker Pattern™ von Ciphergen/Vermillion ist eine Weiterentwicklung des Mustererkennungs-Programms. Seit 2004 vertreibt die Firma, bzw. Bio-Rad, zudem ein SELDI-TOF namens PCS 4000, das u.a. eine höhere Auflösung aufweise ($m/\Delta m<1.000$), einen größeren MG-Bereich (bis 200.000 Da) abgreife und einen weiteren Konzentrationsbereich abdecke als das Vorläufermodell. Zudem seien die Ergebnisse eines PCS 4000 auf einem anderen PCS 4000 gut reproduzierbar.

Wir möchten nicht verhehlen, dass es Publikationen gibt, die behaupten, mit anderen Vortrennungsmethoden zu besseren Ergebnissen zu kommen. So haben Nils Neuhoff et al. (2003) den Urin von Patienten mit membranärer Glomulerонephritis mit dem Gesunder verglichen. Dies einmal mit SELDI (Kationenaustauscher-Chip und PBSII SELDI-Massenspektrometer) und einmal mit einer Kombination von Kapillar-Elektrophorese und ESI-TOF. Nach Neuhoff erzeugt die letztere Methode mehr Information als SELDI: 200 Nephritis-Biomarker mit der Kapillar-Elektrophorese gegenüber drei mit SELDI. Zudem hing das SELDI-Spektrum – auch qualitativ – stark von der Verdünnung der Probe bzw. der Proteinkonzentration ab. Die Auflösung sei auch schlechter gewesen. Allerdings reichten für eine SELDI-Analyse schon 50 nl Urin aus, für die Kapillar-Elektrophorese benötige man etwas mehr Probe.

Was also ist ein SELDI wert? Wir können das nicht beurteilen, denn wir haben nie mit SELDI gearbeitet. Unsere Kenntnisse beruhen auf der Literatur und mehreren Unterhaltungen mit Leuten von Ciphergen. Firmenleute sind immer Feuer und Flamme für ihr Produkt. Wir gleichen also Leuten, die viel über das Schuhmachen gelesen haben und einem Schuster einmal über den Leisten schauten. Solche Leute halten das Schuhe machen gewöhnlich für die einfachste Sache der Welt, eine Haltung, die sich schnell verflüchtigt, wenn sie selber Hand anlegen müssen. Immerhin glauben wir, dass SELDI für bestimmte Probleme nützlich sei – und kostspielig: 150.000 US-Dollar müssen Sie anlegen.

Soll man's tun? Kluge Leute kaufen ihre Hemden entweder bei Tchibo für 15 Euro (meistens) oder beim Herrenausstatter für 150 Euro (selten), also entweder ganz billig oder ganz teuer, alles dazwischen halten sie für hinausgeworfenes Geld: In Gefahr und großer Not, ist der Mittelweg der Tod. Und wann wäre ein Forscher nicht in großer Not? Vielleicht kaufen Sie gleich einen hochauflösenden MS und dazu eine SELDI-Schnittstelle. Derartige Schnittstellen gibt es z.B. fürQqTOF-Instrumente.

Einen bleibenden Vorteil hat SELDI: Die hübschen Alu-Chips. Die können Sie durchbohren und an einem Silberkettchen der Freundin zum Geburtstag schenken. Es gibt die Chips auch vergoldet.

Literatur

1 Baggerly, K. et al. (2004): Reproducibility of SELDI-TOF protein patterns in serum: comparing datasets from different experiments. Bioinformatics 20.5, 777–785

2 Neuhoff, N. et al. (2003): Mass spectrometry for the detection of differentially expressed proteins: a comparison of surface-enhanced-laser desorption/ionization and capillary electrophoresis/mass spectrometry. Rapid Comm. Mass Spectrom. 18, 149–156

3 Petricoin, E. et al. (2002): Use of proteomic patterns in serum to identify ovarian cancer. Lancet 359, 572–577

4 Wilson, L. et al. (2004): Detection of differentially expressed proteins in early-stage melanoma patients using SELDI-TOF mass spectrometry. Ann. N.Y. Acad. Sci. 1022, 317–322

7.5.9 Bildgebende Massenspektrometrie

Wenn Sie wissen wollen, welches Massenspektrum bestimmte Gewebe zeigen, können Sie per Laserkleben (▶ Kap. 7.2.1) Gewebeschnitten einzelne Proben entnehmen und diese Vermessen. Das ist ein mühseliges Unterfangen. Eleganter ist die bildgebende Massenspektrometrie (B-MS oder auch I-MS von imaging mass spectrometry). Sie wirft möglicherweise auch mehr Information ab. Die B-MS wurde u.a. von Markus Stoeckli und Richard Caprioli entwickelt und ihr Gedanke ist: Man bettet einen ganzen Gewebeschnitt in Matrix ein, legt den Schnitt in das MS und fährt ihn mit dem Laserstrahl Punkt für Punkt ab. Jeder Punkt gibt ein Massenspektrum mit hunderten, vielleicht tausenden, von Proteinen und Peptiden. Für jedes Protein/Peptid ließe sich so eine Intensitätskarte über den Gewebeschnitt erstellen. Zudem erfasse sie auch Metabolite und kleine Moleküle wie Glucose, Acetylcholin, Glutamat etc.

In der Tat: Das geht!

Gehirn z.B. wird im Kryostaten geschnitten und der Schnitt auf eine goldbeschichtete Stahlplatte aufgebracht. Bei 4 °C inkubieren Sie den Schnitt mit Matrixlösung und trocknen hinterher. Ein Laserstrahl mit einem Durchmesser von 25 µm (durchschnittliche Zellen haben einen Durchmesser von 30–50 µm) tastet den Schnitt punktweise ab, d.h. er schleudert in Abständen von 100 µm Proteine und Peptide aus der Matrix. Die werden im TOF MS analysiert. Jeder Punkt liefert einige hundert Signale (Stoeckli et al, 2001).

Bei Stöckli et al. waren viele Proteine gleichmäßig über den ganzen Schnitt verteilt, einige dagegen tauchen nur in einzelnen Hirnregionen auf. Mit ergänzenden Methoden (Extraktion einzelner Regionen, Trypsin Verdau, HPLC, Analyse im ESI-MS oder MALDI-MS) lassen sich diese Proteine identifizieren.

Die Schwächen der B-MS: Zum einen ist die Menge an analysierten Proteinen pro Punkt (einige Hundert) klein im Vergleich zu der Menge an Proteinen im Zellproteom (einige zehntausend). Zum anderen sind der B-MS nur lösliche Proteine des Zytosols zugänglich, also eine Auswahl. Mehr Proteine zugänglich zu machen, in dem man à la Mudpit und Icat die Schnitte mit Trypsin vorverdaut, ist keine gute Idee: Proteasen brauchen Wärme für ihre Aktivität und in der Wärme diffundieren die entstehenden Peptide über den Schnitt. Die Auflösung geht verloren. Zudem enthalten die Spektren ein riesiges Trypsin-Signal.

Vielleicht ist die Methode nicht ausgereizt. So könnte man den Schnitt auf eine geeignete Membran abbilden und die adsorbierten Proteine mit einer Protease behandeln. Die Proteine und ihre Spaltprodukte sitzen fest auf der Membran und können nicht diffundieren. Die Protease wird wieder abgewaschen, die Membran in Matrix eingebettet und analysiert. Klingt einfach, hat aber Tücken: Wie verhindern Sie z.B. die Adsorption der Protease an die Membran? Im Labor Stöckli scheint man dieses Problem gelöst zu haben: Man blottet die Proteine des Schnittes durch eine Membran, auf der Trypsin immobilisiert wurde, auf eine andere Membran, die die entstandenen Peptide abfängt (Rohner et al., 2004). Den besten Übersichtsartikel zu B-MS, in dem auch diese Technik erwähnt wird, haben Liam McDonnel und Ron Heeren geschrieben.

Literatur

1. McDonnell, L. & Heeren, R. (2007): Imaging mass spectrometry. Mass Spectrometry Reviews 26, 606–643
2. Rohner, T. et al. (2004): MALDI mass spectrometric imaging biological tissue sections. Mech. Ageing Dev. 126, 177–185
3. Stoeckli, M. et al. (2001): Imaging mass spectrometry: A new technology for the analysis of protein expression in mammalian tissues. Nature Medicin 7, 493–496

7.5.10 MS-Strategie

Es wäre am besten, wenn die Universität ein MS kaufen, einen Experten dazu einstellen, und als zentrale Einrichtung allen Gruppen zur Verfügung stellen würde. So wie oft in der Chemie, wo Syntheseprodukte an einer zentralen Stelle mit NMR, MS etc. charakterisiert werden. Für das Ego des Lehrstuhlinhabers ist es allerdings besser, wenn seine Gruppe ein eigenes MS besitzt – auch dann wenn es nicht professionell bedient wird.

Daher: Falls Sie nicht schon ein MS haben, werden Sie, verehrter Herr Professor, mit dem Gedanken spielen, sich eines anzuschaffen. Das können wir verstehen! Ein solches Gerät, insbesondere ein MS/MS, bringt Prestige, liefert endlos Daten und erlöst Sie von dem Zwang, ständig neue Ideen haben zu müssen. Projekte der Art wie in ▶ Abschn. 7.5.7.3 beschrieben, sind unausschöpfbar.

Sie sollten allerdings wissen, worauf Sie sich mit einem MS einlassen.

Zuerst drängt sich die Frage auf: Einfaches MS oder Tandem-MS?

Ein einfaches MS, z.B. eine ESI-Quelle kombiniert mit einem Quadrupol, braucht wenig Platz und ist in der Bedienung nicht anfälliger und aufwendiger als eine HPLC. Es ist auch vergleichsweise billig, robust und Sie können viel damit anfangen, wenn Sie nicht gerade nach unbekannten Substanzen suchen. So können Sie mit dem MS bekannte Substanzen in Syntheseprodukten, Zellextrakten und anderen Quellen prüfen und unterschiedlichste Moleküle in verschiedenen Matrizes quantifizieren. Wenn Sie denken, das kann mein UV-Detektor doch auch, dann haben Sie noch keine wirklich komplexen Mischungen vermessen. Ein MS findet viel mehr unterschiedliche Molekularmassen als ein UV-Detektor spezifische Absorptionswellenlängen. Zudem hört sich MS einfach besser an als das antiquierte »UV-Detektor«.

Die Einstellung von TOF-Analysatoren dagegen ist schwierig. Neuere TOFs sind jedoch bedienungsfreundlich geworden.

Bei der Charakterisierung von Zellproteomen oder auch nur von Organellproteomen sind Sie mit einem einfachen MS aufgeschmissen. Techniken wie Mudpit, Icat oder Silac benötigen ein Tandem-MS. Mit einem einfachen MS gelten Sie daher als Proteomiker zweiter Klasse.

Falls Ihnen das gleichgültig ist: In Ordnung. Antragstechnisch bzw. gelderbettelmäßig macht es sich aber besser in der 1. Klasse mitzuspielen oder wenigstens so zu tun als ob. Zugegeben, ein Tandem-MS ist eine teure Sache. Das Gerät alleine kostet eine halbe Million Euro, die Software einige weitere 10.000 Euro. Bei ESI-Quellen kommt der N_2-Generator dazu, der zwischen 5.000 und 20.000 Euro kostet. Aber macht es nicht die gleiche Mühe, einen Antrag über 500.000 Euro zu schreiben als einen über 100.000 Euro?

Im Gegensatz zur Anschaffung ist der Betrieb des MS/MS billig. Eine ESI-Quelle z.B. verbraucht zwar riesige Mengen an gereinigtem N_2, aber das kommt aus der Luft. Haben Sie mal den N_2-Generator bezahlt, fallen außer der Stromrechnung keine Kosten mehr an – bis auf Wartung und Reparaturen.

Denn störanfällig sind die Geräte: einmal den falschen Hebel umgelegt und schon muss der Fachmann kommen. Das dauert in der Regel ein paar Tage und wenn er Ersatzteile braucht – die muss er meistens im Ausland anfordern – liegt das Gerät leicht ein paar Wochen still. Es liefert dann nur noch Prestige und keine Daten. Merke: Je komplizierter eine Uhr, desto öfter steht sie nur. Es wäre deswegen gut, mit der Lieferfirma einen Wartungsvertrag abzuschließen. Der kostet jedoch 20 000 Euro pro Jahr. Die meisten Universitäten lehnen das ab, weil sie kein Geld haben. Bei Reparaturen muss dann doch der Mann von der Firma kommen und es kann noch teurer werden als mit Wartungsvertrag. Wer kein Geld hat, zahlt am meisten.

Aber was soll's? Damit ärgert sich Ihr Postdok herum und nicht Sie. Ihnen kommt das eher zugute, können Sie doch auf Kongressen den anderen erstklassigen Proteomikern vorjammern, dass dies und jenes nicht funktioniert und damit Mitleid und Sympathie einheimsen.

Damit wären wir beim entscheidenden Punkt: Mit dem Gerät alleine ist es nicht getan. Sie müssen jemanden ab- oder einstellen, der sich hauptberuflich um das Gerät kümmert, sich mit der Software auskennt, das Handbuch (100–200 Seiten) gelesen hat und der allein das Gerät bedienen darf. Beachten Sie: Um selbständig messen zu können, braucht man, unter Anleitung eines Experten, nicht lange. Um selbständig Methoden zu etablieren, braucht es für QTOFs jedoch bis zu 12 Monate, für normale MS ein bis zwei Monate.

Wen dafür abstellen?

Ein TA sei mit einem Tandem-MS überfordert, heißt es in Proteomiker-Kreisen, wobei die Meinung aber nicht einheitlich ist: Einer guter TA sei sehr wohl imstande ein MS/MS professionell zu bedienen. Dies entspricht zumindest der Erfahrung von Autor Letzel. Einen Doktoranden können Sie aus moralischen Gründen nicht als MS/MS-Betreuer einstellen. Moral ist Ihnen gleichgültig? Gut. Aber bedenken Sie, dass sich ein promovierender MS/MS-Betreuer schlecht auf einem Antrag macht. Zudem fehlt Doktoranden häufig die nötige Abgeklärtheit und Geduld und – sie sind kurzlebige Erscheinungen. Nehmen Sie also einen Postdok. Der ist mit seinen 2–3 Jahresverträgen zwar auch eine kurzlebige Erscheinung, aber bei ihm brauchen Sie kein schlechtes Gewissen zu haben, wenn der Mann keine Paper hat und trotzdem fliegt. Der ist alt genug, um zu wissen wie der Hase läuft.

Falls Sie kein Professor sind, sondern Postdok, und Ihnen ein MS/MS-Job angetragen wird, achten Sie darauf, nicht Dienstmann für andere zu werden und falls doch, dann nur nach schriftlicher Zusicherung einer festen Stelle. Die gibt es zwar theoretisch nicht mehr, aber praktisch ist an der deutschen Universität alles möglich.

7.6 Proteinchips

7.6.1 Antikörperchips

Chips sind eine Molli-Erfindung. Oligonucleotide werden auf Glasplättchen gedruckt, für jedes Oligo ein oder zwei Spots und die Spots in Reihen angeordnet. Es gibt DNA-Chips mit 100.000 und mehr Spots. Die Chips zeigen Ihnen Vorhandensein und relative Menge (fast) jeder RNA im Zellextrakt an.

Auch der Proteinbiochemiker hätte gerne ein solches Spielzeug, im Idealfall einen Chip über den er bloß Zellextrakt geben muss, und der ihm eine halbe Stunde später Zahl, Art, Modifikation und Konzentration jedes Proteins in der Soße sagt. Ganz Verwegene fordern sogar Chips, die zusätzlich die Konzentration der Metaboliten wie Glucose, Lactat etc. und die der Oligo- und Polysaccharide bestimmen.

Nun hat es der Proteinbiochemiker für gewöhnlich schwerer als der Molli, so auch hier: Es gibt in einer Zelle ungleich mehr Proteinspezies als RNA-Spezies, ein Proteinchip müsste also ungleich mehr Spots aufweisen als ein DNA-Chip. Zudem sind Proteine ungleich empfindlicher als DNA. Sie denaturieren irreversibel wenn pH, Feuchtigkeit oder Ionenkonzentration nicht stimmen. Sie können sie auch nicht einfach wie Oligonucleotide auf eine Glasplatte kleben und trocknen lassen. Proteine müssen Sie in Glycerin auftragen oder auf spezielle Oberflächen, so genannte Hydrogele. Letztere sind Acrylamid Polymere oder glykosilierte Aminosäuren (Kiyonaka et al. 2004).

Kann man hunderttausende von Proteinspots auftragen? Theoretisch schon. Man müsste eine entsprechende Anzahl von monoklonalen Antikörpern kovalent auf den Chip aufziehen: Die Kleinigkeit von ein paar hunderttausend hochspezifischen, hochaffinen monoklonalen Antikörperspezies …

Das wirkliche Leben macht zusätzliche Schwierigkeiten. Die Bindung der zahllosen Antigene an die zahllosen Antikörper des Chips mag noch anstandslos vor sich gehen, allein wie die Bindung nachweisen?

Eine Möglichkeit wäre, für jedes Antigen zwei Antikörper herzustellen, einen der an den Chip gebunden wird und einen fluoreszenzmarkierten Nachweis-Antikörper, der an ein anderes Epitop des Antigens bindet. Wenn Sie schon einige hunderttausend monoklonale Antikörper hergestellt haben, kommt es auf ein paar hunderttausend mehr auch nicht an – Sie haben ja Übung.

Sie können auch den Protein-Chip als Sensorchip konstruieren und die Bindung der Antigene mit Plasmon-Resonanz (► Abschn. 2.2.5.2) nachweisen. Lässt sich diese Methode derart miniaturisieren, dass sie die Massenzunahme winzigster Spots misst? Kann sie hunderttausende von Spots schnell genug erfassen? Wir wissen es nicht.

Eine praktikable Methode ist es, die Probe zu markieren. BD Biosciences hat solch monoklonale Antikörper Microarrays entwickelt. Ein Array enthält 378 Doppelpunkte von monoklonalen Antiköpern, jeder Doppelpunkt gegen ein anderes Epitop. Ein neuerer Array weist sogar über 500 Doppelpunkte auf. Für jeden ist was dabei: Für Apoptoseforscher, Vesikelfreaks, Membranheinis, Transkriptionsfaktoren-Liebhaber, Rezeptorensammler. Für Details studieren Sie die Liste auf der Netzseite www.bdeurope.com.

Das Prinzip des Arrays: Die zu untersuchende Proteinprobe wird mit einem Fluoreszenzfarbstoff markiert. Danach wird sie auf den Chip aufgetragen. Nun binden die Antikörper, soweit sie was zum binden finden. Der Chip wird gewaschen und danach im Scanner gelesen. Sie erhalten ein Muster von mehr oder weniger leuchtenden Spots, das ihnen sagt, ob von dem einen Protein mehr da ist als von dem anderen oder auch nur, ob das eine Protein besser an seinen Antikörper bindet als das andere. Die Antikörper binden ja mit verschiedener Affinität! Eine quantitative Aussage ist nicht möglich. Sie können auch zwei Proben nicht dadurch vergleichen, dass Sie einen Chip mit Probe 1 und einen zweiten Chip mit Probe 2 umsetzen. Die Daten zweier Chips sind schlecht vergleichbar.

Um zwei verschiedene Proben dennoch miteinander vergleichen zu können, wendet man einen Trick an: Die zwei Proben werden mit unterschiedlichen Fluoreszenzfarbstoffen, Cy3 bzw. Cy5, umgesetzt und auf den gleichen Chip aufgetragen (◘ Abb. 7.61).

Ein bestimmtes Protein ist in der einen Probe mit Cy3 markiert und in der anderen mit Cy5. Gibt es auf dem Array einen das Protein bindenden Antikörper, dann konkurrieren die markierten Proteine um diesen Antikörper. Unabhängig von dessen K_D gilt: das Cy3 bzw. Cy5-Protein bindet proportional zu seiner Konzentration. Ist mehr Cy3-Protein vorhanden als Cy5-Protein, dann bindet mehr Cy3-Protein an den betreffenden Spot als Cy5-Protein. Sie, bzw. der Scanner, sehen das an der Farbe des Spots. Sie können dann sagen: Probe 1 enthält mehr von diesem Protein als Probe 2.

Nun könnte es sein, dass von dem Protein in beiden Proben gleichviel vorhanden ist, es aber mit Cy3 besser reagiert oder mit Cy3 eine höhere Fluoreszenzintensität gibt als mit Cy5. Dann liegen nach der Markierung mehr Cy3-Proteinmoleküle vor als Cy5-Proteine – bzw. es sieht so aus – und Sie würden fälschlich schließen, dass Probe 1 mehr von diesem Protein enthält als Probe 2. Diese Fehlerquelle schließt ein Doppelexperiment aus. Man setzt einmal Probe 1 mit Cy3 und Probe 2 mit Cy5 um, mischt und entwickelt damit einen Array. Gleichzeitig setzt man zudem Probe 1 mit Cy5 und Probe 2 mit Cy3 um, mischt und entwickelt damit einen zweiten Chip. Die Verhältnisse der Fluoreszenzintensitäten erlauben es Ihnen, eventuelle Unterschiede in der Markierungseffizienz von Cy3 und Cy5 (die vorkommen) herauszurechnen. Das ist einfache Mathematik, die Ihnen Herr Quackenbush erklärt (Quackenbush 2002). Bei großen Unterschieden in der Markierungseffizienz oder in den Fluoreszenzintensitäten hilft Ihnen die Rechnung allerdings auch nicht weiter, dann wird die Sache zu ungenau.

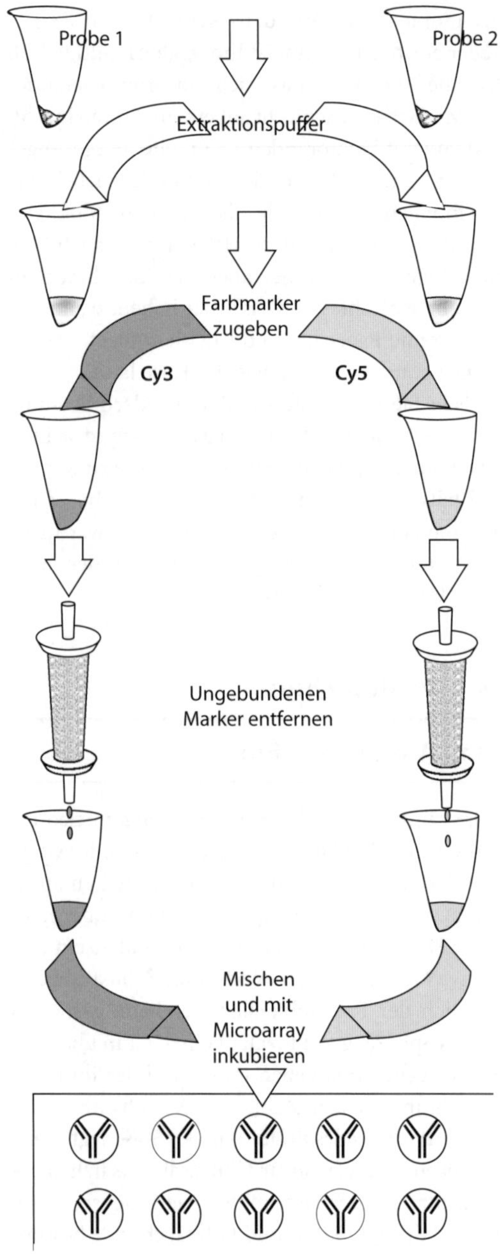

◘ **Abb. 7.61 Microarray entwickeln**

Tab. 7.10 Microarray-Ärger und dessen Beseitigung

Problem	Ursache	Beseitigung
Schwaches Signal	Schlechte Markierung Zu niedrige Protein-Konzentration	Wiederholen Sie die Markierung. Dafür muss von der Probe noch etwas übrig sein: vorsichtige Forscher inkubieren nur Aliquots mit dem Array. Beim Wiederholen: Erhöhen Sie das Verhältnis Marker / Protein, Erhöhen Sie die Proteinkonzentration der Probe (mit speed-vac oder Zentrifugation), Inkubieren Sie Probe und Array länger.
Hoher Hintergrund	Zuviel freier Fluoreszenzfarbstoff	Da hilft nur: Probe nochmal über die Säule geben.
	Unspezifische Bindung	Arrays öfter waschen oder den Waschpuffer mit BSA oder Salz (NaCl 0,3 M) versetzen. Dazu Kap. 6.5
	Zuviel markiertes Protein	Proteinkonzentration herabsetzen
Protein gibt kein Signal	Proteinkonzentration zu niedrig	Proteinkonzentration erhöhen oder Protein mit höheren Konzentrationen an Cy3/Cy5 nochmal markieren. Schlägt das fehl, hat die Markierung womöglich das Epitop des Antikörpers geändert.

Fassen Sie den Array
Nie mit den Fingern an!

Die Brauchbarkeit des Arrays hängt unter anderem von der Wirksamkeit des Extraktionspuffers ab, denn Proteine, die nicht extrahiert werden, kann der Array auch nicht erkennen. Der zum Array mitgelieferte Extraktionspuffer soll Proteine im nativen Zustand in Lösung bringen und zudem zu 95% so wirksam sein wie Kochen mit SDS. Woraus dieser Wunderpuffer besteht, wollte BD Biosciences uns nicht verraten. Die Arrays werden nass in einem Lagerpuffer geliefert, vermutlich weil beim Trocknen die gespotteten Antikörper leiden würden.

Für einen Test mit zwei Arrays brauchen Sie etwa 1 mg Protein, einen Tag Zeit und 895 Euro. Falls es Ärger gibt, hilft ◘ Tab. 7.10. Es empfiehlt sich, die Ergebnisse mit einem Western-Blot nachzuprüfen.

Arrays mit 224 Antikörpern gibt es von Sigma-Aldrich, sie nennen sich Panorama™ Ab Microarray. Hier wurden die Antikörper auf Nitrocellulose-beschichtete Glasplatten gespottet. Auch hier wird mit Cy3/Cy5 entwickelt. Die Handlungsvorschriften und vermutlich auch die Pufferzusammensetzungen sind jedoch leicht verschieden von denen von BD Biosciences.

Was bringt's?

Die Arrays sind gut, schön und ausgetüftelt, die Frage ist jedoch: Wie kann man mit solchen Arrays ein Paper machen?

Sie können Vergleiche anstellen – z.B. krank/gesund – und prüfen, welche Proteine zu- und welche abnehmen. Anderson et al. 2003 wollen auf diese Weise Hinweise auf den Mechanismus einer Muskelatrophie erhalten haben. Viele derartige Paper haben wir bisher nicht gefunden.

Das Problem bei einem Antikörper-Array ist, dass Sie nur Veränderungen in den Proteinen sehen, die einen Bindungspartner auf dem Array haben. Für andere Proteine sind Sie blind: Die beiden Chips wirken wie ebenso viele Scheuklappen. Des Weiteren sehen Sie nur Proteine, die sich mit Cy3/Cy5 derivatisieren lassen.

Literatur

1 Anderson, K. et al. (2003): Protein expression changes in spinal muscular atrophy revealed with a novel antibody array technology. Brain 126, 2052–2064

2 Kiyonaka, S. et al. (2004): Semi-wet peptide/protein array using supramolecular hydrogel. Nat. Materials 3, 58–64
3 Quackenbush, J. (2002): Microarray data normalization and transformation. Nature Genet. Suppl. 32, 496–501

7.6.2 Aptamere

Die Suche nach Molekülen, mit denen sich Protein-Biochips herstellen lassen, hat unter anderem zu den Aptameren geführt. Aptamere sind DNA-oder RNA-Oligonucleotide mit einer Länge von 15–60 Nucleotiden, die spezifisch z.B. an Protein binden. Die Bindungsaffinitäten (K_D) liegen zwischen 1 pM bis 1 μM. Aptamere sind *in vitro* leicht, billig und in großer Menge herstellbar. Die Technologie führt den schönen Namen Selex (von systematic evolution of ligands by exponential enrichment) und ist in ◘ Abb. 7.62 dargestellt. Details finden Sie in Morris et al. (1998).

Baut man in Aptamere modifizierte Nucleotide ein, werden sie resistent gegen Nucleasen. Weil DNA bzw. RNA keine solch sensible Seele haben wie Proteine, ist es auch kein Problem, an beliebiger Stelle Reportermoleküle anzuhängen.

In den letzten fünf Jahren hat die Aptamertechnologie in Akademia einen Boom erlebt. So stieg die Zahl der publizierten Artikel mit dem Begriff ‚Aptamer'seit Ihrem Auftauchen 1990 bis ins Jahr 2008 auf etwa 10.000 pro Jahr (Mayer, 2009). Aptamere lassen sich anscheinend gegen alles herstellen, gegen Ionen wie Zn^{2+} ebenso wie gegen Nucleotide (z.B. ATP), Peptide, Proteine (z.B. Thrombin) und Glykoproteine (z.B. CD4). In der Spezifität können sie monoklonale Antikörper übertreffen. So gibt es Aptamere, die besser und mit höherer Afifnität zwischen Theophyllin und Koffein unterscheiden als die entsprechenden monoklonalen Antikörper. Zudem können Aptamere auch gegen schwach immunogene und toxische Substanzen hergestellt werden und Sie können Aptamere finden, die unter (nicht-)physiologischen Bedingungen an das Zielmolekül binden.

Aptamere werden als Antikörper-Ersatz bei ELISAs und Westernblots verwendet. Des Weiteren kann man sie intrazellulär exprimieren. Sie tragen dann den Namen **Intramere**. Damit lässt sich gelegentlich die Funktion des Zielmoleküls aufklären (z.B. Theis et al. 2004).

Bei genauerem Hinschauen weist der Glanz der Aptamere Flecken auf. Mit Oligonucleotiden lässt sich bei weitem nicht eine solch riesige Zahl von dreidimensionalen Strukturen produzieren wie mit Proteinen und SELEX kann nicht zielgerichtet auf ein spezielles Aptamer fokussiert werden, sondern Ihr Ergebnis hängt im Wesentlichen von Ihren Bedingungen ab. Die Richtigen zu finden braucht Erfahrung und Fingerspitzengefühl. Aus diesem Grund empfehlen wir Ihnen sich von Experten einlernen zu lassen und deren Tricks zu nutzen, anderenfalls könnten Ihre SELEX-Runden enden wie die meisten Runden im Poker: Mit leeren Taschen.

Haben Sie ein Protein das unter physiologischen Bedingungen positiv geladen ist und benötigen hierfür einen Liganden, dann ran: Mit dieser Molekülgruppe gelangen die meisten Aptamer-Selektionen. Der Grund dürfte in den negativen Ladungen der Aptamer-Phosphatgruppen liegen. Mayer empfiehlt in jeder SELEX-Runde neues Protein in frischer Affinitätsmatrix einzusetzen, um Konformationsänderungen der Proteine zu umgehen. Konformationsänderungen würden zu einem anderen Zielmolekül, d.h. zu einem anderen Aptamer, führen.

Aptamere werden in Diagnostik, Molekültransport, Identifizierung von Biomolekülen und Medikamentenentwicklung eingesetzt. Letztere profitiert davon, dass bei Aptameren keine Immunantwort zu erwarten ist, jedenfalls keine Antikörperantwort. Einige Aptamere sind auch schon in der klinischen und präklinischen Phase. Allerdings benötigen die meisten Aptamere im Körper einen Schutz durch PEG, sonst werden sie schnell abgebaut. Warum PEG die Aptamere vor Abbau schützt ist unklar.

Beispiele der erwähnten Einsatzgebiete und Einsichten gibt der Übersichtsartikel von Mayer, 2009.

Literatur

1 Mayer, G. (2009): The chemical biology of aptamers. Angew. Chem. Int. Ed. 48, 2672–2689

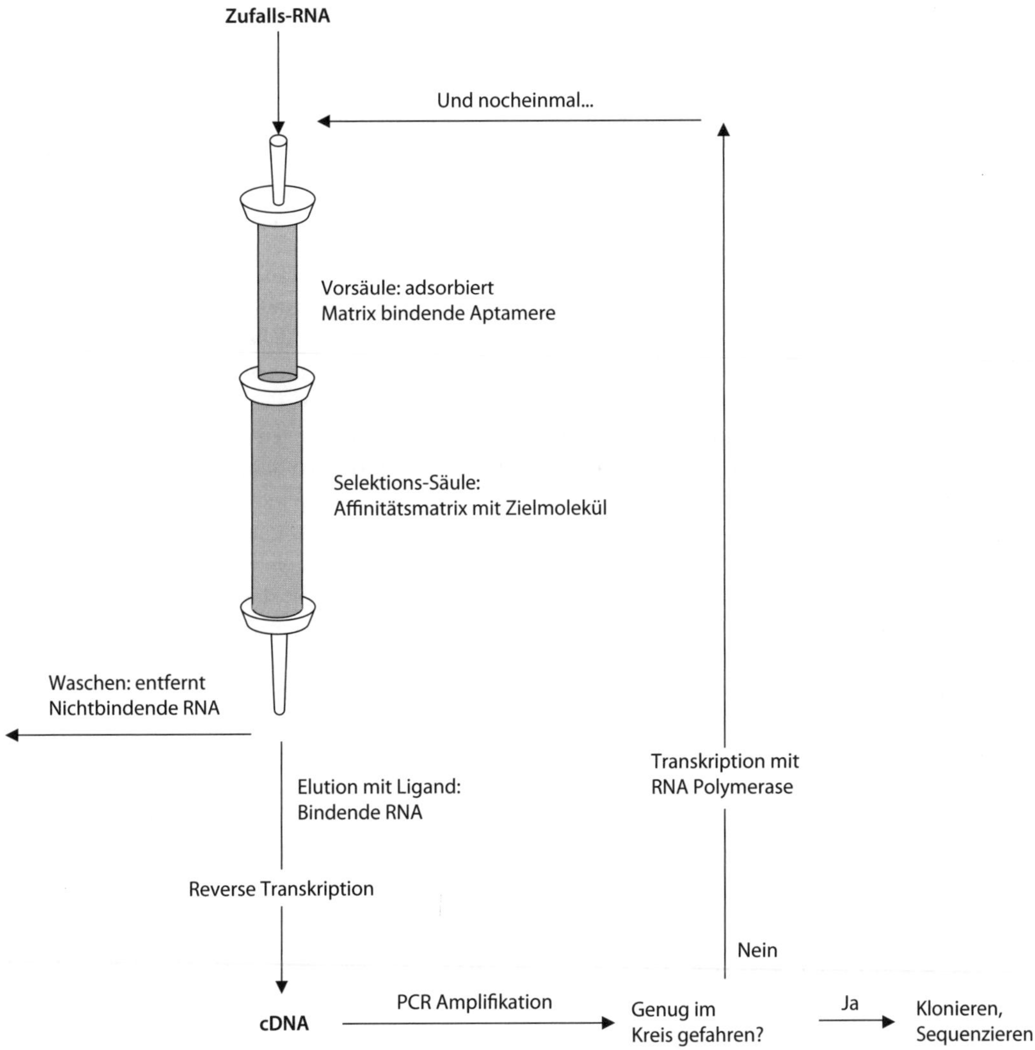

Abb. 7.62 Der SELEX-Prozess

2 Morris, K. et al. (1998): High affinity ligands from in vitro selection: complex targets. Proc. Natl. Acad. Sci. USA 95, 2902–2907

3 Theis, M. et al. (2004): Discriminatory aptamer reveals serum response element transcription regulated by cytohesin-2. Proc. Natl. Acad. Sci. USA 101, 11221–11226

7.7 Aussterbende Dinosaurier?

Denn zu denken, dass ich einen uralten Brauch der irrenden Ritterschaft verrenken und aus seinen Angeln heben werde, heißt etwas Unsinniges zu denken.

Hier geht es um die Mikrosequenzierung von Peptiden mit chemischen Methoden. Diese Techniken mögen vielen antiquiert vorkommen. Doch ist dieser Hochmut unangebracht. Es wird auch heute noch bzw. wieder chemisch mikrosequenziert, es scheint überhaupt, dass eine Methode, einmal etabliert, schwerer auszurotten ist als Brennesseln auf einer Müllkippe. Daher haben wir, trotz seiner abnehmenden Bedeutung, den Edman-Abbau auch in die 6. Auflage des EXPERIMENTATOR übernommen. Nicht aus Pietät, sondern aus Vorsicht. In den letzten zehn Jahren sind viele einst verachtete Methoden wieder zu Ehren gekommen, denken Sie nur an den guten alten Trypsin-Verdau. Wir halten es für möglich, dass auch die Edman Chemie wieder reüssiert. In der Tat teilte Autor Rehm eine kommerzielle Edman-Sequenziererin mit, sie hätten – nach einer Durststrecke – inzwischen wieder mehr Aufträge. Im Übrigen müssen Sie das ▶ Kapitel 7.7.2 ja nicht unbedingt lesen.

7

Was kann die Mikrosequenzierung?

- Bei kleinern Proteinen kann man die Gesamtsequenz aus den Sequenzen proteolytischer Bruchstücke zusammensetzen. Das macht heute keiner mehr? Irrtum. Wenn sich das Protein nicht klonieren lässt, oder wenn man es nicht klonieren darf, wie bestimmte Toxine, greift man auch heute noch auf diese Methode zurück – Doktoranden gibt's ja genug.
- Die Mikrosequenzierung liefert die Information zur Synthese von Oligonucleotiden.
- Die Mikrosequenzierung gibt Hinweise auf posttranslationale Veränderungen des Proteins wie Phosphorilierung, Sulfatierung, Glykosilierung und die Lage der Disulfidbrücken.
- Teilsequenzen können manchmal die Verwandtschaftsbeziehungen zu anderen Proteinen klären.

Sicher, all diese Informationen erhalten Sie auch mit einem MS bzw. Tandem-MS. Aber solch Gerät müssen Sie erst einmal haben und zu bedienen verstehen. Auch ist es nicht einfach die Spektren auszuwerten. Zudem ist es beruhigend, seine Daten durch gute alte Methoden bestätigt zu finden.

Für die Mikrosequenzierung eines Proteins müssen Sie jedoch einige Vorarbeit leisten: Das Protein muss gereinigt und in Lösung gebracht werden (s. ▶ Abschn. 7.3.3.10), für die wichtigsten Methoden muss das Protein einen freien N-Terminus besitzen oder sie müssen das Protein in Peptide spalten (s. ▶ Kap. 7.4).

7.7.1 Blockierte N-Termini

Bei etwa 50% aller Proteine ist der N-Terminus durch N-Acetylaminosäuren, glykosilierte Aminosäuren, Pyrrolidongruppen oder anderes blockiert. Diese Blockade hindert den Edman-Abbau, der wie erwähnt heute noch die Grundlage einiger Sequenzierungstechniken ist.

N-Terminale Blockade kann in vivo oder erst bei der Reinigung entstehen. Der vorsichtige Proteinreiniger verwendet daher nur p.a. Lösungsmittel, die keine Aldehyde enthalten (z.B. p.a. Ethanol, Essigsäure). Auch setzt er sein Protein nur kurze Zeit oxidativen Bedingungen aus (also nie lange mit Essigsäure in offenen Schalen fixieren). In ▶ Kapitel 7.3 wurde schon geraten, Piperazindiacrylyl anstatt Bisacrylamid als Quervernetzer zu benutzen, falls mit dem Protein ein SDS-Gel gefahren werden muss. Auch sollten Sie das Gel nicht in Gegenwart von SDS polymerisieren, denn SDS bildet Mizellen, die Acrylamidmonomere enthalten. Unpolymerisiertes Acrylamid kann N-Termini blockieren oder Proteine vernetzen. Schließlich unterdrückt 0,002% Thioglycolsäure im oberen Puffer Oxidationen bei der SDS-Gelelektrophorese.

Selbstverständlich braucht der N-Terminus nicht auf die SDS-Elektrophorese zu warten, er kann sich schon auf einer Reinigungssäule zusetzen. Hier scheint der Puffer eine Rolle zu spielen. Zur Isolierung des spannungsabhängigen K^+-Kanalproteins z.B. hat Autor Rehm glycerinhaltige Puffer benutzt. Der Kanal ließ sich problemlos ansequenzieren, gleich der erste Versuch klappte. Rehms Konkurrent hatte kein Glycerin in den Puffern und ein Jahr später beschwerte er sich bei ihm, er hätte das Protein jetzt auch isoliert, aber bei ihm sei immer der N-Terminus blockiert. Wie das denn sein könne? Und er guckte, als sei Rehm ein Zauberer oder Schlimmeres. Rehm zuckte mit der Schulter und nuschelte: »I don't know. In my hands it works«.

Autor Rehm kannte den Grund wirklich nicht. Er hatte Glycerin nicht zugesetzt, damit es den N-Terminus vor Oxidation oder Acetylierung schütze, sondern weil glycerinhaltige Puffer beim Gießen so honigglatt dahinströmen, was seinem Sinn für Ästhetik schmeichelte. Zudem bildete er sich ein, Glycerin würde die Proteinstruktur stabilisieren.

Um ehrlich zu sein: Selbst wenn Rehm damals um die Schutzwirkung des Glycerins gewusst hätte, er hätte die gleiche Antwort gegeben. Nur kein übertriebenes Mitleid mit Kollegen: Sie sind keineswegs verpflichtet deren Karriere zu fördern.

Sie müssen aber nicht unbedingt schweigen wie ein Geldschrank: Wenn die Publikation schon erschienen ist, und Sie annehmen können, dass der Kollege Sie zitiert und ihr Loblied singt, können Sie Ihre Tricks erzählen. Hier ist Menschenkenntnis gefragt.

Was Sie auf jeden Fall tun sollten ist: Schon beim Reinigen die N-terminalen Enden schützen.

Was aber tun, wenn das Kind in den Brunnen gefallen und der N-Terminus blockiert ist? Sie können versuchen, das Protein C-terminal (► Kap. 7.7.3) zu sequenzieren. Wenn Sie das nicht können oder nicht wollen, müssen Sie die Hände über dem Kopf zusammenschlagen und das Protein in Peptide spalten, diese trennen und sequenzieren. Peptide spalten braucht keinen großen apparativen Aufwand – eine HPLC steht ja inzwischen in jedem Labor – und klappt fast immer. Für die Spalterei und Trennerei sollten Anfänger jedoch drei Monate einplanen.

Die Peptide sequenzieren Sie per Edman-Abbau (► Kap. 7.7.2), mit chemischen Peptidleitern (► Abschn. 7.5.6.5), de novo (► Abschn. 7.5.6.2) oder mit Exopeptidasen (► Abschn. 7.5.6.4).

Selten gelingt es, N-Termini zu deblockieren. Wellner et al (1990) befreien N-Termini, die durch N-Acetylserin oder N-Acetylthreonin blockiert sind, mit wasserfreier Trifluoressigsäure. Die Ausbeute schwankt zwischen 3% und 40%, dürfte aber eher beim unteren Wert liegen. Eine verwandte Methode ist die alkoholytische Deacetylierung (Georghe et al., 1997). Hier wird das Protein für zwei Tage mit Trifluoressigsäure / Methanol (1:1) bei 47 °C behandelt. Bis zu 50% der Proteine sollen dabei deacetyliert werden bei geringer Spaltung von Peptidbindungen (<10% bei Peptiden und <30% bei Proteinen). Die Autoren belegen das mit Beispielen und ihre Daten sehen vertrauenserweckend aus. Allein, die Erfahrung zeigt, dass die Wirksamkeit solcher Methoden von Protein zu Protein schwankt und fast immer ist das Protein, mit dem man gerade arbeitet, gerade nicht so gut geeignet, m.a.W.: Die Deacetylierung ist wesentlicher niedriger als erwartet und die Proteinspaltung wesentlich höher. Probieren Sie es aus, und machen Sie uns nicht für die Folgen verantwortlich. Bei mit einer Pyrrolidoncarboxylatgruppe blockierten Proteinen hilft vielleicht eine Behandlung mit Pyrrolidoncarboxylatpeptidase nach Doolittle & Armentrout (1968).

Literatur

1 Doolittle, R. & Armentrout, R. (1968): Pyrrolidonyl peptidase. An enzyme for selective removal of pyrrolidonecarboxylic acid residues from polypeptides. Biochemistry 7, 516–521

2 Georghe, M. et al (1997): Optimized alcoholic deacetylation of N-acetyl-blocked polypeptides for subsequent Edman degradation. Anal. Biochem. 254, 119–125

3 Wellner, D. et al (1990): Sequencing of peptides and proteins with blocked N-terminal amino acids: N-acetylserine or N-acetylthreonine. Proc. Natl. Acad. Sci. USA 87, 1947–1949

7.7.2 Der Edman-Abbau

Die Wirksamkeit verschiedener Sequenziertechniken vergleicht Baumann (1990).

Beim Edman-Abbau baut eine Sequenziermaschine die Aminosäurekette vom N-Terminus her ab und identifiziert die Aminosäurederivate auf einer angeschlossenen HPLC. Voraussetzung ist ein freier N-Terminus. Die Chemie des Edman-Abbaus von Peptiden mit Phenylisothiocyanat zeigt ◘ Abb. 7.63.

Diese klassische Mikrosequenzierung wurde in den Jahren 1946/47 von dem Postdoktoranden Pehr Edman (1916–1977) ersonnen und bis 1950 im Detail ausgearbeitet. Die Methode ist somit über ein halbes Jahrhundert alt. Sie hat sich in dieser Zeit prächtig gehalten, in den 80er Jahren, als die Mollis Proteinsequenzen brauchte wie eine Kamelherde das Wasser, feierte Edman sogar fröhliche Urständ. Mit 0,1–10 µg reinem Protein lieferten die Edman-Maschinen Sequenzen von 20–30 Aminosäuren Länge und wenn der Sequenzer einen guten Tag hatte, präsentierte er 40 Aminosäuren von 50 ng Protein.

Die wichtigste Aufgabe des Edman-Abbaus war es, Sequenz-Informationen zu liefern für die Syn-

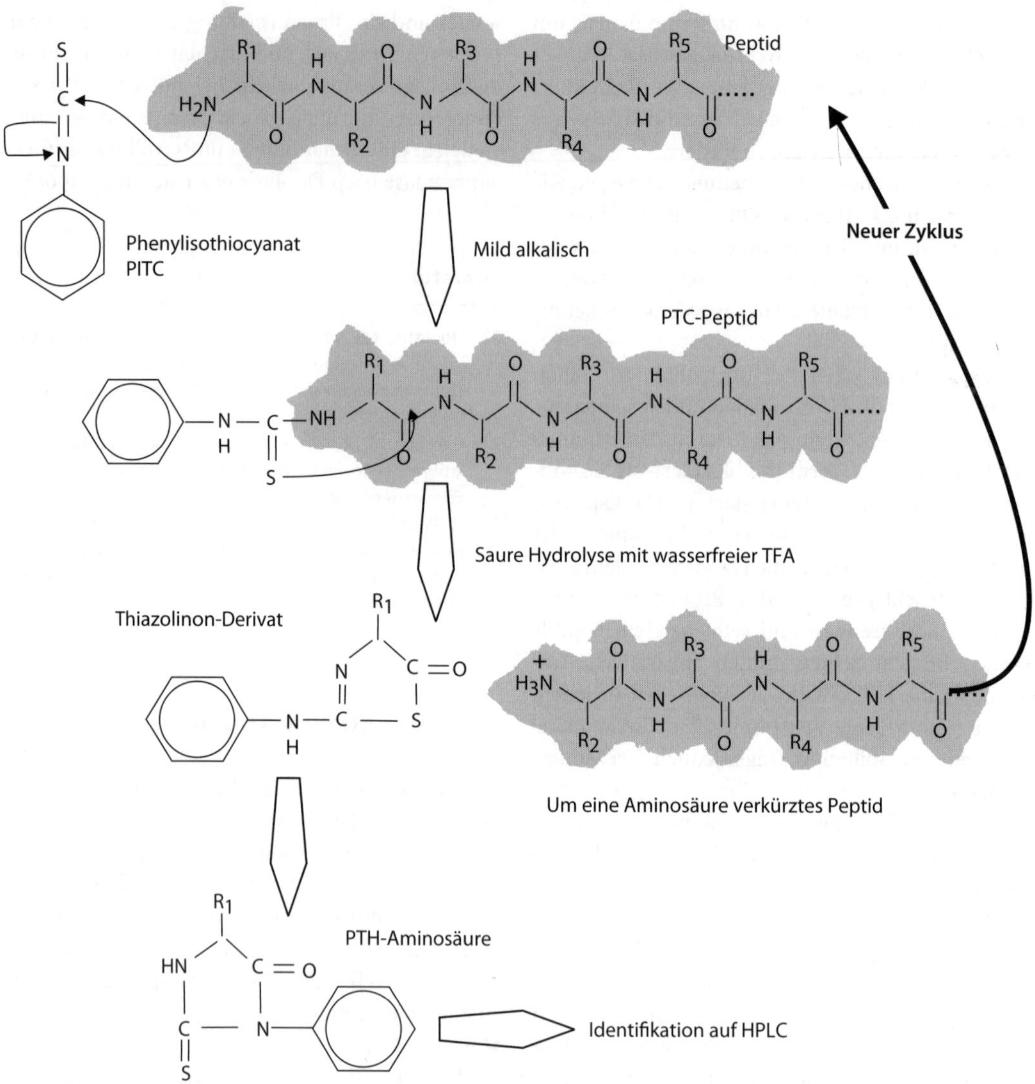

Abb. 7.63 N-terminale Sequenzierung nach Edman

these von Oligonucleotiden. Diese Zuarbeit zum Klonieren eines Proteins lief folgendermaßen ab: Der Proteinreiniger bereitete ein sauberes Produkt und gab die Präparation an eine auf Edman-Abbau spezialisierte Gruppe weiter. Dort las ein Edmann auf seiner Maschine die Sequenz, gab diese an den Klonierer weiter, worauf der Klonierer die Oligonucleotide bestellte und damit seine Banken screente. Kam es zu einem Paper – damals konnte man noch mit einer Klonierung berühmt werden – stand der Klonierer an erster Stelle der Autorenliste des Papers, und sein Professor an der letzten, denn die Klonierung lieferte das Hauptergebnis und machte die meiste Arbeit. Proteinreiniger und Professor erschienen zusammen mit Edmann und seinem Professor in der Mitte. Die Dienstleistung der letzten beiden – mehr war es nicht: von Forschen konnte keine Rede sein, geforscht wurde höchstens was an der Maschine wieder kaputt war – wurde also mit Koautorschaften bezahlt.

Das war schön für den Edmann und noch schöner für seinen Professor, denn der Aufwand war klein: War das N-terminale Ende des Proteins frei, lag die Sequenz in ein paar Stunden vor. Ein Paper in ein paar Stunden! Nicht mal schreiben musste er es, das erledigten Klonierer und Proteinreiniger. Zwar nimmt der publizistische Gewinn aus einem Paper exponentiell mit der Entfernung von den Extrempositionen (erste und letzte Stelle) ab, doch konnte der Edmann auf diese Weise ellenlange Publikationslisten anlegen und schon als Postdok einen professoralen Veröffentlichungsstil pflegen.

Ja so waren sie, die alten Zeiten – und man sollte meinen, dass Edman dieselben inzwischen gesegnet hätte. Hat er aber nicht. Doch ist es um Edman ruhiger geworden. Das MS gräbt ihm das Wasser ab: Wozu Edman einen Tag brauchte, das erledigen Tandem-MS in einer halben Stunde. Allerdings sequenziert das MS Peptide. Edman dagegen kann, freier N-Terminus vorausgesetzt, vom ganzen Protein ausgehen.

Literatur

1 Baumann, M. (1990): Comparative gas phase and pulsed liquid phase sequencing on a modified applied biosystems 477 A sequencer. Anal. Biochem. 190, 198–208

2 Fischer, P. (1992): 25 Jahre automatisierte Proteinsequenzierung. Nachr. Chem. Techn. Lab. 40, 963–971

7.7.3 Carboxyterminale Sequenzierung

Ein Protein hat zwei Enden und statt vom N-Terminus kann es auch vom C-Terminus aus sequenziert werden. Dies umso leichter, als C-Termini in der Regel nicht blockiert sind. Dennoch ist es erstaunlich, dass die C-terminale Sequenzierung schon in der Weimarer Republik entwickelt wurde (Schlack & Kumpf, 1926).

Nebenbei: Der Erfinder der C-terminalen Sequenzierung, der Schwabe Paul Schlack (1897–1987), hat 1938 auch die Perlonfaser erfunden. Dies als Angestellter der IG-Farben und in Feierabendforschung. Die C-terminale Sequenzierung war das Ergebnis seiner Privatassistentenzeit (1922–1924) bei William Küster an der TH Stuttgart. Zu einer Zeit also, als nicht einmal klar war, ob Proteine überhaupt eine definierte Sequenz besitzen. Jedoch, Schlack war seiner Zeit zu weit voraus. Von beiden Erfindungen hat er nichts gehabt: Die C-terminale Sequenzierung geriet vorübergehend in Vergessenheit und das millionenträchtige Perlon-Patent wurde 1945 von den Amerikanern kassiert. Schlack wurde nach dem Krieg Abteilungsdirektor der Höchst AG und 1961 Honorarprofessor an der TH Stuttgart. Er vereint 270 Erfindungen und 750 Patente auf seinen Namen. Dennoch lebte er bis zu seinem Tod in einer Doppelhaushälfte in Leinfelden-Echterdingen und im heimatlichen Schwaben wurde nicht einmal eine Straße nach ihm benannt; die einzige Paul-Schlack-Straße Deutschlands liegt in dem Flecken Premnitz in den Havelauen.

Merke: Genie reicht nicht im Leben, man muss auch Glück haben.

Schlacks Mitautor W. Kumpf scheint noch mehr Pech gehabt zu haben: Er hat keine Spuren hinterlassen, nicht einmal seinen Vornamen konnte wir eruieren. Kumpf ist nicht Schlacks Professor gewesen: das war, siehe oben, William Küster. Jetzt fragen Sie sich sicher, warum Küster sich nicht auf das Paper setzte? Die Antwort: Geistiger Diebstahl war damals noch nicht üblich, auch Doktoranden publizierten alleine (Bär, 2003) – wobei Schlack nicht einmal Doktorand war. Er promovierte erst 1945 im Alter von 48 Jahren.

Vom Sozialen zur Technik: Nach Schlack wird die C-terminale Aminosäure mit Thiocyanat zum Thiohydantoin umgesetzt, dieses abgespalten und identifiziert (■ Abb. 7.64). Die Methode hat Tücken. Sie bestimmt nur wenige Aminosäuren und scheitert an Asp- und Pro-Resten. Die Anfangsausbeute liegt bei 10–15% (Edmann 20–80%), und auch die Ausbeuten pro Schritt sind niedriger als beim Edman-Abbau. Sie liegen in der Regel unter 70% (Edman: 80–96%). Mit 1 nMol Peptid können Sie oft nur drei Reste identifizieren. Der Erfolg der C-terminalen Sequenzierung hängt allerdings weniger von der Menge an eingesetztem Protein als von dessen Primärstruktur ab.

Dem traurigen Zustand der C-terminalen Sequenzierung wollen drei Schweden vom Karolinska Institut in Stockholm abgeholfen haben. Bergman et al. (2001) behaupten, mit ihrem C-terminalen Sequenzer routinemäßig fünf Reste bestimmen zu können, manchmal sogar bis zu 11 Reste. Zudem seien sie in der Lage, Prolinreste zu überspringen

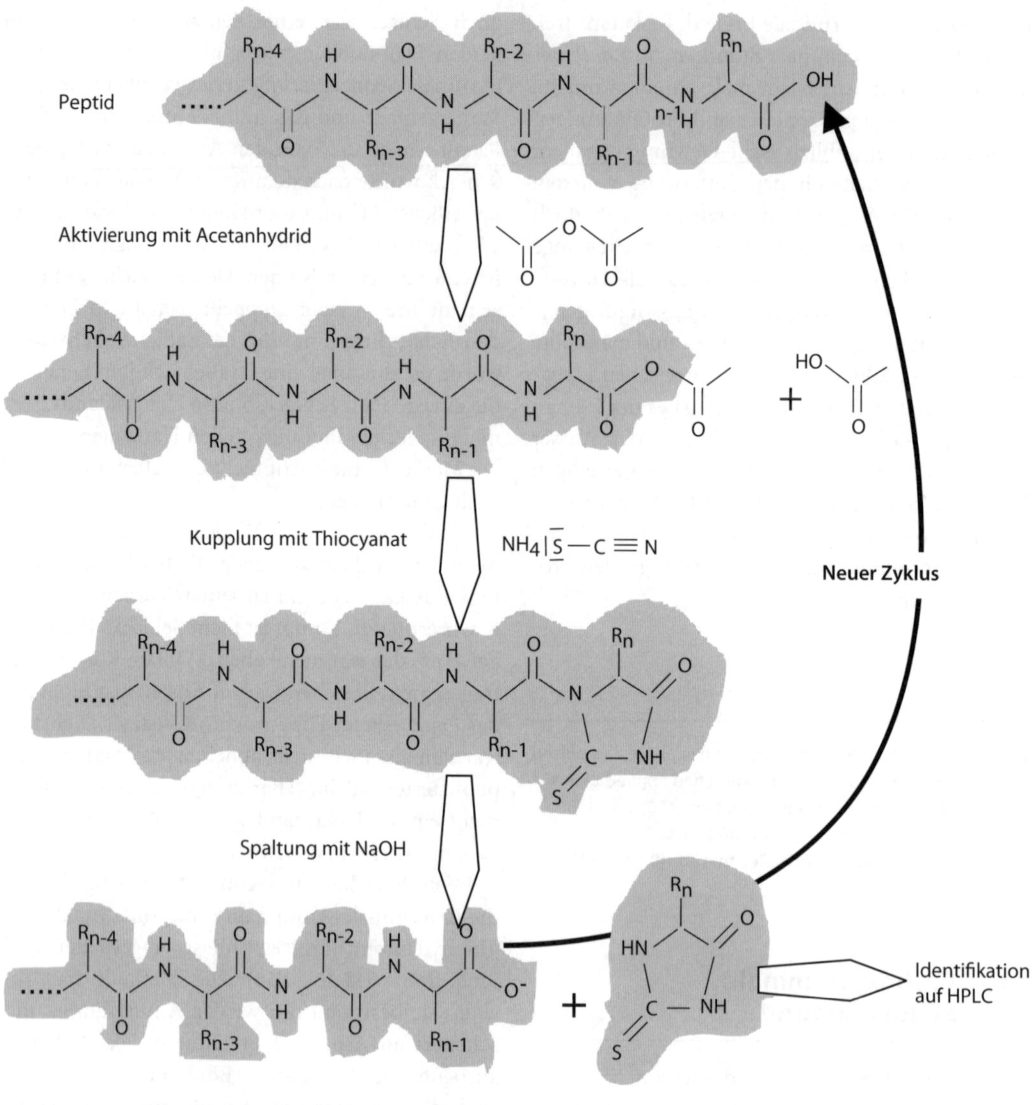

Abb. 7.64 C-terminale Sequenzierung nach Schlack-Kumpf

und die Sensitivität hätten sie auf das 10 pMol-Niveau hinabgetrieben. Das Schönste sei, dass die Methode ohne Aufwand mit der N-terminalen Sequenzierung verbunden werden könne: Zuerst sequenziere man N-terminal, dann gebe man die gewaschene Probe auf den C-terminalen Sequenzer und knabbere das andere Ende an.

In der Tradition ihres Landsmannes Pehr Edman, beschäftigen sich Bergman et al. schon seit Jahren mit der C-terminalen Sequenzierung und haben hunderte von Proteinen und Peptiden C-terminal sequenziert. Diese Begeisterung sollten Sie nützen. Wenn Sie mit ihrer Probe sowieso nichts mehr anfangen können, warum rufen Sie dann nicht in Stockholm an und bitten um einen Lauf im optimierten C-terminalen Sequenzierer? Verlieren können Sie nichts. Hinterlassen Sie Herrn Bergman Ihre Telefonnummer und wenn das Schicksal es fügt, erhalten Sie außer der Sequenz noch Gelegenheit zu einem Scherz. Stellen Sie sich vor, es ist gerade Oktober, die Nobelpreise stehen an, und Sie marschieren freudestrahlend zu ihrem Professor ins Büro und verkünden in das erbleichende Gesicht hinein: »Stell dir vor, ich habe gerade einen Anruf aus Stockholm erhalten…«.

Spaß beiseite. Es scheint sich etwas zu tun mit der C-terminalen Sequenzierung. Li & Liang (2002) veröffentlichten ein Paper, in dem sie Peptide mit Triphenylgermanyl Isothiocyanat C-terminal sequenzieren. Mit wenigen Nanomol Peptid wollen sie die Abfolge von acht Aminosäuren identifiziert haben. Andere empfehlen Tribenzylsilyl-Isothiocyanat und wieder andere Diphenylphosphoryl-Isothiocyanat. Das optimale C-terminale Reagenz scheint noch nicht gefunden worden zu sein. Wieder eine Gelegenheit, sich hervorzutun.

Literatur

1 Bär, S. (2003): »Die Zunft« Lj-Verlag, Freiburg. Das Buch ist vergriffen.
2 Bergman, T. et al. (2001): Chemical C-terminal protein sequence analysis: improved sensitivity, length of degradation, proline passage, and combination with edman degradation. Anal. Biochem. 290, 74–82
3 Inglis, A. (1991): Chemical procedures for C-terminal sequencing of peptides and proteins. Anal. Biochem. 195, 183–196
4 Li, J. & Liang, S. (2002): C-Terminal Sequence Analysis of Peptides using Triphenylgermanyl Isothiocyanate. Anal. Biochem. 302, 108–113
5 Schlack, P. & Kumpf, W. (1926): Über eine neue Methode zur Ermittelung der Konstitution von Peptiden. Hoppe-Seyler's Z. Physiol. Chemie 154, 125–170

7.8 Rehm's Proteomics-Philosophie

Es ist schön, dass Proteomics so beliebt geworden ist, doch soll man sich als hoffnungsvoller Doktorand darauf stürzen? Ich meine, nein. Jedenfalls nicht lange. Den hippen Proteomikern wird das gleiche Schicksal blühen wie den ehemals hippen Mollis: Sie werden absinken zu Sklaven einer Datenfabrik, in der sie bestenfalls zu Sklavenaufsehern aufsteigen können. Am Fließband werden die 2D-Gele produziert werden, ein Verdau den nächsten jagen und die Massenspektren werden aus den Druckern flattern wie die Motten aus ungelüfteten Kleiderschränken. Die Zukunft von Proteomics riecht nach einer Unmenge von Zahlen, nach repetitiver Arbeit, nach Standardisierung – nach Langeweile.

Tatsächlich bieten Waters, Biorad und Tecan schon Proteom-Roboter an, die vollautomatisch 2D-Gele aufarbeiten: Proteinflecken ausstanzen, entfärben, dehydrieren, verdauen, extrahieren, Massenspektren fahren. Das 2D-Gele fahren und färben ist das einzige, was der Forscher noch selbst machen muss. Ansonsten sitzt er vor dem Bildschirm und wählt Flecken aus. Wir können das beim besten Willen nicht originell finden.

Durch Originalität bestechen Proteom-Ansätze generell nur selten: Meist ist es immer das gleiche. Gele vergleichen, Bedingungen vergleichen, Flecken suchen, Spektren auswerten. Wird das auf die Dauer Prestige abwerfen?

Vom Prestige aber lebt der Forscher.

Lassen Sie die dröge Arbeit, das Datenschaufeln, andere tun. Wechseln Sie aus der Stellung des Datenproduzenten in die des Datenverarbeiters. Werfen Sie sich auf die Biomathematik. Entwickeln Sie kybernetische Zellmodelle. Verlassen Sie sich nicht allein auf die Bioinformatik, da lernen Sie nur eine Schublade kennen. Studieren Sie auch die richtige Mathematik: Spieltheorie, Wahrscheinlichkeitstheorie und was es da so alles an Kleinodien gibt.

Was höre ich da? Mathematik sei noch langweiliger als Spektren lesen?

Falsch! Mathematik ist spannend, absorbierend und vor allen Dingen: Man macht sich dabei die Hände nicht schmutzig. Autor Rehm weiß das. Er hat Mathematik studiert.

Natürlich darf man nicht zu schwarz sehen. Die neue Entwicklung bringt auch Gutes – vor allem im Menschlichen. So werden sich Proteomiker und Mollis bald die Hände reichen: als Wasserträger der Biomathematiker. Wenn man mit ESI, MALDI, SELDI, SILAC keinen Hund mehr hinterm Ofen vor zu locken vermag, dann wird Demut in die Herzen ziehen und Molli wie Proteomiker werden ehrfürchtig dem Kauderwelsch der Biomathematiker lauschen, wie sie da prahlen mit Gruppentheorie, Strings, Markovschen Ketten. Der Molli wird sich dem Biomathematiker gegenüber so doof vorkommen wie früher der Proteinbiochemiker gegenüber dem Molli. Langfristig geht es eben doch gerecht zu in dieser Welt.

7.9 Letzel's Proteomics-Philosophie

Es ist schön, dass Proteomics so beliebt geworden ist, doch soll man sich als hoffnungsvoller Doktorand darauf stürzen? Ich meine, ja. Allerdings nicht mit klassischen Proteomics-Themen. Dort werden die 2D-Gele häufig am Fließband produziert, ein Verdau jagt den nächsten und die Massenspektren flattern aus den Druckern wie die Motten aus ungelüfteten Kleiderschränken. Die Aussichten von Proteomics in dieser Richtung sind Unmengen von Zahlen, repetitive Arbeit, Standardisierung – Langeweile eben.

Ein Ausweg ist ‚sich weiterhin Finger schmutzig zumachen'; aber mit unkonventionellen biologischen, chemischen oder analytischen Ansätzen. Mit unkonventionellen Sichtweisen können Sie nie früh genug anfangen, am besten noch während der Diplom- (Master-) oder Doktorarbeit. Konfrontieren Sie Ihre Vorgesetzten mit Ihren Ideen. Sie lernen für's Leben und Ihren späteren Job in der Industrie. Dies bedarf aber einer gewissen Hartnäckigkeit und vor allem aber der detaillierten Kenntnis Ihres Forschungsgebietes. Denn je unglaublicher Ihre Idee klingt, umso größer wird die Diskussion sein. Wollen Sie nämlich Neues durchsetzen, so sollten Sie das Klassische können, denn man wird es Ihnen um die Ohren hauen. Sind Sie eher der konfrontationsscheue Typ, so nehmen Sie ein klassisches Thema an, bearbeiten es während Ihrer Dienstzeit an der Forschungsstätte und erforschen Ihr alternatives Projekt in Ihrer Freizeit. Dies allerdings kostet viel Zeit und gleichzeitig darf es kein Geld kosten.

Sollten Sie mit Ihren Ideen scheitern, dann können Sie wenigstens sagen Sie hätten versucht neue Wege zu gehen. Und ist das Umfeld noch so hämisch, für Ihr Ego ist der Weg trotzdem hilfreich. Ist Ihr Ansatz allerdings umsetzbar und erfolgreich, so können Sie sich sicher sein, dass es für Sie sowohl wissenschaftlich als auch sozialpädagogisch lehrreich sein wird. Die wissenschaftliche Community wird Sie kennen (wenn Sie Ihre Ideen auch selbst präsentieren und nicht Ihr Prof) und Ihr nahes Umfeld wird es Ihnen neiden.

Letztlich zählt halt doch nur eins: Der Spaß. Danken wird es einem eh keiner!

Untereinheiten

Viele Proteine bestehen aus Untereinheiten: aus Polypeptiden, die durch Disulfidbrücken oder nichtkovalent zu einer definierten Struktur zusammengehalten werden. Bei Homooligomeren sind die Untereinheiten identisch, bei Heterooligomeren verschieden. Homooligomer sind z.B. die Enzyme Katalase und Aldolase (beide vier Untereinheiten), heterooligomer sind Neurotransmitter-Rezeptoren wie der Acetylcholin-Rezeptor (fünf Untereinheiten $\alpha_2\beta\gamma\delta$) oder spannungsabhängige K^+-Kanäle (acht Untereinheiten).

Bei homooligomeren Proteinen gilt es, die Zahl der Untereinheiten pro Oligomer zu bestimmen (die Merigkeit). Bei heterooligomeren Proteinen ist zudem die Zahl jeder der verschiedenen Untereinheiten im Oligomer (die Stöchiometrieindizes) gefragt. Dies erfordert Spürsinn, Urteilsvermögen und experimentelle Geschicklichkeit. Die Untereinheitenzusammensetzung wichtiger oligomerer Proteine ist daher schon eine Publikation in *Nature*, *Science*, *EMBO Journal* oder im *Proc. Natl. Acad. Sci. USA* wert.

Mit diesen Gedanken beschäftigt, ging Sancho so zufrieden einher, dass er den Verdruss vergaß zu Fuß reisen zu müssen.

8

8.1 Stöchiometrie & Merigkeit

8.1.1 Über die Schwierigkeiten bei Stöchiometriebestimmungen

Es geht nicht an, zur Bestimmung der Merigkeit z.B. eines Homooligomers das MG des Oligomers zu ermitteln und durch das MG der Untereinheit zu teilen. Die Ungenauigkeit der meisten MG-Bestimmungen ist derart, dass z.B. bei einem Resultat für das Oligomer von 200 Kd und des Monomers von 50 Kd, es nicht möglich ist, zwischen einem Trimer, Tetramer oder Pentamer zu unterscheiden: Hydrodynamische Messungen des MG des Oligomers sind bestenfalls auf 10% genau; bei Membranproteinen ist der Unsicherheitsfaktor wegen der zusätzlich gebundenen Phopholipid- und Seifenmoleküle noch größer und liegt bei 20–40% (s. ▶ Abschn. 3.2.2).

Ariel Lustig behauptet allerdings in *Laborjournal* 1-2/2008, dass sich das MG von Membranproteinen in der analytischen Ultrazentrifuge mit ausreichender Genauigkeit bestimmen lässt. Gebe Gott, dass er Recht habe. Lustig hat dazu einige Paper veröffentlicht und das Programm SEGAL geschrieben.

Das mit der SDS-Gelelektrophorese ermittelte MG der Untereinheiten weicht vom wirklichen leicht um 10–40% ab, denn Glykosylierung, ungewöhnliche Aminosäurezusammensetzung, Phosphorylierung, Sulfatierung etc. lassen Proteine atypisch laufen. Nach kovalenter Vernetzung aller Untereinheiten liefert die SDS-Gelelektrophorese auch eine Schätzung des MG des Oligomers. Diese Schätzung ist noch unsicherer als die für die einzelnen Untereinheiten, denn die zusätzlichen Vernetzermoleküle erhöhen das MG, und Vernetzung der Polypeptidketten verändert manchmal per se deren Laufgeschwindigkeit in SDS-Gelen und damit das scheinbare MG. Zudem liefern selbst hohe Konzentrationen an Vernetzer oft nur geringe Mengen des vernetzten Oligomers. Stattdessen entsteht reichlich undefinierbares hochmolekulares Material, das den gefärbten SDS-Gelen das Aussehen moderner Kunstwerke gibt und ihre Interpretation ähnlich schwer macht. So muss die Bande mit dem höchsten MG keineswegs das vollständig vernetzte Oligomer sein, denn es könnten noch höhermolekulare Banden existieren, deren Proteinmengen aber unterhalb der Empfindlichkeitsgrenze der Färbung liegen. Schließlich kann es sich bei einer hochmolekularen Bande auch um ein Artefakt aus intermolekularen Vernetzungen handeln.

Eine genaue Bestimmung der MG der Untereinheiten ist mittels ESI-MS und MALDI-MS möglich (s. ▶ Kap. 7.5). Doch solange das MG des Oligomers nicht ähnlich exakt bestimmt werden kann, bleiben Stöchiometrie und Merigkeit (S&M) unsicher und sollten mit anderen Methoden bestätigt werden.

Drei klassische Strategien dienen zur Aufklärung der Untereinheitenzusammensetzung eines Oligomers Röntgenstrukturanalyse, Hybridisierung und Vernetzung. Aminosäureanalysen und untereinheitenspezifische Antikörper geben ebenfalls Hinweise auf S&M.

Vielleicht sollten Sie aber zuerst einmal nachschauen, ob die Struktur Ihres Proteins nicht schon bekannt ist. Unter http://www.expasy.org/ – oder unter http://www.ebi.ac.uk finden Sie Datenbanken mit ausführlichen Proteinlisten und deren wahrscheinlichen Quarternären Strukturen.

Literatur

1 Lustig, A. et al. (2000): Molecular weight determination of membrane proteins by sedimentation equilibrium at the sucrose or Nycodenz-adjusted density of the hydrated detergent micelle. BBA 1464, 199–206
2 Machaidze, G. & Lustig, A. (2006): SEGAL, a semi-automatic program for fitting sedimentation equilibrium patterns from analytical ultracentrifugation. J. Biol. Phys. Chem. 6, 91–102

8.1.2 S&M mit Röntgenstrukturanalyse

Die genaueste Methode, S&M eines Proteins zu bestimmen, ist die Röntgenstrukturanalyse. Voraussetzung für diese Technik sind gute Kristalle des Proteins. Deren Herstellung ist schon bei löslichen Proteinen schwer, bei seltenen Membranproteinen grenzt sie an die Quadratur des Kreises. Die Röntgenstrukturanalyse ist zudem die Domäne weniger Spezialisten und erfordert eingehende physikalische Kenntnisse, über die wir nicht verfügen.

Literatur

1 Deisenhofer, J. et al. (1985): Structure of the proteins subunits in the photosynthetic reaction center of *Rhodopseudomonas viridis* at 3 A resolution. Nature 318, 618–624

8.1.3 S&M mit Hybridisierungsexperimenten

Bei Homooligomeren liegt der Stöchiometrieaufklärung durch Hybridisierung folgende Überlegung zugrunde. Für ein Homooligomer mit n Untereinheiten α sei es möglich, Untereinheiten a herzustellen, die α ähneln und mit α genauso gut das Oligomer bilden. Die Untereinheit a unterscheidet sich aber in einer Eigenschaft (z.B. Ladung, Enzymaktivität, Ligandenbindung) von α. Da also a mit α nach den Gesetzen der Kombinatorik zum Oligomer hybridisiert, bildet eine Mischung von α und a die Oligomere $\alpha_i a_{n-i}$, wobei i von 0 bis n läuft. Es entstehen n+1 Oligomerspezies, z.B. für ein Tetramer die fünf Spezies α_4, $\alpha_3 a$, $\alpha_2 a_2$, αa_3, a_4, für ein Dimer die drei Spezies $\alpha\alpha$, αa, aa, wobei n – 1 oligomere Hybride aus α und a sind. Aus der Zahl der bei der Hybridisierung entstehenden Oligomere folgt die Merigkeit.

Der quantitative Anteil der Oligomerenspezies $\alpha_i a_{n-i}$ in der Oligomermischung ergibt sich ebenfalls aus kombinatorischen Überlegungen. Es seien $f\alpha$ und fa die relativen molaren Anteile von α bzw. a ($f\alpha$+fa=1). Dann errechnet sich der relative molare Anteil $f\alpha_i a_{n-i}$ der Oligomerspezies $\alpha_i a_{n-i}$ in der Oligomermischung nach der Formel in ◘ Abb. 8.1. Die Summe der relativen molaren Anteile $f\alpha_i a_{n-i}$ über alle Oligomerspezies $\alpha_i a_{n-i}$ ist gleich 1 (Formel in ◘ Abb. 8.2).

Angenommen, die Oligomere α_n, a_n und ihre Hybride besitzen eine Aktivität A (Enzymaktivität, Translokatoraktivität), die von einem Hemmer I gehemmt wird, der nur an die Untereinheit a bindet. Dann ist in Gegenwart sättigender Konzentrationen von I die Aktivität der Oligomere $\alpha_i a_{n-i}$ (i=0 bis n – 1) gleich 0. In diesem Fall liefert nach der Formel in ◘ Abb. 8.3 die Steigung der Geraden lnA gegen ln($f\alpha$) die Merigkeit des Oligomers (Mac Kinnon 1991).

$$f\alpha_i a_{n-i} = \binom{n}{i} \cdot f\alpha^{i} \cdot fa^{n-i}$$

◘ **Abb. 8.1 Der relative molare Anteil $\alpha_i a_{n-i}$ von Oligomerspezies $\alpha_i a_{n-i}$ bei relativen Anteilen fα und fa der Untereinheiten α und a.**

$$1 = \sum_{i=0}^{i=n} f\alpha_i a_{n-i} = \sum_{i=0}^{i=n} \binom{n}{i} \cdot f\alpha^{i} \cdot fa^{n-i}$$

◘ **Abb. 8.2 Summe der relativen molaren Anteile $\alpha_i a_{n-i}$ der Oligomerspezies $\alpha_i a_{n-i}$.**

A sei ein funktioneller Parameter der Oligomere, z.B. eine Enzymaktivität

Der Hemmer I binde selektiv an die Untereinheit a, dann gilt

in Abwesenheit des Hemmers:
$$A = \sum_{i=0}^{i=n} k_i \bullet \binom{n}{i} \bullet f\alpha^{i} \bullet fa^{n-i}$$

in Anwesenheit einer sättigenden Konzentration von Hemmer: $A = k_n \bullet f\alpha^{n}$

woraus folgt: $\ln A = \ln(k_n) + n \bullet \ln f\alpha$

Abb. 8.3 Abhängigkeit der Aktivität einer Oligomerenmischung $\alpha_i a_{n-i}$ von dem relativen Anteil an Untereinheit α (fα) in Gegenwart eines Hemmers, der an die Untereinheit a bindet

$$A^{+} = \sum_{i=1}^{i=n} k_i \bullet \binom{n}{i} \bullet f\alpha^{i} \bullet fa^{n-i} \quad \text{und} \quad A^{-} = \sum_{i=0}^{i=n} k_i \bullet \binom{n}{i} \bullet f\alpha^{i} \bullet fa^{n-i}$$

daraus folgt

$$A^{-} - A^{+} = k_0 \bullet fa^{n} \quad \text{und} \quad \ln(A^{-} - A^{+}) = \ln(k_0) + n \bullet \ln fa$$

Abb. 8.4 Abhängigkeit der Aktivität einer Oligomerenmischung $\alpha_i a_{n-i}$ von dem relativen Anteil an Untereinheit a (fa) bei Verfügbarkeit eines Hemmers I, der selektiv a_n hemmt. A^+ und A^- sind die Aktivitäten der hybridisierten Oligomerenmischung in Gegenwart bzw. Abwesenheit einer sättigenden Konzentration von Hemmer

Ähnliche Überlegungen gelten, wenn der Hemmer I nur a_n hemmt (Formel in Abb. 8.4).

Diese Kombinatorik kann auch auf Heterooligomere angewandt werden und liefert ähnliche Gleichungen.

In den 60er Jahren waren Hybridisierungsexperimente bei Enzymen Mode. Man stellte a entweder aus α her, oder man isolierte ein Isoenzym, dessen Monomere a sich in der Ladung von α unterschieden und trotzdem mit α zum Oligomer hybridisierten. Zum Hybridisieren wurden die Oligomere α_n und a_n in einem bestimmten Verhältnis gemischt, in die Untereinheiten aufgespalten und anschließend wieder zu Oligomeren assoziiert. Mit nativer Gelelektrophorese oder IC bestimmte der Experimentator die Zahl der Hybride und damit die Merigkeit.

SDS, alkalischer oder saurer pH, Succinylierung (Behandlung mit Bernsteinsäureanhydrid), hohe oder niedrige Ionenstärke, 6 M Harnstoff, 4–5 M Guanidiniumhydrochlorid und machmal auch Liganden spalten Oligomere in ihre Untereinheiten. Die Wirkung von SDS, pH-Extremen und Succinylierung beruht, zumindest teilweise, auf der gleichsinnigen Erhöhung der Nettoladung der Untereinheiten. Die elektrostatische Abstoßung lässt die Oligomere zerfallen.

In Hybridisierungsexperimenten werden die Oligomere reversibel gespalten. Reversible Spaltung gelingt oft mit pH-Änderungen, Ionenstärkeextremen, Harnstoff oder Liganden.

Die klassische Hybridisierungstechnik versagt bei Familien von Heterooligomeren, deren Seltenheit und in-vivo-Vielfalt es unmöglich macht, ein

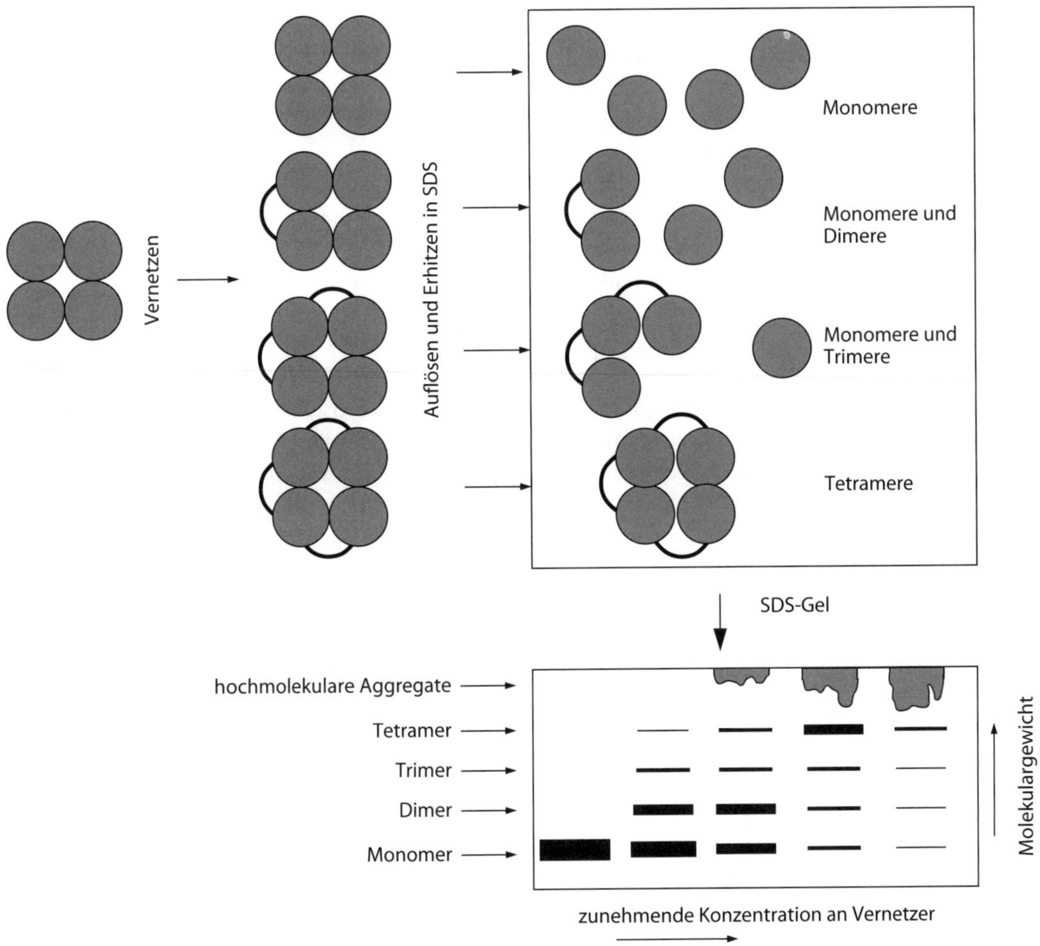

Abb. 8.5 Vernetzen eines Homooligomers

definiertes Oligomer zu isolieren. Schlechte Karten hat der Experimentator auch, wenn sich das Oligomer nicht reversibel in die Untereinheiten aufspalten lässt. So zerfallen viele oligomere Membranproteine nur unter denaturierenden Bedingungen, z.B. mit SDS, irreversibel in ihre Untereinheiten.

Molekularbiologische Techniken bieten einen eleganten Ausweg. Gibt es eine cDNA für α und a, lässt man eine lebende Zelle, z.B. *Xenopus*-Oocyten, die Hybridisierung besorgen. cRNAs von jeder Untereinheit werden in die Zelle eingespritzt. Die Zelle synthetisiert daraufhin die α- und a-Untereinheiten und kombiniert sie zu den Oligomerspezies. Werden α-cRNA und a-cRNA mit der gleichen Effizienz translatiert, dann kontrollieren die Anteile von α-cRNA und a-cRNA die Anteile fα und fa von α und a.

Literatur

1 Cooper, E. et al. (1991): Pentameric structure and subunit stoichiometry of a neuronal nicotinic acetylcholine receptor. Nature 350, 235–238
2 Lebherz, H. & Rutter, W. (1969): Distribution of fructose diphosphate aldolase variants in biological systems. Biochemistry 8, 109–121
3 MacKinnon, R. (1991): Determination of the subunit stoichiometry of a voltage-activated K^+ channel. Nature 350, 232–235
4 Penhoet, E. et al. (1967): The subunit structure of mammalian fructose diphosphate aldolase. Biochemistry 6, 2940–2949

8.1.4 S&M mit Vernetzungsexperimenten

Vernetzer und den Umgang mit ihnen beschreibt ► Abschn. 2.4. Die ◘ Abb. 8.5 und ◘ Abb. 8.6 zeigen, wie einfach die Bestimmung der Untereinheitenzusammensetzung eines Oligomers mit Vernetzern **theoretisch** ist. Benötigt wird ein Nachweistest für das Oligomer, das gereinigte Oligomer und spezifische Antikörper gegen die Untereinheiten.

Zuerst schätzt der Experimentator das MG des Oligomers (hydrodynamische Messungen, Strahlungsinaktivierung) und das MG der Untereinheiten (SDS-Gelelektrophorese des gereinigten Oligomers). Danach behandelt er das Oligomer mit Vernetzern (z.B. aus der Bismidatreihe) zunehmender Konzentration und Kettenlänge. Dabei entstehen aus dem Oligomer kovalent verknüpfte Zwischenstufen (kovalent verknüpfte Dimere, kovalent verknüpfte Trimere etc.). Die Zwischenstufen lassen sich auf einem SDS-Gel auftrennen und auf Blots mit Antikörpern gegen die jeweiligen Untereinheiten anfärben. Aus der Zahl der verschiedenen Untereinheiten und dem Muster der Banden auf den SDS-Gelen bzw. Blots lässt sich die Merigkeit des Oligomers bestimmen. Mit Glück kann der Experimentator sogar auf die Stöchiometrieindizes der Untereinheiten schließen (◘ Abb. 8.6).

Statt Vernetzer zuzugeben können Sie auch versuchen, die Polypeptide durch Sulfhydryloxidation über Disulfidbrücken zu verknüpfen (Kobashi 1968). Die Position der Disulfidbrücken können Sie inzwischen mit der Massenspektrometrie bestimmen (genaue Untersuchungsbedingungen bei Zhang & Kaltashov 2006).

Das wichtigste Arbeitsmittel bei der Vernetzung von Oligomeren ist die SDS-Gelelektrophorese. Da sich die Produkte einer Vernetzung über einen weiten MG-Bereich verteilen, lohnt der Aufwand für Gradientengele (z.B. 5–12%). Der Zusatz von 6 M Harnstoff zum Lämmliprobenpuffer oder der Ersatz des Mercaptoethanols durch DTT verbessern den Lauf der Probe bei der Elektrophorese.

Photoaktivierbare Vernetzer, Photoblitz und Arbeiten in verdünnten Lösungen reduzieren die intramolekulare Vernetzung auf ein Minimum.

Literatur

1 Kobashi, K. (1968): Catalytic oxidation of sulfhydryl groups by o-phenanthroline copper complex. BBA 158, 239–245

2 Zhang, M. & Kaltashov I.A. (2006): Mapping of Protein Disulfide Bonds Using Negative Ion Fragmentation with a Broadband Precursor Selection. Anal. Chem. 78, 4820–4829

8.1.4.1 Vernetzung von Homooligomeren

Trotz der theoretischen Einfachheit ist die Bestimmung der Merigkeit selbst beim Homooligomer ein artefaktanfälliges Verwirrspiel:

- Hohe Konzentrationen an Vernetzer oder Protein führen zu intermolekularer Vernetzung, oder das Oligomer aggregiert in Lösung teilweise zu hochmolekularen Komplexen. Beides täuscht eine zu hohe Merigkeit vor.
- Die Vernetzung, oder auch schon die Reinigung, denaturiert oder verändert das Oligomer.
- Das Oligomer ist kein Homooligomer, sondern ein Heterooligomer, dessen verschiedene Untereinheiten auf SDS-Gelen ähnliches MG zeigen.
- Die Vernetzung der Monomere des Oligomers verläuft mit zunehmender Konzentration an Vernetzer nicht kontinuierlich, sondern schlagartig. Die Zwischenstufen Dimer, Trimer etc treten dann nicht auf. Auf dem SDS-Gel erscheinen nur die Monomere und/oder hochmolekulare Addukte.

Ein **Beispiel** dafür, wie schwierig die Bestimmung der Merigkeit eines Homooligomers sein kann, liefert die Serie folgender Papers:

(in chronologischer Reihenfolge)

1. Rehm, H. et al. (1986): Molecular characterization of synaptophysin, a major calcium binding protein of the synaptic vesicle membrane. EMBO J. 5, 535–541
2. Thomas, L. et al. (1988): Identification of synaptophysin as a hexameric channel protein of

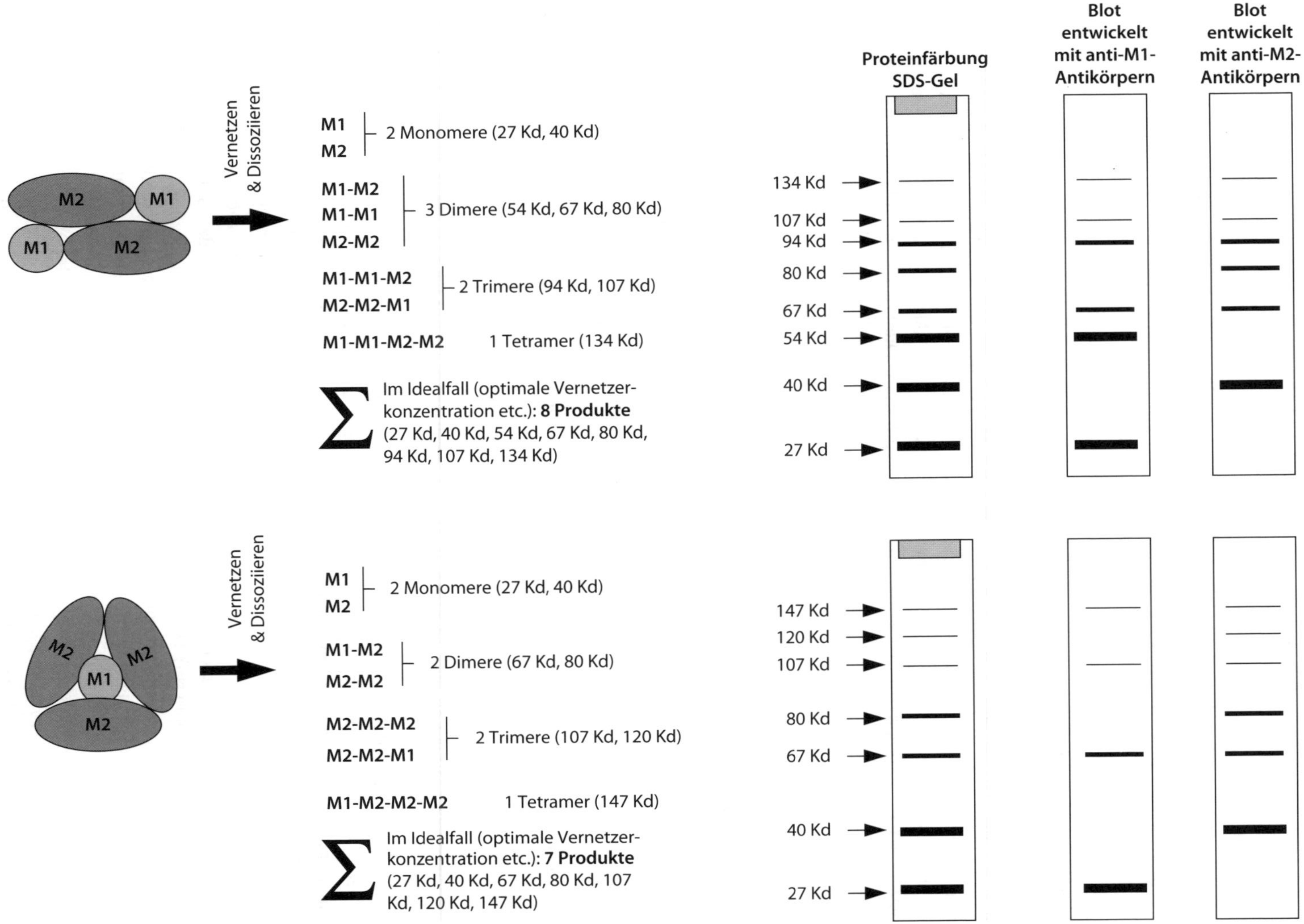

Abb. 8.6 Vernetzen von Heterooligomeren. Hier: Heterotetramere mit Untereinheit M1 (MG=27 Kd) und Untereinheit M2 (MG=40 Kd)

the synaptic vesicle membrane. Science 242, 1050–1053
3. Johnston, P. & Südhof, T. (1990): The multisubunit structure of synaptophysin; relationship between disulfide bonding and homo-oligomerization. J. biol. Chem. 265, 8869–8873

Es geht um Folgendes: Eine der traumatischen Erfahrungen des Postdoks Hubert Rehm war der Versuch, die Struktur des synaptischen Vesikelproteins Synaptophysin zu ermitteln. Rehms Freund Bertram hatte das Protein zufällig bei der Produktion von monoklonalen Antikörpern entdeckt und festgestellt, dass Synaptophysin massenhaft in Neuronen und neuroendocrinen Zellen vorkam. Weil Bertram als Mediziner Klinikdienst schieben musste, konnte er die Entdeckung nicht ausschlachten. Rehm sprang ein.

Synaptophysin zeigte in der SDS-Gelelektrophorese ein Molekulargewicht von 38 Kd. Es war glykosiliert und ein integrales Membranprotein, denn es konnte nur mit Detergenzien in Lösung gebracht werden: 0,1% Triton X-100 reichten aus.

Vor der Funktion jedoch standen Bertram und Hubert wie ein Gespann Ochsen vorm neuen Scheunentor. Diese Position nimmt die Wissenschaft heute noch ein, während Bertram und Hubert inzwischen auf anderen Wiesen grasen.

Wenn man ein Tor nicht öffnen kann, empfiehlt es sich, dessen Aufbau zu studieren. Bei Synaptophysin hieß das: Bestimme die Struktur! Damit glaubte Rehm sich auszukennen, das hatte er schon in der Doktorarbeit getan, das sollte ein schnelles Paper abwerfen. Damals hing er noch dem fatalen Irrglauben an, es käme für den Aufstieg in der Wissenschaft auf Ergebnisse an.

Die erste Frage war: Aus welchen Untereinheiten besteht natives Synaptophysin? Die Reinigung von in Seifen gelöstem Synaptophysin mit Ionenaustauscher- oder Immunoaffinitätssäulen ergab nur das 38 Kd Protein. Also war Synaptophysin in Lösung mit keinem anderen Protein assoziiert, höchstens mit sich selber (Homooligomer). Das führte zur Frage der Merigkeit: Wie viele 38 Kd Untereinheiten enthielt der native Synaptophysinkomplex?

Die Zahl der Untereinheiten eines Proteins lässt sich mit Röntgenstrukturanalyse oder Quervernetzung oder MG-Bestimmung ermitteln (s. ► Abschn 8.1.1). Die Röntgenstrukturanalyse fiel aus, denn einen Synaptophysin Kristall besaßen Hubert und Bertram nicht und sie wussten auch nicht, wie ein solcher herzustellen wäre. Blieben Quervernetzung und MG-Bestimmung. Letztere schien das Einfachste, denn teilt man das MG des Komplexes (x Kd) durch das des Monomers (38 Kd) erhält man die Zahl der Monomere. Da Rehm Mathematik studiert hatte konnte das nicht schief gehen!

Zur MG-Bestimmung des Komplexes, unterwarf Rehm das solubilisierte Protein einer Gelfiltration. Die ergab den Stokes Radius des Komplexes. Darauf folgten Sucrosedichte-Zentrifugationen in H_2O und D_2O. Aus deren Ergebnissen und dem Stokesradius errechnet sich das MG des Synaptophysinkomplexes zu 119 Kd (s. ► Abschn 3.2.2). Leider war die Rechnung zwar mathematisch exakt, physikalisch aber zweifelhaft: So muss das partielle spezifische Volumen des Proteinanteils des Komplexes angenommen werden. Zudem war nicht klar, ob der Zuckeranteil des Synaptophysins beim Molekulargewicht des Monomers mitzurechnen ist oder nicht. Im ersten Fall hätte man mit 38 Kd rechnen müssen, im zweiten mit 34 Kd. Im ersten Fall hätte man ein Trimer angenommen im zweiten eher ein Tetramer. Zudem musste die Synaptophysinstruktur in Lösung keineswegs die Verhältnisse in der Membran wiedergeben. Vielleicht lag Synaptophysin in der Membran als Oktamer vor und zerfiel in wässriger Lösung in zwei Teile? Oder umgekehrt: Es lag in der Membran als Dimer vor, das in Lösung – Gott weiß warum – zum Tetramer assoziierte. Dies war Hubert und Bertram schmerzlich bewusst und daher versuchten sie die Ergebnisse über Quervernetzen mit Glutaraldehyd, Dimethylsuberimidat (s. ► Abschn. 2.4.1) bzw. Cu^{2+} o-Phenantroline abzusichern. Letzteres vernetzt -SH Gruppen. Mit membrangebundenem Synaptophysin erhielt Rehm mit allen Vernetzern ein Produkt vom MG 76 Kd, vermutlich das Dimer. Gelöstes Synaptophysin jedoch verhielt sich anders: Schon beim Stehenlassen bei 4°C bildeten sich außer dem Dimer noch Tri- und Tetramere. Zugabe von Cu^{2+} o-Phenantroline gab das gleiche Ergebnis. Anscheinend bildeten sich zwischen den

Homomeren Disulfidbrücken aus. In der Tat ergab die spätere Sequenzierung des Synaptophysins vier Cysteinreste, die in jedem der zwei intravesikulären Loops des Proteins eine Disulfidbrücke bilden.

War Synaptophysin also ein Tetramer?

Vielleicht. Auf dem Blot war zwar oberhalb vom Tetramer keine Bande mehr zu sehen, aber das konnte daran liegen, dass diese Bande in dem Schmier, der sich vom Auftrag herunterzog, untergegangen war. Vielleicht wurde sie auch wegen des hohen MGs schlecht vom 8% Gel auf den Blot übertragen, oder war unlöslich und fiel aus ... Und warum sah man beim Vernetzen von Vesikeln, also membranständigem Synaptophysin, nur Dimere? Bertram und Hubert waren mit ihrer Weisheit, ihren Methoden und ihren Nerven am Ende. Die Struktur des Synaptophysins schien ein ebenso zäher Brocken zu sein wie seine Funktion. Sie nannten es nur noch Syph.

Johnston & Südhof, 1990, gingen das Problem einige Jahre später noch einmal an. Ursache der Probleme seien die instabilen Disulfidbindungen: Die Struktur würde sich zweifelsfrei nur unter Bedingungen bestimmen lassen, unter denen die Disulfidbindungen auch in Lösung stabil blieben. Um diese Bedingungen zu finden, hätte es eine Methode gebraucht, die die Anzahl der freien SH-Gruppen und Disulfidbindungen in membrangebundenem und gelöstem Syph angibt.

Eine solche Methode erschien online am 8. Januar 2007 als Nummer 15 unter den »heißesten« Artikeln von *Analytical Biochemistry*. Die Autoren, Hansen et al., erwähnen das Reagenz 5',5'-Dithiobis-(2-nitrobenzoesäure) DTNB, das schon 1959 von George Ellman eingeführt wurde. Das farblose DTNB reagiert mit Thiolat-Anionen in einer Thiol-Disulfid Austauschreaktion wobei eine Disulfidbindung entsteht und die gelbe 2-Nitro-5-Thiobenzoesäure (NTB) freigesetzt wird. Über die NTB Bildung lässt sich somit die Menge der SH-Gruppen bestimmen. Die Reaktion läuft nur bei alkalischem pH ab, sie benötigt hohe Konzentrationen an gereinigtem Protein, DTNB ist instabil und die protonierte Form von NTB farblos. Diese Nachteile, so Hansen et al., könnten mit dem Thiolreagenz 4,4'-Dithiodipyridin (4-DPS) und Na-Borhydrid vermieden werden. 4-DPS reagiert ähnlich wie DTNB, jedoch auch im sauren Milieu und ist kleiner und hydrophober als DTNB. Es soll daher im hydrophoben Inneren der Proteine zuverlässiger reagieren. Als Nachweisreagenz entsteht das 4-Thiopyridon (Absorption bei 324 nm). Da 4-Thiopyridon säurestabil ist kann es auf der HPLC nachgewiesen werden. Zudem ist sein Extinktionskoeeffizient 50% höher als der von NTB. Die Nachweisgrenze des 4-DPS Tests liegt im Picomolaren.

Mit beiden Tests lassen sich sowohl die freien SH-Gruppen als auch die **Gesamtzahl der Cysteinreste** eines Proteins bestimmen. Für Letzteres müssen die Disulfidbindungen vollständig reduziert werden. Danach muss das reduzierende Agens aus der Reaktionsmischung verschwinden, dann erst kann das Nachweisreagenz, also z.B. 4-DPS, zugegeben werden. Wer Reduzierungsreagenzien wie Dithiothreitol oder Mercaptoethanol verwendet, muss also hinterher einen wirksamen Reinigungsschritt anschließen: TCA-Fällung mit mehrfachem Waschen reicht nicht aus, Gelfiltration ist umständlich und führt zu Proteinverlusten und dies gilt auch für andere Säulen. Hansen et al. reduzieren daher mit Na-Borhydrid: Das zersetzt sich vollständig im sauren Milieu, kann also durch Ansäuern entfernt werden.

Hansen et al. haben ihre Methode an Lysozym, BSA, RNase A, Carboxypeptidase Y erprobt. Die Proteine wurden mit 6 M Harnstoff denaturiert und mit Na-Borhydrid reduziert (30 min, 50°C). Danach wurde HCl zugegeben und die Thiolgruppen mit 4-DPS bestimmt. Für Carboxypeptidase Y, die eine freie Thiolgruppe und fünf Disulfidgruppen enthält, erhielten die Dänen einen Wert von 11,4 Thiolgruppen. Auch bei den anderen Proteinen entsprachen die Messwerte den tatsächlichen Gegebenheiten.

Wenn sich Rehm nicht geschworen hätte, nie mehr eine Pipette in die Hand zu nehmen, würde er das Problem der Merigkeit von Syph (und das anderer Vesikelproteine) mit Hansens Methode noch einmal angehen. Denn die Syphstruktur ist so unklar geblieben wie seine Funktion (Rolle bei der Vesikelbildung? Kationen Kanal?). Syph Knockout-Mäuse verhalten sich scheinbar normal. Was die Struktur betrifft, so hatten sich Bertram und Hubert 1986 – oh, jugendlicher Leichtsinn! – auf ein Tetramer festgelegt (Rehm et al., 1986). Schon 1988 erschien ein Paper (auf dem Rehm auch noch

Coautor war!) das eine hexamere Struktur in die Welt trompetete (Thomas et al.). 1990 kam Patricia Johnston zu dem Schluss, dass Syph wohl doch eher ein Tetramer als ein Hexamer sei. Danach schwieg der Blätterwald. Erst 2007 legte Christopher Arthur, Colorado, nach: Mittels Elektronenmikroskopie habe er ein Hexamer gefunden. So fest wie die Felsen von Colorado scheint der Befund aber nicht zu stehen. Obwohl Arthur in Triton gelöstes Syph untersuchte, ignoriert er die Disulfidproblematik: Johnstons Arbeit scheint er nicht zu kennen, zumindest zitiert er sie nicht. Auch ist Arthur anscheinend unbekannt, dass man mit einer Gelfiltration Stokes radii bestimmt und keine MGs. Nichts gegen Arthur – er muss ein netter Kerl sein, denn er hat Rehm zitiert – doch das letzte Wort zur Syphstruktur ist noch nicht gesprochen.

Welcher Doktorand auch immer den Ehrgeiz hat, dieses Wort zu sprechen, Bertram und Hubert wünschen ihm Glück. Er wird es nötig haben.

Literatur

1 Arthur, C. & Stowell, M. (2007): Structure of synaptophysin: A hexameric MARVEL domain channel protein. Structure 15, 707–714

2 Hansen, R. et al. (2007): Quantification of protein thiols and dithiols in the picomolar range using sodium borohydride and 4,4'-dithio-dipyridine. Anal. Biochem. 363, 77–82

Ich sage das nur, weil wir uns alle kennen, und dass ich mich auf kein falsches Spiel einlasse, in Ansehung der Verzauberung meines Herrn, so weiß Gott die Wahrheit, und dabei wollen wir es bewenden lassen, denn es stinkt noch mehr, wenn wirs umrühren.

Sie wollen dennoch Homooligomere vernetzen? Dann machen Sie Kontrollen, denn Kontrollen schützen vor dem Reinfall

- Prüfung der Zusammensetzung der vernetzten Banden im SDS-Gel durch Experimente mit spaltbarem Vernetzer (z.B. SASD in ◘ Abb. 2.31): Die Bande aus dem Gel ausschneiden, die Vernetzung z.B. mit DTT spalten und die Spaltprodukte in einer zweiten SDS-Gelelektrophorese und einem Blot untersuchen.
- Test auf intermolekulare Vernetzung durch Verdünnungsversuche; die quantitativen Verhältnisse der vernetzten Produkte dürfen sich, bei gleichbleibender Vernetzerkonzentration und abnehmender Konzentration an Oligomer, nicht ändern; insbesondere dürfen mit abnehmender Konzentration an Oligomer keine Banden verschwinden.
- Verschiedene Vernetzer sollten qualitativ gleiche Ergebnisse liefern.
- Die MG des Oligomers aus Vernetzungsstudien und aus hydrodynamischen Messungen sollten näherungsweise übereinstimmen.
- Bei der Reinigung des Oligomers treten oft Artefakte auf. Daher sollte zusätzlich unter möglichst nativen Umständen vernetzt werden: bei Membranproteinen an Membranvesikeln oder an der lebenden Zelle, bei löslichen Proteinen im rohen Zellextrakt. Die Ergebnisse dürfen denen mit dem gereinigten Oligomer nicht widersprechen.

»Vorbedacht ist besser als nachgeklagt,« sagte Don Quichotte zu dem vom grünen Mantel, »ich werde dadurch nicht verlieren, wenn ich mich vorsehe; denn ich weiß es aus Erfahrung, dass ich sichtbare und unsichtbare Feinde habe, von denen ich nicht weiß, wann, noch wo, noch zu welcher Zeit, noch in welcher Gestalt sie mich angreifen werden«.

Literatur

1 Darawshe, S. et al. (1987): Quaternary structure of erythrocruorin from the nematode *Ascaris suum*. Biochem. J. 242, 689–694

2 Waheed, A. et al. (1990): Quaternary structure of the Mr 46 000 mannose 6-phosphate specific receptor: effect of ligand, pH, and receptor concentration on the equilibrium between dimeric and tetrameric receptor. Biochemistry 29, 2449–2455

8.1.4.2 Struktur von Homooligomeren

Hat der Experimentator die Merigkeit eines Homooligomers bestimmt, ist dessen Struktur noch keineswegs definiert, denn schon beim Tetramer kann man die Untereinheiten auf verschiedene Weise zusammensetzen. Der Aufbau eines Homooligomers muss zwei Kriterien genügen (Klotz et al. 1970):

- Die Untereinheiten müssen gleichwertige Positionen einehmen. So sind lineare Anordnungen, außer für Dimere, nicht möglich, da die Position der Untereinheiten der Enden verschieden ist von der Position der Untereinheiten im Innern der Kette.
- Die Anordnung muss einen geschlossenen Aufbau haben, d.h. es dürfen keine freien Untereinheitenbindungsstellen vorliegen. Anderenfalls ist das Oligomer instabil und bildet große Addukte.

Theoretisch gibt es drei Klassen von Strukturen: zyklische, dihedrale und kubische. Kubische Struktur ist erst ab 24 Untereinheiten möglich. Dihedrale Struktur zeigen nur Oligomere mit einer geraden Zahl von Untereinheiten. Oligomere mit einer ungeraden Anzahl von Untereinheiten sind also zyklisch aufgebaut.

Es sei n die Anzahl der Untereinheiten. Dann gibt es für n=2 und n=3 nur eine Anordnung, für n=4 zwei (zyklisch und tetrahedral) für n=5 eine (zyklisch) und für n=6 sind drei Anordnungen möglich (eine zyklische, zwei dihedrale) (◘ Abb. 8.7).

Aussagen über die Struktur des Homooligomers erhält man aus der quantitativen Analyse der Vernetzungsdaten. Das Homooligomer wird mit verschiedenen Konzentrationen an Vernetzer inkubiert, die Reaktionen nach einer gewissen Zeit gestoppt und die Ansätze auf einem SDS-Gel aufgetrennt. Im Gel erscheinen die Monomere, vernetzten Dimere etc. Der relative Anteil an Monomer und vernetzten Oligomeren wird für jede Vernetzerkonzentration bestimmt (z.B. durch Scannen des Gels). Aus den Anteilen berechnet man die Verknüpfungswahrscheinlichkeiten zwischen den einzelnen Untereinheiten und daraus die Struktur.

Bei dem Experiment kommt es auf die Zahl der Banden und ihre Intensität an. Im SDS-Gel ist bei Homooligomeren die Färbeintensität verschiedener Banden vergleichbar und gibt den Zustand im Ansatz wieder. Für den Blot gilt das nicht: Hochmolekulare Vernetzungsprodukte blotten schlechter als niedermolekulare und sind daher auf dem Blot quantitativ unterrepräsentiert. Längere Blot-Zeiten gleichen das aus, bergen aber die Gefahr, dass die kleinen Proteine durch die Blotmembran durchschlagen und dadurch teilweise verloren gehen. Die Proteinfärbung des geblotteten Gels zeigt, ob Proteine im Gel zurückblieben. Eine zweite Blotmembran, die der ersten unterliegt, zeigt, ob kleine Proteine durchschlugen.

Die Datenauswertung solcher Vernetzungsexperimente ist schwer. Ein Blick in den Anhang von Hucho et al. (1975) zeigt, wie kompliziert schon die mathematische Behandlung des Tetramers wird.

Literatur

1 Darawshe, S. & Daniel, E. (1991): Molecular symmetry and arrangement of subunits in extracellular hemoglobin from the nematode *Ascaris suum*. Eur. J. Biochem. 201, 169–173
2 Hucho, F. et al. (1975): Investigation of the symmetry of oligomeric enzymes with bifunctional reagents. Eur. J. Biochem. 59, 79–87
3 Klotz, I. et al. (1970): Quaternary structure of proteins. Ann. Rev. Biochem. 39, 25–62

8.1.4.3 Vernetzung von Heterooligomeren

Zuerst ist abzuklären, aus welchen Untereinheiten das Heterooligomer besteht. Sie reinigen dazu das Heterooligomer auf. Nun ist kein Protein 100% sauber darstellbar. Manche der Banden, die das gereinigte Heterooligomer im SDS-Gel zeigt, können Verunreinigungen sein. Andererseits gehen Polypeptide, die zum Oligomer gehören, während der Reinigungsprozedur verloren, z.B. durch Proteaseeinwirkung oder wegen fehlender Liganden oder eines falschen Puffers. Reinheitstests beschreibt ► Kapitel 5.4. Eine zusätzliche Kontrolle der Zusammensetzung des Oligomers ermöglichen spezifische Antikörper gegen die Untereinheiten. Die Antikörper präzipitieren das Oligomer aus radioaktiv markiertem Rohextrakt (IP s. ► Kap. 6.2), und Sie können die Präzipitate verschiedener Antikör-

Zahl der Untereinheiten		Symmetrie	Zahl der Bindungen	Art der Bindungen
2	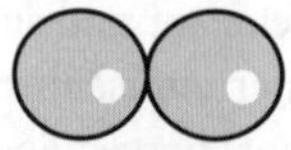	C2 (linear)	1	gleich
3	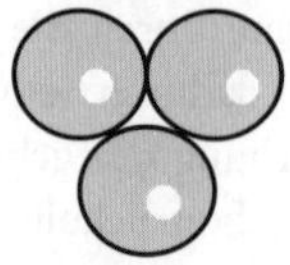	C3 (Dreieck)	3	gleich
4	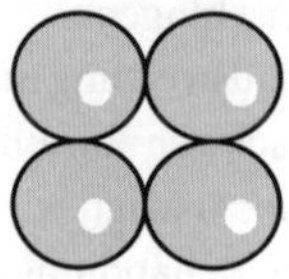	C4 (Viereck)	4	gleich
4		D2 (Tetrahedron)	6	3 verschiedene
5	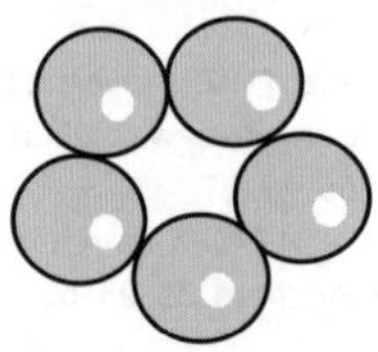	C5 (Pentagon)	5	gleich
6	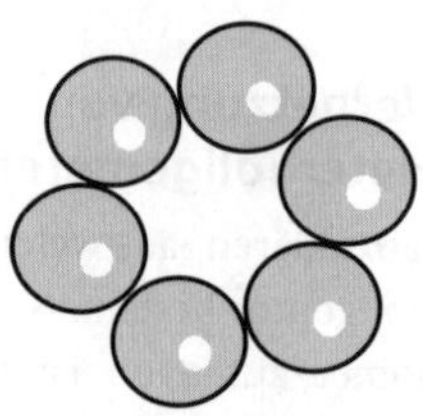	C6 (Hexagon)	6	gleich
6		D3 (Prisma)	9	2 verschiedene
6	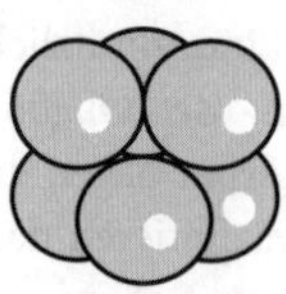	D3 (Octahedron)	12	3 verschiedene

Abb. 8.7 Die Struktur von Homooligomeren

per (gegen verschiedene Untereinheiten) im Autoradiogramm eines SDS-Gels vergleichen.

◘ Abb. 8.6 zeigt, dass Vernetzungsstudien auch die Stöchiometrie von Heterooligomeren bestimmen. Doch ist die Sachlage komplizierter als bei Homooligomeren. Es treten mehr Banden auf, und zu ihrer Identifizierung sind untereinheitenspezifische Antikörper notwendig. Auch ist die Färbeintensität der Banden im Gel nicht vergleichbar, denn bei der Vernetzung von Heterooligomeren bestehen verschiedene Banden aus verschiedenen Proteinen. Die Färbeintensität von Coomassie bzw. Silber schwankt aber zwischen gleichen Mengen verschiedener Proteine um einen Faktor 2 bzw. 5.

Die gewonnenen Daten sichern Sie durch Kontrollen (s. Vernetzung von Homooligomeren). Trotzdem werden Sie bei Vernetzungsversuchen mit Heterooligomeren häufig die wünschenswerte Klarheit vermissen. Nur Glückspilze, Zweckoptimisten oder Leute, die schon wissen was rauskommen soll, leiten die Stöchiometrie oder Merigkeit eines Heterooligomers allein aus Vernetzungsversuchen her. Wer sicher gehen will, beruhigt sein Gewissen mit zusätzlichen Daten, die er unabhängig von der Vernetzung ermittelte.

Literatur

1 Gaffney, B. (1985): Chemical and biochemical crosslinking of membrane components. BBA 822, 289–317
2 Hucho, F. et al. (1978): The acetylcholine receptor as part of a protein complex in receptor-enriched membrane fragments from *Torpedo californica* electric tissue. Eur. J. Biochem. 83, 335–340
3 Langosch, D. et al. (1988): Conserved quaternary structure of ligand-gated ion channels: The postsynaptic glycine receptor is a pentamer. Proc. Natl. Acad. Sci. USA 85, 7394–7398

8.1.5 S&M mit Aminosäureanalysen oder Antikörpern

Das stöchiometrische Verhältnis zweier Untereinheiten eines Proteinkomplexes aus der Messung ihrer Farbintensität im SDS-Gel bestimmen zu wollen, hieße Äpfel mit Birnen vergleichen. Doch das Verhältnis der Molaritäten der endständigen Aminosäuren der Untereinheiten kann beim Edman-Abbau über Kalibrationsgeraden genau bestimmt werden (s. ► Kap. 7.7.2). Dieses Verhältnis ist gleich dem stöchiometrischen Verhältnis der Untereinheiten (◘ Tab. 8.1). Sind jedoch, was häufig vorkommt, die endständigen Aminosäuren ganz oder teilweise blockiert, versagt die Methode (s. ► Abschn. 7.7.1).

Kapp et al. (1990) bestimmen die Untereinheitenzusammensetzung heterooligomererer Proteine mit **Aminosäureanalysen.** Die Idee ist, dass die Aminosäurezusammensetzung des Oligomers (bekannt) abhängt von den Aminosäurezusammensetzungen der Untereinheiten (bekannt) und von deren Stöchiometrie (unbekannt). Der Experimentator benötigt das MG des Oligomers, Zahl und MG der Untereinheiten und Aminosäureanalysen von Oligomer und Untereinheiten. Die Aminosäurezusammensetzung der Untereinheiten ergibt sich auch aus ihrer Sequenz (falls vorhanden). Die Mole der Aminosäure A_i pro Mol Heterooligomer sind die Summe (über alle Untereinheiten) der Mole A_i pro Mol Untereinheit multipliziert mit der Anzahl der jeweiligen Untereinheit im Oligomer (Stöchiometrieindizes). Nur die letzten Größen, die Stöchiometrieindizes, sind unbekannt. Für jede Aminosäure lässt sich eine solche Gleichung aufstellen, theoretisch also ca. 20 Gleichungen. Die Zahl der Untereinheiten-Typen und damit ihrer Stöchiometrieindizes (der Unbekannten) dagegen ist meistens kleiner 20. Die Stöchiometrieindizes lassen sich also berechnen. Die Methode scheint experimentell einfach zu sein. Auch ist sie unempfindlich gegenüber geringen Unsicherheiten in der MG-Bestimmung von Heterooligomer und Untereinheiten. Der Umgang mit 20 Gleichungen braucht aber einen ausgefuchsten Rechner.

Ebenfalls unabhängig von Vernetzungsdaten kommt eine **immunologische** Methode zu Aussagen über die Stöchiometrie der Untereinheiten eines Oligomers (◘ Abb. 8.8) (Pestka et al. 1983; Whiting et al. 1987). Ein Oligomer besitze eine unbekannte Anzahl α-Untereinheiten. Ein anti-α-Antikörper, der an ein eng begrenztes Epitop der Untereinheit α bindet (monoklonaler Antikörper oder polyklonale Antikörper gegen eine kurze Aminosäuresequenz), wird kovalent an eine Matrix gekoppelt. Die Überlegung ist, dass das Oligomer nur mit einer α-Untereinheit an die Immunomatrix bindet. Existiert

Tab. 8.1 Die Untereinheitenzusammensetzung eines Heterooligomers bestimmt das Verhältnis der Molaritäten der endständigen Aminosäuren seiner Untereinheiten

Untereinheitenzusammensetzung	Molares Verhältnis endständige Aminosäure (α-Untereinheit) zu endständiger Aminosäure (β-Untereinheit)
$\alpha\beta$; $\alpha_2\beta_2$; $\alpha_3\beta_3$	1,0
$\alpha_2\beta_3$	1,5
$\alpha\beta_2$; $\alpha_2\beta_4$	2,0
$\alpha\beta_3$	3,0
$\alpha\beta_4$	4,0

8

mehr als eine α-Untereinheit pro Oligomer, bleiben auf dem Oligomer Epitope frei. Diese Epitope binden den freien anti-α-Antikörper. Der Experimentator belädt also die Immunomatrix mit dem Oligomer und wäscht ungebundenes Oligomer weg. Danach untersucht er, wie viel freien anti-α-Antikörper die mit dem Oligomer beladene Matrix bindet. Es empfiehlt sich den freien anti-α-Antikörper mit ^{125}Iod zu markieren. Zur Kontrolle dient Immunomatrix ohne Oligomer oder, besser, Immunomatrix, die in Anwesenheit eines Bindungshemmers mit Oligomer beladen wurde. Ein geeigneter Bindungshemmer wäre z.B. das Peptid, gegen das der Antikörper gemacht wurde. Kann die Menge des Oligomers auf der Matrix nicht genau bestimmt werden, ist nur eine qualitative Aussage möglich. Zudem ist die Methode störanfällig: Niemand garantiert, dass das Oligomer nur über **einen** Antikörper an die Immunomatrix bindet. Ist die Dichte an Antikörper auf der Matrix hoch, bindet ein Oligomer, das mehr als eine α-Untereinheit besitzt, eventuell über mehrere α-Untereinheiten und mehrere Antikörper an die Matrix. Die Bindung von freiem Antikörper wird verhindert und der Stöchiometrieindex der Untereinheit α unterschätzt. Schließlich könnte bei mehr als zwei Untereinheiten pro Oligomer und geeigneten sterischen Verhältnissen ein Antikörper zwei freie α-Epitope absättigen. Wieder ergäbe sich ein zu niedriger Stöchiometrieindex.

Literatur

1 Kapp, O. et al. (1990): Calculation of subunit stoichiometry of large multisubunit proteins from amino acid compositions. Anal. Biochem. 184, 74–82
2 Pestka, et al. (1983): Specific immunoassay for protein dimers, trimers and higher oligomers. Anal. Biochem. 132, 328–333
3 Whiting, P. et al. (1987): Neuronal nicotinic acetylcholine receptor β-subunit is coded for by the cDNA clone α4. FEBS lett. 219, 459–463

8.2 Was unsre Welt im Innersten zusammenhält

Ist die Zusammensetzung eines Oligomers aufgeklärt, bleibt die Frage, warum das Oligomer gerade die und keine andere Zusammensetzung hat. Wie kommt diese Spezifität zustande? Welche Bereiche der Untereinheiten sind für die Oligomerbildung verantwortlich? Wie sind diese Kontaktstellen geometrisch angeordnet? Nicht nur die Röntgenstrukturanalyse gibt Antwort:

a. Bestehen die Kontaktstellen aus Teilsequenzen und sind sie nicht punktuell über weite Bereiche verstreut, dann kann der Experimentator Peptide synthetisieren, die einer Hälfte der Kontaktstelle (i.e. einer Bindungsstelle) entsprechen. Die Peptide sollten an die Kontaktstelle binden und die Bildung von Oligomeren hemmen. Das gleiche gilt für Antikörper gegen die Sequenz der Kontaktstelle.

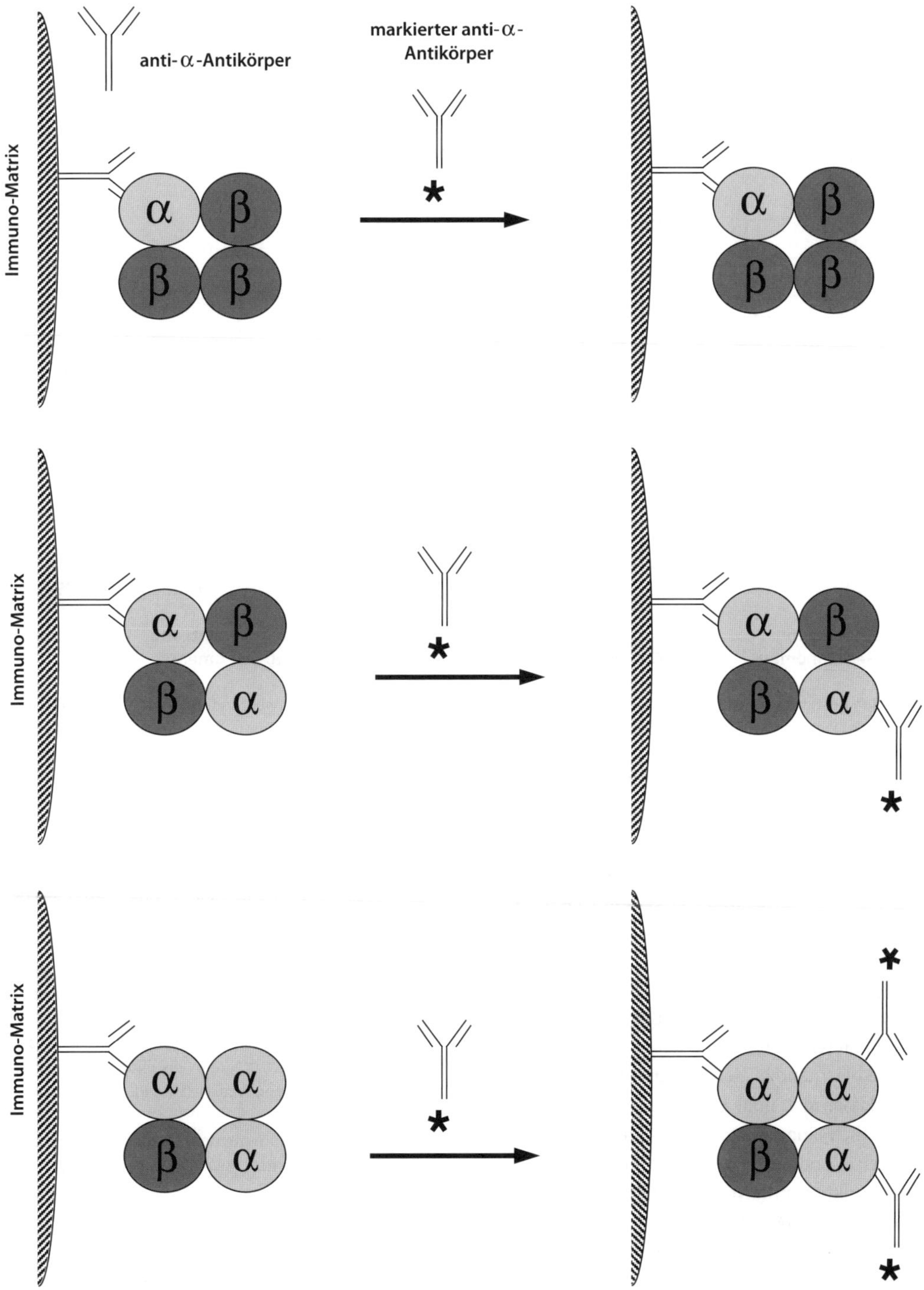

Abb. 8.8 Untersuchung der Stöchiometrie von Heterooligomeren mit untereinheitenspezifischen Antikörpern

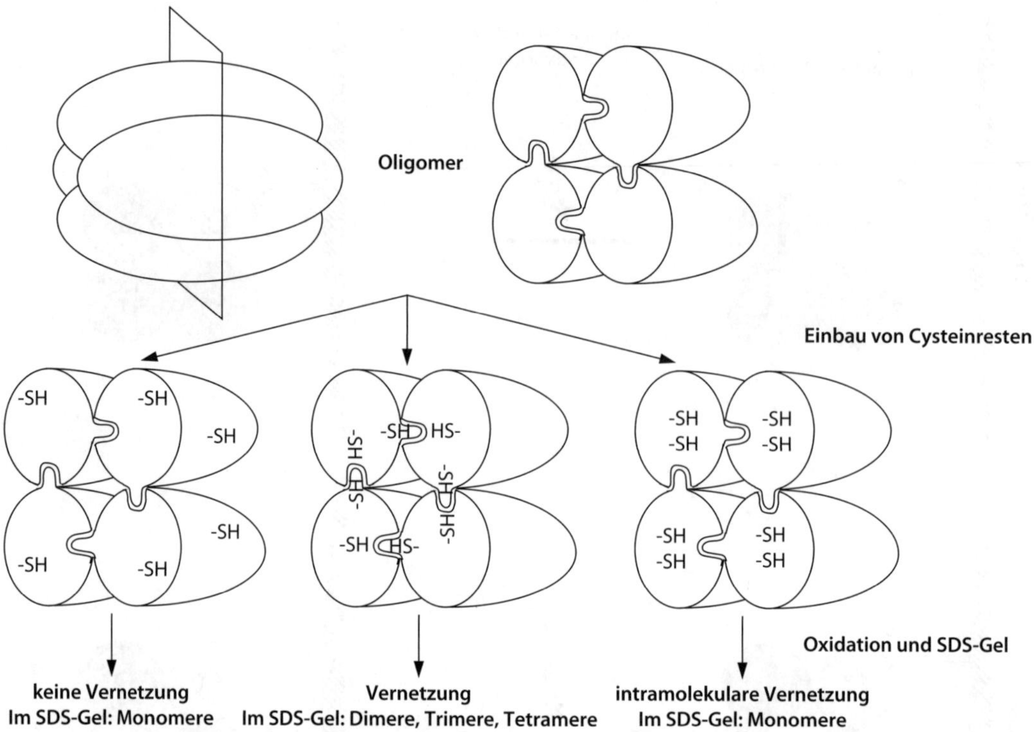

Abb. 8.9 Bestimmung von Kontaktstellen. In die Polypeptidketten der Monomeren werden Cysteinreste eingeführt. Im zugehörigen Oligomer werden die Cysteinreste oxidiert. Sitzen die Cysteinreste der Monomere in der Nähe der Kontaktstellen zwischen den Monomeren, vernetzt die Oxidation das Oligomer kovalent (Disulfidbrücken). Im SDS-Gel (nichtreduzierende Bedingungen) tauchen dann Dimere, Trimere etc. auf

Wie findet man das richtige Peptid aus den hunderten möglichen? Entweder Raten oder Teilen: das Protein halbieren (bzw. 2 Hälften exprimieren), schauen welche Hälfte bindet oder ein Oligomer bildet, diese Hälfte wieder halbieren etc…

b. Die Kontaktstellen sind die Berührungspunkte der Untereinheiten des Oligomers, liegen also nahe beieinander. Benachbarte Teilsequenzen lassen sich über Vernetzungsstudien mit künstlich eingeführten Cysteinresten identifizieren. Voraussetzung ist, dass die Cysteinreste die Funktion und Konformation des Proteins nicht ändern (Abb. 8.9).
c. Man ersetzt Teile der Untereinheit durch entsprechende Teile eines verwandten Moleküls, das mit den restlichen Untereinheiten kein Oligomer bildet. Danach untersucht man, z.B. mit Ko-Immunopräzipitation, welche Chimären Oligomer bilden und welche nicht.

Literatur

1 Li, M. et al. (1992): Specification of subunit assembly by the hydrophilic amino-terminal domain of the shaker potassium channel. Science 257, 1225–1230
2 Maniolos, M. (1990): Transmembrane helical interactions and the assembly of the T cell receptor complex. Science 249, 274–277
3 Pakula, A. & Simon, M. (1992): Determination of transmembrane protein structure by disulfide cross-linking: the E. coli Tar receptor. Proc. Natl. Acad. Sci. USA 89, 4144–4148
4 Sumikawa, K. (1992): Sequences on the N-terminus of Ach receptor subunits regulate their assembly. Mol. Brain Res. 13, 349–353

Glykoproteine

Da dieses dein Entschluss ist« versetzte Don Quichotte, »so wollen wir die Gespenster lassen und uns aufmachen, größere und wichtigere Abenteuer zu suchen, denn diese Gegend hat die Physiognomie, dass es hier nicht an vielen und sehr wundervollen fehlen kann.

9.1 Wie, wo und wozu werden Proteine glykosyliert?

Nach der Synthese eines Proteins am endoplasmatischen Reticulum bleibt die Zelle nicht müßig, sondern bastelt weiter an ihrem Produkt. Sie schneidet die Polypeptidketten zurecht, phosphoryliert oder sulfatiert manches Serin, Threonin oder Tyrosin und versieht bestimmte Proteine mit Oligosaccharidketten. Letzteres heißt **Glykosylierung.** Glykosyliert sind viele der extrazellulären Proteine in Serum, Harn, Speichel, Lymphe, Cerebrospinalflüssigkeit, aber auch integrale Membranproteine (auf der extrazellulären Seite) und Proteine, die auf der extrazellulären Seite der Membran sitzen. Länge, Ladung und Sequenz der Zuckerkette sind für ein bestimmtes Protein keine Konstanten, sondern hängen, wie die menschliche Oberbekleidung, von Spezies, Gewebe, Alter und dem Zustand des Organismus (z.B. Krankheit, Schwangerschaft etc.) ab. Ein glykosyliertes Protein besteht in der Regel aus einer Reihe von Glykoformen, d.h. Proteinen mit gleicher Polypeptidsequenz aber verschiedenen Zuckerresten.

Die Zucker N-glykosylierter Proteine (z.B. Synaptophysin, Ovalbumin, Transferrin) hängen am Asparagin eines Asn-X-Thr/Ser Sequenzmotivs. Nicht jedes Glykosylierungsmotiv wird jedoch glykosyliert. Die Zucker O-glykosylierter Proteine (z.B. menschliches IgA, Plasminogen, Fetuin) sind über Serine oder Threonine an die Polypeptidkette geknüpft. Der Glykosyltransfer auf Serin oder Threonin benötigt kein Sequenzmotiv. Ein bestimmtes Glykoprotein kann N- und O-glykosyliert sein (z.B. Fetuin, menschliches IgA_1 und IgD).

Welche Rolle spielt die Proteinglykosylierung im Zellstoffwechsel? Die Entdeckung von Glykosylierungshemmern und die Verfügbarkeit selektiver, hochgereinigter Glykosidasen ermöglichten es, diese Frage zu beantworten:

- Glykosylierung schützt Proteine vor proteolytischem Verdau.
- Die Glykosylierung mancher Rezeptoren (z.B. Insulinrezeptor) ändert deren Affinität zu den Liganden und umgekehrt beeinflusst die Glykosylierung mancher Liganden (z.B. Thyrotropin, human chorionic gonadotropin) deren Affinität zum Rezeptor. Auch hängt die Aktivität bestimmter Hormone und Enzyme (z.B. extrinsic tissue plasminogen activator) von ihrer Glykosylierung ab.
- Die Glykosylierung eines Proteins dient als Signal für den intrazellulären Transport: Glykosylierte Proteine werden ins extrazelluläre Medium bzw. an die Zellmembran transportiert.
- Die Wechselwirkung der Zuckerketten von Membranproteinen und extrazellulärem Matrixmaterial mit Lektinen regulieren Wanderung und Verteilung bestimmter Zellen im Organismus (z.B. Lymphocyten).

Die Forschungsmöglichkeiten auf dem Gebiet der Glykoproteine bestehen also nicht nur darin, die Sequenz und Zusammensetzung der Zuckerketten eines Proteins aufzuklären. Diese mühselige Angelegenheit überlässt der ehrgeizige Doktorand besser anderen, zumal dann, wenn die Arbeit voraussehbar in einer reinen Beschreibung endet und keine funktionellen Schlüsse zulässt. Eine mögliche Goldgrube dagegen ist die Untersuchung der Beteiligung der Zuckerketten von Zellmembranproteinen an der Steuerung der Zellwanderungen, der Ausbildung von Zell-Zell-Kontakten und damit der Entwicklung des Organismus.

Literatur

1 Kobata, A. (1992): Structures and functions of the sugar chains of glycoproteins. Eur. J. Biochem. 209, 483–501
2 Rademacher, T. et al. (1988): Glycobiology. Ann. Rev. Biochem. 57, 785–838
3 Varki, A. et al. (2008): Essentials of glycobiology. Cold Spring Harbor Laboratory Press; 2nd edition. ISBN 0-87969-770-9.

9

9.2 Nachweis von Glykoproteinen in Gelen

Glykoproteine in SDS-Gelen färbt der traditionsbewusste Biochemiker mit PAS. Dazu setzt er das Gel mit den **P**eriodat-oxidierten Glykoproteinen nacheinander mit **A**rsenit und **S**chiffreagenz um (Fairbanks et al. 1971). Eine Modifikation der PAS-Färbung beschreibt Gerard (1990). Die PAS-Färbung benötigt 3 µg Protein/Bande und lässt sich durch drei Worte charakterisieren: umständlich und unempfindlich.

Etwas empfindlicherer ist die Thymol-Schwefelsäure-Färbung (Gerard 1990). Auch diese Färbung dauert etwa einen Tag und benötigt mindestens 1–2 µg Glykoprotein. Zudem ist die Färbung bei RT nur für ein paar Stunden stabil; bei −20°C hält sie sich ein paar Tage.

Literatur

1 Fairbanks, G. et al. (1971): Electrophoretic analysis of major polypeptides of the human erythrocyte membrane. Biochemistry 10, 2606–2617
2 Gerard, C. (1990): Purification of glycoproteins. Methods Enzymol. 182, 529–539

9.3 Nachweis von Glykoproteinen auf Blots

9.3.1 Nichtselektive Glykoproteinfärbung

Empfindliche Glykoproteinfärbungen oxidieren die vicinalen Hydoxylgruppen der Oligosaccharide und setzen die entstandenen Aldehydgruppen mit Hydraziden um (◘ Abb. 9.1). Oxidationsmittel ist meistens Periodat. Die Reaktionen können vor der Elektrophorese oder erst auf dem Blot durchgeführt werden. Für die Periodat-Oxidation von Glykoproteinen auf dem Blot blotten Sie besser auf PVDF-Membranen, denn oxidierte Nitrocellulose gibt eine Hintergrundfärbung.

Heimgartner et al. (1989) oxidieren geblottete Glykoproteine mit Periodat und setzen die entstandenen Aldehydgruppen mit Polyhydraziden und danach mit Periodat-oxidierter Peroxidase um. Die Methode erfasst Submikrogramm-Mengen von Glykoproteinen. Das verwendete Polyhydrazid ist nicht im Handel erhältlich und die Färbung nicht proportional zum Zuckergehalt der Proteine. Zudem hängt die Färbung vom Aufbau der Zuckerkette ab.

O'Shanessy et al. (1987) setzen periodatoxidierte Glykoproteine mit Biotin-aminocaproyl-Hydrazid um. Die biotinilierten Glykoproteine werden einer SDS-Gelelektrophorese unterworfen, auf Nitrocellulose geblottet und mit Peroxidase-Streptavidin nachgewiesen. Die Reagenzien sind im Handel erhältlich, die Nachweisgrenze liegt bei 1 ng Glykoprotein/Bande. Die Proportionalität der Färbung zum Zuckergehalt des Glykoproteins oder ihre Unabhängigkeit vom Aufbau der Zuckerkette wurde nicht gezeigt.

Analog zur O`Shanessy-Methode verläuft der Nachweis von Glykoproteinen mit Digoxigenin-3-O-succinyl-ε-amidocapronsäure-Hydrazid (Roche Diagnostics). Die Glykoproteine werden zuerst mit Periodat oxidiert und dann mit dem Hydrazid umgesetzt. Nach SDS-Gelelektrophorese und Blot weist man sie mit, an alkalische Phosphatase gekoppelten, anti-Digoxigenin-Antikörpern nach.

Literatur

1 Heimgartner, U. et al. (1989): Polyacrylic polyhydrazides as reagents for detection of glycoproteins. Anal. Biochem. 181, 182–189
2 O'Shanessy, D. et al. (1987): Quantitation of glycoproteins on electroblots using the biotin-streptavidin complex. Anal. Biochem. 163, 204–209

9.3.2 Selektive (Lektin-)Färbung

Mit markierten Lektinen lassen sich auf Blots weniger als 10 ng Glykoprotein/Bande nachweisen. Da bestimmte Lektine nur an bestimmte Zucker binden, gibt eine Reihe verschiedener Lektine mit einem bestimmten Glykoprotein ein charakteristisches Bindungsmuster. So weist die Bindung von RCA auf endständiges Gal, die von SBA auf endständiges GalNAc und die Bindung von Con A auf N-glykosylierte Proteine (Spezifität und Herkunft

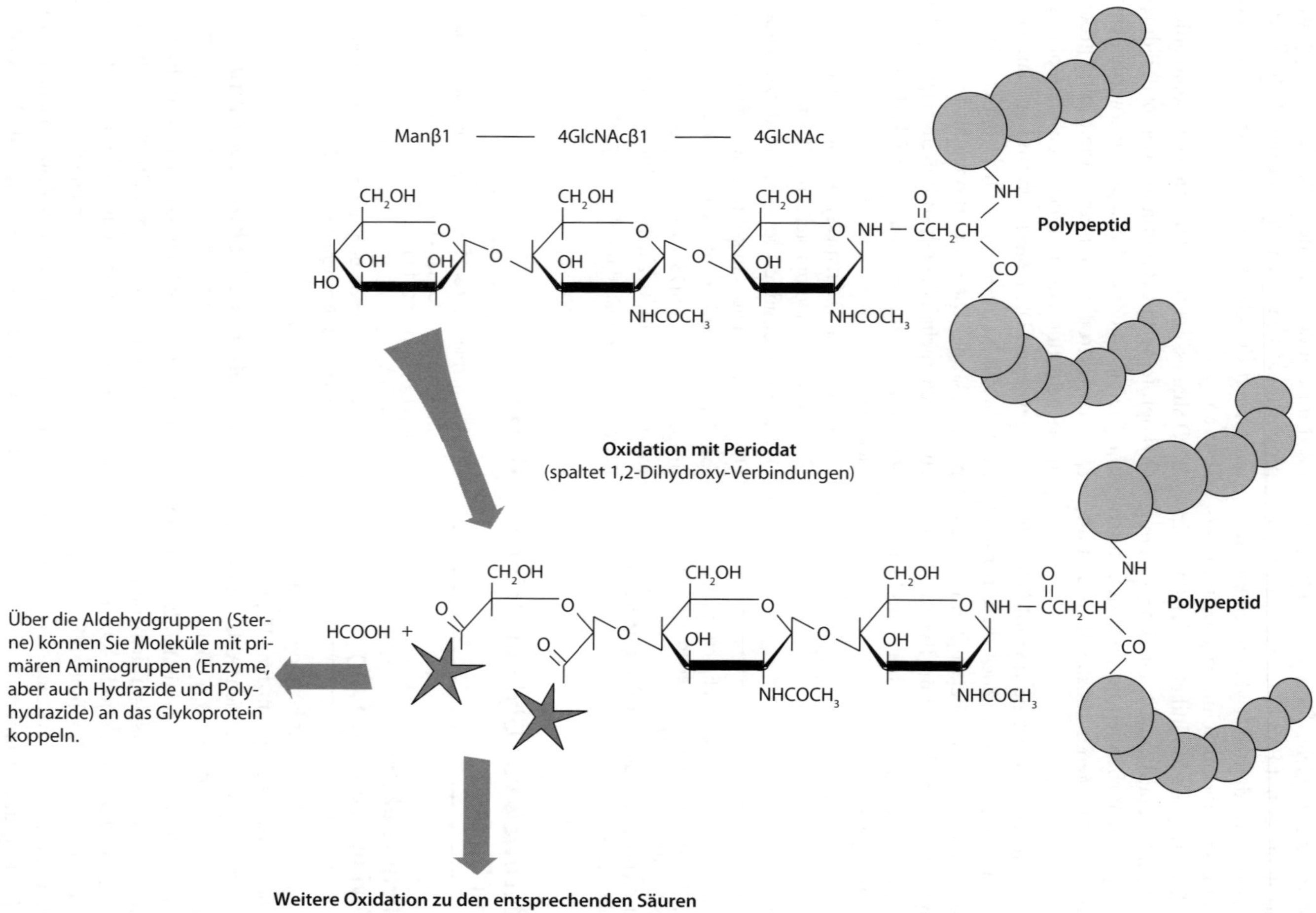

Abb. 9.1 Oxidation der Zuckerketten von Glykoproteinen. Die vicinalen Hydroxylgruppen der Zuckerreste werden mit Periodat zu Aldehydgruppen oxidiert. Hydroxylgruppen in cis-Konfiguration und die acyclischen Diolgruppen in Sialinsäuren oxidieren besonders leicht

der Lektine in ◘ Tab. 9.1). O-glykosylierte Proteine binden selektiv an Jacalin (Hortin & Timpe 1990) und, nach Entfernung endständiger Sialinsäuren durch Neuraminidaseverdau, an PNA (Kijimoto et al. 1985). Besitzt das Glykoprotein mehrere Zuckerketten, lässt das Lektin-Bindungsmuster keinen Schluss auf den Aufbau einzelner Oligosaccharide zu.

Zur Charakterisierung von Glykoproteinen mit Lektinen wird die Probe auf einem SDS-Gel mit ca. 10 cm breiter Tasche gefahren und geblottet. Der Blot (auf PVDF-Membran) wird auf Protein gefärbt und die ca. 10 cm lange Proteinbande quer in ca. 20 schmale Streifen geschnitten. Nach dem Blocken (z.B. mit 2% Polyvinylpyrrolidon-360 in 50 mM Tris-Cl pH 7,5 und 0,5 M NaCl) werden je zwei Streifen mit einem markierten Lektin (◘ Tab. 9.1) mit bzw. ohne hemmenden Zucker inkubiert und danach entwickelt.

Lektin-Blots werden mit Substanzen geblockt, die frei von lektinbindenden Glykoproteinen sind (Tween, Polyvinylpyrrolidon-360, gereinigtes BSA, periodatoxidiertes BSA, Hämoglobin). Milchpulver und die billigeren BSA-Präparate enthalten Glykoproteine. Ein Kontrollstreifen des Blots sollte mit Lektin und konkurrierendem Zucker inkubiert werden und keine Färbung zeigen. Vergessen Sie nicht: Viele Lektine binden nur in Gegenwart von Cofaktoren (z.B. Ca^{2+}, Mg^{2+} oder Mn^{2+}).

Wer die Blots mit peroxidasemarkierten Lektinen färbt, sollte wissen, dass das Peroxidase-Substrat Diaminobenzidin krebserregend sein soll und Con A Peroxidasen bindet. Eine kovalente Markierung von Con A ist also unnötig. Schließlich wird derjenige wenig Freude haben, der Lektine, die an Cellulose binden, mit Nitrocellulose-Blots umsetzt (Ausweichmöglichkeit: PVDF-Membranen). ◘ Tab. 9.1 zeigt eine Auswahl kommerziell erhältlicher markierter Lektine.

Literatur

1 Hortin, G. & Timpe, B. (1990): Lectin affinity chromatography of proteins bearing o-linked oligossaccharides: application of jacalin-agarose. Anal. Biochem. 188, 271–277

2 Kijimoto, S. et al. (1985): Analysis of N-linked oligosaccharide chains of glycoproteins on nitrocellulose sheets using lectin-peroxidase reagents. Anal. Biochem. 147, 222–229

3 Ogawa, H. et al. (1986): Characterization of the carbohydrate moiety of *Clerodendron trichotomum* lectins. Eur. J. Biochem. 161, 779–785

4 Rohringer, R. & Holden, D. (1985): Protein blotting: detection of proteins with colloidal gold, and of glycoproteins and lectins with biotin-conjugated and enzyme probes. Anal. Biochem. 144, 118–127

9.4 Deglykosylierung

Man deglykosyliert Proteine zur Bestimmung des MG der Polypeptidkette oder der Aktivität des deglykosylierten Proteins. Oft hemmen Zuckerketten auch den Proteaseverdau eines Proteins zu definierten Peptiden für die Sequenzanalyse. Zu deglykosylierten Proteinen führen vier Wege: Glykosylierunghemmer, Endoglykosidasen, die Chemie und -wie kann es anders sein- die Massenspektrometrie. Die Methoden in 9.4 legen Wert auf das intakte Protein, die Integrität der abgelösten Zuckerketten wird vernachlässigt; intakte Zuckerketten erhalten Sie mit den in 9.5.2.1 beschriebenen Techniken.

9.4.1 Glykosylierungshemmer

Die Zugabe eines Glykosylierungshemmers zu Zellkulturen stoppt die Glykosylierung der Proteine an bestimmten Punkten der Glykosylierungskette. Das Ergebnis sind Proteine mit kürzeren oder fehlenden Zuckerketten. ◘ Tab. 9.2 zählt die wichtigsten N-Glykosylierungshemmer auf.

Tunicamycin und Amphomycin verhindern die N-Glykosylierung durch Hemmung des Dolicholstoffwechsels (◘ Abb. 9.2). Unreine Tunicamycinpräparationen hemmen auch geringfügig die Proteinsynthese. Swainsonin, Castanospermin etc. verhindern das Zurechtschneiden (Trimming) der N-glykosidisch gebundenen Zucker und ändern dadurch das Glykosylierungsmuster (◘ Abb. 9.2).

Ein spezifischer Inhibitor der O-Glykosylierung ist nach Olivier Nosjean die Verbindung Benzyl N-acetyl-alpha-D-galactosamide. Es handelt sich um einen kompetetiven Hemmer der N-acetyl-alpha-D-galactosaminyl Transferase. Das Enzym katalysiert den ersten Schritt in der Biosynthese der meisten O-glykosidisch gebundener Zuckerketten (Glykane). Patsos et al. (2005) haben, ausgehend

Tab. 9.1 Markierte Lektine

	Marker	Lektin	Spezifität	Cofaktoren	Spezifische Aktivität
	^{3}H	WGA *(Triticum vulgaris)*	$(D\text{-}GlcNAc)_n$		100 µCi/mg
		Con A *(Canavalia ensiformis)*	α-D-Man, α-D-Glc	Ca^{2+}, Mn^{2+}	30–90 Ci/mmol
	^{125}I	Con A *(Canavalia ensiformis)*	α-D-Man, α-D-Glc	Ca^{2+}, Mn^{2+}	30.000–40.000 µCi/mg
	^{14}C	Con A *(Canavalia ensiformis)*	α-D-Man, α-D-Glc	Ca^{2+}, Mn^{2+}	50–50µg
		LCA *(Lens culinaris)*	endständige α-D-Man & α-D-Glc		5–50 µCi/mg
Peroxidase (P)[a], Biotin (B)[b] oder FITC (F)	B	AAA *(Aleuria aurantia)*	-α(1–6)Fuc		3–5 Mol Biotin/Mol Lektin
	B, F	APA *(A brus precatorius)*	D-Gal		3 Mol Biotin/Mol Lektin
	B, F	BPA *(Bauhinia purpurea)*	β-D-Gal(1–3)-D-Gal-NAc		4 Mol Biotin/Mol Lektin
	B, F, P	BS-I *(Bandeiraea simplicifolia)*	α-D-Gal, α-D-GalNAc	Ca^{2+}, Mg^{2+} Mn^{2+}	5 Mol Biotin/Mol Lektin
	B, F	CAA *(Caragana arborescens)*	D-GalNAc		6 Mol Biotin/Mol Lektin
	B, F, P	Con A *(Canavalia ensiformis)*	α-D-Man, α-D-Glc	Ca^{2+}, Mn^{2+}	4–8 Mol Biotin/Mol Lektin
	B, F, P	DBA *(Dolichos biflorus)*	α-D-GalNAc		4–8 Mol Biotin/Mol Lektin
	B	DSA *(Datura stramonium)*	β(1–4) verknüpfte Oligomere von GlcNAc		2–4 Mol Biotin/Mol Lektin
	B, F, P	ECA *(Erythrina cristagalli)*	β-D-Gal(1–4)-D-GlcNAc		2 Mol Biotin/Mol Lektin
	B, F	ECorA *(Erythrina corallodendron)*	β-D-Gal(1–4)-D-GlcNAc		5 Mol Biotin/Mol Lektin
	B	GNA *(Galanthus nivalis)*	endständige Man		0,5–3 Mol Biotin/Mol Lektin
	B, F, P	HAA *(Helix aspersa)*	endständige α-D-GalNAc		2 Mol Biotin/Mol Lektin
	B, F, P	HPA *(Helix pomatia)*	endständige α-D-GalNAc		2–4 Mol Biotin/Mol Lektin
	F, B	LCA *(Lens culinaris)*	endständige α-D-Man und α-D-Glc		2–3 Mol Biotin/Mol Lektin
	B	MAA *(Maackia amurensis)*	α(2–3) verknüpfte Sialinsäuren		3–5 Mol Biotin/Mol Lektin

Tab. 9.1 Fortsetzung

	Marker	Lektin	Spezifität	Cofaktoren	Spezifische Aktivität
	F, B	MPA *(Madura pomifera)*	endständige α-D-Gal, α-D-GalNAc		2 Mol Biotin/Mol Lektin
	F, B	PHA-L *(Phaseolus vulgaris)*			6–12 Mol Biotin/Mol Lektin
	B, F, P	PNA *(Arachis hypogaea)*	β-D-Gal(1–3)-D-Gal-NAc		3 Mol Biotin/Mol Lektin 10–15 Mol Biotin/Mol Lektin
	B	RCA 120 *(Ricinus communis)*	endständige β-D-Gal		2–4 Mol Biotin/Mol Lektin
	B, F, P	SBA *(Glycine max)*	D-GalNAc		3 Mol Biotin/Mol Lektin
	B	SNA *(Sambucus nigra)*	β-D-Gal(1–4)-D-Glc; endständige Gal α(2–6)NeuAc, GalNAcα(2-)NeuAc		6–10 Mol Biotin/Mol Lektin
	B, F, P	UEA I *(Ulex europaeus)*	α-L-Fuc		8 Mol Biotin/Mol Lektin
	B, F, P	WGA *(Triticum vulgaris)*	(D-GlcNAc)$_n$		2–4 Mol Biotin/Mol Lektin
Digoxigenin[c]		AAA *(Aleuria aurantia)*	-α(1–6)Fuc		1–3 Mol Dig/Mol Lektin
		Con A *(Canavalia ensiformis)*	α-D-Man, α-D-Glc	Ca^{2+}, Mn^{2+}	1–3 Mol Dig/Mol Lektin
		DSA *(Datura stramonium)*	(D-GlcNAc)$_2$		1–3 Mol Dig/Mol Lektin
		GNA *(Galanthus nivalis)*	endständige Man		1–3 Mol Dig/Mol Lektin
		MAA *(Maackia amurensis)*	α(2–3) verknüpfte Sialinsäuren		1–2 Mol Dig/Mol Lektin
		PNA *(Arachis Hypogaea)*	β-D-Gal(1–3)-D-Gal-NAc		1–6 Mol Dig/Mol Lektin
		RCA 120 *(Ricinus communis)*	endständige β-D-Gal		1–3 Mol Dig/Mol Lektin
		SNA *(Sambucus nigra)*	β-D-Gal(1–4)-D-Glc; endständige Galα(2–6) NeuAc, GalNAcα(2-) NeuAc		1–3 Mol Dig/Mol Lektin
		WGA *(Triticum vulgaris)*	(D-GlcNAc)$_n$		1–3 Mol Dig/Mol Lektin

FITC: Fluorescein Isothiocyanat; a) die spezifische Aktivität, gemessen in Purpurogallin-Einheiten/mg Protein, schwankt bei den mit Peroxidase markierten Lektinen zwischen 10–60; b) wird mit Avidin und biotinilierter Peroxidase nachgewiesen; c) wird mit anti-Digoxigenin-Antikörpern gekoppelt an Fluorescein, Peroxidase oder alkalische Phosphatasenachgewiesen; Dig: Digoxigenin

Tab. 9.2 Hemmer der N-Glykosylierung

Name	Quelle	Mechanismus	wirksame Konzentration	besondere Eigenschaften
Tunicamycin	*Streptomyces lysosuperificus*	hemmt die GlcNAc-1-P-Transferase	0,2–1 µg/ml	löslich in DMSO und Dimethylformamid, unlöslich in wässrigen Lösungen mit pH<6; existiert in mehreren isomeren Formen; Tunicamycin ist giftig
Amphomycin	*Streptomyces canus*	bildet mit Dolicholphosphat Komplexe und hemmt dadurch dessen Glykosylierung	25–100 µg/ml	Wirkung abhängig von Ca^{2+} im Medium
Swainsonin	*Swainsona canescens, Astragalus*	hemmt die α-Mannosidase II	0,2–1 µg/ml	Swainsonin löst sich in Wasser und Chloroform
Castanospermin	*Castanospermum australe*	hemmt die Glucosidase I	10–50 µg/ml	
Nojirimycin	*Streptomyces*	hemmt die Glucosidase I		
1-Deoxynojirimycin	*Bacillus*	hemmt die Glucosidase I und in hohen Dosen auch Glucosidase II	150–800 µg/ml	
Bromoconduritol	synthetisch	hemmt die Glucosidase II	500–1000 µg/ml	zersetzt sich in Wasser ($T_{1/2}$=15 min)
Deoxymannojirimycin	synthetisch	hemmt die Mannosidase II	10–50 µg/ml	

von Benzyl-O-N-acetyl-D-Galaktosamin, eine Bibliothek von Hemmern der O-Glykosilierung entwickelt.

So schön es ist, mit Glykosylierungshemmern zu arbeiten, zuerst müssen Sie eine Zelllinie finden, die das gesuchte Protein exprimiert. Das aber ist schwer, jedenfalls für seltene Proteine oder Proteine, die hochdifferenzierte Zellen charakterisieren, wie die Funktionsproteine von Nervenzellen. Auch ist das Sammeln und Screenen von Zelllinien, unserer Erfahrung nach, mit vielen Telefonanrufen, politischen Bedenklichkeiten und mühseligen Zugfahrten verbunden.

Literatur

1 Elbein, A. (1987): Glycosilation inhibitors for N-linked glycoproteins. Methods Enzymol. 138, 661–709
2 George, S. et al. (1986): N-glycosilation in expression and function of β-adrenergic receptors. J. Biol. Chem. 261, 16559–16564
3 Patsos, G. et al. (2005): Action of a library of O-glycosylation inhibitors on the growth of human colorectal cancer cells in culture. Biochem. Soc. Transactions 33, 721–723
4 Rehm, H. et al. (1986): Molecular characterization of synaptophysin, a major calcium binding protein of the synaptic vesicle membrane. EMBO J. 5, 535–541
5 Schwarz, R. & Datema, R. (1984): Inhibitors of trimming: new tools in glycoprotein research. TIBS 9 32–34

9.4.2 Endoglykosidasen

Endoglykosidasen sind die Restriktionsenzyme des Zuckerforschers (Tab. 9.3), denn sie spalten Oligosaccharide nur an bestimmten Stellen (Abb. 9.3). Die Endoglykosidasen F und H spalten

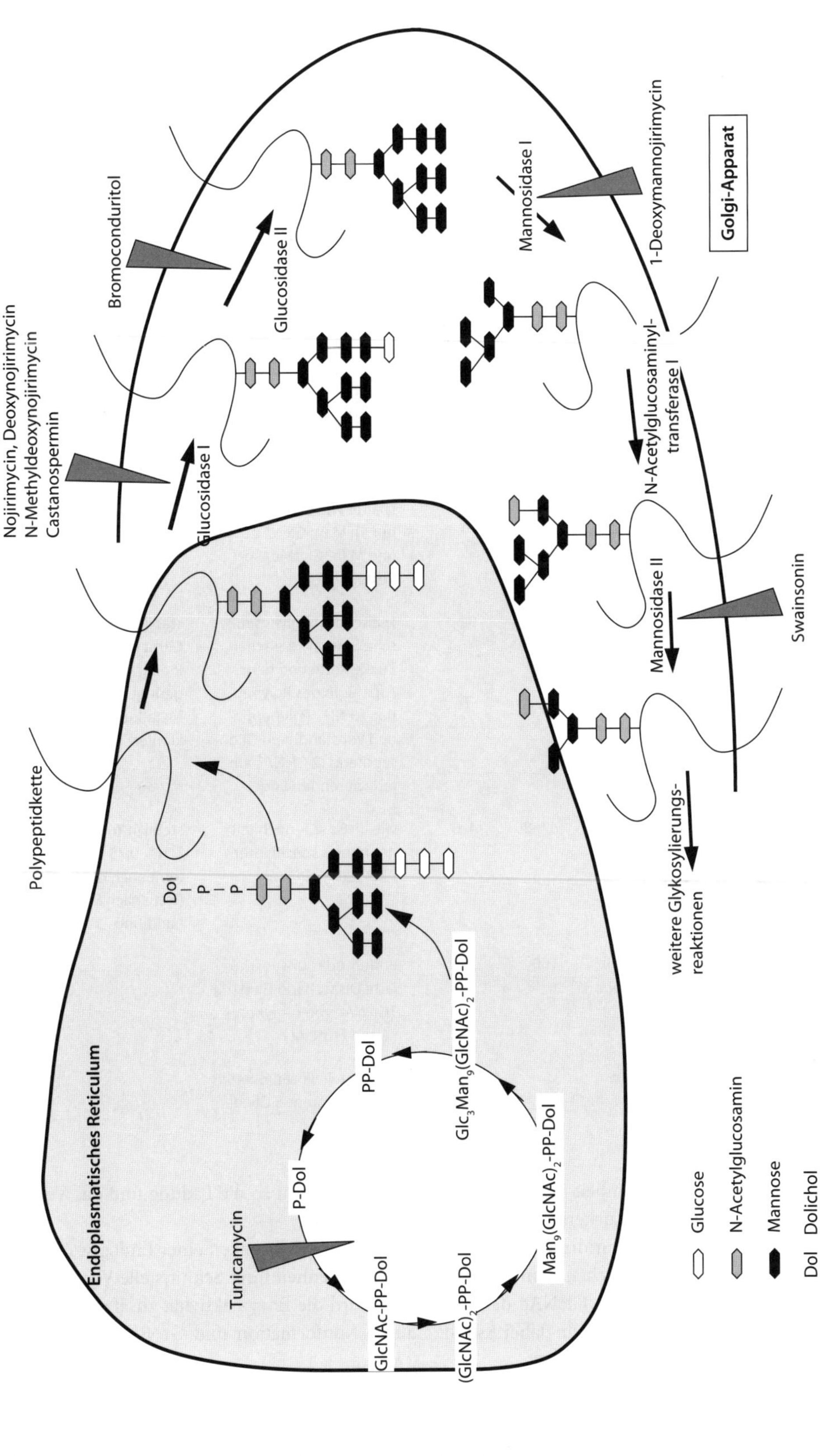

Abb. 9.2 Die N-Glykosylierung von Proteinen

Tab. 9.3 Endoglykosidasen

Name	Quelle	MG (Kd)	pH Optimum	Spezifität	besondere Eigenschaften
Endo-N-acetyl-β-glucosaminidase H (Endo H) EC 3.2.1.96	*Streptomyces plicatus*	29	5–6	spaltet die β(1–4)-Bindung zwischen den ersten zwei GlcNAc von N-glykosidisch gebundenen Zuckerketten; das Oligo-saccharid bleibt intakt mit einem einzigen GlcNAc am reduzierenden Ende, das andere GlcNAc bleibt am Protein	proteaseresistent; 0,5 M NaSCN erhöht die Aktivität des Enzyms
Endo-N-acetyl-β-glucosaminidase F (Endo F)	*Flavobacterium meningo septicum*	32	4-6	ähnlich wie Endo H	
Endo-N-acetyl-β-glucosaminidase D (Endo D)	*Diplococcus pneumoniae*	280	6,5	spaltet wie Endo H, doch nur an Man5GlcNAc2Asn- und Man3GlcNAcAsn-Resten	
Peptid-N-(N-acetyl-β-glucosaminyl)- Asparaginamidase (PNGase F) EC3.5.1.52	*Flavobacterium meningo-septicum*	35,5	8,6	spaltet die N-glykosidische Bindung zwischen Zuckerkette und dem Asparagin des Polypeptids zu NH_3, Polypeptid und vollständigem Oligosaccharid (2 GlcNAc am reduzierenden Ende)	stabil in 2,5 M Harnstoff; Citrat hemmt; manche Präparate enthalten geringe Mengen einer Metalloprotease; auch kloniert erhältlich
Peptid-N-(N-acetyl-β-glucosaminyl)-asparaginamidase (PNGase A)	Mandeln	67–80	4–6	wie PNGase F, doch mit geringerer spezifischer Aktivität	stabil in Triton X-100, EDTA, 0,75 M NaSCN; entfernt auch die GlcNAc-Reste nach Endo-H- Behandlung
Endo-α-N-acetyl-galactosamidase D	*Diplococcus pneumoniae*	160	7,6	entfernt das unsubstituierte Disaccharid Galβ1-3GalNAc von o-glykosylierten Proteinen	
Endo-N-acetyl-neuraminidase	*Bacillus sp.*			entfernt Sialinsäureketten mit mindestens 5 Gliedern	

die endständige Chitobiose-Einheit in bestimmten N-glykosidisch gebundenen Zuckerketten, es verbleibt also noch ein Monosaccharidrest am Protein. PNGasen dagegen spalten zwischen dem Asn des Proteins und dem endständigen GlcNAc der Zuckerkette (Abb. 9.3). Sie verwandeln dabei Asn in Asp und ändern so die Ladung und das Verhalten des Proteins.

Für die Wirksamkeit einer Endoglykosidase ist die Anwesenheit ihrer Schnittstelle Voraussetzung, doch wird die Enzymaktivität zusätzlich bestimmt durch Konformation und Größe des Polypeptids

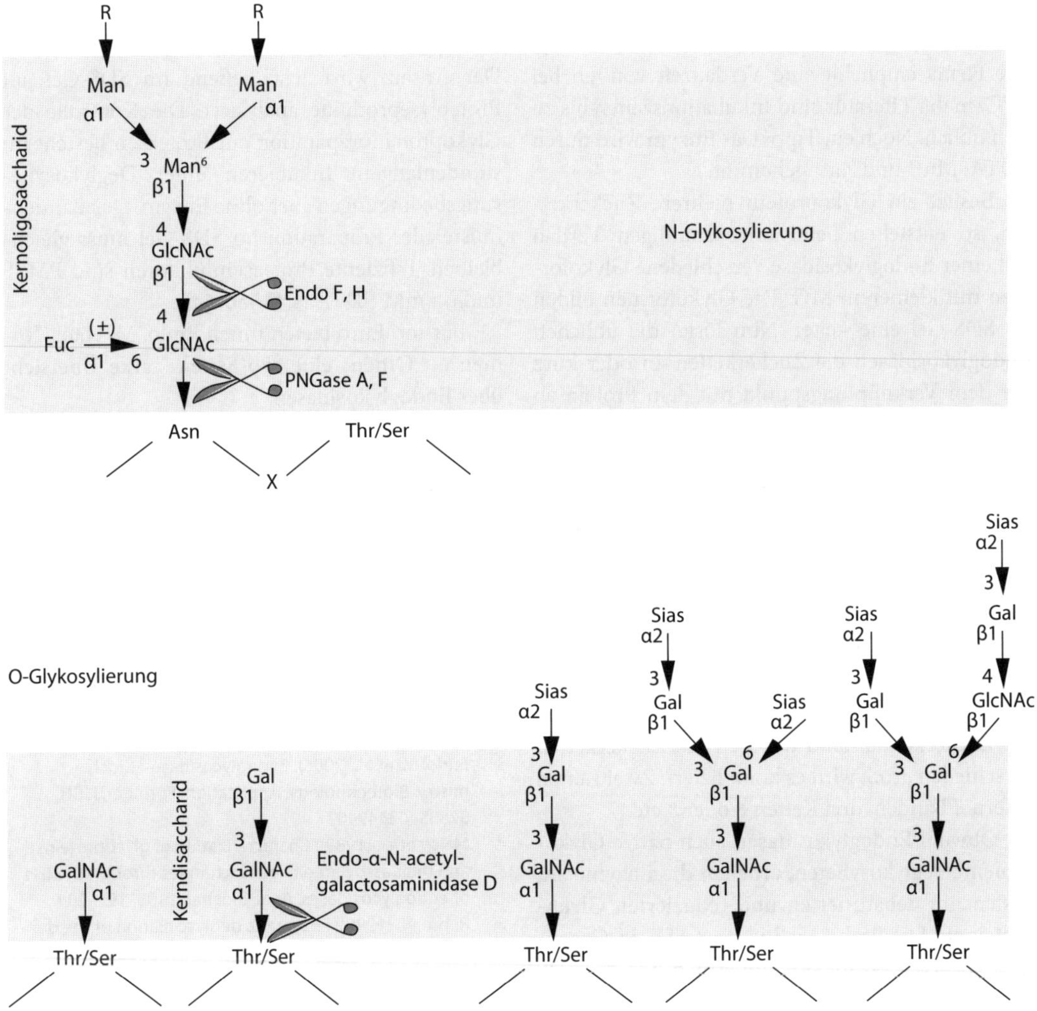

■ **Abb. 9.3 Der Aufbau N- und O-glykosidisch gebundener Zuckerketten und Schnittstellen verschiedener Enzyme**

und Zahl, Anordnung und Art der restlichen Zucker des Oligosaccharids. Eine Tabelle verschiedener Zuckerketten und ihrer Empfindlichkeit gegenüber den wichtigsten Endoglykosidasen zeigen Maley et al. (1989). Die meisten Endoglykosidasen spalten nur N-glykosidisch gebundene Zucker (■ Tab. 9.3). Im Handel erhältlich sind u.a. die Enzyme Neuraminidase, PNGase F und Endo D,F,H. Isolierungs- und Nachweismethoden für Endo F und PNGase F beschreiben Alexander & Elder (1989).

Enzyme, die o-glykosidisch gebundene Zucker abspalten, sind selten aber es gibt sie (in der Biologie gilt: »Es gibt nichts was es nicht gibt«). Die Firma GLYKO bietet z.B. eine rekombinante O-Glycanase von *Streptococcus pneumonia* an. Das Enzym spaltet das o-glykosidisch gebundene Disaccharid Galβ1-3GalNAc der Galβ1-3GalNAcα1-Ser/Thr-Gruppe von Proteinen ab. Substitution des Disaccharid-Kerns mit Sialinsäuren, Fucose, N-Acetylglucosamin- oder N-Acetylgalactosaminresten verhindert die Abspaltung. Es empfiehlt sich also, das Protein vor der O-Glycanase Behandlung mit Neuraminidase zu verdauen. Eine Garantie, dass die O-Glycanase alle ihre o-glykosidisch gebundenen Zuckerreste abspaltet, haben Sie nicht, auch nicht nach Neuraminidase Vorbehandlung. Die Firma empfiehlt eine Verdauzeit von 3 h bei 37°C, in der Literatur sind Inkubationszeiten bis zu 72 h üblich. Noch ein Tipp: Das Enzym wird durch EDTA, Mn^{2+} und Zn^{2+} gehemmt.

Besitzt ein Glykoprotein mehrere Zuckerketten, so entstehen beim unvollständigen Verdau mit einer Endoglykosidase verschiedene Glykoformen mit kleinerem MG. Die Glykoformen bilden im SDS-Gel eine Leiter. Nun lösen die üblichen Endoglykosidasen die Zuckerketten an oder kurz vor dem Verknüpfungspunkt mit dem Protein ab (◘ Abb. 9.3) und lassen die Ketten ansonsten intakt. Wenn Sie daher, aus anderen Experimenten, wissen, dass die abgespaltenen Zuckerketten gleich groß sind, können Sie aus der Zahl der Banden im SDS-Gel auf die Zahl der (endoglykosidasesensitiven) Zuckerketten des Glykoproteins schließen. Erscheinen z.B. beim Verdau eines Glykoproteins nur drei Banden im Gel, dann hat das Protein zwei Zuckerketten mit gleichem MG, bei vier Banden 3, allgemein: bei n Banden im Gel besitzt das Protein n-1 Zuckerketten. Sind dagegen die Zuckerketten verschieden groß, wird es kompliziert: Zwei Ketten liefern 4 Banden, drei Ketten 6 oder 8 etc.

Obwohl Endoglykosidasen auch native Glykoproteine deglykosylieren, arbeiten die Enzyme am besten mit denaturierten und reduzierten Glykoproteinen: Die Probe wird in 0,1% SDS in Gegenwart von 1% Mercaptoethanol erhitzt und das SDS vor der Enzymzugabe mit 1% Triton X-100 oder NP-40 entschärft. Dieses Verfahren inaktiviert auch eventuelle Proteasen. Zeigt die Endoglykosidase keine Wirkung, so hilft oft eine Vorbehandlung mit Neuraminidase, die endständige Sialinsäurereste entfernt, oder eine andere Endoglykosidase (Wirkungsmuster von Endoglykosidasen in Maley et al. 1989). Auch mehr Enzym für längere Zeit (12–36 h) bei höherer Temperatur (37°C) führt oft zum Erfolg. Hier heisst es mal ausnahmsweise: Viel hilft viel.

Wird die Deglykosylierung des Proteins über die Abnahme seines MG in SDS-Gelen überprüft, dürfen weder die verwendeten Glykosidasen noch die Glykoproteinpräparation Proteasen enthalten. Eine empfehlenswerte, aber nicht ausreichende, Kontrolle der Glykosidasepräparation auf Proteasenverunreinigung ist das Inkubieren der Glykosidase bei 37°C mit einem Protease empfindlichen nichtglykosylierten Protein (z.B. gereinigtes BSA). Der Ansatz wird anschließend im SDS-Gel auf Proteolyseprodukte analysiert. Die Kontrolle der Glykoproteinpräparation auf Proteasen besteht im stundenlangem Inkubieren unter Deglykosylierungsbedingungen aber ohne Enzym. Das Bandenmuster der Präparation im SDS-Gel muss gleichbleiben. Effiziente Proteaseinhibitoren sind PMSF und 0,1 mM EDTA (s. ◘ Tab. 5.1).

Für 100 Euro bieten Ihnen Endo, M. et al. (Nomen est Omen) eine 270 Seiten starke Übersicht über Endoglykosidasen.

Literatur

1 Alexander, S. & Elder, J. (1989): Endoglycosidases from *Flavobacterium meningosepticum* application to biological problems. Methods Enzymol. 179, 505–518
2 Elder, J. & Alexander, S. (1982): Endo-β-N-acetylglucosaminidase F: endoglycosidase from *Flavobacterium meningosepticum* that cleaves both high-mannose and complex glycoproteins. Proc. Natl. Acad. Sci. USA 79, 4540–4544
3 Endo, M. et al. (2006): Endoglycosidases: Biochemistry, Biotechnology, Application. Springer, ISBN 9783540344940
4 Maley et al. (1989): Characterization of glycoproteins and their associated oligosaccharides through the use of endoglycosidases. Anal. Biochem. 180, 195–204
5 Rehm, H. (1989): Enzymatic deglycosilation of the dendrotoxin binding protein. FEBS lett. 247, 28–30
6 Thotokura, N. & Bahl, O. (1987): Enzymatic deglycosilation of glycoproteins. Methods Enzymol. 138, 350–359

9.4.3 Chemische Deglykosylierung

Diese Art der Deglykosylierung hat mit der Massenspektrometrie wieder Auftrieb erlangt. Es gibt fünf Methoden und keine der fünf ist ideal. Sie sind nie sicher, dass Sie alle Oligosaccharide losgeworden sind, und Sie sind nie sicher, ob nicht vielleicht doch das Peptid gespalten wurde.

Die Behandlung von Glykoproteinen mit Trifluoromethansulfonsäure spaltet sowohl N-glykosidisch als auch O-glykosidisch gebundene Zuckerketten ab, wobei O-glykosidische Bindungen etwas widerstandsfähiger sind. Das Kern-GalNac (◘ Abb. 9.3) bleibt allerdings am Serin bzw. Threonin kleben. Die Methode benötigt große (>100 μg) Mengen an Protein, ist umständlich, denaturiert das Protein und zerstört das Oligosaccharid. Das Ausmaß der Deglykosylierung liegt bei 90%. Jedoch: Wenn sie die Behandlung bei höheren Temperaturen (25°C) durchführen, müssen Sie mit der Spaltung von Peptidbindungen rechnen und Membranproteine gehen auch bei niedrigen Temperaturen oft verloren. Letzteres kann extreme Ausmaße annehmen: Bei Rehms Versuchen mit dem synaptischen Vesikelprotein Synaptophysin blieb nach Trifluoromethansulfonsäure-Behandlung von 100 μg Protein nicht einmal ein Restchen für eine Silberfärbung übrig: Das Protein muss quantitativ aggregiert haben (Rehm et al. 1986).

Die früher beliebte Deglykosylierung mit Fluorwasserstoffsäure erfordert, im Vergleich zur Trifluoromethansulfonsäure, längere Reaktionszeiten, gibt geringere Ausbeuten und für die Handhabung der extrem aggressiven Fluorwasserstoffsäure ist spezielle Ausrüstung nötig (Mort & Lampart, 1977).

Gerken et al. 1992 preisen eine Kombination von Oxidation und β-Elimination an, die O-glykosidisch gebundene Zucker schonend und vollständig (also inklusive der an die Aminosäuren gebundenen GalNac) entfernen soll. Die β-Elimination läuft bei pH 10,5 ab was ein niedriger Wert ist verglichen mit anderen β-Eliminierungs-Methoden, die pH 12-13 verwenden. Bei pH 10,5 sollen zwischen 90 und 95% der Zuckerketten abgehen, bei pH 8,4 immerhin noch 60%. Leider haben Gerken et al. die Methode nur für eine bestimmte Sorte von Glykoproteinen (Mucine aus Speichel und Atemwegen) geprüft, von denen ihnen anscheinend Grammmengen zur Verfügung standen und die eine einfache Zuckerstruktur aufweisen. Ob die Methode auch bei Ihrem Protein, lieber Experimentator, so wunderbar funktioniert, dafür legen wir unsere Hände nicht ins Feuer. Selbst Gerken et al. warnen, dass Zuckerketten nicht abgehen, bei denen das an der Aminosäure hängende GalNac am C3 substituiert ist. Dies Problem könne aber durch abwechselnde Behandlung mit Trifluoromethansulfonsäure und ihrer Methode beseitigt werden. Ob das Protein auch dieser Meinung ist? Oder werden die wechselnden Säure- und Alkalibäder es nicht veranlassen, seinen Geist aufzugeben? Umständlich ist die Methode auch: Zuerst wird das Glykoprotein mit Periodat oxidiert, dann das Periodat zerstört, dann mit NaOH β-eliminiert. Dauer des Ganzen: ca. zwei Tage.

Die vierte Methode stammt von Rademaker et al. (1998). Diese Leute entfernen O-glykosidisch gebundene Zuckerketten per β-Elimination mit Ammoniumhydroxid. Das klingt kompliziert ist aber simpel: Sie inkubieren das Protein oder Glykopeptid in 25% Ammoniumhydroxid bei 45°C für 18 Stunden. Das Protein bleibt intakt bis auf die Tatsache, dass die Zuckerkette durch NH_3 ersetzt wird.

Die Rademakersche Methode ist durch Hanisch et al. (2001) verfeinert worden. Franz-Georg Hanisch β-eliminiert mit Ethylamin oder Methylamin. Das hat den Vorteil, dass die zuckerkettentragenden Threonine und Serine mit den Alkylaminen markiert werden, denn für das abgehende Oligosaccharid wird ein Alkylamin eingebaut. Die alkylaminilierte Aminosäure unterscheidet sich im MG stark von der Ausgangsaminosäure (Serin bzw. Threonin) und so kann man im Massenspektrometer den Ort der Glykosylierung des Proteins bestimmen. Eine Inkubation des Glykoproteins mit 40% Methylamin bei 50 °C für sechs Stunden spaltet O-glykosidisch gebundene Zuckerketten vollständig ab, eine Inkubation mit 70% Ethylamin bei 50°C für 18 Stunden spaltet etwa 70% der Zuckerketten ab. In beiden Fällen soll der Abbau der Peptidkette »schwach bis moderat« bzw. »schwach« sein – was immer das heißt. Das alkylaminierte Protein kann mit Proteasen wie Trypsin und Clostripain verdaut werden.

Sie dürfen also unter fünf Methoden wählen: Trifluormethansulfonsäure, Fluorwasserstoffsäure, Oxidation und zwei β-Eliminationmethoden (Übersicht: ◘ Tab. 9.4). Von anderen Methoden raten wir ab. Hydrazinolyse (s. ▶ Abschn. 9.5.2.1) löst zwar die Zucker von Glykoproteinen ab, spaltet aber auch Peptidbindungen. Gleiches gilt für die Behandlung mit NaOH/Borhydrid (Rehm et al. 1986). Auch John Douglass et al. (2001) warnen vor den Schäden die chemische Deglykosilierungen in Polypeptidketten anrichten können.

Wie vorgehen? Das kommt darauf an, was Sie herausbekommen wollen. Wollen Sie den Ort der Glykosylierung bestimmen, raten wir zu Hanisch

Tab. 9.4 Chemische Deglykosilierung

Methode	Entfernt	Vorteile	Nachteile
Trifluoromethansulfonsäure	N-glykosidische und O-glykosidische Zuckerketten	entfernt bis zu 90% der Zuckerketten	umständlich; bei Temperaturen über 25°C werden Peptidbindungen gespalten; Membranproteine aggregieren
Fluorwasserstoffsäure	N-glykosidische und O-glykosidische Zuckerketten		ungesund; geringe Ausbeuten; lange Reaktionszeiten
Oxidation plusβ-Elimination	O-glykosidische Zuckerketten	schonend, zumindest manchmal fast vollständige Abspaltung	langwierig und umständlich; am GalNAc substituierte Zuckerketten sind resistent
β-Elimination nach Rademaker	O-glykosidische Zuckerketten	schonend und fast vollständig	Es können Peptidbindungen gespalten werden; dauert 18 h
β-Elimination nach Hanisch	O-glykosidische Zuckerketten	fast vollständig; die Anknüpfpunkte der Zucker werden markiert	Es können Peptidbindungen gespalten werden; dauert 18 h

et al. Kommt es ihnen nur darauf an, das MG der Polypeptidkette zu bestimmen, tut es auch Rademaker et al. Allerdings würden wir uns nicht auf deren Bedingungen verlassen, sondern z.B. mehrere Ansätze bei verschiedenen Temperaturen fahren. Letzteres können Sie sich schenken, wenn es ihnen nur auf eine Teilsequenz ankommt, wenn Sie also die Zucker nur deswegen entfernen, damit das Protein für z.B. Trypsin angreifbar wird.

Literatur

1 Douglass, J. et al. (2001): Chemical Deglycosylation Can Induce Methylation, Succinimide Formation, and Isomerization. J. Protein Chem. 20, 571–576

2 Edge et al. (1981): Deglycosilation of glycoproteins by trifluoromethanesulfonic acid. Anal. Biochem. 118, 131–137

3 Gerken et al. (1992): A novel approach for chemically deglycosilating o-linked proteins. The deglycosilation of submaxillary and respiratorx mucins. Biochemistry 31, 639–648

4 Hanisch, F. et al. (2001): Glycoprotein identification and localization of o-glycosilation sites by mass spectrometric analysis of deglycosilated/alkylaminylated peptide fragments. Anal. Biochem. 290, 47–59

5 Mort, A. & Lamport (1977): Anhydrous hydrogen fluoride deglycosilates glycoproteins. Anal. Biochem. 82, 289–309

6 Rademaker et al. (1998): Mass spectrometric determination of the sites of o-glycan attachment with low picomolar sensitivity. Anal. Biochem. 257, 149–160

7 Rehm, H. et al. (1986): Molecular characterization of synaptophysin, a major calcium binding protein of the synaptic vesicle membrane. EMBO J. 5, 535–541

8 Sogar, H. & Bahl, O. (1987): Chemical deglycosilation of glycoproteins. Methods Enzymol. 138, 341–350

9.4.4 Massenspektrometrische Deglykosylierung

Aufgrund der komplexen Zusammenhänge in der Fragmentierung von Zuckerketten im Massenspektrometer beschränken wir uns auf den Verweis einiger Bücher, die dieses Thema ausführlich behandeln: »Principles and practice of biological mass spectrometry« von Dass und »Liquid chromatography – mass spectrometry: an introduction« von Ardrey.

Literatur

1 Ardrey, R. (2003): Liquid chromatography – mass spectrometry: an introduction. Chichester, John Wiley & Sons

2 Dass, C. (2001): Principles and practice of biological mass spectrometry. New York, John Wiley & Sons

9.5 Die Zuckerketten

9.5.1 Monosaccharidzusammensetzung

Die Analyse der Monosaccharidzusammensetzung der Zucker entspricht der Aminosäureanalyse bei Polypeptiden. N-glykosidisch gebundene Zucker der Säuger können GlcNAc, Man, Glc, NeuNAc, Gal und Fuc enthalten, O-glykosidisch gebundene GalNAc, Gal, NeuNAc, NeuNgly.

Säure hydrolysiert Oligosaccharide zu Monosacchariden. So setzt 2,5 M Trifluoressigsäure bei 100°C für 6 h neutrale Zucker und Hexosamine frei. Für Sialinsäuren reicht eine Behandlung mit 50 mM Schwefelsäure bei 80°C. Die entstandenen Monosaccharide werden durch HPLC bestimmt und quantifiziert (Ogawa et al. 1990). Es ist aus der Mode gekommen, geladene Zucker wie Sialinsäuren oder die Boratkomplexe ungeladener Zucker durch Chromatographie an Ionenaustauschersäulen aufzutrennen.

Literatur

1 Elwood, P. et al. (1988): Determination of the carbohydrate composition of mammalian glycoproteins by capillary gas chromatography/mass spectrometry. Anal. Biochem. 175, 202–221
2 Ogawa, H. et al. (1990): Direct carbohydrate analysis of glycoproteins electroblotted onto polyvinylidene difluoride membrane from sodium dodecyl sulfate polyacrylamide gel. Anal. Biochem. 190, 165–169

9.5.2 Aufbau und Sequenz

N-glykosidisch gebundene Zucker unterscheiden sich im Verzweigungsgrad (unverzweigt, zweistrahlig, dreistrahlig, vierstrahlig usw.) und in der Monosaccharidzusammensetzung. Bei komplexen Zuckern sind die drei Man im Kernoligosaccharid mit GlcNAc-Gruppen substituiert und manchmal hängt eine Fuc an dem dem Asp benachbarten GlcNAc (◘ Abb. 9.3). Mannose-Zucker enthalten sechs oder mehr Man und hybride Zucker vier oder fünf Man, die teilweise mit GlcNAc substituiert sind. Ähnlich kompliziert sind die Verhältnisse bei O-glykosidisch gebundenen Zuckern (◘ Abb. 9.3).

Wer sich für Sequenz und Aufbau der Zuckerketten von Glykoproteinen interessiert, stößt auf zwei Probleme:

- Ein bestimmtes Glykoprotein enthält in der Regel mehrere verschiedene Zuckerketten.
- Interessante Glykoproteine und damit auch die daran geknüpften Oligosaccharide kommen nur in geringen Mengen vor.

Und so ziehen wir bei Nacht und bei Tage zu Fuße und zu Pferde, auf unsern eignen Füßen durch die Länder. Wir sehen nicht bloß gemalte Feinde, sondern die wahrhaft wirklichen und bekämpfen sie auf alle Weise und bei jeglicher Gelegenheit.

9.5.2.1 Ablösung intakter Oligosaccharide von Glykoproteinen

Für eine Strukturbestimmung muss ein Oligosaccharid in reiner Form vorliegen. Um aber die Oligosaccharidkette eines Glykoproteins reinigen zu können, müssen Sie das Oligosaccharid zuerst vom Polypeptid ablösen und zwar so, dass die Oligosaccharidkette intakt bleibt. Die Methode der Wahl ist ein Endoglykosidase-Verdau (z.B. mit PNGase F), zumal beim Endoglykosidase-Verdau auch die Polypeptidkette erhalten bleibt (s. ► Abschn. 9.4.2).

Falls die Oligosaccharidkette O-glykosidisch gebunden ist, können Sie ihr Glück mit O-Glycanase versuchen bzw. mit Neuraminidase und O-Glycanase. Manche Firmen (z.B. GLYKO) bieten auch Enzymmischungen an, die sowohl N- wie auch O-glykosidische Zucker entfernen. Verlassen können Sie sich darauf nicht, vor allen Dingen nicht darauf, dass alle Ketten und dass diese vollständig entfernt werden. Auch dauern die Verdaus bis zu 72 Stunden und in dieser Zeit kann allerhand geschehen, u.a. Abbau oder Veränderung der Oligosaccharidketten durch enzymatische Verunreinigungen in Ihrer Probe.

Eine ausgiebige Proteolyse des Proteinanteils (z.B. mit Pronase, einer Mischung aus endo- und exo-Proteasen) setzt die Zuckerketten ebenfalls frei. Die Ketten tragen jedoch am reduzierenden Ende noch Asn oder kurze Peptide. Da zudem die Verdauung mit Proteasen gerade bei Glykoproteinen immer unvollständig ist, eignet sich diese Methode schlecht für die Reinigung von Oligosacchariden (für Optimisten: Finne & Krusins 1982).

Chemische Methoden haben den Vorteil, dass sie in ihrer Wirkung nicht so stark von der Konformation des Glykoproteins und dem Aufbau der Zuckerketten abhängen wie Enzyme. Trotz der eifrigen Verkaufsstrategen der Biotechfirmen gibt es daher nach wie vor Liebhaber der Chemie. Diese lösen die Oligosaccharidketten gerne durch Hydrazinolyse ab. Diese Methode ist alt (Takasaki et al. 1982) konnte aber früher nur auf N-glykosidisch gebundene Zucker angewendet werden. Zudem verloren manche GlcNAc ihre N-Acetylgruppen und in geringerem Ausmaß fanden auch andere unerwünschte Reaktionen statt. Patel et al (1993) haben die Hydrazinolyse derart verfeinert, dass sie gegen die enzymatischen Methoden bestehen kann. Nach ihrer Methode können sowohl N- als auch O-glykosidisch gebundene Zuckerketten abgelöst werden. Es ist sogar möglich, (relativ) selektiv O-glykosidisch gebundene Ketten abzulösen. Patel et al. dialysieren das Glykoprotein gegen 0,1% Trifluoressigsäure, gefriertrocknen es und inkubieren dann in wasserfreiem Hydrazin bei 60°C für fünf Stunden (für O-glykosidisch gebundene Zucker) bzw. bei 95°C für vier Stunden (für N- und O-glykosidisch gebundene Zucker). Danach wird auf Raumtemperatur abgekühlt und das Hydrazin evaporiert. Die Proteinreste entfernen Patel et al. über eine Papierchromatographie aber Sie können auch eine HPLC nehmen. Die Oligosaccharide bleiben weitgehend intakt, Vorsicht sei nur bei bestimmten N- und O-substituierten Sialinsäureresten angebracht.

Nakakita und Kollegen (2007) verwenden Hydrazin-Monohydrat statt dem toxischen und explosiven wasserfreien Hydrazin für die Ablösung von N-glykosidisch gebundenen Zuckern. Ein weiterer Vorteil sei, dass man damit große Mengen an Glykoproteinen umsetzen könne und nicht auf Volumina < 1 ml beschränkt sei.

Die Behandlung von Glykoproteinen mit 50 mM NaOH, 1 M $NaBH_4$ setzt die O-glykosidisch gebundenen Oligosaccharide frei. Diese bleiben dabei, bis auf die endständige Zuckereinheit, intakt. Letztere wird zum entsprechenden Alkohol reduziert (Muir & Lee 1969; Rehm et al. 1986).

Literatur

1 Finne, J. & Krusins, T. (1982): Preparation and fractionation of glycopeptides. Methods Enzymol. 83, 269–277
2 Muir, L. & Lee, Y. (1969): Structures of the D-galactose oligosaccharides from earthworm cuticle collagen. J. Biol. Chem. 244, 2343–2349.
3 Nakakita, S. et al. (2007): A practical approach to N-glycan production by hydrazinolysis using hydrazine monohydrate. BBRC 362, 639–645
4 Patel, T. et al. (1993): Use of hydrazine to release in intact and unreduced form both N- and O-linked oligosaccharides from glycoproteins. Biochemistry 32, 679–693
5 Rehm, H. et al. (1986): Molecular characterization of synaptophysin, a major calcium binding protein of the synaptic vesicle membrane. EMBO J 5, 535–541
6 Takasaki et al. (1982): Hydrazinolysis of asparagine-linked sugar chains to produce free oligosaccharides. Methods Enzymol. 83, 263–268

9.5.2.2 Nachweis von Oligosacchariden

Kleine Mengen von Glykoproteinen setzen noch kleinere Mengen von Oligosacchariden frei und sorgen damit für ein großes Messproblem. Konventionelle Nachweisverfahren für Zucker sind unempfindlich (s. ◘ Tab. 9.5). So benötigen die Nachweismethoden mit Schwefelsäure und Phenol, Anthron oder Orcinol große Mengen an Zucker (0,1–1 μMol) und sind nur in einem engen Bereich proportional zur Zuckermenge. Etwas empfindlicher (1–100 nMol) soll der chemische Nachweis neutraler Zucker mit Resorcinol nach Monsigny et al. (1988) sein. Lektin-Blots eignen sich nicht zum Oligosaccharidnachweis, da Oligosaccharide nicht auf Blotmembranen haften.

Es gibt noch physikalische Methoden; da wären z.B. Refraktionsindex und UV-Absorption. Beide sind zwar einigermaßen sensitiv, noch 1 nMol kann nachgewiesen werden, aber völlig unspezifisch. Die

■ Tab. 9.5 Nachweismethoden für Zucker

Methode	Empfindlichkeit	Spezifität	Nachteile
Refraktionsindex	bis etwa 1 nMol	keine	umständlich
UV-Absorption	bis etwa 0,1 µMol	keine	
gepulste Amperometrie	bis etwa 10 pMol	erfasst Hydroxylgruppen	stark alkalische Bedingungen, muss für jeden Zucker extra kalibriert werden
Farbreaktion mit Phenol, Anthron oder Orcinol	0,1–1 µMol	nicht sehr hoch	nur in einem engen Bereich proportional zur Zuckermenge
Farbreaktion mit Resorcinol	1–100 nMol	nicht sehr hoch	

Methode der Wahl, besonders für alkalische Ionenaustauscher-Säulenläufe, ist die gepulste Amperometrie (PAD). Diese Methode misst Anwesenheit und Menge von Hydroxylgruppen und weil Zucker viele Hydroxylgruppen besitzen, zeigt die PAD neben einer hohen Empfindlichkeit (10 pMol) auch eine gewisse Spezifität.

Grundlage der PAD: Hydroxylgruppen dissoziieren bei hohem pH zu einem geringen Teil zu Hydroxyanionen und Protonen; legt man ein Potenzial an, liefern diese Ionen einen messbaren Strom. Der Strom ist proportional zur Konzentration der Hydroxylgruppen bzw. der Zucker. Dies allerdings nur für kurze Zeit, denn die Zucker werden an der Anode oxidiert und die Oxidationsprodukte verunreinigen die Elektrodenoberfläche. Die traditionelle Amperometrie, bei der ein konstantes Potenzial angelegt und der dazugehörige Strom gemessen wird, versagt deswegen bei Zuckern (und auch bei Polyalkoholen). Bei der PAD dagegen werden über Gold- oder Platinelektroden mehrere Potenziale angelegt. Innerhalb einer Sekunde lösen sich ein Äquilibrierungspotenzial, ein Messpotenzial, ein Reinigungspotenzial und ein Regenerierungspotenzial ab und dann beginnt der Zyklus wieder von vorne. Beim Reinigungspotenzial wird die Elektrode von den Oxidationsprodukten gereinigt, beim Regenerationspotenzial wird das entstandene Metalloxid wieder zum Metall reduziert. Dadurch bleibt die Elektrode blank, wie der Laie sagen würde.

Die PAD ist von mäßiger Spezifität für Zucker, weil Hydroxylgruppen auch in anderen Molekülen auftauchen, z.B. in manchen Aminosäuren, Puffern etc. Nachteilig ist zudem, dass die Signalhöhe (PAD-Signal/Mol Probe) stark von der Art des Zuckers abhängt. Sie müssen also das Gerät für jeden Zucker extra kalibrieren. Endlich lösen die stark alkalischen Bedingungen in manchen Zuckern Epimerisierungs- und »Schäl«-Reaktionen aus.

Wegen der Unzulänglichkeit der Nachweismethoden für Oligosaccharide ist es immer noch üblich, die Oligosaccharide zu markieren und dann den Marker zu messen. Hiervon handelt der nächste ▶ Abschnitt (9.5.2.3).

Literatur

1 Monsigny et al. (1988): Colorimetric determination of neutral sugars by a resorcinol sulfuric acid micromethod. Anal. Biochem. 175, 525–530

9.5.2.3 Markierung von Oligosacchariden

Markieren löst ihr Nachweisproblem, es macht Oligosaccharide bequem messbar. Die Möglichkeiten, Oligosaccharide zu markieren, sind bunt (im wahrsten Sinne des Wortes) und vielfältig (■ Tab. 9.6).

Zuverlässig, empfindlich und ungesund ist die Tritiierung von Oligosacchariden mit Borhydrid ($NaB(^3H)_4$). $NaB(^3H)_4$ reduziert die endständige

Tab. 9.6 Markierung von Oligosacchariden

Methode	Empfindlichkeit	Spezifität	Nachteile
Reduktion mit $NaB(^3H)_4$	Im nMol-Bereich	markiert Aldehyde	ungesund, verschlingt Zeit, umständlich
2-Aminopyridin	Im pMol-Bereich	markiert Aldehyde	Sialinsäuren gehen verloren, Reaktion nicht quantitativ
UV-Chromophore	niedrig	markiert Aldehyde	
Reduktive Aminierung nach Towbin et al. (1988)	Im nMol-Bereich	markiert Aldehyde	Reaktion nicht quantitativ, einige Oligosaccharide überstehen die Prozedur nicht

Zuckereinheit zum Alkohol und führt damit ^3H ein (Mellis & Bänziger 1983a). Bei der Tritiierung O-glykosidischer Zucker muss das $NaB(^3H)_4$ schon bei der Abspaltung der Zucker vom Polypeptid anwesend sein (Mellis & Bänziger 1983b). Die Markierung benötigt mehrere Tage, einen Säulenlauf, eine Papierchromatographie und für Oligosaccharide aus 1–5 µg Glykoprotein bis zu 20 mCi an $NaB(^3H)_4$.

Frei von Radioaktivität und sehr empfindlich ist eine Methode, die das reduzierende Ende der Oligosaccharide mit 2-Aminopyridin zu fluoreszierenden Pyridylaminooligosacchariden umsetzt (Tomiya et al. 1987; Hase et al. 1978). Der Nachweis fluoreszierender Verbindungen benötigt apparative Ausrüstung, die nicht in jedem Labor vorhanden ist. Zudem gehen bei dieser Markierung die Sialinsäuren verloren. Schließlich muss, um die Reaktion quantitativ zu machen, das 2-Aminopyridin in großem Überschuss zugegeben und hinterher auf einer Säule wieder entfernt werden.

An Beliebtheit gewonnen hat auch die Markierung von Oligosacchariden mit dem Fluorophor 2-Aminobenzamid (Kotani & Takasaki, 1998). Damit soll eine Detektion von Oligosachariden bis hinab zum Femtomol-Niveau möglich sein. Watanabe und Kollegen (2000) meinen allerdings, bei der Markierung gingen Sialinsäuren verloren und präsentieren eine optimierte Methode bei der die Sialinsäuren erhalten bleiben.

Zur Markierung größerer Mengen reduzierender Oligosaccharide (aus mehr als 20 µg Glykoprotein) eignen sich auch UV-Chromophore (Kakehi et al. 1991). Die milden Reaktionsbedingungen spalten die Sialinsäuren der Oligosaccharide nicht ab, und der Überschuss an UV-Chromophor wird nach der Reaktion durch einfache Extraktion entfernt. Der UV-Chromophor ist nicht käuflich, und seine Herstellung dauert ein paar Tage (Kakehi et al. 1991).

Towbin et al. (1988) setzen das reduzierende Ende von Oligosacchariden mit dem Chromophor 4'-N,N-dimethylamino-4-aminoazobenzol um. Der Chromophor ist farbig (je nach pH dunkelgrün bis gelb-orange) und macht den Zucker hydrophober, was bei HPLC-Trennungen an Umkehrphasensäulen von Vorteil sein mag. Doch ist die Reaktion nur für größere Mengen Zucker beschrieben und nicht für von Glykoproteinen abgelöste Oligosaccharide optimiert.

Oft lässt man Zellen, die das Protein herstellen, in einem Medium wachsen, das radioaktive Monosaccharidsubstrate enthält (z.B. ^3H-Man, ^3H-Gal, ^3H-Fuc oder ^3H-GlcN). Das gewünschte ^3H-markierte Glykoprotein wird aus dem Zellysat, z.B. durch Immunpräzipitation, isoliert. Abgesehen davon, dass diese Methode beachtliche Mengen an Radioaktivität benötigt (10 µCi–1 mCi/ml Kulturmedium), unterscheidet sich die Glykosylierung eines Proteins in einer Zelllinie stark von der Glykosylierung in situ und hängt vermutlich auch von den Kulturbedingungen ab. Zudem existiert nicht für jedes Protein eine Zelllinie, die es exprimiert. Bei der Datenauswertung gilt es zu berücksichtigen, dass manche Zucker (z.B. ^3H-Man) nach der Aufnahme in die Zelle teilweise in andere tritiierte Monosaccharide umgewandelt werden.

Literatur

1 Hase, S. et al. (1978): Structure analysis of oligosaccharides by tagging of the reducing end sugars with a fluorescent compound. BBRC 85, 257–263
2 Kakehi, K. et al. (1991): Precolumn labeling of reducing carbohydrates with 1-(p-Methoxy)phenyl-3-methyl-5-pyrazolone: Analysis of neutral and sialic acid-containing oligosaccharides found in glycoproteins. Anal. Biochem. 199, 256–268
3 Kotani, N. & Takasaki, S. (1998): Analysis of 2-Aminobenzamide-Labeled Oligosaccharides by High-pH Anion-Exchange Chromatography with Fluorometric Detection. Anal. Biochem. 264, 66–73
4 Mellis, S. & Bänziger, J. (1983a): Structures of oligosaccharides present at the three asparagin-linked glycosilation sites of human IgD. J. Biol. Chem. 258, 11546–11556
5 Mellis, S. & Bänziger, J. (1983b): Structures of the O-glycosidically linked oligosaccharides of human IgD. J. Biol. Chem. 258, 11557–11563
6 Tomiya, N. et al. (1987): Structural analysis of N-linked oligosaccharides by a combination of glycopeptidase, exoglycosidase and high-performance liquid chromatography. Anal. Biochem. 163, 489–499
7 Towbin, H. et al. (1988): Chromogenic labeling of milk oligosaccharides: purification by affinity chromatography and structure determination. Anal. Biochem. 173, 1–9
8 Watanabe, T. et al. (2000): Labeling Conditions Using a 2-Aminobenzamide Reagent for Quantitative Analysis of Sialo-oligosaccharides. Biol. Pharm. Bull. 23, 269–273

9.5.2.4 Trennung von Oligosacchariden

Sie haben die Oligosaccharide intakt vom Glykoprotein abgelöst und wollen das Gemisch in einzelne Spezies auftrennen.

Oligosaccharidmischungen werden entweder über HPLC-Normalphasensäulen (Mellis & Baenziger, 1981), HPLC-Umkehrphasensäulen (Tomiya et al. 1987), HPLC-Ionenaustauschersäulen (Wang et al. 1990, Townsend et al. 1989) oder durch Chromatographie an verschiedenen Lektinsäulen aufgetrennt (Cummings & Kornfeld 1982; Gesundheit et al. 1987). Für die Trennung nach Größe benutzt man die Gelfiltration an BioGel P4. Papier- und Dünnschichtchromatographie eignen sich nur für Oligosaccharide mit weniger als 6 Zuckereinheiten.

Zur HPLC: Die Normalphasen-HPLC an aminoderivatisiertem Silicagel empfehlen Mellis und Baenziger (1981) für neutrale Oligosaccharide.

Tomiya et al. (1988) behaupten, mit einer zweidimensionalen Trenntechnik (zwei verschiedene HPLC-Säulen) die meisten Oligosaccharide voneinander trennen zu können. Durch Vergleich mit Markeroligosacchariden bestimmen die Autoren gleichzeitig die Struktur der Oligosaccharide. Allerdings: Wegen der Vielfalt der Oligosaccharide liegt die Zahl der benötigten Marker zwischen 20 und 120 (Tomiya et al. 1987; Tomiya et al. 1988), und die meisten Marker sind nicht im Handel erhältlich. Die Herstellung von 50 Markern dürfte einen fleißigen Doktoranden ein halbes Jahr kosten. Die Methode wird also nur derjenige etablieren, der sich sicher ist, sie auch während der ganzen Doktorarbeit anwenden zu können. Weil wir gerade bei Markern sind: Damit Sie die Zucker im Säuleneluat nachweisen können, empfiehlt es sich sie vorher zu markieren (s. ▶ Abschn 9.5.2.3).

Auf die Markierung verzichten können Sie, wenn Sie ihre Zucker über die alkalische Anionenaustausch-HPLC mit angeschlossener PAD trennen (Townsend et al. 1989). Vielleicht erfreut sich diese Methode deswegen so großer Beliebtheit. Sie trennt allerdings auch gut; insbesondere bei negativ geladenen Oligosacchariden (mit Sialinsäuren, Phosphat- und Sulfatresten) werden Sie an der alkalischen Anionenaustausch-HPLC ihre Freude haben. Aber Achtung: Der hohe pH kann unschöne Nebeneffekte zeitigen (s. ▶ Abschn. 9.5.2.2).

Falls Sie sich für eine Normalphasen-HPLC entscheiden und ihre Oligosaccharide mit 2-Aminobenzamid markieren können Sie die Glykan-Struktur anhand Ihres Elutionsprofils möglicherweise über die GlycoBase Datenbank ermitteln (Campbell 2008).

Auf die Markierung verzichten können Sie ebenfalls, wenn Sie die **hydrophile Interaktionschromatographie** (HILIC) in Kopplung mit der Massenspektrometrie nutzen. Die HILIC-Phase trennt die Zucker durch ionische Wechselwirkungen wie auch durch Wasserstoffbrückenbindungen. HILIC ist direkt kompatibel mit der ESI-MS, so nutzt man bei HILIC wie in der RP-HPLC die Lösungsmittel Wasser, Methanol oder Acetonitril. Wollen Sie sich daran versuchen, so legen wir Ihnen den Übersichtsartikel von Wuhrer et al., 2009 ans Herz. Hier finden Sie die passende Methode für Ihre Bedürfnisse. Seien Sie sicher, die Auswertung der Spektren wird enorme Zeit verschlingen. Trotzdem: Gutes Gelingen.

Zu Lektinsäulen: Auch die Trennung von Oligosaccharidmischungen mit Lektinsäulen gibt, wegen der Spezifität der Lektine, Hinweise auf die Oligosaccharidstruktur. Jede Oligosaccharidmischung benötigt zur Isolierung ihrer Bestandteile eine andere Kombination von Lektinen. Als erster Schritt hat sich eine Con-A-Sepharose-Säule bewährt, die zuerst mit 10 mM α-Methylglucosid und danach mit 100–500 mM α-Methylmannosid eluiert wird. Die ungebundenen Oligosaccharide (Durchlauf) sind drei- und vierstrahlige komplexe Zucker, während das α-Methylglucosid-Eluat zweistrahlige komplexe Zucker und das α-Methylmannosid-Eluat Mannose-Zucker und hybride Zucker enthalten. Jede der drei Fraktionen wird anschließend an WGA-Sepharose, E-PHA und L-PHA-Agarose, PNA-Sepharose oder LCA-Sepharose zu homogenen Zuckern aufgetrennt (Gesundheit et al. 1987, Cowan et al. 1982, Cummings & Kornfeld 1982).

9

Zu BioGel P4: Die Gelfiltration an dieser Matrix liefert – für eine Gelfiltration – erstaunlich gute Resultate, besonders mit neutralen Oligosacchariden (Kobata et al. 1987). Isomere unterscheidet die Methode nicht, und um sie mit bestmöglichem Ergebnis durchzuführen braucht es Zeit. Man nimmt BioGel P4, für kürzere Oligosaccharide auch P2, weil BioGel aus Polyacrylamid besteht und nicht aus Zuckern wie z.B. die Agarose- oder Sepharosegele. Mit BioGel kann es also nicht zu einer Kontamination Ihrer Probe mit Zuckern kommen. BioGel P4 trennt im Größenbereich 800–4.000 Dalton. Eluiert wird die Säule mit Wasser, manchmal auch mit Wasser plus 0,02% Na-Azid.

Bekanntlich hängt die Trennwirkung einer Gelfiltrationssäule von ihrer Länge ab (s. ▶ Abschn. 5.2.2.1). Die typischen Maße einer BioGel P4 Säule zur Oligosaccharid-Trennung liegen nach einer nicht repräsentativen Umschau in der Literatur zwischen 50 und 140 cm Länge bei 1 cm Durchmesser. Als Flussraten werden 3–4 ml pro Stunde empfohlen. Ein Säulenlauf dauert also zwischen 20 und 36 Stunden.

Sie können den Lauf beschleunigen, indem sie die Säule bei höheren Temperaturen, z.B. 55°C, fahren. Auch die Auflösung soll dann besser werden. Hohe Lauftemperaturen erreichen Sie mit einem Heizmantel. Nun sind Säulen mit Heizmantel Mangelware im Labor, schon normale Säulen muss man suchen. Auch fordert die Heizung eine komplizierte und überschwemmungsträchtige Konstruktion, eine zusätzliche Pumpe, einen Thermostaten und – nicht vergessen – vorgewärmten Elutionspuffer. Zudem sollten die Schläuche thermoisoliert sein, sonst ist der Elutionspuffer wieder auf RT wenn er die Säule erreicht hat. Vielleicht ist es besser, Säule und Elutionspuffer in einem Wärmeinkubator aufzubauen (Pumpe und Fraktionssammler bleiben draußen). Dann dürfen Sie normale Schläuche und eine normale Säule benützen und es gibt an der Säule keine Temperaturdifferenzen, die zu Konvektionsströmen führen.

Falls Sie die Oligosaccharide nicht nur trennen, sondern auch ihre Größe bestimmen wollen, müssen Sie einen inneren Standard mitlaufen lassen. Dazu benutzt man seit Anbeginn der Zeit eine passende Serie von Glucose-Oligosacchariden. Achtung: Ein innerer Standard verunreinigt Ihnen die Probe.

Literatur

HPLC

1 Campbell, M. et al. (2008): GlycoBase and autoGU: tools for HPLC-based glycan analysis. Bioinformatics 24, 1214–1216

2 Gesundheit, N. et al. (1987): Effect of thyrotropin-releasing hormone on the carbohydrate structure of secreted mouse thyrotropin. J. Biol. Chem. 262, 5197–5203

3 Mellis, S. & Baenziger, J. (1981): Separation of neutral oligosaccharides by high performance liquid chromatography. Anal. Biochem. 114, 276–280

4 Tomiya, N. et al. (1987): Structural analysis of N-linked oligosaccharides by a combination of glycopeptidase, exoglycosidase and high-performance liquid chromatography. Anal. Biochem. 163, 489–499

5 Tomiya, N. et al. (1988): Analysis of N-linked oligosaccharides using a two-dimensional mapping technique. Anal. Biochem. 171, 73–90

6 Townsend, R. et al. (1989): Separation of oligosaccharides using high performance anion exchange chromatography with pulsed amperometric detection. Methods Enzymol. 179, 65–76

7 Wang, W. et al. (1990): High performance liquid chromatography of sialic acid-containing oligosaccharides and acidic monosaccharides. Anal. Biochem. 190, 182–187

8 Wuhrer, M. et al. (2009): Structural glycomics using hydrophilic interaction chromatography (HILIC) with mass spectrometry. Mass Spectrom. Rev. 28, 192–206

Lektinchromatographie

9 Cowan, E. et al. (1982): Analysis of murine I a antigen glycosilation by lectin affinity chromatography. J. Biol. Chem. 257, 11241–11248

10 Cummings, R. & Kornfeld, S. (1982): Fractionation of asparagin-linked oligosaccharides by serial lectin-agarose affinity chromatography. J. Biol. Chem. 257, 11235–11240

Biogel-P4

11 Kobata, A. et al. (1987): BioGel P-4 column chromatography of oligosaccharides: effective size of oligosaccharides expressed in glucose units. Methods Enzymol. 138, 84–94

9.5.2.5 Sequenzierung von Oligosacchariden

Die von der HPLC oder den Lektinsäulen gewonnene Strukturinformation kann und sollte durch unabhängige Methoden bestätigt werden. Dazu zählen NMR, Massenspektrometrie und die Sequenzierung der gereinigten Oligosaccharidkette mit Exoglykosidasen.

Exoglykosidasen entfernen Monosaccharide vom nichtreduzierenden Ende einer Zuckerkette. Es gibt Exoglykosidasen mit enger Spezifität und welche mit breiter Spezifität, doch in der Regel spalten die Enzyme nur α- oder nur β-Bindungen. Die Aktivität der Exoglykosidasen wird auch vom Oligosaccharidrest beeinflusst.

Zur Sequenzbestimmung eignen sich die Exoglykosidasen Neuraminidase (entfernt Sialinsäuren), β-Galactosidase (entfernt endständige β(1-4)-gebundene Gal), β-N-acetyl-Hexosaminidase (entfernt endständige β(1–4)-gebundene GlcNAc) und α-L-Fucosidase (entfernt α(1–6)-gebundene Fuc) (Mellis & Bänziger 1983a; Tomiya et al. 1987). Bevor Sie eine Exoglykosidase zur Sequenzbestimmung einsetzen, müssen Sie die Eigenschaften des Enzyms genau kennen.

Die Sequenzierung läuft nach folgendem Muster ab: Das gereinigte und am reduzierenden Ende markierte Oligosaccharid wird mit einer Exoglykosidase verdaut. Der Experimentator trennt den Oligosaccharidrest ab und bestimmt, ob und wie viele Monosaccharide abgespalten wurden (meistens mit einer Gelfiltration). Zum Oligosaccharidrest gibt er eine neue Exoglykosidase usw. Die Frage ist natürlich, welche Exoglykosidase jeweils zugeben? Da der Experimentator das nicht weiß, macht der Zwang, eine Exoglykosidase nach der anderen auszuprobieren, die Methode zum arbeitsaufwendigen Ratespiel. Nützlich sind daher Anhaltspunkte über die Struktur des Oligosaccharids, z.B. von Lektinsäulen.

Einen genialen Ausweg aus dem obigen Ratedilemma bietet die Sequenzierungsmethode von Edge et al. (1992a) (■ Abb. 9.4). Die Methode besteht darin, Aliquots des am reduzierenden Ende markierten Oligosaccharids mit verschiedenen Batterien von Exoglykosidasen zu verdauen. Die verdauten Oligosaccharide werden gepoolt und chromatographisch aufgetrennt, z.B. über eine Gelfiltration an Biogel P4. Das Elutionsprofil wird schließlich mit den theoretisch möglichen Elutionsprofilen verglichen und daraus die Sequenz des Oligosaccharids bestimmt (Edge et al. 1992a; Edge et al. 1992b). Die Methode hat sich als reagent array analysis method (RAAM) etabliert und brauchbare Exoglykosidasen Batterien sind im Handel erhältlich. Die Größe der Abbauprodukte bestimmt man inzwischen mit dem MALDI-TOF was im Vergleich zu Biogel P4 genauer ist und zudem kann auf die Markierung am reduzierenden Ende verzichtet werden. Eine Übersicht geben Kannicht & Flechner (2002).

Zuckerforschung schmeckt oft bitter. Doch Zuckersequenzuntersuchungen sind ein risikoloses Geduldsspiel. Die Sequenz ist da, brauchbare Techniken auch. Alles was es braucht ist Fleiß.

Literatur

1 Edge, C. et al. (1992a): Fast sequencing of oligosaccharides: the reagent-array analysis method. Proc. Natl. Acad. Sci. USA 89, 6338–6342

2 Edge, C. et al. (1992b): Fast sequencing of oligosaccharides using arrays of enzymes. Nature 358, 693–694

3 Kannicht, C. & Flechner, A. (2002): Enzymatic sequence analysis of N-glycans. Methods Mol. Biol. 194, 63–72.

4 Mellis, S. & Bänziger, J. (1983a): Structures of oligosaccharides present at the three asparagin-linked glycosilation sites of human IgD. J. Biol. Chem. 258, 11546–11556

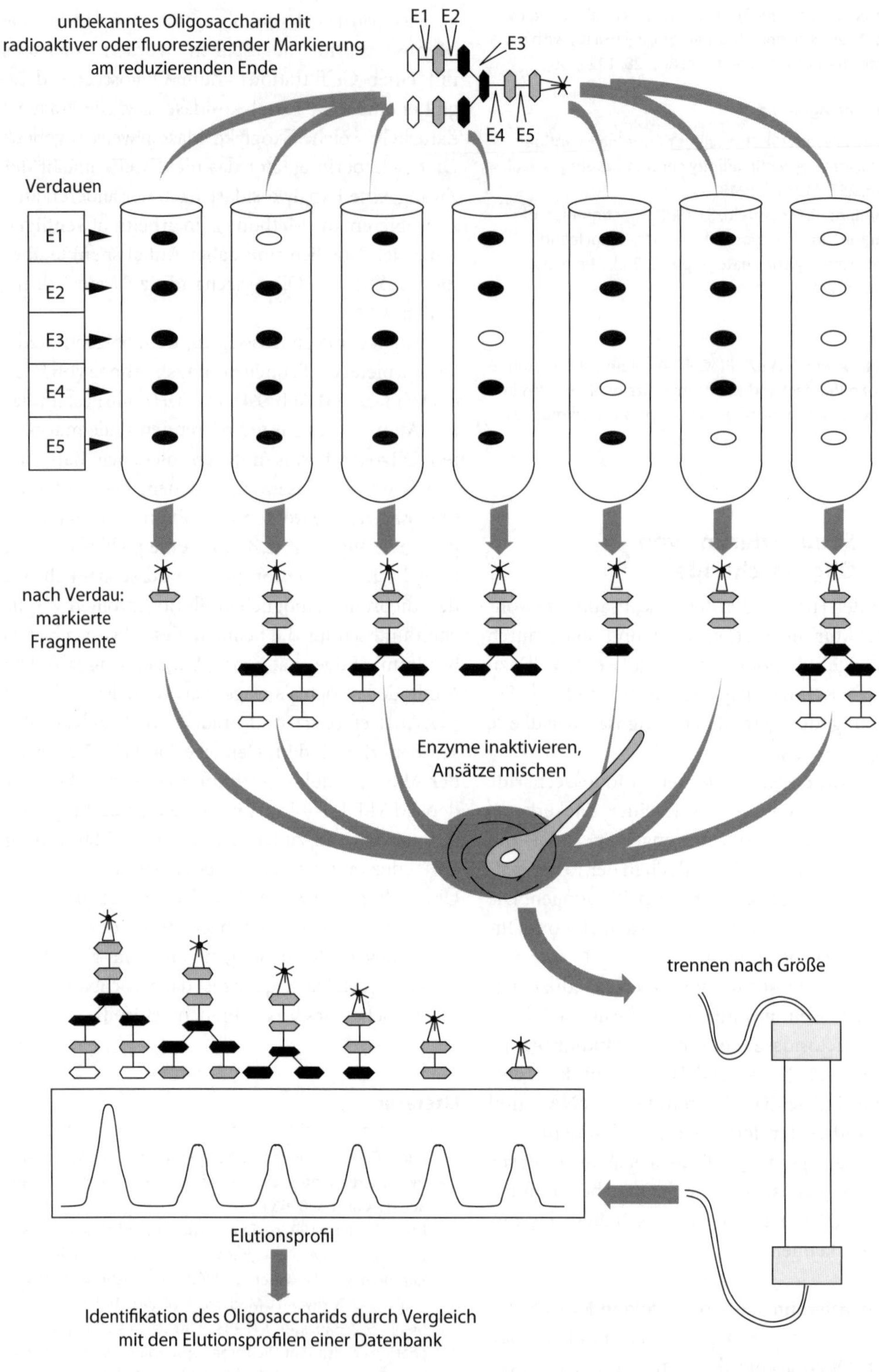

Abb. 9.4 Sequenzierung eines Oligosaccharids. E1–E5: verschiedene Exoglykosidasen (beachte: E2 arbeitet erst, nachdem E1 sein Monosaccharid abgespalten hat usw.)

5 Tomiya, N. et al. (1987): Structural analysis of N-linked oligosaccharides by a combination of glycopeptidase, exoglycosidase and high-performance liquid chromatography. Anal. Biochem. 163, 489–499

Ich sage aber gleichfalls, antwortete der andere, dass viel herrliche Talente in der Welt verlorengehen, und dass sie bei denen übel angewandt sind, die sie nicht zu benutzen verstehen. Unsere Gaben, antwortete der Herr des Esels, können uns doch bei keiner anderen Gelegenheit, als bei der gegenwärtigen, Dienste leisten und gebe Gott nur, dass sie uns hierbei etwas helfen.

Der Schatz im Silbersee

Ich also, da mein Schicksal es wollte, einer aus der Zahl der irrenden Ritterschaft zu sein, darf es nicht unterlassen, alles anzugreifen, was mir unter die Gerichtsbarkeit meines Amtes zu gehören scheint.

10.1 Vom Paper

Was nützt die schönste Entdeckung, wenn keiner davon weiß? Noch wichtiger als Entdecken ist es also, die Entdeckung bekannt zu machen. In der Wissenschaft ist es so eingerichtet, dass mit der Entdeckung auch der Entdecker, auf jeden Fall aber dessen Professor, bekannt wird. Hier setzt die Motivation ein. Eine Entdeckung macht man amtlich, indem man ein Paper darüber schreibt.

Das Paper ist das Produkt wissenschaftlicher Arbeit, und die Papers eines Forschers begründen das Ansehen, das er unter den Kollegen genießt. Ein Doktorand muss also danach trachten, während seiner Doktorandenzeit Papers zu schreiben. Ist das nicht möglich, sollte er wenigstens als Koautor auf den Papern anderer erscheinen. Es sei aber vermerkt, dass Zahl und Qualität der Papers nicht unbedingt mit den sozialen Aufstiegschancen korrelieren. Zumindest wurde das bisher nicht wissenschaftlich nachgewiesen. Die politischen und sozialen Begleitumstände des Paperschreibens beschreibt Bär (1992).

Nicht immer findet solide Arbeit auch ihren Lohn, denn publikationswürdig erscheinen dem Wissenschaftler und – wichtiger – dem Referee nur Neues. Wer meint, schlechte Erfahrungen mit schon Publiziertem weitergeben zu müssen, sollte sein Herz mit Ausdauer wappnen oder sich Alternativen suchen, z.B. einen Blog eröffnen. So hatten Autor Rehm und seine Doktorandin Effi ihre in ► Kapitel 3.2.1 wiedergegebenen Erfahrungen mit der »Solubilisierung« des NMDA-Rezeptors in einem Manuskript niedergelegt, das Rehm an über ein halbes Dutzend Journale schickte – unter anderem auch an jene, die die »Solubilisierung« des NMDA-Rezeptors publiziert hatten. Alle Journale lehnten die Arbeit ab.

Zudem kommt es nicht nur darauf an, wie viele Papers die Arbeit während der Doktorandenzeit abwirft, sondern auch welches **Prestige** diese Papers haben. Prestige ist eine weiche Größe, so unfassbar und nahrhaft wie Griesbrei. Das Prestige eines Papers hängt ab vom Neuigkeitswert des Ergebnisses, ob viele Labors auf dem Gebiet arbeiten, ob die Ergebnisse kommerziell verwertbar sind, oder ob sie zur Aufklärung einer Krankheit beitragen. Von nicht zu unterschätzendem Einfluss ist auch, was früher Windmachen genannt wurde und heute Marketing heißt. Zum Ausdruck kommt das Prestige in der Zeitschrift, die das Paper veröffentlicht. Ein *Nature*- oder *Cell*-Artikel wiegt schwerer als ein Dutzend Veröffentlichungen in drittrangigen Journalen. Das Ansehen der Journale geht in etwa parallel zu ihrem »impact factor«, einer Größe, deren Definition und Zahlenwerte der Science Citation Index angibt.

10.2 Vom Schreiben eines Papers

Der Inhalt eines Papers muss thematisch und von seinem Prestige her zum Journal passen. Fleißiges Paperlesen schärft den Blick für diese Zusammenhänge.

Die meisten Journale verlangen folgendes Schema (Bär 1992): Titel, Autorenliste, Zusammenfassung (Abstract), Einführung, Methoden, Ergebnisse, Diskussion, Ausblick und Referenzen. Die Zusammenfassung oder das Abstract enthält, in ein paar Sätzen knapp formuliert, die wichtigsten Ergebnisse der Arbeit. Die Einführung gibt – unter kräftiger Betonung des eigenen Anteils – einen Überblick über das Forschungsgebiet und dessen Entwicklung. Im Ergebnisteil werden die Resultate der Arbeit ohne Wertung mit Hilfe von Tabellen, Figuren und Fotos dokumentiert und dargestellt. Als Faustregel empfehlen wir höchstens sieben Bilder einzufügen. Die Diskussion fasst die eigenen Ergebnisse noch einmal zusammen und erklärt und vergleicht sie mit den Ergebnissen anderer Wissenschaftler. Schließlich bietet der Diskussionsabschnitt und der Ausblick die Möglichkeit, neue Hypothesen aufzustellen, alte zu stürzen oder Gegnern auf vornehm akademische Art eins auszuwischen. Die eigene Beweisführung wird durch den Verweis auf Papers anderer Wissenschaftler unterstützt.

Die formalen Einzelheiten wie die Schreibweise der Zitate etc. sind von Journal zu Journal verschieden und in den »Instructions for authors« niedergelegt, die in der Regel am Anfang oder Ende jedes Heftes stehen oder auf der entsprechenden Journal-Homepage. Oft umfassen die Instruktionen nur 1–3 Seiten, manche Zeitschriften aber, wie das *J. Biol. Chem.*, nehmen es genau und das Studium ihrer Vorschriften kann etliche Stunden in Anspruch nehmen.

Anfänger, also Diplomanden oder Doktoranden, schreiben ihre Papers meistens zusammen mit einem älteren Postdok oder dem Professor; d.h. der Doktorand schreibt eine Rohfassung, die der Erfahrenere verbessert. In manchen Labors schreibt der Professor das Paper allein und der Doktorand dient nur als Informationsquelle. Sie sollten jedoch darauf dringen, wenigstens die wesentlichen Teile des Papers (Methoden und Ergebnisse) selber zu schreiben. Beim ersten Paper ist das mühselig. Aber je früher Sie mit dem Schreiben anfangen, desto eher können Sie es. Schreiben Sie nicht, gelten Sie schnell als ein intellektuelles Leichtgewicht und tumber Messknecht.

Wie fängt man an? Zuerst überlegen Sie sich, welche neuen Ergebnisse vorliegen. Was wollen Sie der Welt mitteilen, das sie noch nicht weiß? Zur Erinnerung: Positiv muss es sein. Darauf konzentrieren Sie sich. Versuchen Sie ohne Schnörkel und Verzierungen auszukommen, Versuchen Sie knapp zu schreiben: »Eleganz ist, wenn man nichts mehr weglassen kann!« (Coco Chanel).

Als Vorbild dienen Papers über ein ähnliches Thema von amerikanischen oder englischen Forschungsgruppen (natürlich aus dem Journal, bei dem das Manuskript eingereicht werden soll). Daraus entnehmen Sie die Einteilung des Stoffs, den Aufbau der Kapitel, welche Kontrollen verlangt werden etc. Die Papers liefern auch die Standardformulierungen und den Jargon, der zurzeit in Mode ist. Wir machen zuerst die Abbildungen und Tabellen. Diese fassen die Ergebnisse in kürzester Form zusammen und benötigen keine Formulierkünste. Am Gerüst der Abbildungen und Tabellen hängen wir den Text auf.

Ein Paper ist kein Übersichtsartikel. Die Einleitung muss also nicht seitenlang sein und sämtliche Referenzen seit Kriegsende auflisten. Das gleiche gilt für die Diskussion. Die Ergebnisse zählen, nicht deren Interpretation.

Die Referenzen listen die Papers auf, deren Ergebnisse man in der eigenen Arbeit benutzte oder Papers, die Behauptungen in der Einleitung und Diskussion belegen. Zitieren Sie auch die Konkurrenz. Erstens, weil die dann einen vielleicht auch zitieren und zweitens, weil sich das so gehört. Forscher werden gern zitiert und viele betrachten es als einen Affront, wenn ihre Arbeit ignoriert wird. Die Sachlage verschärfte sich noch mit der Einführung des sog. Hirsch-Faktors, der nur die Anzahl Publikationen eines Autors aufnimmt, dessen Arbeiten entsprechend oft von fremden Forschern erwähnt wurden (z.B. Hirsch-Faktor 6, enspricht 6 Veröffentlichungen, die mindestens von 6 Autoren zitiert wurden). Die Professoren widmen daher den Referenzen große Sorgfalt. Durch »richtiges« Zitieren versuchen sie eventuelle Gutachter gnädig zu stimmen, ihre Freunde bei guter Laune zu halten etc. pp.

Noch einmal: Dichten Sie keine Literatur! Wenn der Professor diesen Ehrgeiz hat, ist das seine Sache. Sie sollten ein einfaches und klares Schriftstück abliefern: kurze Sätze, höchstens zwei Aussagen pro Satz, keine geschwollenen, keine unnötigen Wörter (Gregory 1992). Ihr Paper lesen, wenn überhaupt, nur die Referees der Journale und Leute, die am gleichen oder einem ähnlichen Thema arbeiten. Die haben Ahnung von der Sache. Denen imponieren keine Wortblasen.

Wenn Sie meinen, dass Ihr Manuskript perfekt, also nicht nur in lesbarem Zustand, sondern druckreif ist – lassen Sie es ein paar Tage liegen. Dann lesen Sie es noch einmal durch. Erst nach ein paar Tagen Liegenlassen fallen einem nämlich die zahllosen umständlichen Formulierungen und unnötigen Phrasen, die Unrichtigkeiten und Zweideutigkeiten auf. Verbessern Sie das Manuskript und lassen Sie es dann wieder ein paar Tage liegen. Frühestens nach dem zweiten Verbessern ist das Manuskript reif für das Auge des Meisters.

Tipp: Schreiben Sie bewusst wissenschaftliche Paper, denn die Übung benötigen Sie für Ihre Diplomarbeit oder Doktorarbeit.

Es gibt Lehrbücher zum Paperschreiben. So von Mike Ashby, Cambridge. Ashbys Buch »How to Write a Paper« (6. Auflage, 2005) ist im Netz frei zugänglich (www-mech.eng.cam.ac.uk/mmd/ashby-paper-V6.pdf). Ashby ist jedoch Ingenieur. Ein anderes frei zugängliches Werk, das anscheinend von Biologen geschrieben wurde, ist »How to write a paper in scientific style and format« (2004). Sie finden es unter http://abacus.bates.edu/~ganderso/biology/resources/writing/HTWtoc.html.

Übrigens: Für Papers gibt es, trotz der Mühe die sie machen, kein Honorar. Im Gegenteil, bei manchen Journalen muss der Autor noch Seitengebühren oder farbige Bilder bezahlen.

Es kann vorkommen, dass Sie ihre Ergebnisse oder Hypothesen auf Deutsch einem Publikum vorstellen wollen oder sollen. Da mauern Sie mit edlerem Gestein und nach strengeren Regeln als mit den abgelutschten, konturlosen Wörtern der Allerweltssprache Englisch und Sie werden die Erfahrung machen: »Deutsche Sprach, schwere Sprach«. Hier hilft Demut: Schreiben Sie so einfach wie möglich, stellen Sie Klarheit und Wahrheit vor Schönheit, vermeiden Sie Adjektive, vermeiden Sie Wichtigtuerwörter. Schreiben Sie nie oder höchstens in Anführungszeichen: innovativ, Bereich, Kompetenz, Exzellenz, renommiert. Streichen Sie: sehr, wichtig, viel, groß, kurz, klein, schön. Lesen Sie vorher Walter Krämer (1994) oder die Stilfibel von Ludwig Reiners.

Literatur

1 Bär, S. (1992): Forschen auf Deutsch. Verlag H. Deutsch, Frankfurt

2 Gregory, M. (1992): The infectiousness of pompous prose. Nature 360, 11–12

3 Krämer, W. (1994): Wie schreibe ich eine Seminar-, Examens- und Diplomarbeit? G. Fischer, Stuttgart

4 Reiners, L. (1963): Stilfibel. Der sichere Weg zum guten Deutsch. dtv

Durch die Wüste

Kurz er verstrickte sich in sein Lesen, dass er die Nächte damit zubrachte, und die Tage, sich tiefer und tiefer hineinzulesen, und so kam es vom wenigen Schlafen und vielen Lesen, dass sein Gehirn ausgetrocknet wurde, wodurch er den Verstand verlor.

Es kann vorkommen, dass Sie Literatur brauchen, die nicht in diesem Buch vermerkt ist. Vielleicht wollen Sie wissen, was alles schon über ein bestimmtes Protein/Vorgang/Technik bekannt ist, ob dieses oder jenes Protein schon mit der oder jener Methode untersucht wurde etc. Dazu gibt es MEDline und ähnliches; Sie geben dem PC Stichwörter ein und der sucht die passenden Abstracts heraus. Verfügen Sie über Zugangsberechtigungen, können Sie sich die Artikel ausdrucken lassen. Bei manchen Zeitschriften ist der Zugang auch frei.

Literatursuche per PC ist gut und praktisch – für Sie und noch mehr für die Verlage. Die erhalten die Artikel umsonst, begutachtet wird ehrenamtlich, aber die Zugangsgebühren kassiert der Verlag. Erscheint die Zeitschrift nur im Netz, fallen nicht einmal Druckkosten an. Erkenntnis am Rande: Falls es mit der Forschungskarriere nicht klappt, könnte man eine wissenschaftliche Netzzeitschrift gründen: Das macht wichtig, reich und keine Arbeit.

Eine Folge dieser Neigung zum elektronischen Artikel ist, dass heute kaum jemand zum Literaturlesen in die Bibliothek wandert. Die Lesesäle veröden und die Zahl der ausliegenden Journale fällt und fällt. Das ist schade, denn es gibt Lesemethoden, die sich am besten in einer gut bestückten Bibliothek durchführen lassen. Eine davon ist die **Schneeballmethode** (Krämer 1992).

Beispiel: Sie suchen Literatur über die Eigenschaften des Enzyms Ca-ATPase. Zuerst überlegen Sie, welche Journale biochemische oder pharmakologische Arbeiten über Ca-ATPasen veröffentlichen. Das *J. Biol. Chem.*, *Eur. J. Biochem* und *Ann. Rev. Biochem.* fallen Ihnen ein. Sie machen sich einen Tee und setzen sich damit in die Bibliothek. Dort blättern Sie die Inhaltsverzeichnisse der letzten Ausgabe vom *J. Biol. Chem.* durch. Ein geübter Paperleser, und das sind Sie ja inzwischen, braucht ca. fünf Minuten, um die Artikelüberschriften einer Ausgabe zu lesen. Nach spätestens zehn Ausgaben stoßen Sie auf einen Artikel, der eine Eigenschaft der Ca-ATPase beschreibt und dies, wie meistens im *J. Biol. Chem.*, ausführlich und gründlich. Dieses Paper ist Ihr Schneeball. Es wird vermutlich nicht die gesuchte Information enthalten. Doch seine Referenzliste listet andere Artikel über Ca-ATPasen auf, und der Text gibt Hinweise auf die thematische Richtung dieser Paper. Schon kennen Sie mehrere Paper über das Thema, und darin wird wiederum auf andere Paper verwiesen. Der Schneeball wird zur Lawine, in der oft die gesuchte Information steckt.

Das ist nicht der einzige Gewinn. Gelegentlich stoßen Sie auf Interessanteres als die Information, die Sie suchten. Auch inspiriert das planlose Blättern in den Arbeiten Anderer zu guten Ideen. In einer knappen Stunde gewinnen Sie zudem einen Überblick darüber, was das *J. Biol. Chem.* in den letzten Monaten veröffentlichte. Sie wissen, was gerade in Mode ist und bekommen ein Gefühl dafür, was man im *J. Biol. Chem.* veröffentlichen könnte.

Richtig, die Schneeballmethode können Sie auch am PC anwenden. Das hat sogar Vorteile: Sie müssen Ihren Hintern nicht aus dem Labor bewegen und der PC sagt nichts zu Ihrem Becher Tee, während es geschehen kann, dass sich die Bibliothekarin darüber erregt. Dafür ist aber das Blättern in Journalen angenehmer und schneller als das Klicken an der Flimmerkiste. Es ist auch besser für die Augen. Und gerade weil die Bibliothek heutzutage ein menschenleerer Ort ist, kann man sich dort ungeniert am Kopf kratzen oder die Nase reiben, also Tätigkeiten ausüben, die die Denkfähigkeit fördern.

Die Nachteile der Schneeballmethode? Ihnen kann eine Information entgehen, weil das Journal in der Bibliothek fehlt (was immer häufiger vorkommt) oder die Zugangsberechtigung fehlt oder Sie das Journal nicht mögen. Manchmal bringen die Autoren ihren Artikel auch in einem Journal unter, wo er nicht hingehört. Des Weiteren ist die Methode für Anfänger, die mit der Thematik der Journale nicht vertraut sind, zeitaufwendig. Schließlich gerät man hin und wieder in ein Zitierkartell. Das ist ein Ring von Forschern, die sich ausschließlich gegenseitig zitieren. Die Arbeiten anderer werden ignoriert und Sie finden sie daher mit der Schneeballmethode nicht. In den Naturwissenschaften jedoch sind Zitierkartelle selten, das scheint eher eine Spezialität der Sozial- und Politikwissenschaften zu sein.

Wer sich einen Überblick verschaffen will bzw. sich in ein Thema einarbeiten muss, sucht sich einen Übersichtsartikel (Review). Gute Übersichtsartikel finden Sie in *Science, Nature, Eur. J. Biochem. Scientific American, Biochemistry, Analytical and Bioanalytical Chemistry, Analytical Reviews, Mass Spectrometric Reviews.* Bei Zeitschriften ist der Suchaufwand jedoch hoch. Schneller geht es mit Reviewbüchern wie dem *Ann. Rev. Biochem., Ann. Rev. Physiol.* etc. Diese Reihen decken praktisch jedes Thema ab. Leider ist der Review oft alt und die in ihm zitierten Paper sind noch älter.

Übersichtsartikel besitzen einen zusätzlichen Nachteil, der unlösbar mit ihrer Existenz verbunden ist. Das Schreiben eines Übersichtsartikels ist arbeitsaufwendig; wenn der Artikel etwas taugen soll, sitzt der Schreiber monatelang daran. Die Verlage zahlen aber auch für Übersichtsartikel kein oder ein lächerliches Honorar. Warum also nimmt ein Professor den Aufwand des Übersichtsartikelschreibens auf sich? Teilweise wegen der Langeweile, die sich bei jeder vorwiegend bürokratischen Tätigkeit entwickelt. Ein Beweggrund ist aber auch folgender: Der Schreiber von Übersichtsartikeln schreibt die Geschichte seines Arbeitsgebietes. In der Regel schreibt er sie so, dass endlich der Anteil des Mannes, der die Impulse gab und den er für den führenden Kopf hält, gebührend gewürdigt wird. Dieser Mann ist in der Regel er selbst. Schließlich bietet Reviewschreiben die Gelegenheit, Freunde und einflussreiche Förderer herauszustreichen. Letzteres hat schon mancher Karriere einen Kick nach oben gegeben. Durch einen Review sehen Sie also das Fachgebiet aus einem bestimmten Winkel und mit einer speziellen Beleuchtung. Geht es Ihnen um eine umfassende Sachinformation, empfiehlt es sich, mehrere Übersichtsartikel verschiedener Autoren zu lesen.

Gelegentlich wird Ihnen vom Professor angetragen an einem Review mitzuschreiben. Seine Motive sind: Arbeit sparen und den Mitarbeiter motivieren. Tun Sie's. Tun Sie's vor allem dann, wenn Sie gerade sowieso die Literatur studieren. Ihr Lohn ist eine sichere Publikation, Sie lernen schreiben und werden bekannt, denn Reviews werden oft zitiert. Wenn Sie nur ein Kapitel schreiben müssen, hält sich der Arbeitsaufwand in Grenzen. Das mit der Bekanntheit hat allerdings einen Haken: Die Zahl der Mitautoren. Sie sollte sich auf einen, den Professor, beschränken. Bei Reviews steht der meistens an erster Stelle (zu Recht, wenn er das meiste schrieb) und Sie an zweiter. Zitiert wird dann mit Professor & Leser, 2009. Schon bei drei Autoren heißt es nur Professor et al. 2009 und der Werbeeffekt ist futsch.

Literatur

1 Krämer, W. (1994): Wie schreibe ich eine Seminar-, Examens- und Diplomarbeit? G. Fischer, Stuttgart

2 Bär, S. (2002): Forschen auf Deutsch. 4. Auflage, H. Deutsch, Frankfurt

Unter Geiern

12.1 Lieferanten

- **Abimed** seit 2008 Teil der Kinesis Firmengruppe (www.abimed.de, Tel 02173/890 50)
- **Advanced Technology** (www.advtechind.com, sales@advtechind.com, Tel 0852 2390 2293)
- **Advion** (www.advion.com, info@advion.com, Tel 0044 160 381 3970)
- **Agilent Technologies** (www.agilent.de, CustomerCare_Germany@agilent.com, Tel 0800 603 1000)
- **AHF Analysentechnik** (www.ahf.de, info@ahf.de)
- **American Peptide** (www.americanpeptide.com, sales@americanpeptide.com, Tel 001 408 733 7604)
- **Amersham-Buchler** gehört zu GE Healthcare
- **anthos Mikrosysteme** (www.anthos.de, info@anthos.de; Tel 02151/37790)
- **AppliChem** (www.applichem.com, service@applichem.com, Tel 06151/93570)
- **Applied Biosystems** (www.appliedbiosystems.com; Tel 06150/1010)
- **Arcturus** in Deutschland vertrieben von Biozym Scientific (www.biozym.com, support@biozym.com, Tel 05152/9020)
- **ATG Biosynthetics** (www.atg-biosynthetics.com, info@atg-biosynthetics.de, Tel 0761/88 89 424)
- **Avanti Polar lipids** (www.avantilipids.com, international-orders@avantilipids.com, Tel 001 205 663 2494)
- **Aventis** (www.sanofi-aventis.de, Tel 0180/**222 2010**)
- **Axon Labortechnik** (*www.axon-lab.de*, info@axon-lab.de, Tel 06301/794 830)
- **Bachem** (www.bachem.com, Tel 0800 181 1184)
- **BASF** (www.basf.com, Tel 0621/600)
- **Bayer** (www.bayer.de, Tel 0214/301)
- **BD-Biosciences** (www.bdbeurope.com, help.biosciences@europe.bd.com, Tel 069/222 22 560)
- **Beckman Coulter** (www.beckmancoulter.com, bioresearch.de@beckmancoulter.com, Tel 02151/ 33 36 66)
- **BIACORE** gehört zu GE Healthcare (www.biacore.com)
- **Biochrom** (www.biochrom.de, info@biochrom.de, Tel 030/779 9060)
- **Biohit** (www.biohit.de, info@biohit.de, Tel 06003/8282-0)
- **Biometra** (www.biometra.com, info@biometra.de, Tel 0551/506 860)
- **Biomol** (www.biomol.de, info@biomol.de, Tel 040/853 2600)
- **BioProducts** (www.bioproducts.at, info@bioproducts.at, Tel 0043 2268 6165 66)
- **Bio-Rad** (www3.bio-rad.com, info@bio-rad.de, Tel 089/318 840)
- **Biosource** gehört zu Invitrogen
- **Bio-Tek Instruments** (www.biotek.de, info@biotek.de, Tel 07136/9680;)
- **Biotrend Chemikalien** (www.biotrend.com, jaeger@biotrend.com, Tel 0221/949 8320)
- **Bischoff Chromatography** (www.bischoff-chrom.de, info@bischoff-chrom.de, Tel 07152/60640)
- **bitop** Ges. f. biotechnische Optimierung (www.bitop.de, info@bitop.de, Tel 02302/91 44 00)
- **BMG Labtechnologies** (www.bmglabtech.com, sales@bmglabtech.com, Tel 0781/969 680)
- **Brand** (www.brand.de, info@brand.de, Tel 09342/8080)
- **Brandel** (Verteiler: Dunn Labortechnik, www.dunnlab.de, info@dunnlab.de, Tel 02683/43094)
- **Braun Melsungen** (www.bbraun.com, info@bbraun.com, Tel 05661/710)
- **Bruker Daltonik** (www.bdal.de, service@bdal.de, Tel 0421/2205 350)
- **Calbiochem** gehört zu Merck
- **Cambridge Research Biochemicals** (www.crbdiscovery.com, crbsales@crbdiscovery.com, Tel 00**44 1642 567 180)**
- **CBS Scientific Company** (www.cbsscientific.com, TechnicalService@cbssci.com, Tel 0800 243 4959)
- **Ciphergen Biosystems** nennt sich jetzt Vermillion
- **Corning Life Sciences** (www.corning.com/lifesciences, cceurnl@corning.com, Tel 0800 101 1153)

- **Cybio** (www.cybio-ag.de, info@cybio-ag.com, Tel 03641/3510)
- **DAKO Diagnostika** (www.dako.com, contact@dako.com, Tel 0045 44 85 95 00)
- **Dionex** (www.dionex.com, germany@dionex.com, Tel 06126/9910)
- **Dianova** (www.dianova.de, info@dianova.de, Tel 040/4 50 670)
- **Dunn Labortechnik** (www.dunnlab.de, info@dunnlab.de, Tel 02683/43094)
- **Eppendorf** (www.eppendorf.de, support@eppendorf.com, Tel 040/538010)
- **Eurofins** (www.eurofinsdna.com, info@eurofinsdna.com, Tel 08092/82890)
- **Evonik** (corporate.evonik.de, Tel 0201/17701)
- **Fine Science Tools** (www.finescience.de, europe@finescience.de, Tel 06221/90 50 50)
- **Finnigan MAT** gehört zu Thermo Fisher Scientific
- **Flow Laboratories** jetzt ICN Flow
- **Fluka Chemie** gehört zu Sigma-Aldrich
- **Fujifilm Life Science** (www.fujifilm.de/quickgene)
- **GE-Healthcare** (www.gehealthcare.com, Tel 089/962810)
- **Genovac** (www.genovac.com, info@genovac.com, Tel 0761/456 360)
- **Genzyme** (www.genzyme.de, Tel 06102/3674 0)
- **Gibco BRL life technologies** gehört zu Invitrogen
- **Gilson** (www.gilson.com, sales@gilson.com Tel 001 608 836 1551)
- **GLYKO** gehört zu Prozym
- **Hamilton** (www.hamiltoncompany.com, marketing@hamilton.ch, Tel 0041 81 660 60 60)
- **Heath Scientific** (www.heathscientific.com, info@heathscientific.com, Tel 0044 1908 646 700)
- **Heraeus** (www.heraeus.de, Tel 06181/350)
- **Hettich Zentrifugen** (www.hettichlab.com, info@hettichlab.com, Tel 07461/7050)
- **Hitachi Scientific Instruments** (Verteiler: Nissei Sangyo, sidsales@nissei.com Tel 02102/453 148)
- **Hoefer scientific instruments** (www.hoeferinc.com, support@hoeferinc.com, Tel 001 508 893 8999)
- **H-P Labortechnik** gehört zu Thermo Fisher Scientific
- **Huber Kältemaschinen** (www.huber-online.com, info@huber-online.com, Tel 0781/96030)
- **ICN Biomedicals** gehört zu MP Biomedicals
- **Immune systems** (www.immunesystems.co.uk, Tel **0044 1803 526 556**)
- **Ingold Messtechnik** gehört zu Mettler-Toledo
- **Integra Biosciences** (www.integra-biosciences.de, info@integra-biosciences.de, Tel 06404/809 0)
- **IsoSep AB** (www.isosep.com, info@isosep.com, Tel 0046 18 302895)
- **Jackson Immunoresearch** (www.jireurope.com, cuserv@jireurope.com, Tel 0044 1638 782616)
- **JKA-Biotech** (Verteiler: Biotrend Chemikalien)
- **Kem-en-Tec** (Verteiler: Biotrend Chemikalien)
- **Kendro Laboratory Products** gehört zu Thermo Fisher Scientific
- **Kontron Instruments** gehört zu Tresser Instruments
- **Labotec** (www.labotec.co.za, techsupport@labotec.co.za, Tel 0027 11 315-5434)
- **LC Laboratories** (www.lclabs.com, custserv@lclabs.com, Tel 001 781 937 0777)
- **LGC Standards** (www.lgcstandards.com, de@lgcstandards.com, Tel 0281 9887 0)
- **Macherey-Nagel** (www.macherey-nagel.com, sales@mn-net.com, Tel 02421/9690)
- **Merck** (www.merck.de, service@merck.de, Tel 06151/72 0)
- **Mettler-Toledo** (de.mt.com, Tel 0641/50 70)
- **MicroCal** gehört zu GE Healthcare
- **Millipore** (www.millipore.com, Tel 06196/4940)
- **Miltenyi Biotec** (www.miltenyibiotec.com, Tel 02204/83060)
- **MP Biomedicals** (www.mpbio.com, custserv.de@mpbio.com, Tel 0800 426 67 337)
- **New England Biolabs** (www.neb-online.de, info@de.neb.com, Tel 0800/246 5227)
- **NEN, New England Nuclears** gehört zu Perkin Elmer

- **neoLab** (www.neolab.de, info@neolab.de, Tel 06221/84 42 44)
- **Neosystem** (www.neosystem.fr, neo@neomps.com, Tel 0033 3 88 79 08 79)
- **Nikon** (www.nikoninstruments.eu, mikroskope.messtechnik@nikon.de, Tel 0211/94 140)
- **Nordic Immunological Laboratories** (www.nordiclabs.nl, info@nordiclabs.nl, Tel 0031 13 535 10 85)
- **Novatia** (www.enovatia.com, info@enovatia.com, Tel 001 732 274-9933)
- **NUNC** gehört zu Thermo Fisher Scientific (www.nuncbrand.com, info.nuncde@thermofisher.com, Tel 06184 90 6445)
- **Orpegen** (/www.orpegen.com, info@orpegen.com, Tel 06221/72677 00)
- **Pall Life Sciences** (www.pall.com/life_sciences.asp, kundenservice@pall.com, Tel 06103/3070)
- **Peninsula Laboratories** gehört zu Bachem
- **Perbio Science** gehört zu Thermo Fisher Scientific
- **Perkin Elmer** (www.perkinelmer.de, cc.germany@perkinelmer.com, Tel 0800 0 00 66 79)
- **PerSeptive Biosystems** gehört zu Perkin Elmer
- **Pharmacia LKB** aufgegangen in GE-Healthcare
- **Phenomenex** (www.phenomenex.com)
- **Pierce** gehört zu Thermo Fisher Scientific (www.piercenet.com)
- **Promega** (www.promega.com, de_custserv@promega.com, Tel 0621/85010)
- **Prozyme** (www.prozyme.com, info@prozyme.com, Tel 001 510 638 6900)
- **Qbiogene** gehört zu MP Biomedicals (www.qbiogene.com)
- **Qiagen** (www.qiagen.com, Tel 02103/29 12400)
- **Roche Diagnostics** (www.roche.de, Tel 0621/759-0)
- **Roth** (www.carl-roth.de, info@carlroth.de, Tel 0800/5699-000)
- **Sartorius** (www.sartorius.com, Tel 0551/3080)
- **Schleicher & Schüll** gehört Whatman
- **Serva Feinbiochemika** (www.serva.de, info@serva.de, Tel 06221/138 400)
- **Shimadzu** (www.shimadzu.eu, Tel 0203/7687 0)
- **Sigma-Aldrich** (www.sigmaaldrich.com/germany, Tel 089/65 13 0)
- **Sorvall** gehört zu Thermo Fisher Scientific
- **Southern Biotech** (www.southernbiotech.com, info@SouthernBiotech.com, Tel 001 205 945-1774)
- **Spectrum** (www.spectralab.net, sales@spectralab.net) vertrieben von Carl Roth)
- **Spider Pharm** (spiderpharm.com, Tel 001 928 427-6589)
- **Stratagene** gehört zu Agilent (www.stratagene.com)
- **Supelco** gehört zu Sigma-Aldrich
- **Takara Bio** (www.takara-bio.co.jp/english)
- **Thermo Fisher Scientific** (www.thermofisher.com, Tel 01805/258221)
- **Toplab** (www.toplab.de, info@toplab.de, Tel. 089/8565 1283)
- **Tosoh Bioscience** (www.separations.us.tosohbioscience.com, techservice.tbl@tosoh.com)
- **Tresser Instruments** (www.tresser-instruments.de, tresser@online.de, Tel 06154/5771274)
- **Upchurch Scientific** (webstore.idex-hs.com, customerservice.upchurch@idexcorp.com, Tel 001 360 679-2528)
- **Vector Laboratories** (www.vectorlabs.com); Produkte werden vertrieben von Axxora und Biozol (www.axxora.com, axxora-de@axxora.com, Tel 07621/5500522)
- **Vermillion** (www.vermillion.com)
- **VWG** (Verteiler Merck)
- **Wako Chemicals** (www.wako-chemicals.de, biochem@wako-chemicals.de, Tel 02131/311 154)
- **Waters** inklusive ehemaliges **Micromass** (www.waters.com, deutschland@waters.com, Tel 06196/400 600)
- **Whatman** (www.whatman.com, information@whatman.com, Tel 0044 1622 676670)
- **Zinsser Analytik** (www.zinsser-analytic.com, info@zinsser-analytic.com, Tel 069/789 1060)

12.2 Lieferanten gegliedert nach Produkten

Antikörper und Produkte für Immunotests: BD-Biosciences, BioProducts, BioSource, BIOTREND, Calbiochem, Corning, DAKO, Dianova, Genzyme, Jackson, Neosystem, Nordic, Pierce, Promega, Roche Diagnostics, Takara, Vector Lab.

Blot und Blotentwicklung: Bio-Rad, Serva, Pall Life Sciences

Chemikalien, Enzyme, Substrate: Aldrich, Bachem, BASF, Bayer, Roche Diagnostics, Calbiochem, Cambridge Res. Biochemicals, Fluka, ICN Biomedicals, Merck, Qiagen, Roth, Serva, Sigma, Wako

Chromatographie-Geräte: Agilent, Beckmann, Bio-Rad, Bischoff, Dionex, Gilson, GE-Healthcare, Supelco, Tosoh, Waters

Chromatographie-Säulenmaterialien und Matrizen: Bio-Rad, Kem-en-Tec, Perkin Elmer, GE-Healthcare, Phenomenex, Pierce, Sigma-Aldrich, Spectrum, Supelco, Tosoh

Dialyse: Pierce, Spectrum

Elektrophorese – Geräte und Reagenzien: Bio-Rad, Hoefer, JKA-Biotech, Kem-en-Tec, GE-Healthcare, CBS Scientific Company, Serva

Filter: Millipore, Whatman, Pall Life Sciences

Fotografie und Bildverarbeitung: Sigma-Aldrich, Appligene, Labotec, Nikon

Glaswaren: Brand, Labotec

Homogenisatoren: Braun, Labotec, neo-Lab, Zinsser

HPLC: Tosoh, Zinsser

Kühlschränke (und Einrichtungen dazu): Huber, neo-Lab

Laboreinrichtungen: Labotec, neoLab

Laborkleidung: Roth

Lektine und Glykosidasen etc.: BIOTREND, Roche Diagnostics, GLYKO, Sigma-Aldrich

Lipide: Avanti Polar, Bachem, Biomol, Sigma-Aldrich

Massenspektrometer: Agilent Technologies, Applied Biosystems, Bruker Daltonik, Vermillion, Thermo Fisher Scientific, Perkin Elmer, Shimadzu, Waters, eine aktuelle Liste sämtlicher Hersteller finden Sie unter: Nature Methods (2007) 4 (12), 1064

Mikrokalorimeter: Heath Scientifics, GE-Healthcare

Mikrosequenzierung von Peptiden: Toplab

Peptide: American Peptide, Calbiochem, Cambridge Res. Biochemicals, Neosystem, Peninsula Lab.

Peptidsynthesen: Abimed, Biochrom, BIOTREND, Cambridge Res. Biochemicals, Neosystem, Orpegen, Toplab

pH-Meter: Ingold, Roth, Sigma-Aldrich

Pipetten: Brand, Eppendorf, Gilson, Hamilton

Plastik (E-gefäße, Reagensröhrchen etc.): Brand, Labotec

Proteomics-Zubehör: Bio-Tek Instruments, Bruker Daltonik, Shimadzu

Radioaktiv markierte Substanzen: GE-Healthcare, Biotrend, Perkin-Elmer

Rührer: Labotec, Roth

Seifen: Roche-Diagnostics, Thermo Fisher Scientific, Sigma-Aldrich

Toxine (tierisch): Sigma-Aldrich, Spider Pharm, Wako

Toxine (bakteriell): Sigma-Aldrich, Wako

Vernetzer: Thermo Fisher Scientific

Waagen: Mettler-Toledo, Sartorius

Zellkulturmaterial: Labotec, neo-Lab, Thermo Fisher Scientific, Serva

Zentrifugen: Beckman, Eppendorf, Heraeus, Hettich Zentrifugen, Hitachi, Kendro, Kontron

Zucker: Roche Diagnostics, Cambridge Res. Biochemicals

> *Es ist wohl wahr, sagte Sancho, man braucht lange Zeit, um die Leute kennenzulernen, und kein Ding ist in diesem Leben gewiss.*

Spektralphotometer: Shimadzu, Thermo, Perkin Elmer.

Toxine: Sigma, Merck.

Vorrats- und Kühlschränke: Liebherr.

Zusätzliche Informationen: [illegible]

Das Letzte

Der Experimentator ist gedacht für Studenten höherer Semester, Diplomanden und Doktoranden. Nun zieht sich uns das Herz im Hemd zusammen, wenn wir sehen, mit welcher Naivität sich diese ihre Diplom- bzw. Doktorväter suchen. Da entscheiden romantische Vorstellungen (»Ich will über Krebs arbeiten, weil meine Lieblingstante daran gestorben ist.«), oder Zufall (»Da hing doch neulich ein Anschlag im Institut für molekulare Exzellenz), oder Modisches, mit dem man glaubt, im Freundeskreis Eindruck zu schinden oder die Welt verbessern zu können (Umweltschutz, HIV, Malaria, Proteomics etc.), oder die Beredsamkeit und das sympathische Lächeln des Doktorvaters. Viele sagen sich auch einfach: »Jetzt mach ich erst mal ne Doktorarbeit. Wo is mir wurscht. Ist eh alles Glückssache.«

Es stimmt, als frisch gebackener Diplombiologe/-biochemiker/-chemiker oder Master ähnlicher Richtungen hat man zu wenig Erfahrung und Literaturkenntnis, um den wissenschaftlichen Stellenwert einer angebotenen Arbeit zu beurteilen. Auch ist der Verlauf gerade interessanter Projekte unvorhersagbar.

Nach was soll man sich also richten?

Das kommt darauf an, was Sie wollen!

Möchten Sie in die akademische Forschung einsteigen? Suchen Sie sich ein Labor mit einem berühmten Professor (Nobel- oder wenigstens Leibniz-Preisträger), der unter 50 ist, dessen Forschung gut läuft und dessen Mitarbeiterstab noch klein ist. In einem kleinen Labor gehen Sie nicht so schnell unter und bleiben in Blickfeld und Gedächtnis Ihres Doktorvaters. Ein gut laufendes Labor hat wahrscheinlich eine interessante Doktorarbeit mit vernünftigem Risiko zu vergeben. Ein Labor läuft gut, wenn es, bei mittlerer Größe, in den letzten zwei Jahren mehrere *Cell-*, *Nature-*, *Proc. Natl. Acad. Sci. USA*-Paper veröffentlichte. Suchen Sie mit Geduld und MEDline, es handelt sich schließlich um mindestens 3 (drei!) Jahre Ihrer besten Zeit.

Brauchen Sie den Titel für eine Industriekarriere? Dann wählen Sie einen Doktorvater, der eine schnelle Promotion garantiert. Thema und Qualität sind zweitrangig.

Falls Sie die Industrie nicht reizt, ein aussichtsreiches akademisches Labor nicht in Aussicht ist und Sie sich überhaupt etwas Besseres vorstellen können als 12 Jahre lang von Stelle zu Stelle zu hopsen, um schließlich doch beim Arbeitsamt vorzusprechen, Sie auch nicht ganz sicher sind, ob Sie wirklich am laufenden Band nobelpreisfähige Ideen haben, dann empfehlen wir Ihnen, sich um einen der zahlreichen Druckposten bei Verbänden und Stiftungen zu bewerben. Sie dürfen sich dann Pressesprecher, Sachbearbeiter, Koordinator oder gar Vorstandsvorsitzender nennen, werden bezahlt wie im öffentlichen Dienst, sind nach einiger Zeit de facto unkündbar und es wird wenig echte Arbeit von Ihnen verlangt. Damit zusammenhängend: Es gibt kaum Wettbewerbsdruck. Auf biologische Experimente müssen Sie dennoch nicht verzichten. Sie haben vielmehr jetzt endlich die Zeit, das Geld und die Sicherheit, um an der Evolution des Menschen zu arbeiten. Mit anderen Worten: Sie können Kinder in die Welt setzen. Das sind bleibende biologische Ergebnisse, die wachsen, gedeihen und lachen.

Aber jetzt sehe ich, dass das wahr ist, was man wohl zu sagen pflegt, dass das Glücksrad schneller läuft als ein Mühlenrad, und dass das, was gestern oben in den Lüften war, heut unten auf der Erde ist.

Und das ist auch gut so.

Index

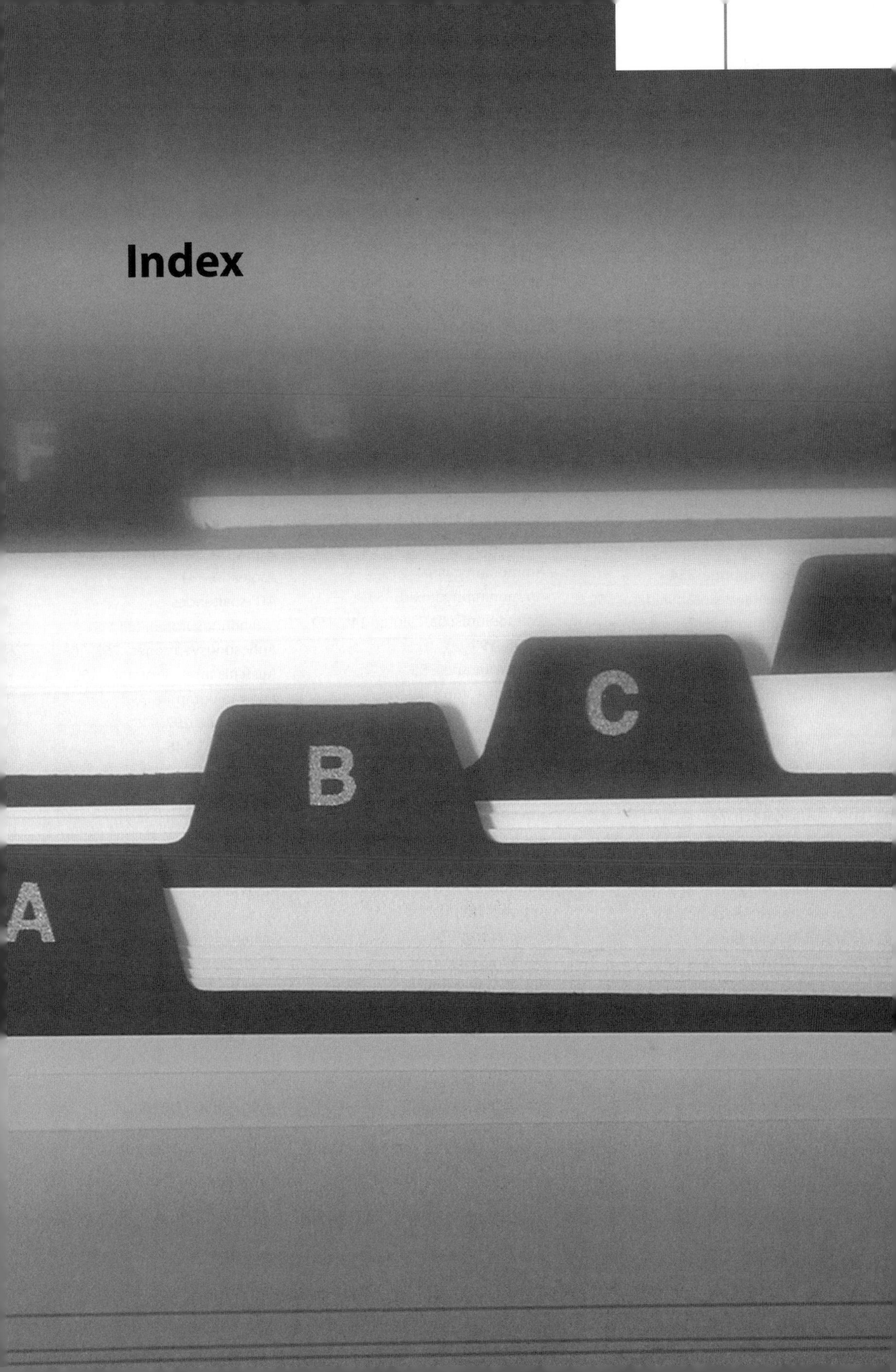

A

B

C

D

E

F

G

H

I

J

K

L

M

N

O

P

Q

R

S

T

U

V

W

X

Y

Z